Arnold Kirsch
MATHEMATIK WIRKLICH VERSTEHEN

Mathematik wirklich verstehen

Eine Einführung in ihre Grundbegriffe und Denkweisen

Von Arnold Kirsch

3. verbesserte Auflage

Aulis Verlag Deubner & Co KG · Köln

Die Deutsche Bibliothek – CIP-Einheitsaufnahme

Kirsch, Arnold:
Mathematik wirklich verstehen : eine Einführung in ihre Grundbegriffe und Denkweisen / von Arnold Kirsch. – 3., verb. Aufl. – Köln : Aulis-Verl. Deubner, 1997
ISBN 3-7614-1613-X

Best.-Nr. 2061

Druck: Druckerei DAN, Ljubljana/Slowenien
ISBN 3-7614-1613-X

Inhaltsverzeichnis

Vorwort

Dieses Buch, das auch heißen könnte „*Grundbegriffe der Mathematik und ihre Bedeutung*“, ist aus Einführungsvorlesungen für Lehrerstudenten in den Jahren 1980 bis 1986 hervorgegangen. In ihm werden Inhalte der Schulmathematik behandelt: nicht alle, insbesondere kaum solche der „höheren Mathematik“ und nur wenige aus der Geometrie, aber jedenfalls solche, die für eine weitere Beschäftigung mit Mathematik — sei es in einem Fachstudium, sei es in einer Tätigkeit als Lehrer — wichtig, ja unentbehrlich sind. Der Absolvent des Gymnasiums sollte die meisten dieser Inhalte schon kennen; er muß sie für ein tieferes Eindringen in die Mathematik „wirklich verstanden“ haben und als „geistiges Eigentum“ besitzen. Dies soll der vorliegende Kurs befördern. Er wendet sich einerseits an Studienanfänger, ja schon an interessierte Schüler; andererseits kann er durchaus auch ein Studium oder eine Lehrtätigkeit in Mathematik weiter begleiten.

Der professionelle Mathematiker hält sich nicht gern mit Fragen auf, wie sie hier erörtert werden: Fragen nach der *Genese*, der *Bedeutung*, der *Verwendung* mathematischer Begriffe. Er überläßt so etwas gern dem Lernenden zu eigener Klärung, die dann freilich oft für lange Zeit (wenn nicht für immer) unterbleibt. Zu solcher Erörterung werden hier nur fachlich bescheidene Gegenstände behandelt, deren — zumeist voraussetzbare — erste Kenntnis jetzt aktiviert, erweitert, vertieft und mitunter auch revidiert wird. An diesen Gegenständen sollen dem Lernenden zugleich adäquate Denk- und Sprechweisen, allgemeiner: Verhaltensweisen im *Umgang mit Mathematik* nahegebracht werden, wie sie — trotz entsprechender Zielsetzungen des Unterrichts — vielen Schulabsolventen ungewohnt sind und nur von wenigen während des Studiums selbständig erworben werden können. Der Lernende soll jetzt *wirklich verstehen* — und auch den Sinn dessen erfassen — was er macht.

Nach dem Vorstehenden ist klar, daß hier keine Entwicklung mathematischer Teilgebiete „ab ovo“, keine formal befriedigende Systematik geboten wird. Vielmehr wird eine Darstellung angestrebt, die nach Gesichtspunkten des Lernfortschritts, so etwa nach wachsender Schwierigkeit oder nach natürlicher Motivierbarkeit gestuft ist.

An der Spitze steht der Aufbau und Ausbau inhaltlicher Vorstellungen von zentralen mathematischen Gegenständen, insbesondere (in Teil A) von den *Zahlen*. Deduktive Beziehungen lernt der Leser zuerst in lokaler, dann auch in globaler Form (etwa am Beispiel der Körperaxiome) kennen. — *Logische Symbole* und Formalismen werden anfangs völlig vermieden und erst später (in Teil B) behutsam eingeführt, nachdem genügend „Stoff“ zur Verfügung steht. Die ausführliche Erörterung der Implikation erfolgt aus der immer wieder bestätigten Erfahrung heraus, daß hier viele Anfängerschwierigkeiten liegen. — Als Beispiel eines abstrakten und allgemeinen mathematischen Begriffs von grundlegender Bedeutung wird der *Abbildungsbegriff* (erst in Teil C) eingehend diskutiert und mit vielfältigen, insbesondere geometrischen Vorstellungen verknüpft. Dabei werden unter diesem Leitbegriff zahlreiche elementarmathematische Gegenstände für ein tieferes Verständnis erschlossen.

Die Teile des Buches sind weitgehend unabhängig voneinander lesbar, jedenfalls für einen Leser, der etwas mehr Vorkenntnisse hat. Ein solcher kann natürlich überall in dem Buch „einsteigen“ und notfalls den Verweisungen folgen. Möglichkeiten zur Selbstkontrolle bieten die (nicht sehr zahlreichen, aber zum größten Teil im Übungsbetrieb erprobten) *Aufgaben, mit ausführlichen Lösungen* am Schluß des Buches.

Ausdrücklich danken möchten ich Herrn *Gottfried Heinemann,* der mich in den Jahren 1981 und 1982 bei der Betreuung der Übungen unterstützte, der aber vor allem als kritischer und stimulierender Gesprächspartner, auch bei der Konzeption des ganzen Kurses, immer zur Verfügung stand. Dies betrifft besonders die Behandlung der „Grundlagenfragen“ in Teil B und

Kapitel 11, wo Herr *Heinemann* als Fachmann mich in meinem eher naiven Verständnis dieser Dinge bestärkte und auch die Formulierung einiger Passagen beisteuerte, was man an manchen Pointen im Text noch jetzt erkennen wird. Wertvolle "Formulierungshilfe" verdanke ich Frau *Lisa Hefendehl-Hebeker*, die das ganze Manuskript gelesen und mit großem Einfühlungsvermögen für meine Absichten viele treffende Anregungen zur endgültigen Textgestaltung gegeben hat. Für Hinweise und Verbesserungsvorschläge danke ich weiter meinem Kollegen *Peter Bender*, der auch Erfahrungen aus eigenen Lehrveranstaltungen nach dem vorliegenden Konzept zur Verfügung stellte, sowie den (ehemals) studentischen Mitarbeitern *Peter Michael Ziemke, Niels Lorenz* und besonders *Anita Winning*, die auch entscheidende Hilfe bei der Korrektur leistete. Schließlich sei dem Verlag dafür gedankt, daß er trotz der gegenwärtigen "Rezession" im Bildungsbereich ein Erscheinen des Buches ermöglicht hat.

Kassel, im Januar 1987 | Arnold Kirsch

Zur zweiten Auflage

Die freundliche Aufnahme, die das Buch – mit dem seinerzeit etwas "reißerisch" geratenen Titel – gefunden hat, scheint zu zeigen, daß die Intention akzeptiert worden ist: "Wirkliches Verstehen" grundlegender mathematischer Begriffsbildungen und Denkweisen soll hier *nicht erörtert*, wohl aber (dem darum bemühten Leser) *erleichtert*, ja *ermöglicht* werden – was wiederum *nicht* bedeuten kann, es werde unter allen Umständen *garantiert*. In der Tat erfordert auch diese Darstellung eine aktive eigene Bemühung des Lernenden, ohne die ja seit den Zeiten des Euklid ein Eindringen in die Mathematik nicht gelingen kann.

Die neueren Tendenzen im Mathematikunterricht – wie Anwendungsorientierung, Betonung des Problemlösens und Einsatz von Computern – lassen das Ziel der Vermittlung angemessener Begriffsvorstellungen und mathematischer Argumentationsfähigkeit scheinbar in den Hintergrund treten. Abgesehen davon, daß meines Erachtens eine Abwertung solcher Ziele für den heutigen Unterricht keineswegs gefolgert werden kann, müssen in jedem Fall Lehrende selbst souverän über diese Grundlagen verfügen. – So dürfte dieses Buch auch weiterhin eine wichtige Aufgabe erfüllen.

Im Text sind nur geringfügige Änderungen, insbesondere Korrekturen von Druckfehlern, vorgenommen worden, so daß die neue Auflage problemlos neben der alten verwendet werden kann.

Kassel, im April 1994 | Arnold Kirsch

Hinweise für den Leser:

Das Buch ist in die *Kapitel* 1 bis 11, die *Abschnitte* 1.1 bis 11.2 und die *Unterabschnitte* 1.1.1 bis 11.2.6 gegliedert. Innerhalb eines Abschnitts, etwa 3.4, wird auf einen Unterabschnitt, etwa 3.4.1 kurz mit **1.** verwiesen.

Ergänzende Literatur ist im Text bzw. in Fußnoten genannt. Wiederholt Bezug genommen wird auf das Buch

H. Rademacher / O. Toeplitz: Von Zahlen und Figuren, Berlin 1933, Nachdruck Berlin Heidelberg New York 1968.

Teil A Zahlen

Vorbemerkungen

In diesem Teil des Buches behandeln wir die *Zahlen,* als die wohl wichtigsten Gegenstände der Mathematik. Dabei gehen wir nicht streng systematisch oder gar „axiomatisch" vor. Es wird kein „Aufbau des Zahlensystems aus dem Nichts"[1]) gegeben und auch keine formallogische Entwicklung auf einer schmalen Basis von Axiomen. Vielmehr sollen die Zahlen — in einem naiven Verständnis — als vorhanden angesehen und als solche mit ihren mehr oder weniger bekannten, ins Auge fallenden Eigenschaften erörtert werden. Dabei interessiert uns besonders die Frage, wozu man die Zahlen der verschiedenen Arten *verwendet* und wie man mit ihnen *umgeht.* Sodann werden auch Zusammenhänge hergestellt und theoretische Fragen angesprochen. Dagegen stellen wir die mehr philosophische Frage, was die Zahlen „eigentlich sind", vorerst zurück.

Unter „Zahl" versteht man je nach dem Sinnzusammenhang etwas anderes. Für eine erste Orientierung erinnern wir kurz an die wichtigsten **Zahlenarten** bzw. *Zahlenmengen*:

$\mathbb{N} = \{1, 2, 3, \ldots\}$: *natürliche Zahlen* (traditionell)[2]);

$\mathbb{N}_0 = \{0, 1, 2, 3, \ldots\}$: *natürliche Zahlen* einschließlich Null[3]);

$\mathbb{Z} = \{0, 1, -1, 2, -2, \ldots\}$: *ganze Zahlen*;

$\mathbb{Q} = \{\frac{z}{n} \mid z \in \mathbb{Z} \text{ und } n \in \mathbb{N}\}$: *rationale Zahlen*;

$\mathbb{Q}^+ = \{\frac{m}{n} \mid m \in \mathbb{N} \text{ und } n \in \mathbb{N}\}$: *positive rationale Zahlen* oder *Bruchzahlen*;

$\mathbb{R}$ = (im wesentlichen die) Menge aller Punkte der lückenlos besetzten Zahlengeraden: *reelle Zahlen.*

Reelle Zahlen, die nicht rational sind, heißen *irrationale Zahlen.* Beispiele sind aus dem Schulunterricht bekannt: $\sqrt{2}$, lg 2, π. Dies wird später eingehend erörtert. — Einen Überblick über diese Zahlenmengen gibt das Diagramm.

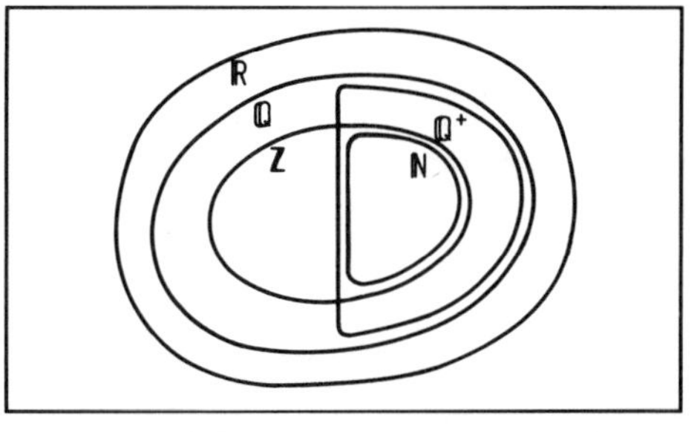

Die Zahlenmengen $\mathbb{N}$, $\mathbb{N}_0$, $\mathbb{Z}$ wurden oben durch angedeutete Aufzählungen ihrer Elemente beschrieben. Dagegen wurden die Mengen $\mathbb{Q}$ und $\mathbb{Q}^+$ mittels „$\in$" („gehört zu", „ist Element von") und Bezugnahme auf die Bruchdarstellung beschrieben. Hiernach ist $\mathbb{Q}$ die Menge aller Zahlen, die sich als Brüche mit ganzzahligem Zähler und einer natürlichen Zahl (nicht Null!) als Nenner darstellen lassen. Entsprechendes gilt für die Menge $\mathbb{Q}^+$ der Bruchzahlen. Schließlich konnten wir die Menge $\mathbb{R}$ hier nur andeutungsweise verbal beschreiben, mit Bezugnahme auf geometrische Vorstellungen. Danach ist z. B. die reelle Zahl $\sqrt{2}$ wie folgt als Punkt der Zahlengeraden darstellbar:

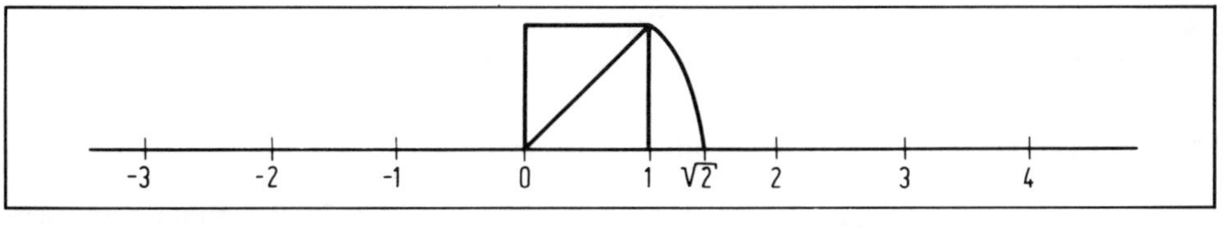

[1]) Ein solcher wurde in faszinierender, aber doch recht künstlich erscheinender Weise von *J. H. Conway* entwickelt; siehe *D. E. Knuth:* Insel der Zahlen, Braunschweig 1978.
[2]) Nach DIN bezeichnet man diese Menge auch mit $\mathbb{N}^*$.
[3]) Nach DIN bezeichnet man diese Menge auch mit $\mathbb{N}$(!).

Das sind nur ganz grobe Beschreibungen; sie sollen an *Vorkenntnisse* erinnern. Wir werden diese Vorkenntnisse im folgenden benutzen, vertiefen und erweitern.

Wohlbekannt sind weiter die elementaren **Rechenoperationen** und die *Kleinerbeziehung*. Hat man Zahlen a, b (verschieden oder gleich) aus einer der genannten Mengen $\mathbb{N}$ bis $\mathbb{R}$, so kann man sie

addieren: die *Summe* $a + b$ ist wieder eine Zahl aus der betreffenden Menge;

multiplizieren: das *Produkt* $a \cdot b$ ist wieder eine Zahl aus der betreffenden Menge;

der Größe nach vergleichen: die Aussage $a < b$ ist entweder wahr oder falsch.

Man beachte: Durch die Operationen + und · wird aus jedem Paar von Zahlen a, b wieder eine *Zahl* hergestellt. Dagegen ist die Kleinerbeziehung < eine Operation, die jedem Paar von Zahlen a, b (in gegebener Reihenfolge) einen der beiden *Wahrheitswerte* „wahr" oder „falsch" zuordnet. Sie ist nur in diesem weiteren Sinn eine „Operation". (In solchen Fällen spricht man von einer „Relation".) Als Abkürzung für „$a < b$ oder $a = b$" schreibt man $a \leq b$, gelesen: a kleiner oder gleich b. Dies bedeutet also, daß a nicht größer als b ist.

Unter Umständen kann man die Zahlen a und b auch

subtrahieren: die *Differenz* $b - a$ ist die Zahl x, für die gilt: $a + x = b$;

dividieren: der *Quotient* $b : a$ ist die Zahl x, für die gilt: $a \cdot x = b$.

Dies geht aber nur, wenn *es genau eine solche Zahl* x *gibt*. („Genau eine" bedeutet: eine, aber nicht mehr als eine, anders ausgedrückt: mindestens eine und auch höchstens eine.) Zum Beispiel gibt es

— *keine* solche Zahl x bei	$4 + x = 3$	in $\mathbb{N}$, $\mathbb{N}_0$, $\mathbb{Q}^+$;
	$4 \cdot x = 3$	in $\mathbb{N}$, $\mathbb{N}_0$, $\mathbb{Z}$;
	$0 \cdot x = 5$	in $\mathbb{N}_0$, $\mathbb{Z}$, $\mathbb{Q}$, $\mathbb{R}$;
— *mehrere* solche Zahlen x bei	$0 \cdot x = 0$	in $\mathbb{N}_0$, $\mathbb{Z}$, $\mathbb{Q}$, $\mathbb{R}$.

Somit bezeichnen die Ausdrücke $3 - 4$, $3 : 4$, $5 : 0$, $0 : 0$ keine Zahl, die zu dem betreffenden Bereich gehört. $5 : 0$ und $0 : 0$ bezeichnen überhaupt nichts!

Die *Regeln für das Umgehen mit* den Operationen +, −, ·, :, < sind aus dem Schulunterricht bekannt und werden im folgenden benutzt. Später werden wir sie auch thematisieren und logisch ordnen.

Kapitel 1 Natürliche Zahlen

1.1 Wozu verwendet man die natürlichen Zahlen? Was bedeuten dann die Operationen +, ·, < ?

1.1.1 Ordinale und kardinale Verwendung

Im täglichen Leben verwendet man die natürlichen Zahlen vor allem
— zum *Numerieren* (und damit Ordnen) von Gegenständen: die natürlichen Zahlen dienen als *Ordinalzahlen,* zur Beantwortung der Frage „der wievielte ist es?";
— als *Anzahlen* zur größenmäßigen Beschreibung von Mengen realer Gegenstände: die natürlichen Zahlen dienen als *Kardinalzahlen,* zur Beantwortung der Frage „Wie viele sind es?".

Später werden wir noch weitere Verwendungen der natürlichen Zahlen — insbesondere als Maßzahlen und als Marken auf einer Skala — kennenlernen. Zunächst interessieren wir uns für die genannten beiden Fragen. Die Antworten werden geliefert durch den **Zählprozeß,** auch „Abzählen" genannt. Dabei benutzt man die Tatsache, daß 1 die kleinste (die erste) natürliche Zahl ist und daß es zu jeder natürlichen Zahl genau eine nächst-größere, d. h. einen „Nachfolger", gibt.

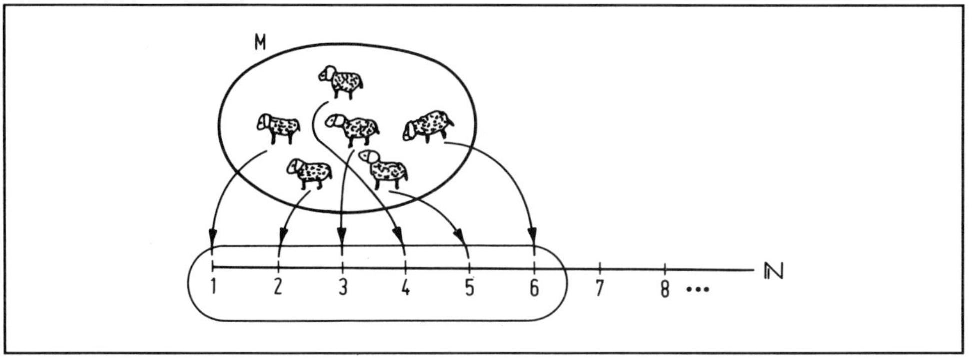

Ist eine Menge M von Gegenständen vorgelegt, so ergreift man ein Element von M und sagt leise „eins"; dann ergreift man ein weiteres Element von M und sagt leise die nächste Zahl, „zwei". Dies wird fortgesetzt, bis alle Elemente von M erfaßt sind. Die Zahl beim Ergreifen des letzten Elements, hier „sechs", wird laut gesprochen.

Ergebnis des Zählprozesses:

— Die Elemente von M sind durchnumeriert und insofern der Reihe nach *geordnet* worden, ebenso wie die Zahlen 1, 2, 3, ... (nach der Kleinerbeziehung).

— die letzte erfaßte Zahl ist die *Anzahl* der Elemente von M. Man sagt dafür auch *Kardinalzahl von* M oder „Elementezahl von M" (sollte aber nicht sagen: „Anzahl von M"[4]).

Wir schreiben nun

$$\underset{\substack{\uparrow \\ \text{Menge}}}{\text{card } M} = \underset{\substack{\uparrow \\ \text{Zahl}}}{n}$$

und lesen dies: Die Kardinalzahl von (der Menge) M ist (gleich der Zahl) n. Im obigen Bild ist card M = 6. Zusätzlich setzt man: card ∅ = 0; die Kardinalzahl der *leeren Menge* ist die *Zahl Null.*

Ein solcher Zählprozeß kann — zumindest in Gedanken — bei einer Menge von realen Gegenständen immer durchgeführt werden. Durch ihn werden *den Elementen der Menge* M *eineindeutig die Zahlen eines Anfangsstücks von* ℕ *zugeordnet.* Ein *Anfangsstück von* ℕ ist eine Menge der Form {1, 2, ..., n}, d. h. Menge aller natürlichen Zahlen kleiner oder gleich n. Die Zahl 1 ist die *erste,* die Zahl n die *letzte* dieses Anfangsstücks. Im obigen Bild ist n = 6. Was man unter „eineindeutig zuordnen" versteht, erläutern wir sogleich.

Hinweis: Offensichtlich gibt es bei gegebener Menge M (mit mehr als einem Element) viele verschiedene Möglichkeiten, den Zählprozeß durchzuführen. Man kann ja die Elemente von M in beliebiger Reihenfolge herausgreifen. Wir problematisieren hier noch nicht die Frage, warum man dabei jedesmal *dasselbe* Anfangsstück von ℕ verbraucht.

Aufgaben: 1, 2

1.1.2 Eineindeutige Zuordnungen

Man spricht von einer *eineindeutigen Zuordnung zwischen den Mengen* A *und* B, wenn die folgenden beiden Bedingungen erfüllt sind:

(1) *Jedem* Element von A ist *genau ein* Element von B zugeordnet;

(2) *Jedes* Element von B kommt *genau einmal* als zugeordnetes Element vor (d. h.: ... ist *genau einem* Element von A zugeordnet).

[4]) , weil sonst die Frage „Welches ist die Anzahl der Mengen?" mißverständlich wäre

Das „Zuordnen“ kann in konkreten Situationen ganz verschieden realisiert sein. Man denke etwa an das Ausgeben von Nummernkärtchen in einem Wartezimmer, an das Setzen von Kindern jeweils auf einen Stuhl oder an das Anhängen der Ziffer 0 bei gegebenen, dezimal geschriebenen natürlichen Zahlen (wodurch jeder Zahl ihr Zehnfaches zugeordnet wird).

Die Zuordnungshandlungen kann man durch Pfeile veranschaulichen, die in A beginnen und in B enden. Dann bedeuten die Bedingungen:
(1) Von *jedem* Element der Menge A geht *genau ein* Pfeil aus.
(2) In *jedem* Element der Menge B endet *genau ein* Pfeil.

Verdeutlichung der Bedingungen durch Beispiele und Gegenbeispiele:

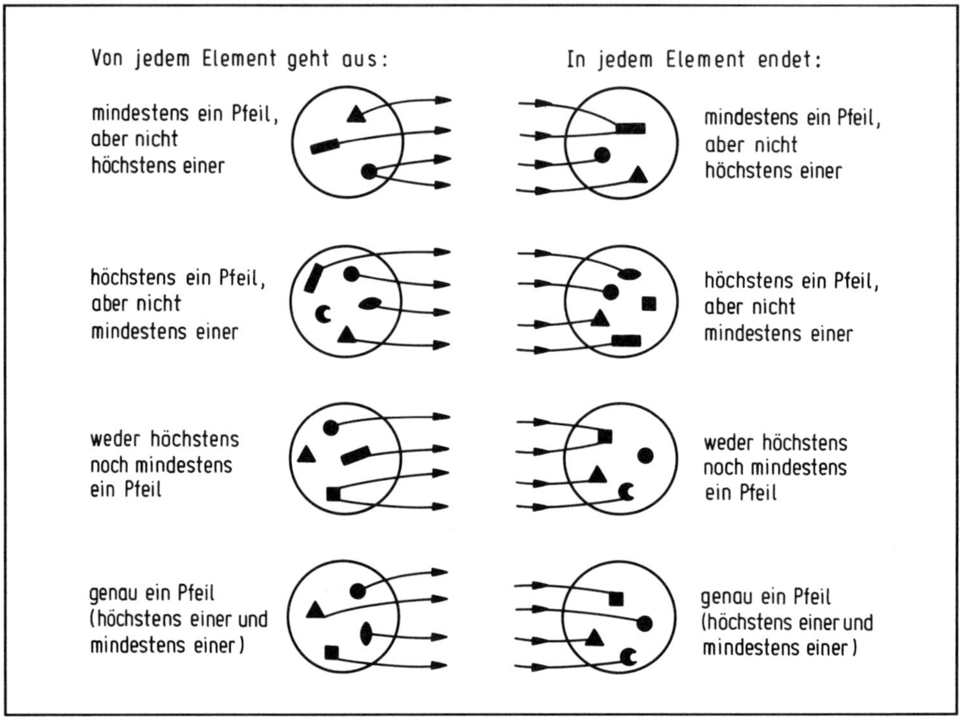

Jedes linke Teilbild kann mit jedem rechten kombiniert werden. Das gibt 16 Fälle. Nur im letzten Fall („links unten — rechts unten“) sind beide Bedingungen erfüllt.

Man sagt nun, daß *den* Elementen von A *die* Elemente von B eineindeutig zugeordnet sind. Deutlicher sollte man statt „Zuordnung zwischen A und B“ sagen: Zuordnung zwischen A und B in Richtung *von* A *nach* B (Zuordnung A → B). Aus einer eineindeutigen Zuordnung A → B entsteht durch Umdrehen aller Pfeile wieder eine eineindeutige Zuordnung zwischen den beiden Mengen. Jetzt sind *die* Elemente von A *den* Elementen von B zugeordnet; man hat eine Zuordnung B → A, die *Umkehrzuordnung* der ursprünglichen. Diese besteht gleichsam im Rekonstruieren der Ausgangselemente in A aus den Elementen von B.

Eineindeutige Zuordnungen sind spezielle Abbildungen bzw. Relationen. Diese Begriffe werden in Teil C eingehend erörtert.

1.1.3 Anzahlbestimmung durch eineindeutiges Zuordnen

In **1.** haben wir den Zählprozeß als eineindeutiges Zuordnen zwischen einer Menge A und einem Anfangsstück von ℕ betrachtet. Wenn nun zwischen zwei Mengen A und B von *irgendwelchen* Gegenständen eine eineindeutige Zuordnung hergestellt werden kann — was „hat man davon“? Man weiß *ohne Abzählen,* daß beide Mengen gleich viele Elemente, d. h. die gleiche Kardinalzahl besitzen! Das Umgekehrte ist auch wahr: Wenn zwei Mengen die gleiche Kardinalzahl haben, kann man eine eineindeutige Zuordnung zwischen ihnen herstellen.

Wir formulieren diesen Sachverhalt wie folgt:
Satz: Es seien A und B nicht leere Mengen (von realen Gegenständen). Dann gilt card A = card B *genau dann, wenn* es eine eineindeutige Zuordnung zwischen den Mengen A und B gibt.
Hinweis: „genau dann, wenn“ bedeutet: Wenn die linke Seite gilt, dann auch die rechte *und* wenn die rechte Seite gilt, dann auch die linke. Ein Beweis des Satzes erfordert demnach zwei Nachweise.

Beweis des Satzes:
I. Es sei card A = card B, d. h. die Zählprozesse führen bei A und B auf dasselbe Anfangsstück $\{1, \ldots, n\}$ von $\mathbb{N}$. Wir kehren nun die Zuordnung $B \rightarrow \{1, \ldots, n\}$ um und erhalten durch Zusammensetzen der eineindeutigen Zuordnungen $A \rightarrow \{1, \ldots, n\}$ und $\{1, \ldots, n\} \rightarrow B$ offenbar eine eineindeutige Zuordnung $A \rightarrow B$.

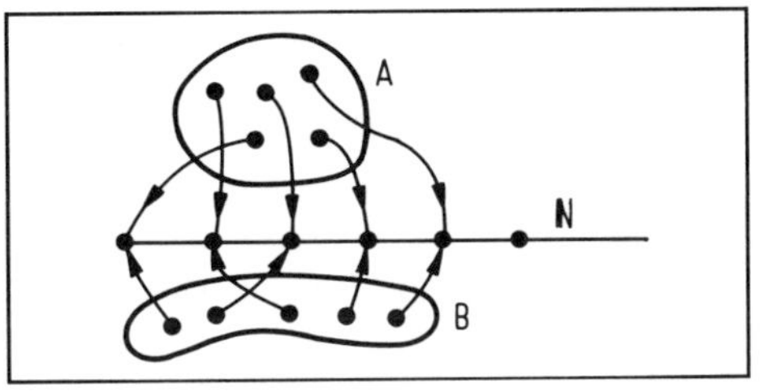

II. Es gebe eine eineindeutige Zuordnung $A \rightarrow B$. Führt nun der Zählprozeß bei B auf das Anfangsstück $\{1, \ldots, n\}$ von $\mathbb{N}$, dann erhält man durch Zusammensetzen der eineindeutigen Zuordnungen $A \rightarrow B$ und $B \rightarrow \{1, \ldots, n\}$ eine eineindeutige Zuordnung $A \rightarrow \{1, \ldots, n\}$. Somit führen die Zuordnungsprozesse bei A und bei B auf dasselbe Anfangsstück von $\mathbb{N}$; d. h. es gilt card A = card B.

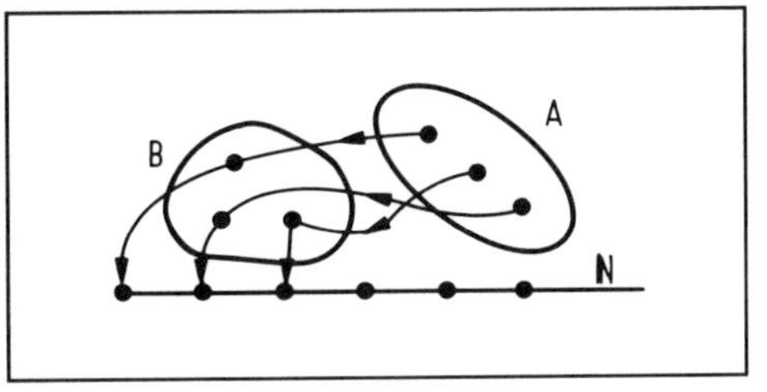

Wichtig: card A = card B bedeutet etwas ganz anderes als A = B! Die Aussage A = B bedeutet, daß A und B (nicht nur gleich viele, sondern) *genau dieselben Elemente haben.* Zum Beispiel gilt für $A = \{5, 6, 7\}$, $B = \{6, 7, 8\}$ *nicht* A = B. Wohl aber ist hier card A = card B (= 3).

Der obige Satz ist die *Grundlage für praktische Anzahlbestimmungen* in der folgenden Weise: Um die unbekannte Kardinalzahl card A einer gegebenen Menge A zu bestimmen, stellt man eine eineindeutige Zuordnung zwischen der Menge A und einer anderen Menge B her, deren Kardinalzahl card B schon bekannt oder aber leichter bestimmbar ist. Dann weiß man, daß card A = card B ist.

Beispiele
(1) A sei die Menge aller „symmetrischen Tachostände“ wie [0 4 7 4 0], [3 8 1 8 3] usw. („Tachostand“ soll hierbei eine fünfstellige Kilometeranzeige bedeuten; Nullen am Anfang gehören dazu.) Wie viele solche gibt es, d. h. wie groß ist card A? Jedem Element von A wird durch die Vorschrift „lasse die beiden letzten Ziffern weg“ ein dreistelliges Zahlwort von 000 bis 999 zugeordnet, und diese Zuordnung ist eineindeutig (!). Für die Menge B aller dreistelligen Zahlwörter gilt offenbar card B = 1000. Also ist auch card A = 1000.

(2) Es sei
G die Menge aller kürzesten Gitterwege (d. h. Gitterwege ohne Umweg) von O nach P;
W die Menge aller achtstelligen Wörter, in denen genau fünfmal der Buchstabe r und dreimal der Buchstabe h vorkommt;
T die Menge aller 5elementigen Teilmengen der Menge $\{1, 2, \ldots, 8\}$.

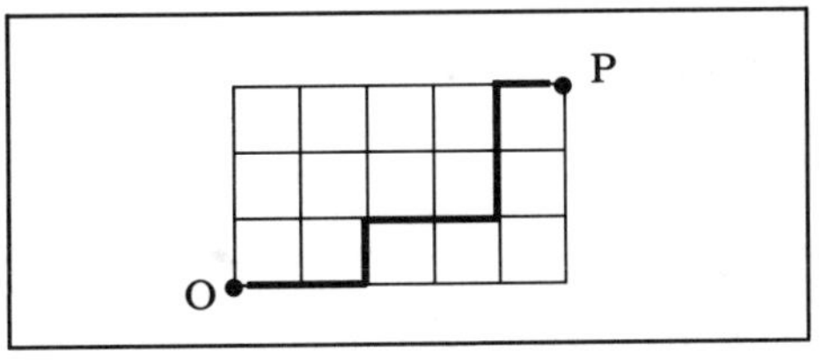

Jedem Element aus G ordnen wir wie folgt ein Element aus W zu: Wenn die i-te Teilstrecke ($i = 1, 2, \ldots, 8$) des Weges nach rechts geht (bzw. nach oben geht), steht an der i-ten Stelle des Wortes ein „r“ (bzw. ein „h“). Z. B. ist so dem eingezeichneten Weg das Wort rrhrrhhr, sozusagen als Codewort, zugeordnet.

Jedem Element aus W ordnen wir wie folgt ein Element aus T zu: Wenn an der i-ten Stelle des Wortes ein „r“ steht (bzw. ein „h“ steht), gehört die Zahl i zur Teilmenge (bzw. nicht zur Teilmenge). Z. B. ist so dem Wort rrhrrhhr die Menge $\{1, 2, 4, 5, 8\}$ zugeordnet.

Diese Zuordnungen sind eineindeutig (!). Daher gilt card G = card W und card W = card T; die drei Mengen haben gleich viele Elemente. Wenn wir für eine von ihnen die Elementezahl bestimmen, kennen wir sie auch für die anderen beiden Mengen.

Wir *definieren* nun allgemein: Für Zahlen n und s aus $\mathbb{N}_0$, $s \leq n$ bezeichne $\binom{n}{s}$, gelesen „n über s“, die *Anzahl der s-elementigen Teilmengen einer gegebenen n-elementigen Menge.*[5])

Hiernach gilt zum Beispiel $\binom{5}{2} = 10$; denn eine 5elementige Menge, etwa $\{1, 2, 3, 4, 5\}$, hat genau 10 zweielementige Teilmengen: $\{1, 2\}$, $\{1, 3\}$, $\{1, 4\}$, $\{1, 5\}$, $\{2, 3\}$, $\{2, 4\}$, $\{2, 5\}$, $\{3, 4\}$, $\{3, 5\}$, $\{4, 5\}$. Ebenso gilt $\binom{5}{3} = 10$; wie erkennt man das am einfachsten?

Die letzte Frage führt zu der *Behauptung:* Für alle $n, s \in \mathbb{N}_0$ gilt

$$\binom{n}{s} = \binom{n}{n-s};$$

d. h. bei gegebener n-elementiger Menge M gibt es ebensoviele s-elementige wie $(n-s)$-elementige Teilmengen von M.

Zum *Beweis* ordne man jeder s-elementigen Teilmenge U von M die $(n-s)$-elementige Restmenge $M \setminus U$ zu. Dies liefert eine eineindeutige Zuordnung zwischen der Menge aller s-elementigen Teilmengen von M und der Menge aller $(n-s)$-elementigen Teilmengen von M. Daraus folgt die Behauptung.

Erinnerung: Bei beliebigen Mengen A, B versteht man unter der

Vereinigungsmenge $A \cup B$	die Menge aller Elemente, die	zu wenigstens einer der Mengen
Schnittmenge $A \cap B$		zu beiden Mengen
Restmenge $A \setminus B$		zu A, aber nicht zu B gehören.

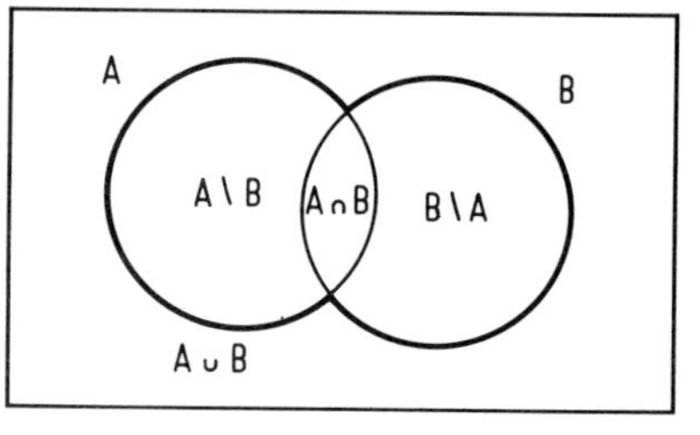

Die Menge A heißt *Teilmenge* (oder: Untermenge) von B, in Zeichen[6]) $A \subseteq B$, genau dann, wenn jedes Element von A auch zu B gehört. A heißt *echte Teilmenge* von B, in Zeichen $A \underset{\text{echt}}{\subset} B$, wenn es außerdem wenigstens ein Element in B gibt, das nicht zu A gehört.

Aufgaben: 3 bis 7

1.1.4 Endlich und unendlich

Eine Menge von realen Gegenständen kann man sich kaum als „unendlich“ vorstellen. In der Mathematik kommen hauptsächlich Mengen von idealen Gegenständen vor, z. B. von Zahlen oder von Punkten. Solche Mengen können auch unendlich sein.

Definition 1: Eine Menge M (von realen oder gedachten Gegenständen) heißt *endlich,* wenn eine eineindeutige Zuordnung zwischen M und einem Anfangsstück von $\mathbb{N}$ möglich ist, oder einfach: ... wenn der (gedachte) *Zählprozeß einmal abbricht.*

[5]) Die Zahlen $\binom{n}{s}$ heißen „Binomialkoeffizienten“, weil sie auch bei der Entwicklung des „Binoms“ $(a+b)^n$ in eine Summe von Potenzprodukten auftreten.

[6]) Nach DIN schreibt man für $A \subseteq B$ auch $A \subset B$. Das bedeutet dann also nicht, daß A echte Teilmenge von B sein muß.

Danach hat *jede endliche Menge eine natürliche Zahl als Kardinalzahl* (vgl. **1.**).

Man beachte: Anfangsstücke $\{1, 2, \ldots, n\}$ von $\mathbb{N}$ können *beliebig lang sein,* aber *jedes solche hat eine letzte Zahl* n. Diese Zahl n kann sehr groß sein, z. B. gleich 10^{18} (= 1 000 000 000 000 000 000). Trotzdem ist ein solches Anfangsstück immer nur ein winziger Teil von $\mathbb{N}$. Es ist niemals „unendlich lang". Die damit gezählte Menge M ist nicht „unendlich".

Definition 2: Eine Menge M heißt *unendlich,* wenn sie *nicht endlich* ist, d. h. wenn der gedachte *Zählprozeß niemals abbricht.*

Danach hat eine unendliche Menge M *keine natürliche Zahl als Kardinalzahl.* Das Symbol card M ist (noch) nicht erklärt.[7])

Beispiel: M sei die Menge aller Zehnerpotenzen: $M = \{10^1, 10^2, 10^3, \ldots\}$. Diese Menge ist auch ein „winziger Teil" von $\mathbb{N}$, aber unendlich! Die angegebene Zuordnung, die jeder Zehnerpotenz ihren Exponenten zuordnet, ist eine eineindeutige Zuordnung zwischen M und ganz $\mathbb{N}$. Sie ist als „Logarithmus" aus dem Schulunterricht bekannt.

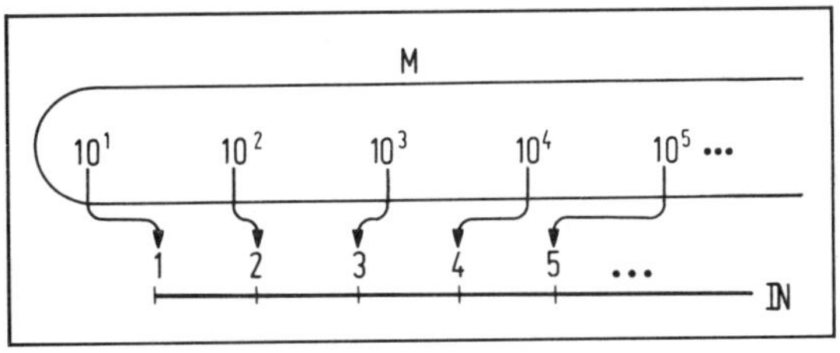

Die Frage, warum man diese in $\mathbb{N}$ so weit verstreut liegende Menge M nicht gleichzeitig auch einem Anfangsstück von $\mathbb{N}$ eineindeutig zuordnen kann, wird hier noch nicht problematisiert.[7])

Wir raten dringend zur Vorsicht im Umgang mit dem Wort unendlich! Nach der vorstehenden Definition bezeichnet dieses Wort ausschließlich eine Eigenschaft von Mengen. Man darf bei unendlichen Mengen wohl von „unendlich vielen" Elementen sprechen, aber es ist nicht erlaubt, zum Beispiel von einer „Zahl unendlich" oder „unendlich großen Zahlen" zu reden.

1.1.5 Zur Bedeutung der Operationen $+$, $\cdot$, $<$

Wir erinnern zunächst an wohlbekannte Tatsachen, welche die Verwendung der natürlichen Zahlen als **Kardinalzahlen** betreffen. Beispiele dazu (aus dem Grundschulstoff) möge sich der Leser selbst zurechtlegen. Hier geht es darum, diese Dinge einmal in der soeben eingeführten Ausdrucks- und Schreibweise darzustellen.

Gegeben seien natürliche Zahlen $m, n \in \mathbb{N}_0$. (Es kann auch $m = 0$ oder $n = 0$ oder $m = n$ sein!)

Die *Summe* $m + n$ ist die Kardinalzahl der *Vereinigung* $A \cup B$ *von zwei disjunkten Mengen* A, B *mit den Kardinalzahlen* m *bzw.* n. Dies kann man kurz und präzise wie folgt ausdrücken:

$$m + n = \operatorname{card}(A \cup B), \quad \text{falls} \quad \begin{matrix} A \text{ disj } B \text{ und} \\ \operatorname{card} A = m, \operatorname{card} B = n \end{matrix}$$

Erinnerung: „A, B *disjunkt*", kurz: A disj B, bedeutet: A und B haben kein Element gemein; d. h. der Durchschnitt $A \cap B$ der beiden Mengen ist die leere Menge $\emptyset$, in Zeichen: $A \cap B = \emptyset$.

Ähnlich wie die Summe kann man die *Differenz* $n - m$ (im Fall $m \leq n$) beschreiben:

$$n - m = \operatorname{card}(B \setminus A), \quad \text{falls} \quad \begin{matrix} A \subseteq B \text{ und} \\ \operatorname{card} A = m, \operatorname{card} B = n \end{matrix}$$

Hiernach ist $n - m$ die Anzahl der Elemente, die übrig bleiben, wenn man von n Elementen m wegnimmt. Dies ist die ursprüngliche Auffassung des Subtrahierens als „Wegnehmen". Sie ist bei natürlichen Zahlen gleichwertig mit der Auffassung „Ergänzen", die wir in den Vorbemerkungen zugrundegelegt haben.

[7]) Dies geschieht erst in Abschnitt 11.2.

Das *Produkt* m · n ist die Kardinalzahl der *Vereinigung von* m *paarweise disjunkten Mengen, die alle die gleiche Kardinalzahl* n *haben.* Man denke etwa an m Körbe mit je n Äpfeln. „Paarweise disjunkt“ bedeutet: Nimmt man irgendzwei der Mengen her, so sind diese disjunkt. Wir schreiben:

$$m \cdot n = \text{card}(B_1 \cup B_2 \cup \ldots \cup B_m), \quad \text{falls} \begin{array}{l} B_i \text{ disj } B_j \text{ für } i \neq j \text{ und} \\ \text{card}\, B_i = n \text{ für alle } i. \end{array}$$

Die Buchstaben i, j werden hier als „Indexe“ benutzt; sie „laufen“ von 1 bis m.

Die Multiplikation läßt sich wie bekannt auf die Addition zurückführen:

$$m \cdot n = \underbrace{n + n + \ldots + n}_{m \text{ Summanden}}$$

Im Fall m = 0 oder m = 1 ist diese Schreibweise eigentlich nicht sinnvoll. „0 Summanden“ soll bedeuten: Die Summe ist auch 0; „1 Summand“: Die Summe ist gleich diesem einen Summanden.

Die *Aussage* m < n besagt: Hat man zwei Mengen A und B mit card A = m und card B = n, so gibt es eine eineindeutige Zuordnung zwischen A und einer *echten Teilmenge* A' *von* B (aber keine eineindeutige Zuordnung zwischen A und B). Man sagt auch: „A hat weniger Elemente als B“.

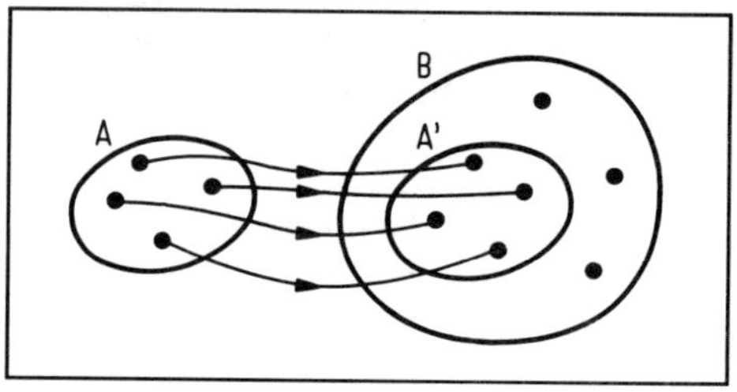

Bei Verwendung der natürlichen Zahlen als **Ordinalzahlen** haben die Operationen +, ·, < die folgenden Bedeutungen: Die *Summe* m + n erhält man durch „Weiterzählen“ von m aus um n Schritte: Der Platz mit der Nummer 7 + 4 ist der vierte Platz hinter dem siebenten. Das *Produkt* m · n entsteht durch Zählen in Schritten der Länge n: Zum Platz mit der Nummer 7 · 4 kommt man von Null ausgehend mit 7 Schritten der Länge 4. Die *Kleinerbeziehung* m < n besagt, daß die Nummer m *vor* der Nummer n drankommt.

Aufgaben 1.1

1. Die natürliche Zahl 10^{18}, d. h. 1 000 000 000 000 000 000, ist sehr groß. Veranschauliche diese Zahl auf verschiedene Weisen durch ausführliche Beschreibung von Mengen A mit card A = 10^{18}. Die Elemente der Mengen sollen geeignete reale Objekte sein, die man sehen und anfassen kann.

2. Entscheide jeweils, ob etwas Richtiges, etwas Falsches oder etwas Sinnloses dasteht:
card{a, b, c, d} = 4; card 4 = {a, b, c, d}; 4 = card{d, c, b, a}; 99 = card{0, 1, 2, ..., 99}; card 100 = {0, 1, 2, ..., 99}; card{0, 1, 2, ..., 99} = 100.

3. Wie viele Tachostände[8]) (siehe Beispiel 1) gibt es, die in der Mitte eine Null haben? Wie viele, die vorn und hinten die gleiche Ziffer haben? Wie viele symmetrische Tachostände gibt es bei einer sechsstelligen Kilometeranzeige?

4. Wenn man von „3stelliger Zahl“, „4stelliger Zahl“ usw. spricht, meint man, daß vorn keine Null steht. Vergleiche — möglichst ohne abzuzählen — die folgenden Mengen hinsichtlich ihrer Kardinalzahlen:

M_1 = Menge aller 4stelligen Zahlen;
M_2 = Menge aller 5stelligen Zahlen, die hinten eine 1 haben;
M_3 = Menge aller 5stelligen Zahlen, die vorn eine 2 haben;
M_4 = Menge aller 5stelligen Zahlen, die in der Mitte eine 3 haben;
M_5 = Menge aller 6stelligen Zahlen, die vorn und hinten eine 4 haben.

[8]) Diese müssen nicht symmetrisch sein!

5. Es sei G_i ($i = 1, 2, 3, 4, 5$) die Menge aller kürzesten Gitterwege von 0 nach P_i. Vergleiche die fünf Mengen G_i hinsichtlich ihrer Kardinalzahlen.

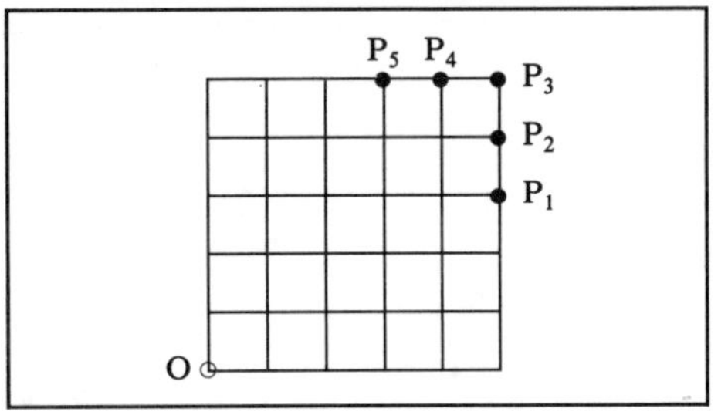

6. a) Beweise für die Mengen in Aufgabe 5: $\text{card}\, G_1 = \binom{8}{5}$; $\text{card}\, G_2 = \binom{9}{5}$; $\text{card}\, G_3 = \binom{10}{5}$; $\text{card}\, G_4 = \binom{9}{4}$; $\text{card}\, G_5 = \binom{8}{3}$.
b) Beweise allgemein: $\binom{n}{s}$ ist gleich der Anzahl aller kürzesten Gitterwege von 0 zum Punkt $(s, n-s)$, d. h. zum Punkt mit dem Rechtswert s und dem Hochwert $n-s$.

7. Welchen Wert hat $\binom{n}{1}$, $\binom{n}{n}$, $\binom{n}{0}$? Welchen Wert hat $\binom{2}{2}$, $\binom{3}{2}$, $\binom{4}{2}$, $\binom{5}{2}$, $\binom{6}{2}$, und allgemein $\binom{n}{2}$, für $n \geq 2$?

1.2 Anzahlbestimmung mittels Summenregel und Produktregel

Wie bestimmt man arbeitsökonomisch die Elementezahlen von „großen“, evtl. kompliziert zu beschreibenden endlichen Mengen? Dies ist eine Aufgabe der sogenannten **Kombinatorik,** aus der wir hier einige der einfachsten Regeln erörtern. Hierzu verwenden wir jetzt neben dem eineindeutigen Zuordnen auch die elementaren Rechenoperationen.

1.2.1 Summenregel

Nach der in 1.1.5 erläuterten Bedeutung der Addition gilt offenbar:

(1a) $\text{card}(A \cup B) = \text{card}\, A + \text{card}\, B$, falls A disj B.

Wir verallgemeinern diese einfache Summenregel (1a) in zwei Richtungen:

Verallgemeinerung auf Mengen, die nicht disjunkt zu sein brauchen:

(1b) $\text{card}(A \cup B) = \text{card}\, A + \text{card}\, B - \text{card}(A \cap B)$.

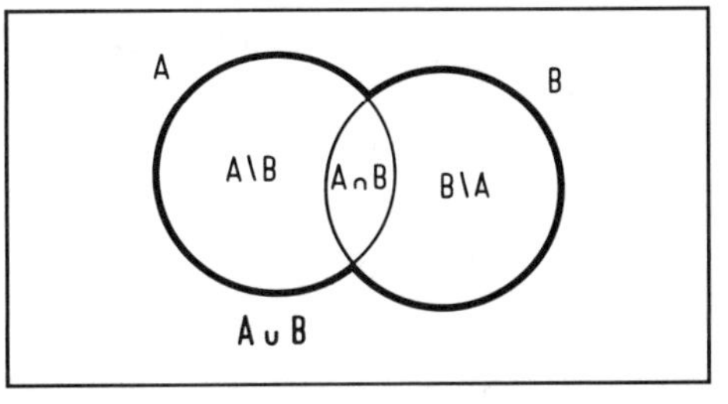

Beweis mit Bezugnahme auf (1a):

$$\text{card}(A \cup B) = \text{card}\, A + \text{card}(B \setminus A) \quad \text{(nach 1a);}$$

$$= \text{card}\, A + \underbrace{\text{card}(B \setminus A) + \overbrace{\text{card}(A \cap B)}^{}}_{= \text{card}\, B \quad \text{(nach 1a)}} \overbrace{- \text{card}(A \cap B)}^{= 0}$$

$$= \text{card}\, A + \text{card}\, B - \text{card}(A \cap B).$$

Anwendungsbeispiel: Jeder Schüler der Klasse nimmt an mindestens einer der Arbeitsgemeinschaften Laienspiel (L) und Werken (W) teil. 17 Schüler nehmen an L teil, 23 an W, 9 an L und W. Wie viele Schüler hat die Klasse?

Verallgemeinerung auf endlich viele paarweise disjunkte Mengen:
Wiederholte Anwendung von (1a) ergibt

(1c) $\text{card}(A_1 \cup \ldots \cup A_k) = \text{card}\, A_1 + \ldots + \text{card}\, A_k$, falls A_i disj A_j für $i \neq j$;

anders ausgedrückt:

$$\text{card}\, A = \text{card}\, A_1 + \ldots + \text{card}\, A_k, \quad \text{falls A } \textit{zerlegt} \text{ in } A_1, \ldots, A_k.$$

Eine weitere Verallgemeinerung dieser Regel erfolgt in Aufgabe 1. Siehe auch 9.3.2.

Die Summenregel in der Formulierung (1c) liefert die folgende *Strategie zur Anzahlbestimmung:* Zerlege die gegebene Menge passend in Teilmengen, bestimme deren Elementezahlen und addiere diese.

Beispiele:

(1) Wie viele Ecken, wie viele Kanten hat ein Ikosaeder?

(2) Wie viele „symmetrische" Zahlwörter von 1 bis 999999 (wobei vorn keine Nullen zugelassen sind) gibt es?

(3) Wie viele kürzestmögliche Gitterwege gehen vom Punkt (0,0) zum Punkt (x,y)? Zwei solche Wege sind hier eingezeichnet. Die Menge aller dieser Wege zerlegen wir in zwei Teilmengen: die Wege über (x−1,y) und die Wege über (x,y−1). Dann gilt nach der Summenregel (1a):

Anzahl der Wege nach (x,y)
= Anzahl der Wege nach (x−1,y) +
Anzahl der Wege nach (x,y−1)

Jetzt kann man Schritt für Schritt die Wege-Anzahlen für alle Punkte (x,y) des nebenstehenden Gitters berechnen und die Ergebnisse einfach an die Punkte schreiben. Wie viele kürzeste Wege gehen von (0,0) nach (5,6)?

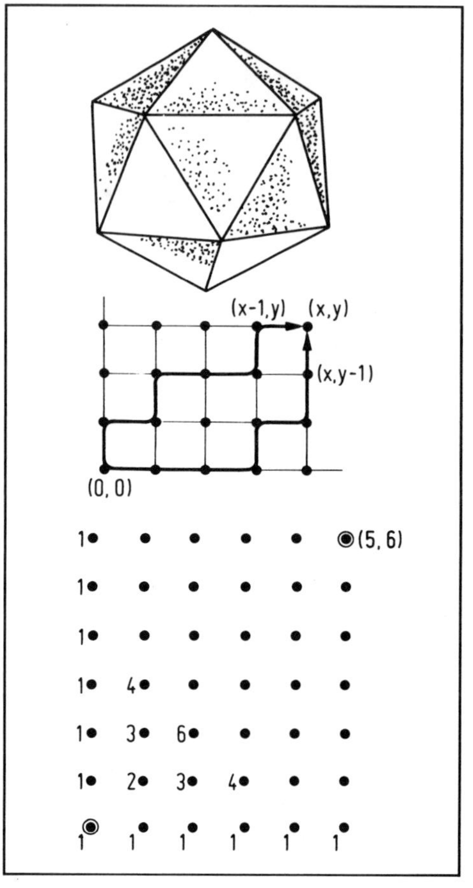

Ähnlich wie in (3) kann man zur **Berechnung von $\binom{n}{s}$** (vgl. 1.1.3) vorgehen.

Behauptung: Für n, s $\in \mathbb{N}_0$, s < n, gilt

(a) $\binom{n}{n} = \binom{n}{0} = 1$;

(b) $\binom{n}{s} + \binom{n}{s+1} = \binom{n+1}{s+1}$.

Beweis: Die Behauptung (a) ist klar. Zum Beweis von (b) betrachten wir die n-elementige Menge M = {1, 2, ..., n} und die (n+1)-elementige Menge M′ = {1, 2, ..., n, n+1}. Wir teilen nun die (s+1)-elementigen Teilmengen *von* M′ in zwei Klassen[9]) ein: Zur ersten Klasse gehören alle Teilmengen, welche die Zahl n+1 enthalten, zur zweiten Klasse die anderen. Den Teilmengen der ersten Klasse kann man eineindeutig die s-elementigen Teilmengen *von M* zuordnen (Zuordnungsvorschrift: Nimm die Zahl n+1 heraus); also beträgt ihre Anzahl $\binom{n}{s}$. Die Teilmengen der zweiter Klasse sind offenbar gerade die (s+1)-elementigen Teilmengen *von M* (sie enthalten ja nicht die Zahl n+1); also beträgt ihre Anzahl $\binom{n}{s+1}$. Nach der Summenregel (1a) folgt nun die Behauptung.

Die Regeln (a) und (b) ermöglichen es, den Wert von $\binom{n}{s}$ „rekursiv", d. h. Schritt für Schritt zu berechnen:

$$
\begin{array}{ccccccccc}
 & & & & \binom{0}{0} & & & & \\
 & & & \binom{1}{0} & & \binom{1}{1} & & & \\
 & & \binom{2}{0} & & \binom{2}{1} & & \binom{2}{2} & & \\
 & \binom{3}{0} & & \binom{3}{1} & & \binom{3}{2} & & \binom{3}{3} & \\
\binom{4}{0} & & \binom{4}{1} & & \binom{4}{2} & & \binom{4}{3} & & \binom{4}{4} \\
\ldots & \ldots & \ldots & \ldots & \ldots & \ldots & \ldots & \ldots & \ldots
\end{array}
\qquad
\begin{array}{ccccccccc}
 & & & & 1 & & & & \\
 & & & 1 & & 1 & & & \\
 & & 1 & & 2 & & 1 & & \\
 & 1 & & 3 & & 3 & & 1 & \\
1 & & 4 & & 6 & & 4 & & 1 \\
\ldots & \ldots & \ldots & \ldots & \ldots & \ldots & \ldots & \ldots & \ldots
\end{array}
$$

[9]) Eine solche Klasse ist eine Menge von Mengen.

Dieses Rechenschema heißt „Pascalsches Dreieck“[10]; es ist schon in Beispiel (3) aufgetreten.

Man kann den obigen Beweis sparen, indem man sich durch eineindeutige Zuordnung klarmacht, daß $\binom{n}{s}$ zugleich die Anzahl der kürzesten Gitterwege vom Punkt (0, 0) zum Punkt (s, n − s) ist (Aufgabe 6b zu Abschnitt 1.1). Dann ergibt sich nach der Überlegung in (3):

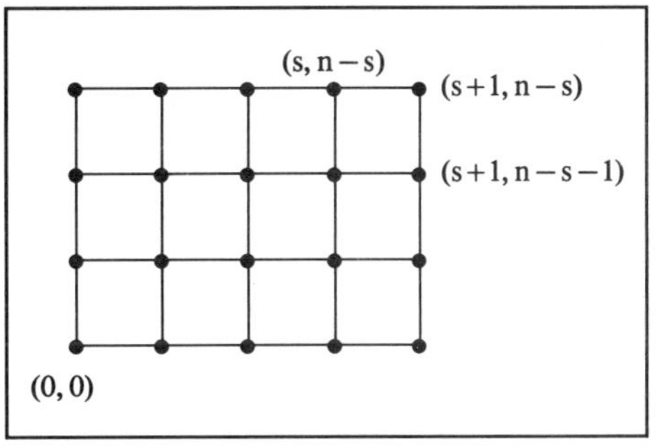

$\binom{n}{s} + \binom{n}{s+1}$ = Anzahl der Wege nach (s, n − s) + Anzahl der Wege nach (s+1, n − s − 1)

= Anzahl der Wege nach (s+1, n − s)

$= \binom{n+1}{s+1}$.

Wir halten auch für später fest: *Die Anzahl der kürzesten Gitterwege von* (0, 0) *zu* (x, y) *beträgt* $\binom{x+y}{x}$.

Aufgaben: 1, 2

1.2.2 Geordnete Paare, Kreuzprodukt, Produktregel

Wir beginnen mit zwei *Erinnerungen*:

Ein *geordnetes Paar*, kurz: **Paar** (a, b) ist *nicht* dasselbe wie die Menge {a, b}. Bei (a, b) kommt es auf die Reihenfolge an: a ist das erste, b das zweite Glied von (a, b). Z. B. gilt (1, 3) ≠ (3, 1), obwohl {1, 3} = {3, 1}. Man denke an die Beschreibung von Punkten in der xy-Ebene mittels Koordinatenpaaren: (1, 3) und (3, 1) beschreiben verschiedene Punkte.

Grundlegend für das Umgehen mit geordneten Paaren ist die Festsetzung:

(1) (a, b) = (c, d) *genau dann, wenn* a = c *und* b = d.

Anders ausgedrückt, besagt dies:

(a, b) ≠ (c, d) *genau dann, wenn* a ≠ c *oder* b ≠ d.

d. h. zwei Paare sind genau dann verschieden, wenn sie sich in wenigstens einem ihrer Glieder unterscheiden.

Übrigens ist das Paar (a, a) nicht dasselbe wie das Element a oder die Menge {a}. Man denke bei (a, a) an einen Punkt auf der Geraden y = x im Achsenkreuz. Dagegen ist die Menge {a, a} gleich der Menge {a}; hierauf kommen wir zurück, in 5.1.1 (d). Jetzt versteht man, warum wir von den *Gliedern*, nicht „Elementen“ eines geordneten Paares reden: Das Paar (a, a) hat wie jedes Paar zwei Glieder; die Menge {a, a} hat nur ein Element. {a, b} ist nur dann eine „Zweiermenge“, wenn a ≠ b.

Statt (a, b) findet man auch Schreibweisen wie (a; b), (a|b), ⟨a, b⟩.

Unter dem **Kreuzprodukt** oder *kartesischen Produkt* A × B der Mengen A und B versteht man die Menge aller Paare, deren erstes Glied zu A und deren zweites zu B gehört:

(2) A × B = Menge aller geordneten Paare (a, b) mit a ∈ A und b ∈ B.

Bei endlichen Mengen A und B kann A × B in Tabellenform dargestellt und auch durch ein Pfeildiagramm veranschaulicht werden:

[10]) Nach *Blaise Pascal* (1623—1662), franz. Mathematiker und Philosoph.

		B			
		b_1	b_2	$\dots$	b_m
A	a_1	(a_1, b_1)	(a_1, b_2)	$\dots$	(a_1, b_m)
	a_2	(a_2, b_1)	(a_2, b_2)	$\dots$	(a_2, b_m)
	$\vdots$	$\vdots$	$\vdots$		$\vdots$
	a_n	(a_n, b_1)	(a_n, b_2)	$\dots$	(a_n, b_m)

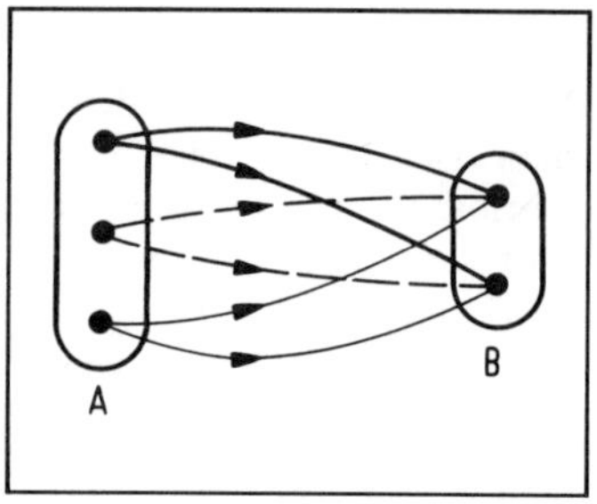

Die Elemente von $A \times B$ entsprechen dann den Feldern der Tabelle bzw. den Pfeilen des Diagramms.

Beispiele: (1) A sei die Menge der Röcke, B die Menge der Blusen einer bestimmten Puppe. Dann ist $A \times B$ die Menge der möglichen „Anzüge" (ob gutaussehend oder nicht). Man beachte, daß hier die Elemente von $A \times B$ nicht alle gleichzeitig, wie die Elemente von A und B, als Dinge realisiert werden können (außer im Fall $\operatorname{card} A = \operatorname{card} B = 1$). Darin unterscheidet sich das Kreuzprodukt von der Vereinigung $A \cup B$ und der Schnittmenge $A \cap B$ zweier Mengen realer Objekte. Um $A \times B$ darzustellen, müßte man etwa von jedem Paar (Rock, Bluse) ein Bild anfertigen und alle diese Bilder sammeln.

(2) A sei die Menge der 6 möglichen Würfe mit einem gegebenen roten Würfel, B die Menge der 6 möglichen Würfe mit einem gegebenen schwarzen Würfel. Dann ist $A \times B$ die Menge der möglichen Würfe gleichzeitig mit beiden Würfeln.

(3) $A = \{2, 3, 4, 5, 6, 7\}$, $B = \{1, 2, 3, 4\}$. Hier stellen wir $A \times B$ und $B \times A$ als Mengen von Punkten in der xy-Ebene dar. Das Beispiel zeigt zugleich, daß man im allgemeinen $A \times B$ und $B \times A$ unterscheiden muß.

(4) Natürlich kann auch $A = B$ sein, etwa $A = B = \mathbb{N}$ oder $A = B = \{0, 1, 2, \dots, 9\}$. Im letzten Fall ist $A \times B = \{0, 1, 2, \dots, 9\} \times \{0, 1, 2, \dots, 9\}$ die Menge aller geordneten Ziffernpaare; sie entspricht eineindeutig den zweistelligen „Zahlwörtern" von 00 bis 99.

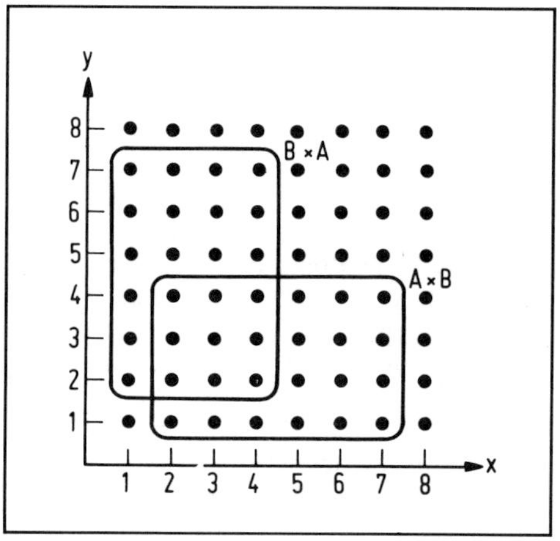

Nach den Beispielen vermutet man für die *Kardinalzahl* des Kreuzprodukts endlicher Mengen die

(Kreuz-)Produktregel: $\operatorname{card}(A \times B) = \operatorname{card} A \cdot \operatorname{card} B$;

die Kardinalzahl des Kreuzprodukts zweier Mengen ist das Produkt der Kardinalzahlen der beiden Mengen.

Beweis: Wir setzen $\operatorname{card} A = n$ und $\operatorname{card} B = m$. Im Fall $n = 0$ oder $m = 0$ ist die Behauptung klar; denn dann steht auf beiden Seiten des Gleichheitszeichens Null. (Man mache sich klar, daß $\emptyset \times B = A \times \emptyset = \emptyset$.) Wir setzen also $n > 0$ und $m > 0$ voraus. Nun kann die Menge $A \times B$ in n paarweise disjunkte Teilmengen von je der Elementezahl m zerlegt werden: die Zeilen der obigen Tabelle. (Die den Zeilen entsprechenden n Mengen sind paarweise disjunkt, und jede von ihnen hat genau m verschiedene Elemente!) Daraus folgt nach der Summenregel in der Form (1c):

$$\operatorname{card}(A \times B) = \underbrace{m + m + \dots + m}_{n \text{ Summanden}} = n \cdot m.$$

Die Produktregel gilt ebenso für dreigliedrige Kreuzprodukte $A \times B \times C$ (Menge aller geordneten „Tripel“ (a, b, c) mit $a \in A$, $b \in B$, $c \in C$). Der Leser übertrage selbst die vorangehenden Beispiele auf diesen Fall. Entsprechendes gilt allgemein für Kreuzprodukte der Form $A_1 \times A_2 \times \ldots \times A_s$ (Menge aller geordneten „s-Tupel“ $(a_1, a_2, \ldots, a_s)$ mit $a_i \in A_i$ für $i = 1, 2, \ldots, s$). Hierbei darf s eine beliebige natürliche Zahl größer als 1 sein.

1.2.3 Allgemeine Produktregel

Die folgende Regel ist mit der (Kreuz-)Produktregel verwandt, aber allgemeiner anwendbar. Mit ihr kann man noch manche Mengen abzählen, die sich nicht ohne weiteres als Kreuzprodukte auffassen lassen.

> **Allgemeine Produktregel:** Es seien nacheinander s Einzelentscheidungen zu fällen. Diese lassen n_1 bzw. n_2 bzw. ... bzw. n_s Möglichkeiten zu, und jede dieser Anzahlen sei *unabhängig vom Ausgang der vorangehenden Entscheidung.* Dann ist die Anzahl aller Gesamtentscheidungs-Möglichkeiten $n_1 \cdot n_2 \cdot \ldots n_s$.

Die Gültigkeit dieser Regel erkennt man an der Veranschaulichung mittels *Baumdiagramm.* In jeder Stufe ist die Verzweigungszahl die konstante Anzahl der jeweiligen Entscheidungsmöglichkeiten.

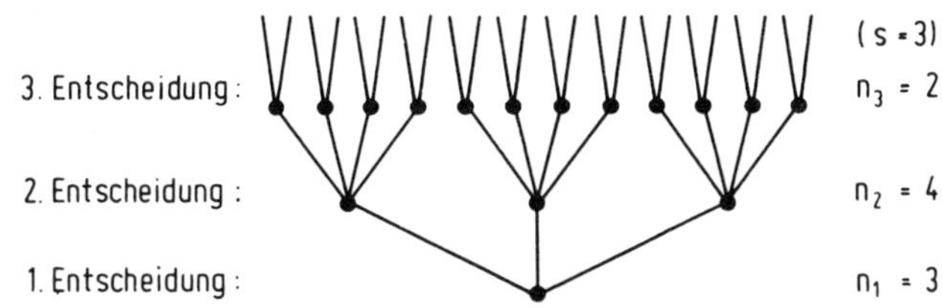

Beispiele

(1) Gegeben seien drei Mengen A_1, A_2, A_3 mit card $A_i = n_i$ $(i = 1, 2, 3)$. Die i-te Entscheidung besteht in der Auswahl eines Elements aus A_i. Die Gesamtentscheidung liefert ein geordnetes Tripel (a_1, a_2, a_3) mit $a_i \in A_i$. Es sei etwa A_1 die Menge der verfügbaren Vorspeisen, A_2 die der Hauptgerichte, A_3 die der Nachspeisen. Die Anzahl der möglichen „Menüs“ (a_1, a_2, a_3) ist dann $n_1 \cdot n_2 \cdot n_3$. Entsprechendes gilt allgemein für s Mengen $A_1, \ldots, A_s$ (Menüs mit s Gängen).

(2) Gegeben sei das Alphabet $\{a, b, c, \ldots, z\}$ mit 26 Buchstaben. Es sollen 3stellige Wörter (mit oder ohne Bedeutung) getippt werden. Man denke etwa an das Herstellen von Flugzeug-Kennzeichen. Die i-te Einzelentscheidung ist das Tippen eines Buchstabens auf die i-te Stelle $(i = 1, 2, 3)$. Hierfür hat man jedesmal 26 Möglichkeiten. Die Gesamtzahl aller 3stelligen Wörter ist also $26 \cdot 26 \cdot 26 = 26^3 = 17576$.

Allgemein: Die Anzahl der s-stelligen Wörter über einem Alphabet A *mit* n *Buchstaben beträgt* $\underbrace{n \cdot n \cdot \ldots \cdot n}_{s \text{ Faktoren}}$, insbesondere $n^1 = n$. Außerdem setzt man bekanntlich $n^0 = 1$.

Erinnerung: Die *Potenz* n^s, gelesen „n hoch s“, ist für $n, s \in \mathbb{N}$ wie folgt definiert: $n^s := \underbrace{n \cdot n \cdot \ldots \cdot n}_{s \text{ Faktoren}}$, insbesondere $n^1 = n$. Außerdem setzt man bekanntlich $n^0 = 1$.

(3) Die s Einzelentscheidungen lauten jedesmal „ja“ oder „nein“. Beispiel: Auswahl einer beliebigen *Teilmenge* T aus *einer gegebenen* s*-elementigen Grundmenge* M. Man entscheidet der Reihe nach für jedes Element von M, ob es zur Teilmenge gehören soll. Dafür gibt es 2^s

Gesamtentscheidungs-Möglichkeiten. Danach hat zum Beispiel die Menge der vier Kinder Ann, Ben, Cris, Dora genau 2^4, d. h. 16 Teilmengen. Sie entsprechen eineindeutig den Spitzen des Baumes.

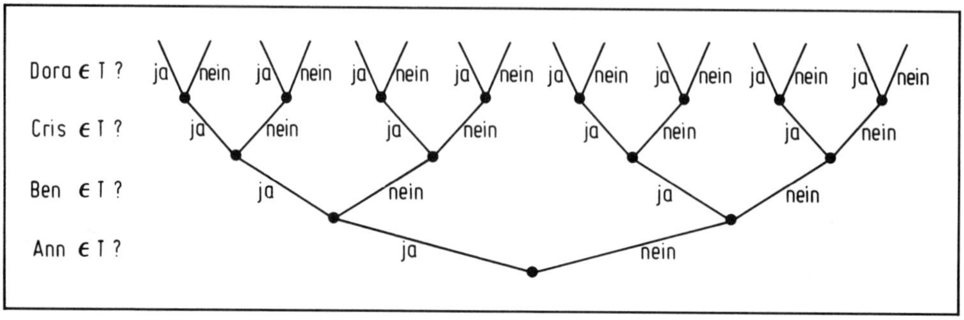

Allgemein: Die Anzahl aller Teilmengen einer gegebenen s-*elementigen Menge beträgt* 2^s.

Hinweis: Die Beispiele (1) bis (3) passen noch unter die einfache (Kreuz-)Produktregel. Gefragt war nach der Kardinalzahl des Kreuzprodukts

$$A_1 \times A_2 \times \ldots \times A_s$$

bzw. $A \times A \times \ldots \times A$ (s Faktoren; A das Alphabet);

bzw. $\{ja, nein\} \times \{ja, nein\} \times \ldots \times \{ja, nein\}$ (s Faktoren).

Anders ist es bei den folgenden Beispielen.

(4) Eine Urne enthalte n numerierte Kugeln $k_1, k_2, \ldots, k_n$. Hieraus werden nacheinander s Kugeln gezogen und in eine Rinne gelegt (in der Reihenfolge, wie sie gezogen wurden, nicht nach der Größe der Nummern geordnet!) Wie viele solche — voneinander verschiedene — Ziehungen sind möglich? Man hat bei der

1ten Entscheidung:	n	Möglichkeiten;
2ten Entscheidung:	$n-1$	Möglichkeiten (unabhängig davon, wie die erste Entscheidung ausgefallen ist);
3ten Entscheidung:	$n-2$	Möglichkeiten (unabhängig davon, wie ...);
⋮	⋮	⋮
s-ten Entscheidung:	$n-s+1$	Möglichkeiten (unabhängig davon, wie ...).

Die Gesamtzahl der Ziehungsmöglichkeiten ist also

$$\underbrace{n \cdot (n-1) \cdot (n-2) \cdot \ldots \cdot (n-s+1)}_{s \text{ Faktoren}}.$$

Dies stimmt sogar im Fall $s > n$; dann ist die Anzahl Null.

Hier ist von der zweiten Entscheidung ab jeweils *zwar die Anzahl, aber nicht die Menge* der noch verfügbaren Kugeln unabhängig von den vorangehenden Entscheidungen! Daher lassen sich die Ziehungen nicht als Elemente eines Kreuzprodukts $A_1 \times A_2 \times \ldots \times A_s$ von Kugelmengen auffassen.

(5) Es sollen s Gegenstände (z. B. Personen) auf s Plätzen angeordnet werden. Oder: Es soll eine eineindeutige Zuordnung zwischen einer Menge von s Gegenständen und dem Abschnitt $\{1, 2, \ldots, s\}$ von $\mathbb{N}$ hergestellt werden. Dies ist als Sonderfall des vorigen Beispiels, mit $n = s$, auffaßbar.

Die Anzahl der möglichen Anordnungen bzw. Zuordnungen ist also

$$s \cdot (s-1) \cdot (s-2) \cdot \ldots \cdot 2 \cdot 1 = s!.$$

Erinnerung: Das Symbol k!, gelesen „k *Fakultät*“, ist für $k \in \mathbb{N}$ wie folgt definiert: $1! = 1$; $2! = 1 \cdot 2$; $3! = 1 \cdot 2 \cdot 3$; allgemein $k! = 1 \cdot 2 \cdot 3 \cdot \ldots \cdot k$. Außerdem setzt man (aus später ersichtlichen Gründen) $0! = 1$.

Mit (1) bis (5) erweisen sich wichtige **Grundaufgaben der elementaren Kombinatorik** als Sonderfälle der allgemeinen Produktregel; vgl. den folgenden Überblick. Natürlich erschöpfen sich die Anwendungen der Produktregel nicht in diesen Grundaufgaben.

Allgemeine Produktregel

(1) Anzahl der Elemente des Kreuzprodukts $A_1 \times A_2 \times \ldots \times A_s$: $n_1 \cdot n_2 \cdot \ldots \cdot n_s$ wobei $n_i = \text{card } A_i$

(Kreuz-)Produktregel für s Faktoren

(2) Anzahl der s-stelligen „Wörter“ (sogen. s-tupel) über festem „Alphabet“ A: n^s, wobei $n = \text{card } A$.

Sonderfall von (1): $A_1 = A_2 = \ldots A_s = A$

(3) Anzahl der s-stufigen Ja-nein-Entscheidungen: 2^s = Anzahl aller Teilmengen einer s-elementigen Menge

Sonderfall von (2): $n = 2$

(4) Anzahl der s-stufigen Ziehungen ohne Zurücklegen aus einer Urne mit n Kugeln[11]: $n\,(n-1)\,(n-2)\ldots(n-s+1)$

kein Sonderfall der einfachen (Kreuz-)Produktregel!

(5) Anzahl der Anordnungen von s Gegenständen auf s Plätze: $s!$

Sonderfall von (4): $n = s$

Ergänzung: *Geschlossene Formel für* $\binom{n}{s}$

In **1.** haben wir ein Verfahren zur rekursiven Berechnung von $\binom{n}{s}$ kennengelernt. Mittels (4) und (5) gewinnt man nun leicht auch eine geschlossene Formel hierfür: Es gilt:

$$\binom{n}{s} = \frac{n \cdot (n-1) \cdot (n-2) \cdot \ldots \cdot (n-s+1)}{s!}, \text{ für } n, s \in \mathbb{N}.$$

Beweis: Nach (4) gibt es genau $n \cdot (n-1) \cdot (n-2) \cdot \ldots \cdot (n-s+1)$ Möglichkeiten, aus der Menge $M = \{k_1, k_2, \ldots, k_n\}$ ein geordnetes s-tupel von (verschiedenen) Kugeln zu ziehen. Nach (5) bestehen aber jeweils s! solcher s-tupel aus genau denselben Kugeln; sie unterscheiden sich nur in der Anordnung. Mit anderen Worten: Jede s-elementige Teilmenge von M ist unter den möglichen Ziehungsergebnissen genau s!-mal aufgeführt. Folglich gilt für die Anzahl $\binom{n}{s}$ dieser Teilmengen: $\binom{n}{s} \cdot s! = n \cdot (n-1) \cdot (n-2) \cdot \ldots \cdot (n-s+1)$. Daraus folgt die Behauptung.

Durch Erweitern des obigen Bruchs mit $(n-s)!$ (falls $s \leq n$) erhält man für $\binom{n}{s}$ die Formel[12]

$$\binom{n}{s} = \frac{n!}{s!\,(n-s)!};$$

diese gilt für $n, s \in \mathbb{N}_0$, $s \leq n$.

[11]) Dies ist zugleich die Anzahl aller „Wörter“ wie in Beispiel (2), wenn jetzt nur die Wörter mit lauter verschiedenen Buchstaben gezählt werden.

[12]) Diese bringt aber für die *Berechnung* von $\binom{n}{s}$ keine Erleichterung, weil unnötig große Zwischenergebnisse zu berechnen sind.

Auch hiermit ist eine wichtige Grundaufgabe der Kombinatorik gelöst. Die weiteren werden in 10.3.4 behandelt.

Aufgaben: 3 bis 6

Aufgaben 1.2

1. Beweise: Für endliche Mengen A, B, C gilt:

$$\begin{aligned}\operatorname{card}(A \cup B \cup C) = {} & \operatorname{card} A + \operatorname{card} B + \operatorname{card} C \\ & - \operatorname{card}(A \cap B) - \operatorname{card}(B \cap C) - \operatorname{card}(A \cap C) \\ & + \operatorname{card}(A \cap B \cap C)\end{aligned}$$

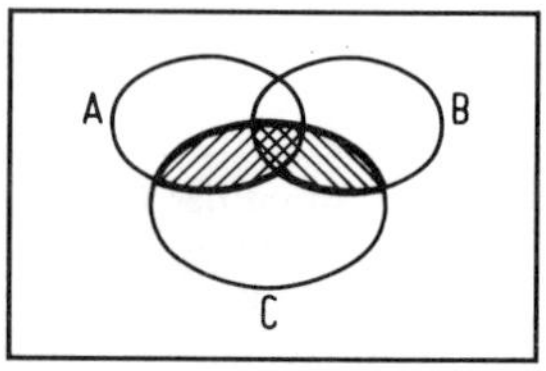

(Man kann dazu von (1b) ausgehen oder auch anders argumentieren. Etwa benötigte Mengengleichungen wie $(A \cup B) \cap C = (A \cap C) \cup (B \cap C)$ dürfen einem Venn-Diagramm entnommen werden.)

2. Beantworte die Fragen in 1.2.1, Beispiel (1) bis (3).

3. a) Beweise (durch Argumentieren, nicht durch Ausrechnen):

$$\binom{n}{0}+\binom{n}{1}+\ldots+\binom{n}{n} = 2^n$$

b) Bestimme die Anzahl der kürzesten Gitterwege vom Punkt O zur markierten Diagonale des Quadrats.

c) Beweise:

$$\binom{n}{0}\binom{n}{0}+\binom{n}{1}\binom{n}{1}+\ldots+\binom{n}{n}\binom{n}{n} = \binom{2n}{n}$$

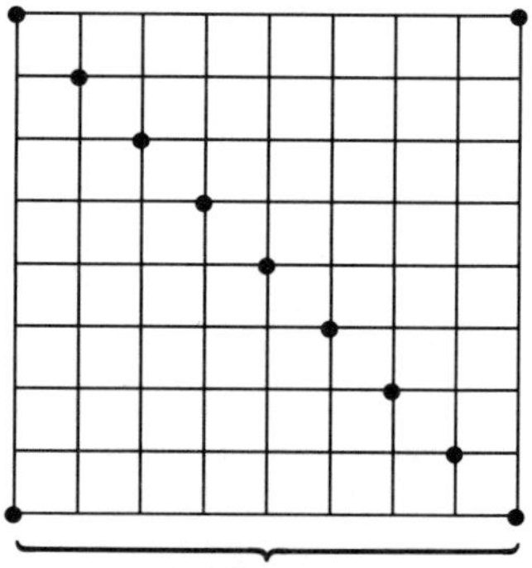

4. Zum Ausrechnen von $(a+b)^7$, d. h. von $(a+b)(a+b)(a+b)(a+b)(a+b)(a+b)(a+b)$, bildet man formal alle 128 siebenstelligen „Wörter" über dem „Alphabet" $\{a, b\}$ und setzt Pluszeichen dazwischen (d. h. man multipliziert jedes Glied mit jedem und addiert dann alle Produkte). Nach den Rechenregeln der Multiplikation kann man Wörter gleichen Typs (wie z. B. abababa und aaaabbb) zusammenfassen. Die Summe hat dann noch 8 Summanden.

a) Jeder Summand hat einen Zahlfaktor (Anzahl der Wörter des betreffenden Typs). Wie lauten diese Zahlfaktoren?

b) Schreibe die Formel für $(a+b)^7$ hin, möglichst so, daß man sieht, wie sie auf $(a+b)^n$, mit beliebigem Exponenten n aus $\mathbb{N}$, verallgemeinert werden kann.

c) Gib die allgemeine Formel für $(a+b)^n$, $n \in \mathbb{N}$, an. (Schreibweise mit Pünktchen).

d) Setze in der Formel aus c) $a = b = 1$. Vergleiche mit Aufgabe 3a).

5. Es sei M eine Menge von 11 Kindern, und zwar 6 Mädchen und 5 Jungen. Bekanntlich hat M dann 2^{11} Teilmengen. Wie viele von diesen 2048 Teilmengen enthalten

a) ... genau 6 Kinder?

b) ... genau 3 Mädchen und 3 Jungen?

c) ... alle 6 Mädchen?

d) ... mindestens 6 Kinder?

6. a) Auf wie viele verschiedene Weisen kann man einen Spielwürfel auf eine quadratische Fläche legen?

b) Auf wie viele verschiedene Weisen kann man die sechs Flächen eines massiven Würfels mit je einer von sechs vorgegebenen Farben färben? (Die Würfelaugen sind dann nicht mehr zu sehen.)

c) Jemand hat *sieben* verschiedene Farben zur Verfügung. Wie viele verschiedene sechsfarbige Würfel kann er damit herstellen?

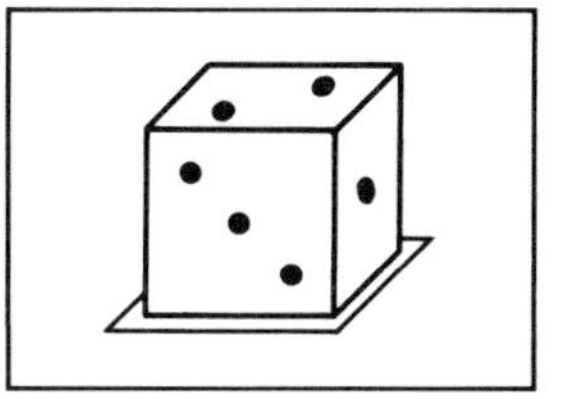

1.3 Die Stellenwertschreibweise für natürliche Zahlen; Beispiele für Algorithmen

In Abschnitt 1.1 und 1.2 haben wir uns mit der Frage befaßt: Wozu *verwendet* man die natürlichen Zahlen? Jetzt erörtern wir, wie man die natürlichen Zahlen *bezeichnet.* Die schwierige Frage „Was *ist* eine natürliche Zahl"? stellen wir weiterhin zurück. Jedenfalls ist eine Zahl nicht das, was man dafür hinschreibt: In

$$10^{18} = 1\,000\,000\,000\,000\,000\,000$$

stehen links und rechts vom Gleichheitszeichen zwei *verschiedene Namen für dasselbe Objekt* (hier für eine ganz bestimmte, sehr große natürliche Zahl). Dies gilt allgemein für die *Verwendung des Gleichheitszeichens.* In diesem Sinn kann man auch schreiben: Morgenstern = Abendstern. Dieses berühmt gewordene Beispiel stammt von dem Logiker *Gottlob Frege* (1848—1925).

Grundlegend für das Folgende ist die

1.3.1 Division mit Rest

Gegeben sei ein Haufen von a Streichhölzern. Ein Schüler macht, so lange das geht, *Bündel* von je b Hölzern (a und b sind natürliche Zahlen). Es ist klar, daß er nach einiger Zeit fertig sein wird. Dann hat er q Bündel beiseitegelegt und r einzelne Hölzer übrig behalten; hiermit gilt $a = qb + r$ und $r < b$. Weiter ist klar: Wenn ein anderer Schüler ebenso viele Hölzer hat und gleich große Bündel macht, dann erhält er zum Schluß die gleiche Anzahl von Bündeln und einzelnen Hölzern.

Jetzt formulieren wir den Sachverhalt ohne Bezugnahme auf Streichholzmengen:

Satz 1: Es sei $a \in \mathbb{N}_0$, $b \in \mathbb{N}$. Dann gilt:

(1) Es gibt Zahlen $q, r \in \mathbb{N}_0$, so daß $a = qb + r$ und $r < b$.
(„Existenzaussage": Es gibt *mindestens* ein Paar (q, r), so daß ...)

(2) Wenn $a = qb + r$, $r < b$ und $a = q'b + r'$, $r' < b$, dann $q = q'$ und $r = r'$.
(„Eindeutigkeitsaussage": Es gibt *höchstens* ein Paar (q, r), so daß ...)

Hinweise

(a) Im Fall $r = 0$ gibt es nach dem Satz genau ein q mit $a = qb$; also gilt dann $a : b = q$. Man sagt dann: b *ist Teiler von* a oder b *geht auf in* a oder auch: a *ist Vielfaches von* b.

(b) Im Fall $r > 0$ schreibt man statt $a = qb + r$ oder $a = bq + r$ herkömmlicherweise und logisch nicht ganz korrekt: $a : b = q$ Rest r.
Bei dieser Schreibweise stehen *nicht* links und rechts vom Gleichheitszeichen Namen für dasselbe Objekt! (Was für ein Objekt könnte das sein?) Sonst müßten ja z. B. wegen $17 : 5 = 3$ Rest 2 und $20 : 6 = 3$ Rest 2 auch $17 : 5$ und $20 : 6$ dasselbe Objekt bezeichnen.

(c) Die Behauptungen (1) und (2) sind nach der Vorbetrachtung vollkommen einleuchtend. Trotzdem geben wir jetzt, wie in der Mathematik üblich, Beweise hierfür, in denen wir nur auf vertraute Rechenregeln für natürliche Zahlen Bezug nehmen. Es wäre interessant, die benutzten Rechenregeln genau herauszupräparieren. Der Leser sollte dies später versuchen, nachdem diese Regeln in Kapitel 3 erörtert worden sind.

Beweis der Existenz

Wir beschreiben ein Rechenverfahren („Algorithmus“) zum Auffinden von q, r bei gegebenen a, b. Dabei setzen wir $a \geq b$ voraus; denn im Fall $a < b$ ist die Behauptung klar: $a = 0 \cdot b + a$, $a < b$.

Schritt Nr.	Anfangs-wert	Rest nach Subtraktion von b	Ist der Rest noch $\geq$ b?
1	a	a − b	ja, weitermachen
2	a − b	a − 2b	ja, weitermachen
3	a − 2b	a − 3b	ja, weitermachen
⋮	⋮	⋮	⋮
q	a − (q−1)b	a − qb	nein, halt!

Das Verfahren besteht in der wiederholten Subtraktion der Zahl b, so lange, bis es nicht mehr geht. Der letzte Rest $a - qb$ ist dann kleiner als b (denn sonst ginge es noch einmal). Wir setzen $a - qb = r$ und erhalten $a = qb + r$ und $r < b$.

Beweis der Eindeutigkeit

Es sei $q'b + r' = qb + r$ und (Fall 1:) $q' \geq q$. Dann folgt $q'b \geq qb$, also $r' \leq r$. Daher darf man subtrahieren und erhält $q'b - qb = r - r'$, also $(q' - q)b = r - r'$, $(q' - q)b < r < b$, also $q' - q = 0$ (weil < 1), $q' = q$. Dann folgt weiter $r - r' = 0$, also $r = r'$.

Wenn $q' \leq q$ (Fall 2), verläuft der Beweis ebenso.

Hinweise

(d) Im Beweis von (1) wurde als selbstverständlich angesehen, daß die absteigende[13]) Folge der Reste (vorletzte Spalte) einmal abbrechen muß. Damit haben wir uns auf den folgenden Sachverhalt berufen:

> Jede (echt) absteigende Folge von natürlichen Zahlen: $n_1 > n_2 > n_3 > \ldots$
> bricht einmal ab, d. h. hat ein *letztes Glied*: $\ldots > n_{q-1} > n_q$.

Diese einleuchtende, hier nicht weiter begründete Eigenschaft ist eine *wichtige Besonderheit der natürlichen Zahlen.* Sie gilt offensichtlich *nicht* für die Zahlen aus $\mathbb{Z}$, $\mathbb{Q}^+$, $\mathbb{Q}$, $\mathbb{R}$. Wir werden uns noch öfter auf sie berufen.

(e) An dem verwendeten Algorithmus ist bemerkenswert, daß *nur die Subtraktion* von natürlichen Zahlen benutzt wird. Sobald man einen Rechner hat, der in der Lage ist, natürliche Zahlen zu subtrahieren und größenmäßig zu vergleichen sowie die Rechenschritte zu zählen, kann man ihn den Algorithmus ausführen lassen. In diesem Sinn ist die Division auf die Subtraktion zurückgeführt; dies wird auch technisch bei der Konstruktion von Rechnern ausgenutzt.

(f) *Zur Bedeutung des Eindeutigkeitsbeweises:* Der beschriebene Algorithmus sichert nur die Existenz, nicht die eindeutige Bestimmtheit von q und r. Zwar liefert dieser Algorithmus für jedes Paar (a, b) ein eindeutig bestimmtes Ergebnis. Aber das besagt nicht, daß jeder andere Algorithmus (z. B. das in der Schule gelernte schriftliche Divisionsverfahren oder das im folgenden beschriebene Taschenrechner-Verfahren) dasselbe Ergebnis liefern muß. Dies ist erst durch (2) gesichert.

[13]) Statt „absteigend“ sagt man deutlicher „echt absteigend“. Jede Zahl muß (echt) kleiner sein als die vorangehende.

(g) Mit dem *Taschenrechner* kann man — unter Benutzung der Divisionstaste — die Division mit Rest wie folgt ausführen:

Taste	a	÷	b	=	−	**q**	=	×	b	=
Anzeige	a		b	$\frac{a}{b}$		q	$\frac{r}{b}$		b	**r**

Beispiel:	83	÷	6	=	−	**13**	=	×	6	= [14]
	83		6	**13,83...**		13	0,83...		6	**5**

Beim sechsten Schritt hat man für q den ganzzahligen Anteil der Anzeige $\frac{a}{b}$ einzutasten. Dann gilt $\frac{a}{b} = q + \frac{r}{b}$ und $\frac{r}{b} < 1$, d. h. $a = qb + r$ und $r < b$. Anschließend wird r aus $\left(\frac{a}{b} - q\right) \cdot b = r$ berechnet.

Aufgaben: 1, 2

1.3.2 Darstellung natürlicher Zahlen in einem Stellenwertsystem

Es sei a die Anzahl der Streichhölzer in einer bestimmten Packung (nicht so klein wie heute üblich) und b die Zahl zehn. Das Bündeln führe zum Ergebnis $a = 8b + 3$. Dann bilden die Zahlen $q = 8$ und $r = 3$ genau das Ziffernpaar, mit dem man üblicherweise die Zahl a darstellt (bezeichnet, benennt): im „Dezimalsystem", d. h., dem Stellenwertsystem mit der Basis 10. Die Zahl a erhält hier also den Namen 83. Wenn q größer als neun ist, wiederholt man das Verfahren. Man macht gleichsam Bündel von Zehnerbündeln.

Nun sind wir mit der Schreibweise der Zahlen im Dezimalsystem zu vertraut, um sie unbefangen zu analysieren. Daher erörtern wir hier nicht, wie man „namenlose" Zahlen (die etwa durch Streichholzmengen gegeben sind) im Dezimalsystem darstellt. Vielmehr zeigen wir, wie man eine durch den üblichen Dezimalnamen gegebene Zahl im *Stellenwertsystem mit beliebiger Basis* b (Grundzahl, Bündelungszahl) größer als 1 darstellt.

Beispiel mit $b = 6$:

$$83 = \overbrace{\boxed{2 \cdot 6 + 1}}^{13} \cdot 6 + 5 = 2 \cdot 6^2 + 1 \cdot 6 + 5$$

Zwei ineinandergeschachtelte Divisionen durch 6 mit Rest und anschließendes Zurückrechnen liefern für die gegebene Zahl 83 die „Potenzsummendarstellung" $2 \cdot 6^2 + 1 \cdot 6 + 5$ oder $2 \cdot 6^2 + 1 \cdot 6^1 + 5 \cdot 6^0$. Die Faktoren 2, 1, 5 der Sechserpotenzen bilden die *Ziffern* bei der Darstellung der gegebenen Zahl im Sechsersystem. Wir schreiben:

$$83 = (215)_6;$$

links und rechts stehen Namen für dieselbe Zahl.

Allgemein sieht das wie folgt aus (mit angenommenem Abbrechen beim fünften Schritt):

$$a = \overbrace{\boxed{\overbrace{\boxed{\overbrace{\boxed{\overbrace{\boxed{0 \cdot b + r_5}}^{q_4} \cdot b + r_4}}^{q_3} \cdot b + r_3}}^{q_2} \cdot b + r_2}}^{q_1} \cdot b + r_1$$

Auf a wenden wir die Operation „Division durch b mit Rest" an. Der große Kasten stellt den Quotienten q_1 dar. Auf diesen wird wieder die Operation angewandt, und so fort, bis erstmals ein Quotient kleiner als b auftritt; hier ist dies q_4 (q_4 kann nicht Null sein, weil sonst schon q_3 kleiner als b gewesen wäre!). Man stellt q_4 dann noch in der Form $0 \cdot b + r_5$ dar.

[14]) Wenn hier bei einfachen Rechnern 4,999998 erscheint, ist dies natürlich zu runden.

So erreicht man, daß in der *Potenzsummendarstellung*

$$a = r_5 \cdot b^4 + r_4 \cdot b^3 + r_3 \cdot b^2 + r_2\, b^1 + r_1\, b^0,$$

die man durch Zurückrechnen[15]) von innen nach außen erhält, die Faktoren der b-Potenzen gerade die sämtlichen *Reste* sind. Dies erkennt man ohne Rechnen auch so: r_1 ist die Anzahl der übrig gebliebenen Einer beim ersten Schritt; r_2 ist die Anzahl der übrig gebliebenen b-Bündel beim zweiten Schritt; r_3 ist die Anzahl der übrig gebliebenen b^2-Bündel beim dritten Schritt; ...; r_5 ist die Anzahl der zum Schluß gebildeten b^4-Bündel.

Nun verwendet man die Reste r_5, r_4, r_3, r_2, r_1 als *Ziffern* z_1, z_2, z_3, z_4, z_5 für die *Darstellung der Zahl* a *im Stellenwertsystem mit der Basis* b (kurz: Darstellung der Zahl a im b-System) und schreibt

$$a = (r_5r_4r_3r_2r_1)_b = (z_1z_2z_3z_4z_5)_b$$

Beachte: Wegen $b > 1$ gilt $a > q_1 > q_2 > q_3 > \ldots$. Daher muß die Folge der Quotienten und somit das Verfahren in jedem Falle einmal abbrechen; siehe **1.** (d). Der letzte Quotient vor dem Abbrechen (hier $q_4 = r_5$) ist dann notwendig größer als Null.

Damit haben wir ein einfaches Rechenverfahren (einen Algorithmus) zur „Umwandlung" einer gegebenen Zahl a in das b-System mit beliebiger Basis b gewonnen. Für die praktische Durchführung legt man zweckmäßig eine Tabelle an. Die Umwandlung von 38704 ins Siebenersystem sieht dann wie folgt aus:

Schritt Nr.	Division durch 7 mit Rest	q > 0 ?
1	$38704 = 5529 \cdot 7 + \underset{z_6}{1}$	ja
2	$5529 = 789 \cdot 7 + \underset{z_5}{6}$	ja
3	$789 = 112 \cdot 7 + \underset{z_4}{5}$	ja
4	$112 = 16 \cdot 7 + \underset{z_3}{0}$	ja
5	$16 = 2 \cdot 7 + \underset{z_2}{2}$	ja
6	$2 = 0 \cdot 7 + \underset{z_1}{2}$	nein

Die z_i, von unten nach oben gelesen, sind die Ziffern der gesuchten Darstellung (von links nach rechts gelesen). So ist 38704 als Potenzsumme dargestellt:

$$38704 = (220561)_7 = 2 \cdot 7^5 + 2 \cdot 7^4 + 0 \cdot 7^3 + 5 \cdot 7^2 + 6 \cdot 7^1 + 1 \cdot 7^0$$

Die 5stellige Zahl 38704 ist im Siebenersystem 6stellig.

Durch das Vorangehende ist die *Existenzaussage* des folgenden Satzes bewiesen:

Satz 2: Bei vorgegebener „Basis" $b \in \mathbb{N} \setminus \{1\}$ *gibt es* zu jeder Zahl $a \in \mathbb{N}$ eine „Stellenzahl" $s \in \mathbb{N}$ und „Ziffern" $z_i \in \{0, 1, \ldots, b-1\}$, so daß gilt:

$$z_1 \neq 0 \quad \text{und} \quad a = z_1b^{s-1} + z_2b^{s-2} + \ldots + z_{s-1}b + z_s.$$

Dabei sind die Stellenzahl s und die Ziffern $z_1, \ldots, z_s$ *eindeutig bestimmt.*

Die *Eindeutigkeitsaussage* besagt folgendes:

[15]) Dabei erhält man der Reihe nach: $r_5 \cdot b + r_4$, $r_5 \cdot b^2 + r_4 \cdot b + r_3$, $r_5 \cdot b^3 + r_4 \cdot b^2 + r_3 \cdot b + r_2$, $r_5 \cdot b^4 + r_4 \cdot b^3 + r_3 \cdot b^2 + r_2 \cdot b + r_1$. Dies wird in 1.3.3 noch erörtert.

Wenn $a = z_1 b^{s-1} + z_2 b^{s-2} + \ldots + z_{s-1} b + z_s$ und $a = z'_1 b^{s'-1} + z'_2 b^{s'-2} + \ldots + z'_{s'-1} b + z'_{s'}$ (wobei $z_i, z'_i \in \{0, 1, \ldots, b-1\}$ und $z_1, z'_1 \neq 0$) dann $s = s'$ und $z_i = z'_i$ für alle i.

Zu ihrem *Beweis* kann man annehmen, daß $s' = s$ ist; nötigenfalls wären dazu in einer der beiden Darstellungen noch Glieder mit der Ziffer 0 voranzusetzen.[16]) Nun gilt zunächst $z'_s = z_s$; denn z'_s ist ebenso wie z_s der nach **1.** eindeutig bestimmte Rest von a bei der Division durch b. Es folgt $a - z'_s = a - z_s$, und (weil $a - z_s$ offenbar Vielfaches von b ist) weiter $(a - z'_s) : b = (a - z_s) : b$. Hiernach gilt entsprechend wie oben: $z'_{s-1} = z_{s-1}$. In dieser Weise fährt man fort und bestätigt so die behauptete Übereinstimmung aller Ziffern in den beiden Darstellungen.

Zur Bedeutung der Eindeutigkeitsaussage: Unser Verfahren zur Berechnung der Darstellung einer gegebenen Zahl $a \in \mathbb{N}$ im b-System ist nicht das einzig mögliche. Zum Beispiel kann man auch wie folgt beginnen: „Bestimme die höchste Potenz von b, die kleiner oder gleich a ist. Bestimme dann ..." (Wie geht es weiter?) Nach der Eindeutigkeitsaussage ist nun gewährleistet, daß die Darstellung für a, die man so erhält, mit der auf unserem Wege gefundenen übereinstimmt.

Die Eindeutigkeitsaussage würde übrigens nicht gelten, wenn man zuließe, daß die erste Ziffer 0 sein darf. Dann hätte man zum Beispiel $021 = 21$; hier wäre links $s = 3$, $z_1 = 0$, $z_2 = 2$, $z_3 = 1$ und rechts $s = 2$, $z_1 = 2$, $z_2 = 1$.

Ergänzung: *Summenschreibweise*

Die Schreibweise der Potenzsummen in Satz 2 und im Vorangehenden ist schwerfällig. Man schreibt solche Summen übersichtlicher wie folgt: $\sum\limits_{i=1}^{n} z_i b^{s-i}$. Das *„Summenzeichen"* $\sum\limits_{i=1}^{n}$ drückt ganz allgemein die Anweisung aus: Ersetze in dem nachfolgenden Ausdruck den Index i der Reihe nach durch die Zahlen 1, 2, ..., n und addiere dann die n erhaltenen Ausdrücke. Hiernach schreibt man z. B. auch

$$1^2 + 2^2 + \ldots + k^2 = \sum_{i=1}^{k} i^2 \quad \text{und} \quad \binom{n}{0} + \binom{n}{1} + \ldots + \binom{n}{n} = \sum_{i=0}^{n} \binom{n}{i}.$$

Aufgaben: 3, 4

1.3.3 Ausrechnen von Potenzsummen; Horner-Schema

Bisher haben wir Zahlen, die im Zehnersystem gegeben sind, in anderen Systemen dargestellt. Jetzt sei umgekehrt eine Zahl im Fünfersystem gegeben: $a = (31224)_5$, und wir fragen, wie sie im Dezimalsystem heißt. Mit anderen Worten: Die Zahl $(31224)_5$ soll „im Zehnersystem dargestellt" werden.

Aus **2.** wissen wir, daß

$$a = 3 \cdot 5^4 + 1 \cdot 5^3 + 2 \cdot 5^2 + 2 \cdot 5 + 4.$$

Dies kann man direkt ausrechnen und erhält

$$a = 3 \cdot 625 + 1 \cdot 125 + 2 \cdot 25 + 2 \cdot 5 + 4 = 2064.$$

Andererseits kann man sich die Potenzsumme für a entstanden denken als Ergebnis des „Zurückrechnens" aus ineinandergeschachtelten „Kästen":

$$a = \Big(\big((3 \cdot 5 + 1) \cdot 5 + 2\big) \cdot 5 + 2\Big) \cdot 5 + 4$$

Hier verwenden wir Klammern statt der Kästen und verzichten darauf, die 3 noch in der Form $0 \cdot 5 + 3$ zu schreiben. Nun rechnet man einfach so, wie es hier steht: Es beginnt mit der ersten

[16]) Genauer: Man kann $s' \leq s$ voraussetzen. Wenn $s' < s$, setzen wir in der zweiten Darstellung noch $s - s'$ Glieder mit der Ziffer 0 voran. Der folgende Beweis zeigt dann, daß diese Ziffern gleich denen in der ersten Darstellung, also $\neq 0$ sein müssen.

Ziffer, hier 3; dann wird immer abwechselnd mit der Basis 5 multipliziert und die nächste Ziffer addiert. Mit dem Taschenrechner geht das wie folgt:

Taste	**3**	$\times$ 5 + **1** =	$\times$ 5 + **2** =	$\times$ 5 + **2** =	$\times$ 5 + **4** =
Anzeige	3	16	82	412	2064

(So bei Rechnern mit sogenannter AOS-Notation, d. h. mit „algebraischem Operationssystem", wobei automatisch die Regel „Punktrechnung vor Strichrechnung" beachtet wird. Bei Billigrechnern geht es noch einfacher, nämlich ohne die Gleichheitszeichen im Innern.) Man vergleiche dies mit dem stumpfsinnigen Abarbeiten des Ausdrucks $3 \cdot 5^4 + 1 \cdot 5^3 + 2 \cdot 5^2 + 2 \cdot 5 + 4$ und beobachte, wieviel Mühe der Rechner mit dem Potenzieren (Taste y^x) hat.

Welchen Vorzug hat dieses zweite Rechenverfahren? Wir brauchen nur 4 Additionen und 4 Multiplikationen auszuführen. Beim ersten Verfahren waren außerdem noch 3 Potenzen zu berechnen bzw. $3+2+1 = 6$ zusätzliche Multiplikationen auszuführen. Nun sind Multiplikationen gegenüber Additionen unvergleichlich arbeitsaufwendiger. Also stehen im wesentlichen 4 Multiplikationen gegen $4+3+2+1 = 10$ Multiplikationen. Bei größeren Stellenzahlen wird der Unterschied noch viel gravierender.

Das zweite Verfahren kann man auch wie folgt übersichtlich notieren, indem man oben links eine Null einträgt und dann über den Strich der Reihe nach die gegebenen Ziffern schreibt:

0	15	80	410	2060
$\cdot 5$	$\cdot 5$	$\cdot 5$	$\cdot 5$	
+3	+1	+2	+2	+4
3	16	82	412	**2064**

Dieses Rechenschema heißt **Horner-Schema**[17]); es funktioniert ganz allgemein zur Berechnung der Werte von Potenzsummen oder „Polynomen" wie $a_1x^4 + a_2x^3 + a_3x^2 + a_4x + a_5$ (dies ist ein Polynom vierten Grades):

0	a_1x	$a_1x^2+a_2x$	$a_1x^3+a_2x^2+a_3x$	$a_1x^4+a_2x^3+a_3x^2+a_4x$
$\cdot x$	$\cdot x$	$\cdot x$	$\cdot x$	
$+a_1$	$+a_2$	$+a_3$	$+a_4$	$+a_5$
a_1	a_1x+a_2	$a_1x^2+a_2x+a_3$	$a_1x^3+a_2x^2+a_3x+a_4$	$a_1x^4+a_2x^3+a_3x^2+a_4x+a_5$

Man berechne so den Wert des Polynoms $4x^5 - 2x^4 + x^2 + 5x - 10$ (vom fünften Grad) für $x = -3$ und vergleiche damit die „stumpfsinnige" Rechnung, die noch dadurch erschwert wird, daß die y^x-Taste vieler Rechner bei Eingabe negativer x streikt.

Aufgaben: 5, 6

1.3.4 Wie spiegeln sich die Operationen $+$, $\cdot$, $<$ in der Stellenwertschreibweise wider?

Zwei natürliche Zahlen a, b seien in Stellenwertschreibweise gegeben. Dabei denken wir jetzt wieder an den wichtigsten Fall, die Dezimalschreibweise. Jedes Schulkind kann nun die Summe $a+b$ und das Produkt $a \cdot b$, ebenfalls dezimal geschrieben, herstellen: Es wendet die bekannten *Rechenverfahren für die schriftliche Addition bzw. Multiplikation* an. Ähnliches gilt für die Subtraktion und die Division.

Auch hierbei handelt es sich, wie bei den Verfahren in **1.** bis **3.**, um **Algorithmen.** Das sind Verfahren, bei denen genau vorgeschrieben ist, was man Schritt für Schritt zu tun hat, um dann nach endlich vielen Schritten zum Ergebnis zu kommen. Zum Beispiel beginnt der Algo-

[17]) Benannt nach dem britischen Mathematiker *W. G. Horner* (1786—1837).

rithmus für die schriftliche Addition wie folgt: „Schreibe die beiden Zahlen Ziffer für Ziffer untereinander, von rechts beginnend. Addiere dann die beiden letzten Ziffern. Schreibe ... (Vergiß nicht den Übertrag!) ..:" Hierbei muß der Rechner die Summen zweier beliebiger Ziffern, das „kleine Eins-plus-eins", im Kopf haben. Ähnliches gilt für den Multiplikations-Algorithmus, wobei der Rechner das kleine Einmaleins im Kopf haben muß. Er braucht aber zur Ausführung dieser Algorithmen *nichts über die Bedeutung* der vorkommenden Zahlen bzw. Operationen zu wissen. Die Verfahren funktionieren automatisch — übrigens in jedem Stellenwertsystem ebenso wie im Zehnersystem. Daher kann man sie auch einem maschinellen Rechner übertragen.

Die heute verwendeten elektronischen Rechner[18]) arbeiten aus technischen Gründen intern im *Zweiersystem*[19]), d. h. im Stellenwertsystem zur Basis 2. Bei der Eingabe und Ausgabe der Zahlen ist dann jeweils eine Übersetzung — vom Zehnersystem ins Zweiersystem bzw. umgekehrt — erforderlich; diese nimmt der Rechner automatisch vor. Algorithmen hierfür kennen wir aus **2.** und **3.** Sie funktionieren im Fall $b = 2$ besonders schön.

Nach dem Vorstehenden sind Rechenalgorithmen von großer praktischer Bedeutung; sie machen die Rechenoperationen mit Zahlen für jedermann beherrschbar. Aber das Ausführen von Rechenalgorithmen bildet keineswegs — wie es nach einem verbreiteten Vorurteil scheinen könnte — die einzige oder auch nur die wichtigste mathematische Tätigkeit! Gerade für praktische Anwendungen ist es erforderlich, sich über die *Bedeutung* der vorkommenden Zahlen bzw. Operationen im klaren zu sein.

Beispiel: Nach 1.2.1 (3) gibt es genau 35 kürzeste Gitterwege von P nach Q und genau 126 kürzeste Gitterwege von Q nach R. Wie viele kürzeste Gitterwege von P über Q nach R gibt es?

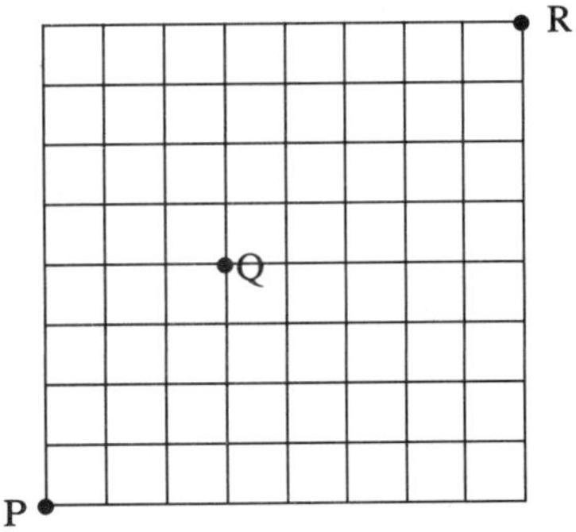

Hier genügt es nicht, addieren und multiplizieren zu können. Man muß vor allem erkennen, welche Operation von den gegebenen Zahlen 35 und 126 zum Ziel führt und warum. Und dazu muß man wissen: Addieren entspricht dem Vereinigen disjunkter Mengen (was hier nicht vorliegt); Multiplizieren hat etwas mit dem Kreuzprodukt (der Menge der geordneten Paare) zu tun. Hier sind das Paare von Wegen: Jeder Weg von P nach Q kann mit jedem von Q nach R zusammengesetzt werden. Die gesuchte Anzahl beträgt dann $35 \cdot 126 = 4410$.

Auch bei der *Kleinerbeziehung* $<$ unterscheide man die in 1.1.5 erörterte Bedeutung von der algorithmischen Bestimmung anhand dezimal geschriebener Zahlnamen. Letztere funktioniert wieder „automatisch", und zwar ähnlich wie bei der alphabetischen Ordnung der Wörter im Lexikon. Sind z. B. $a = 436998$ und $b = 437001$ gegeben, so vergleicht man, vorn beginnend, Stelle für Stelle, bis man zum ersten Mal auf zwei verschiedene Ziffern stößt (hier in der dritten Stelle). Die Kleinerbeziehung zwischen diesen beiden Ziffern gibt dann den Ausschlag: Es gilt $a < b$, wegen $6 < 7$. Nur die Ordnung der Ziffern selbst muß man im Kopf haben. Wenn eine der beiden Zahlen weniger Ziffern als die andere hat, stellt man schon vorher fest, daß sie die kleinere ist.

[18]) Taschenrechner ebenso wie Computer
[19]) auch „Dualsystem" genannt

1.3.5 Ergänzung: Der euklidische Algorithmus

Ein besonders eindrucksvolles Beispiel eines Algorithmus — nicht zu verwechseln mit dem in **2.** erörterten — ist der euklidische[20]) Algorithmus zur Bestimmung des *größten gemeinsamen Teilers* (ggT) zweier gegebener Zahlen a und b. Er beruht ebenfalls auf der Division mit Rest.

Gegeben seien zwei verschiedene natürliche Zahlen (nicht Null); Beispiel: a = 64589, b = 3178. Nun werden, beginnend mit a : b, Divisionen mit Rest ausgeführt: Man nimmt den *Divisor* und den *Rest* bei jeder Division als *Dividend* und *Divisor* bei der nächsten Division — so lange, bis einmal der Rest Null auftritt.

Jeder gemeinsame Teiler von 64589 und 3178 geht auf ↓		Dividend	=	Quotient	·	Divisor	+	Rest		
auch in	1029	64589	=	20	·	3178	+	1029	also auch in	64589
also auch in	91	3187	=	3	·	1029	+	91	also auch in	3178
also auch in	28	1029	=	11	·	91	+	28	also auch in	1029
also auch in	7	91	=	3	·	28	+	7	also auch in	91
		28	=	4	·	**7**	+	**0**	in	28
									7 geht auf ↑	

Hier stützt man sich auf die folgende Tatsache: Wenn eine Zahl in zwei anderen aufgeht, dann geht sie auch in deren Differenz (dem „Rest“) auf sowie in deren Summe. Dann erkennt man, von oben nach unten vorgehend (wie auf der linken Seite notiert): Jeder gemeinsame Teiler von 64589 und 3178 geht auch in 7 auf, ist also kleiner oder gleich 7. Umgekehrt sieht man beim Vorgehen von unten nach oben (wie rechts notiert), daß 7 in 3178 und 64589 aufgeht. Also ist 7 der gesuchte ggT der gegebenen Zahlen.

Allgemein kann man dies wie folgt beschreiben:

Schritt Nr.	Division mit Rest	Ist der Rest noch größer als 0?
1	$a = q_1 \cdot b + r_1$	ja, weiter
2	$b = q_2 \cdot r_1 + r_2$	ja, weiter
3	$r_1 = q_3 \cdot r_2 + r_3$	ja, weiter
4	$r_2 = q_4 \cdot r_3 + r_4$	ja, weiter
⋮	....	....
k	$r_{k-2} = q_k \cdot r_{k-1} + r_k$	ja, weiter
k+1	$r_{k-1} = q_{k+1} \cdot \mathbf{r_k} + \mathbf{0}$	nein, halt!

Offensichtlich gilt hierbei $b > r_1 > r_2 \ldots$. Also muß einmal der Rest 0 auftreten. Dies geschehe beim Schritt Nr. k+1. Der links vom Rest 0 stehende letzte Divisor r_k ist dann der gesuchte ggT von a und b. Dies macht man sich ebenso wie im Beispiel klar.

Dieses Verfahren liefert den ggT in den meisten Fällen weit schneller als der (im Schulunterricht übliche) Weg über die Primfaktorzerlegungen von a und b; siehe hierzu 1.4.5. Wie der Name zeigt, wurde der euklidische Algorithmus schon im Altertum verwendet, zur Bestimmung des größten gemeinsamen Maßes zweier gegebener Strecken. Dabei wurde die jeweilige Division mit Rest als wiederholte Subtraktion (Wegnahme) realisiert, wie in **1.** Man spricht daher auch vom Verfahren der „Wechselwegnahme“. Wir kommen in 4.1.1 darauf zurück.

Aufgabe: 7

Aufgaben 1.3

1. Die Division mit Rest läßt sich im Fall $b = 5$ leicht im Kopf ausführen, wenn die Zahl a, wie üblich, in Dezimalschreibweise gegeben ist.
a) Beschreibe, wie man schnell die Darstellung $a = q \cdot 5 + r$ mit $r < 5$ findet: Wie erhält man r? Wie berechnet man q möglichst bequem?
b) Stelle die Zahlen 12345, 19531, 20000, 78124, 111111 im Fünfersystem dar $(b = 5)$.

2. Eine Zahl $n \in \mathbb{N}_0$

$$\text{heiße} \begin{cases} R_0\text{-Zahl} \\ R_1\text{-Zahl} \\ R_2\text{-Zahl,} \end{cases} \text{wenn sie von der Form} \begin{cases} n = q \cdot 3 + 0 \\ n = q \cdot 3 + 1 \\ n = q \cdot 3 + 2 \end{cases} \text{ist}$$

(mit $q \in \mathbb{N}_0$); mit anderen Worten: wenn sie bei Division durch 3

$$\text{den} \begin{cases} \text{Rest } 0 \\ \text{Rest } 1 \\ \text{Rest } 2 \end{cases} \text{läßt. Beweise bzw. widerlege die Behauptungen:}$$

a) Wenn n eine R 1-Zahl ist, dann ist auch n^2 eine R 1-Zahl.
b) Wenn n eine R 2-Zahl ist, dann ist auch n^2 eine R 2-Zahl.
c) Wenn n^2 eine R 1-Zahl ist, dann ist auch n eine R 1-Zahl.
d) Wenn n^2 eine R 2-Zahl ist, dann ist auch n eine R 2-Zahl.
Hinweis: Eine Widerlegung erfolgt am schlagendsten durch ein konkretes Gegenbeispiel (Vordersatz wahr, Hintersatz falsch). Eine Behauptung ist wahr, wenn es kein Gegenbeispiel gibt.

3. Es seien folgende Mengen gegeben:
$M_1 = \{16, 17, 18, 19, 20, 21, 22, 23, 24, 25, 26, 27, 28, 29, 30, 31\}$
$M_2 = \{8, 9, 10, 11, 12, 13, 14, 15, 24, 25, 26, 27, 28, 29, 30, 31\}$
$M_3 = \{4, 5, 6, 7, 12, 13, 14, 15, 20, 21, 22, 23, 28, 29, 30, 31\}$
$M_4 = \{2, 3, 6, 7, 10, 11, 14, 15, 18, 19, 22, 23, 26, 27, 30, 31\}$
$M_5 = \{1, 3, 5, 7, 9, 11, 13, 15, 17, 19, 21, 23, 25, 27, 29, 31\}$
Jemand denkt sich eine natürliche Zahl zwischen 0 und 31 und nennt dann nur die Mengen, in denen die gedachte Zahl vorkommt. Wie kann man daraus die gedachte Zahl „rekonstruieren"?
Hinweis: Stelle die Zahlen von 0 bis 31 im Zweiersystem dar.

4. a) Bestimme die größte natürliche Zahl n, die im Zwanzigersystem geschrieben 8 Stellen hat, und schreibe diese Zahl n im Zehnersystem.
b) Wie viele Stellen hat die Zahl $m = 99.999.999$, wenn man sie im Zwanzigersystem schreibt? Wie heißt dann ihre erste, wie ihre letzte Ziffer?
Hinweis: Hier sollte man nicht viel rechnen, sondern die ersten Potenzen von 2 bzw. 20 im Kopf haben!

5. a) Stelle nacheinander im Zehnersystem dar:
$(11111)_2$, $(111111)_5$, $(4444)_7$, $(1111)_7$, $(111111)_b$, $(aaaaaaaa)_b$ $(0 < a < b)$.
b) Ebenso für $(aa \ldots a)_b$ mit n Stellen. Wandle die erhaltene Summe in einen geschlossenen Ausdruck (ohne Pünktchen) um.
Hinweis: Schulkenntnisse über „endliche geometrische Reihen" anwenden!
c) Spezialisiere Teil b) und gib damit $(888)_9$, $(22222)_3$, $(111111111)_2$ im Zehnersystem an.

6. Die Umrechnung 5stelliger Zahlen ins Zehnersystem erfordert[21]) beim üblichen Verfahren $4 + 3 + 2 + 1$ $(= 10)$ Multiplikationen, beim Hornerschema 4 Multiplikationen. Vergleiche allgemein den Multiplikationsaufwand beider Verfahren für die Umrechnung n-stelliger Zah-

[20]) Benannt nach *Euklid (Eukleides von Alexandria,* um 300 v. Chr.), griechischer Mathematiker, Verfasser des klassischen Lehrbuchs „Elemente" der Geometrie.
[21]) Sofern keine Stelle mit 0 oder 1 besetzt ist.

len und gib für die Anzahl der erforderlichen Multiplikationen jeweils einen geschlossenen Ausdruck (ohne Pünktchen) an.
Hinweis: Schulkenntnisse über „arithmetische Reihen“ anwenden!

7. Bestimme den größten gemeinsamen Teiler der Zahlen 65934 und 71808 sowie der Zahlen 1933 und 781.

1.4 Primzahlen als „Bausteine“ von $\mathbb{N}$

Nach der Erörterung der Stellenwertschreibweise betrachten wir jetzt eine andere Art, jede natürliche Zahl „aus Bausteinen aufzubauen“.

1.4.1 Primzahlen

12 ist gleich $3 \cdot 4$. Die Zahl 13 läßt sich nicht in zwei kleinere Faktoren zerlegen. Deshalb heißt 13 eine *Primzahl* oder *prim.* Das Wort „prim“ bedeutet dasselbe wie primitiv, im Sinne von „ursprünglich“, „nicht weiter zurückführbar“. Demnach sind auch 11, 7, 5, 3, 2 Primzahlen; die Zahlen 12, 10, 9, 8, 6, 4 sind es nicht. Die Zahl 1 rechnet man (aus später ersichtlichen Gründen) *nicht* mit zu den Primzahlen.

Definition: Eine Zahl p (aus $\mathbb{N}$) heißt *Primzahl* oder *prim,* wenn sie ungleich 1 ist und nicht als Produkt zweier kleinerer natürlicher Zahlen dargestellt werden kann.

Das Wesentliche an der Primzahleigenschaft einer Zahl p läßt sich in verschiedener Weise ausdrücken:

— Aus p Steinen kann man kein rechteckiges Feld legen (anders als z. B. bei 12 Steinen wie nebenstehend), jedenfalls kein „echtes“, das nicht nur aus einer Zeile besteht.

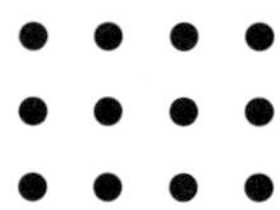

— die Zahl p kann niemals das Ergebnis einer „vernünftigen“ Multiplikationsaufgabe sein; siehe das folgende Bild.

— Die Zahl p hat genau zwei Teiler.

Quelle: *Andrejs Dunkels* (mit *Klaus Härtig),* Luleå, Schweden

Die dritte Formulierung wird wegen ihrer Kürze oft zur Definition der Primzahleigenschaft benutzt, zumal sie auch die Eigenschaft „ungleich 1“ mit erfaßt. In ihr kommt aber die ursprüngliche Vorstellung der Unzerlegbarkeit nicht mehr zum Ausdruck. Außerdem hebt sie gerade die „unwesentlichen“, im ursprünglichen Wortsinn nicht als solche geltenden Teiler einer Zahl hervor. Besser wäre es dann schon, die Primzahlen als diejenigen Zahlen $\neq 1$ zu definieren, die *keine wesentlichen Teiler* haben.

Die Folge der Primzahlen beginnt mit

2, 3, 5, 7, 11, 13, 17, 19, 23, 29, 31, 37, ...

Eine einfache Gesetzmäßigkeit des Fortschreitens ist hier nicht erkennbar. Es gibt aber ein altes Verfahren, alle Primzahlen in einem gegebenen Anfangsstück von $\mathbb{N}$ (ohne die 1) zu finden, das sogenannte *Sieb des Eratosthenes*[22]). Hierbei streicht man zuerst alle echten Vielfachen von 2, dann alle echten Vielfachen von 3, dann (die 4 und ihre Vielfachen sind gestrichen) alle echten Vielfachen von 5, usw.: Hinter jeder noch nicht gestrichenen Zahl werden alle ihre (noch nicht gestrichenen) Vielfachen gestrichen. Übrig bleiben dann genau die Primzahlen in dem betreffenden Anfangsstück von $\mathbb{N}$. Wie die Tabelle zeigt, sind bis 100 nur vier Streichungsfolgen nötig — warum brauchen keine Vielfachen von 11 mehr gestrichen zu werden?

	2	3	~~4~~	5	~~6~~	7	~~8~~	~~9~~	~~10~~
11	~~12~~	13	~~14~~	~~15~~	~~16~~	17	~~18~~	19	~~20~~
~~21~~	~~22~~	23	~~24~~	~~25~~	~~26~~	~~27~~	~~28~~	29	~~30~~
31	~~32~~	~~33~~	~~34~~	~~35~~	~~36~~	37	~~38~~	~~39~~	~~40~~
41	~~42~~	43	~~44~~	~~45~~	~~46~~	47	~~48~~	~~49~~	~~50~~
~~51~~	~~52~~	53	~~54~~	~~55~~	~~56~~	~~57~~	~~58~~	59	~~60~~
61	~~62~~	~~63~~	~~64~~	~~65~~	~~66~~	67	~~68~~	~~69~~	~~70~~
71	~~72~~	73	~~74~~	~~75~~	~~76~~	~~77~~	~~78~~	79	~~80~~
~~81~~	~~82~~	83	~~84~~	~~85~~	~~86~~	~~87~~	~~88~~	89	~~90~~
~~91~~	~~92~~	~~93~~	~~94~~	~~95~~	~~96~~	97	~~98~~	~~99~~	~~100~~

Erste: / zweite: \ dritte: // vierte: \\ Streichung

1.4.2 Primfaktorzerlegung

Erfahrungsgemäß kann man jede natürliche Zahl (größer als 1), die nicht selbst prim ist, so lange zerlegen, bis sie als Produkt von lauter Primzahlen dargestellt ist. Bei $6 = 2 \cdot 3$ ist das unmittelbar der Fall. 30 ist gleich $5 \cdot 6$ und 6 gleich $2 \cdot 3$; also ist $30 = 2 \cdot 3 \cdot 5$, das Produkt von drei Primfaktoren. Die Zahl $54 = 2 \cdot 27 = 2 \cdot 3 \cdot 3 \cdot 3$ hat vier Primfaktoren, darunter mehrmals denselben, die 3. In diesem Sinne sind die Primzahlen die *Bausteine von* $\mathbb{N}$.

Hierbei handelt es sich also um ein Aufbauen aller Zahlen aus „primitiven“ *Faktoren.* Die 1 wird dabei nicht wesentlich, nämlich nur zum Aufbau der 1 selbst, gebraucht. Dies ist ein Grund dafür, sie nicht mit zu den Primzahlen zu rechnen. Wohl aber ist die Zahl 1 unentbehrlich und auch ausreichend als einziger „additiver Baustein“, wenn man alle natürlichen Zahlen aus primitiven *Summanden* herstellen will!

Satz 1: Jede Zahl $n \in \mathbb{N} \setminus \{1\}$ kann als Produkt von (nicht notwendig verschiedenen) Primzahlen dargestellt werden.

22) Benannt nach dem griechischen Mathematiker *Eratosthenes von Kyrene* (etwa 275—194 v. Chr.).

Eine solche Darstellung $n = p_1 \cdot p_2 \cdot \ldots \cdot p_k$ heißt *Primfaktorzerlegung* (PFZ) der Zahl n. Ist n prim, so bildet n selbst als einziger „Faktor" eine PFZ von n.

Ein *Beweis* des Satzes erscheint kaum als erforderlich. Er wird aber zugleich mitgeliefert durch die folgende Beschreibung eines *Algorithmus zur Zerlegung einer Zahl* n (im Beispiel: n = 1960) in *Primfaktoren.*

Schritt Nr.	Division durch die kleinstmögliche Zahl ≠ 1, bei der kein Rest bleibt	Hinschreiben dieser Zahl als Faktor	Ist Ergebnis noch > 1?
1	1960 : 2 = 980	2	ja, weiter
2	960 : 2 = 490	· 2	ja, weiter
3	490 : 2 = 245	· 2	ja, weiter
4	245 : 5 = 49	· 5	ja, weiter
5	49 : 7 = 7	· 7	ja, weiter
6	7 : 7 = 1	· 7	nein, halt

Ergebnis: $1960 = 2 \cdot 2 \cdot 2 \cdot 5 \cdot 7 \cdot 7 = 2^3 \cdot 5 \cdot 7^2$.

Ebenso kann man bei jeder Zahl n aus $\mathbb{N} \setminus \{1\}$ vorgehen.

Man mache sich genau klar:

— Warum werden in der vorletzten Spalte nur Primzahlen hingeschrieben (warum z. B. nicht die 4)?

— Warum muß bei jeder natürlichen Zahl n das Verfahren einmal abbrechen?

Das Bestimmen des „kleinstmöglichen Divisors ≠ 1, bei dem kein Rest bleibt", kann mühsam sein. Immerhin genügt es offenbar, jeweils nur die *Primzahlen* p = 2, 3, 5 ... der Reihe nach daraufhin durchzumustern, ob sie in der betreffenden Zahl aufgehen. Mit etwas Überlegung kann man sich die Arbeit noch weiter vereinfachen.

Aufgabe: 1

1.4.3 Die Unendlichkeit der Menge aller Primzahlen

Schon im Altertum, von *Euklid,* wird die Frage aufgeworfen, ob es mit der Folge der Primzahlen einmal ein Ende hat. Und *Euklid* gibt auch die Antwort — durch einen außerordentlich scharfsinnigen Beweis dafür, daß hinter jeder Primzahl noch eine weitere gefunden werden kann.

Satz 2: Die Menge $\mathbb{P}$ aller Primzahlen ist unendlich.

Zum *Beweis* (nach *Euklid*) bildet man die Zahlen

$$\begin{aligned} 2 \cdot 3 + 1 &= 7 \\ 2 \cdot 3 \cdot 5 + 1 &= 31 \\ 2 \cdot 3 \cdot 5 \cdot 7 + 1 &= 211 \\ 2 \cdot 3 \cdot 5 \cdot 7 \cdot 11 + 1 &= 2311 \\ 2 \cdot 3 \cdot 5 \cdot 7 \cdot 11 \cdot 13 + 1 &= 30031 \\ 2 \cdot 3 \cdot 5 \cdot 7 \cdot 11 \cdot 13 \cdot 17 + 1 &= 510511 \end{aligned}$$

usw.; d. h. es werden jeweils die ersten zwei, drei usw. Primzahlen multipliziert, und dann wird die auf das Ergebnis folgende Zahl betrachtet. Nun ist klar, daß die so gebildeten Zahlen nie durch die bei ihrer Bildung verwendeten Primzahlen teilbar sein können. Z. B. ist die Zahl 30031 nicht durch 3 teilbar, weil sie um 1 größer ist als ein Vielfaches von 3; ebenso ist sie aber um 1 größer als ein Vielfaches von 5 oder von irgendeiner der anderen bei ihrer Bildung verwendeten Primzahlen. Keine der Zahlen 2, 3, 5, 7, 11, 13 kann also in ihr aufgehen. Sollte also 30031 im Gegensatz zu 7, 31, 211, 2311, die sämtlich Primzahlen sind, keine Primzahl sein, so ist sicher, daß keine der Zahlen 2, 3, 5, 7, 11, 13 unter ihren Primfaktoren vorkommt, daß also selbst der kleinste dieser Primfaktoren noch größer als 13 ist. In Wirklichkeit findet man, daß $30031 = 59 \cdot 509$ ist, und diese beiden Primfaktoren 59 und 509 sind in der Tat über 13 gelegen. Entsprechend findet man $510511 = 19 \cdot 97 \cdot 277$.

Die gleiche Überlegung ist nun aber anwendbar, wenn wir mit diesen Bildungen beliebig weit fortfahren. Sei p irgendeine Primzahl, und bilden wir mit allen Primzahlen bis p die Zahl

$$2 \cdot 3 \cdot 5 \cdot 7 \cdot \ldots \cdot p + 1 = n,$$

so wird keine der bei der Konstruktion verwendeten Primzahlen 2, 3, 5, 7, ..., p in n aufgehen. Entweder wird also n selbst Primzahl sein — und dann eine viel größere als p — oder n läßt sich in Primfaktoren zerlegen, die sicher nicht unter den Zahlen 2, 3, 5, 7, ..., p zu finden und somit alle größer als p sind. Jedenfalls muß es dann hinter p noch eine weitere Primzahl geben.

Danach ist klar: Versucht man, auf die Menge $\mathbb{P}$ aller Primzahlen den Zählprozeß anzuwenden, so kommt man nie zu einem Ende. Die Menge $\mathbb{P}$ ist unendlich.

Hier (auch in **1.** und **2.**) haben wir uns an die Darstellung bei *H. Rademacher / O. Toeplitz*: Von Zahlen und Figuren (Berlin 1933, Nachdruck 1968) gehalten. Diesem überaus lesenswerten Buch entnehmen wir auch den folgenden Kommentar (Seite 2/3): „Man weiß nicht, was man an dieser Stelle des *Euklid* mehr bewundern soll: daß die griechischen Mathematiker sich überhaupt eine solche Frage gestellt haben, ganz um ihrer selbst willen, aus innerem Drang zu mathematischem Denken, wie er uns von keinem Volk vordem überliefert ist, und wie ihn auch alle späteren Völker direkt von den Griechen übernommen haben; oder daß sie gerade *diese* Frage gestellt haben, die der naive Betrachter so leicht übersieht, für überflüssig hält, für trivial, und die erst dem in ihrer Schwierigkeit sich erschließt, der sich vergebens bemüht hat, in der Reihe der Primzahlen ein einfaches Gesetz zu finden, das ihm ein unbegrenztes Fortschreitenkönnen in dieser Reihe verbürgt; oder endlich, daß sie imstande waren, diesen Mangel an einer solchen Gesetzmäßigkeit durch die kunstvolle Beweisführung zu umschiffen, die wir eben kennengelernt haben."

1.4.4 Eindeutigkeit der Primfaktorzerlegung

Nach **2.** hat jede Zahl $n \in \mathbb{N} \setminus \{1\}$ eine Primfaktorzerlegung. Der Fall $n = 1$ ist uninteressant; man kann sagen, die Zahl 1 hat die leere PFZ.

Nun stellen wir uns vor, zwei Schüler zerlegen die Zahl $n = 96\,865\,789$ in Primfaktoren. Sie müssen dazu nicht den Algorithmus aus **2.** anwenden, sondern dürfen ganz nach Belieben vorgehen. Am Schluß schreiben sie die gefundenen Primfaktoren der Größe nach geordnet hin. Wir fragen: Kann dabei so etwas herauskommen: Erster Schüler: $n = 233 \cdot 439 \cdot 947$; zweiter Schüler: $n = 31 \cdot 37 \cdot 239 \cdot 353$? (Die angegebenen Faktoren sind tatsächlich Primzahlen.)

Die Antwort lautet: Wenn sich keiner verrechnet hat[23]), nein! Dies besagt der

Satz 3 (Eindeutigkeit der PFZ): Für jede Zahl $n \in \mathbb{N} \setminus \{1\}$ gilt:

Wenn $p_1 p_2 \ldots p_k = n = q_1 q_2 \ldots q_l$, mit p_i, q_i prim und $p_1 \leq \ldots \leq p_k$, $q_1 \leq \ldots \leq q_l$, *dann* $l = k$ und $q_i = p_i$ für $i = 1, \ldots, k$.

In Worten: Irgendzwei PFZ derselben Zahl n (mit Faktoren, die der Größe nach geordnet sind) müssen Faktor für Faktor übereinstimmen. Oder: Die bei der PFZ einer Zahl n auftretenden Faktoren und ihre Anzahlen sind eindeutig bestimmt.

Wir verzichten hier auf einen Beweis. (Dieser erfolgt im Kapitel 7.) Jedoch werden wir uns mit der Bedeutung dieses grundlegenden Satzes, des „Hauptsatzes der Arithmetik", vertraut machen, insbesondere indem wir zahlreiche *Folgerungen* aus ihm ziehen. So kann man z. B. die Frage „gilt $23 \cdot 37 = 7 \cdot 11 \cdot 13$?" jetzt durch Folgern statt durch Rechnen entscheiden.

[23]) Hier hat der erste Schüler, und nur dieser, richtig gerechnet.

Hinweise

(a) Erst nach Satz 3 darf man von *der* PFZ statt von *einer* PFZ der Zahl n sprechen. Vorher war der bestimmte Artikel noch nicht gerechtfertigt.

(b) Würde man die Zahl 1 mit zu den Primzahlen rechnen, wäre der Satz falsch. Man hätte dann z. B. $5 \cdot 7 = 1 \cdot 5 \cdot 7$, aber nicht die gleiche Anzahl von Faktoren und auch nicht (der Reihe nach) die gleichen Primzahlen. Dies ist ein weiterer Grund, die 1 nicht zu den Primzahlen zu rechnen.

(c) Wenn man mehrfach auftretende gleiche Primfaktoren zu Potenzen zusammenfaßt und auch Exponenten 0 zuläßt, kann man die PFZ der Zahl 1960 in der Form $2^3\, 5^1\, 7^2$ oder auch $2^3\, 3^0\, 5^1\, 7^2$ (oder $2^3\, 3^0\, 5^1\, 7^2\, 11^0$ usw.) schreiben. Der Satz 3 läßt sich dann wie folgt formulieren:

Es seien $p_1, \ldots, p_m$ lauter verschiedene Primzahlen. Ferner sei $p_1^{e_1} \cdot \ldots \cdot p_m^{e_m} = p_1^{e_1'} \cdot \ldots \cdot p_m^{e_m'}$, mit Exponenten $e_i, e_i' \in \mathbb{N}_0$. Dann gilt $e_i = e_i'$ für $i = 1, \ldots, m$.

Man mache sich genau klar, daß diese Formulierung ebenfalls den Satz von der Eindeutigkeit der PFZ audrückt. Die Exponenten e_i, e_i' geben hier jeweils an, wie oft (u. U. nullmal!) die betreffende Primzahl in dem Produkt wirklich auftritt. Auch das Hinzufügen einer weiteren Primzahl mit dem Exponenten Null als Faktor auf beiden Seiten ändert nichts an der dargestellten Zahl (dem Wert des Produkts) und nichts an der Eindeutigkeitsaussage. Behauptet wird nicht die eindeutige Bestimmtheit der hingeschriebenen Primzahlen, sondern die eindeutige Bestimmtheit der Anzahlen ihres Auftretens.

Aufgabe: 2

1.4.5 Erste Folgerungen aus der Eindeutigkeit der PFZ

(1) *Anzahl der Teiler einer gegebenen Zahl* n

Die PFZ der Zahl $n = 1960$ ist $2^3 \cdot 5 \cdot 7^2 = 2 \cdot 2 \cdot 2 \cdot 5 \cdot 7 \cdot 7$. Man erhält jedenfalls Teiler von 1960, wenn man von den sechs Faktoren beliebige *wegstreicht* (eventuell keinen: dann erhält man den Teiler 1960; eventuell alle: dann erhält man den Teiler $2^0\, 5^0\, 7^0 = 1$). In einem Teiler kann dann der Primfaktor 2 noch dreimal, zweimal, einmal oder gar nicht auftreten; entsprechend für die Primfaktoren 5 und 7.

Um einen Überlick über alle diese Teiler zu gewinnen, legen wir ein Baumdiagramm an. Bei

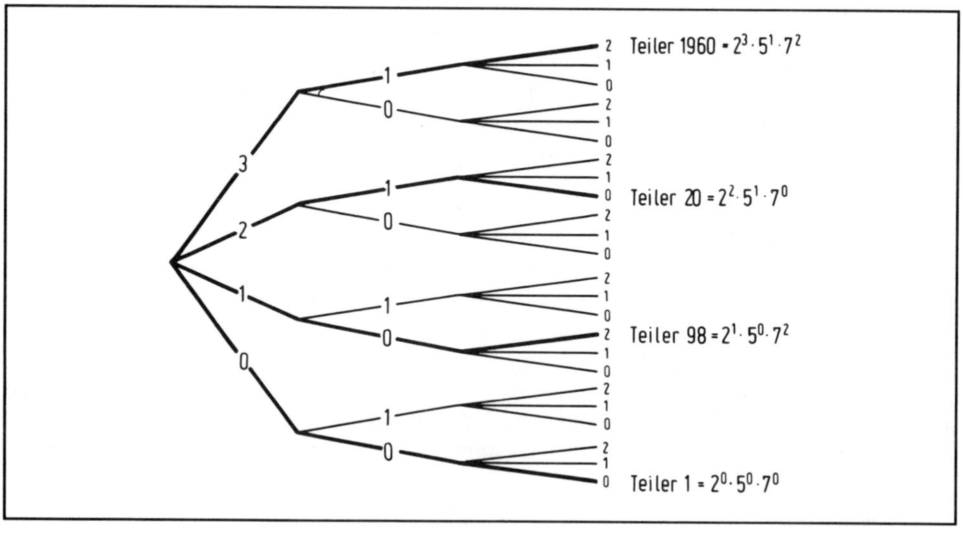

der ersten (bzw. zweiten, dritten) Verzweigung ist die Anzahl der auftretenden, d. h. nicht weggestrichenen Primfaktoren 2 (bzw. 5, 7) angegeben. Jeder Weg im Baumdiagramm liefert einen solchen Teiler. Insgesamt sind das nach der Produktregel $(4 \cdot 2 \cdot 3 =)$ 24 Teiler.

Woher weiß man, daß diese Teiler alle *verschieden* sind? Aus der Eindeutigkeit der PFZ! Denn würden zwei Wege zu demselben Teiler d führen, dann hätte die Zahl d zwei verschiedene PFZ.

Woher weiß man, daß dies *alle* Teiler sind? Es sei d ein beliebiger Teiler von 1960. Wenn wir jetzt der Reihe nach fragen: Wie oft enthält d den Primfaktor 2, wie oft die 3, wie oft die 5, dann beschreiben die Antworten einen ganz bestimmten Weg im Baum. Somit hat das Baumdiagramm auch den Teiler d geliefert. Also hat es *alle* Teiler geliefert.

Mit diesen Überlegungen ist festgestellt, daß eine *eineindeutige Zuordnung* zwischen der Menge aller Wege im Baum und der Menge aller Teiler von 1960 besteht.

Ebenso erkennt man allgemein den

Satz 4: *Es sei* $n = p_1^{e_1} \cdot p_2^{e_2} \cdot \ldots \cdot p_m^{e_m}$, mit m verschiedenen Primzahlen $p_1, p_2, \ldots, p_m$ und zugehörigen Exponenten $e_1, e_2, \ldots, e_m \in \mathbb{N}_0$. *Dann hat die Zahl* n *genau* $(e_1+1) \cdot (e_2+1) \cdot \ldots \cdot (e_m+1)$ *Teiler.*

(2) *Der größte gemeinsame Teiler zweier gegebener Zahlen*

Kennt man die (eindeutig bestimmten) PFZ der Zahlen a und b, so kann man hieraus leicht ihren ggT bestimmten. Ist z. B.

$$a = 1960 = 2^3 \cdot 5^1 \cdot 7^2, \quad b = 686 = 2^1 \cdot 5^0 \cdot 7^3,$$

dann ist die Zahl $2^1 \cdot 5^0 \cdot 7^2$ jedenfalls Teiler von a und auch von b. Und da (wegen der Eindeutigkeit der PFZ) *jeder* solche Teiler von der Form $2^{e_1} \cdot 5^{e_2} \cdot 7^{e_3}$ sein muß, ist $2^1 \cdot 5^0 \cdot 7^2 = 98$ der gesuchte ggT; denn seine Exponenten sind die größtmöglichen, welche die Exponenten von a und von b nicht übertreffen, oder anders ausgedrückt: Es sind jeweils die kleineren der beiden Exponenten.

Ebenso erkennt man allgemein den

Satz 5: *Es sei* $a = p_1^{e_1} \cdot \ldots \cdot p_m^{e_m}$ und $b = p_1^{e'_1} \cdot \ldots \cdot p_m^{e'_m}$, mit m verschiedenen Primzahlen p_i und zugehörigen Exponenten $e_i, e'_i \in \mathbb{N}_0$. *Dann ist der* ggT *von* a *und* b die Zahl $p_1^{k_1} \cdot \ldots \cdot p_m^{k_m}$, wobei jeweils k_i der kleinste[24]) der beiden Exponenten e_i und e'_i ist.

Man beachte hierbei, daß zwei gegebene Zahlen a und b immer mit *denselben* Primzahlen $p_1, \ldots, p_m$ dargestellt werden können.

Schließlich erinnern wir hier daran, daß man den ggT meist leichter mit dem euklidischen Algorithmus bestimmt. Für a = 1960, b = 686 geht das so:

$$\begin{aligned} 1960 &= 2 \cdot 686 + 588 \\ 686 &= 1 \cdot 588 + 98 \\ 588 &= 6 \cdot \mathbf{98} + \mathbf{0}; \end{aligned}$$

der ggT von 1960 und 686 ist 98.

Die Kenntnis der Primfaktorzerlegungen gibt jedoch in mancher Hinsicht mehr Durchblick. Mit ihrer Hilfe bestimmt man zum Beispiel ebenso leicht das *kleinste gemeinsame Vielfache* (kgV) zweier gegebener Zahlen. Für

$$a = 1960 = 2^3 \cdot 5^1 \cdot 7^2 \text{ und } b = 686 = 2^1 \cdot 5^0 \cdot 7^3$$

erhält man (mit ähnlicher Überlegung wie beim ggT) das kgV $2^3 \cdot 5^1 \cdot 7^3 = 13720$. Weiter

[24]) D. h. im Fall $e_i \neq e'_i$: der kleinere.

erkennt man sofort ohne Rechnung, daß das *Produkt von* ggT *und* kgV *immer gleich dem Produkt der beiden gegebenen Zahlen* ist; im Beispiel:

$$\underbrace{2^1 \cdot 5^0 \cdot 7^2}_{98} \cdot \underbrace{2^3 \cdot 5^1 \cdot 7^3}_{13720} = \underbrace{2^3 \cdot 5^1 \cdot 7^2}_{1960} \cdot \underbrace{2^1 \cdot 5^0 \cdot 7^3}_{686}$$

Allgemein läßt sich dies wie folgt formulieren:

$$\text{ggT}(a, b) \cdot \text{kgV}(a, b) = a \cdot b.$$

Aufgaben: 3 bis 5.

Aufgaben 1.4

1. a) Es sei $n \in \mathbb{N}$; $1 < n \leq 120$. Beweise: Wenn keine der Zahlen 2, 3, 5, 7 in n aufgeht, dann ist n Primzahl.
Hinweis: Überlege, was wäre, wenn n nicht Primzahl wäre.
b) Es sei $n \in \mathbb{N} \setminus \{1\}$. Beweise: Wenn in n keine Primzahl bis einschließlich $\sqrt{n}$ aufgeht (d. h. keine Primzahl p mit der Eigenschaft $p \cdot p \leq n$), dann ist n Primzahl.

2. Es sei $D = \{1, 4, 7, 10, \ldots\}$, die Menge aller Zahlen der Form $3n + 1$ mit $n \in \mathbb{N}_0$ (vgl. Aufgabe 2 in Abschnitt 1.3).
a) Beweise: Für alle Zahlen $a, b \in D$ gilt $a \cdot b \in D$.
b) Beweise: Wenn eine Zahl $a \in D$ zerlegbar ist: $a = bc$, und einer der Faktoren zu D gehört, dann auch der andere.
c) Eine Zahl aus D heißt „D-prim", wenn sie $\neq 1$ ist und nicht als Produkt zweier kleinerer Zahlen aus D dargestellt werden kann. Z. B. sind 4, 7, 10, 13 D-prim; 16 ist es nicht. Bestimme mit dem Sieb des Eratosthenes alle D-Primzahlen bis 166. Bis zu welchem p muß man hier gehen beim Streichen der Vielfachen?
d) Gilt in der Menge D für die Zerlegung in „D-Primzahlen" der Satz von der Eindeutigkeit der PFZ?

3. Beweise bzw. widerlege:
a) Wenn die Zahl n in der Form $n = p^2q^2$ (mit Primzahlen $p \neq q$) darstellbar ist, dann hat n genau 9 Teiler.
b) Wenn die Zahl n genau 9 Teiler hat, dann ist n in der Form $n = p^2q^2$ (mit Primzahlen $p \neq q$) darstellbar.
c) Es gibt unendlich viele Zahlen, die genau 9 Teiler haben.
Ferner:
d) Bestimme alle Zahlen unter 500, die genau 9 Teiler haben.

4. Beweise: Die Anzahl der Teiler einer Zahl $n \in \mathbb{N}$ ist genau dann ungerade, wenn n eine Quadratzahl ist.
Formuliere zuerst die beiden Teil-Behauptungen, die durch das „genau dann — wenn" zusammengefaßt sind.

5. Bestimme mittels Primfaktorzerlegung den ggT der Zahlen
a) 65934 und 71808; b) 1933 und 781.
Vergleiche den Rechenaufwand mit dem beim Euklidischen Algorithmus. Gib insbesondere an, wie viele Divisionen bzw. Prüfungen auf Teilbarkeit hier jeweils erforderlich sind.

Kapitel 2 Bruchzahlen (positive rationale Zahlen) und Größen

Im Schulunterricht behandelt man üblicherweise nach den natürlichen Zahlen als erste die positiven rationalen Zahlen und nennt diese dann zweckmäßig „Bruchzahlen", solange die rationalen Zahlen noch nicht eingeführt sind. Hier setzen wir Bekanntschaft mit den rationalen Zahlen voraus, insbesondere mit der Bruchrechnung. Ebenso wie die natürlichen Zahlen in Kapitel 1 erörtern wir die positiven rationalen Zahlen unter verschiedenen Aspekten. Diesmal beginnen wir mit den Bezeichnungsweisen. Die Menge der positiven rationalen Zahlen heißt $\mathbb{Q}^+$ (auch $\mathbb{B}$ für „Bruchzahlen").

2.1 Schreibweisen (Bezeichnungen) für Bruchzahlen

2.1.1 Bezeichnung durch gewöhnliche Brüche; Addition und Multiplikation

Wir betrachten *Brüche* $\frac{a}{b}$ ($a, b \in \mathbb{N}$). Hierfür gilt z. B. $\frac{3}{4} = \frac{6}{8} = \frac{9}{12}$; man hat verschiedene *Brüche* als *Namen* für dieselbe *Zahl*. In $\frac{a}{b}$ heißt a der *Zähler*, b der *Nenner* des Bruches (nicht der Zahl!). Brüche kann man *erweitern* und (unter Umständen) *kürzen*:

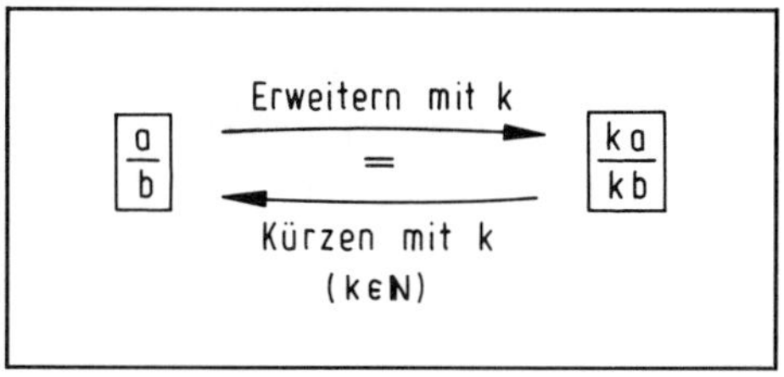

Erweitert bzw. gekürzt werden *Brüche*, nicht die betreffenden *Zahlen*. Später unterscheidet man nicht immer konsequent zwischen Brüchen (als Namen) und Bruchzahlen (positiven rationalen Zahlen). Dann nennt man beides „Brüche". Man muß es nur notfalls auseinanderhalten können. — Statt $\frac{a}{b}$ schreibt man auch a/b.

Woran erkennt man, ob zwei Brüche $\frac{a}{b}$ und $\frac{c}{d}$ dieselbe Zahl bezeichnen? Das Beispiel $\frac{6}{8} = \frac{9}{12}$ zeigt, daß nicht immer der eine durch Erweitern aus dem anderen hervorgehen muß. Eine richtige Antwort ist: $\frac{a}{b} = \frac{c}{d}$ gilt genau dann, wenn es Erweiterungszahlen $k, l \in \mathbb{N}$ gibt, so daß die Brüche $\frac{ka}{kb}$ und $\frac{lc}{ld}$ in Zähler und Nenner übereinstimmen.

Einfacher kann man das wie folgt ausdrücken:

Satz 1: Es gilt $\frac{a}{b} = \frac{c}{d}$ *genau dann, wenn* $ad = bc$.

Beweis: I. Es sei $\frac{a}{b} = \frac{c}{d}$. Durch Erweitern von $\frac{a}{b}$ mit d und von $\frac{c}{d}$ mit b folgt $\frac{ad}{bd} = \frac{bc}{bd}$; durch Multiplizieren beider Seiten mit bd folgt dann $ad = bc$.

II. Es sei $ad = bc$. Dividiert man beide Seiten durch bd, so folgt $\frac{ad}{bd} = \frac{bc}{bd}$; durch Kürzen folgt weiter $\frac{a}{b} = \frac{c}{d}$.

Um eine eindeutige Bezeichnung der Bruchzahlen zu erhalten, verwendet man *gekürzte Brüche* a/b; das sind solche, bei denen die Primfaktorzerlegungen von a und von b keinen gemeinsamen Faktor enthalten. Ein gegebener Bruch läßt sich jedenfalls so lange kürzen, bis es nicht mehr weiter geht. So erhält man einen gekürzten Bruch. Wenn nun zwei Schüler unabhängig voneinander einen gegebenen Bruch in dieser Weise kürzen, müssen beide am Schluß *denselben Bruch erhalten!* Dies folgt aus der Eindeutigkeit der Primfaktorzerlegung:

Satz 2: Wenn $\frac{a}{b} = \frac{c}{d}$ ist und $\frac{a}{b}, \frac{c}{d}$ gekürzt sind, dann gilt $a = c$ und $b = d$.

Beweis: $\frac{a}{b} = \frac{c}{d}$ bedeutet nach Satz 1: $a \cdot d = b \cdot c$. Zerlegt man a, b, c, d in Primfaktoren, dann stehen hier links und rechts vom Gleichheitszeichen dieselben Primfaktoren. Weil nun a und b keinen gemeinsamen Primfaktor enthalten, müssen alle Primfaktoren von a in der PFZ von c vorkommen und ebenso alle Primfaktoren von d in der PFZ von b. Also geht a in c auf und d in b. Ebenso erkennt man, daß auch umgekehrt c in a aufgeht und b in d.

Es folgt a = c und b = d. (Warum eigentlich? In $\mathbb{Z}$ würde es nicht folgen: -3 geht in 3 auf und umgekehrt, und doch ist $-3 \neq 3$. Aber in $\mathbb{N}$ kann man wie folgt schließen: Nach unseren Feststellungen gilt $na = c$ und $mc = a$, mit $n, m \in \mathbb{N}$. Daraus folgt durch Einsetzen $nmc = c$, also $nm = 1$, also $n = m = 1$.)

Bemerkung: Nach Satz 2 ist klar, daß jede Bruchdarstellung einer positiven rationalen Zahl durch Erweitern *der* (!) gekürzten Darstellung entsteht.

Weiter erinnern wir an den *Größenvergleich von Bruchzahlen* anhand der Bruchdarstellung:

Satz 3: Es gilt $\frac{a}{b} < \frac{c}{d}$ genau dann, wenn $ad < bc$.

Der *Beweis* verläuft wörtlich wie bei Satz 1, wenn man dort überall das Zeichen „=“ durch „<“ ersetzt und beachtet, daß man Ungleichungen ebenso wie Gleichungen mit natürlichen Zahlen (nicht Null!) multiplizieren und dividieren darf.

Betrachten wir nun *die Addition und die Multiplikation von Brüchen.* Hierfür gelten bekanntlich die **Regeln** (für alle $a, b, c, d \in \mathbb{N}$):

$$\frac{a}{b} + \frac{c}{d} = \frac{ad+bc}{bd}; \qquad \frac{a}{b} \cdot \frac{c}{d} = \frac{ac}{bd}.$$

Sie beschreiben, was man mit den *Brüchen* zu tun hat, um die betreffenden *Bruchzahlen* (diese sind gemeint) zu addieren bzw. zu multiplizieren.

Hiervon erscheint besonders die erste Regel reichlich kompliziert. Warum rechnet man nicht „einfach“ $\frac{a}{b} + \frac{c}{d} = \frac{a+c}{b+d}$? Dann erhielte man z. B. $\frac{1}{10} + \frac{3}{5} = \frac{4}{15}$.[25] Nun ist aber $\frac{1}{10} = \frac{2}{20}$, und damit erhielte man für dieselbe Summe $\frac{2}{20} + \frac{3}{5} = \frac{5}{25} = \frac{3}{15}$, ein anderes Ergebnis. Die „einfache“ Rechnungsweise hat also nichts Vernünftiges ergeben. Siehe hierzu auch Aufgabe 1.

Jetzt erinnern wir an die *Bedeutung* von $\frac{a}{b}$ als „a mal der b-te Teil von etwas“. (Dies wird im nächsten Abschnitt eingehend erörtert.) Danach rechnet man vernünftigerweise $\frac{a_1}{b} + \frac{a_2}{b} = \frac{a_1+a_2}{b}$. So kommt man von $\frac{a}{b}, \frac{c}{d}$ mittels Erweitern auf den gleichen Nenner tatsächlich zu $\frac{a}{b} + \frac{c}{d} = \frac{ad}{bd} + \frac{bc}{bd} = \frac{ad+bc}{bd}$.

Der folgende Satz bringt zum Ausdruck, daß die obigen Regeln jedenfalls *in sich stimmig* sind: *Es ist gleichgültig, welche Bruchdarstellungen der gegebenen Zahlen man nimmt, um Summe und Produkt zu berechnen!* Zum Beweis dessen braucht man nicht auf die zugrundeliegende Bedeutung Bezug zu nehmen.

Satz 4: *Wenn* $\frac{a}{b} = \frac{a'}{b'}$ und $\frac{c}{d} = \frac{c'}{d'}$, *dann* gilt

(1) $\frac{ad+bc}{bd} = \frac{a'd'+b'c'}{b'd'}$; (2) $\frac{ac}{bd} = \frac{a'c'}{b'd'}$.

Beweis: Die Voraussetzung („Wenn ..“) besagt: $ab' = ba'$ und $cd' = dc'$. Nun folgt (1) aus

$$(ad + bc)\,b'd' = \underbrace{ad}b'd' + \underbrace{bc}b'd' = \underbrace{bd}a'd' + \underbrace{bd}b'c' = bd\,(a'd' + b'c').$$

ist gleich ist gleich

[25]) In der Zeitschrift Mathematics Teaching (Heft 85, Dez. 1978) berichtet *C. Hart,* daß aus einer Stichprobe von mehreren tausend Schülern in England von 16% / 27% / 24% / 21% der Schüler im 7. / 8. / 9. / 10. Schuljahr die Summe $\frac{1}{10} + \frac{3}{5}$ mit $\frac{4}{15}$ berechnet wurde.

(2) ergibt sich noch einfacher.

Aufgabe: 1

2.1.2 Bezeichnung durch Dezimalbrüche

Jeden Bruch $\frac{a}{b}$ mit a, b $\in \mathbb{N}$ kann man in einen *Dezimalbruch* verwandeln. Dazu führt man die schriftliche Division a : b nach dem wohlbekannten Verfahren aus. Wir verwenden hierfür (in Anlehnung an das schon genannte Buch von *Rademacher/Toeplitz*) eine besonders zweckmäßige Schreibweise: Unter die Ergebnisziffern schreiben wir die betreffenden Reste, rechts darüber die verzehnfachten Reste.

Beispiele:

		170	100	200
17 : 40 =	0,	4	2	5
	17	10	20	**0**

Es tritt der Rest 0 auf.

Ergebnis: $\frac{17}{40} = 0{,}425$;

abbrechender Dezimalbruch.

		130	200	350
123 : 55 =	2,	2	$\overline{3}$	$\overline{6}$
	13	**20**	35	**20**

Der Rest 20 wiederholt sich. Folglich wiederholt sich auch die Ziffernfolge 36.

Ergebnis: $\frac{123}{55} = 2{,}2\overline{36}$;

periodischer Dezimalbruch (nicht abbrechend).

Auch hier handelt es sich um einen Algorithmus, der auf der Division mit Rest beruht; eine solche Division durch b ist an jeder Nachkommastelle von oben nach unten notiert. Jeder Rest, der dabei auftritt, ist kleiner als b. Daher muß es einmal vorkommen, daß der Rest 0 ist oder ein Rest sich wiederholt. Im zweiten Fall entsteht eine Periode. Diese wird üblicherweise durch Überstreichen der Ergebnisziffern bezeichnet. Wir erkennen:

Jedem Bruch wird durch das schriftliche Divisionsverfahren ein wohlbestimmter abbrechender oder periodischer Dezimalbruch zugeordnet.

Nun erheben sich zwei Fragen:
(1) Wie kann man es einem Bruch ansehen, ob der zugeordnete Dezimalbruch abbrechend ist oder nicht? Dabei interessieren wir uns nur für *gekürzte* Brüche.
(2) Wenn der Dezimalbruch periodisch (nicht abbrechend) ist: Wie lang ist seine Periode?

Zu (1): Die Schreibweise $\frac{17}{40} = \frac{17 \cdot 25}{40 \cdot 25} = \frac{425}{10^3} = 0{,}425$ läßt erkennen, warum die Division 17 : 40 abbricht: Der Bruch $\frac{17}{40}$ kann offensichtlich so erweitert werden, daß sein Nenner eine Potenz von 10 ist. Und „abbrechender Dezimalbruch" ist bekanntlich gleichwertig mit „Bruch mit Zehnerpotenz im Nenner". Ein solches Erweitern ist jedenfalls bei allen Brüchen möglich, deren Nenner keine anderen Primzahlen als 2 und 5 enthalten. Denn eine Zahl $2^e\,5^f$ (mit e, f $\in \mathbb{N}_0$) geht auf in 10^g, wo g der größte der Exponenten e und f ist.

Umgekehrt erweisen sich nun die Brüche mit solchen Nennern auch als die einzigen (gekürzten) Brüche, zu denen abbrechende Dezimalbrüche gehören: Es sei $\frac{a}{b}$ gekürzt und $\frac{a}{b} = \frac{c}{10^g}$. Dann folgt nach der Bemerkung in **1.** $ak = c$, $bk = 10^g = 2^g\,5^g$, mit $k \in \mathbb{N}$. Wegen der Eindeutigkeit der PFZ müssen alle Primfaktoren von b in der PFZ $2^g\,5^g$ von bk enthalten sein. Es folgt $b = 2^e\,5^f$ mit $e \leq g$, $f \leq g$.

Somit gilt:

Satz 5: Der zu einem gekürzten Bruch $\frac{a}{b}$ gehörige Dezimalbruch ist *genau dann abbrechend, wenn* b keine anderen Primfaktoren als 2 und 5 hat.

Zu (2): Da es bei der Division a : b nur $b-1$ verschiedene Reste ungleich Null gibt, muß sich spätestens an der $(b-1)$-ten Stelle nach dem Komma ein Rest wiederholen. Also kann die Periode höchstens die Länge $b-1$ haben. Im Beispiel

$$\begin{array}{cccccccccc}
 & & & 10 & 30 & 20 & 60 & 40 & 50 & \\
1:7 & = & 0, & \overline{1} & \overline{4} & \overline{2} & \overline{8} & \overline{5} & \overline{7} & \\
 & & \mathbf{1} & 3 & 2 & 6 & 4 & 5 & \mathbf{1} &
\end{array}$$

hat die Periode tatsächlich die größtmögliche Länge 6. Das nächste Beispiel

$$\begin{array}{cccccccccc}
 & & & 350 & 220 & 560 & 680 & 240 & 760 & 1040 \\
35:164 & = & 0, & 2 & 1 & \overline{3} & \overline{4} & \overline{1} & \overline{4} & \overline{6} \\
 & & 35 & 22 & \mathbf{56} & 68 & 24 & 76 & 104 & \mathbf{56}
\end{array}$$

zeigt zweierlei: Die Periode braucht (wie schon bei 123 : 55) nicht unmittelbar nach dem Komma zu beginnen; hier haben wir eine „Vorperiode" der Länge 2. Und: Wenn sich eine Ergebnisziffer wiederholt (hier die 1 oder die 4), so verursacht dies noch nicht den Beginn einer Periode. Dafür ist vielmehr, wie gesagt, die Wiederholung eines *Restes* maßgeblich; hier ist es der Rest 56. Nach den Beispielen ist klar, daß *die Längen von Periode und Vorperiode zusammen niemals größer als* $b-1$ sind. Für genauere Aussagen über die Periodenlänge siehe etwa das Buch von *Rademacher/Toeplitz*, Abschnitt 19.

Schließlich fragen wir: Wodurch ist es gerechtfertigt, den erhaltenen Dezimalbruch als Namen für die betreffende Bruch*zahl* zu verwenden?

Hierzu beschreiben wir die schriftliche Division einmal allgemein:

$$\begin{array}{cccccccc}
 & & & 10r_0 & 10r_1 & 10r_2 & \ldots & \\
\mathbf{a:b} & = & \mathbf{z_0}, & \mathbf{z_1} & \mathbf{z_2} & \mathbf{z_3} & \ldots & \qquad (z_1, z_2, z_3 \text{ usw. bezeichnen Ziffern!}) \\
 & & r_0 & r_1 & r_2 & r_3 & \ldots &
\end{array}$$

Nun bemerkt man: Wenn zwei Brüche *dieselbe Zahl* darstellen, $\frac{a}{b} = \frac{c}{d}$, dann wird ihnen *derselbe Dezimalbruch* zugeordnet. Denn erweitert man den Bruch $\frac{a}{b}$ mit d, dann entstehen bei der Division ad : bd offensichtlich die gleichen Ergebnisziffern wie bei a : b (und die d-fachen Reste). Wegen ad = bc gilt dasselbe auch für die Division bc : bd und damit für c : d.

Ähnlich macht man sich klar[26]): Wenn zwei Brüche *verschiedene Zahlen* darstellen, dann liefern die betreffenden Divisionen mit Sicherheit *verschiedene Dezimalbrüche.*

Hierdurch ist die gewünschte Rechtfertigung gegeben: *Das schriftliche Divisionsverfahren liefert eine Darstellung der betreffenden Bruchzahl, und zu verschiedenen Bruchzahlen gehören immer auch verschiedene Dezimalbrüche.*

Aufgaben: 2 bis 4

2.1.3 Stellt jeder periodische Dezimalbruch eine Bruchzahl dar, und wie findet man deren Bruchdarstellung?

Merkwürdigerweise *tritt nicht jeder periodische Dezimalbruch als Ergebnis einer schriftlichen Division auf.* Und zwar zeigt die Erfahrung, daß man *niemals ein „Neunerende", d. h. niemals die Periode* $\overline{9}$ erhält; ein Rechenergebnis wie $a : b = 0{,}15\overline{9}$ ist unmöglich.

[26]) Betrachten wir die Divisionen a : b und a' : b (wobei a' > a sei) und nehmen wir an, daß beide dieselben Ziffern z_0, z_1, z_2 usw. liefern. Dann muß beim Übergang von a : b zu a' : b der Rest r_0 um mindestens 1 wachsen, also der Rest r_1 um mindestens 10, der Rest r_2 um mindestens 100, usw., und von einer Stelle ab wäre bei a' : b der Rest größer als der Divisor b, was nicht sein kann.

Dies kann man wie folgt beweisen. Es sei zum Beispiel

$$\begin{array}{cccccccc} & & & & 10r & 10r' & \\ \mathbf{a : b} & = & z_0, & z_1 & z_2 & 9 & 9 & \ldots \\ & & & & & r & r' & \end{array}$$

Hier ist $10r = 9 \cdot b + r'$, also $9r = 9b + (r' - r)$. Nun gilt $r < b$, d. h. $9r < 9b$. Damit folgert man $r' - r < 0$, d. h. $r' < r$. Also werden aufeinanderfolgende Reste, die die Ziffer 9 liefern, immer kleiner. Das muß einmal abbrechen!

Wohl aber *tritt jeder Dezimalbruch ohne Neunerende als Divisionsergebnis* auf. Ist z. B. der Dezimalbruch $0,\overline{374}$ gegeben, so „rekonstruiert" man den betreffenden Bruch $\frac{a}{b}$ bekanntlich wie folgt:

$\frac{a}{b} = 0,\overline{374}$; $1000 \cdot \frac{a}{b} = 374,\overline{374}$; also $999 \cdot \frac{a}{b} = 374,\overline{374} - 0,\overline{374} = 374$; $\frac{a}{b} = \frac{374}{999}$.

Tatsächlich liefert die Division 374 : 999 das Ergebnis $0,\overline{374}$.

Entsprechend erhält man bei beliebigen Ziffern u, v, w die Umwandlung $0,\overline{uvw} = \frac{uvw}{999}$.

(Man beachte bei dieser Schreibweise, daß das Nebeneinanderschreiben der Buchstaben u, v, w nicht Multiplikation bedeutet!) Im Fall $u = v = w = 9$ ergibt dies $0,\overline{999} = \frac{999}{999}$, was man durch Division *nicht* bestätigen kann. Für alle anderen Fälle — d. h. wenn nicht alle drei Ziffern gleich 9 sind — zeigen wir nun allgemein, daß die Division uvw : 999 den Dezimalbruch $0,\overline{uvw}$ liefert:

$$\begin{array}{llll} & uvw0 & vwu0 & wuv0 \\ \mathbf{uvw : 999 = 0,} & \mathbf{u} & \mathbf{v} & \mathbf{w} \\ \qquad \underline{uvw} & vwu & wuv & \underline{uvw} \end{array}$$

Diese Reste sind alle < 999.

Nebenrechnungen:

$$\begin{array}{rrr} uvw0 & vwu0 & wuv0 \\ -u000 & -v000 & -w000 \\ \underline{+\quad u} & \underline{+\quad v} & \underline{+\quad w} \\ vwu & wuv & uvw \end{array}$$

(Subtraktion von z. B. $999 \cdot u$ erfolgt hier durch Subtraktion von 1000 u und dann Addition von u.)

Was wir uns hier für Dezimalbrüche des Typs $0,\overline{uvw}$ klargemacht haben, gilt ebenso für Dezimalbrüche mit anderen Periodenlängen und entsprechend für solche mit Vorperiode.

So wandelt man den Dezimalbruch $0,12\overline{7}$ wie folgt um:

$$\frac{a}{b} = 0,12\overline{7}; \quad 100 \cdot \frac{a}{b} = 12,\overline{7}; \quad 1000 \cdot \frac{a}{b} = 127,\overline{7};$$

$$\text{also } 900 \cdot \frac{a}{b} = 127,\overline{7} - 12,\overline{7} = 115; \quad \frac{a}{b} = \frac{115}{900} = \frac{23}{180}.$$

Entsprechend erhält man allgemein: $0,uv\overline{w} = \frac{uvw - uv}{900}$.

Hiernach erkennt man: *Jeder periodische Dezimalbruch ohne Neunerende (erst recht jeder abbrechende Dezimalbruch) läßt sich in einen gewöhnlichen Bruch* a/b *„verwandeln" und ist das Ergebnis der betreffenden Division* a : b.

Diese Erkenntnis fassen wir mit der in **2.** gewonnenen wie folgt zusammen:

> Das schriftliche Divisionsverfahren liefert eine eineindeutige *Zuordnung* zwischen der (unendlichen) *Menge aller Bruchzahlen* und der *Menge aller abbrechenden*[27] *oder periodischen Dezimalbrüche ohne Neunerende*. Diese sind daher als *Namen* für die Bruchzahlen verwendbar.

27) Hierbei werden natürlich die Zahlen aus ℕ, nicht aber die Zahl 0 zu den abbrechenden Dezimalbrüchen gerechnet.

Hinweis: Hiernach werden Dezimalbrüche mit Periode $\overline{9}$ als Namen für Bruchzahlen *nicht benötigt.* Man kann jedoch zum Beispiel $0,\overline{9}$ oder $1,3\overline{9}$ als weiteren Namen für die Bruchzahl 1 bzw. $\frac{7}{5}$ verwenden. Daß $0,\overline{9} = 1$ ist, erhält man durch „Verwandeln" wie oben oder noch einfacher, indem man $0,\overline{3} = \frac{1}{3}$ mit 3 multipliziert. Genauer läßt es sich mittels Intervallschachtelung rechtfertigen; siehe hierzu Kapitel 4. So erhält man für gewisse Bruchzahlen (für welche eigentlich?) einen zweiten Namen; die Bezeichnung der Bruchzahlen durch Dezimalbrüche ist dann nicht mehr eindeutig. Auch diese Auffassung hat ihre Vorzüge, zumindest den, daß nun *jeder* periodische Dezimalbruch eine Bruchzahl bezeichnet.

Aufgabe: 5

Aufgaben 2.1

1. a) Beweise mit Hilfe von Satz 3: Wenn $\frac{a}{b} < \frac{c}{d}$, dann $\frac{a}{b} < \frac{a+c}{b+d} < \frac{c}{d}$.

b) Untersuche an Beispielen, ob $\frac{a+c}{b+d}$ in der Mitte, links von der Mitte oder rechts von der Mitte zwischen $\frac{a}{b}$ und $\frac{c}{d}$ liegt. Wie kann man es den Brüchen $\frac{a}{b}$ und $\frac{c}{d}$ ansehen, welcher der drei Fälle vorliegt?

2. Beantworte ohne zu rechnen:

a) Ist der Dezimalbruch für $\frac{1}{256}$ abbrechend oder nicht? Wenn abbrechend: Wie viele Stellen nach dem Komma muß er haben?

b) Entsprechend für $\frac{1}{256 \cdot 256}$.

3. a) Notiere in der eingeführten Schreibweise die Division 1 : 17.
b) Bestimme mit Hilfe von a) den Dezimalbruch für 2 : 17, möglichst ohne neue Rechnung.
c) Wie kann man die Lösung jeder Divisionsaufgabe n : 17 (für n = 2, 3, ..., 16) ohne neue Rechnung hinschreiben, und warum?
d) Gilt dies entsprechend für die Divisionsaufgaben n : 13?

4. Bekanntlich ist $\frac{1}{40} = 0,025$, $\frac{1}{27} = 0,\overline{037}$.
Wie viele Stammbrüche (d. h. Brüche der Form $\frac{1}{n}$ mit $n > 1$) gibt es, die sich schreiben lassen
a) als abbrechende Dezimalbrüche mit drei Nachkommastellen, d. h. in der Form 0,uvw?
b) als sofortperiodische Dezimalbrüche mit dreistelliger Periode, d. h. in der Form $0,\overline{uvw}$?
(Die Ziffern u, v, w müssen nicht verschieden und auch nicht ungleich Null sein. Es sind also auch Dezimalbrüche wie 0,200 oder 0,333 mitzuzählen!)
Dazu braucht man nicht alle Stammbrüche aufzuführen. Vielmehr soll nur deren *Anzahl* bestimmt werden, möglichst durch eine verallgemeinerungsfähige Überlegung.
Beantworte entsprechend die Fragen a) und b) für Brüche mit sechs Nachkommastellen bzw. sechsstelliger Periode.

5. Welche Bruchzahlen $\frac{a}{b}$ (in gekürzter Schreibweise) erhalten zwei verschiedene Dezimalbrüche als Namen, wenn man auch Neunerenden zuläßt?

2.2 Verwendung der Bruchzahlen als Maßzahlen; Rechnen mit Größen

2.2.1 Größenmäßige Beschreibung von Gegenständen durch Maßzahl und Maßeinheit

Wir erinnern uns: *Natürliche Zahlen* verwendet man (unter anderem) als *Kardinalzahlen*

zur Antwort auf die Frage:	d. h. zur größenmäßigen Beschreibung von endlichen Mengen:		
	Vergleichsverfahren	*„Größenart"*	*Beispiel*
„Wie viele sind es?"	eineindeutiges Zuordnen	Mächtigkeit	23 (Stück)

Wenn wir von der „Größe" einer Menge sprachen, so geschah dies unter dem Aspekt des eineindeutigen Zuordnens bzw. der Kardinalzahl, die man in diesem Zusammenhang auch „Mächtigkeit der Menge" nennt.

Nun machen wir uns entsprechend klar: *Bruchzahlen* verwendet man (unter anderem) als *Maßzahlen*

zu Antworten auf Fragen:	d. h. zur größenmäßigen Beschreibung realer Gegenstände, aber unter verschiedenen Vergleichsaspekten (Größenarten) und *nach Festlegung jeweils einer Maßeinheit:*		
	Vergleichsverfahren	*Größenart*	*Beispiele*
„Wie lang ist er?"	Aufeinanderlegen	Länge	$\frac{5}{8}$ m; 117,5 cm
„Wie schwer ist er?"	Wägen	Gewicht (Masse)	$\frac{3}{4}$ t; 42,8 kg
„Wieviel Flüssigkeit faßt (bzw. verdrängt) er?"	Umgießen (Eintauchen)	Volumen	$\frac{1}{2}$ *l*; 280 cm^3
usw.	usw.		

Beispiel: Gegeben sei ein Balken. Man fragt nach Länge, Gewicht, Volumen usw. Die größenmäßige Beschreibung, z. B. unter dem Längenaspekt, erfolgt durch Angabe einer Länge, etwa: Länge des Balkens $= \frac{5}{8}$ m. Das bedeutet: Wenn man einen Meterstab in 8 „gleiche" (Vergleichsverfahren!) Teile teilt und 5 davon zusammenfügt, so passen diese genau auf den zu beschreibenden Balken. Dieser hat dann die Länge „Fünf Achtel von einem Meter". Man schreibt dafür $\frac{5}{8}$ m und nennt $\frac{5}{8}$ die „Maßzahl" und m die „Maßeinheit".

Allgemein:

$$\text{Größe (der betreffenden Art)} = \underset{\nearrow \atop \text{Maßzahl}}{a}\ \underset{\nwarrow \atop \text{Maßeinheit}}{E}$$

Jetzt erkennt man die eigentliche Bedeutung der *„Gleichheit von Brüchen"*: Aussagen wie $\frac{5}{8} = \frac{10}{16}$ bedeuten konkret gleiche Größe des gemessenen Gegenstandes; beide Brüche beschreiben die gleiche Maßzahl. Aus der Verwendung der Bruchzahlen als Maßzahlen erklären sich auch die Rechenregeln für Brüche aus 2.1.1; siehe **4.**

Weiter erinnern wir daran, daß man die gewählte *Maßeinheit* auch *abändern* kann. So gilt im obigen Beispiel:

$$\text{Länge des Balkens} = \frac{5}{8}\,\text{m} \underset{\cdot 100}{\overset{\cdot 0{,}01}{=}} 62{,}5\,\text{cm} \underset{\cdot 10}{\overset{\cdot 0{,}1}{=}} 625\,\text{mm}$$

Hier hat man drei verschiedene Namen für dieselbe Länge. Oben sind die Änderungen der Maßeinheiten, unten die der Maßzahlen beschrieben.

Allgemein beschreiben wir den Übergang von einer Maßeinheit E zu einer anderen Maßeinheit E′ wie folgt:

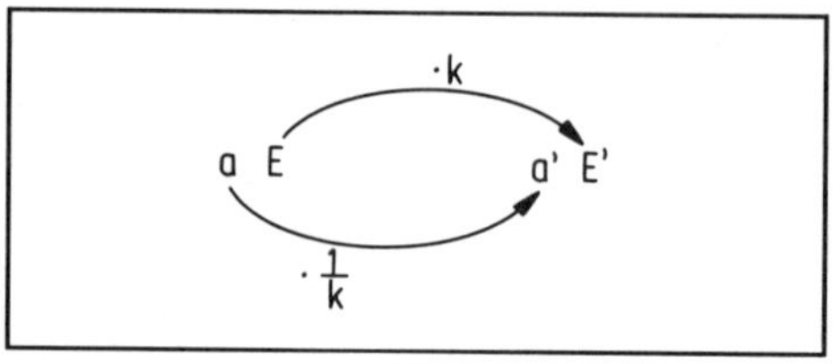

In Worten: Wird die Maß*einheit* mit dem Faktor k multipliziert, dann muß man, um einen Namen für dieselbe Größe zu erhalten, die Maß*zahl* mit dem reziproken Faktor $\frac{1}{k}$ multiplizieren. Im obigen Beispiel ist $k = 0{,}01$; $\frac{1}{k} = 100$ bzw. $k = 0{,}1$; $\frac{1}{k} = 10$. Bei der Maßeinheit mm erhält man hier eine natürliche Zahl als Maßzahl.

Nun nehmen wir an, daß die betreffenden Gegenstände *beliebig teilbar* sind. Das bedeutet: Man kann einen Gegenstand für jedes $n \in \mathbb{N}$ in n „gleiche" Teile (Vergleichsverfahren!) zerlegen, und die Teile sind wieder Gegenstände, die man beschreiben möchte. Dann kann man die Maßeinheit nicht so klein wählen, daß sich immer natürliche Zahlen als Maßzahlen ergeben. Zu jeder gewählten Maßeinheit E gibt es Gegenstände, deren Größe kleiner als 1 E ist. Man benötigt als Maßzahlen auch *Bruchzahlen.* — In praktischen Situationen kann es anders sein, z. B. bei Geldwertangaben in Italien mit der Maßeinheit Lire!

2.2.2 Was sind Größen; wie vergleicht und addiert man sie?

Da der Begriff der Größe nicht so vertraut ist wie der Zahlbegriff, versuchen wir hierfür (anders als für den Zahlbegriff) zunächst eine Erklärung zu geben.

Zu Größen gelangt man ausgehend von realen Gegenständen durch einen *Abstraktionsvorgang.*[28]) Man geht dazu über, „gleichwertige" Gegenstände (je nach dem Vergleichsaspekt, siehe **1.**) nicht mehr zu unterscheiden, und spricht dann nur noch von *„Größen"* der betreffenden Art (Längen, Gewichten, Volumina usw.). Der Abstraktionsvorgang wird oft als Meßvorgang realisiert. Das Ergebnis der Messung ist dann eine Größe, geschrieben mittels Maßzahl und Maßeinheit; man sagt dafür auch „benannte Zahl". Eine Größe ist jedoch nicht genau dasselbe wie eine benannte Zahl: $\frac{5}{8}$ m und 62,5 cm sind zwei *verschiedene* benannte Zahlen, aber Namen für *dieselbe* Größe.

Für Größen ein- und derselben Art ist in natürlicher Weise eine Kleinerbeziehung < und eine Addition + gegeben, auf Grund des Vergleichens bzw. Zusammenfügens der betreffenden Gegenstände.

Schematische Darstellung für das Beispiel „Länge":

Abstrakt:	Längen	Kleinerbeziehung < zwischen Längen	Addition + von Längen
	Konkretisierung Repräsentation Veranschaulichung ↓		↑ Abstraktion durch Nicht-Unterscheiden von „gleichen" Stäben bzw. Strecken
Konkret:	Stäbe, Strecken als „Repräsentanten" der Längen	Aufeinanderlegen der Stäbe zur Feststellung von Gleichheit bzw. Kleinerbeziehung	Aneinanderlegen der Stäbe zur Herstellung der Summe

[28]) Genaueres hierzu findet man in 10.3.5.

Entsprechendes gilt für andere Größenarten statt der Länge.[29]) An die Stelle des Aneinanderlegens bzw. Aufeinanderlegens von Stäben treten dann ggf. andere Handlungen des Zusammenfügens bzw. Vergleichens von Gegenständen. Man sagt: Alle Größen ein und derselben Art bilden jeweils einen *Größenbereich.* Im vorstehenden Beispiel ist dies der Größenbereich $\mathbb{L}$ der Längen; diese werden repräsentiert (veranschaulicht) durch Stäbe oder Strecken.

Hinweis: Der Übergang zwischen dem konkreten Bereich der Strecken und dem abstrakten Bereich der Längen wird insbesondere in der Elementargeometrie laufend unbewußt vollzogen und ist dort auch unproblematisch.

Beispiele:

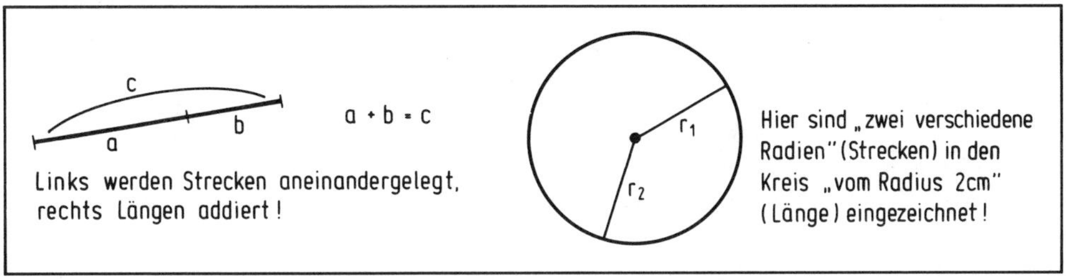

2.2.3 Grundlegende Rechengesetze für Größen

Unter einem **Größenbereich** verstehen wir nun ganz allgemein eine Menge ***G*** von Elementen A, B, ..., genannt „Größen" (zum Unterschied von Zahlen hier mit großen Buchstaben bezeichnet), welche die folgenden Eigenschaften hat:

— In ***G*** ist eine Operation + gegeben, d. h. man kann Größen derselben Art *addieren:* hierbei entsteht aus zwei Größen A, B wieder eine wohlbestimmte Größe (die zur Menge ***G*** gehört), geschrieben $A+B$.

— In ***G*** ist eine Relation < gegeben, d. h. man kann Größen derselben Art *vergleichen:* für je zwei Größen A, B aus ***G*** steht fest, ob $A < B$ wahr ist oder nicht.

— Hierfür gelten die **Rechenregeln** (jeweils für alle $A, B, C \in G$):

(Ass) $(A+B) + C = A + (B+C)$; „Assoziativgesetz".

(Komm) $A + B = B + A$; „Kommutativgesetz".

(Trich) Stets gilt entweder $A < B$ oder $A = B$ oder $B < A$; „Trichotomiegesetz".

(Lösb) Die Gleichung $A + X = B$ ist lösbar nach X *genau dann, wenn* $A < B$; „Lösbarkeitsgesetz".

Hinweise

(a) Erstes *Beispiel* eines Größenbereichs ist die Menge $\mathbb{L}$ der Längen. Ebenso bilden z. B. die Gewichte und auch die Volumina (jeweils aller denkbaren Körper) einen Größenbereich.

(b) Die Regeln (Ass) und (Komm) besagen, grob gesprochen, daß es beim wiederholten Addieren von Größen nicht auf Klammern und Reihenfolge ankommt. Die Regel (Trich) besagt, daß der Größenvergleich stets auf *eine und nur eine* der drei genannten Aussagen führt (Gesetz der Dreiteilung). Schließlich bringt die Regel (Lösb) eine Verbindung zwischen + und < zum Ausdruck, die man wie folgt aufgliedern kann:

(L1) Wenn $A < B$, dann ist die Gleichung $A + X = B$ lösbar nach X (d. h. es gibt wenigstens ein $X \in G$ mit der Eigenschaft $A + X = B$).

(L2) Wenn die Gleichung $A + X = B$ lösbar nach X ist, dann gilt $A < B$; kürzer: Für alle $A, X \in G$ gilt $A < A+X$.

[29]) Dies wird ausführlich erörtert bei *H. Griesel:* Die neue Mathematik für Lehrer und Studenten, Band 2. Hannover 1973.

(c) Die vier Grundgesetze für Größenbereiche gelten offenbar *auch* für das Rechnen mit natürlichen Zahlen und ebenso für das Rechnen mit Bruchzahlen. In diesem Sinn sind auch $\mathbb{N}$ und $\mathbb{Q}^+$ „Größenbereiche". Jedoch *beruhen diese Grundgesetze nicht auf dem Zahlenrechnen.* Vielmehr erscheinen sie umgekehrt aufgrund der beschriebenen Handlungen mit konkreten Repräsentanten für Größen als unmittelbar einleuchtend. Von den Größen übertragen sie sich auf die benannten Zahlen, mit deren Hilfe Größen dargestellt werden, und schließlich auf die Zahlen selbst. Insofern sehen wir in diesen Regeln die ersten, meist unbewußt gehandhabten Regeln für das Rechnen überhaupt — sozusagen die *Regeln für das Rechnen nach dem „gesunden Menschenverstand".*

Wenn man die vier Regeln als einleuchtend akzeptiert, muß man auch alle *Folgerungen* daraus gelten lassen. Eine solche lautet: Die Gleichung $A + X = A$ ist unlösbar, also gibt es in einem Größenbereich *keine Größe Null.* (In der Tat: Sonst würde nach (L2) $A < A$ gelten; andererseits ist natürlich $A = A$. Beides zugleich kann nach dem Trichotomiegesetz nicht sein.) Dies entspricht genau der volkstümlichen Auffassung, daß die Null keine Größe ist, mit der man rechnen kann, sondern eher ein Inbegriff für das „Nichts".[30]) Selbstverständlich könnte man vereinbaren, die Null mit zu den Größen zu rechnen; dann würden aber die Rechenregeln nicht so „natürlich" aussehen.

Aus (Ass) bis (Lösb) kann man *weitere Regeln* folgern, d. h. beweisen, etwa:

(1)	Wenn $A < B$ und $B < C$, dann $A < C$;	„Transitivitätsgesetz".
(2)	Wenn $A < B$, dann $A + C < B + C$;	„Monotoniegesetz".
(3)	Wenn $A + C < B + C$, dann $A < B$;	„Umkehrung des Monotoniegesetzes".
(4)	Wenn $A + C = B + C$, dann $A = B$;	„Streichungsregel".

Diese sind auch ohne Beweis einleuchtend, aufgrund vorgestellter Handlungen mit Repräsentanten der Größen. Trotzdem geben wir — als Beispiel — einen

Beweis für die Regel (1): Es sei $A < B$ und $B < C$. Nach (L1) besagt dies: Es gibt Größen X und Y, so daß $A + X = B$ und $B + Y = C$. Daraus folgt $(A + X) + Y = C$, also nach (Ass) $A + (X+Y) = C$. Hieraus folgt nach (L2), daß $A < C$.

Mittels (4) kann man weiter folgern (wie nämlich?), daß im Fall $A < B$ die Lösung X der Gleichung $A + X = B$ eindeutig bestimmt ist. Das Bestimmen der Lösung X heißt dann *Subtraktion,* mit dem Ergebnis $B - A$. Diese Operation ist in einem Größenbereich also genau dann ausführbar, wenn $A < B$ ist.

Ausdrücklich muß betont werden, daß eine *Multiplikation in **G** nicht gegeben* ist und sich auch nicht zwanglos einführen läßt. Dagegen kann man in ganz natürlicher Weise (als wiederholte Addition) eine Operation einführen, die zweckmäßig als *Vervielfachung* bezeichnet wird.

Definition 1: Für jedes $n \in \mathbb{N}$ versteht man unter dem *n-fachen von* A die Größe $nA := \underbrace{A + \ldots + A}_{n \text{ Summanden}}$. Insbesondere setzt man $1A := A$; $2A := A + A$.

Der Doppelpunkt links vom Gleichheitszeichen zeigt an, daß links der zu definierende Ausdruck steht.

Nun beweist man *Regeln für das Vervielfachen,* etwa (für alle $m, n \in \mathbb{N}$ und $A, B \in \boldsymbol{G}$):

(5) $(m+n)A = mA + nA$;

(6) $(n \cdot m)A = n(mA) = m(nA)$;

(7) $n(A+B) = nA + nB$;

[30]) Die Null wird auch von Kindern anfangs nicht als vollwertige Zahl anerkannt, sondern nur als ein Hilfsmittel bei der Ziffernddarstellung von Zahlen. Interessante Beobachtungen zum Verständnis der Null bei Kindern beschreibt *L. Hefendehl-Hebeker* in „Journal für Mathematik-Didaktik" **3** (1982) 47—65.

(8) $mA < nA$ genau dann, wenn $m < n$;

(9) $nA < nB$ genau dann, wenn $A < B$.

Als Beispiel geben wir einen *Beweis* (auf Schulniveau) für (5):

$$(m+n)\,A = \underbrace{A + \ldots + A}_{m+n \text{ Summanden}} = \underbrace{(A + \ldots + A)}_{m \text{ Summanden}} + \underbrace{(A + \ldots + A)}_{n \text{ Summanden}} = mA + nA$$

Hier wurde das Assoziativgesetz (Ass) benutzt, wie oben unter (b) erläutert. Damit dieser Beweis allgemeingültig ist, muß man $\underbrace{A + \ldots + A}_{2 \text{ Summanden}}$ als $2A$ interpretieren und $\underbrace{A + \ldots + A}_{1 \text{ Summand}}$ als A!

Durch die Regel (5) wird eine Beziehung zwischen der Addition von Zahlen (linke Seite) und der Addition von Größen (rechte Seite) hergestellt. *Die beiden Pluszeichen bezeichnen also verschiedene Operationen: links die Addition in* $\mathbb{N}$, *rechts die in* ***G**!* Entsprechendes gilt für die Kleinerzeichen in (8).

Ist ***G*** der Größenbereich $\mathbb{N}$ selbst, dann entfallen natürlich diese Unterscheidungen. In diesem Fall bedeutet die oben eingeführte Vervielfachung die gewöhnliche Multiplikation von natürlichen Zahlen. Dann wird man auch A und B klein schreiben und erkennt in (5) bis (9) bekannte Regeln des Zahlenrechnens. Insbesondere wird (5) zum Distributivgesetz und (6) zum Assoziativgesetz der Multiplikation.

Aufgaben: 1 bis 3

2.2.4 Teilbarkeitseigenschaft; Vervielfachung von Größen mit Bruchzahlen

Man sagt, der Größenbereich ***G*** habe die *Teilbarkeitseigenschaft,* wenn auch das folgende Gesetz erfüllt ist:

(Teilb) Für $n \in \mathbb{N}$ und $A \in \boldsymbol{G}$ gibt es stets genau eine Größe $X \in \boldsymbol{G}$, so daß $nX = A$.

Dies besagt, daß man Größen „gerecht verteilen" kann.

Man definiert nun den *n-ten Teil von* A als die obige Größe X:

Definition 2: Für jedes $n \in \mathbb{N}$ versteht man unter $\frac{1}{n}A$ die Größe X, für die $nX = A$ gilt.

Beispiele: Der Größenbereich $\mathbb{L}$ der Längen hat die Teilbarkeitseigenschaft. (Man kann eine gegebene Strecke in n gleich lange Teile teilen, sogar ohne einen Maßstab zu benutzen — wie geht das?) Auch $\mathbb{Q}^+$, als Größenbereich aufgefaßt, hat die Teilbarkeitseigenschaft, und zwar gilt $\frac{1}{n}\frac{a}{b} = \frac{a}{nb}$. Dagegen hat der Größenbereich aller in DM und Pf auszahlbaren Geldbeträge diese Eigenschaft *nicht,* ebenso wie der Größenbereich $\mathbb{N}$ der natürlichen Zahlen.

In einem Größenbereich mit Teilbarkeitseigenschaft kann man nun für jede Bruchzahl $\frac{m}{n}$ das *Vielfache* $\frac{m}{n}A$ der Größe A definieren, nämlich wie folgt:

Definition 3: Für alle $m, n \in \mathbb{N}$ versteht man unter $\frac{m}{n}A$ die Größe $m\left(\frac{1}{n}\right)A$, d. h. $\frac{1}{n}(mA)$; mit anderen Worten: das $\frac{m}{n}$*-fache von* A ist das m-fache des n-ten Teils von A und ebenso der n-te Teil des m-fachen von A.

Daß tatsächlich $m\left(\frac{1}{n}A\right) = \frac{1}{n}(mA)$ ist, leuchtet ein. Man kann es auch beweisen: Nach der

Definition des n-ten Teils gilt $n\left(\frac{1}{n}A\right) = A$, also $m\left(n\left(\frac{1}{n}A\right)\right) = mA$, also wegen (6) $n\left(m\left(\frac{1}{n}A\right)\right) = mA$, also nach der Definition des n-ten Teils $m\left(\frac{1}{n}A\right) = \frac{1}{n}(mA)$.

Zur *Rechtfertigung der Definition* 3 muß man sich weiter davon überzeugen, daß hierdurch das Vielfache r A für jede Bruch*zahl* r, unabhängig von deren Bruchdarstellung, definiert ist — mit anderen Worten, daß aus $\frac{m}{n} = \frac{k}{l}$, d. h. $ml = nk$, folgt: $m\left(\frac{1}{n}A\right) = k\left(\frac{1}{l}A\right)$.

Nun gilt tatsächlich: $m\left(\frac{1}{n}A\right) = ml\left(\frac{1}{nl}A\right)$ (Aufgabe 4a). Mit $ml = nk$ folgt dann $m\left(\frac{1}{n}\right)A = ml\left(\frac{1}{nl}A\right) = nk\left(\frac{1}{nl}A\right) = k\left(\frac{1}{l}A\right)$.

Nun wird die **Bedeutung der Rechenoperationen für Bruchzahlen** klar:

Auf der Grundlage der vorstehenden Definition folgert man mittels (5) leicht (Aufgabe 4b):

$$\frac{m}{n}A + \frac{k}{l}A = \frac{ml + nk}{nl}A \quad \text{(für alle } m, n, k, l \in \mathbb{N})$$

Hierdurch ist die Additionsformel für Brüche $\frac{m}{n} + \frac{k}{l} = \frac{ml + nk}{nl}$ (vgl. 2.1.1) nun auch inhaltlich gerechtfertigt: *Die Addition von Bruchzahlen entspricht genau der natürlichen Addition von Größen* (realisiert etwa als Aneinanderlegen von Strecken), welche mit den betreffenden Bruchzahlen als Maßzahlen und fester Einheit geschrieben sind. Man braucht sozusagen nach der Addition der Größen nur die Maßeinheit A zu „vergessen“. Somit gilt, analog zu (5), die Regel

(5′) $\qquad (r+s)A = rA + sA,$ $\qquad$ für alle *Bruchzahlen* r, s.

Hier bezeichnet das linke Pluszeichen die Addition in $\mathbb{Q}^+$, das rechte die in $\boldsymbol{G}$.

Weiter kann man beweisen (Aufgabe 4c): $\frac{m}{n}\left(\frac{k}{l}A\right) = \frac{mk}{nl}A$ (für alle $m, n, k, l \in \mathbb{N}$)

Hierdurch ist die Multiplikationsformel für Brüche $\frac{m}{n} \cdot \frac{k}{l} = \frac{mk}{nl}$ (vgl. 2.1.1) inhaltlich gedeutet. *Die Multiplikation von Bruchzahlen bedeutet aufeinanderfolgendes Vervielfachen:* Das $\frac{m}{n}$ mal $\frac{k}{l}$-fache von A ist das $\frac{m}{n}$fache des $\frac{k}{l}$fachen von A. Somit gilt, analog zu (6), die Regel

(6′) $\qquad (r \cdot s)A = r(sA)$ $\qquad$ (für alle $r, s \in \mathbb{Q}^+$).

Bemerkung: Da die Bruchzahlen selbst einen Größenbereich bilden, kann man auch im Vorstehenden die Maßeinheit A „vergessen“ und das Produkt $\frac{m}{n} \cdot \frac{k}{l}$ unmittelbar verstehen als das $\frac{m}{n}$fache der Bruchzahl $\frac{k}{l}$; Multiplizieren bedeutet Vervielfachen!

Schließlich beweist man mittels (7) die Regel $\frac{m}{n}A + \frac{m}{n}B = \frac{m}{n}(A+B)$ (Aufgabe 4d), d. h.

(7′) $\qquad r(A+B) = rA + rB$ $\qquad$ (für alle $r \in \mathbb{Q}^+$ und $A, B \in \boldsymbol{G}$).

Durch (5′), (6′), (7′) ist die Anwendung der Bruchzahlen als Maßzahlen — oder anders ausgedrückt: das Vervielfachen von Größen mit Bruchzahlen — ganz analog geregelt wie bei natürlichen Zahlen durch (5), (6), (7). Dies gilt auch für die Regeln, die man durch analoge Übertragung aus (8) und (9) erhält.

Ist $\boldsymbol{G}$ der Größenbereich $\mathbb{Q}^+$ selbst, dann bilden alle diese Regeln wohlbekannte Regeln des Zahlenrechnens, jetzt mit Bruchzahlen.

Hinweis: Durch das Vorstehende ist keineswegs gesichert, daß nach Wahl einer Größe E als Maßeinheit *jede* Größe des betreffenden Größenbereichs in der Form $r\,E$ mit $r \in \mathbb{Q}^+$ darstellbar ist, d. h. daß die Bruchzahlen zur Beschreibung aller Größen *ausreichen.* Die Frage, ob dies stimmt, wird uns in Kapitel 4 beschäftigen. Bis jetzt ist nur klar, daß in einem Größenbereich mit Teilbarkeitseigenschaft jedenfalls alle Bruchzahlen *benötigt* werden, unabhängig davon, welche Größe E als Maßeinheit gewählt wird: Man benötigt m/n als Maßzahl zur Beschreibung der Größe $m\left(\frac{1}{n}E\right)$.

Aufgabe: 4

2.2.5 Division und Multiplikation von Größen

Sind A und B Größen ein- und desselben Größenbereichs $\boldsymbol{G}$ und ist a eine Bruchzahl, dann definiert man ganz natürlich (vgl. die Vorbemerkungen zu Teil A) *zwei verschiedene Divisions-Operationen:*

Definition 4: $B : a$:= die Größe X, für die gilt: $aX = B$;
$B : A$:= die Zahl x, für die gilt: $xA = B$;

sofern es genau eine solche Größe X bzw. Zahl x gibt. Dies ist bei $B : a$ immer der Fall, wenn $\boldsymbol{G}$ die Teilbarkeitseigenschaft hat. Die Frage, ob $B : A$ existiert, wird (wie gesagt) in Kapitel 4 erörtert.

In diesem Sinn gilt zum Beispiel 1 kg : 1000 = 1 g, 1 Zoll : 2,54 = 1 cm bzw. 1 kg : 1 g = 1000, 1 Zoll : 1 cm = 2,54. Im traditionellen Rechenunterricht nennt man die Operation B : a *Verteilen* und die Operation B : A *Aufteilen* oder *Messen* (deutlicher wäre: „Ins-Verhältnis-Setzen").

Sind die Größen A und B mittels Bruchzahlen und fester Einheit E geschrieben: $A = aE$, $B = bE$, dann erhält man offenbar[31]):

$$B : a = bE : a = \frac{b}{a}E; \quad \text{denn es gilt} \quad a\left(\frac{b}{a}E\right) = bE = B;$$

$$B : A = bE : aE = \frac{b}{a}; \quad \text{denn es gilt} \quad \frac{b}{a}A = \frac{b}{a}aE = bE = B.$$

Die Ergebnisse $\frac{b}{a}E$ und $\frac{b}{a}$ unterscheiden sich nur um die Einheitsgröße E. Dies ist der Grund dafür, daß man später — und jedenfalls beim Zahlenrechnen — die beiden Divisionsarten nicht mehr unterscheidet.

Um eine *Multiplikation zweier Größen desselben Größenbereichs* einzuführen, bedarf es weitergehender Definitionen, die wir hier nicht allgemein auseinandersetzen können. Das Produkt zweier Geldbeträge würde danach wie folgt aussehen:

$$5\text{ DM} \cdot 3\text{ DM} = 15\text{ DM}^2;$$

zu seiner Einführung besteht kein Bedürfnis. Dagegen ist das *Produkt zweier Längen* eine zweckmäßige Begriffsbildung. Ein solches Produkt wie

$$5\text{ m} \cdot 3\text{ m} = 15\text{ m}^2$$

läßt sich ja als *Flächeninhalt* interpretieren. Man beachte aber, daß der Flächeninhalt 15 m^2 eine Größe ist, die nicht zum Ausgangs-Größenbereich der Längen gehört. Die Multiplikation ist also keine Operation in dem gegebenen Größenbereich $\mathbb{L}$!

Außerdem betonen wir ausdrücklich, daß sich eine solche formale Multiplikation *nicht zur Einführung des Begriffs „Flächeninhalt"* eignet, d. h. nicht zur Erklärung seiner Bedeutung. Hierfür wären vielmehr geeignete Vergleichshandlungen mit Repräsentanten, d. h. in diesem Fall mit Pappstücken oder geometrischen Figuren erforderlich.

[31]) Hier werden auch „Doppelbrüche" gebildet. Dies wird formal erst im nächsten Abschnitt gerechtfertigt.

Auch *Produkte und Quotienten verschiedenartiger Größen* werden unter Umständen benötigt. Ein Produkt vom Typ „Spannung mal Stromstärke“ wie

$$220 \text{ Volt} \cdot 0{,}3 \text{ Ampere} = 66 \text{ Voltampere} = 66 \text{ Watt}$$

hat die Bedeutung einer Leistung (im Sinn der Physik). Ein Quotient vom Typ „Länge durch Zeitspanne“ wie

$$135 \text{ km} : 1{,}5 \text{ h} = 90 \frac{\text{km}}{\text{h}}$$

hat die Bedeutung einer Geschwindigkeit.

Die Ergebnisse gehören hier jeweils einem dritten Größenbereich an. Das praktische Rechnen mit solchen Produkten und Quotienten bringt keine Schwierigkeiten, wenn man grundsätzlich die Einheiten „mitnimmt“. Dabei kann man in ein und demselben Größenbereich auch die Einheiten wechseln.

Beispiel: $90 \frac{\text{km}}{\text{h}} = \frac{90 \cdot 1000 \text{ m}}{1 \cdot 3600 \text{ sec}} = 25 \frac{\text{m}}{\text{sec}}$.

Aufgaben: 5, 6

Aufgaben 2.2

1. Beweise die Regeln (für Elemente A, B, C eines Größenbereichs):
a) Wenn $A < B$, dann $A + C < B + C$;
b) wenn $A + C < B + C$, dann $A < B$;
c) wenn $A + C = B + C$, dann $A = B$;
als Folgerung aus den Gesetzen, die diesen Regeln in 2.2.3 vorangehen.
Hinweise: Hierbei darf das Gesetz „Wenn $A = B$, dann $A + C = B + C$“ (Gleiches zu Gleichem addiert gibt Gleiches) als logische Grundregel ohne besondere Erwähnung benutzt werden. — Bei b) und c) ist es zweckmäßig zu überlegen, was wäre, wenn nicht $A < B$ bzw. nicht $A = B$ wäre.

2. Beweise ebenso bzw. widerlege die Regeln:
a) Wenn $A < B$ und $C < D$, dann $A + C < B + D$;
b) wenn $A + C < B + D$, dann $A < B$ und $C < D$;
c) $mA < nA$ genau dann, wenn $m < n$;
d) $nA < nB$ genau dann, wenn $A < B$;
e) wenn $nA = nB$, dann $A = B$ $\quad (n \in \mathbb{N})$.

3. Beweise durch Argumentieren „auf Schulniveau“ wie in 2.2.3 die Regeln:
a) $n(A + B) = nA + nB$;
b) $(n \cdot m)A = n(mA)$.

4. Beweise die in 2.2.4 genannten Regeln:

a) $m\left(\frac{1}{n}A\right) = ml\left(\frac{1}{nl}A\right)$; $\quad$ b) $\frac{m}{n}A + \frac{k}{l}A = \frac{ml + kn}{nl}A$;

c) $\frac{m}{n}\left(\frac{k}{l}A\right) = \frac{mk}{nl}A$; $\quad$ d) $\frac{m}{n}A + \frac{m}{n}B = \frac{m}{n}(A + B)$.

Anleitung: Zeige, daß man nach passender Vervielfachung jeweils auf beiden Seiten das gleiche Ergebnis erhält. Wende dann die Regel aus Aufgabe 2e) an.

5. In Großbritannien galten bis vor kurzem die folgenden Maßeinheiten:
1 Inch = 2,54 cm
1 Mile = 1,609 km
1 Gallon = 8 Pints = 4, 545 l
1 Pound (lb) = 16 Ounces = 453,6 g

Dementsprechend wurden gemessen bzw. ausgedrückt:

a) der Maßstab von Landkarten in $\frac{\text{Inch}}{\text{Mile}}$ (Zoll für Meile);

b) der Benzinverbrauch in $\frac{\text{Gallon}}{\text{100 Miles}}$ (Gallonen auf 100 Meilen);

c) der Luftdruck in $\frac{\text{lb}}{\text{Inch}^2}$ (Pound pro Quadratzoll);

d) der Benzinpreis in $\frac{\pounds}{\text{Gallon}}$ (Pfund Sterling pro Gallone).

Rechne die genannten Maßeinheiten in die bei uns üblichen um; setze dabei 1 £ = 3,00 DM. Drücke in den alten englischen Maßeinheiten aus: den Kartenmaßstab 1 : 50000; den Benzinverbrauch 9 Liter auf 100 km; den Luftdruck 1,6 at $\left(= 1{,}6\ \frac{\text{kg}}{\text{cm}^2}\right)$; den Benzinpreis 110 Pf pro Liter.

6. a) Nimm Stellung zu dem folgenden „Beweis“, daß 1 DM = 1 Pf ist:

$$1\ \text{DM} = 100\ \text{Pf} = 10\ \text{Pf} \cdot 10\ \text{Pf} = \frac{1}{10}\ \text{DM} \cdot \frac{1}{10}\ \text{DM} = \frac{1}{100}\ \text{DM} = 1\ \text{Pf}$$

Gib genau an, welche der fünf Gleichheitszeichen gerechtfertigt sind und welche nicht.

b) Korrigiere nötigenfalls die folgenden Divisionen:

$1\ \text{DM} : 100\ \text{Pf} = \frac{1}{100}$; $1\ \text{DM} : 100\ \text{DM} = 1\ \text{Pf}$; $100\ \text{Pf} : 1\ \text{Pf} = 1\ \text{DM}$; $1\ \text{DM} : 1\ \text{Pf} = 100$.

2.3 Wichtige Unterschiede zwischen den Zahlbereichen $\mathbb{N}$ und $\mathbb{Q}^+$

In den ersten Abschnitten dieses Kapitels haben wir uns mit Bezeichnungs- und Verwendungsweisen der Bruchzahlen befaßt. Jetzt erörtern wir innermathematische Eigenschaften der Bruchzahlen im Vergleich zu solchen der natürlichen Zahlen. Nachdem sich im Vorangehenden eine weitgehende Übereinstimmung der Rechenregeln für beide Zahlbereiche gezeigt hat, werden jetzt wesentliche Unterschiede hervortreten.

2.3.1 Lösbarkeit jeder Gleichung $ax = b$

Bekanntlich ist im Bereich der natürlichen Zahlen nicht jede Gleichung der Form $ax = b$ lösbar. Zum Beispiel hat die Gleichung $2x = 3$ keine Lösung in $\mathbb{N}$. Ganz anders in $\mathbb{Q}^+$: Sind a und b beliebige Bruchzahlen, $a = \frac{m}{n}$, $b = \frac{k}{l}$, dann ist die Gleichung $ax = b$ lösbar in $\mathbb{Q}^+$, d. h. es gibt eine Zahl $x \in \mathbb{Q}^+$, für die $ax = b$ gilt. Man braucht ja im vorliegenden Fall nur $x = \frac{k}{l} \cdot \frac{n}{m} = \frac{kn}{lm}$ zu nehmen und erhält nach den Regeln der Bruchrechnung $ax = \frac{m}{n} \cdot \frac{kn}{lm} = \frac{k}{l} = b$. Und die Gleichung hat auch keine andere Lösung. Denn ist $\frac{u}{v}$ $(u, v \in \mathbb{N})$ irgendeine Lösung: $\frac{m}{n} \cdot \frac{u}{v} = \frac{k}{l}$, dann folgt durch Multiplikation mit $\frac{n}{m}$ auf beiden Seiten: $\frac{n}{m}\left(\frac{m}{n} \cdot \frac{u}{v}\right) = \frac{n}{m} \cdot \frac{k}{l}$, also $\frac{u}{v} = \frac{nk}{ml}$. Damit ist bewiesen:

Satz 1: Zu $a, b \in \mathbb{Q}^+$ gibt es stets genau eine Zahl $x \in \mathbb{Q}^+$, so daß $ax = b$ gilt.

Man schreibt für diese Zahl x, die Lösung der Gleichung $ax = b$, auch $b : a$ und nennt sie den *Quotienten* von b und a. Der Satz läßt sich dann auch so ausdrücken: In $\mathbb{Q}^+$ ist (anders als in $\mathbb{N}$), jede Divisionsaufgabe lösbar. Man braucht hier also keine „Division mit Rest“ zu diskutieren. Man braucht keine Fallunterscheidung „geht auf — geht nicht auf“ zu machen. Das ist rechentechnisch ein großer Vorteil.

Sind insbesondere a und b natürliche Zahlen: $a = \frac{n}{1} = n$, $b = \frac{m}{1} = m$, dann ist nach dem Vorangehenden die Lösung m : n der Gleichung $nx = m$ nichts anderes als die Bruchzahl $\frac{1}{n} \cdot \frac{m}{1} = \frac{m}{n}$. Man könnte versucht sein, hierin eine Antwort auf die Frage „Was ist eine Bruchzahl" zu sehen: *„Die Bruchzahl $\frac{m}{n}$ ist nichts anderes als die Lösung der Gleichung $nx = m$."* Dabei würde man von der Überzeugung ausgehen, daß jede solche Gleichung eine Lösung haben muß. Diese Überzeugung ist recht naheliegend. Stellt man sich etwa die Zahlen als eine Art teilbare Größen vor, dann ist klar, daß zu gegebenen natürlichen Zahlen n und m eine Zahl (Größe) x existieren muß, deren n-faches gerade die Zahl m (jetzt als Größe aufgefaßt) ist: $nx = m$. Aber der Mathematiker — und vielleicht auch der Leser — wünscht doch, über die genannten Überzeugungen bzw. Vorstellungen hinaus, eine präzise Konstruktion der Objekte „Bruchzahlen", auf genau beschriebener Grundlage, zu kennen. Für solche Konstruktionen siehe Abschnitt 11.1.

Wie immer eine derartige Konstruktion vorgenommen wird: Durch den Übergang vom Zahlbereich $\mathbb{N}$ zum Zahlbereich $\mathbb{Q}^+$ erhält man nicht nur zu je zwei natürlichen Zahlen einen Quotienten, nämlich die Bruchzahl $\frac{m}{n}$, sondern es gilt sogar, daß *zwei beliebige Bruchzahlen einen Quotienten haben, der wieder eine Bruchzahl* ist. Diesen Quotienten a : b schreibt man jetzt auch als Bruch $\frac{a}{b}$. Jeder „Doppelbruch" wie $\frac{\frac{3}{4}}{\frac{7}{5}}$ läßt sich also als gewöhnlicher Bruch, hier $\frac{3}{4} : \frac{7}{5} = \frac{15}{28}$, darstellen.

2.3.2 Dichtheit der Bruchzahlen

Wir erinnern uns: 1 ist die *kleinste* Zahl in der Menge $\mathbb{N}$ der natürlichen Zahlen. Und: Jede natürliche Zahl n hat einen Nachfolger, d. h. zu n gibt es in $\mathbb{N}$ eine ganz bestimmte *nächstgrößere Zahl,* nämlich $n+1$. Ebenso hat jede natürliche Zahl außer 1 einen Vorgänger, d. h. zu n gibt es in $\mathbb{N}$ eine ganz bestimmte *nächst-kleinere* Zahl, nämlich $n-1$.
In der Menge $\mathbb{Q}^+$ ist das ganz anders. Es gibt keine kleinste Bruchzahl: Zu jeder Bruchzahl $\frac{m}{n}$ findet man noch kleinere, z. B. die Zahl $\frac{m}{n+1}$. Und zu $\frac{m}{n}$ gibt es *niemals eine nächst-größere oder nächst-kleinere* Bruchzahl. Ist $\frac{m}{n} < \frac{k}{l}$, dann kann man immer Bruchzahlen finden, die zwischen $\frac{m}{n}$ und $\frac{k}{l}$ liegen, z. B. das arithmetische Mittel $\frac{1}{2}\left(\frac{m}{n} + \frac{k}{l}\right) = \frac{ml+nk}{2nl}$.
Offenbar läßt sich dieser Prozeß fortsetzen. Hier ist das für $\frac{m}{n} = \frac{10}{7}$ und $\frac{k}{l} = \frac{3}{2}$ angedeutet. Wir erkennen: Die Menge aller Bruchzahlen zwischen $\frac{10}{7}$ und $\frac{3}{2}$ ist *unendlich.*

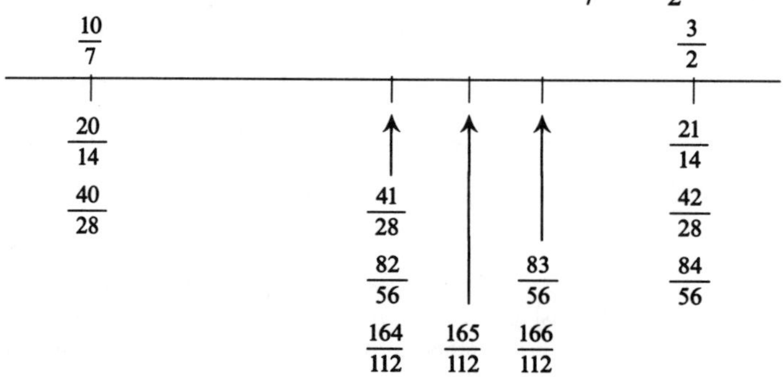

Das Fehlen einer kleinsten Bruchzahl ließe sich dadurch beheben, daß man die Zahl $0 = \frac{0}{1}$ mit zu den Bruchzahlen rechnet, also von $\mathbb{Q}^+$ zur Menge $\mathbb{Q}_0^+ = \mathbb{Q}^+ \cup \{0\}$ übergeht. (In $\mathbb{Q}_0^+$ ist dann aber nicht mehr jede Gleichung $a\,x = b$ lösbar!) Wichtiger ist die zweite der vorangehenden Feststellungen:

Satz 2: *Zwischen je zwei (verschiedenen) Bruchzahlen liegt immer noch eine weitere Bruchzahl und liegen folglich unendlich viele weitere Bruchzahlen.*

Man sagt dafür: die Bruchzahlen sind *dicht geordnet.*

Aufgaben: 1, 2

2.3.3 Endlichkeit, Beschränktheit und größte Zahl einer Zahlenmenge

Von den natürlichen Zahlen sind wir an folgenden Sachverhalt gewöhnt: Enthält eine Zahlenmenge M eine größte Zahl, dann ist M endlich. Bei Bruchzahlen ist das anders, wie die Menge

$$M_1 = \left\{\frac{2}{1}, \frac{3}{2}, \frac{4}{3}, \frac{5}{4}, \ldots\right\}$$

zeigt: M_1 enthält die größte Zahl 2 und ist doch unendlich.

In $\mathbb{Q}^+$ braucht eine Teilmenge, die eine größte Zahl enthält, nicht endlich zu sein.

Betrachten wir jetzt die Menge:

$$M_2 = \left\{\frac{1}{2}, \frac{2}{3}, \frac{3}{4}, \frac{4}{5}, \ldots\right\}.$$

Sie enthält *keine größte Zahl,* denn zu jeder Zahl $\frac{n}{n+1}$ aus M_2 gibt es in M_2 noch eine größere, z. B. die Zahl $\frac{n+1}{n+2}$.

Aber die Menge M_2 hat eine Eigenschaft, die sie in gewisser Hinsicht den endlichen Mengen verwandt erscheinen läßt: Alle Elemente von M_2 liegen unterhalb einer festen *Schranke* $s \in \mathbb{Q}^+$. Für s kann man z. B. die Zahl 2, aber auch 1 oder 1,5 nehmen. (Wir fragen nicht nach einer kleinstmöglichen Schranke.) Zahlenmengen mit dieser Eigenschaft nennt man „beschränkt“:

Definition: Eine Menge M von positiven rationalen Zahlen (d. h. eine Teilmenge von $\mathbb{Q}^+$) heißt *beschränkt,* wenn es eine Zahl $s \in \mathbb{Q}^+$ gibt, so daß alle Zahlen aus M kleiner oder gleich s sind: $x \leq s$ für alle $x \in M$.

Von den natürlichen Zahlen sind wir es gewöhnt, daß jede beschränkte (nicht leere) Menge M eine größte Zahl enthält und folglich endlich ist. Die Menge M_2 zeigt, daß dies bei Bruchzahlen anders ist:

In $\mathbb{Q}^+$ braucht eine beschränkte Teilmenge keine größte Zahl zu enthalten und erst recht nicht endlich zu sein.

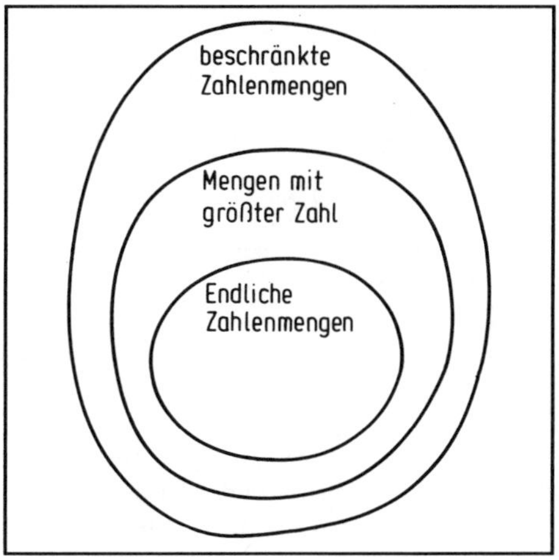

Das Vorstehende zeigt: Versteht man unter „Zahlen“ jetzt Bruchzahlen statt natürlicher Zahlen, so besagen die folgenden drei Eigenschaften einer Zahlenmenge M nicht mehr dasselbe:

— M ist endlich;
— M ist beschränkt;
— M enthält eine größte Zahl.

Für Bruchzahlen gelten nur noch die folgenden (schwächeren) Aussagen, die selbstverständlich auch speziell für natürliche Zahlen richtig sind:

(1) Jede endliche (nicht leere) Menge enthält eine größte Zahl.
(2) Jede Menge, die eine größte Zahl enthält, ist beschränkt.
(3) Jede endliche Menge ist beschränkt.

Wieso gilt dies eigentlich? Die Aussage (3) folgt aus (1) und (2). Die Aussage (2) ist klar: Man kann ja die größte Zahl als Schranke nehmen. Und die Aussage (1) ist jedenfalls einleuchtend; sie gilt für *beliebige reelle Zahlen.* Wir formulieren sie als

Satz 3: Jede endliche, nicht leere Menge M von Zahlen enthält eine größte (und ebenso eine kleinste) Zahl.

Wir geben hierfür keinen formalen Beweis, machen uns aber genau klar, wie man bei gegebener endlicher Menge M die größte Zahl *finden kann:* Die Zahlenmenge $M = \{a_1, \ldots, a_n\}$ enthalte mehr als eine Zahl, d. h. es sei $\text{card}\, M = n > 1$. Man trage die Zahlen aus M in eine n-zeilige Tabelle ein und vervollständige sodann die dritte Spalte der Tabelle nach folgender Vorschrift: Ab Zeile 2 schreibe beim Schritt Nr. i als b_i die größte der Zahlen a_i und b_{i-1} hin. (Das ist jeweils die größte der beiden Zahlen, die links und oberhalb des auszufüllenden Feldes stehen.) Hierzu muß man nur in der Lage sein, von je zwei Zahlen die größte zu bestimmen.

Schritt Nr.	gegebene Zahl	größte aller Zahlen bis zur betreffenden Zeile	Ist die Schrittnummer kleiner als n?
1	a_1	$b_1 = a_1$	ja, weiter
2	a_2	$b_2 = \ldots$	ja, weiter
3	a_3	$b_3 = \ldots$	ja, weiter
⋮	⋮	⋮	⋮
n	a_n	$b_n = \ldots$	nein, halt: b_n ist die größte Zahl der Menge M.

Dieser Algorithmus zur Bestimmung der größten Zahl in einer endlichen Zahlenmenge kann auch leicht von einem Computer ausgeführt werden.

Aufgabe: 3

Aufgaben 2.3

1. Beweise: Zwischen zwei (verschiedenen) Bruchzahlen liegt immer eine Zahl, die sich als abbrechender Dezimalbruch schreiben läßt. (Man drückt dies auch so aus: Die abbrechenden Dezimalbrüche liegen dicht in der Menge $\mathbb{Q}^+$).

2. In der Tabelle sind 18 Behauptungen aufgestellt. Hier bezeichnet Sta die Menge der Stammbrüche 1/n.

	gibt es	eine kleinste Zahl	zu jeder Zahl eine kleinere	zu jeder Zahl eine *nächst*kleinere	eine größte Zahl	zu jeder Zahl eine größere	zu jeder Zahl eine *nächst*größere
In der Zahlenmenge	$\mathbb{N}$						
	Sta						
	$\mathbb{Q}^+$						

Wenn die Behauptung richtig ist, setze in das betreffende Feld eine geeignete Zahl (gegebenenfalls in Abhängigkeit von der jeweiligen Zahl n bzw. 1/n bzw. m/n) ein. Wenn die Behauptung falsch ist, setze in das betreffende Feld ein „f". Begründe in einigen typischen Fällen die Eintragungen.

3. Gib eine beschränkte unendliche Zahlenmenge an, die
a) sowohl eine kleinste als auch eine größte Zahl enthält;
b) weder eine kleinste noch eine größte Zahl enthält.

Kapitel 3 Rationale (insbesondere ganze, auch negative) Zahlen

Die Menge der rationalen Zahlen wird bekanntlich mit $\mathbb{Q}$, die Teilmenge der ganzen Zahlen mit $\mathbb{Z}$ bezeichnet.

3.1 Wozu verwendet man die rationalen Zahlen? Was bedeuten dann die Rechenoperationen?

3.1.1 Verwendungszwecke

Rationale, insbesondere ganze Zahlen benötigt man unter anderem als *Skalenwerte,* als „Koordinaten" zur Beschreibung von Skalenpunkten, d. h. Punkten einer Geraden. Sind auf einer Geraden zwei Punkte mit 0 und 1 markiert, so möchte man auch Punkte „links von Null" (wenn 1 rechts liegt) mit Zahlen bezeichnen; man möchte die ganze Gerade als *Zahlengerade* auffassen[32]). Hierfür nimmt man zu den positiven rationalen Zahlen noch die Zahl 0 hinzu sowie die *negativen rationalen Zahlen;* diese werden durch ein vorgesetztes Minuszeichen gekennzeichnet; Beispiel: $-3{,}5$.

Hier zeigt sich eine *zweite Bedeutung des Minuszeichens,* nämlich als *Vorzeichen,* neben der *ersten Bedeutung* als Zeichen für eine *Rechenoperation,* die Subtraktion.

Die positiven rationalen Zahlen werden auch mit einem Pluszeichen als Vorzeichen geschrieben; es gilt also $3{,}5 = +3{,}5$ usw. Für die Zahl 0 schreibt man auch $+0$ oder -0.

Viele „Größen" — in einem weiteren Sinn als in Abschnitt 2.2 betrachtet — erfordern zu ihrer einfachen Beschreibung Skalen, die auch „unter die Null reichen". Beispiele: Temperaturen[33]), Zeitpunkte, Wasserstände (jeweils nach Festsetzung eines Nullpunktes), Kontostände. Erst recht benötigt man zur angemessenen Beschreibung der sogenannten gerichteten physikalischen Größen wie Geschwindigkeit, Beschleunigung, Kraft, elektrische Spannung, Stromstärke usw. auch negative Zahlen.

Eine rationale Zahl dient also zur Beschreibung eines Punktes der Zahlengeraden oder eines *Zustandes* in der betreffenden Realsituation. Daneben werden rationale Zahlen auch zur Beschreibung von *Zustandsänderungen* (Verschiebungen der Zahlengeraden) benutzt. Beispiele für die zweite Deutung: Die Änderung (um) $+3$ bedeutet „3 weiter nach rechts bzw. nach oben"; die Änderung (um) $-5{,}2$ bedeutet „5,2 weiter nach links bzw. nach unten". Es besteht eine eineindeutige Entsprechung zwischen den rationalen Zahlen und den beschriebenen Zustandsänderungen. Man benutzt die rationalen Zahlen also nicht nur zur *Beschreibung der Punkte,* sondern auch zur *Beschreibung der Verschiebungen* einer Zahlengeraden; siehe hierzu auch 9.1.3.

Die Hinzunahme der 0 und der negativen Zahlen zu den bisher betrachteten Zahlen ist ferner wichtig zur *Vereinfachung des Rechnens* (insbesondere zur Vermeidung von Fallunterscheidungen), selbst wenn man nur an nichtnegativen Rechenergebnissen interessiert ist; siehe **4.**

[32]) Die Frage, ob die rationalen Zahlen zur Bezeichnung aller Punkte *ausreichen,* wird in Kapitel 4 erörtert.
[33]) Daß alle Temperaturen sich auf der „absoluten Skala" mittels positiver Zahlen beschreiben lassen, spielt für die hier erörterten praktischen Zwecke keine Rolle.

Wir setzen in diesem Abschnitt voraus, daß dem Leser die Rechenoperationen für rationale Zahlen vertraut sind und erörtern nun die inhaltliche Bedeutung dieser Operationen.

3.1.2 Bedeutung der Kleinerbeziehung und der Addition

Für a, b ∈ ℚ bedeutet a < b: Die rationale Zahl a liegt auf der Zahlengeraden (Skala) *links von* bzw. *unterhalb von* b. So gilt zum Beispiel $-4 < -1$.

Die Bezeichnung der Relation < in ℚ durch das Wort „kleiner" ist psychologisch gesehen ungünstig und dürfte den Grund für Anfängerschwierigkeiten im Umgang mit dieser Relation bilden. Mit dem Wort „kleiner" verbindet sich ja die Vorstellung eines Größenvergleichs, nicht eines Lagevergleichs. Um diese Schwierigkeiten deutlicher zu sehen, stelle sich der an den Terminus „kleiner" schon gewöhnte Leser einmal vor, die Relation < sei mit „ist kürzer als" bezeichnet — was kaum weniger berechtigt wäre. Dagegen bringt eine Bezeichnung wie „liegt tiefer als" (ebenso wie „liegt weiter links als") die Schwierigkeiten sofort zum Verschwinden.

Offensichtlich gilt für die Kleinerbeziehung in ℚ wie in Größenbereichen das *Trichotomiegesetz* und das *Transitivitätsgesetz* (vgl. 2.2.3).

Ebenso wie die positiven rationalen Zahlen — und anders als die ganzen Zahlen — sind die rationalen Zahlen *dicht* geordnet; d. h. zwischen zwei verschiedenen rationalen Zahlen a, b liegen immer noch unendlich viele rationale Zahlen (vgl. 2.3.2). Zu einer rationalen Zahl gibt es also *keine nächstgrößere* und *keine nächstkleinere* Zahl. Natürlich gibt es in ℚ und in ℤ auch *keine größte* und *keine kleinste* Zahl.

Für die **Addition** bzw. die Summe a + b ergeben sich entsprechend den Deutungsmöglichkeiten rationaler Zahlen an einer Skala verschiedene Bedeutungen:

Erste Deutung („Zustand — Änderung — Zustand"):

Ausgehend vom *Zustand* a erfolgt eine Änderung um b. Ergebnis ist der *Zustand* a + b.

Beispiele: $-3 + 8 = 5$; $7 + (-11) = -4$.
Der Zustand −3 °C (bzw. 7 °C), geändert um +8 °C (bzw. −11 °C), ergibt den Zustand 5 °C (bzw. −4 °C).

Zweite Deutung („Änderung — Änderung — Änderung"):

Zuerst wird die *Änderung* um a, dann die Änderung um b vorgenommen. Ergebnis ist die (Gesamt-)*Änderung* um a + b.

Beispiele (wie oben): Zuerst Änderung um −3 °C (bzw. 7 °C), dann um +8 °C (bzw. −11 °C) ergibt die Gesamtänderung um +5 °C (bzw. −4 °C).

Statt an Temperaturen denke man in den vorangehenden Beispielen auch an *Kontostände*. In diesem Fall liegt eine weitere Deutung der Addition nahe.

Dritte Deutung („Zustand — Zustand — Zustand"):

Ein Konto vom Kontostand a wird mit einem solchen vom Kontostand b zusammengelegt. Ergebnis ist ein Konto vom Kontostand a + b.

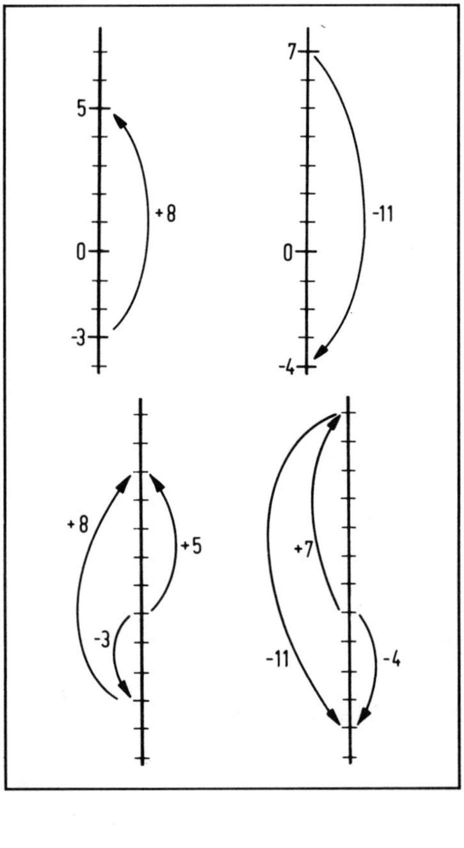

Beispiele (wie oben): Ein Konto vom Stand -300 DM (bzw. 700 DM), zusammengelegt mit einem Konto vom Stand 800 DM (bzw. -1100 DM) ergibt ein Konto vom Stand 500 DM (bzw. -400 DM).

Anhand der verschiedenen Deutungen macht man sich nun klar, daß für die Addition in $\mathbb{Q}$ ebenso wie in Größenbereichen das Assoziativgesetz und das Kommutativgesetz gelten. Das Assoziativgesetz wird besonders einleuchtend anhand der zweiten Deutung: Für Änderungen (um) a, b, c bewirkt „zuerst (zuerst a, dann b), dann c" natürlich dasselbe wie „zuerst a, dann (zuerst b, dann c)". Das Kommutativgesetz leuchtet anhand der dritten Deutung unmittelbar ein; siehe auch Aufgabe 1. Weiter erkennt man leicht die entscheidende neue Eigenschaft der Addition in $\mathbb{Q}$ (und ebenso in $\mathbb{Z}$): *Jede Gleichung* $a + x = b$ *hat genau eine Lösung.* Hier zeigt sich ein wesentlicher Unterschied zu den Größenbereichen.

Aufgabe: 1

3.1.3 Gegenzahlbildung, Subtraktion

Die Gegenzahlbildung ist eine Rechenoperation, die es in Größenbereichen, insbesondere in $\mathbb{N}$ und in $\mathbb{Q}^+$, noch nicht gibt, sondern erst in $\mathbb{Z}$ und in $\mathbb{Q}$. Man bezeichnet sie durch ein Minuszeichen, das vor jede (positive oder negative!) Zahl a gesetzt werden kann. Dann ist $-a$ die *Gegenzahl* von a. Darunter versteht man die Zahl x, welche die Gleichung $a + x = 0$ löst: für alle a gilt $a + (-a) = 0$. Da dann auch $(-a) + a = 0$ gilt, ist die Gegenzahl von $-a$ wieder a; also hat man $-(-a) = a$. Zum Beispiel ist -3 die Gegenzahl von 3 und 4,5 die Gegenzahl von $-4{,}5$, also $-(-4{,}5) = 4{,}5$.

Beachte: $-a$ braucht keine negative Zahl zu sein! Man sollte —a lesen als „entgegengesetzt a". In „$-a$" ist das Minuszeichen kein Vorzeichen, sondern Operationszeichen.

Die Gegenzahlbildung ist eine *einstellige* Rechenoperation, weil sie an einer einzigen Zahl vorgenommen wird, im Gegensatz zu den *zweistelligen* Operationen Addition und Subtraktion, die jeweils zwei Zahlen miteinander verknüpfen.

Hier haben wir eine *dritte Bedeutung des Minuszeichens,* nämlich als *einstelliges Rechenzeichen,* kennengelernt. Den Unterschied zur Bedeutung als Vorzeichen illustriert das folgende *Beispiel:* Beim Lösen der Gleichung $3 + x = 5 + 2x$ erhält man $x = -2$. Hier ist das Minuszeichen Vorzeichen. Zwischendurch tritt aber u. U. die Gleichung $-x = 2$ auf. Hier ist das Minuszeichen nur als Rechenzeichen verständlich (und das bereitet erfahrungsgemäß mehr Schwierigkeiten).

An der Zahlengeraden bedeutet die Operation „Gegenzahlbildung" die Spiegelung am Nullpunkt. Auf dem Taschenrechner ist diese Operation durch die Taste „+/−" realisiert. Diese muß meist *nach* Eingabe bzw. Erhalten der betreffenden Zahl gedrückt werden.

Beispiel:

Taste	3	+/−	+/−
Anzeige	3	−3	3 (= −(−3))

Die **Subtraktion** läßt sich in verschiedener Weise auf die Addition zurückführen. Erstens kann man nach **2.** definieren: Für a, b, $\in \mathbb{Q}$ (bzw. $\in \mathbb{Z}$) sei

(1) $b - a$ die Zahl x, für die gilt $a + x = b$.

Hiermit ist die Subtraktion im Sinne des *„Ergänzens"* eingeführt. Die gleiche Definition ist unter der Voraussetzung $a \leq b$ bzw. $a < b$ auch für die Subtraktion von natürlichen Zahlen, Bruchzahlen oder Größen a, b verwendbar. Jetzt entfällt lediglich die genannte Voraussetzung. So erkennen wir die neu eingeführte Subtraktion als natürliche Erweiterung der bekannten.

Zweitens kann man, mit Hilfe der Gegenzahl $-a$ von a, kürzer definieren:

(2) $b - a := b + (-a)$.

Dies ist mit der Definiton (1) gleichwertig, weil ja $b + (-a)$ die Gleichung $a + x = b$ löst, wie man durch Einsetzen bestätigt.

Nach (2) ist die Subtraktion einer Zahl a gleichbedeutend mit der *Addition der zu* a *entgegengesetzten Zahl.* Diese Erklärung der Subtraktion ist leichter zu formulieren als die erste und wird ihr daher oft vorgezogen. Man beachte aber, daß die mittels (2) definierte Subtraktion keine natürliche Erweiterung der Subtraktion in $\mathbb{N}$ bzw. $\mathbb{Q}^+$ ist, die ja ohne Bezugnahme auf Gegenzahlen eingeführt werden muß.

Schließlich erinnern wir an die ursprüngliche Bedeutung des Subtrahierens als „Wegnehmen"; siehe 1.1.5. Diese läßt sich nicht zwanglos auf $\mathbb{Z}$ und $\mathbb{Q}$ übertragen.

Die nach (1) bzw. (2) eingeführte Subtraktion ist im Gegensatz zu früher uneingeschränkt ausführbar. In diesem Sinne hat jedenfalls eine Bedeutungsveränderung stattgefunden.

Wir erinnern abschließend an die

Drei Bedeutungen des Minuszeichens[34]		realisiert auf dem Taschenrechner:
Erstens:	Subtraktion als zweistellige Rechenoperation (Verknüpfung) $a - b = c$	Taste „–"
Zweitens:	Bestandteil des Namens negativer Zahlen (Vorzeichen)	Zeichen „–" in der Anzeige
Drittens:	Gegenzahlbildung als einstellige Rechenoperation $-a = b$	Taste „+/–"

3.1.4 Bedeutung der Multiplikation

Die Multiplikation mit negativen Zahlen wird bekanntlich durch die Regeln „Plus mal Minus gleich Minus", „Minus mal Minus gleich Plus" definiert; siehe auch Aufgabe 3. Hiernach erlaubt die Multiplikation in $\mathbb{Q}$ keine so natürliche Deutung wie die Addition. Ihr Nutzen besteht vor allem darin, daß sie ein vereinfachtes Rechnen (ohne Fallunterscheidungen) ermöglicht.

Beispiel: Das Zahlenrätsel „Ich kenne eine Zahl, deren Sechsfaches um 8 größer ist als ihr Quadrat" führt auf die Gleichung $6x = x^2 + 8$. Auf dieselbe Gleichung führt auch die geometrische Frage: „Ein Quadrat wird durch Anlegen eines 8 cm² großen Rechtecks zu einem Reckteck von 6 cm Länge. Welche Seitenlängen hat das Quadrat (und das angelegte Rechteck)?"

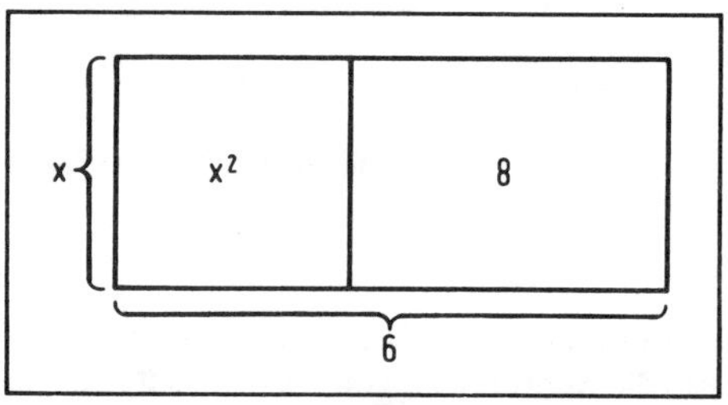

x	6x	$x^2 + 8$
0	0	8
1	6	9
→ 2	12	12
3	18	17
→ 4	24	24
5	30	33
6	36	44

[34]) Auf die drei Bedeutungen des Minuszeichens wurde auch von *H. R. Haegi* hingewiesen, in „Praxis der Mathematik" (PM) 11 (1969), 327—334.

Diese Aufgabe kann schon im Bereich der natürlichen Zahlen gelöst werden, indem eine Wertetabelle wie vorstehend angelegt wird. Hier findet man zwei Lösungen, nämlich 2 und 4.

Wie wird nun $6x = x^2 + 8$ in der Gleichungslehre gelöst? Die für alle $x \in \mathbb{N}_0$ sinnvolle Gleichung ist nach Subtraktion von 6x für $x = 3$ nicht mehr sinnvoll: $0 = x^2 + 8 - 6x$. Die Gleichung $x^2 - 6x = -8$ ist in $\mathbb{N}_0$ sogar nicht einmal bildbar (was ist -8?). Wir müssen also unsere Überlegungen in $\mathbb{Z}$ durchführen. Was ist dann aber 6x mit $x \in \mathbb{Z}$? Auch dies läßt sich leicht noch als eine Vielfachbildung erklären. Rechnen wir jedoch weiter:

$$x^2 - 6x + 9 = -8 + 9; \quad (x-3)^2 = 1; \quad x - 3 = 1 \text{ oder } x - 3 = -1.$$

Das ist nur möglich, wenn wir in $\mathbb{Z}$ die vollständige Multiplikation zur Verfügung haben, denn z. B. $(x-3)^2 = 1$ ist sonst nur für $x \geq 3$ sinnvoll, die Lösung $x = 2$ ginge verloren.

Interessant an diesem Beispiel ist also, daß *zu einer systematischen Lösung dieses nur im Positiven sinnvollen Problems auch negative Zahlen und ihre Multiplikation benötigt werden.*

Entscheidend ist, daß die Multiplikation bei einem oder zwei negativen Faktoren so definiert werden kann, daß die bekannten Regeln des Zahlenrechnens gültig bleiben. Daher gelten Buchstabenrechnungen automatisch auch für Multiplikationen (und ebenso Divisionen) mit negativen Zahlen. Aufpassen muß man bei der Multiplikation mit 0. Z. B. darf man für beliebige $a, b, c \in \mathbb{Q}$ aus $ac = bc$ nicht folgern, daß $a = b$ gilt.

Auf die Division in $\mathbb{Q}$ gehen wir im nächsten Abschnitt ein.

Zum Abschluß geben wir einige **Illustrationen der Multiplikation** in $\mathbb{Q}$, welche die Zweckmäßigkeit insbesondere der Festsetzung „Minus mal Minus gleich Plus" zeigen:

(1) *Natürlicher Verlauf graphischer Darstellungen:* Gleichungen der Form $y = a \cdot x$ werden durch *Geraden* dargestellt, auch bei negativem a.

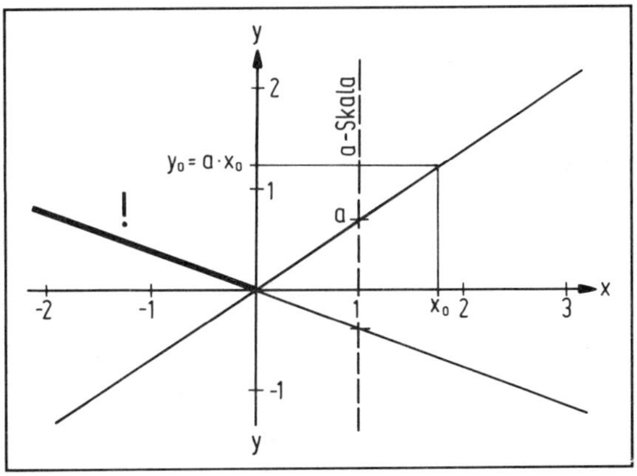

(2) *Einfache Formeln für einfache Sachverhalte:* Bei beliebiger Lage der Punkte (x_1, y_1) und $(x_2, y_2) \neq (0, 0)$ im Achsenkreuz gilt: Der Winkel am Nullpunkt ist genau dann ein rechter, wenn $x_1 x_2 + y_1 y_2 = 0$.

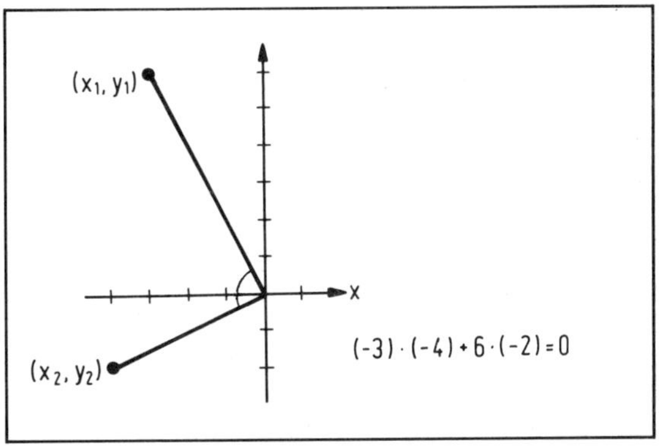

(3) *Strahlensatzfigur:* Das Produkt a · b wird nach folgender Vorschrift konstruiert: Stelle a als Punkt A auf der ersten Achse dar, sowie b als Punkt B auf der zweiten Achse. Verbinde A mit dem Einheitspunkt auf der zweiten Achse und ziehe dazu die Parallele durch B. Diese schneidet die erste Achse an der Stelle a · b.

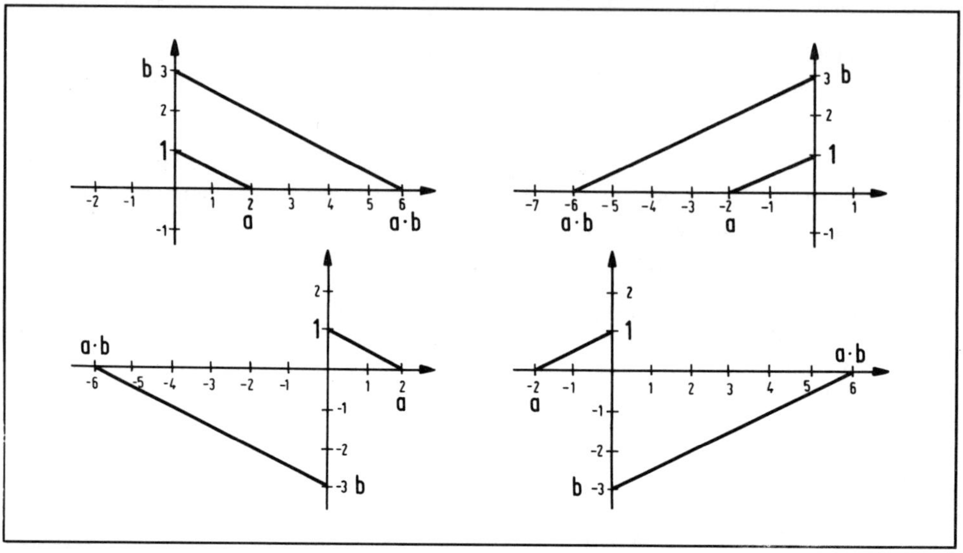

Dies ist bewährt im Falle a, b > 0 (Strahlensatz). Wir wenden die Vorschrift nun auch auf den Fall a ≤ 0 oder b ≤ 0 an und dürfen erwarten, daß dies etwas Vernünftiges ergibt.

Aufgaben: 2 bis 4

Aufgaben 3.1

1. Erläutere die Wirkungsweise des skizzierten „Additionslineals“:

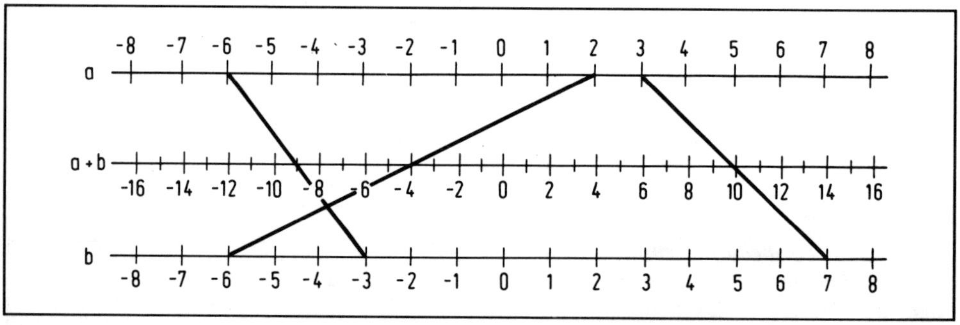

Begründe hieran

a) das Kommutativgesetz für die Addition in $\mathbb{Q}$;

b) die Behauptung, daß in $\mathbb{Q}$ jede Gleichung a + x = b genau eine Lösung hat.

2. Für die Multiplikation negativer Zahlen setzt man bekanntlich fest:

$p \cdot (-q) = -(p \cdot q)$; $(-p) \cdot q = -(p \cdot q)$; $(-p) \cdot (-q) = p \cdot q$.

Dabei sind p und q beliebige *nichtnegative* Zahlen. Begründe, daß hiernach die Gesetze

a) $a \cdot b = b \cdot a$ (Kommutativgesetz für die Multiplikation)

b) $(a \cdot b) \cdot c = a \cdot (b \cdot c)$ (Assoziativgesetz für die Multiplikation)

auch für alle a, b, c, ∈ $\mathbb{Q}$, ebenso wie für nichtnegative Zahlen, gelten.

3. a) Vervollständige die Additionstafel für ganze Zahlen und beschreibe die beobachtete Regelmäßigkeit.
b) Lege eine entsprechende Tafel für die Multiplikation an und bestätige hieran insbesondere die Zweckmäßigkeit der Regel „Minus mal Minus gleich Plus“.

+	. . .	−3	−2	−1	0	1	2	3	...
⋮									
−3									
−2									
−1									
0					0	1	2	3	...
1					1				
2					2				
3					3				
⋮									

4. Begründe die Behauptung (2) in 3.1.4 durch geometrische Argumentation, etwa mittels Ähnlichkeit von Dreiecken.

3.2 Rechenregeln für die Addition und die Multiplikation in $\mathbb{Q}$

3.2.1 Körper-Axiome

In der Menge $\mathbb{Q}$ sind die beiden *Rechenoperationen + und ·* gegeben sowie die beiden *besonderen* voneinander verschiedenen *Zahlen* 0 *und* 1. Für alle $a, b \in \mathbb{Q}$ gilt $a + b \in \mathbb{Q}$ und $a \cdot b \in \mathbb{Q}$. Die Bedeutung dieser Operationen sowie der Zahlen 0 und 1 ist bekannt, der praktische Umgang mit ihnen ist geläufig. Wir legen diese **Grundbegriffe** für das Folgende *ohne ausdrückliche Definition* zugrunde.

Sodann geben wir die angekündigte genaue Formulierung der *grundlegenden Rechengesetze* hierfür (noch nicht für die Kleinerbeziehung <). Die meisten von ihnen sind im Vorangehenden durch inhaltliche Überlegungen gerechtfertigt worden; sie alle sind jedenfalls durch langen Umgang vertraut. Wir legen diese Rechengesetze für das Weitere *ohne Beweis* zugrunde. Sie lauten:

Für alle $a, b, c \in \mathbb{Q}$ gilt:

(Ass +)	$(a+b)+c = a+(b+c)$	(Ass ·)	$(a \cdot b) \cdot c = a \cdot (b \cdot c)$	(Assoziativgesetze)
(Komm +)	$a+b = b+a$	(Komm ·)	$a \cdot b = b \cdot a$	(Kommutativgesetze)
(Neut +)	$a+0 = a$	(Neut ·)	$a \cdot 1 = a$	
(Inv +)	$a+x = 0$ ist eindeutig lösbar[35])	(Inv ·)	$a \cdot x = 1$ ist eindeutig lösbar[35]), falls $a \neq 0$	
(Distr)	$(a+b) \cdot c = a \cdot c + b \cdot c$			(Distributivgesetz)

[35]) Erinnerung: Dies besagt, es gibt genau ein $x \in \mathbb{Q}$, so daß $a + x = 0$ bzw. $a \cdot x = 1$.

Die Gesetze (Neut) besagen, daß sich die Zahl 0 bzw. 1 *neutral* bzgl. + bzw. · verhält. Die Gesetze (Inv) besagen, daß zur Zahl a jeweils genau eine *inverse* Zahl bzgl. + bzw. · existiert. Zur rechten Seite von (Distr) ist an die *Klammern-Konvention* „Punktrechnung vor Strichrechnung“ zu erinnern: Hiernach hat $a \cdot c + b \cdot c$ die Bedeutung $(a \cdot c) + (b \cdot c)$. Weiter erinnern wir daran, daß Produkte auch ohne Malpunkt geschrieben werden.

Wenn nun eine weitere Operation für das Zahlenrechnen eingeführt oder eine weitere Rechenregel bewiesen werden soll, so dürfen wir — und müssen grundsätzlich — uns auf das Vorstehende berufen. Insofern hat es guten Sinn, wenn im folgenden auch vertraute Begriffe wie die Subtraktion und die Division ausdrücklich definiert und vertraute Rechenregeln wie $a \cdot 0 = 0$ ausdrücklich bewiesen werden.

Eine solche Entwicklung einer Theorie (hier: des Zahlenrechnens) auf genau beschriebener, „axiomatischer“ Grundlage nennt man *deduktiv*, was wörtlich „herabführend“, „herleitend“ bedeutet. Die zugrundegelegten Gesetze heißen die **Axiome** der Theorie. Im vorliegenden Fall nennt man diese die *Körper-Axiome* und sagt: Die rationalen Zahlen bilden einen **Körper**. Dieses Wort wird hier also ungefähr im Sinn von „Körperschaft“ gebraucht.

Die Körper-Axiome werden mitunter etwas anders, aber logisch gleichwertig formuliert. Es gibt außer $\mathbb{Q}$ viele andere Mengen von Zahlen (und auch von anderen mathematischen Gegenständen), die in diesem Sinn Körper bilden, d. h. in denen dieselben Grundgesetze gelten. Beispiele: Die reellen Zahlen (siehe Kapitel 4); die komplexen Zahlen (diese werden hier nicht behandelt). Die Körper-Gesetze gewährleisten, wie wir im einzelnen noch sehen werden, daß man die vier Grundrechenarten +, −, · , : ohne Einschränkung nach den üblichen Regeln ausführen kann, natürlich *nicht* die Division durch 0 (was schon in den Vorbemerkungen zu Teil A erörtert wurde).

Dagegen bilden die Zahlenmengen $\mathbb{N}$, $\mathbb{N}_0$, $\mathbb{Z}$, $\mathbb{Q}^+$, $\mathbb{Q}_0^+$ *keine* Körper. Nur die folgenden der neun Axiome gelten in diesen Mengen:

In $\mathbb{Q}_0^+$:	alle außer (Inv +);	in $\mathbb{Q}^+$:	alle außer (Inv +) und (Neut +);
In $\mathbb{Z}$:	alle außer (Inv ·);		
In $\mathbb{N}_0$:	alle außer (Inv +) und (Inv ·);	in $\mathbb{N}$:	alle außer (Inv +), (Neut +), (Inv ·).

Aufgabe: 1

3.2.2 Erste Definitionen und Beweise

Auf der beschriebenen Grundlage definieren wir nun weitere Begriffe und beweisen einige weitere Rechenregeln als *Sätze* — zuerst solche, bei denen nur die Gesetze der Addition benutzt werden.

Das Axiom (Neut +) ermöglicht:

Definition 1: Für jedes $a \in \mathbb{Q}$ heißt die eindeutig bestimmte Lösung x von $a + x = 0$ die *zu a entgegengesetzte Zahl* (oder: die zu a additiv inverse Zahl). Sie wird mit $-a$ bezeichnet. Kurz: $-a := $ das x mit $a + x = 0$. Hiernach gilt $a + (-a) = 0$.

Satz 1: Wenn $a + c = b + c$, dann $a = b$ („Streichungsregel“).

Der *Beweis* muß hier anders als bei Größen geführt werden, wo die Kleinerbeziehung zur Verfügung stand[36]) (vgl. 2.2.3), etwa wie folgt: Es sei $a + c = b + c$. Dann erhält man durch Addition von $-c$ auf beiden Seiten $(a+c) + (-c) = (b+c) + (-c)$, also nach (Ass +) $a + (c + (-c)) = b + (c + (-c))$. Wegen $c + (-c) = 0$ (Def. 1) folgt daraus $a + 0 = b + 0$, also auf Grund von (Neut +) schließlich $a = b$.

[36]) Dort konnte man wie folgt argumentieren: Wäre nicht $a = b$, also etwa $a < b$, dann hätte man nach dem Monotoniegesetz $a + c < b + c$. Das kann aber nach der Voraussetzung $a + c = b + c$ nicht sein.

Satz 2: (1) $-(-a) = a$; (2) $-(a+b) = (-a)+(-b)$.

Beweis: (1) Wie schon in 3.1.3 zeigen wir, daß a die Lösung der Gleichung $(-a) + x = 0$ ist: Nach (Komm +) und Def. 1 gilt $(-a) + a = a + (-a) = 0$.

(2) Es ist zu zeigen, daß $(-a) + (-b)$ die Lösung der Gleichung $(a + b) + x = 0$ ist (Aufgabe 2a).

Satz 3: Für alle $a, b \in \mathbb{Q}$ ist die Gleichung $a + x = b$ eindeutig lösbar.

Beweis: I. *Existenz* einer Lösung: Wir zeigen, daß $b + (-a)$ Lösung ist:

$$\begin{aligned} a + (b + (-a)) &= a + ((-a) + b) && \text{(Komm +)} \\ &= (a + (-a)) + b && \text{(Ass +)} \\ &= 0 + b && \text{(Def. 1)} \\ &= b + 0 && \text{(Komm +)} \\ &= b && \text{(Neut +)} \end{aligned}$$

Das ist die sogenannte „Probe" bei der Lösung der Gleichung.

II. *Eindeutige Bestimmtheit* der Lösung: *Es sei* x irgendeine Lösung, d. h. $a + x = b$.

$$\begin{aligned} &\text{Dann folgt} & (-a) + (a+x) &= (-a) + b, \\ &\text{also} & ((-a) + a) + x &= b + (-a) && \text{(Ass +, Komm +)}, \\ &\text{also} & 0 + x &= b + (-a) && \text{(Komm +, Inv +)}, \\ &\text{also} & x &= b + (-a) && \text{(Komm +, Neut +)}. \end{aligned}$$

Dies besagt: *Wenn* es eine Lösung gibt, dann muß diese gleich $b + (-a)$ sein. Dieses übliche „Lösungsverfahren" liefert somit *nicht die Existenz,* sondern nur die eindeutige Bestimmtheit der Lösung!

Man kann die Eindeutigkeit auch aus Satz 1 folgern: Sind x_1 und x_2 Lösungen, d. h. gilt $a + x_1 = b$ und $a + x_2 = b$, dann folgt $a + x_1 = a + x_2$, also $x_1 + a = x_2 + a$, also nach der Streichungsregel $x_1 = x_2$.

Definition 2: Für alle $a, b \in \mathbb{Q}$ heißt die eindeutig bestimmte Lösung x von $a + x = b$ die *Differenz von* b *und* a. Sie wird mit $b - a$ bezeichnet.

Kurz: $b - a :=$ das x mit $a + x = b$.

Satz 4: (1) $b - a = b + (-a)$; (2) $b - a = -(a - b)$.

Beweis: (1) ist nach dem Beweis von Satz 3, erster Teil, klar.

(2) Wir zeigen, daß $b - a$ die Lösung der Gleichung $(a - b) + x = 0$ ist. In der Tat gilt

$$\begin{aligned} (a - b) + (b - a) &= a + (-b) + b + (-a) && \text{(nach (1))}, \\ &= a + b + (-b) + (-a) && \text{(Komm +)}, \\ &= a + 0 + (-a) && \text{(Def. 1)}, \\ &= a + (-a) && \text{(Neut +)}, \\ &= 0 && \text{(Def. 1)}. \end{aligned}$$

Hierbei haben wir, anders als bisher, mehrgliedrige Summen ohne Klammern geschrieben. Ein solches *Rechnen mit mehrgliedrigen Summen* muß gerechtfertigt werden, weil die Addition nur als zweistellige Operation gegeben ist. Grundlage hierfür ist das Assoziativgesetz. Unter $a + b + c$ versteht man die Summe $(a+b) + c$ oder, wegen (Ass +) gleichwertig, $a + (b+c)$. Jetzt kann man beweisen:

Satz 5: $(a+b+c) + d = (a+b) + (c+d) = a + (b+c+d)$

Beweis:
$$\begin{aligned} (a+b+c) + d &= ((a+b) + c) + d \\ &= (a+b) + (c+d) && \text{(Ass +)} \\ &= a + (b+(c+d)) && \text{(Ass +)} \\ &= a + (b+c+d) \end{aligned}$$

Man schreibt nun für alle diese Summen a + b + c + d und bestätigt, daß dann auch gilt:

$$a+b+c+d = (a+b)+c+d = a+(b+c)+d = a+b+(c+d).$$

Hiernach darf man bei viergliedrigen Summen *Klammern beliebig setzen bzw. weglassen.* Dies gilt allgemein für mehrgliedrige Summen.

Wegen (Ass·) gilt Entsprechendes auch für *mehrgliedrige Produkte.*

Aufgabe: 2

3.2.3 Verwendung des Distributivgesetzes und der multiplikativen Inversen

Interessantere Folgerungen kann man mit Hilfe von (Distr) ziehen:

Satz 6: $(a+b)\cdot(c+d) = a\cdot c + a\cdot d + b\cdot c + b\cdot d$

Das ist der einfachste Fall der Regel für das „Ausmultiplizieren von Klammern".

Beweis:
$$\begin{aligned}(a+b)\cdot(c+d) &= a\cdot(c+d) + b\cdot(c+d) && \text{(Distr)}\\ &= (c+d)\cdot a + (c+d)\cdot b && \text{(Komm }\cdot)\\ &= (c\cdot a + d\cdot a) + (c\cdot b + d\cdot b) && \text{(Distr)}\\ &= c\cdot a + d\cdot a + c\cdot b + d\cdot b && \text{(Satz 5)}\\ &= a\cdot c + a\cdot d + b\cdot c + b\cdot d && \text{(Komm }\cdot)\end{aligned}$$

Satz 7: (1) $a\cdot 0 = 0$; (2) $0\cdot a = 0$.

Beweis: Wegen (Komm ·) genügt es, die Teilaussage (1) zu beweisen.
$$\begin{aligned}a\cdot 0 &= a\cdot 0 + 0 && \text{(Neut }+)\\ &= a\cdot 0 + a + (-a) && \text{(Inv }+\text{, Def. 1)}\\ &= a\cdot 0 + a\cdot 1 + (-a) && \text{(Neut }\cdot)\\ &= a\cdot(0+1) + (-a) && \text{(Komm }\cdot\text{, Distr.)}\\ &= a\cdot 1 + (-a) && \text{(Komm }+\text{, Neut }+)\\ &= a + (-a) && \text{(Neut }\cdot)\\ &= 0 && \text{(Inv }+)\end{aligned}$$

Satz 8: (1) $(-a)\cdot b = -(a\cdot b)$; (2) $a\cdot(-b) = -(a\cdot b)$.

Beweis: Wegen (Komm ·) genügt es, (1) zu beweisen. Nun gilt
$$\begin{aligned}a\cdot b + (-a)\cdot b &= (a + (-a))\cdot b && \text{(Distr)}\\ &= 0\cdot b && \text{(Inv }+)\\ &= 0 && \text{(Satz 7)}\end{aligned}$$

Somit ist $(-a)\cdot b$ die zu $a\cdot b$ entgegengesetzte Zahl. Nach Def. 1 heißt diese $-(a\cdot b)$. Also ist $(-a)\cdot b = -(a\cdot b)$.

Satz 9: $(-a)\cdot(-b) = a\cdot b$

Beweis:
$$\begin{aligned}(-a)\cdot(-b) &= -(a\cdot(-b)) && \text{(Satz 8 (1))}\\ &= -(-(a\cdot b)) && \text{(Satz 8 (2))}\\ &= a\cdot b && \text{(Satz 2 (1))}\end{aligned}$$

Satz 9 ist die Regel „Minus mal Minus gleich Plus": Das Produkt der Entgegengesetzten zweier Zahlen ist gleich dem Produkt der Zahlen selbst. (Man sollte hier nicht von „negativen Zahlen" reden!) Diese Regel hat sich hier als Folgerung aus den Körperaxiomen ergeben.

Jetzt benutzen wir auch das Axiom (Inv ·) und formulieren analog zu Def. 1:

Definition 3: Für jedes $a \in \mathbb{Q}$, $a \neq 0$, heißt die eindeutig bestimmte Lösung x von $ax = 1$ die zu a *reziproke Zahl* (oder: die zu a multiplikativ inverse Zahl). Sie wird mit a^{-1} oder $\frac{1}{a}$ bezeichnet. Kurz: $a^{-1}:=$ das x mit $a\cdot x = 1$. Hiernach gilt $a\cdot a^{-1} = 1$.

Nun kann man eine besonders wichtige Regel beweisen:

Satz 10: Wenn $a \cdot b = 0$, dann $a = 0$ oder $b = 0$; in Worten: *Wenn ein Produkt gleich Null ist, dann ist mindestens ein Faktor Null.*

Beweis: Es sei $a \cdot b = 0$. Falls $b = 0$ ist, haben wir nichts mehr zu beweisen. Daher setzen wir $b \neq 0$ voraus und zeigen, daß dann $a = 0$ sein muß:

$$\begin{aligned} a &= a \cdot 1 && \text{(Neut } \cdot\text{)} \\ &= a \cdot b \cdot b^{-1} && \text{(Inv } \cdot\text{, Def. 3)} \\ &= 0 \cdot b^{-1} && \text{(Voraussetzung)} \\ &= 0 && \text{(Satz 7)} \end{aligned}$$

Die Sätze 7 und 10 lassen sich wie folgt zusammenfassen:

Ein Produkt ist genau dann gleich Null, wenn mindestens ein Faktor Null ist.

Satz 11: Wenn $a \cdot c = b \cdot c$ und $c \neq 0$, dann $a = b$ („Streichungsregel", multiplikativ).
Beweis analog zu dem von Satz 1.

Satz 12: (1) $(a^{-1})^{-1} = a$; (falls $a \neq 0$) (2) $(a \cdot b)^{-1} = a^{-1} \cdot b^{-1}$. (falls $a \neq 0$, $b \neq 0$)

Beweis analog zu dem von Satz 2.

Satz 13: Für alle $a, b \in \mathbb{Q}$, $a \neq 0$, ist die Gleichung $a \cdot x = b$ eindeutig lösbar.
Beweis analog zu dem von Satz 3.

Erinnerung: Die Gleichung $0 \cdot x = b$ ist *nicht* eindeutig lösbar!

Definition 4: Für alle $a, b \in \mathbb{Q}$, $a \neq 0$, heißt die eindeutig bestimmte Lösung x von $a \cdot x = b$ der *Quotient* von b und a. Er wird mit $b : a$ oder $\frac{b}{a}$ bezeichnet.

Kurz: $\frac{b}{a} :=$ das x mit $a \cdot x = b$ (falls $a \neq 0$).

Hiermit sind *verallgemeinerte Brüche,* mit Zählern und Nennern aus $\mathbb{Q}$, eingeführt.

Satz 14: (1) $\frac{b}{a} = b \cdot a^{-1}$; (2) $\frac{b}{a} = \left(\frac{a}{b}\right)^{-1}$ (falls $a, b \neq 0$)

Beweis analog zu dem von Satz 4.

Auf dieser Grundlage kann man leicht die bekannten Regeln der Bruchrechnung auch für diese allgemeineren Brüche beweisen. Insbesondere gilt (falls $b, d \neq 0$):

Satz 15: (1) $\frac{a}{b} = \frac{c}{d}$ genau dann, wenn $ad = bc$;

(2) $\frac{a}{b} + \frac{c}{d} = \frac{ad + bc}{bd}$;

(3) $\frac{a}{b} \cdot \frac{c}{d} = \frac{ac}{bd}$.

Wir überlassen die Beweise dem Leser zur Übung (Aufgabe 6).

Schlußbemerkung: In den Zahlenmengen $\mathbb{N}$, $\mathbb{N}_0$, $\mathbb{Z}$, $\mathbb{Q}^+$, $\mathbb{Q}_0^+$ gelten jedenfalls die Regeln (Sätze), zu deren Beweis die jeweils nicht erfüllten Axiome nicht benötigt wurden. Die anderen Regeln gelten teilweise auch, erfordern dann aber einen anderen Beweis. Z. B. gilt der wichtige Satz 10 auch in $\mathbb{N}_0$ und in $\mathbb{Z}$, obwohl dort das Axiom (Inv $\cdot$) nicht erfüllt ist. Man versuche, dies zu begründen, und beachte dazu, daß alle Zahlen, über die in Satz 10 etwas ausgesagt wird, ja auch rationale Zahlen sind.

Aufgaben: 3 bis 6

Aufgaben 3.2

1. Es sei $\mathbb{D}$ die Menge aller (abbrechenden) *Dezimalzahlen,* d. h. aller rationalen Zahlen, die sich als abbrechende Dezimalbrüche, ohne oder mit Vorzeichen „–", schreiben lassen.
a) Beweise: Für alle $a, b \in \mathbb{D}$ gilt $a + b \in \mathbb{D}$ und $a \cdot b \in \mathbb{D}$.
b) Welche der neun Körper-Axiome sind in $\mathbb{D}$ erfüllt?

2. Beweise:
a) $-(a+b) = (-a) + (-b)$;
b) $a - (b+c) = (a-b) - c$ (hierfür schreibt man $a-b-c$);
c) $a - (b-c) = (a-b) + c$ (hierfür schreibt man $a-b+c$).

Die zum Beweis benutzten Axiome, Sätze und Definitionen sind hier und im folgenden immer genau anzugeben!

3. Beweise:
a) $(a-b) \cdot c = a \cdot c - b \cdot c$;
b) $(a+b)^2 = a^2 + 2ab + b^2$ (was versteht man unter x^2 und unter $2x$?);
c) $(a-b)^2 = a^2 - 2ab + b^2$;
d) $(a+b)(a-b) = a^2 - b^2$.

4. Beweise oder widerlege: Für alle $a, b, c \in \mathbb{Q}$ gilt:
a) wenn $ac = bc$, dann $a = b$;
b) wenn $a^2 = b^2$, dann $a = b$;
c) wenn $a^2 = b^2$, dann $a = -b$;
d) wenn $a^2 = 0$, dann $a = 0$.

5. Beweise: Für alle $a, b \in \mathbb{Q} \setminus \{0\}$ gilt
a) $(a^{-1})^{-1} = a$;
b) $(a \cdot b)^{-1} = a^{-1} \cdot b^{-1}$;
c) $\frac{b}{a} = b \cdot a^{-1}$;
d) $\frac{b}{a} = \left(\frac{a}{b}\right)^{-1}$.

6. Beweise: Für alle $a, c \in \mathbb{Q}$ und $b, d \in \mathbb{Q} \setminus \{0\}$ gilt
a) $\frac{a}{b} = \frac{ad}{bd}$;
b) $\frac{a}{b} = \frac{c}{d}$ genau dann, wenn $ad = bc$;
c) $\frac{a}{b} + \frac{c}{d} = \frac{ad+bc}{bd}$;
d) $\frac{a}{b} \cdot \frac{c}{d} = \frac{ac}{bd}$.

3.3 Die Kleinerbeziehung in $\mathbb{Q}$; Betrag einer rationalen Zahl

3.3.1 Anordnungsaxiome

Im Körper $\mathbb{Q}$ ist eine *Relation* gegeben, die *Kleinerbeziehung* $<$. Dies besagt: Für alle $a, b \in \mathbb{Q}$ ist $a < b$ entweder wahr oder falsch. Die inhaltliche Bedeutung der Kleinerbeziehung ist bekannt. Wir benutzen auch diesen Begriff ohne ausdrückliche Definition und die folgenden Grundgesetze hierfür ohne Beweis. Dazu ist Entsprechendes zu sagen wie zu den Körperaxiomen.

Für alle a, b, c $\in \mathbb{Q}$ gilt:

(Trich)	*Entweder* $a < b$ *oder* $a = b$ *oder* $b < a$	(Trichotomiegesetz)
(Trans)	*Wenn* $a < b$ und $b < c$, *dann* $a < c$	(Transitivitätsgesetz)
(Mon +)	*Wenn* $a < b$, *dann* $a + c < b + c$	(Monotoniegesetze)
(Mon ·)	*Wenn* $a < b$ **und $0 < c$,** *dann* $a \cdot c < b \cdot c$	(Monotoniegesetze)

Das Trichotomiegesetz (Gesetz der Dreiteilung) besagt, daß in jedem Fall *genau eine* der drei Aussagen $a < b$, $a = b$, $b < a$ wahr ist.

Man sagt: Durch die Kleinerbeziehung $<$ ist eine *Anordnung* des Körpers $\mathbb{Q}$ gegeben, oder: Die rationalen Zahlen bilden einen *angeordneten Körper.* Die vier Grundgesetze für $<$ heißen die *Anordnungs-Axiome.* Sie gelten auch im Körper der reellen Zahlen. (Für die komplexen Zahlen kann man dagegen keine Anordnung einführen, so daß die vier Anordnungsaxiome gelten.)

In Größenbereichen (vgl. 2.2.3) lassen sich die Gesetze (Trans) und (Mon +) aus den übrigen Grundgesetzen folgern. Im Körper $\mathbb{Q}$ ist das nicht möglich, weil hier das Lösbarkeitsgesetz (L2) nicht gilt, welches besagt, daß immer $a < a+c$ gilt. Keines der vier Axiome kann aus den drei anderen gefolgert werden[37]).

Die vier Anordnungs-Axiome gelten natürlich auch in den Teilmengen $\mathbb{N}$, $\mathbb{N}_0$, $\mathbb{Z}$, $\mathbb{Q}^+$, $\mathbb{Q}_0^+$ von $\mathbb{Q}$. Für $\mathbb{N}$ und $\mathbb{Q}^+$ lautet (Mon ·) einfach: Wenn $a < b$, dann $a \cdot c < b \cdot c$.

Aufgabe: 1

3.3.2 Definitionen und Beweise auf Grund der Anordnungsaxiome

Definition 1: $a > b$ *genau dann, wenn* $b < a$;
$a \leq b$ *genau dann, wenn* $a < b$ oder $a = b$;
$a \geq b$ *genau dann, wenn* $b \leq a$.

Hier steht jeweils links das zu Definierende, rechts das Bekannte.

Satz 1: (1) $a \leq a$ (für alle a);
(2) wenn $a \leq b$ und $b \leq c$, dann $a \leq c$;
(3) wenn $a \leq b$ und $b \leq a$, dann $a = b$;
(4) $a \leq b$ oder $b \leq a$ (für alle a, b).

Beweis: (1) ist klar. Für (2) unterscheiden wir vier Fälle:
Es sei $a < b$ und $b < c$; dann folgt $a < c$ (Trans <), also $a \leq c$.
Es sei $a < b$ und $b = c$; dann folgt $a < c$ (klar!), also $a \leq c$.
Es sei $a = b$ und $b < c$; dann folgt $a < c$ (klar!), also $a \leq c$.
Es sei $a = b$ und $b = c$; dann folgt $a = c$ (klar!), also $a \leq c$.

(3) und (4) ergeben sich leicht mittels (Trich).

Hinweis: Die folgenden Sätze gelten jeweils auch mit $\leq$ statt $<$. Der Leser überprüfe dies.

Satz 2: Wenn $a + c < b + c$, dann $a < b$ (Umkehrung des Monotoniegesetzes der Addition).

[37]) Hierzu: *A. Kirsch* in Math.-Phys. Semesterberichte **13** (1966), 83—105.

Beweis: Es sei $a + c < b + c$. Dann folgt nach (Mon +) $a + c + (-c) < b + c + (-c)$, also nach (Ass +) und (Inv +) weiter $a + 0 < b + 0$, also nach (Neut +) $a < b$.

Satz 3: Wenn $a < b$ und $c < d$, dann $a + c < b + d$.

Beweis: Es sei $a < b$ und $c < d$. Aus $a < b$ folgt $a + c < b + c$ (Mon +); aus $c < d$ folgt $b + c < b + d$ (Mon +, Komm +). Nun folgt nach (Trans) $a + c < b + d$.

Bemerkung: Der Satz gilt auch, wenn hinter dem „Wenn" eines der Zeichen $<$ durch $\leq$ ersetzt wird.

Folgerung: Wenn $a > 0$ und $b \geq 0$, dann $a + b > 0$.

Satz 4: Wenn $a \cdot c < b \cdot c$ **und $c > 0$,** dann $a < b$.
(Dies ist eine Art Umkehrung des Monotoniegesetzes der Multiplikation.)

Beweis: Es sei $a \cdot c < b \cdot c$ und $c > 0$. Wir machen die *Annahme:* $a \geq b$. Dann folgt nach (Mon ·) $a \cdot c \geq b \cdot c$. Dies steht wegen (Trich) im Widerspruch zur Voraussetzung $a \cdot c < b \cdot c$. Daher muß die Annahme $a \geq b$ verworfen werden, und der Satz ist bewiesen.

Hinweis: Hier haben wir einen *„Widerspruchsbeweis"* geführt: *Aus der Annahme, die Behauptung sei falsch, wurde etwas gefolgert, das sich als falsch herausstellte.* (Man sagt: Die Annahme wurde ad absurdum geführt.) Damit ist die Annahme als falsch und somit die Behauptung als wahr erwiesen.

Warnung: Eine Behauptung ist aber *nicht* bewiesen, wenn man aus der Annahme, sie sei wahr, etwas folgern kann, das sich als wahr herausstellt. Jemand behaupte etwa, es gelte immer $b - a = a - b$. Aus der Annahme, diese Behauptung sei wahr, folgt nach Abschnitt 3.2, Satz 4: $-(a-b) = a-b$, also $(-(a-b)) \cdot (-(a-b)) = (a-b) \cdot (a-b)$. Dies ist nach dem dortigen Satz 9 wahr. Aber damit ist natürlich nicht die falsche Behauptung bewiesen.

Satz 5: Wenn $a < b$ und $c < d$ **und $b > 0$, $c > 0$,** dann $a \cdot c < b \cdot d$.
Der *Beweis* verläuft analog zu dem von Satz 3.

Folgerungen: (1) Wenn $a > 0$ und $b > 0$, dann $a \cdot b > 0$.
(2) Wenn $0 < a < b$, dann $a^2 < b^2$.

Bemerkung: Die Schreibweise $0 < a < b$ bedeutet: $0 < a$ *und* $a < b$. Entsprechend sind Ausdrücke wie $a > b = c$, $a \leq b < c$ zu verstehen.

Satz 6: Wenn $a < b$, dann $-a > -b$.

Beweis: Es sei $a < b$. Dann folgt nach (Mon +) $a - a < b - a$, also $0 < b - a$. Weiter folgt nach (Mon +) $0 - b < (b - a) - b$, also $-b < -a$. Nach Def. bedeutet dies $-a > -b$.

Folgerung: Wenn $a < 0$, dann $-a > 0$.

Satz 7: Wenn $a < b$ **und $c < 0$,** dann $a \cdot c > b \cdot c$.
Hinweis: Das ist eine wichtige Regel für das Umgehen mit Ungleichungen: Beim Multiplizieren beider Seiten mit einer negativen Zahl „dreht sich das Kleinerzeichen um".
Der *Beweis* wird dem Leser überlassen (Aufgabe 4).

Satz 8: (1) Für $a \neq 0$ gilt $a^2 > 0$; (2) für alle a gilt $a^2 \geq 0$.

Beweis: (1) Fall 1: $a > 0$. Dann folgt die Behauptung aus Satz 5. Fall 2: $a < 0$, also $-a > 0$. Dann folgt $a \cdot a = (-a) \cdot (-a) > 0$, nach Fall 1. — (2) ist dann klar, wegen $0 \cdot 0 = 0$.

Folgerung: $1 > 0$; denn $1 \neq 0$ und $1 \cdot 1 = 1$. Man beachte hierzu, daß bei der Aufzählung der Grundbegriffe in 3.2.1 bzw. 3.3.1 nur $1 \neq 0$ vorausgesetzt wurde!

Weiter beweist man mit Satz 8 die wichtige Regel (vgl. Aufgabe 5):

$$a^2 + b^2 = 0 \text{ genau dann, wenn } a = 0 \text{ und } b = 0.$$

Satz 9: Wenn $a > 0$, dann $\frac{1}{a} > 0$.

Beweis: Es sei $a > 0$ und (Annahme:) $\frac{1}{a} \leq 0$. Dann folgt nach (Mon ·) $a \cdot \frac{1}{a} \leq a \cdot 0 = 0$, also $1 \leq 0$. Mit diesem Widerspruch ist der Satz bewiesen.

Aufgaben: 2 bis 7

3.3.3 Hinweise zur Gleichheitsbeziehung

Warum haben wir in Abschnitt 3.2 die Regel „Wenn $a + c = b + c$, dann $a = b$" bewiesen, nicht aber die Regel „Wenn $a = b$, dann $a + c = b + c$"? Warum haben wir es in Abschnitt 3.3 bei den Regeln für $<$ anders gemacht? Diese Fragen sollen jetzt geklärt werden.

Wir wissen: $a = b$ bedeutet, daß a und b denselben Gegenstand bezeichnen. Die Eigenschaften der Gleichheit „=" rechnen wir zur Logik des gesunden Menschenverstandes. Solche Eigenschaften sind:

$a = a$	(Reflexivität);
wenn $a = b$, dann $b = a$	(Symmetrie);
wenn $a = b$ und $b = c$, dann $a = c$	(Transitivität).

Ist $a = b$, dann darf man in Ausdrücken immer a durch b ersetzen, ohne daß sich am bezeichneten Gegenstand bzw. an der Wahrheit oder Falschheit der betreffenden Aussage etwas ändert. Somit gilt automatisch:

wenn $a = b$ und $c = d$,
dann $-a = -b$, $a + c = b + c$, $a + c = b + d$, $a \cdot c = b \cdot d$, usw.

In Beweisen ist es nicht üblich und nicht erforderlich, hierfür Begründungen anzugeben. Allenfalls schreibt man: „durch Einsetzen folgt" oder „durch Ersetzen folgt".

In diesem Sinn sind die Regeln (für alle $a, b, c \in \mathbb{Q}$):

wenn $a = b$, dann $a + c = b + c$;
wenn $a = b$, dann $a \cdot c = b \cdot c$

logischerweise klar und brauchen nicht ausdrücklich formuliert zu werden.

Das gilt aber *nicht* für die ganz ähnlich aussehenden Aussagen:

wenn $a < b$, dann $a + c < b + c$;
wenn $a < b$, dann $a \cdot c < b \cdot c$.

Die erste haben wir als Axiom genommen. Die zweite ist sogar *falsch* — es sei denn, man setzt zusätzlich voraus, daß $c > 0$ ist.

Auch die „umgekehrten Regeln":

wenn $a + c = b + c$, dann $a = b$;
wenn $a \cdot c = b \cdot c$, dann $a = b$

sind keineswegs „logischerweise klar"! Die erste kann (und muß) man beweisen (Satz 1 in 3.2.2). Die zweite ist sogar *falsch* — es sei denn, man setzt zusätzlich voraus, daß $c \neq 0$ ist.

3.3.4 Betrag einer rationalen Zahl

Definition 2: Für jede rationale Zahl a setzt man

$$|a| = \begin{cases} a, & \text{falls } a \geq 0 \\ -a, & \text{falls } a < 0 \end{cases}$$

und nennt $|a|$ den *Betrag* von a.

Hiernach ist z. B. $|3| = 3$; $|-1{,}7| = 1{,}7$; $|0| = 0$.

Um diese Definition zu verstehen, darf man sich $-a$ nicht als negative Zahl vorstellen! Vielleicht ist auch die folgende Interpretation am Taschenrechner hilfreich: Die Zahl a steht in der Anzeige. Was ist zu *tun,* damit dort $|a|$ erscheint? Antwort:

nichts tun, falls $a \geq 0$;
die Taste „+/—" drücken, falls $a < 0$.

An der Zahlengeraden bedeutet $|a|$ den *Abstand des Punktes* a *vom Nullpunkt:*

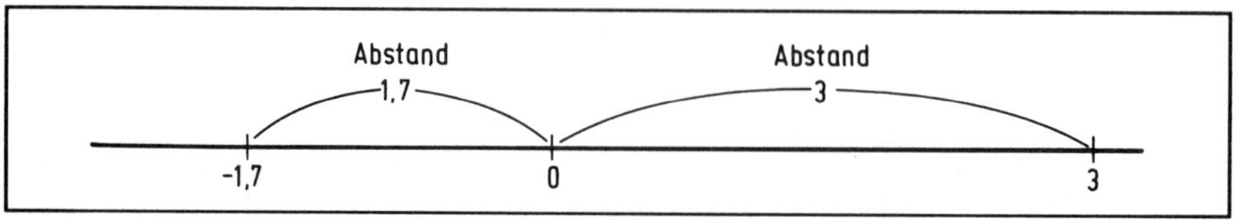

bzw. die *Länge* der Verschiebung (des Veränderungsschrittes) a:

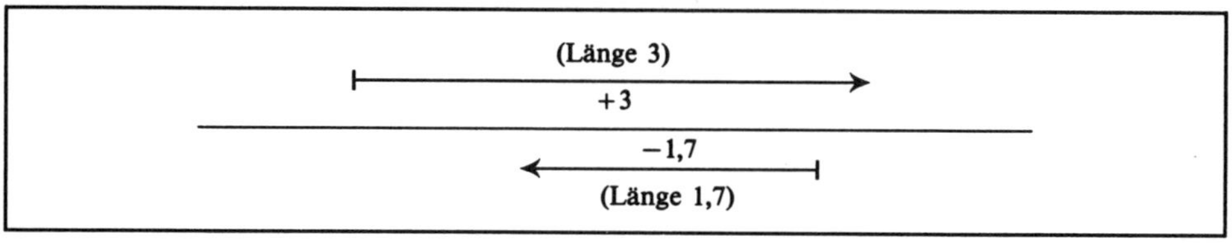

Hiernach ist unmittelbar klar (und es folgt auch leicht aus der Definition), daß
$|-a| = |a| \geq 0$.

Damit folgt weiter $|a-b| = |b-a|$; denn $|a-b| = |-(b-a)|$ (nach Satz 4 in Abschnitt 3.2). An der Zahlengeraden bedeutet $|a-b|$ den *Abstand des Punktes* a *vom Punkt* b.

Besonders wichtig ist der

Satz 10: $|a+b| \leq |a| + |b|$ (*„Dreiecksungleichung"*).

Die anschauliche Bedeutung dieser Ungleichung läßt sich wie folgt beschreiben: Wenn ich auf der Zahlengeraden nacheinander zwei Schritte a und b in beliebiger Richtung mache, dann ist am Schluß mein Abstand $|a+b|$ vom Ausgangspunkt höchstens gleich der Summe $|a| + |b|$ der beiden Schrittlängen. Das leuchtet unmittelbar ein.

Die Bezeichnung „Dreiecksungleichung" versteht man erst, wenn man sich — was wir hier nicht tun — unter a, b, a + b *Vektoren* vorstellt und unter $|a|$, $|b|$, $|a+b|$ ihre Längen. Dann entsteht eine Aussage über die Längen von Dreiecksseiten:

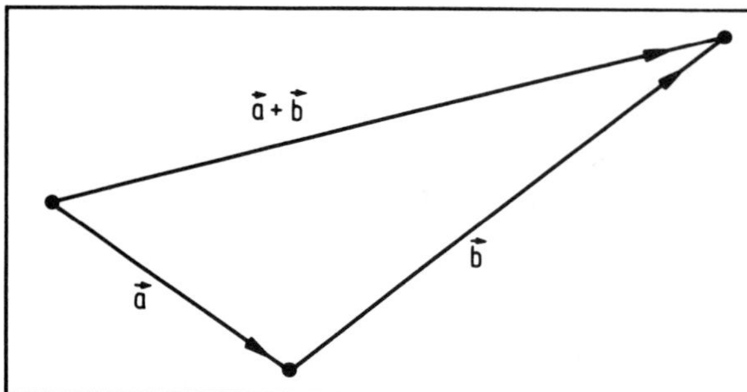

Länge von $\vec{a} + \vec{b}$
$\leq$ Länge von $\vec{a}$ + Länge von $\vec{b}$

Beweis von Satz 10

Fall 1: $a \geq 0$, $b \geq 0$, also $a + b \geq 0$. $|a+b| = a+b = |a| + |b|$.
Fall 2: $a \leq 0$, $b \leq 0$, also $a + b \leq 0$. $|a+b| = -(a+b) = (-a) + (-b) = |a| + |b|$.

Fall 3: $a \geq 0$, $b \leq 0$.
Fall 3a) $a + b \geq 0$. $|a+b| = a+b \leq a = |a| \leq |a| + |b|$.
Fall 3b) $a + b \leq 0$. $|a+b| = -(a+b) \leq -b = |b| \leq |a| + |b|$.
Fall 4: $a \leq 0$, $b \geq 0$. Der Beweis verläuft ebenso wie im Fall 3 (warum?).

Satz 11: $|a \cdot b| = |a| \cdot |b|$

Der *Beweis* ist ganz einfach. (Man unterscheide wieder vier Fälle.)

Aufgaben: 8, 9

Aufgaben 3.3

1. Anfänger schlagen mitunter vor, eine Zahl „∞“ einzuführen und diese zu den natürlichen Zahlen hinzuzunehmen. Dann hat man die erweiterte Zahlenmenge $\tilde{\mathbb{N}} = \mathbb{N} \cup \{\infty\}$, und es liegt nahe, hierfür die folgenden Rechenregeln festzusetzen: Für alle $n \in \mathbb{N}$ gelte

$n < \infty$, aber nicht $\infty < n$ und nicht $\infty < \infty$,
ferner $\infty + n = n + \infty = \infty$ und $\infty + \infty = \infty$.

Dann sind jedenfalls die Gesetze (Komm +), (Trich) und (Trans) erfüllt.
Untersuche: Gilt für alle $a, b, c \in \tilde{\mathbb{N}}$ auch
a) (Ass +)?
b) (Mon +)?
c) die Umkehrung von (Mon +): Wenn $a+c < b+c$, dann $a < b$?
d) die Streichungsregel: Wenn $a + c = b + c$, dann $a = b$ (Satz 1 in 3.2)?

2. Beantworte und begründe: Gilt für alle $a, b, c \in \mathbb{Q}$
a) $-a \leq a$? $\frac{1}{a} \leq a$? $a \leq 2a$? $a \leq a^2$?
b) Wenn $a + b = c$, dann $a \leq c$? Wenn $a - b = c$, dann $a \geq c$?
c) Wenn $a < b$, dann $a^2 < b^2$? Wenn $a^2 < b^2$, dann $a < b$?
d) Wenn $a + c < b + d$, dann $a < b$ und $c < d$? Wenn $a+c < b+d$, dann $a < b$ oder $c < d$?

3. Beweise: Die Menge $\mathbb{Q}^+$ der positiven rationalen Zahlen bildet einen Größenbereich gemäß 2.2.3; d. h. außer den Gesetzen (Ass +), (Komm +), (Trich) gilt auch das Lösbarkeitsgesetz (Lösb): Für $a, b \in \mathbb{Q}^+$ gibt es ein $x \in \mathbb{Q}^+$ mit $a+x=b$ genau dann, wenn $a < b$.

4. Beweise den Satz 7: Wenn $a < b$ und $c < 0$, dann $a \cdot c > b \cdot c$.

5. Beweise: $a^2 + b^2 = 0$ genau dann, wenn $a = 0$ und $b = 0$.
Formuliere zuerst einzeln die durch das „genau dann, wenn“ zusammengefaßten Teilbehauptungen.

6. Zum Beweis von Satz 10 in Abschnitt 3.2 wurde das Axiom (Inv ·) bzw. die Definition 3 benutzt. In der Menge $\mathbb{Z}$ der ganzen Zahlen ist das Axiom (Inv ·) nicht erfüllt. Trotzdem gilt die betreffende Regel: Für alle $a, b \in \mathbb{Z}$: Wenn $a \cdot b = 0$, dann $a = 0$ oder $b = 0$. Beweise diese Regel ohne Bezugnahme auf das Axiom (Inv ·). Benutze zum Beweis auch Eigenschaften der Kleinerbeziehung in $\mathbb{Z}$.

7. Beweise:
a) Für alle (rationalen) Zahlen $x \geq 0$ gilt: $1 - x \leq \frac{1}{1+x} \leq 1 - x + x^2$
b) Für alle Zahlen x mit $-1 < x < 0$ gilt die linke, aber nicht die rechte der Ungleichungen in a).
c) Für alle Zahlen $x \geq -0{,}5$ gilt: $\frac{1}{1+x} \leq 1 - x + 2x^2$

8. Beantworte mit Begründung: Gilt für alle $a, b \in \mathbb{Q}$
a) $a \leq |a|$? $-a \leq |a|$? $-|a| \leq a$? $|-a| \leq a$?

b) $|a-b| \leq |a| + |b|$? $|a-b| \leq |a+b|$? $|a-b| \geq |a| - |b|$?
$|a-b| \geq |b| - |a|$?

c) Wenn $|a| < |b|$, dann $a^2 < b^2$? Wenn $a^2 < b^2$, dann $|a| < |b|$?

9. Beweise den Satz 11: $|a \cdot b| = |a| \cdot |b|$.

3.4 Runden von Zahlen; elementare Fehlerrechnung[38])

Vorbemerkung: Nach den theoretischen Erörterungen in den letzten beiden Abschnitten wenden wir uns jetzt dem praktischen Umgang mit Zahlen in realen Situationen zu. Hier hat man es fast nur mit „ungenauen“, d. h. gerundeten oder unvollständig bekannten Zahlen zu tun. Jede Messung einer teilbaren Größe ist zwangsläufig mit einem Fehler behaftet; jede Maßangabe in einer realen Situation enthält eine „Toleranz“. So ist das vernünftige Umgehen mit ungenauen Zahlen von größter praktischer Bedeutung — dies heutzutage auch zur Beurteilung der Genauigkeit von Taschenrechner-Anzeigen. Die einfachen Regeln hierfür sind leider weitgehend unbekannt. Für ihre Formulierung und ihr Verständnis erweisen sich die Kleiner(oder gleich)-Beziehung sowie der Betrag einer Zahl als wichtig. So bildet das Folgende zugleich eine nützliche Anwendung dieser Begriffe.

3.4.1 Runden; zuverlässige und gesicherte Ziffern

Wir betrachten im folgenden *positive,* dezimal geschriebene Zahlen. Beispiel: u = 86485; v = 0,7046. *„Runden einer Zahl* auf volle Tausender (bzw. Hunderter, Zehner, Einer, Zehntel, Hunderstel usw.)“ bedeutet bekanntlich folgendes: Man ersetzt die Zahl durch das *nächstgelegene Vielfache* von Tausend (bzw. Hundert, ...). Wenn die Zahl genau in der Mitte zwischen zwei solchen Vielfachen liegt, wird das *nächstgrößere* Vielfache genommen.

Beispiele:

Rundung von u auf	Zehntausender:	$u \approx \underline{9}0000$	Rundung von v auf	Tausendstel: $v \approx 0{,}70\underline{5}$
	Tausender:	$u \approx 8\underline{6}000$		Hundertstel: $v \approx 0{,}7\underline{0}$
	Hunderter:	$u \approx 86\underline{5}00$		Zehntel: $v \approx 0{,}\underline{7}$
	Zehner:	$u \approx 864\underline{9}0$		Einer $v \approx \underline{1}$

Das Zeichen $\approx$ weist darauf hin, daß man es mit gerundeten Angaben zu tun hat. Wenn Mißverständnisse nicht zu befürchten sind, verwendet man auch das Gleichheitszeichen. Zusätzlich haben wir hier durch Unterstreichung angegeben, auf welche Vielfache (Vielfache welchen Stellenwerts) gerundet wurde.

Solche Unterstreichungen sind überflüssig, wenn man die Zahlen in *Exponentialschreibweise* („Scientific notation“) darstellt und vereinbart, daß nicht zu unterstreichende Nullen am Schluß weggelassen werden. Man hat dann:

$$u = 8{,}6485 \cdot 10^4 \approx 9 \cdot 10^4 \approx 8{,}6 \cdot 10^4 \approx 8{,}65 \cdot 10^4 \approx 8{,}649 \cdot 10^4;$$

$$v = 7{,}046 \cdot 10^{-1} \approx 7{,}05 \cdot 10^{-1} \approx 7{,}0 \cdot 10^{-1} \approx 7 \cdot 10^{-1} \approx 1 \cdot 10^0.$$

Erinnerung: In *Exponentialschreibweise* stellt man eine positive Zahl x wie folgt dar:
$x = x' \cdot 10^k$, wobei $1 \leq x' < 10$ und $k \in \mathbb{Z}$. Hierzu bestimmt man k und x' aus:
$10^k \leq x < 10^{k+1}$ und $x' = x/10^k = x \cdot 10^{-k}$.

[38]) Literaturhinweis hierzu: Enzyklopädie der Elementarmathematik, Band I Arithmetik, Berlin 1954, Seite 317 f.

Mit Hilfe der Kleinerbeziehung kann man leicht beschreiben, welche *Information* über die Zahl u bzw. v in den gerundeten Angaben noch enthalten ist, d. h. welche genaue Bedeutung die obigen Angaben haben, nämlich:

$$85000 \leq u < 95000 \qquad 0{,}7045 \leq v < 0{,}7055$$
$$85500 \leq u < 86500 \qquad 0{,}695 \leq v < 0{,}705$$
$$86450 \leq u < 86550 \qquad 0{,}65 \leq v < 0{,}75$$
$$86485 \leq u < 86495 \qquad 0{,}5 \leq v < 1{,}5$$

Ersetzt man im Vorstehenden die Zeichen $<$ durch $\leq$, so bedeutet dies unter praktischen Gesichtspunkten nur eine unwesentliche Abschwächung der Aussage. Wir verwenden im folgenden aus Symmetriegründen meist $\leq$.

Der Praktiker schreibt die vorstehenden Aussagen gern wie folgt:

$$u = 90000 \pm 5000 \qquad v = 0{,}705 \pm 0{,}0005$$
$$u = 86000 \pm 500 \qquad v = 0{,}70 \pm 0{,}005$$
$$u = 86500 \pm 50 \qquad v = 0{,}7 \pm 0{,}05$$
$$u = 86490 \pm 5 \qquad v = 1 \pm 0{,}5$$

Dies lassen wir als gleichberechtigte Schreibweise zu.

Hinweis: Das Runden *negativer Zahlen* bereitet keine zusätzlichen Probleme. Lediglich bei Zahlen wie $-13{,}35$ (mit Endziffer 5) könnte man schwanken, ob bei Rundung auf Zehntel $-13{,}3$ genommen werden soll (dies entspräche der obigen Vorschrift) oder $-13{,}4$ (hier ist zuerst der Betrag gerundet und dann die Operation „–" angewandt worden). Dies ist aber nach der vorstehenden Bemerkung kein wesentlicher Unterschied.

Die in der gerundeten Beschreibung einer Zahl auftretenden Ziffern bis zur unterstrichenen einschließlich heißen *zuverlässige Ziffern.* Sie müssen, wie wir gesehen haben, nicht alle mit den wahren Ziffern der gegebenen Zahl übereinstimmen. So sind in

$$u' \approx 8{,}64\underline{9} \qquad (u' = u/10^4, \quad \text{s. o.})$$

alle hingeschriebenen Ziffern zuverlässig, aber die 9 ist, wie man sagt, nicht „gesichert". Von der gerundeten Angabe einer Zahl zu unterscheiden ist also die Angabe mit *gesicherten Ziffern,* im Beispiel:

$$u' = 8{,}648\ldots.$$

Sie entsteht durch *Abbrechen* der Dezimaldarstellung der gegebenen Zahl und Ersetzen der weggelassenen Ziffer(n) durch Punkte „...". Man beachte, daß die Information, die in $u' = 8{,}648\ldots$ enthalten ist: $8{,}648 \leq u' < 8{,}649$, verschieden ist von der in $u' \approx 8{,}64\underline{9}$ enthaltenen: $8{,}6485 \leq u' < 8{,}6495$.

Schließlich bemerken wir, daß in Ausnahmefällen nicht nur die letzte zuverlässige Ziffer ungesichert ist. So hat man bei Rundung auf drei Stellen nach dem Komma

$$\frac{100}{73} \approx 1{,}37\underline{0}, \quad \text{aber } \frac{100}{73} = 1{,}369\ldots.$$

Aufgaben: 1 und 2

3.4.2 Absoluter und relativer (prozentualer) Fehler

Wir betrachten weiterhin nur positive Zahlen bzw. Größen.

Für eine unbekannte Zahl oder Größe u sei ein *Näherungswert* a gegeben. Die Differenz $u - a$ (mitunter auch: $a - u$) heißt dann der **absolute Fehler** des Näherungswerts. Dieser ist natürlich ebenso wenig bekannt wie u selbst. Aber in vielen Fällen kennt man eine *Schranke* α (≥ 0) *für den Betrag des absoluten Fehlers.* Dies bedeutet:

(1) $$|u - a| \leq \alpha, \qquad \text{d.h.} \qquad -\alpha \leq u - a \leq \alpha;$$

beides besagt, daß der Abstand zwischen u und a höchstens gleich α ist. Für das folgende setzen wir voraus, daß $\alpha < a$. Man nennt α kurz *Schranke für den absoluten Fehler* oder auch nur *absoluten Fehler.* Hiermit erhält man für u die Eingrenzung

(2) $a - \alpha \leq u \leq a + \alpha$, d. h. in „Praktiker"-Schreibweise:[39]) $u = a \pm \alpha$.

Beispiel: $U = 250\ V \pm 10\ V$ (V die Maßeinheit Volt). Die Schranke für den absoluten Fehler ist 10 V, d. h. es gilt $|U - 250\ V| \leq 10\ V$.

Oft interessiert man sich aus naheliegenden Gründen nicht für den absoluten, sondern für den „relativen" oder „prozentualen" Fehler. Dazu dividiert man den absoluten Fehler durch den betreffenden Näherungswert. Im vorstehenden Beispiel ergibt das

$$\frac{U-250V}{250V}; \quad \text{hierfür gilt} \quad \left|\frac{U-250V}{250V}\right| \leq \frac{10V}{250V} = \frac{4}{100} = 4\ \%.$$

Die Eingrenzung für U kann man jetzt so schreiben:

$$250V \cdot \left(1 - \frac{4}{100}\right) \leq U \leq 250V \cdot \left(1 + \frac{4}{100}\right), \quad \text{d. h.} \quad U = 250V \cdot \left(1 \pm \frac{4}{100}\right).$$

Unzulässigerweise schreibt man dafür auch $U = 250\ V \pm 4\ \%$ (Addition einer Spannung und einer — in % ausgedrückten — reinen Zahl!).

Allgemein heißt der Quotient $\frac{u - a}{a}$ der **relative Fehler** der Näherungszahl a für u. (Mitunter wird auch $\frac{u - a}{u}$ als der relative Fehler bezeichnet, aber in der Praxis unterscheiden sich u und a nur wenig.) Hierfür gilt

(3) $$\left|\frac{u - a}{a}\right| \leq \frac{\alpha}{a}, \quad \text{d. h.} \quad -\frac{\alpha}{a} \leq \frac{u - a}{a} \leq \frac{\alpha}{a}.$$

$\frac{\alpha}{a}$ ist eine *Schranke für den Betrag des relativen Fehlers.* Man nennt $\frac{\alpha}{a}$ kurz *Schranke für den relativen Fehler* oder nur *relativen Fehler.* Hiermit erhält man für u die Eingrenzung

(4) $$a\left(1 - \frac{\alpha}{a}\right) \leq u \leq a\left(1 + \frac{\alpha}{a}\right), \quad \text{d. h.} \quad u = a\left(1 \pm \frac{\alpha}{a}\right).$$

Der relative Fehler wird oft auch in Prozentschreibweise ausgedrückt: $\frac{\alpha}{a} = \frac{p}{100}$. Unsere Voraussetzung $0 \leq \alpha < a$ besagt dann, daß $0 \leq p < 100$ ist.

Offensichtlich ist der relative Fehler, im Gegensatz zum absoluten, immer eine reine Zahl. Diese ändert sich auch bei Abänderungen der Maßeinheit der betrachteten Größe nicht.

Welche *absoluten und relativen Fehler* können *beim Runden* entstehen? Wir betrachten nur Rundung auf Einer, Zehntel, Hundertstel usw., d. h. auf 0, 1, 2 usw. Stellen nach dem Komma. Nach **1.** ist klar: Beim *Runden auf* 0, 1, 2, allgemein *l Stellen* nach dem Komma hat man als *Schranke für den absoluten Fehler* 0,5; 0,05; 0,005; $0{,}5 \cdot 10^{-l}$.

Für den *relativen Fehler* kommt es nicht auf die Stelle der letzten zuverlässigen Ziffer, sondern auf die Anzahl der „wesentlichen Ziffern" an. *Wesentliche Ziffern* heißen genau diejenigen, die bei der Exponentialschreibweise hingeschrieben werden. So haben die folgenden vier Zahlen mit den in Klammern angegebenen verschiedenen Schranken für den absoluten Fehler alle dieselben *drei* wesentlichen Ziffern 4, 9, 3:

$$49{,}3\ (\alpha = 0{,}05); \quad 4{,}93\ (\alpha = 0{,}005); \quad 0{,}493\ (\alpha = 0{,}0005); \quad 0{,}493\ (\alpha = 0{,}00005).$$

[39]) Diese Schreibweise wird in anderem Zusammenhang auch so aufgefaßt, daß a ein „Mittelwert" und α ein „mittlerer Fehler" für die zu messende Größe u ist. Dann gilt natürlich nicht mit Sicherheit $a - \alpha \leq u \leq a + \alpha$.

Sie alle sind von der Form $4{,}93 \cdot 10^{-m}$, und alle haben die gleiche Schranke für den relativen Fehler:

$$\frac{0{,}05}{49{,}3} = \frac{0{,}005}{4{,}93} = \frac{0{,}0005}{0{,}493} = \frac{0{,}00005}{0{,}0493} = \frac{5}{4930} \approx \frac{1}{1000} = 0{,}1\ \%.$$

Bei Zahlen mit *zwei* wesentlichen Ziffern wie 49 ($\alpha = 0{,}5$) usw. hat man den relativen Fehler $\frac{0{,}5}{49} \approx \frac{1}{100} = 1\ \%$; bei Zahlen mit *vier* wesentlichen Ziffern wie 49,32 ($\alpha = 0{,}005$) usw. hat man den relativen Fehler $\frac{0{,}005}{49{,}32} \approx \frac{1}{10000} = 0{,}01\ \%$.

Hiernach ist klar: *Bei* 2, 3, 4, allgemein: m *wesentlichen Ziffern ist die Schranke für den relativen Fehler von der Größenordnung* 10^{-2} (= 1 %), 10^{-3} (= 0,1 %), 10^{-4} (= 0,01 %), allgemein: 10^{-m}.

Der Ausdruck „Größenordnung“ soll darauf hinweisen, daß die Schranke für den relativen Fehler hier nur grob abgeschätzt ist. Sie kann bei großer erster wesentlicher Ziffer (etwa 9 statt 4 oder 5) offenbar auf die Hälfte sinken und bei kleiner erster wesentlicher Ziffer (etwa 1 statt 4 oder 5) bis auf das Fünffache ansteigen.

3.4.3 Fortpflanzung absoluter Fehler bei den Grundrechenarten

Die Zahlen u und v seien näherungsweise gegeben: $u = a \pm \alpha$, $v = b \pm \beta$. Wie groß ist die hierdurch bestimmte Schranke für den absoluten Fehler der Summe $u + v$ und der Differenz $u - v$?

Satz 1: Ist $u = a \pm \alpha$, $v = b \pm \beta$, dann gilt

$$u + v = (a+b) \pm (\alpha+\beta), \quad u - v = (a-b) \pm (\alpha+\beta).$$

In Worten: Beim *Addieren und ebenso beim Subtrahieren addieren sich die Schranken für die absoluten Fehler.*

Beweis: Nach Voraussetzung gilt $a-\alpha \leq u \leq a+\alpha$, $b-\beta \leq v \leq b+\beta$, also auch $-b+\beta \geq -v \geq -b-\beta$, d. h. $-b-\beta \leq -v \leq -b+\beta$. Nun folgt nach den Regeln in 3.3.2: $(a+b) - (\alpha+\beta) \leq u+v \leq (a+b) + (\alpha+\beta)$, $(a-b) - (\alpha+\beta) \leq u-v \leq (a-b) + (\alpha+\beta)$.

Beispiel: Addition gerundeter Zahlen

Aus $u \approx 1{,}4\underline{1}$ und $v \approx 1{,}7\underline{3}$, d. h. $u = 1{,}41 \pm 0{,}005$; $v = 1{,}73 \pm 0{,}005$, folgt hiernach $u+v = 3{,}14 \pm 0{,}01$, aber nicht $u+v \approx 3{,}1\underline{4}$! Immerhin ist hier der absolute Fehler von $u+v$ von gleicher Größenordnung wie die absoluten Fehler von u und v.

Sind die Zahlen u und v auf *verschieden* viele Nachkommastellen gerundet, dann gibt die Schranke für den absoluten Fehler des Summanden mit *weniger* Stellen den Ausschlag, weil sie mindestens zehnmal so groß wie die andere ist. So versteht man die folgende

Faustregel: Bei der Addition und Subtraktion gerundeter Zahlen sind im Ergebnis nur so viele Nachkomma-Stellen beizubehalten, wie in der Ausgangszahl mit kleinster Anzahl von Stellen vorhanden sind.

Beispiel: $0{,}42\underline{3} + 72{,}\underline{8} + 14{,}6\underline{7} = ?$
Man erhält für die Summe: $87{,}893 \pm 0{,}0555$, also gerundet $87{,}\underline{9}$ oder (weniger wahrscheinlich) $87{,}\underline{8}$.

Vereinfachte Rechnung (z bedeutet „zweifelhaft“):	
	0,423
	+ 72,8zz
	+ 14,67z
	87,9zz ≈ $87{,}\underline{9}$

Für *die Multiplikation und die Division* gilt kein so einfacher Satz. Man kann jedoch immer mittels *Doppelrechnung* zwei Schranken bestimmen, zwischen denen das Ergebnis liegen muß. Und zwar gilt für $u = a\pm\alpha$, $v = b\pm\beta$ (wobei $0 \leq \alpha < a$, $0 \leq \beta < b$):

$$(a-\alpha)(b-\beta) \leq u \cdot v \leq (a+\alpha)(b+\beta); \qquad \frac{a-\alpha}{b+\beta} \leq \frac{u}{v} \leq \frac{a+\alpha}{b-\beta} \quad (!).$$

Der *Beweis* ist klar nach den Anordnungseigenschaften positiver Zahlen.

Beispiel: Gegeben sei die Spannung U = 250 V ± 10 V und die Stromstärke I = 1,7 A ± 0,05 A. Zu berechnen ist die Leistung U · I und der Widerstand $\frac{U}{I}$. Man erhält:

396 Watt = 240 V · 1,65 A ≤ U · I ≤ 260 V · 1,75 A = 455 Watt;
U · I = (425,5 ± 29,5) Watt, also erst recht U · I = (425 ± 30) Watt;

$$137 \text{ Ohm} \leq \frac{240 \text{ V}}{1{,}75 \text{ A}} \leq \frac{U}{I} \leq \frac{260 \text{ V}}{1{,}65 \text{ A}} \leq 158 \text{ Ohm};$$

$\frac{U}{I}$ = (147,5 ± 10,5) Ohm, also erst recht $\frac{U}{I}$ = (147 ± 11) Ohm.

Solche Doppelrechnungen sind, wenn ein Taschenrechner zur Verfügung steht, ohne Mühe ausführbar.

Auch bei komplizierteren Aufgaben kann man durch Doppelrechnung das Ergebnis w oft leicht zwischen zwei Schranken $\underline{w}$ und $\overline{w}$ einschließen: $\underline{w} \leq w \leq \overline{w}$. Dann hat man für w die Näherungsaussage:

$$w = \frac{\overline{w} + \underline{w}}{2} \pm \frac{\overline{w} - \underline{w}}{2};$$

der Mittelwert von $\overline{w}$ und $\underline{w}$ ist ein Näherungswert für w, mit der halben Differenz von $\overline{w}$ und $\underline{w}$ als Schranke für den absoluten Fehler.

Für einen wichtigen *Sonderfall* erhält man wie folgt eine Regel zur angenäherten Berechnung einer Schranke für den absoluten Fehler des Produkts u · v:

Gegeben sei $u = \alpha \pm \epsilon$, $v = b \pm \epsilon$. Hierbei sei ϵ *klein gegen* a und b. Dies bedeute: $(0 \leq)\ \epsilon \leq \frac{1}{10}\, a$; $\epsilon \leq \frac{1}{10}\, b$. Dann folgt $\epsilon^2 \leq \frac{1}{10}\, a\epsilon$, $\epsilon^2 \leq \frac{1}{10}\, b\,\epsilon$, also erst recht $\epsilon^2 \leq \frac{1}{10}\,(a+b)\,\epsilon$; d. h. ϵ^2 ist klein gegen $(a+b)\,\epsilon$.

Nun gilt nach Doppelrechnung für das Produkt u · v:

$$a \cdot b - (a+b)\,\epsilon + \epsilon^2 \leq u \cdot v \leq a \cdot b + (a+b)\,\epsilon + \epsilon^2.$$

Die linke Ungleichung gilt erst recht, wenn das Glied ϵ^2 weggelassen wird. Da aber ϵ^2 klein gegen $(a+b)\epsilon$ ist, läßt man dieses Glied auch rechts weg und erhält so:

Satz 2: Ist $u = a \pm \epsilon$, $v = b \pm \epsilon$ und ϵ klein gegen a und b, dann ist $(a+b)\epsilon$ eine angenäherte Schranke für den absoluten Fehler des Produkts:

$$u \cdot v \approx a \cdot b \pm (a+b)\,\epsilon.$$

Eine garantierte Schranke ist in diesem Fall $(a+b)\,\epsilon + \epsilon^2$.

Veranschaulichung:
$(a+b)\,\epsilon$ ist der Flächeninhalt des Streifens der Länge $a+b$ und der Breite ϵ.

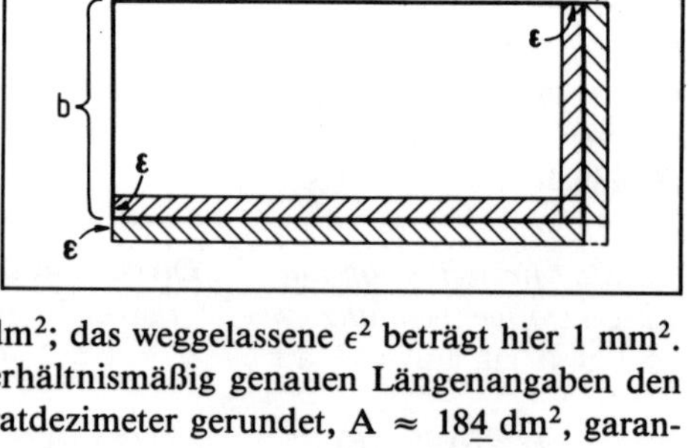

Beispiel: Die Länge und die Breite eines Tisches seien mit der Fehlerschranke 1 mm gegeben: Länge = 1,75 m ± 1 mm, Breite = 1,05 m ± 1 mm. Dann erhält man für den Flächeninhalt A als Schranke für den absoluten Fehler 2,80 m · 1 mm; das sind 0,28 dm^2.

Somit gilt angenähert A = 183,75 dm^2 ± 0,28 dm^2; das weggelassene ϵ^2 beträgt hier 1 mm^2. Bemerkenswert hieran ist, daß man trotz der verhältnismäßig genauen Längenangaben den Wert des Flächeninhalts nicht einmal auf Quadratdezimeter gerundet, $A \approx 18\underline{4}\ dm^2$, garantieren kann.

Für den *Quotienten* gilt keine so einfache Regel. Besonders aufpassen muß man jedenfalls bei kleinen Nennern.

Beispiel: $u \approx 271{,}\underline{2}$; $v \approx 1{,}\underline{4}$; der absolute Fehler ist jeweils 0,05.

Doppelrechnung: $187 = \frac{271{,}15}{1{,}45} \leq \frac{u}{v} \leq \frac{271{,}25}{1{,}35} \leq 201$; $\frac{u}{v} = 194 \pm 7$. Für den Quotienten $\frac{u}{v}$ muß man also mit einem absoluten Fehler bis zu 7 rechnen.

3.4.4 Fortpflanzung relativer Fehler bei den Grundrechenarten

Die näherungsweise Angabe zweier positiver Zahlen: $u = a \pm \alpha$, $v = b \pm \beta$ hat als Schranken für die relativen Fehler $\frac{\alpha}{a} = \frac{p}{100} = p\,\%$ bzw. $\frac{\beta}{b} = \frac{q}{100} = q\,\%$, d. h. es gilt

$$u = a\left(1 \pm \frac{p}{100}\right), \quad v = b\left(1 \pm \frac{q}{100}\right).$$

Eine Schranke für den relativen Fehler der *Summe* ist dann $\frac{\alpha+\beta}{a+b}$. Dies zeigt, daß man den relativen Fehler der Summe nicht allein aus den Werten $\frac{\alpha}{a} = \frac{p}{100}$, $\frac{\beta}{b} = \frac{q}{100}$ der relativen Fehler der Summanden berechnen kann, daß er aber jedenfalls *zwischen den beiden relativen Fehlern* liegt (vgl. Aufgabe 5). — Eine Schranke für den relativen Fehler des Betrages der *Differenz* ist $\frac{\alpha+\beta}{|a-b|}$. Dieser Bruch ist natürlich nur im Fall $a \neq b$ definiert und kann für für dicht beieinanderliegende u und v *riesengroße Werte annehmen!*

Anders als bei Summe und Differenz läßt sich beim *Produkt* $u \cdot v$ eine Schranke für den relativen Fehler leicht angenähert aus den Schranken $\frac{\alpha}{a}$ und $\frac{\beta}{b}$, d h. $\frac{p}{100}$ und $\frac{q}{100}$, für die Faktoren berechnen. Aus

$$a\left(1-\frac{p}{100}\right) \leq u \leq a\left(1+\frac{p}{100}\right) \quad \text{und} \quad b\left(1-\frac{q}{100}\right) \leq v \leq b\left(1+\frac{q}{100}\right)$$

folgt durch Doppelrechnung und Verkleinern der linken Seite

$$a \cdot b\left(1 - \frac{p+q}{100}\right) \leq u \cdot v \leq a \cdot b\left(1 + \frac{p+q}{100} + \frac{pq/100}{100^2}\right).$$

Nun ist bei nicht zu großen Prozentsätzen p und q das Glied $\frac{pq}{100}$ klein gegen $p+q$; siehe nebenstehende Tabelle. Vernachlässigt man dieses Glied, so erhält man die

p	q	$p+q+\frac{pq}{100}$
10	5	15,50
5	5	10,25
5	2	7,10
2	2	4,04
2	1	3,02
1	1	2,01

Faustregel: *Die Summe der Schranken für die relativen Fehler zweier Zahlen ist eine Schranke für den relativen Fehler ihres Produkts.*

Ähnlich macht man sich (mit Hilfe von Aufgabe 7 zu Abschnitt 3.3) klar, daß wörtlich die gleiche Regel auch für den *Quotienten* statt des Produkts gilt. Hierfür erhält man die folgende Tabelle:

p	q	prozentuale Fehlerschranke für den Quotienten u/v
10	5	15,803
5	5	10,539
5	2	7,146
2	5	7,381
2	2	4,085
2	1	3,031
1	2	3,064
1	1	2,021

Wir halten fest:

Satz 3: *Beim Multiplizieren und ebenso beim Dividieren addieren sich* bei kleinen Prozentsätzen angenähert *die Schranken für die prozentualen, d. h. die relativen Fehler der Faktoren:*

Für $u = a\left(1 \pm \frac{p}{100}\right)$, $v = b\left(1 \pm \frac{q}{100}\right)$ gilt

$$u \cdot v \approx a \cdot b\left(1 \pm \frac{p+q}{100}\right), \quad \frac{u}{v} \approx \frac{a}{b}\left(1 \pm \frac{p+q}{100}\right).$$

Genaue Werte anstelle von $p+q$ entnimmt man den vorstehenden Tabellen.

Im *Beispiel* zur Doppelrechnung für die Multiplikation und Division (in **3.**) ist $U = 250\,\text{V}\ (1 \pm 4\,\%)$ und $I \approx 1{,}7\,\text{A}\ (1 \pm 3\,\%)$. Man bestätigt, daß sich die dortigen Ergebnisse mit Satz 3 leichter (angenähert) berechnen lassen:

$$U \cdot I \approx 425 \text{ Watt } (1 \pm 7\,\%), \quad U/I \approx 147 \text{ Ohm } (1 \pm 7\,\%).$$

Hinweis: Satz 3 drückt eine außerordentlich nützliche Regel aus, die in vielen Situationen angewandt werden kann, nicht nur zur Berechnung von Fehlerschranken, sondern auch zur Berechnung der Auswirkung kleiner Änderungen oder Abweichungen in anderen Zusammenhängen. Außerdem läßt sie sich in natürlicher Weise auf Produkte und Quotienten mit mehr als zwei Gliedern sowie auf Potenzen übertragen.

Beispiel: Wird der Radius r einer Kugel um 1 % vergrößert, so wächst das Volumen $V = 4\pi r^3/3$ um 3 %. (Die Zahlfaktoren ändern sich gar nicht, also um 0 %.) Eisenkugeln von 10 cm Durchmesser haben ein Gewicht von 4,121 kg. Wächst der Durchmesser um 1 mm, so wächst das Gewicht, ebenso wie das Volumen, um 3 %; das sind 124 g.

Aufgaben: 3 bis 9

Aufgaben 3.4

1. Es seien a und b rationale Zahlen. Bei Dezimalschreibweise sei

$a = 3{,}79347\ldots;\quad b = 0{,}06152\ldots.$

(Die angegebenen Stellen sind gesichert.) Berechne die Summe $a + b$ und die Differenz $a - b$
a) möglichst genau durch Doppel-Ungleichung;
b) mit möglichst vielen gesicherten Stellen (Schreibweise mit Pünktchen);
c) gerundet auf vier, auf drei, auf zwei, auf eine Stelle(n) nach dem Komma (möglichst genau).

2. Berechne ebenso wie in Aufgabe 1 das Produkt $a \cdot b$ und den Quotienten $a : b$ der dort gegebenen Zahlen a und b. (Verwende einen Taschenrechner.)
Bei a) ist das Ergebnis zwischen zwei (garantierte) Schranken mit 5 Nachkommastellen einzuschließen.

3. Entwickle auf Grund von Satz 3 eine Faustregel für die Multiplikation zweier Zahlen, die mit m bzw. n wesentlichen Ziffern gegeben sind.

4. a) Bei der Herstellung eines großen rechteckigen Tisches ist dieser 5 mm zu lang und 5 mm zu schmal ausgefallen.
Hebt sich das beim Flächeninhalt des Tisches ungefähr auf? Erörtere die hier aufgeworfene Frage auch in allgemeiner Form.
b) Entsprechend für den Fall, daß der Tisch um p % zu lang und um p % zu schmal ausgefallen ist (p klein).

5. Für $u = a \pm \alpha$, $v = b \pm \beta$ seien die (Schranken für die) relativen Fehler wie folgt gegeben:

$$\frac{\alpha}{a} = 3\,\% = \frac{3}{100}; \qquad \frac{\beta}{b} = 6\,\% = \frac{6}{100}.$$

a) Beweise: Für den relativen Fehler $\frac{\alpha+\beta}{a+b}$ der Summe u + v gilt $3\,\% < \frac{\alpha+\beta}{a+b} < 6\,\%$.

b) Mehr kann man über den relativen Fehler der Summe nicht aussagen. Begründe dies mit Bezugnahme auf Aufgabe 1 in Abschnitt 2.1 und bestätige es durch

— einerseits ein Beispiel für a, α, b, β mit $\frac{\alpha}{a} = 3\,\%$, $\frac{\beta}{b} = 6\,\%$ und $\frac{\alpha+\beta}{a+b} \leq 4\,\%$,

— andererseits ein ebensolches Beispiel mit $\frac{\alpha}{a} = 3\,\%$, $\frac{\beta}{b} = 6\,\%$ und $\frac{\alpha+\beta}{a+b} \geq 5\,\%$,

6. Die Zahl u sei wie folgt gerundet gegeben: $u \approx 12{,}\underline{5}$ (Rundungskonvention!) Mit welchen absoluten und welchen prozentualen Fehlerschranken (angenähert) kann man auf Grund dieser Angabe die folgenden Zahlen berechnen:

a) $4u$; b) $8u^2$; c) $\frac{25}{u}$?

7. Ein Papierblatt vom Format DIN A4 hat (gerundet auf Millimeter) die Länge $l \approx 29{,}\underline{7}$ cm; die Breite $b \approx 21{,}\underline{0}$ cm.
a) Berechne hieraus so genau wie möglich den Flächeninhalt des Blattes. (Angabe eines Näherungswertes und einer garantierten Schranke für den absoluten Fehler, die zwei wesentliche Ziffern hat.)
b) Berechne ebenso das Seitenverhältnis $l:b$.
c) Bestimme für die obigen gerundeten Angaben von l und b Schranken für die prozentualen Fehler.
d) Desgleichen für den Flächeninhalt $l \cdot b$ und das Seitenverhältnis $l:b$.

8. Formuliere und begründe eine Näherungsformel zur Berechnung von $\frac{1}{1+x}$ bei kleinem $|x|$.

9. a) Untersuche mit dem Taschenrechner: Um wieviel % ändert sich die Größe a^2 bzw. a^3, a^{-1}, a^{-2}, wenn sich die Größe a um p % ändert (p = 5; 2; 1; 0,5; −0,5; −1; −2; −5)? (Tabelle anlegen!)
b) Formuliere eine Regel für die Fortpflanzung relativer Fehler beim Potenzieren und begründe diese Regel.

Kapitel 4 Reelle Zahlen

4.1 Wozu benötigt man die reellen Zahlen?

4.1.1 Inkommensurable Streckenpaare

Schon im Altertum hat man entdeckt, daß in geometrischen Figuren *„inkommensurable“* Streckenpaare auftreten können. Das sind solche, für die es kein „gemeinsames Maß“ gibt, d. h. keine Einheitslänge e, so daß man beide Streckenlängen als ganzzahlige Vielfache von e ausdrücken könnte. *Näherungsweise* geht das bei hinreichend kleinem e natürlich immer. Wir nehmen jetzt aber einen *theoretischen Standpunkt* ein, indem wir *ideale geometrische Figuren* betrachten. — Längen werden jetzt, anders als in Abschnitt 2.2, mit kleinen Buchstaben bezeichnet.

Wir betrachten ein *regelmäßiges Fünfeck* ABCDE. Seine fünf Diagonalen erzeugen im Innern ein kleineres regelmäßiges Fünfeck A'B'C'D'E'; dessen Diagonalen erzeugen ein noch kleineres Fünfeck A″B″C″D″E″ (hier nicht beschriftet), und so fort. Die Seiten- und Diagonalenlängen der genannten Fünfecke bezeichnen wir mit a und d, a' und d', a″ und d″, und so fort.

Jede Fünfecksdiagonale ist parallel zu der nicht anliegenden Seite. Daraus folgt, daß ABCB' ein Parallelogramm (sogar eine Raute) ist und ebenso D'A'DB', D'A'C'A. Somit gilt AB' = a und B'D = D'A' = d', AC' = D'A' = d'.

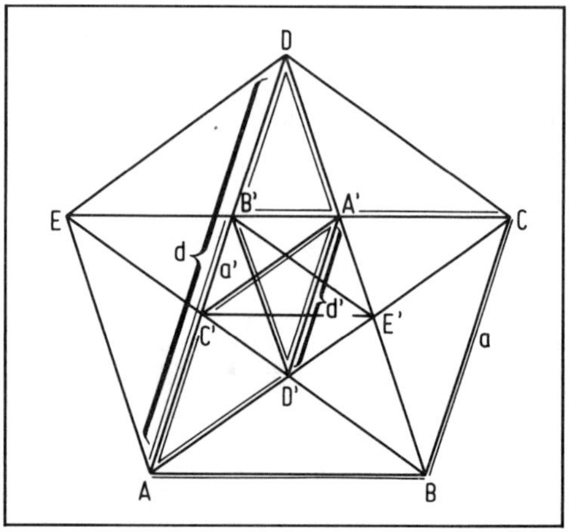

Nun versuchen wir, ein *gemeinsames Maß für die Diagonalenlänge d und die Seitenlänge a* zu bestimmen. Dazu verwenden wir den euklidischen Algorithmus, ebenso wie früher zur Bestimmung des größten gemeinsamen Teilers zweier natürlicher Zahlen. Nach dem Vorangehenden gilt:

$$\begin{aligned} d &= 1 \cdot a + d' \\ a &= 1 \cdot d' + a' \end{aligned}$$

und weiter

$$\begin{aligned} d' &= 1 \cdot a' + d'' \\ a' &= 1 \cdot d'' + a'' \end{aligned}$$

(wie in der ersten und zweiten Zeile, aber für A'B'C'D'E' statt ABCDE)

und ebenso

$$\begin{aligned} d'' &= \ldots \\ a'' &= \ldots \end{aligned}$$

und so fort. Offenbar bricht diesmal der Algorithmus *nicht* ab, da durch den Übergang zum nächstkleineren Fünfeck immer zwei neue, nur „verkleinerte" Zeilen entstehen.

Wir *nehmen jetzt an,* e sei ein gemeinsames Maß für d und a. Dann muß e auch ein Maß für d', also für a', also für d'', also für a'' usw. sein. Da bei jedem Zweierschritt die betreffenden Längen auf weniger als die Hälfte sinken, werden diese schließlich kleiner als *jede* fest vorgegebene Länge, also auch kleiner als e. Mit diesem *Widerspruch* ist bewiesen:

Satz 1: *Es gibt kein gemeinsames Maß für die Diagonalen- und die Seitenlänge beim regelmäßigen Fünfeck.*

Auch das Zulassen rationaler statt ganzer Maßzahlen ändert hieran nichts. Gäbe es eine Maßeinheit e, so daß $d = \frac{m}{n}e$, $a = \frac{k}{l}e$, dann könnte man $\frac{e}{nl} = e'$ setzen und hätte dann $d = mle'$, $a = kne'$, was wir gerade als unmöglich erkannt haben.

Satz 1 läßt sich auch wie folgt ausdrücken: *Das Längenverhältnis* d : a *kann* nicht in der Form m : n mit m, n ∈ ℕ, d. h. *nicht durch eine rationale Zahl beschrieben werden.* Oder noch anders: Nimmt man a als Längeneinheit, so kann man d nicht in der Form $\frac{m}{n}a$ schreiben.

Das gleiche gilt für die Diagonalen- und Seitenlänge im *Quadrat;* siehe hierzu *Rademacher/Toeplitz,* Von Zahlen und Figuren, Abschnitt 4.

4.1.2 Unzulänglichkeiten der rationalen Zahlen

Die rationalen Zahlen reichen nach dem Vorangehenden nicht aus, um alle Längenverhältnisse in geometrischen Figuren mittels Zahlen zu beschreiben oder — anders ausgedrückt — um bei vorgegebener Einheit jeder Länge eine Maßzahl zuzuordnen.

Um diesen Sachverhalt auch algebraisch zu erfassen, betrachten wir nochmals das regelmäßige Fünfeck: Wegen der Ähnlichkeit der Dreiecke ABD und B'EA gilt für die Diagonalenlänge x, wenn die Seitenlänge als Einheit genommen wird: $x : 1 = 1 : (x-1)$. Und für die Diagonale beim Einheitsquadrat gilt offenbar $x^2 = 2$. Man benötigt also insbesondere Maßzahlen x, welche die Gleichungen $x^2 - x - 1 = 0$ und $x^2 = 2$ erfüllen.

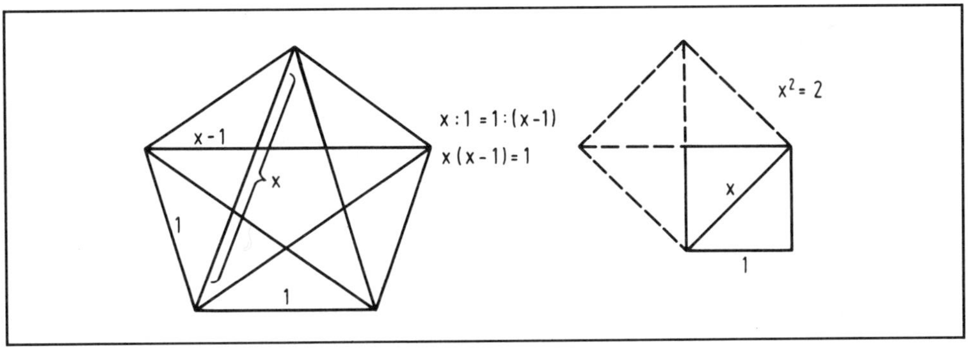

Nun beweisen wir:

Satz 2: Ist p eine Primzahl, so gibt es keine rationale Zahl x mit $x^2 = p$.

Beweis: Angenommen, es gibt einen Bruch $\frac{m}{n}$ (m, n $\in \mathbb{N}$) mit $\left(\frac{m}{n}\right)^2 = p$, d. h. $m \cdot m = p \cdot n \cdot n$. Wir betrachten die Primfaktorzerlegung (PFZ) von $m \cdot m$. In ihr tritt die gegebene Primzahl p entweder gar nicht oder 2mal, 4mal usw., jedenfalls in gerader Anzahl auf. Dagegen tritt dieselbe Primzahl p in der PFZ von $p \cdot n \cdot n$ jedenfalls in ungerader Anzahl auf (Eindeutigkeit der PFZ!). Dieser Widerspruch zwingt, die obige Annahme zu verwerfen. Also gibt es keine Zahl $x \in \mathbb{Q}^+$ und damit auch keine Zahl $x \in \mathbb{Q}$ mit $x^2 = p$.

Hieraus folgt nun auch leicht, daß es keine rationale Zahl gibt, welche die Gleichung $x^2 - x - 1 = 0$, die zu $(2x-1)^2 = 5$ äquivalent ist, löst (was wir geometrisch in **1.** erkannt haben).

Ganz ähnlich wie den Satz 2 beweist man allgemeiner: Ist $a \in \mathbb{N}$ und a *nicht Quadratzahl, dann gibt es keine rationale Zahl* x *mit* $x^2 = a$; ist $a \in \mathbb{N}$ und a nicht Kubikzahl, dann gibt es keine rationale Zahl x mit $x^3 = a$; usw.

Auch zum „Logarithmieren“ genügen die rationalen Zahlen nicht. Dies zeigt

Satz 3: Ist $a \in \mathbb{N}$ und a nicht Zehnerpotenz, dann gibt es keine rationale Zahl x mit $10^x = a$ (x wäre der Zehnerlogarithmus von a).

Beweis: Angenommen, es gibt einen Bruch $\frac{m}{n}$ ($m \in \mathbb{Z}$, $n \in \mathbb{N}$) mit $10^{\frac{m}{n}} = a$, d. h. $10^m = a^n$. Dann müßte jedenfalls m positiv sein. Die PFZ der Zahl 10^m besteht aus m Primfaktoren 2 und m Primfaktoren 5. Also müßten (wegen der Eindeutigkeit der PFZ) auch in der PFZ von a^n ebenso viele Primfaktoren 2 wie 5 und keine anderen auftreten. Das ist nur möglich, wenn dasselbe für a gilt, d. h. wenn a von der Form $2^k \cdot 5^k$, also 10^k ist: Widerspruch!

Es hat sich gezeigt, daß die rationalen Zahlen nicht ausreichen, wenn man quadratische Gleichungen lösen, d. h. die Nullstellen quadratischer Funktionen angeben will, wenn man Quadratwurzeln (und höhere Wurzeln) ziehen will, und auch nicht, wenn man jede positive Zahl als Zehnerpotenz schreiben will.

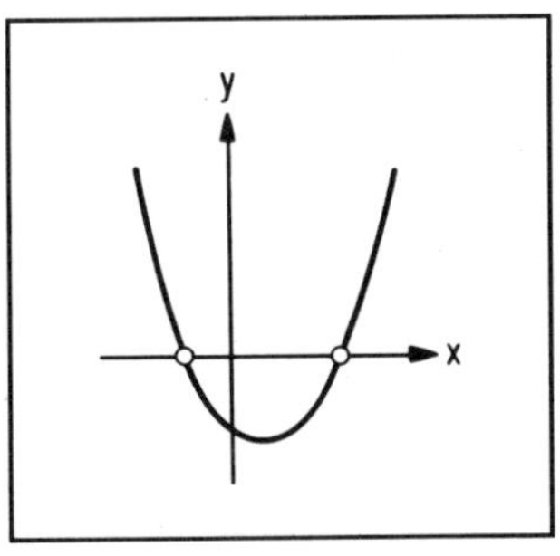

Weiter möchte man *den Umfang und den Flächeninhalt geometrischer Figuren,* insbesondere des Einheitskreises, jeweils durch eine Zahl (Maßzahl bezüglich einer Einheitslänge bzw. Einheitsfläche, etwa des Kreisradius bzw. seines Quadrats) beschreiben können. Auch dies gelingt nicht immer mit einer rationalen Zahl. Vielmehr kann der Kreis nur mit einer „irrationalen“ Zahl, der Zahl π, gemessen werden. Ein Beweis hierfür würde allerdings den Rahmen dieses Buches sprengen.

Die Verfahren zur Umfangs- bzw. Flächeninhaltsbestimmung laufen darauf hinaus, daß man jeweils zwei Folgen von rationalen Zahlen konstruiert, durch welche die gesuchte Maßzahl „in Intervalle eingeschachtelt" wird:

$a_1 \leq a_2 \leq a_3 \leq \ldots$ gesuchte Maßzahl $\ldots \leq b_3 \leq b_2 \leq b_1$

erstes Intervall — zweites Intervall — drittes Intervall — usw. ohne Ende

Die untere Folge ist aufsteigend: $a_1 \leq a_2 \leq a_3 \leq \ldots$, die obere absteigend: $b_1 \geq b_2 \geq b_3 \geq \ldots$, und die Intervall-Längen $b_i - a_i$ werden mit wachsender Nummer i beliebig klein. Man möchte nun sicher sein, daß jede solche *Intervallschachtelung* eine ganz bestimmte Zahl erfaßt. Das ist im Bereich der rationalen Zahlen *nicht* der Fall.

Aufgaben: 1 bis 4

4.1.3 Reelle Zahlen, irrationale Zahlen

Nach **1.** und **2.** benötigt man über die rationalen Zahlen hinaus eine umfassendere Menge von Zahlen — dies ganz allgemein, um jedem Punkt der Zahlengeraden eine Zahl als Koordinate zuordnen zu können. Die *Zahlengerade* ist eine beliebige Gerade, auf der zwei verschiedene Punkte als „Punkt 0" und „Punkt 1" markiert sind; man sagt, daß 0 „vor" 1 liegt. Sie wird, wie aus dem Vorangehenden folgt, von den Punkten mit rationalen Koordinaten noch nicht ausgefüllt. Das ist anschaulich kaum vorstellbar, da schon die rationalen Zahlen dicht auf der Zahlengeraden liegen.

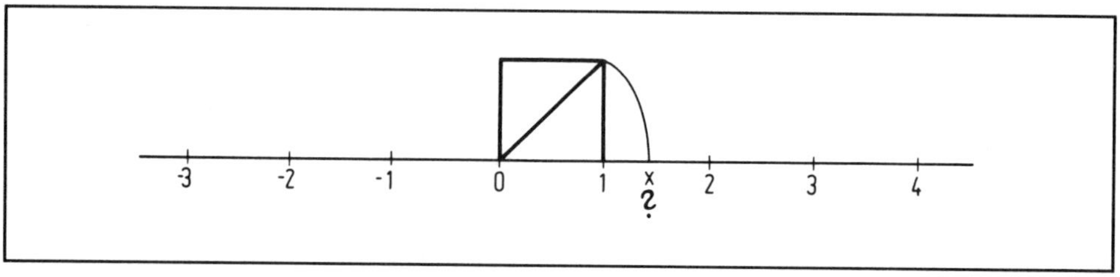

Für die beschriebenen Zwecke ausreichend ist nun die Menge $\mathbb{R}$ der *reellen Zahlen.* Wir geben keine formale Definition der reellen Zahlen, sondern beschreiben sie wie folgt:

> Die reellen Zahlen entsprechen eineindeutig den sämtlichen Punkten der Zahlengeraden.

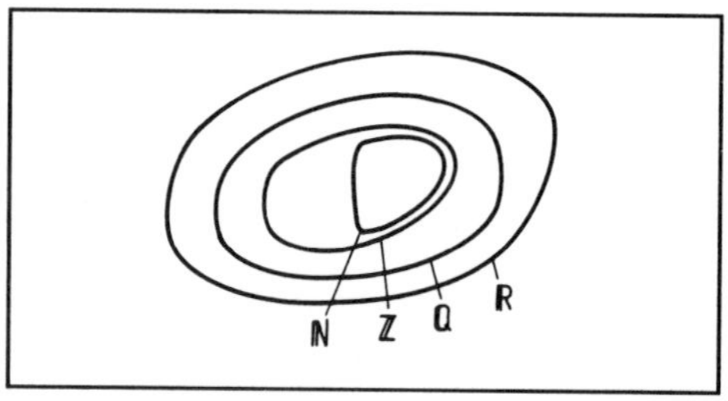

Hiernach ist jede rationale Zahl auch eine reelle Zahl. Reelle Zahlen, die nicht rational sind, heißen *irrational.* Beispiele hierfür sind $\sqrt{2}$, $\sqrt[3]{2}$, lg 2, π.

Hinweise

(a) Die Einführung der reellen Zahlen läßt sich *nicht aus praktischen Meßaufgaben* rechtfertigen. In realen Situationen, insbesondere bei Messungen, treten irrationale Zahlen niemals direkt auf. Die Entscheidung, ob eine Maßzahl oder eine Gleichungslösung rational ist oder nicht, kann nicht experimentell-empirisch erfolgen, auch *nicht durch Ausrechnen mittels Computer,* sondern nur mittels theoretischer Argumentation. Der Übergang von den rationalen zu den reellen Zahlen ist eine *aus theoretischen Gründen* zweckmäßige Erweiterung des Zahlbereichs. Durch sie wird gesichert, daß für gewisse geometrische und algebraische Probleme (wie etwa die Bestimmung der Diagonalenlänge eines Quadrats oder des Kreisumfangs) *anschaulich vorhandene Lösungen auch in der Theorie als wohlbestimmte Objekte existieren.*

(b) In der Ausdrucksweise von Abschnitt 2.2 bilden die sämtlichen („idealen“) Streckenlängen einen Größenbereich $\mathbb{L}$. Nach Wahl einer Einheitslänge E kann man nun jede Länge A aus $\mathbb{L}$ in der Form $A = aE$ mit positiver reeller Maßzahl a darstellen, und dazu benötigt man auch alle positiven reellen Zahlen. Hiermit ist die am Schluß von 2.2.4 gestellte Frage beantwortet. Es bereitet keine besondere Schwierigkeit, allgemeiner auch „Längen“ zu betrachten, die mit einem Richtungssinn („nach rechts“ bzw. „nach links“) versehen sind; siehe hierzu 3.1.1. Zu deren Beschreibung benötigt man dann natürlich *alle* reellen Zahlen.

Aufgaben 4.1

1. Beweise jeweils: Es gibt keine rationale Zahl x mit der Eigenschaft:
a) $x^2 = 6$; $x^2 = 8$; $x^2 = pq$; $x^2 = p^3$ (p, q prim, $p \neq q$);
b) $x^3 = 2$; $x^3 = 4$; $x^3 = p$; $x^3 = p^2$ (p prim).

2. a) Bestimme alle natürlichen Zahlen, die eine rationale Zahl als Zehnerlogarithmus haben.
b) Bestimme alle rationalen Zahlen, die der Zehnerlogarithmus einer natürlichen Zahl sind.

3. Drei Zahlen $a, b, c \in \mathbb{N}$ bilden ein „pythagoreisches Zahlentripel“ genau dann, wenn $a^2 + b^2 = c^2$ ist; Beispiel: 3, 4, 5.
a) Suche weitere solche Tripel (die nicht einfach von der Form 3k, 4k, 5k sind).
b) Beweise: Es gibt kein pythagoreisches Zahlentripel, bei dem b ein Vielfaches von a, d. h. $b = ka$ mit $k \in \mathbb{N}$ ist.

Im folgenden sind Schulkenntnisse über Quadratwurzeln zu verwenden.

4. Um ein gemeinsames Maß für $a = \sqrt{2}$ und $b = 1$ zu finden, könnte man versuchen, analog zum Euklidischen Algorithmus wie folgt vorzugehen:
$a = q_1 \cdot b + r_1 \quad (q_1 \in \mathbb{N};\ 0 \leq r_1 < b)$
$b = q_2 \cdot r_1 + r_2 \quad (q_2 \in \mathbb{N};\ 0 \leq r_2 < r_1)$
$r_1 = q_3 \cdot r_2 + r_3 \quad (q_3 \in \mathbb{N};\ 0 \leq r_3 < r_2)$
usw.
Bestimme $q_1, q_2, q_3, r_1, r_2, r_3$. (Nicht runden, sondern die Wurzeln vereinfachen!) Zeige, daß das Verfahren niemals abbrechen kann. (Anleitung: Betrachte die Quotienten $\frac{r_1}{b}$ und $\frac{r_2}{r_1}$.)

4.2 Reelle Zahlen und Dezimalbrüche; Rechengesetze

4.2.1 Entsprechung zwischen reellen Zahlen und Dezimalbrüchen

Nach 2.1.3 entsprechen die *rationalen Zahlen* eineindeutig den sämtlichen *periodischen Dezimalbrüchen* ohne Neunerende $\overline{9}$, ohne oder mit Vorzeichen „ –“. Dabei ist auch die Periode $\overline{0}$ zugelassen: Die abbrechenden Dezimalbrüche betrachten wir jetzt als periodisch mit Periode $\overline{0}$. Im folgenden wird sich herausstellen, daß die *irrationalen Zahlen* eineindeutig den *nichtperiodischen* (d. h. nicht abbrechenden und nicht periodischen) Dezimalbrüchen entsprechen.

Zuerst ordnen wir *jeder reellen Zahl einen Dezimalbruch* zu: Gegeben sei eine reelle Zahl x als Punkt der Zahlengeraden. Der Einfachheit halber nehmen wir an, daß $x \geq 0$ ist. Die negativen Zahlen bringen hier keine wesentlichen Schwierigkeiten.

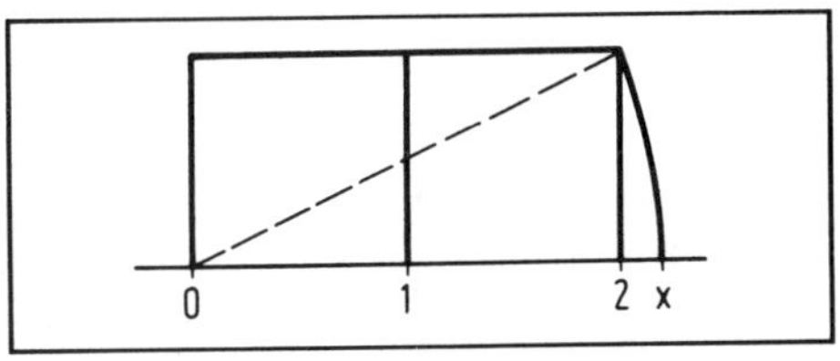

Beispiel: $x = \sqrt{5}$ (Diesen Punkt denken wir uns geometrisch konstruiert.)

Die **Zuordnungsvorschrift** lautet: Bestimme zuerst auf der Zahlengeraden die größte ganze Zahl, die die gegebene Zahl (Punkt) x nicht übertrifft. Dies ist die „nullte untere Näherungszahl“ für x. Teile das von dieser und der nächstgrößeren ganzen Zahl gebildete Intervall in zehn gleichlange Teile. Bestimme sodann die größte Zehntel-Zahl, die die gegebene Zahl nicht übertrifft; dies ist die „erste untere Näherungszahl". Fahre in dieser Weise fort. Für das Beispiel erhält man so die Tabelle, in die auch die entsprechend erklärten „oberen Näherungszahlen" eingetragen sind:

Schritt Nr.	untere Näherungszahl		obere Näherungszahl
0	2	$\leq x <$	3
1	2,2	$\leq x <$	2,3
2	2,23	$\leq x <$	2,24
3	2,236	$\leq x <$	2,237

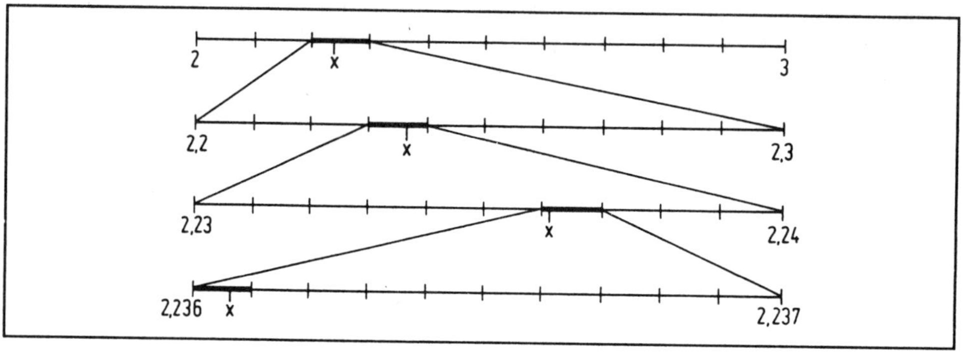

Allgemein erhält man beim k-ten Schritt die k-te untere Näherungszahl:

$$z_0, z_1 z_2 \ldots z_k = \text{größter k-stelliger Dezimalbruch} \leq x.$$

Hierbei können einzelne oder alle Ziffern z_i auch 0 sein. z_0 kann auch eine mehrstellige natürliche Zahl sein. Beim Übergang von k zu k+1 bleibt der Anfang des Dezimalbruchs erhalten. So entsteht ein eindeutig bestimmter Dezimalbruch $z_0, z_1 z_2 z_3 \ldots$ *ohne Ende.*

Hierdurch ist *jeder reellen Zahl* x *ein wohlbestimmter periodischer* (evtl. mit Periode $\overline{0}$) *oder nichtperiodischer, jedenfalls nichtabbrechender Dezimalbruch zugeordnet.*

Diese Zuordnung hat die folgenden Eigenschaften:
— *Dezimalbrüche mit Neunerende kommen nicht* vor;
— *jeder Dezimalbruch kommt höchstens einmal* vor; d. h. zu zwei verschiedenen reellen Zahlen gehören immer auch zwei verschiedene Dezimalbrüche.

Beweis: Käme z. B. $2{,}236\overline{9}$ vor, dann müßte der betreffende Punkt x links von 2,237 liegen. (Sonst wäre die Zuordnungsvorschrift nicht richtig angewandt worden.) Nach genügend vielen Zehnteilungen würden die Teilintervalle kürzer sein als der Abstand zwischen x und 2,237. Andererseits müßte aber x, weil alle weiteren Ziffern 9 sind, nach *jeder* Zehnteilung wieder in dem betreffenden Intervall mit rechtem Endpunkt 2,237 liegen. Das kann nicht sein.

Sind weiter x und y zwei verschiedene Zahlen, dann liegen diese nach genügend vielen Zehnteilungen in verschiedenen Teilintervallen und unterscheiden sich folglich in den Ziffern der betreffenden Stelle.

In dem Fall, daß x *rational* ist, $x = m/n$, erhält man so *denselben Dezimalbruch, der auch durch die schriftliche Division* m : n *entsteht* (periodisch, evtl. mit Periode $\overline{0}$, aber niemals mit Periode $\overline{9}$). Auch die schriftliche Division liefert ja beim k-ten Schritt die größte k-stellige Dezimalzahl $\leq m/n$; unsere Zuordnungsvorschrift ist eine Erweiterung hiervon. Im Fall, daß x *irrational* ist, erhält man einen *nichtperiodischen* Dezimalbruch. Denn jeder periodische Dezimalbruch ist schon einer rationalen Zahl zugeordnet, und er kommt ja höchstens einmal vor. Hiermit ist auch bewiesen, daß der oben betrachtete, zu der irrationalen Zahl $\sqrt{5}$ gehörige Dezimalbruch 2,236... keine Periode hat.

Wir wissen jetzt: Die beschriebene Zuordnung ordnet jeder reellen Zahl genau einen nichtabbrechenden Dezimalbruch ohne Neunerende zu, und jeder solche Dezimalbruch kommt dabei höchstens einmal vor. Es bleibt zu zeigen, daß *jeder solche Dezimalbruch auch wirklich vorkommt.*

Hierzu **rekonstruieren** *wir die reelle Zahl (als Punkt der Zahlengeraden) aus dem vorgegebenen Dezimalbruch:*

Vorgelegt sei ein beliebiger nichtabbrechender Dezimalbruch $z_0, z_1z_2z_3 \ldots$, etwa 1,23456789101112131415.... Man erkennt, wie hier die Ziffernfolge weitergehen soll; dieser Dezimalbruch wird dann nichtperiodisch. Der gegebene Dezimalbruch liefert Näherungszahlen. Diese grenzen Intervalle ab, in denen x jedenfalls liegen muß:[40])

Schritt Nr.	untere Näherungszahl	obere Näherungszahl	Intervall, in dem x liegt
0	1	2	[1; 2]
1	1,2	1,3	[1,2; 1,3]
2	1,23	1,24	[1,23; 1,24]
3	1,234	1,235	[1,234; 1,235]
4	1,2345	1,2346	[1,2345; 1,2346]

Das Bild zeigt die ersten drei Intervalle.

Erinnerung: Mit [a, b] bezeichnet man allgemein das *Intervall* von a bis b (wobei a vor b liegt), d. h. die Menge aller Zahlen (Punkte) zwischen a und b, mit Einschluß der „Randpunkte" a und b.

Wir denken uns das Verfahren ohne Ende fortgesetzt. Dann leuchtet ein: Die Intervalle erfassen einen ganz bestimmten Punkt, d. h. eine reelle Zahl x. Diese ist die gesuchte, nämlich die Zahl, der durch unsere Zuordnung der gegebene Dezimalbruch zugeordnet wird.

Da dieses Rekonstruktionsverfahren *für jeden Dezimalbruch funktioniert,* erkennen wir:

> Die beschriebene Zuordnungsvorschrift liefert eine *eineindeutige Zuordnung* zwischen der *Menge* ℝ, d. h. der Zahlengeraden, und der *Menge aller Dezimalbrüche ohne Neunerende* (periodisch oder nichtperiodisch, ohne oder mit Vorzeichen „ – ").

Hinweis: Dieses Rekonstruktionsverfahren mittels „Intervallschachtelung" funktioniert auch bei *Dezimalbrüchen mit Neunerende.* Aber dann werden *keine neuen Punkte* erfaßt.

Beispiel: $1{,}3\overline{9}$

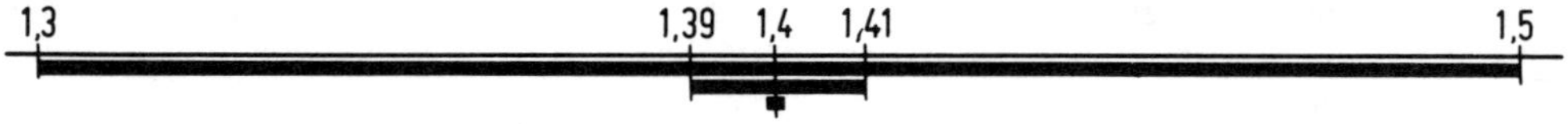

[40]) Nach der Zuordnungsvorschrift kann x niemals der rechte Endpunkt eines solchen Intervalls sein. Das beeinträchtigt aber nicht die folgende Überlegung.

Tatsächlich erfaßt die Intervallschachtelung zum Dezimalbruch $1{,}3\overline{9}$ denselben Punkt wie die Intervallschachtelung zum Dezimalbruch $1{,}4\overline{0}$, nämlich die rationale Zahl 1,4. Damit ist die betreffende Bemerkung in 2.1.3 gerechtfertigt; es gilt $1{,}3\overline{9} = 1{,}4\overline{0}$.

Nach der jetzt festgestellten eineindeutigen Entsprechung zwischen reellen Zahlen und nichtabbrechenden Dezimalbrüchen ohne Neunerende könnte man versucht sein zu sagen, daß *die reellen Zahlen nichts anderes als eben diese Dezimalbrüche sind.* Dies wäre aber aus verschiedenen Gründen unbefriedigend, insbesondere deshalb, weil sich die reellen Zahlen ebenso in Stellenwertsystemen mit anderer Basis als 10 darstellen lassen, etwa im Dualsystem durch nichtabbrechende Dualbrüche[41]. Hier zeigt sich erneut, daß Dezimaldarstellungen nicht die Zahlen selber sind, sondern nur Namen für solche.

Aufgabe: 1

4.2.2 Rechengesetze für reelle Zahlen

Nach der Dezimaldarstellung und der Deutung der reellen Zahlen als Maßzahlen von Strecken ist es einleuchtend, daß die Rechenoperationen + und · sowie die Relation < in der *ganzen Menge* $\mathbb{R}$ (also auch für den Fall, daß a oder b irrational ist) mit ihrer natürlichen Bedeutung gegeben sind und daß auch hier alle *Körperaxiome* und alle *Anordnungsaxiome* (vgl. Abschnitt 3.2 und 3.3) erfüllt sind: Die reellen Zahlen bilden, ebenso wie die rationalen, einen **angeordneten Körper.** Damit gelten in $\mathbb{R}$ auch alle Folgerungen aus den Axiomen, insbesondere die Regeln der Fehlerrechnung.

Wir beschränken uns hier auf einige *Hinweise zum Umgehen mit reellen Zahlen, die als nichtabbrechende* (periodische oder nichtperiodische) *Dezimalbrüche gegeben sind.*

Feststellen der Gleichheit: Die Frage, ob für zwei so gegebene Zahlen, z. B. a = 1,101001000...; b = 1,1010010000..., a = b gilt, läßt sich nicht beantworten, solange nicht genau festgelegt ist, wie die Ziffernfolgen fortgesetzt werden sollen. Hier könnten folgende Fortsetzungen gemeint sein: Bei a erscheinen zwischen den Einsen der Reihe nach 1, 2, 3, 4 usw. Nullen; bei b sollen es 1, 2, 4, 8 usw. Nullen sein. Danach steht an der 10ten Stelle bei a eine 1 und bei b eine 0; es ist a ≠ b. Beim Umgang mit Schreibweisen wie a = 1,101001000... ist also Vorsicht geboten. Man hat zu beachten:

a = b *genau dann, wenn* die beiden nichtabbrechenden Dezimalbrüche vor dem Komma und an allen Stellen hinter dem Komma übereinstimmen.

Größenvergleich: Sind die Zahlen a = 3,25375...; b = −1,02815; c = 3,2537...; d = −1,02825... gegeben, so gilt jedenfalls d < b < a und d < b < c. Ohne genauere Beschreibung von c ist nicht entscheidbar, ob a < c, a = c oder a > c ist. Lautet die Beschreibung z. B. $c = 3{,}253\overline{7}$, dann gilt a < c, also d < b < a < c. Hier wurde neben Vorzeichenregeln die folgende Regel für nichtnegative reelle Zahlen benutzt:

a < b *genau dann, wenn* an der ersten Stelle, wo die Ziffern bei a und bei b verschieden sind, bei a die kleinere Ziffer steht.

In Fällen wie a = 3,7259...; b = 13,7258... schreibe man a in der Form a = 03,7259.... Dann ist auch hier die Regel anwendbar.

Diese Regel entspricht, ebenso wie schon die betreffende Regel für natürliche Zahlen in 1.3.4, der alphabetischen Anordnung der Wörter im Lexikon: Die Dezimalbrüche sind nichtabbrechende „Wörter“; ihre Buchstaben sind die Ziffern. Daher nennt man diese Ordnung der Dezimalbrüche *lexikographische Ordnung.* Hierbei ist wichtig, daß *Neunerenden ausgeschlossen* bleiben! Sonst erhielte man zum Beispiel $1{,}3\overline{9} < 1{,}4\overline{0}$, während nach **1.** doch $1{,}3\overline{9} = 1{,}4\overline{0}$ gilt.

[41] Wünscht man wieder eine eineindeutige Entsprechung, so hat man jetzt Dualbrüche mit Einerende $\overline{1}$ auszuschließen.

Berechnung von Summe und Produkt:

Man berechnet näherungsweise die Summe $a + b$ bzw. das Produkt $a \cdot b$ zweier reeller Zahlen a und b, indem man *dezimale Näherungswerte* dieser Zahlen addiert bzw. multipliziert. Die Vorzeichenregeln gelten dabei ebenso wie in $\mathbb{Q}$, und für positive Zahlen a, b ist folgendes klar:

> Nach den Regeln der Fehlerrechnung kann man $a + b$ bzw. $a \cdot b$ ***beliebig genau*** berechnen, d. h. zwischen zwei Schranken mit beliebig vorgegebenem Abstand einschließen, wenn man *genügend viele* Stellen von a und b kennt und berücksichtigt.

Entsprechendes gilt für die Berechnung von *Differenz* und *Quotient.* Natürlich darf beim Dividieren der Divisor nicht Null sein. Bei kleinen Divisoren ist besondere Sorgfalt geboten: Um den Quotienten mit vorgegebener Genauigkeit zu erhalten, benötigt man unter Umständen viele Nachkommastellen beim Divisor.

Aufgaben: 2 bis 4

4.2.3 Intervallschachtelungs-Axiom, Archimedisches Axiom

Worin *unterscheiden* sich nun die Zahlenmengen $\mathbb{Q}$ und $\mathbb{R}$? In $\mathbb{R}$, aber nicht in $\mathbb{Q}$, gilt außer den Körperaxiomen und den Anordnungsaxiomen noch das Intervallschachtelungs-Axiom, das wir als *geometrisch einleuchtende Eigenschaft der Zahlengeraden* unausgesprochen schon in **1.** benutzt haben.

Intervallschachtelungs-Axiom

(Int) Jede Intervallschachtelung:

$$a_1 \le a_2 \le a_3 \le \ldots \qquad \ldots \le b_3 \le b_2 \le b_1$$

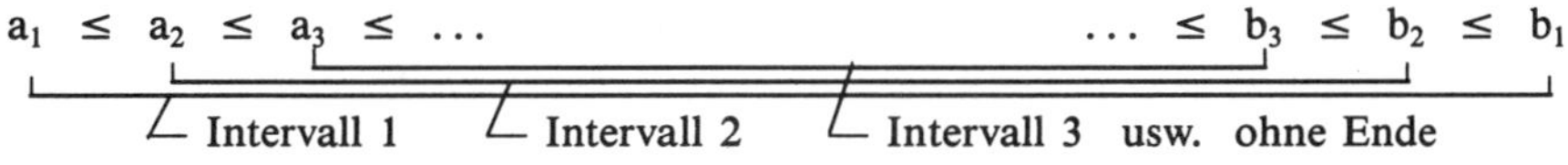

wobei die a_i, b_i reelle Zahlen sind ($i = 1, 2, 3, \ldots$) und die Intervall-Längen $b_i - a_i$ *beliebig klein werden,* erfaßt eine reelle Zahl x, d. h. es gibt eine Zahl x mit der Eigenschaft $a_i \le x \le b_i$ für alle i.

Dabei bedeutet „beliebig klein werden“: Zu *jeder* noch so kleinen positiven Zahl ϵ gibt es eine Nummer i, so daß $b_i - a_i < \epsilon$ (also auch $b_j - a_j < \epsilon$ für alle $j > i$).

Bemerkung: Eine Intervallschachtelung erfaßt *niemals zwei verschiedene Zahlen* x, y, etwa mit $x < y$. Denn andernfalls würde $a_i \le x < y \le b_i$ für alle i gelten, und $b_i - a_i$ könnte nicht kleiner als die positive Zahl $y - x$ werden.

Wir zeigen nun, daß das Intervallschachtelungs-Axiom (Int) *im Körper* $\mathbb{Q}$ *nicht erfüllt* ist.

Es sei a_i der größte i-stellige Dezimalbruch mit der Eigenschaft $a_i^2 \le 2$,
b_i der kleinste positive i-stellige Dezimalbruch mit $2 \le b_i^2$.

Dann gilt $a_i > 0$ und $b_i > a_i$, $b_i - a_i = 0{,}0 \ldots 01$ (mit Ziffer 1 an der i-ten Nachkommastelle). Also bilden die a_i, b_i eine Intervallschachtelung mit positiven rationalen Gliedern. *Wenn* sie eine Zahl einschachtelt, müßte dies die $\sqrt{2}$ sein, und diese liegt nicht in $\mathbb{Q}$.

Um uns dies genau klarzumachen, *nehmen wir an,* es gibt eine Zahl $x \in \mathbb{Q}$ mit $a_i \le x \le b_i$ für alle i. Dann würde für dieses x auch gelten $a_i^2 \le x^2 \le b_i^2$, und die a_i^2, b_i^2 würden ebenfalls eine Intervallschachtelung bilden. (Es ist ja $0 < b_i^2 - a_i^2 = (b_i + a_i)(b_i - a_i) \le 3(b_i - a_i) = 0{,}0 \ldots 03$.) Andererseits gilt nach der obigen Definition der a_i, b_i auch $a_i^2 \le 2 \le b_i^2$. Nach der vorstehenden Bemerkung folgt $x^2 = 2$, und dieses Ergebnis steht im *Widerspruch* zu Satz 2 in Abschnitt 4.1.

Gibt es vielleicht noch umfassendere Zahlbereiche, mit Operationen + und · und einer Relation <, so daß alle bisher genannten Axiome — Körperaxiome, Anordnungsaxiome sowie (Int) — erfüllt sind?

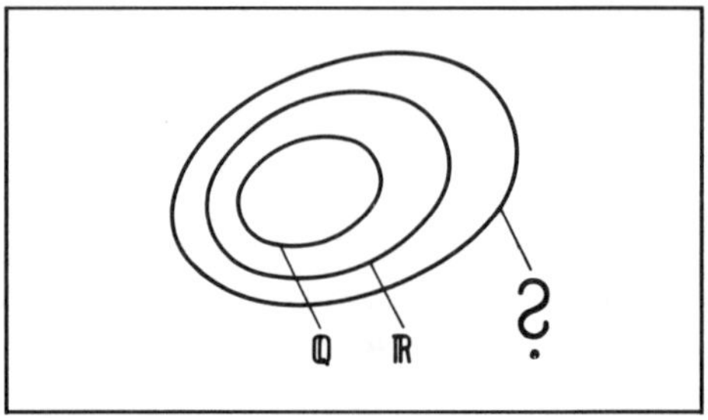

Erstaunlicherweise ja. Aber solche Bereiche enthalten notwendig auch „unendlich große" Zahlen! Dabei heißt eine Zahl *unendlich groß*, wenn sie *größer ist als jede natürliche Zahl.* Wie die Dezimaldarstellung der reellen Zahlen zeigt, gibt es *in* $\mathbb{Q}$ *und* $\mathbb{R}$ *keine unendlich großen Zahlen,* d. h. in $\mathbb{Q}$ und in $\mathbb{R}$ ist das folgende „Archimedische Axiom" erfüllt, das wir als eine *geometrisch einleuchtende Eigenschaft der Zahlengeraden* bereits bei der Zuordnungsvorschrift in **1.** unausgesprochen benutzt haben.

Archimedisches Axiom[42])
(Arch) Zu jeder Zahl x gibt es eine natürliche Zahl n mit $x < n$.

Eine erste Vorstellung von einem Rechenbereich mit einer „unendlich großen" Zahl hat die Aufgabe 1 zu Abschnitt 3.3 vermittelt. In der Menge $\tilde{\mathbb{N}} = \mathbb{N} \cup \{\infty\}$ mit der unendlich großen Zahl ∞ gilt offenbar *nicht* das Archimedische Axiom. Allerdings gelten hier auch nicht alle Körperaxiome.

Die erwähnten, hier nicht genauer beschriebenen Zahlkörper[43]) mit unendlich großen Zahlen enthalten notwendig auch *unendlich kleine Zahlen;* das sind Zahlen u mit der Eigenschaft $0 < u < \frac{1}{n}$ für alle $n \in \mathbb{N}$; d. h. u ist *kleiner als jeder Bruch* $\frac{1}{n}$, *aber doch größer als Null.* In der Frühphase der Differential- und Integralrechnung hat man ohne große Skrupel mit unendlich kleinen Zahlen gerechnet. Erst in neuerer Zeit wurde hierfür durch die Konstruktion der erwähnten Zahlbereiche eine mathematische Grundlage geschaffen. Ausdrücklich betonen wir, daß es *in* $\mathbb{Q}$ *und in* $\mathbb{R}$ *keine unendlich kleinen Zahlen gibt.* Dies beweist man mit dem Archimedischen Axiom: Angenommen, es gibt eine solche Zahl u. Dann folgt $0 < n u < 1$, also $0 < n < \frac{1}{u}$ für alle n. Das ist ein Widerspruch zu (Arch).

Auch die Tatsache, daß es in $\mathbb{R}$ keine unendlich kleinen Zahlen gibt, haben wir unausgesprochen in dem Beweis in **1.** benutzt.

Hinweise
(a) Durch die Axiome des angeordneten Körpers mit den zusätzlichen Eigenschaften (Arch) und (Int) sind die reellen Zahlen *„charakterisiert".* Dies besagt: Jedes System von Dingen, in dem alle diese Gesetze gelten, stimmt bis auf die Bezeichnung seiner Elemente mit dem Körper $\mathbb{R}$ der reellen Zahlen überein. Genauer kann das hier nicht ausgeführt werden.

(b) In Vorlesungen zur Analysis (Differential- und Integralrechnung) wird üblicherweise gelehrt: in $\mathbb{R}$ gilt außer den Körper- und den Anordnungsaxiomen noch das *Vollständigkeitsaxiom:*

(Vollst) Jede nach oben beschränkte, nicht leere Teilmenge M von $\mathbb{R}$ hat in $\mathbb{R}$ eine kleinste obere Schranke.

Dies besagt, daß die Menge aller oberen Schranken von M ein kleinstes Element hat. (Zu den hier auftretenden Begriffen siehe 2.3.3).

[42]) Benannt nach dem griechischen Mathematiker und Physiker *Archimedes* (um 285—212 v. Chr.), obwohl es eher dem Mathematiker und Philosophen *Eudoxos* (um 408—355 v. Chr.) zuzuschreiben ist.
[43]) Der daran interessierte Leser sei verwiesen auf Kapitel 7 des Buches von *B. Artmann:* Der Zahlbegriff, Göttingen 1983.

Mittels (Arch) und (Int) kann man die Aussage (Vollst) als Satz beweisen. Umgekehrt beweist man in Analysis-Vorlesungen mittels (Vollst) die Aussagen (Arch) und (Int) als Sätze.

(c) In 4.1.3 wurden die positiven reellen Zahlen auch als Maßzahlen aller möglichen Längen beschrieben. Daß die reellen Zahlen dafür tatsächlich *ausreichen*, liegt an der *Archimedischen Eigenschaft* des Größenbereichs $\mathbb{L}$ der Längen, die man jetzt wie folgt formuliert: Zu jedem Paar e, a $\in \mathbb{L}$ gibt es eine natürliche Zahl n, so daß $a < ne$. Daß alle positiven reellen Zahlen als Maßzahlen *benötigt werden*, liegt an der *Vollständigkeitseigenschaft* von $\mathbb{L}$, die man ebenfalls ähnlich wie für $\mathbb{R}$ formulieren kann.

Aufgaben 4.2

1. Beschreibe, wie der nichtabbrechende Dezimalbruch 1,2345... in 4.2.1 fortgesetzt werden soll.
a) Nenne seine 10te, 20ste, 30ste, 100ste, 200ste Ziffer nach dem Komma.
b) Beweise, daß dieser Dezimalbruch keine Periode hat.
Hinweis: Gehe von der Annahme aus, er hätte eine Periode. Diese hätte dann eine gewisse Länge l ...

2. Fünf verschiedene reelle Zahlen r, s, t, u, v seien wie folgt gegeben:
$r = 0{,}8152\ldots$; $s = 0{,}8153\ldots$; $t = 0{,}81521\ldots$; $u = 0{,}81526\ldots$; $v = 0{,}81527\ldots$.
Versuche, die fünf Zahlen der Größe nach zu ordnen. Wie viele verschiedene Anordnungen der Zahlen r, s, t, u, v sind nach den vorliegenden Angaben möglich?

3. Es sei a eine positive irrationale Zahl. Beweise:

a) $\frac{a}{3}$ ist irrational; b) $\sqrt{a}$ ist irrational.

Beantworte mit Begründung:
c) Muß dann auch a^2 irrational sein? d) Muß a^2 rational sein?

4. $\mathbb{R} \setminus \mathbb{Q}$ ist die Menge der irrationalen Zahlen.
a) Gilt für alle $a, b \in \mathbb{R} \setminus \mathbb{Q}$ auch $a + b \in \mathbb{R} \setminus \mathbb{Q}$; gilt $a \cdot b \in \mathbb{R} \setminus \mathbb{Q}$?
b) Gilt dies für alle $a \in \mathbb{R} \setminus \mathbb{Q}$, $b \in \mathbb{Q} \setminus \{0\}$?

4.3 Einiges über Wurzeln

Der Potenz- und der Wurzelbegriff für ganzzahlige Exponenten sowie die Rechengesetze hierfür werden als bekannt vorausgesetzt. Wir erörtern hier nur exemplarisch einige besonders wichtige Fragen, insbesondere zu den Quadratwurzeln.

4.3.1 Wurzeln und Gleichungslösungen

Die Menge der nichtnegativen reellen Zahlen wird mit $\mathbb{R}_0^+$ bezeichnet[44]). Mittels Intervallschachtelung kann man beweisen (mit ähnlicher Überlegung wie am Anfang von 4.2.3): Zu jeder Zahl a aus $\mathbb{R}_0^+$ gibt es eine Zahl b aus $\mathbb{R}_0^+$, so daß $b^2 = a$ gilt. Und zwar gibt es *nur eine* solche Zahl b; denn für $b_1, b_2 \in \mathbb{R}_0^+$ gilt: wenn $b_1 \neq b_2$, etwa $b_1 < b_2$, dann $b_1^2 < b_2^2$, also $b_1^2 \neq b_2^2$. Ebenso beweist man dies für andere Exponenten n statt 2.

Definition 1: Für jede Zahl $a \in \mathbb{R}_0^+$ und jeden Exponenten $n \in \mathbb{N}$ versteht man unter der *n-ten Wurzel aus* a, geschrieben $\sqrt[n]{a}$, die eindeutig bestimmte Zahl $b \in \mathbb{R}_0^+$ mit der Eigenschaft $b^n = a$.

Besonders wichtig sind die zweiten Wurzeln; diese heißen auch *Quadratwurzeln.* Die Quadratwurzel aus a wird mit $\sqrt{a}$ bezeichnet. Uninteressant sind die „ersten Wurzeln" $\sqrt[1]{a} = a$.

Man beachte, daß nach Def. 1 *Wurzeln aus negativen Zahlen nicht definiert* sind und daß andererseits der *Wert einer Wurzel niemals negativ* ist. Bei ungeraden Wurzelexponenten

[44]) Nach DIN auch mit $\mathbb{R}_+$.

würde die Definition auch für negative a „funktionieren“ (was wir hier nicht weiter verfolgen), bei geraden Exponenten jedoch nicht, weil eine Potenz mit gerader Hochzahl nie negativ ist.

Wurzeln lassen sich durch Einschachteln in Intervalle beliebig genau berechnen. Grundlegend hierfür ist die Beziehung

$$\sqrt[n]{a} < \sqrt[n]{b} \quad \text{genau dann, wenn} \quad a < b;$$

sie folgt nach Def. 1 aus der entsprechenden Beziehung „$a < b$ genau dann, wenn $a^n < b^n$“ für Potenzen (für alle $a, b \in \mathbb{R}_0^+$).

Die Operation des „Wurzelziehens“ ist die *Umkehrung des Potenzierens,* wenn beide (mit dem gleichen Exponenten n) als Operationen in $\mathbb{R}_0^+$ aufgefaßt werden, und ebenso ist dann das Potenzieren die Umkehrung des Wurzelziehens. Für den besonders wichtigen Fall des Quadratwurzelziehens, kurz: Wurzelziehens, macht man sich darüber hinaus folgendes klar:

Für alle $a \in \mathbb{R}$ (!) gilt $\sqrt{a^2} = |a|$; für alle $a \in \mathbb{R}_0^+$ gilt $(\sqrt{a})^2 = a$.

Das Quadrieren einer negativen Zahl wird nicht durch Wurzelziehen rückgängig gemacht, sondern liefert den *Betrag* von a. Der Betrag einer beliebigen Zahl ist somit gekennzeichnet als die Wurzel aus ihrem Quadrat.

Nach Def. 1 ist im Fall $a \geq 0$ die Quadratwurzel $\sqrt{a}$ eine Lösung der Gleichung $x^2 = a$. Das Symbol $\sqrt{a}$ beschreibt jedoch *nicht die Gesamtheit aller Lösungen einer solchen Gleichung.* Vielmehr gilt für Gleichungen der Form $x^2 = a$ ($a \in \mathbb{R}$):

— Ist a *positiv* ($a > 0$), dann hat die Gleichung *genau zwei Lösungen,* nämlich $\sqrt{a}$ und $-\sqrt{a}$. Jede Lösung ist die Gegenzahl der anderen.

— Ist a *Null* ($a = 0$), dann hat die Gleichung *genau eine Lösung,* nämlich 0. Natürlich ist $0 = \sqrt{0} = -\sqrt{0}$.

— Ist a *negativ* ($a < 0$), dann hat die Gleichung *keine Lösung.*

Man darf also die beiden Aussagen $x = \sqrt{a}$ und $x^2 = a$ nicht verwechseln! Sie sind im Fall $a > 0$ *nicht gleichbedeutend.* Es bedeutet ja

$x = \sqrt{a}$ dasselbe wie $x^2 = a$ *und* $x \geq 0$	$x^2 = a$ dasselbe wie $x = \sqrt{a}$ *oder* $x = -\sqrt{a}$; das heißt $x = \sqrt{a}$ *oder* $-x = \sqrt{a}$; das heißt $|x| = \sqrt{a}$.

In der höheren Algebra nennt man alle Lösungen einer algebraischen Gleichung ihre „Wurzeln“. Dieser Sprachgebrauch entspricht nicht dem durch Def. 1 festgelegten. Er ist die Ursache der Verwechslung, vor der hier ausdrücklich gewarnt wurde.

Aufgabe: 1

4.3.2 Arithmetisches und geometrisches Mittel

Wir erinnern zunächst an das *arithmetische Mittel* $\bar{a}$ von n gegebenen reellen Zahlen $a_1, \ldots, a_n$, das wie folgt definiert ist:

$$\bar{a} := \frac{a_1 + \ldots + a_n}{n}.$$

$\bar{a}$ ist also die Zahl, die man mit n vervielfachen muß, um die Summe der gegebenen n Zahlen zu erhalten: $n\bar{a} = a_1 + \ldots + a_n$. Auf der Zahlengeraden erscheint $\bar{a}$, wie man sich mit den Hebelgesetzen klarmacht, als der *Schwerpunkt* der Punkte $a_1, \ldots, a_n$, d. h. als der Punkt, in dem man die gedachte masselose Gerade unterstützen müßte, um die mit den Massen 1 versehenen Punkte $a_1, \ldots, a_n$ auf ihr im Gleichgewicht zu halten. Insbesondere ist dies im Fall $n = 2$ der *Mittelpunkt* von a_1 und a_2.

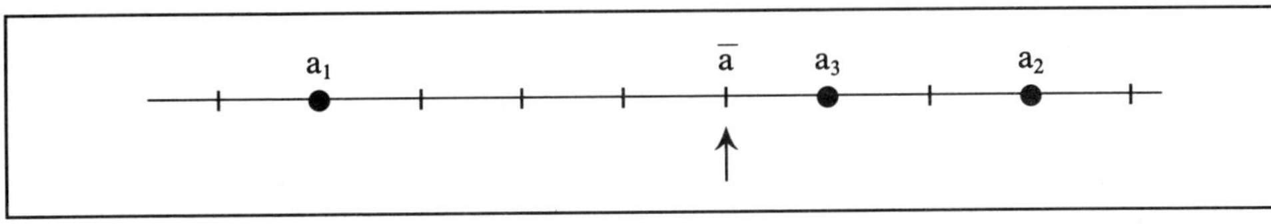

Analog hierzu wird für nichtnegative Zahlen $a_1, \ldots, a_n$ das *geometrische Mittel* als die nichtnegative Zahl definiert, die man zur n-ten Potenz erheben muß, um das Produkt $a_1 \cdot \ldots \cdot a_n$ der gegebenen n Zahlen zu erhalten:

Definition 2: Für $a_1, \ldots, a_n \in \mathbb{R}_0^+$ nennt man die n-te Wurzel

$$\sqrt[n]{a_1 \cdot \ldots \cdot a_n}$$

das *geometrische Mittel* der gegebenen n Zahlen.

Im Fall $n = 2$ heißt (sofern $a_1 a_2 \neq 0$) das geometrische Mittel auch *„mittlere Proportionale"*; es ist die eindeutig bestimmte Zahl m, für die gilt: $a_1 : m = m : a_2$. Sie liegt im Fall $a_1 \neq a_2$ zwischen a_1 und a_2.

Beispiele

(1) Beim *DIN-Format* ist die Breite b eines Papierblattes die mittlere Proportionale von $\frac{l}{2}$ und l (l die Länge); es gilt $\frac{l}{2} : b = b : l$, $b = \sqrt{\frac{l}{2} \cdot l} = \frac{l}{2}\sqrt{2}$. Dies besagt gerade, daß das halbierte Blatt dem ganzen ähnlich ist. (Hierdurch ist gesichert, daß ein passend verkleinertes DIN-A4-Blatt genau auf ein DIN-A5-Blatt paßt.) Das gleiche gilt dann auch für das halbierte Blatt: $\frac{b}{2} : \frac{l}{2} = \frac{l}{2} : b$, usw.

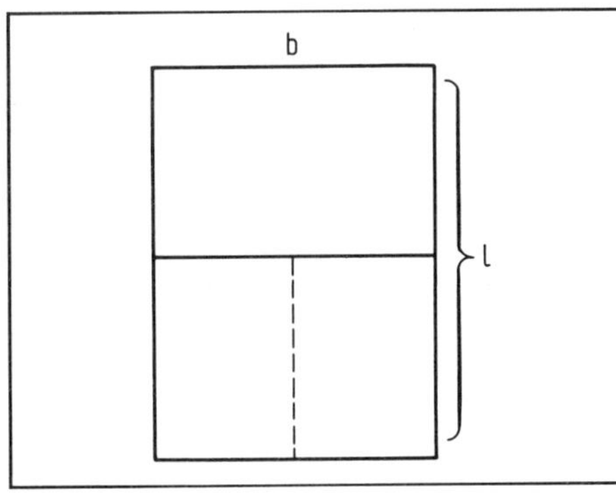

(2) *Mittlere Preissteigerungsrate:* Die Preise (im Land ... für ein Gut ...) stiegen im Jahre 1994 um 20 %, im Jahre 1995 um 50 %, im Jahre 1996 um 25 %. Um wieviel stiegen sie im Mittel? Dies kann nur bedeuten: Um welchen gleichen Prozentsatz hätten die Preise in jedem der drei Jahre steigen müssen, damit sich dieselben Endpreise ergeben wie in Wirklichkeit?

Hierzu muß man sich zuerst klarmachen, daß die genannten Preissteigerungsraten *multiplikative Veränderungen* der Preise mit den Faktoren 1,20; 1,50; 1,25 beschreiben, welche nacheinander erfolgen, so daß die Faktoren zu multiplizieren sind:

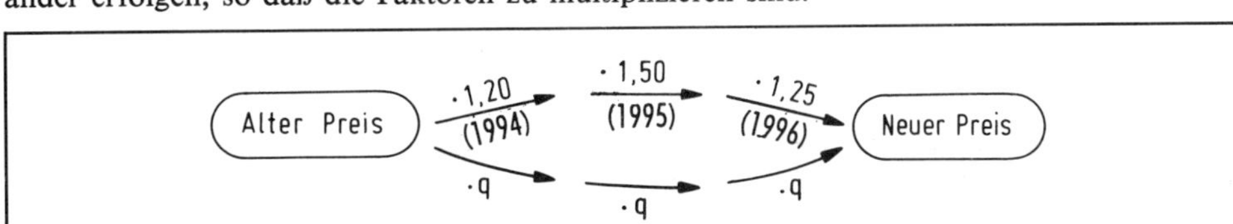

Gesucht ist also der Wachstumsfaktor q, für den gilt: $q^3 = 1{,}20 \cdot 1{,}50 \cdot 1{,}25 = 2{,}25$, der also das geometrische Mittel der drei gegebenen Wachstumsfaktoren ist; $q = \sqrt[3]{2{,}25} = 1{,}3103\ldots$. Somit beträgt die gesuchte Steigerungsrate rund 31 %. Dagegen hätte man durch (hier abwegige) arithmetische Mittelwertbildung 31,66 ... %, also gerundet 32 % erhalten. — Hier zeigt sich wieder, daß man nicht nur mathematische Operationen korrekt ausführen, sondern auch entscheiden können muß, welche Operation die angemessene ist, vgl. 1.3.4.

Ebenso wie im vorangehenden Beispiel gilt allgemein:

Satz: Das geometrische Mittel von n nichtnegativen Zahlen ist immer kleiner oder gleich dem arithmetischen Mittel: $\sqrt[n]{a_1 \cdot \ldots \cdot a_n} \le \frac{a_1 + \ldots + a_n}{n}$;

Gleichheit besteht nur dann, wenn $a_1 = \ldots = a_n$.

Einen *Beweis* geben wir hier nur für den Fall $n = 2$ und setzen dazu $a_1 = a$ und $a_2 = b$. Für $n = 3$ und $n = 4$ siehe Aufgabe 4; der allgemeine Beweis erfolgt in Abschnitt 7.4.

Wir setzen $a \neq b$ voraus (der Fall $a = b$ ist klar). Die behauptete Ungleichung lautet dann $\sqrt{ab} < \frac{a+b}{2}$. Dies ist gleichbedeutend mit $ab < \left(\frac{a+b}{2}\right)^2$,

d. h. mit $4ab < a^2 + 2ab + b^2$, d. h. mit $0 < a^2 - 2ab + b^2$, d. h. mit $0 < (a - b)^2$. Die letzte Ungleichung ist richtig, also ist es auch die behauptete.

Hinweis: Im Beweis haben wir ausdrücklich festgestellt, daß die auftretenden Ungleichungen alle *gleichbedeutend* sind, d. h. daß jede von ihnen genau dann gilt, wenn die folgende gilt. Es hätte als Beweis *nicht* genügt, nur aus der Behauptung $\sqrt{ab} < (a+b)/2$ die Ungleichung $0 < (a-b)^2$ zu *folgern* und dann festzustellen, daß diese wahr ist. Vor einem solchen Fehlschluß wurde in 3.3.2 ausdrücklich gewarnt. — Wohl aber hätte es genügt, mit der bekannten wahren Aussage $0 < (a-b)^2$ zu beginnen (die allerdings für den Anfänger unmotiviert ist) und daraus die Behauptung zu folgern.

Geometrischer Beweis des Satzes (für $n = 2$): Da das Dreieck ABC rechtwinklig ist (Satz von Thales), gilt der Höhensatz: $h^2 = ab$. Es folgt $\sqrt{ab} = h$, also nach der Figur

$$\sqrt{ab} \le \frac{a+b}{2}.$$

Aufgaben: 2 bis 5

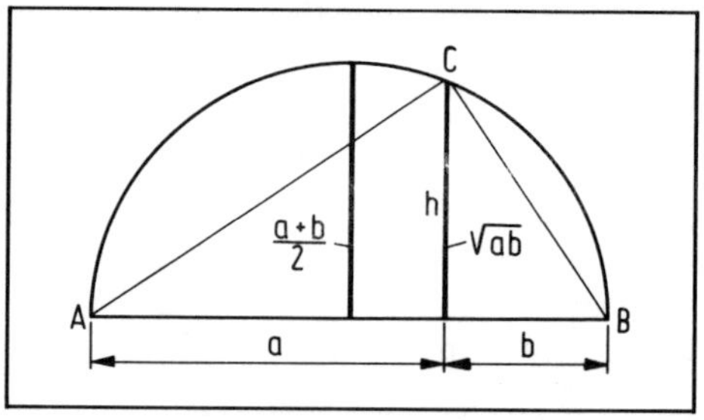

4.3.3 Verfahren zur Quadratwurzelberechnung

In **2.** haben wir besonders den *Unterschied* zwischen dem geometrischen und dem arithmetischen Mittel betont. Nach der geometrischen Deutung darf man nun aber erwarten: Sind die Zahlen a und b nur wenig voneinander verschieden, dann sind — weil ja der Halbkreis oben in der Mitte annähernd waagerecht verläuft — die Mittelwerte kaum noch unterscheidbar. Kurz:

$$\sqrt{ab} \approx \frac{a+b}{2}, \text{ falls a und b nur wenig verschieden.}$$

Ist z. B. $a = 11$ und $b = 10$ (a ist um 10% größer als b), dann gilt $\sqrt{ab} = 10{,}48\underline{8}$, $\frac{a+b}{2} = 10{,}5$; die beiden Mittelwerte unterscheiden sich in der Tat sehr wenig (um weniger als 0,12%).

Diesen Sachverhalt nutzt man aus, um Wurzeln bequem angenähert zu berechnen. Insbesondere erhält man so, mit $a = 1 + x$ und $b = 1$, die nützliche

Näherungsformel: $\sqrt{1 + x} \approx 1 + \frac{x}{2}$, falls $|x|$ klein gegen 1; anders ausgedrückt:

$$\sqrt{1 + \frac{p}{100}} \approx 1 + \frac{p/2}{100}, \text{ falls p nicht zu groß.}$$

Dies zeigt: beim Wurzelziehen halbiert sich angenähert die Schranke für den prozentualen Fehler (vgl. 3.4.4).

Eine mögliche Präzisierung der Näherungsformel liefern die Ungleichungen

$$1 + \frac{x}{2} - \frac{x^2}{7} \le \sqrt{1 + x} \le 1 + \frac{x}{2}, \text{ falls } |x| \le 0{,}2.$$

Man überzeuge sich mit dem Taschenrechner von der Gültigkeit. Wir verzichten auf einen Beweis der linken Ungleichung. Die rechte ist klar nach dem Satz in **2.**

Verbesserung von Näherungswerten: Es sei $a > 0$ und x_0 ein roher („nullter") Näherungswert für $\sqrt{a}$, mit $0 < x_0 \neq \sqrt{a}$. Dann liegt $\sqrt{a}$ zwischen x_0 und $\frac{a}{x_0}$; denn $\sqrt{a}$ ist das geometrische Mittel dieser beiden Zahlen. Man darf nun erwarten, daß das arithmetische Mittel $\frac{1}{2}\left(x_0 + \frac{a}{x_0}\right)$ ein besserer Näherungswert für $\sqrt{a}$ ist als x_0; also:

$$\sqrt{a} \approx \frac{1}{2}\left(x_0 + \frac{a}{x_0}\right) =: x_1.$$

x_1 wird als *erster Näherungswert* für $\sqrt{a}$ bezeichnet. Wegen $x_0 \neq \sqrt{a}$, also $\frac{a}{x_0} \neq x_0$, gilt nach **2.** hierbei $x_1 > \sqrt{a}$.

Beispiele: Für $a = 30$, $x_0 = 6$ erhält man $\frac{a}{x_0} = 5$, also $x_1 = \frac{6+5}{2} = 5{,}5$. Tatsächlich gilt $\sqrt{30} \approx 5{,}47\underline{7}$.
Für $a = 65$, $x_0 = 8$ erhält man $\frac{a}{x_0} = \frac{65}{8} = 8{,}125$, also $x_1 = \frac{1}{2}(8 + 8{,}125) = 8{,}0625$. Tatsächlich gilt $\sqrt{65} \approx 8{,}062\underline{3}$.

Das beschriebene Verbessern eines Näherungswertes für $\sqrt{a}$ $(a > 0)$ kann man wiederholen. Aus x_1 erhält man den besseren Näherungswert $\frac{1}{2}\left(x_1 + \frac{a}{x_1}\right) = x_2$, usw. Allgemein erhält man aus x_n den besseren Näherungswert

$$\boxed{\frac{1}{2}\left(x_n + \frac{a}{x_n}\right) =: x_{n+1} \qquad (n = 0, 1, 2, \ldots)}$$

Dieses Verfahren heißt auch **Heron-Algorithmus**[45]. Um seine Wirkungsweise zu illustrieren, berechnen wir $\sqrt{30}$ mit dem Taschenrechner ohne Verwendung der Wurzeltaste.

Hier ist jeweils die Berechnung des arithmetischen Mittels wie folgt notiert:

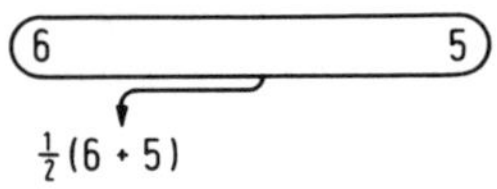

Gerundet wurde auf 6 Stellen, und zwar in der Spalte für x_n nach oben, in der Spalte für $\frac{30}{x_n}$ nach unten. Schon nach der dritten Verbesserung ist der absolute Fehler kleiner als 0,000001.

Verbesserung Nr. n	x_n (zu groß)	$\frac{30}{x_n}$ (zu klein)
0	6	5
1	5,5	5,454545
2	5,477273	5,477178
3	5,477226	5,477225

Mit dem Taschenrechner rechnet man zweckmäßig nach der Formel

$$(x_n^2 + a) : x_n : 2 = x_{n+1}$$

und vermeidet durch Benutzen eines Speichers das Eintasten von Zwischenergebnissen:

Taste		STO	hoch 2	+	a	÷	RCL	÷	2	=
Anzeige	x_n		x_n^2							x_{n+1}

[45]) Nach *Heron von Alexandrien* (um 60 n. Chr.), einem Verfasser von Werken zur praktischen Mathematik. Dieser selbst hat nur den ersten Verbesserungsschritt ausgeführt.

(Bei Rechnern mit AOS ist nach der Taste „a" noch die Taste „=" einzuschieben.) Beim zweiten Rechenschritt zeigt sich jeweils, wie gut der erreichte Näherungswert schon ist. Nach wenigen Schritten „steht" der Algorithmus, d. h. die Werte für x_n wiederholen sich; sie sind im Rahmen der Taschenrechner-Genauigkeit gleich dem gesuchten Wert $\sqrt{a}$.

Theoretisch wird der Wert $\sqrt{a}$ niemals erreicht, wenn man mit einem Wert $x_0 \neq \sqrt{a}$ beginnt. Nach oben folgt dann ja $x_1 > \sqrt{a}$ und weiter $x_n > \sqrt{a}$ für alle $n \in \mathbb{N}$. Für das Folgende sei wieder $0 < x_0 \neq \sqrt{a}$ vorausgesetzt.

Fehlerbetrachtung: Wie schon das Beispiel gezeigt hat, verkleinern sich von Schritt zu Schritt die Fehler der Näherungswerte *rapide.* Dies versteht man besonders leicht, wenn man die *relativen Fehler* der Näherungswerte betrachtet. Für jedes $n \in \mathbb{N}_0$ bezeichnen wir mit ϱ_n den relativen Fehler von x_n, bezogen auf $\sqrt{a}$:

$$\varrho_n = \frac{x_n - \sqrt{a}}{\sqrt{a}} \qquad \text{(vgl. 3.4.2).}$$

Dann gilt

$x_n = \sqrt{a}\,(1 + \varrho_n)$ für alle $n \in \mathbb{N}_0$ sowie $-1 < \rho_0 \neq 0$ und $\varrho_n > 0$ für alle $n \in \mathbb{N}$.

Wegen $$2x_{n+1} = x_n + \frac{a}{x_n}$$

gilt nun $$2\sqrt{a}\,(1 + \varrho_{n+1}) = \sqrt{a}\,(1 + \varrho_n) + \frac{\sqrt{a}}{1 + \varrho_n},$$

also $$2 + 2\varrho_{n+1} = \frac{1 + 2\varrho_n + \varrho_n^2 + 1}{1 + \varrho_n} = 2 + \frac{\varrho_n^2}{1 + \varrho_n},$$

also $$\varrho_{n+1} = \frac{\varrho_n^2}{2(1 + \varrho_n)} = \frac{\varrho_n}{2\left(\frac{1}{\varrho_n} + 1\right)}.$$

Es folgt:

$\varrho_{n+1} < \frac{1}{2}\varrho_n^2$ und $\varrho_{n+1} < \frac{1}{2}\varrho_n$ für alle $n \in \mathbb{N}$, und auch für $n = 0$, falls $\varrho_0 > 0$.

Der relative Fehler sinkt also mit jedem Schritt auf weniger als die Hälfte, und — das ist das Entscheidende: er sinkt auch *auf weniger als die Hälfte des Quadrats.* Man beachte dazu, daß das Quadrat einer kleinen positiven Zahl, etwa einer Zahl < 0,1, sehr viel kleiner als die Hälfte ist!

Aufgaben: 6 bis 9

Aufgaben 4.3

1. a) Beweise: Für alle $a, b \in \mathbb{R}_0^+$ gilt $\sqrt{a} + \sqrt{b} \geq \sqrt{a+b}$.
b) Für welche a, b gilt hierbei das Gleichheitszeichen?

2. a) Beweise: Die Seitenlängen eines idealen DIN-Format-Rechtecks (siehe Beispiel 1 in 4.3.2) sind inkommensurabel, d. h. man kann ihr Verhältnis nicht in der Form $m : n$ mit $m, n \in \mathbb{N}$ ausdrücken.
b) Berechne die Seitenlängen der idealen DIN-Format-Rechtecke vom Flächeninhalt

$$1\ m^2;\quad 0{,}5\ m^2;\quad 0{,}25\ m^2;\quad 0{,}125\ m^2;\quad 0{,}0625\ m^2$$

genau (mit Wurzeln ausgedrückt) und gerundet auf mm.

3. Eine Sparkasse bietet eine Sparprogramm mit folgender Verzinsung des am Anfang eingezahlten Kapitals (und der angefallenden Zinsen) an:

im 1. Jahr 4,50 %; im 2. Jahr 6,25 %; im 3. Jahr 8,00 %.

In dem betreffenden Angebot wird behauptet, die „durchschnittliche" jährliche Verzinsung betrage dann 6,63 %.

a) Berechne den Zinssatz der mittleren jährlichen Verzinsung.
b) Versuche hiernach zu erklären, wie der Wert 6,63 % berechnet wurde. Wie ist diese Angabe zu beurteilen?

4. a) Beweise als Folgerung aus $\sqrt{a \cdot b} \leq \frac{a+b}{2}$:

Für a, b, c, d ≥ 0 gilt $\sqrt[4]{a \cdot b \cdot c \cdot d} \leq \frac{a+b+c+d}{4}$.

b) Beweise weiter die Ungleichung $\sqrt[3]{a \cdot b \cdot c} \leq \frac{a+b+c}{3}$.

Anleitung: Setze hierzu in $\sqrt[4]{a \cdot b \cdot c \cdot d} \leq \frac{a+b+c+d}{4}$ für d den Bruch $\frac{a+b+c}{3}$ ein.

5. Beweise mit Hilfe der Ungleichung
$\sqrt[3]{abc} \leq \frac{a+b+c}{3}$:

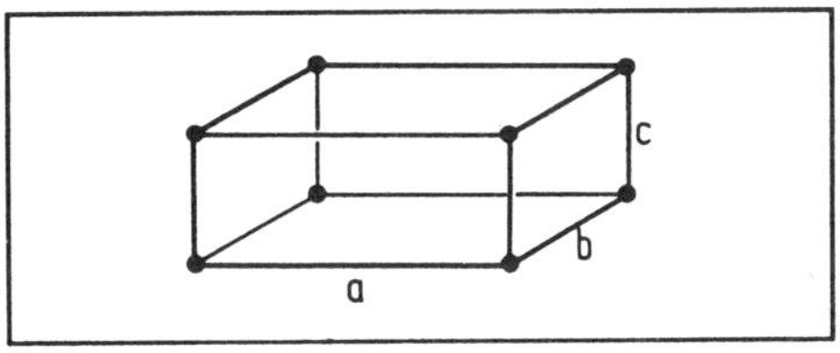

a) Wird aus Draht das Kantengerüst eines Quaders hergestellt, so ist das Volumen dieses Würfels höchstens so groß wie das eines Würfels von gleicher Gesamt-Kantenlänge $4 \cdot (a+b+c)$.
b) Wird aus Karton ein Quader hergestellt, so ist dessen Volumen höchstens so groß wie das eines Würfels von gleicher Gesamt-Oberfläche $2 \cdot (ab + ac + bc)$.

6. Begründe die Näherungsformeln

a) $\frac{1}{\sqrt{1+x}} \approx 1 - \frac{x}{2}$, falls $|x|$ klein gegen 1;

b) $\sqrt{a^2+b} \approx a + \frac{b}{2a}$, falls $|b|$ klein gegen a^2 $(a > 0)$.

7. Die Schwingungsdauer T eines Pendels beträgt bekanntlich $T = 2\pi \sqrt{\frac{l}{g}}$, wobei l die Pendellänge und g die Erdbeschleunigung ist.
a) Die Pendellänge einer richtig gehenden Pendeluhr werde um 1 ‰ verlängert. Um wieviel geht die Uhr dann täglich vor bzw. nach?
b) Beim Übergang zu anderer geographischer Breite ändert sich der Wert der Erdbeschleunigung g. Eine bei $g = 9{,}811\ m/sec^2$ (Breite 50°) richtig gehende Pendeluhr werde an einem Ort mit $g = 9{,}826\ m/sec^2$ (Breite 70°) gebracht. Um wieviel geht die Uhr dann täglich vor bzw. nach?
Hinweis: Beachte auch die Näherungsformel in Aufgabe 6a und formuliere diese für prozentuale Änderungen im Nenner eines Bruches.

8. Wie weit kann man aufs Meer sehen[46]) von einem an der Küste befindlichen Berg der Höhe h = 0,5 km, 1 km, 2 km?

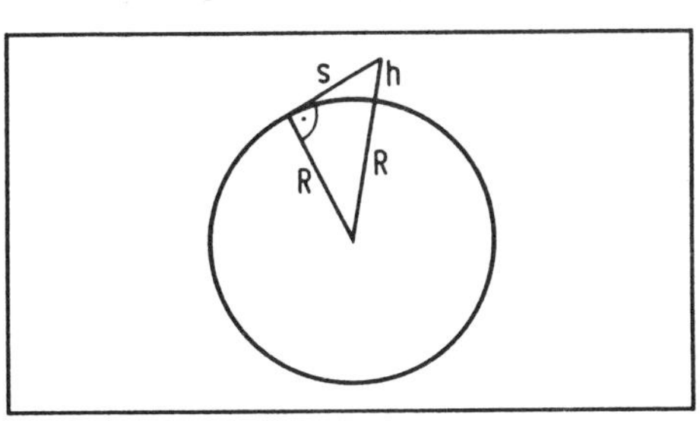

a) Entwickle eine Formel für die Berechnung der Sichtweite s aus der Höhe h und dem Erdradius R.
b) Entwickle eine Näherungsformel für s unter Berücksichtigung der Tatsache, daß h klein gegen R ist. Berechne hiermit s für die gegebenen Höhen. Der Erdradius R beträgt 6370 km.

[46]) Die Frage kann auch wie folgt gefaßt werden: Wie weit ist eine Bergspitze (mit der Höhe 0,5 km, 1 km, 2 km) entfernt, wenn sie, von einem niedrigen Schiff aus beobachtet, am Horizont verschwindet?

c) Bestimme überschlagsmäßig die Abweichung der genauen Werte von s gemäß a) gegenüber den Näherungswerten gemäß b).

9. a) Berechne für $\sqrt{3}$ nach dem Heron-Verfahren mit $x_0 = 2$ die Näherungswerte x_1 und x_2. Gib diese als gewöhnliche Brüche der Form m/n an.

b) Für den relativen Fehler ϱ_0 gilt $\varrho_0 = \frac{x_0 - \sqrt{3}}{\sqrt{3}} = \frac{2-\sqrt{3}}{\sqrt{3}}$, also $\varrho_0 < \frac{0,3}{\sqrt{3}}$. Leite hieraus mittels $\varrho_{n+1} < \frac{\varrho_n^2}{2}$ Ungleichungen für ϱ_1 und ϱ_2 her.

c) Gib auf Grund von b) eine möglichst kleine, aber garantierte Schranke für den absoluten Fehler $x_2 - \sqrt{3}$ an.

d) Bestätige das Ergebnis durch Berechnung von x_2 und $\sqrt{3}$ mit dem Taschenrechner und Vergleich.

Teil B Mengen, Aussagen, Beweise

Vorbemerkungen

Nachdem in Teil A die Zahlen als der wohl wichtigste *Inhalt* der Mathematik erörtert wurden, wenden wir uns nun den *Sprech- und Denkweisen* der Mathematik zu, die im Vorangehenden schon vielfältig praktiziert worden sind. Auch hier verzichten wir auf eine systematische, womöglich deduktive Darstellungsweise: Es wird keine „Mengenlehre" und auch keine „Formale Logik" getrieben. Vielmehr erörtern wir in „phänomenologischer" Weise[47]) die Mengensprechweise und das Umgehen mit Aussagen in der Mathematik, soweit diese Dinge schon auf Schulniveau und bei Beginn eines Mathematikstudiums von Bedeutung sind.

Kapitel 5 Aussageformen und ihre Erfüllungsmengen

5.1 Beschreibung von Mengen mittels Aussageformen

Zur Erläuterung des Umgangs mit Mengen beschränken wir uns vorerst — um etwas Konkretes vor Augen zu haben — auf *Mengen von Zahlen.* Man denke an Teiler- und Vielfachenmengen, an Lösungsmengen bei Gleichungen und Ungleichungen, an Intervalle auf der Zahlengeraden. Die folgenden Erörterungen lassen sich weitgehend auf andere Mengen übertragen. In **4.** betrachten wir Mengen von Zahlen*paaren.*

5.1.1 Aufzählende und beschreibende Schreibweise

Enthält eine Menge nur wenige Elemente, etwa die Zahlen 2, 6, 13, dann beschreibt man sie folgendermaßen in *„aufzählender" Schreibweise:*

$$\{2, 6, 13\}.$$

Man faßt also die Elemente durch geschweifte Klammern zusammen. Bei Mengen mit vielen Elementen ist das mühsam, bei unendlichen Mengen ist es nicht möglich. Hier kann man sich manchmal, z. B. bei der Menge $\mathbb{N}$ und der Menge der Stammbrüche noch dadurch helfen, daß man „Pünktchen" schreibt:

$$\{1, 2, 3, \ldots\}; \quad \left\{\frac{1}{1}, \frac{1}{2}, \frac{1}{3}, \ldots\right\}.$$

In allen sonstigen Fällen beschreibt man die Menge M durch eine *Eigenschaft* oder *Bedingung,* die M kennzeichnet.

Dazu gehen wir von einer der bekannten Zahlenmengen, etwa $\mathbb{N}$, $\mathbb{Z}$, $\mathbb{Q}$ oder $\mathbb{R}$ aus, die wir in diesem Zusammenhang **Grundmenge** G nennen. (In den unteren Schulstufen bildet der jeweils umfassendste schon bekannte Zahlbereich die natürliche Grundmenge.) Ist zum Beispiel die Grundmenge $\mathbb{N}$, so sind durch Eigenschaften wie „prim", „größer als 10", „Teiler von 30" wohlbestimmte Mengen, und zwar Teilmengen von $\mathbb{N}$, gekennzeichnet. Wesentlich ist dabei, daß für jede Zahl aus $\mathbb{N}$ die Frage, ob diese Zahl die betreffende Eigenschaft hat, eindeutig mit „ja" oder „nein" beantwortet werden kann. Etwas formaler drückt man dies — manchmal schon im Schulunterricht — wie folgt aus: Wird in der *Aussageform* „x ist prim" (bzw. „x ist größer als 10", „x ist Teiler von 30") für die *Variable* x der Name einer natürlichen Zahl eingesetzt, so entsteht in jedem Fall eine *Aussage,* also etwas, das entweder wahr oder falsch ist. Z. B. ist „13 ist prim" eine wahre, „14 ist prim" eine falsche Aussage. Die betreffende Menge wird dann von denjenigen Zahlen gebildet, bei deren Einsetzung für x eine wahre Aussage entsteht.

47) D. h. ähnlich, wie dies in den Vorbemerkungen zu Teil A ausgeführt wurde.

Man bezeichnet diese Menge wie folgt in *„beschreibender" Schreibweise:*

$$M_1 = \{x \in \mathbb{N} \mid x \text{ ist prim}\},$$

und spricht: Menge aller x aus $\mathbb{N}$, für die gilt: x ist prim; oder: Menge aller x aus $\mathbb{N}$ mit (der Eigenschaft) x ist prim; oder freier: Menge aller natürlichen Zahlen, die prim sind; Menge aller Primzahlen.

Man beachte, daß hiernach zum Beispiel „$5 \in \{x \in \mathbb{N} \mid x \text{ ist prim}\}$" dasselbe bedeutet wie „5 ist prim". Statt „5 ist Primzahl" kann man also auch komplizierter sagen: „5 gehört zur Menge aller Primzahlen". Wozu diese Komplizierung gut sein kann, werden wir erst nach und nach erkennen.

Entsprechendes gilt für die Mengen

$$M_2 = \{x \in \mathbb{N} \mid x \text{ ist größer als } 10\} = \{x \in \mathbb{N} \mid x > 10\};$$
$$M_3 = \{x \in \mathbb{N} \mid x \text{ ist Teiler von } 30\}.$$

Da M_3 endlich ist, kann man diese Menge natürlich auch aufzählend beschreiben: $M_3 = \{1, 2, 3, 5, 6, 10, 15, 30\}$.

Weitere Beispiele, mit anderen Grundmengen:

$$M_4 = \{x \in \mathbb{Z} \mid (x-2)(x+1)(x+4) = 0\} = \{2, -1, -4\};$$
$$M_5 = \{x \in \mathbb{Q} \mid 4x = 5\} = \left\{\frac{5}{4}\right\} \text{ (einelementige Menge)};$$
$$M_6 = \{x \in \mathbb{R} \mid x^2 \leq 2\} = \{x \in \mathbb{R} \mid x \geq -\sqrt{2} \text{ und } x \leq \sqrt{2}\}.$$

Die Menge M_6 ist unendlich; sie ist gleich dem Intervall $[-\sqrt{2}, \sqrt{2}]$ auf der Zahlengeraden. Die Aussageform „$x \geq -\sqrt{2}$ und $x \leq \sqrt{2}$" wird meist in der Form $-\sqrt{2} \leq x \leq \sqrt{2}$ geschrieben.

Wir formulieren nun allgemein: Eine **Aussageform** *(kurz: AF) mit der Variablen* x geht beim Ersetzen von x durch den Namen irgendeines Elements der *Grundmenge* G in eine *Aussage* über. Jede solche Aussageform $\boldsymbol{A}(x)$ bestimmt eine Teilmenge M von G. Und zwar besteht M aus den Elementen von G, die, für x eingesetzt, $\boldsymbol{A}(x)$ „erfüllen", d. h. zu einer wahren Aussage machen. Man schreibt dafür

$$M = \{x \in G \mid \boldsymbol{A}(x)\}$$

und nennt M die *Erfüllungsmenge der Aussageform* $\boldsymbol{A}(x)$ *über* G.

Hiernach bedeutet, wenn u ein bestimmtes Element der Grundmenge ist, „$u \in M$" dasselbe wie „$\boldsymbol{A}(u)$": das ist die Aussage, die entsteht, wenn man in $\boldsymbol{A}(x)$ für die Variable x das Element u einsetzt.

Schließlich erinnern wir daran: Eine *Aussage* ist immer entweder wahr oder falsch; beides zugleich kann nicht sein. Statt „ist wahr" sagt man bei Aussagen auch „gilt"; statt „ist falsch" sagt man „gilt nicht".

Hinweise

(a) Das Symbol $\boldsymbol{A}(x)$ soll keinen „Funktionswert" wie f(x) bezeichnen. Es steht vielmehr als Abkürzung für irgendeine Aussageform mit der Variablen x.

(b) Als Variable zur Mengenbeschreibung darf man statt x auch andere Buchstaben nehmen. So gilt z. B. $\{x \in \mathbb{N} \mid x > 10\} = \{n \in \mathbb{N} \mid n > 10\}$; eine *Umbenennung der Variablen* bewirkt keine Änderung der Menge.

(c) Bei *Änderung der Grundmenge* kann sich die beschriebene Menge ändern. Beispiel:

$$\{x \in \mathbb{R} \mid -2<x<1\} \underset{\text{echt}}{\supset} \{x \in \mathbb{Q} \mid -2<x<1\} \underset{\text{echt}}{\supset} \{x \in \mathbb{Z} \mid -2<x<1\} \underset{\text{echt}}{\supset} \{x \in \mathbb{N} \mid -2<x<1\}$$

(enthält die Zahl $-\sqrt{2}$) (enthält $-\sqrt{2}$ nicht) (ist zweielementig) (ist leer)

(d) *Jede endliche* Zahlenmenge ist auch in beschreibender (statt aufzählender) Form darstellbar. Für beliebiges $n \in \mathbb{N}$ und $a_1, a_2, \ldots, a_n \in \mathbb{R}$ gilt nämlich

$$\{a_1, a_2, \ldots, a_n\} = \{x \in \mathbb{R} \mid x = a_1 \text{ oder } x = a_2 \text{ oder} \ldots \text{ oder } x = a_n\}$$
$$= \{x \in \mathbb{R} \mid (x-a_1)(x-a_2) \ldots (x-a_n) = 0\}.$$

Dies ist auch bei mehrfacher Aufzählung eines Elements, die ja nichts an der betreffenden Menge ändert, richtig. So steht z. B. die Feststellung $\{2, 2, 3\} = \{2, 3\}$ im Einklang damit, daß $(x-2)(x-2)(x-3) = 0$ für genau dieselben x wahr ist wie $(x-2)(x-3) = 0$.

(e) Mitunter enthält eine Aussageform außer der für die Mengenbildung wesentlichen Variablen x noch weitere Variablen; Beispiel: $x^2 = p$, mit $p \in \mathbb{N}$. Solche Variablen wie p nennt man auch „Parameter", „Koeffizienten", „Konstante" (!), „Formvariable" oder auch einfach „Zahlen". Man denkt sich bei $\{x \in \mathbb{R} \mid x^2 = p\}$ für p eine Zahl aus dem angegebenen Bereich eingesetzt; erst dann wird eine wohlbestimmte Menge beschrieben. Z. B. führt die Einsetzung $p = 2$ zu der Menge $\{x \in \mathbb{R} \mid x^2 = 2\} = \{\sqrt{2}, -\sqrt{2}\}$. Ein anderes Beispiel ist $\{x \in \mathbb{R} \mid a \leq x \leq b\}$ mit $a, b \in \mathbb{R}$. Für a, b denkt man sich Zahlen eingesetzt. Dann bedeutet $\{x \in \mathbb{R} \mid a \leq x \leq b\}$ im Fall $a < b$ das Intervall $[a, b]$, im Fall $a = b$ die Menge $\{a\}$, im Fall $a > b$ die leere Menge.

(f) In der Mengenbeschreibung darf man für die benutzte Variable, hier x, *keine Zahlen mehr einsetzen*. Wenn man es tut, erhält man Unsinn. Z. B. ist $\{x \in \mathbb{R} \mid x^2 = 4\}$ die Menge $\{2, -2\}$. Hingegen bezeichnet die Zeichenreihe $\{2 \in \mathbb{R} \mid 2^2 = 4\}$ überhaupt nichts. (Dies ist kein Name für eine Menge, sondern einfach nur Druckerschwärze.) Man sagt, die Variable x in $\{x \in G \mid \boldsymbol{A}(x)\}$ sei *gebunden*, d. h. nicht mehr, wie in der Aussageform $\boldsymbol{A}(x)$ allein, *frei* für Einsetzungen.

(g) Manchmal enthält eine Aussageform die Variable x nur „unwesentlich". Beispiele: $1+0 \cdot x = 1$, d. h. $1 = 1$; $1 + 0 \cdot x = 0$, d. h. $1 = 0$. Dann ist die betreffende Bedingung entweder immer erfüllt oder nie erfüllt. Somit sind auch $\{x \in \mathbb{R} \mid 1 = 1\}$ und $\{x \in \mathbb{R} \mid 1 = 0\}$ zulässige Mengenbeschreibungen, und zwar der Menge $\mathbb{R}$ bzw. $\emptyset$.

(h) Ausdrücke wie $\{x \in \mathbb{R} \mid \frac{1}{x^2} \geq 1\}$ sind problematisch. Hier ist die Aussageform $\frac{1}{x^2} \geq 1$ nämlich nicht, wie es sein muß, für alle $x \in \mathbb{R}$ „definiert"; denn für $x = 0$ entsteht keine Aussage. In solchen Fällen rechnet man nur diejenigen x zur Erfüllungsmenge, für welche die AF *definiert ist und* eine wahre Aussage liefert, hier also die x-Werte mit $0 < |x| \leq 1$. Um ganz korrekt zu sein, kann man auch die Grundmenge einschränken, hier etwa zur Menge $\mathbb{R}^* = \mathbb{R} \setminus \{0\}$, und die gegebene Menge wie folgt beschreiben: $\{x \in \mathbb{R}^* \mid \frac{1}{x^2} \geq 1\}$.

Aufgaben: 1, 2

5.1.2 Äquivalenz von Aussageformen

Im folgenden sei die Grundmenge $\mathbb{R}$. Wenn die Grundmenge wie hier feststeht, wird sie bei der Mengenbeschreibung mitunter (oft sogar zweckmäßigerweise) weggelassen, d. h. man schreibt statt $\{x \in \mathbb{R} \mid \boldsymbol{A}(x)\}$ kurz $\{x \mid \boldsymbol{A}(x)\}$.

Wir haben gesehen: Man kann ein- und dieselbe Menge durch verschiedene Aussageformen (AF) mit derselben freien Variablen beschreiben. Das sind dann „äquivalente" Aussageformen. Zum Beispiel ist die Aussageform $x^2 \leq 2$ äquivalent zu $-\sqrt{2} \leq x \leq \sqrt{2}$; beide AF beschreiben dieselbe Menge, nämlich das Intervall $[-\sqrt{2}, \sqrt{2}]$.

Was bedeutet es genau, daß zwei Aussageformen $\boldsymbol{A}(x)$, $\boldsymbol{B}(x)$ (bzgl. $\mathbb{R}$) **zueinander äquivalent** sind? Man kann die Antwort in verschiedener Weise formulieren:

$\boldsymbol{A}(x)$ *gilt genau dann, wenn* $\boldsymbol{B}(x)$ *gilt;*

dies besagt: $\boldsymbol{A}(x)$ *gilt für genau dieselben reellen Zahlen* x *wie* $\boldsymbol{B}(x)$;

oder auch: $\boldsymbol{A}(x)$ *ist für jedes* $x \in \mathbb{R}$ *genauso wahr oder falsch wie* $\boldsymbol{B}(x)$[48]).

[48]) Dies nach einem Vorschlag von *G. Heinemann.*

Wir schreiben dafür kurz: $\boldsymbol{A}(x) \Leftrightarrow \boldsymbol{B}(x)$.

Diese Verwendung des Symbols $\Leftrightarrow$ ist auch im Schulunterricht üblich. Seine genaue Bedeutung wird in 7.1.3 erörtert.

Die Äquivalenz (bzgl. $\mathbb{R}$) kommt hiernach einem Paar von AF entweder zu oder nicht. Somit ist $\boldsymbol{A}(x) \Leftrightarrow \boldsymbol{B}(x)$ eine *Aussage,* d. h. entweder wahr oder falsch, und zwar eine Aussage über Aussageformen.

Beispiele:
$x^2 = 4 \Leftrightarrow (x+2)(x-2) = 0$ *ist wahr,* weil beide AF äquivalent zu $x^2-4 = 0$ sind;
$x^2 = 2 \Leftrightarrow x = \sqrt{2}$ *ist falsch;* denn für $x = -\sqrt{2}$ gilt die linke, aber nicht die rechte AF.

Wir halten fest:

Die Aussage		der Aussage
$\boldsymbol{A}(x) \Leftrightarrow \boldsymbol{B}(x)$	*ist gleichbedeutend mit*	$\{x \in \mathbb{R} \mid \boldsymbol{A}(x)\} = \{x \in \mathbb{R} \mid \boldsymbol{B}(x)\}$

Äquivalenz zweier Aussageformen (bzgl. $\mathbb{R}$) bedeutet nichts anderes als Gleichheit ihrer Erfüllungsmengen.

In der Tat gilt im vorstehenden Beispiel $\{x \in \mathbb{R} \mid x^2 = 4\} = \{x \in \mathbb{R} \mid (x+2)(x-2) = 0\}$, aber *nicht* $\{x \in \mathbb{R} \mid x^2 = 2\} = \{x \in \mathbb{R} \mid x = \sqrt{2}\}$ (hier steht links die Menge $\{\sqrt{2}, -\sqrt{2}\}$, rechts $\{\sqrt{2}\}$).

Statt „äquivalent" sagt man auch „gleichwertig" oder „gleichbedeutend". Man könnte nun versucht sein, die obige Regel wie folgt zu schreiben:

$$\big(\boldsymbol{A}(x) \Leftrightarrow \boldsymbol{B}(x)\big) \quad \Leftrightarrow \quad \big(\{x \in \mathbb{R} \mid \boldsymbol{A}(x)\} = \{x \in \mathbb{R} \mid \boldsymbol{B}(x)\}\big)$$

Dies wäre dann eine Aussage, welche die Äquivalenz zwischen einer Aussage über Aussageformen (links) und einer Aussage über Mengen (rechts) feststellt. Solche Äquivalenzaussagen „höherer Stufe" werden wir wie im Vorangehenden vorzugsweise verbal ausdrücken.

Hinweis: Im mathematischen Sprachgebrauch wird, insbesondere wenn von Äquivalenzen die Rede ist, nachlässigerweise oft nur „Aussage" statt „Aussageform" gesagt. So heißt es etwa (wie auch im Teil A dieses Buches): die Aussage $x^2 = 1$ ist gleichbedeutend mit der Aussage „$x = 1$ oder $x = -1$", obwohl hier doch von Aussageformen die Rede ist. Auch die vorstehende Äquivalenz „höherer Stufe" ist in diesem Sinn nachlässig formuliert.

5.1.3 „Gleichungslehre"

Durch Übergehen von einer Aussageform zu einer äquivalenten kann man unter Umständen die Beschreibung einer Zahlenmenge *vereinfachen.* Das ist der logische Kern des „Lösens" von Gleichungen und Ungleichungen. Gleichungen und Ungleichungen sind spezielle Aussageformen. Ihre Erfüllungsmengen nennt man auch **Lösungsmengen.**

Wie „bestimmt" man zum Beispiel die Lösungsmenge L der Ungleichung

(1) $5(4x-2) < 15x-2(x-16)$?

Man könnte einfach hinschreiben: $L = \{x \in \mathbb{R} \mid 5(4x-2) < 15x-2(x-16)\}$; das *ist* die Lösungsmenge! Wir sind aber an einer einfacheren Beschreibung interessiert, d. h. an einer solchen, aus der leichter ablesbar ist, welche Zahlen zu L gehören. Hierzu formen wir die Ungleichung (1) Schritt für Schritt um:

(2) $20x-10 < 15x-2x+32$
(3) $20x-10 < 13x+32$
(4) $20x-13x < 32+10$
(5) $7x < 42$
(6) $x < 6$

Aus der letzten Ungleichung liest man ab: $L = \{x \in \mathbb{R} \mid x < 6\}$.

In der Tat sind die vorgenommenen Umformungen *„Äquivalenzumformungen"*; es gilt

(1) $\Leftrightarrow$ (2) nach (Distr)

(2) $\Leftrightarrow$ (3) nach (Distr)

(3) $\Leftrightarrow$ (4) nach (Mon+) und Umkehrung

(4) $\Leftrightarrow$ (5) nach (Distr)

(5) $\Leftrightarrow$ (6) nach (Mon ·) und Umkehrung.

Damit gilt natürlich auch (1) $\Leftrightarrow$ (6).

Grundlage hierfür und allgemein für Äquivalenzumformungen von Gleichungen und Ungleichungen sind die in Kapitel 3 erörterten Rechengesetze. Insbesondere erinnern wir an die Monotoniegesetze nebst Umkehrungen: Für Zahlen a, b, c gilt $a < b$ genau dann, wenn $a+c < b+c$ sowie, falls $c > 0$: $a < b$ genau dann, wenn $ac < bc$; weiter an die entsprechenden Regeln für „=" statt „<"; siehe 3.3.2. und 3.3.3. Alle diese Gesetze gelten in $\mathbb{R}$ ebenso wie in $\mathbb{Q}$.

> Das „Lösen" einer Gleichung bzw. Ungleichung bedeutet: Beschreiben der Lösungsmenge durch eine äquivalente Aussageform, aus der die Lösungsmenge leichter ablesbar ist.

Wir geben noch ein

Beispiel: *Lösung der „allgemeinen" quadratischen Gleichung* (d. h. der quadratischen Gleichung mit Formvariablen, siehe 5.1.1 e).

Aufgabe: Bestimme $\{x \in \mathbb{R} \mid x^2 + px + q = 0\} = L$ für p, q beliebig aus $\mathbb{R}$.

Lösung: Die Gleichung $x^2 + px + q = 0$

ist äquivalent zu: $x^2 + px + \left(\frac{p}{2}\right)^2 = \left(\frac{p}{2}\right)^2 - q$

und weiter äquivalent zu: $\left(x+\frac{p}{2}\right)^2 = \frac{p^2}{4} - q.$

Jetzt erinnern wir uns: Im Fall $a \geq 0$ ist $x^2 = a$ gleichbedeutend mit $x = \sqrt{a}$ oder $x = -\sqrt{a}$ (siehe 4.3.1).

Fall 1: $\frac{p^2}{4} - q \geq 0$, d. h. $p^2 \geq 4q$. Die letzte Gleichung

ist äquivalent zu: $x + \frac{p}{2} = \sqrt{\frac{p^2}{4} - q}$ oder $x + \frac{p}{2} = -\sqrt{\frac{p^2}{4} - q}$

und weiter äquivalent zu: $x = -\frac{p}{2} + \sqrt{\frac{p^2}{4} - q}$ oder $x = -\frac{p}{2} - \sqrt{\frac{p^2}{4} - q}.$

Ergebnis: $L = \left\{-\frac{p}{2} + \sqrt{\frac{p^2}{4} - q},\ -\frac{p}{2} - \sqrt{\frac{p^2}{4} - q}\right\}.$

Fall 2: $p^2 < 4q$. Dann ist die obige letzte Gleichung für alle x falsch; denn ein Quadrat kann nicht negativ sein. Ergebnis: $L = \emptyset$.

Hinweis: Fall 1 schließt den Fall $p^2 = 4q$ ein. Dann ist

$$L = \left\{-\frac{p}{2} + 0,\ -\frac{p}{2} - 0\right\} = \left\{-\frac{p}{2}, -\frac{p}{2}\right\} = \left\{-\frac{p}{2}\right\}.$$

Ergänzung: Erweitert man die Grundmenge zu der (hier nicht erörterten) Menge $\mathbb{C}$ der *komplexen Zahlen,* so kann man $\sqrt{-1} = i$ schreiben und erhält dann für die quadratische Gleichung $x^2 + px + q = 0$ $(p, q \in \mathbb{R})$ auch im Fall $p^2 < 4q$ zwei Lösungen. Zählt man jetzt noch im Fall $p^2 = 4q$ die Lösung doppelt, dann kann man sagen, daß *jede quadratische Gleichung zwei Lösungen* hat. Der Sinn der hier vorgenommenen Erweiterung des Zahlbegriffs bzw. Lösungsbegriffs wird allerdings erst in der höheren Algebra deutlich. Im vorliegenden Rahmen bringt es wenig Gewinn, rein formal jeder quadratischen Gleichung „zwei Lösungen" zuzuordnen, die aber im Fall $p^2 < 4q$ nicht auf der Zahlengeraden aufweisbar und im Fall $p^2 = 4q$ nicht unterscheidbar sind.

Aufgaben: 3, 4

5.1.4 Mengen von Zahlenpaaren; zweistellige Aussageformen

Als Grundmenge wählen wir jetzt die Menge $\mathbb{R} \times \mathbb{R}$, anders geschrieben: $\mathbb{R}^2$. Das ist die Menge aller *geordneten Paare* (x, y) reeller Zahlen (vgl. 1.2.2).

Die Paare (x, y) entsprechen eineindeutig den **Punkten** der xy-Ebene. Daher kann man die Paare (x, y) als Punkte der xy-Ebene auffassen bzw. veranschaulichen. Wir sprechen kurz von dem *Punkt* P = (x, y). In diesem Sinn ist unsere Grundmenge jetzt die *Ebene* $\mathbb{R}^2$. Bei ganzen Zahlen x, y sind die Punkte (x, y) gerade die eingezeichneten „Gitterpunkte". Diese bilden die Menge $\mathbb{Z} \times \mathbb{Z}$ (= $\mathbb{Z}^2$).

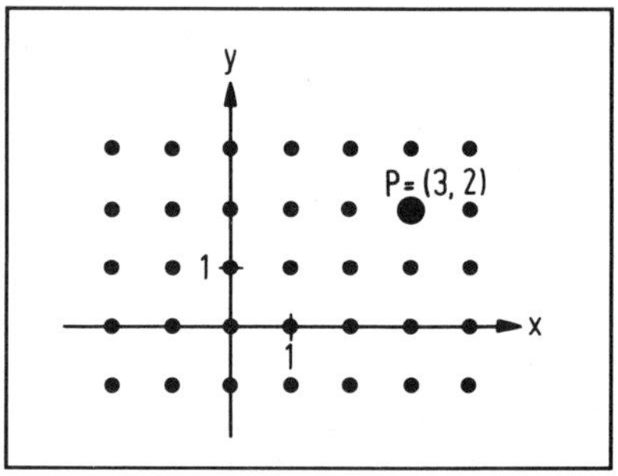

Jede Menge von Zahlenpaaren kann also als eine Menge von Punkten der Ebene aufgefaßt werden. Umgekehrt kann man jede Punktmenge in der Ebene (geometrische Figur) als Menge von Zahlenpaaren auffassen und dann rechnerisch behandeln. Das ist der Grundgedanke der analytischen Geometrie.

Zur Beschreibung solcher Mengen (Mengen von Zahlenpaaren bzw. Punkten) benötigt man Aussageformen mit *zwei Variablen.* Solche AF heißen **zweistellig,** zur Unterscheidung von den bisher behandelten „einstelligen" AF. Die Variablen bezeichnet man meist mit x und y. Und jede AF $\boldsymbol{A}(x, y)$ mit zwei Variablen, die für alle $x, y \in \mathbb{R}$ definiert ist (kurz: AF über $\mathbb{R}^2$), hat als Erfüllungsmenge eine Teilmenge von $\mathbb{R}^2$, geschrieben: $\{(x, y) \in \mathbb{R}^2 \mid \boldsymbol{A}(x, y)\}$ oder kürzer $\{(x, y) \mid \boldsymbol{A}(x, y)\}$.

Die Bedeutungen dieser Ausdrucks- und Schreibweisen sind analog zu den in **1.** entwickelten.
Die folgenden *Beispiele* dienen zugleich der Wiederholung einfachster Tatsachen aus der traditionellen analytischen Geometrie.

(1) $\{(x, y) \mid y = 2x + 5\}$: eine Gerade

(2) $\{(x, y) \mid x^2 + y^2 \leq 4\}$: ein Vollkreis

(3) $\{(x, y) \mid x^2 + y^2 = 0\}$: die Einpunktmenge $\{(0, 0)\}$

(4) $\{(x, y) \mid y \leq x\}$: eine Halbebene

(5) $\{(x, y) \mid x + 2y = 2y + x\}$: die Ebene $\mathbb{R}^2$

(6) $\{(x, y) \mid |x - 3| \leq 0{,}5\}$: ein Streifen parallel zur y-Achse

(7) $\{(x, y) \mid x^2 + 2xy + y^2 = 1\}$: ?

(8) $\{(x, y) \mid x^2 + 2xy + y^2 = -1\}$: ?

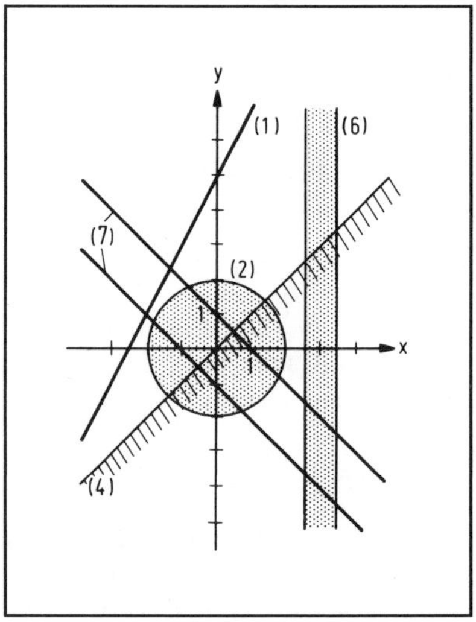

Die beiden letzten Beispiele möge der Leser selbst deuten.

Zu (2) erinnern wir daran, daß $\sqrt{x^2+y^2}$ der Abstand des Punktes (x, y) vom Nullpunkt oder „Ursprung“ (0, 0) ist. Man beweise dies mit Hilfe des Lehrsatzes von Pythagoras. Der Beweis muß für *alle* Punkte aus $\mathbb{R}^2$ (in beliebigen Quadranten, auch auf einer Achse gelegen) gültig sein; er erfordert also eine Fallunterscheidung.

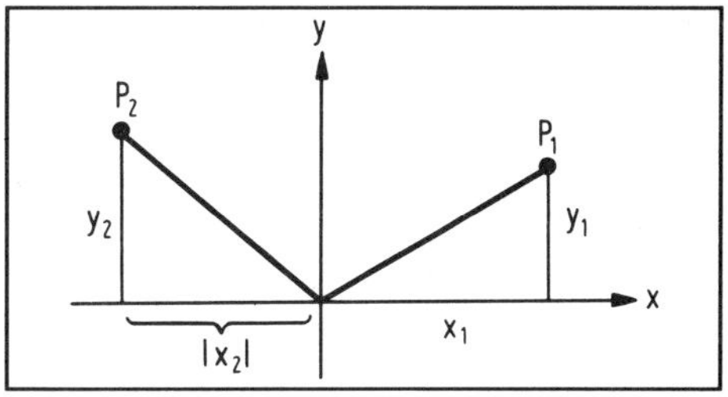

Allgemein halten wir fest: Eine *Aussageform* $\boldsymbol{A}(x, y)$ über $\mathbb{R}^2$ (zweistellige AF) geht beim Ersetzen von x und y durch Namen von reellen Zahlen in eine *Aussage* über. Die Menge aller Zahlenpaare, für welche eine *wahre* Aussage entsteht, heißt die *Erfüllungsmenge* von $\boldsymbol{A}(x, y)$. Diese bezeichnet man mit $\{(x, y) \in \mathbb{R}^2 \mid \boldsymbol{A}(x, y)\}$.

Hinweise

(a) Für die beiden verschiedenen Variablen x und y dürfen, aber *müssen nicht* verschiedene Zahlen eingesetzt werden. Z. B. ist $x = y = 2$ eine zulässige Einsetzung, sie liefert bei (1) die falsche Aussage $2 = 4 + 5$, d. h. der Punkt (2, 2) liegt *nicht* auf der Geraden. Dagegen führt $x = y = -5$ ebenso wie $x = 0,\ y = 5$ zu einer wahren Aussage. Die betreffenden Punkte *liegen* auf der Geraden.

(b) In $\boldsymbol{A}(x, y)$ kommt es auf die *Reihenfolge der Variablen* an. Die Aussageformen $\boldsymbol{A}(x, y)$ und $\boldsymbol{A}(y, x)$ sind im allgemeinen nicht äquivalent. Ist z. B. $\boldsymbol{A}(x, y)$ die Aussageform $y = 2x + 5$, dann ist $\boldsymbol{A}(y, x)$ die Aussageform $x = 2y + 5$. Beide haben verschiedene Erfüllungsmengen. Auch $\{(x, y) \in \mathbb{R}^2 \mid x = 2y + 5\}$ ist eine Gerade. (Sie entsteht aus der Geraden $\{(x, y) \in \mathbb{R}^2 \mid y = 2x + 5\}$ durch Spiegelung an der Winkelhalbierenden des ersten Quadranten.) Im Beispiel (2) ist dagegen $\boldsymbol{A}(x, y)$ äquivalent zu $\boldsymbol{A}(y, x)$. Für $x, y \in \mathbb{R}$ gilt ja $x^2 + y^2 \leq 4$ genau dann, wenn $y^2 + x^2 \leq 4$.

(c) Auf die Bezeichnung der Variablen in der Mengenbeschreibung kommt es, ebenso wie bei einstelligen AF, *nicht* an. Z. B. ist $\{(u, v) \in \mathbb{R}^2 \mid v = 2u + 5\}$ dieselbe Menge von Zahlenpaaren wie $\{(x, y) \in \mathbb{R}^2 \mid y = 2x + 5\}$, nämlich die Menge all der Zahlenpaare, deren zweites Glied das Doppelte des ersten Gliedes, vermehrt um 5, ist. Auch die Schreibweise $\{(y, x) \in \mathbb{R}^2 \mid x = 2y + 5\}$ bezeichnet dieselbe Menge!

Man macht sich das am besten klar, indem man die vorstehende verbale Beschreibung, in der nur vom ersten und zweiten Glied die Rede ist, nachvollzieht oder, wie angedeutet, gleiche Buchstaben durch Linien verbindet. Man beachte den Unterschied zu (b).

(d) Bei Änderung der Grundmenge kann sich die beschriebene Menge ändern. Beispiel: Die Menge $\{(x, y) \in \mathbb{Z}^2 \mid x^2 + y^2 \leq 4\}$ besteht aus nur 13 Punkten.

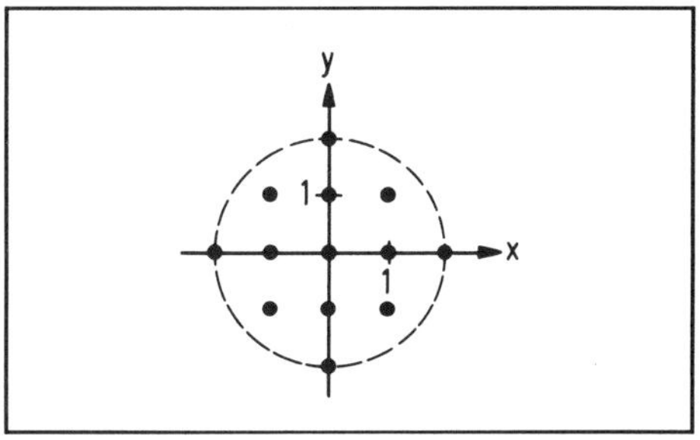

(e) Analog zu **1.** (e) gelten auch die Bemerkungen über AF mit „Parametern“; Beispiele: $y = px + q$ mit $p, q \in \mathbb{R}$; $x^2 + y^2 \leq r^2$ mit $r \in \mathbb{R}$. Interessant ist es, die Menge $\{(x, y) \in \mathbb{R}^2 \mid x^2 + y^2 = r^2\}$ bei gegebenem $r \in \mathbb{R}$ mit der Menge $\{r \in \mathbb{R} \mid x^2 + y^2 = r^2\}$ bei gegebenen $x, y \in \mathbb{R}$ zu vergleichen: Die erste ist die Kreislinie mit dem Radius $|r|$ (bzw. einpunktig, wenn $r = 0$); die zweite besteht aus den beiden Zahlen $\sqrt{x^2+y^2}$ und $-\sqrt{x^2+y^2}$ (die genau im Fall $x = y = 0$ übereinstimmen).

(f) Beispiel (6) zeigt, daß $\boldsymbol{A}(x, y)$ nicht beide Variablen „explizit“ zu enthalten braucht. Wer will, kann statt $|x-3| \leq 0{,}5$ lieber $|x-3| \leq 0{,}5 + 0 \cdot y$ schreiben. Jedenfalls muß man die Punktmenge in (6) von der *Zahlen*menge $\{x \in \mathbb{R} \mid |x-3| \leq 0{,}5\}$ unterscheiden!

Auch das in **2.** über die *Äquivalenz von Aussageformen* Gesagte gilt ebenso für zweistellige (und für mehrstellige) AF. Hiernach ist klar, was eine Aussage der Form

$$\boldsymbol{A}(x,y) \Leftrightarrow \boldsymbol{B}(x,y)$$

bedeutet. Wir geben ein

Beispiel für eine Äquivalenzumformung: In Beispiel (7) gilt:

$$\begin{aligned} x^2 + 2xy + y^2 = 1 &\Leftrightarrow (x+y)^2 = 1 \\ &\Leftrightarrow (x+y = 1 \text{ oder } x+y = -1) \\ &\Leftrightarrow (y = -x + 1 \text{ oder } y = -x - 1) \end{aligned}$$

Jetzt erkennt man: Die Erfüllungsmenge ist die Vereinigung zweier paralleler Geraden.

Aufgaben: 5 bis 7

Aufgaben 5.1

1. Durch Ausdrücke wie „prim", „gerade", „teilbar durch 3", „größer als 9 und kleiner als 100" sind wohlbestimmte Eigenschaften von natürlichen Zahlen, also auch Mengen von natürlichen Zahlen beschrieben.

a) Gilt dasselbe auch für die Ausdrücke „einstellig", „zweistellig", „symmetrisch" (vgl. 1.1.3)? Wie wären diese ggf. zu präzisieren, damit wohlbestimmte Zahlenmengen ($\subseteq \mathbb{N}$) beschrieben sind?

b) Nenne weitere Beispiele für solche „problematischen" Beschreibungen.

2. Gib die folgenden Mengen durch Markierung auf der Zahlengeraden bzw. durch Aufzählung an:

a) $\{x \in \mathbb{R} \mid |x-6| = 2{,}5\}$; b) $\{x \in \mathbb{R} \mid |x+1| \leq 1{,}5\}$;

c) $\{x \in \mathbb{R} \mid (x^2-1)(x^2-4) = 0\}$; d) $\{x \in \mathbb{R} \mid (x^2-1)(x^2-4) < 0\}$.

Begründe jeweils, warum die betreffende Aussageform genau für die angegebenen Zahlen x erfüllt ist.

3. a) Gib je eine Gleichung der Form $ax^4 + bx^3 + cx^2 + dx + e = 0$ mit $a, b, c, d, e \in \mathbb{Z}$ an, deren Lösungsmenge (bzgl. $\mathbb{R}$) 0, 1, 2, 3, 4 Elemente hat.

b) Gib eine solche Gleichung an, deren Lösungsmengen bezüglich $\mathbb{R}$, $\mathbb{Q}$, $\mathbb{Z}$, $\mathbb{N}$ endlich und alle verschieden sind.

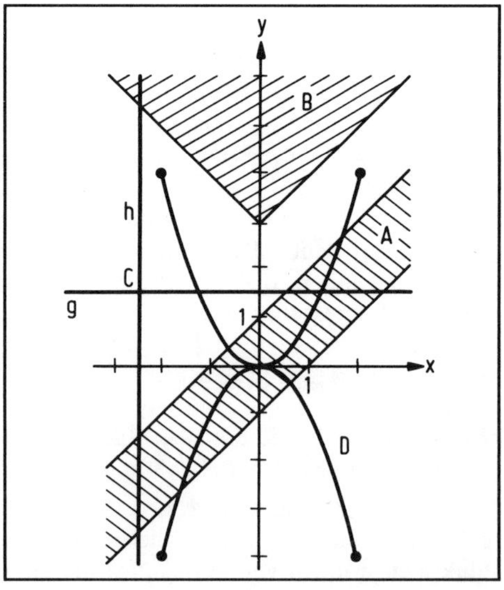

4. Bestimme für die Gleichung $x^4 - 2ax^2 + 4 = 0$ ($a \in \mathbb{R}$) die Lösungsmenge bzgl. $\mathbb{R}$. (Äquivalenzumformungen, Fallunterscheidung für a!)

5. Beschreibe möglichst einfach (verbal oder durch eine Skizze) die folgenden Punktmengen:

a) $\{(x,y) \in \mathbb{R}^2 \mid 4x + 3y \leq 12\}$;
b) $\{(x,y) \in \mathbb{R}^2 \mid xy < 0\}$;
c) $\{(x,y) \in \mathbb{R}_0^+ \times \mathbb{R}_0^+ \mid \sqrt{x} > x\}$;
d) $\{(x,y) \in \mathbb{R}_0^+ \times \mathbb{R}_0^+ \mid \sqrt{xy} < \frac{x+y}{2}\}$.

6. Beschreibe die skizzierten Punktmengen durch geeignete, möglichst einfache Aussageformen in x und y.

A: schraffierter Streifen (einschl. Rand);

B: schraffiertes Winkelfeld (einschl. Rand);
C: Geradenkreuz $g \cup h$;
D: Vereinigung zweier Parabelstücke einschließlich der Endpunkte.

7. Bestimme die Erfüllungsmengen der Aussageformen

$$\sqrt{x^2+y^2} < |x| + |y|; \quad \sqrt{x^2+y^2} = |x| + |y|; \quad \sqrt{x^2+y^2} > |x| + |y|$$

(über $\mathbb{R}^2$). Fasse das Ergebnis in prägnanter Form zusammen.

5.2 Allgemeingültigkeit und Erfüllbarkeit von Aussageformen; Allaussagen und Existenzaussagen

Wir erläutern diese logischen Begriffe zuerst an Aussageformen über der Grundmenge $\mathbb{R}$ und wenden sie dann natürlich auch allgemeiner an, insbesondere auf zweistellige Aussageformen.

5.2.1 Allgemeingültigkeit, Allaussagen

Bei manchen Aussageformen ist die Erfüllungsmenge gleich der Grundmenge $\mathbb{R}$; Beispiel: $x^2 \geq 0$; $\{x \in \mathbb{R} \mid x^2 \geq 0\} = \mathbb{R}$. Solche AF nennt man *allgemeingültig.* Die Behauptung, daß die Aussageform $\boldsymbol{A}(x)$ allgemeingültig sei, kann man in verschiedener Weise sprachlich ausdrücken:

— für *alle* $x \in \mathbb{R}$ gilt $\boldsymbol{A}(x)$;
— für *jedes* $x \in \mathbb{R}$ gilt $\boldsymbol{A}(x)$;
— für $x \in \mathbb{R}$ gilt *immer* $\boldsymbol{A}(x)$ (im Beispiel: das Quadrat einer reellen Zahl ist immer größer oder gleich Null).

Man schreibt dafür kurz:

$$\forall\, x \in \mathbb{R}: \boldsymbol{A}(x); \text{ im Beispiel: } \forall\, x \in \mathbb{R}: x^2 \geq 0.$$

Oft findet man auch die andere Schreibweise $\bigwedge\limits_{x \in \mathbb{R}} \boldsymbol{A}(x)$ bzw. $\bigwedge\limits_{x \in \mathbb{R}} x^2 \geq 0$.

Die Allgemeingültigkeit ist eine Eigenschaft, die einer AF entweder zukommt oder nicht. Somit ist „$\forall\, x \in \mathbb{R}: \boldsymbol{A}(x)$“ eine *Aussage,* d. h. entweder wahr oder falsch. Solche Aussagen heißen *Allaussagen;* Beispiele: Die Allaussage $\forall\, x \in \mathbb{R}: x^2 \geq 0$ *ist wahr;* die Allaussage $\forall\, x \in \mathbb{R}: x^2 \geq 1$ *ist falsch.*

Wir erkennen:

Die (All-)Aussage		der Aussage
$\forall\, x \in \mathbb{R}: \boldsymbol{A}(x)$	*ist gleichbedeutend mit*	$\{x \in \mathbb{R} \mid \boldsymbol{A}(x)\} = \mathbb{R}$

Man nennt $\forall$ den **Allquantor.** Setzt man vor eine Aussageform $\boldsymbol{A}(x)$ über $\mathbb{R}$ den Allquantor $\forall\, x \in \mathbb{R}$, so entsteht eine Allaussage. Diese ist genau dann *wahr,* wenn die AF *allgemeingültig* ist. Die Variable x in $\forall\, x \in \mathbb{R}: \boldsymbol{A}(x)$ ist *gebunden;* man darf in einer solchen Aussage für x keine Zahl einsetzen. Z. B. ist $\forall\, 3 \in \mathbb{R}: 3^2 \geq 0$ eine sinnlose Zeichenreihe. Wohl aber darf man die Variable umbenennen: $\forall\, t \in \mathbb{R}: t^2 \geq 0$ bezeichnet dieselbe Aussage wie $\forall\, x \in \mathbb{R}: x^2 \geq 0$.

Ein Beispiel für eine *allgemeingültige Aussageform mit zwei Variablen* ist $x + 2y = 2y + x$. Die Behauptung, daß eine solche AF allgemeingültig sei, wird wieder mit dem Allquantor ausgedrückt:

$$\forall (x, y) \in \mathbb{R}^2: \boldsymbol{A}(x, y),$$

oder kürzer: $\forall x, y \in \mathbb{R}: \boldsymbol{A}(x, y)$,

Im Beispiel gilt also $\forall x, y \in \mathbb{R}: x + 2y = 2y + x$.

Hinweise

(a) In mathematischen Texten hält man sich nicht immer streng an die hier erörterten Regeln. So sagt man etwa „wir beweisen, daß $(a+b)^2 = a^2 + 2ab + b^2$ gilt" und meint damit, daß die Aussage $\forall a, b \in \mathbb{R}$: $(a+b)^2 = a^2 + 2ab + b^2$ wahr ist. (Eine Aussageform kann ja nicht wahr oder falsch sein.) Also: *Wenn jemand von einer Aussageform behauptet, sie sei wahr, so meint er in Wirklichkeit, daß die betreffende Allaussage wahr ist,* d. h. daß die AF allgemeingültig ist. In solchen Fällen benutzt man als Variable gern die Buchstaben a, b usw. So schreibt man auch bei den bekannten Rechenregeln (Körperaxiomen) oft nur die entsprechende AF hin und meint die zugehörige Allaussage.

(b) Es kommt auch vor, daß jemand eine (nicht allgemeingültige) Aussageform für sich allein hinschreibt und damit ihre *Erfüllungsmenge* meint. So spricht man etwa von dem Intervall $0 \leq x \leq 1$, der Geraden $y = 2x + 5$, der Parabel $y = x^2$, dem Kreis $x^2 + y^2 = 4$.

(c) Auch bei solchen nachlässigen Ausdrucksweisen muß man immer im Auge behalten, daß *eine Menge und eine Aussage etwas Grundverschiedenes sind!* Z. B. ist es sinnlos, zu sagen: „Es gilt die Menge ...". Eine Menge kann nicht gelten; sie kann nicht wahr oder falsch sein. Wenn man fragt „Welche Zahlen erfüllen die AF?", wünscht man die Beschreibung einer Menge. Wenn man fragt „Erfüllen alle Zahlen die AF?", wünscht man die Entscheidung über die Wahrheit oder Falschheit einer Allaussage.

Aufgabe: 1

5.2.2 Erfüllbarkeit, Existenzaussagen

Wir haben gesehen: Bei manchen Aussageformen ist die Erfüllungsmenge leer; Beispiel: $x^2 = -1$; $\{x \in \mathbb{R} \mid x^2 = -1\} = \emptyset$. Solche AF nennt man *unerfüllbar.*

Meist interessiert man sich mehr für AF, deren Erfüllungsmenge nicht leer ist; Beispiel: $x^2 = 2$; $\{x \in \mathbb{R} \mid x^2 = 2\} = \{\sqrt{2}, -\sqrt{2}\} \neq \emptyset$. Solche AF nennt man *erfüllbar,* im Falle von Gleichungen oder Ungleichungen auch *lösbar.* Natürlich ist insbesondere jede allgemeingültige AF über $\mathbb{R}$ erfüllbar. Die Behauptung, daß die Aussageform $A(x)$ erfüllbar sei, kann man in verschiedener Weise ausdrücken:

— es *gibt* (mindestens) ein $x \in \mathbb{R}$ mit $A(x)$;
— es *existiert* ein $x \in \mathbb{R}$ mit $A(x)$;
— für *mindestens* ein $x \in \mathbb{R}$ gilt $A(x)$.

Man schreibt dafür kurz: $\exists x \in \mathbb{R} : A(x)$; im Beispiel: $\exists x \in \mathbb{R} : x^2 = 2$.

Eine andere Schreibweise ist $\bigvee_{x \in \mathbb{R}} A(x)$ bzw. $\bigvee_{x \in \mathbb{R}} x^2 = 2$.

Die Erfüllbarkeit ist wieder eine Eigenschaft, die einer AF entweder zukommt oder nicht. Somit ist $\exists x \in \mathbb{R} : A(x)$ eine *Aussage,* d. h. entweder wahr oder falsch. Solche Aussagen heißen *Existenzaussagen* oder *Es-gibt-Aussagen;* Beispiele: Die Existenzaussage $\exists x \in \mathbb{R} : x^2 = 2$ *ist wahr;* die Existenzaussage $\exists x \in \mathbb{R} : x^2 = -1$ *ist falsch.*

Wir erkennen:

Die (Existenz-)Aussage		der Aussage
$\exists x \in \mathbb{R} : A(x)$	*ist gleichbedeutend mit*	$\{x \in \mathbb{R} \mid A(x)\} \neq \emptyset$

Man nennt $\exists$ den **Existenzquantor.** Setzt man vor eine Aussageform $A(x)$ über $\mathbb{R}$ den Existenzquantor $\exists x \in \mathbb{R}$, so entsteht eine Existenzaussage. Diese ist genau dann *wahr,* wenn die AF *erfüllbar* ist. In $\exists x \in \mathbb{R} : A(x)$ ist die Variable x wieder gebunden. Natürlich kann man sie umbenennen: $\exists t \in \mathbb{R} : t^2 = 2$ bezeichnet dieselbe Aussage wie $\exists x \in \mathbb{R} : x^2 = 2$.

Ein Beispiel für eine *nicht erfüllbare AF mit zwei Variablen* ist Beispiel (8) in 5.1.4. In der Tat gilt $x^2 + 2xy + y^2 = -1 \Leftrightarrow (x+y)^2 = -1$, und die rechts anstehende AF ist offensichtlich unerfüllbar. Die AF der anderen Beispiele (1) bis (7) sind sämtlich *erfüllbar* und, von (5) abgesehen, nicht allgemeingültig.

Die Behauptung, daß eine solche Aussageform erfüllbar sei, wird wieder mit dem Existenzquantor ausgedrückt:

$$\exists (x, y) \in \mathbb{R}^2 : \boldsymbol{A}(x, y),$$

oder kürzer: $\exists x, y \in \mathbb{R} : \boldsymbol{A}(x, y)$.

Hinweise

(a) Nach dem Vorangehenden unterscheidet man zweckmäßig *drei Sorten von Aussageformen* (über einer gegebenen Grundmenge G):

Aussageform	*Erfüllungsmenge* M	*Beispiel* (G = $\mathbb{R}$)
allgemeingültig	$M = G$	$x^2 \geq 0$
nicht allgemeingültig, aber erfüllbar	$\emptyset \underset{\text{echt}}{\subset} M \underset{\text{echt}}{\subset} G$	$x^2 = 1$
unerfüllbar	$M = \emptyset$	$x^2 = -1$

(b) Es ist wichtig, sich einzuprägen, daß man *eine Aussageform auf zwei Weisen zu einer Aussage machen* kann:

— man setzt für die Variable den Namen eines Elements der Grundmenge ein;
— man „quantifiziert" die AF, d. h. setzt einen Quantor $\forall$ oder $\exists$ davor.

Aufgaben: 2, 3

5.2.3 Teilweise (oder: schrittweise) Quantifizierung einer zweistelligen Aussageform

Was entsteht, wenn man vor eine zweistellige Aussageform $\boldsymbol{A}(x, y)$ über $\mathbb{R}^2$ einen Quantor der Form $\forall x \in \mathbb{R}$ oder $\exists y \in \mathbb{R}$ setzt? Jetzt wird bei der zweistelligen AF nur die eine Variable, x bzw. y, gebunden und man erhält eine AF mit einer freien (nämlich der anderen) Variablen über $\mathbb{R}$.

Beispiele (Die Grundmenge sei jeweils $\mathbb{R}$.)

(1) $\exists y \in \mathbb{R} : x + y = 0$ besagt nichts anderes als: „x hat eine Gegenzahl". (Man mache sich dies genau klar!) Diese Aussageform mit der Variablen x ist *allgemeingültig;* jede Zahl hat eine Gegenzahl.

(2) $\forall x \in \mathbb{R} : x + y = 0$ besagt nicht anderes als: „y ist Gegenzahl jeder Zahl". Diese AF mit der Variablen y ist *unerfüllbar;* keine Zahl ist Gegenzahl jeder Zahl.

(3) Daß es nicht ganz abwegig ist, Aussageformen wie in (2) zu betrachten, zeigt die Aussageform $\forall x \in \mathbb{R} : x \cdot y = 0$. Sie besagt: „y annulliert jede Zahl". Diese AF ist *erfüllbar* (die Einsetzung $y = 0$ liefert eine wahre Aussage), aber offenbar nicht allgemeingültig.

Durch Voransetzen eines weiteren einstelligen Quantors wird dann die noch freie Variable gebunden, und es entsteht eine All- bzw. Existenzaussage. Nach obigem gilt:

(1) Die *Aussage* $\forall x \in \mathbb{R} : \exists y \in \mathbb{R} : x + y = 0$ *ist wahr.*
Erst recht ist die Aussage $\exists x \in \mathbb{R} : \exists y \in \mathbb{R} : x + y = 0$ wahr.

(2) Die *Aussage* $\exists y \in \mathbb{R} : \forall x \in \mathbb{R} : x + y = 0$ *ist falsch.*
Erst recht ist die Aussage $\forall y \in \mathbb{R} : \forall x \in \mathbb{R} : x + y = 0$ falsch.

(3) Die *Aussage* $\exists y \in \mathbb{R} : \forall x \in \mathbb{R} : x \cdot y = 0$ *ist wahr.*
Aber die Aussage $\forall y \in \mathbb{R} : \forall x \in \mathbb{R} : x \cdot y = 0$ ist falsch.

Der Vergleich (1) und (2) zeigt: Die Quantoren $\forall x \in \mathbb{R}$ und $\exists y \in \mathbb{R}$ sind *nicht vertauschbar*! Dagegen bedeutet $\forall x \in \mathbb{R} : \forall y \in \mathbb{R}$ dasselbe wie $\forall x, y \in \mathbb{R}$ und $\exists x \in \mathbb{R} : \exists y \in \mathbb{R}$ dasselbe wie $\exists x, y \in \mathbb{R}$, und hier sind die Quantoren auch jeweils vertauschbar.

Schon längst sind wir, ohne dies formal auszuführen, mit All- und Existenzquantoren umgegangen, so zum Beispiel in der Aufgabe 2 zu Abschnitt 2.3. Die dortigen sechs Behauptungen, jeweils für $G = \mathbb{N}$, Sta, $\mathbb{Q}^+$, können wir jetzt wie folgt schreiben:

$$\exists m \in G : \forall n \in G : m \leq n; \quad \forall n \in G : \exists k \in G : k < n; \quad \forall n \in G : \exists k \in G : \begin{pmatrix} k<n \text{ und nicht} \\ \exists l \in G : k<l<n \end{pmatrix};$$

$$\exists m \in G : \forall n \in G : m \geq n; \quad \forall n \in G : \exists k \in G : k > n; \quad \forall n \in G : \exists k \in G : \begin{pmatrix} k>n \text{ und nicht} \\ \exists l \in G : k>l>n \end{pmatrix}.$$

Schöne Beispiele für Quantorenketten, auch bei Aussagen aus dem täglichen Leben, findet man in dem Buch: *Hans Freudenthal,* Einführung in die Sprache der Logik (München-Wien 1965, S. 48 f). Hier ein derartiges Beispiel: Man benutze $\boldsymbol{A}(t, w)$ als Abkürzung für die Aussageform „im Augenblick t ist der Wachmann w da (anwesend)" und schreibe folgende Aussagen symbolisch auf: Immer ist wenigstens einer da; manchmal sind alle zugleich da; es gibt einen, der immer da ist; jeder ist irgendwann einmal da. Die Grundmenge ist hier $T \times W$, mit T als der Menge der in Betracht kommenden Zeitpunkte und W als Menge der in Betracht kommenden Wachmänner. Dies zeigt, daß natürlich auch die Überlegungen dieses Abschnitts für beliebige Grundmengen statt $\mathbb{R} \times \mathbb{R}$ gelten.

Aufgaben: 4 bis 6

5.2.4 Negation von All- und Existenzaussagen

Die *Negation* ist bekanntlich eine Operation, die aus einer Aussage ihr „logisches Gegenteil" herstellt. Dabei wird durch Voransetzen des Wortes „nicht" aus einer wahren Aussage eine falsche und aus einer falschen eine wahre.[49]) Aus „es regnet" wird „nicht es regnet", wofür man sagt „es regnet nicht"; aus „$x = \sqrt{2}$" wird „nicht $x = \sqrt{2}$" oder kürzer „$x \neq \sqrt{2}$". Im letzten Beispiel haben wir das „nicht" vor eine Aussage*form* $\boldsymbol{A}(x)$ gestellt. Das bewirkt natürlich folgendes: Bei jeder Ersetzung von x, für die $\boldsymbol{A}(x)$ eine wahre Aussage wird, wird „nicht $\boldsymbol{A}(x)$" eine falsche, und umgekehrt. Weiter ist klar, daß zweimalige Negation sich aufhebt: Die AF „nicht nicht $\boldsymbol{A}(x)$" ist äquivalent mit $\boldsymbol{A}(x)$.

Interessant wird die Negation bei All- und Existenzaussagen.

Will man eine *Allaussage,* etwa $\forall x \in \mathbb{R} : x^2 > 0$ negieren, so darf man dazu nicht einfach die betreffende Aussageform negieren. Dies würde hier zu der Aussage $\forall x \in \mathbb{R}$: nicht $x^2 > 0$, d. h. $\forall x \in \mathbb{R} : x^2 \leq 0$ führen (die ebenso falsch ist wie die gegebene). Das logische Gegenteil von „Das Quadrat jeder Zahl ist größer als Null" lautet keineswegs „Das Quadrat jeder Zahl ist kleiner oder gleich Null" sondern vielmehr „Es gibt eine Zahl, deren Quadrat kleiner oder gleich Null ist" : $\exists x \in \mathbb{R} : x^2 \leq 0$. (Diese Aussage ist offenbar wahr.)

Auch in der Umgangssprache bereitet die Negation von Allaussagen manchmal Schwierigkeiten. Das Gegenteil der Aussage „Alle Schüler sind fleißig", also die Aussage „Nicht alle Schüler sind fleißig", bedeutet keineswegs, daß alle Schüler faul (d. h. nicht fleißig) wären, sondern vielmehr: Es gibt Schüler, die faul sind.

Allgemein ist (siehe **1.**) „nicht $\forall x \in \mathbb{R}$: $\boldsymbol{A}(x)$" gleichbedeutend mit $\{x \in \mathbb{R} \mid \boldsymbol{A}(x)\} \neq \mathbb{R}$. Dies zeigt:

nicht $\forall x \in \mathbb{R} : \boldsymbol{A}(x)$ *ist gleichbedeutend mit* $\exists x \in \mathbb{R}$: nicht $\boldsymbol{A}(x)$

Beim Negieren einer Allaussage entsteht die Es-gibt-Aussage mit der negierten Aussageform.

Entsprechendes gilt für die Negation von *Existenzaussagen.* Will man eine solche, etwa $\exists x \in \mathbb{R} : x^2 = -1$ negieren, so genügt es nicht, die betreffende AF zu negieren, hier also

[49]) Siehe auch den folgenden Abschnitt 6.1.

$\exists x \in \mathbb{R} : x^2 \neq -1$ zu schreiben. Diese Aussage ist zwar wahr (während die erste falsch war), sie drückt aber nicht das logische Gegenteil der ersten aus. Wenn jemand behauptet, es gäbe eine Zahl, deren Quadrat -1 ist, und ich dies bestreite, so meine ich keineswegs, daß es eine Zahl *gibt,* deren Quadrat nicht gleich -1 ist, sondern daß letzteres für *alle* Zahlen gilt: $\forall x \in \mathbb{R} : x^2 \neq -1$. Oder: Das Gegenteil der Aussage „Es gibt (an der Schule, mindestens) einen Schüler, der japanisch spricht" lautet: Alle Schüler sprechen nicht japanisch, wofür man auch sagt: Keiner spricht japanisch.

Allgemein ist (siehe **2.**) „nicht $\exists x \in \mathbb{R} : A(x)$" gleichbedeutend mit $\{x \in \mathbb{R} \mid A(x)\} = \emptyset$. Dies zeigt:

nicht $\exists x \in \mathbb{R} : A(x)$ *ist gleichbedeutend mit* $\forall x \in \mathbb{R}$: nicht $A(x)$

Beim Negieren einer Existenzaussage entsteht die Allaussage mit der negierten Aussageform.

Auch die vorstehenden Überlegungen gelten für jede andere Grundmenge ebenso wie für $\mathbb{R}$. Bei schrittweiser Quantifizierung (vgl. **3.**) kann das „nicht" dann schrittweise von ganz vorn nach innen gebracht werden. Der Leser bestätige insbesondere, auch anhand der Beispiele in **3.**, die folgenden Regeln:

nicht $\forall x : \exists y : A(x, y)$ *ist gleichbedeutend mit* $\exists x : \forall y$: nicht $A(x, y)$;

nicht $\exists x : \forall y : A(x, y)$ *ist gleichbedeutend mit* $\forall x : \exists y$: nicht $A(x, y)$.

(Wir verzichten hier auf das Mitschreiben der Grundmenge.) In der Tat ist das Gegenteil von „immer ist wenigstens einer da" die Aussage „manchmal ist keiner da", und das Gegenteil von „manchmal sind alle zugleich da" lautet „immer gibt es einen, der nicht da ist".

Aufgabe: 7

Aufgaben 5.2

1. Im Heft eines Schülers befinden sich folgende „Regeln":

a) $(a-b)^2 = a^2-2ab + b^2$;
b) $(a+b)^2 \neq a^2 + b^2$;
c) $a^2 + b^2 > 0$;
d) $a^2b^2 = (ab)^2$;
e) $\sqrt{a^2 + b^2} \neq a + b$;
f) $\sqrt{a^2b^2} = ab$;

Welche dieser sechs Aussageformen sind tatsächlich allgemeingültig, so daß durch Voransetzen von $\forall a, b \in \mathbb{R}$ wahre Aussagen entstehen, und warum? Gib in den anderen Fällen die (von $\mathbb{R}^2$ verschiedene) Erfüllungsmenge an.

2. Für welche Werte der Konstanten $a, b \in \mathbb{R}$ ist die Aussageform $ax^2 > b$ über $\mathbb{R}$
— allgemeingültig;
— nicht allgemeingültig, aber erfüllbar;
— unerfüllbar?

3. Begründe die folgenden Behauptungen:

a) Die Aussage $A(x)$ ist allgemeingültig in $\mathbb{R}$ *ist gleichbedeutend mit* der Aussage $A(x) \Leftrightarrow 0 = 0$.

b) Die Aussage $A(x)$ ist unerfüllbar in $\mathbb{R}$ *ist gleichbedeutend mit* der Aussage $A(x) \Leftrightarrow 1 = 0$.

4. Drücke möglichst natürlich und einprägsam in Worten aus:

a) $\exists x \in G : \forall y \in G : x \leq y$;
b) $\forall x \in G : \exists y \in G : x \cdot y = 1$;
c) $\forall x \in G : \forall y \in G : \sqrt{xy} \in G$;
d) $\exists x \in G : \exists y \in G : x^y \notin G$.

Entscheide dann, ob die Aussage jeweils in der Grundmenge $G = \mathbb{N}, \mathbb{Q}^+, \mathbb{R}^+$ wahr ist oder nicht.

5. Es sei

$A = \{x \in \mathbb{R} \mid \exists g \in \mathbb{Z} : 2g = x\}$; $B = \{x \in \mathbb{R} \mid \exists n \in \mathbb{N} : nx = 1\}$;

$C = \{y \in \mathbb{R} \mid \exists x \in \mathbb{Q} : y = 3x\}$; $D = \{y \in \mathbb{R} \mid \exists x \in \mathbb{R} : y = x^2\}$;

$E = \{x \in \mathbb{R} \mid \forall n \in \mathbb{N} : x > n\}$; $F = \{x \in \mathbb{R} \mid \forall y \in \mathbb{Q} : x \neq y\}$.

Beschreibe diese Mengen ausführlich in Worten und gib dann an, um welche wohlbekannten Mengen es sich handelt. (In allen Fällen sind es umgangssprachlich leicht beschreibbare Mengen.)

Muster: A ist die Menge aller reellen Zahlen x mit der folgenden Eigenschaft: Es gibt eine ganze Zahl, deren Doppeltes x ist. Kürzer: A ist die Menge aller reellen Zahlen, die das Doppelte einer ganzen Zahl sind. A ist die Menge aller geraden Zahlen.

6. Eine Punktmenge M (Teilmenge von $\mathbb{R}^2$) heißt *beschränkt,* wenn

$\exists r \in \mathbb{R}^+ : \forall (x, y) \in M : \sqrt{x^2+y^2} \leq r$.

a) Beschreibe in geometrischer Ausdrucksweise, was die Beschränktheit einer Punktmenge M bedeutet. Nenne Beispiele von beschränkten und von nicht-beschränkten Mengen ($\subseteq \mathbb{R}^2$).

b) Beweise: Eine Punktmenge M ist genau dann beschränkt, wenn $\exists s \in \mathbb{R}^+ : \forall (x, y) \in M : (|x| \leq s \wedge |y| \leq s)$. Gib auch hier zunächst eine geometrische Deutung.

7. Bilde die Negation der vier Aussagen in Aufgabe 4 und verfahre dann entsprechend wie dort.

Kapitel 6 Operationen für Aussagen und Mengen

6.1 Die aussagenlogischen Operationen und ihre Entsprechung zu Mengenoperationen

Der Betrachtung von Mengenoperationen liegt eine feste Grundmenge G zugrunde, etwa $\mathbb{R}$ oder $\mathbb{R}^2$ oder auch die Menge der 48 „Merkmalklötze", wie sie im Grundschulunterricht verwendet wurden. (Ein solcher Klotz trägt aus jeder der vier Gruppen von Merkmalen „groß —klein, rauh — glatt, rot — gelb — grün — blau, dreieckig — viereckig — rund" genau eines, und jede solche Merkmalkombination bezeichnet einen Klotz.)

6.1.1 Erinnerung an die Aussagenlogik

Man weiß, was die *logischen Operationen* „nicht", „und", „oder" bedeuten und kennt auch die entsprechenden *logischen Symbole* $\neg$, $\wedge$, $\vee$. Sind p und q irgendwelche Aussagen („p" wie englisch proposition), so gelten folgende Regeln:

$\neg$ p (d. h. nicht p) ist wahr	*bedeutet dasselbe wie*	p ist falsch;
p $\wedge$ q (d. h. p und q) ist wahr		beide Teilaussagen p, q sind wahr;
p $\vee$ q (d. h. p oder q) ist wahr		mindestens eine der Teilaussagen p, q ist wahr.

Die Symbole $\neg$, $\wedge$, $\vee$ heißen *Junktoren*; die entsprechenden logischen Operationen heißen **Negation, Konjunktion** und **Disjunktion.**

Durch die angegebenen Regeln ist die Bedeutung der logischen Symbole vollständig bestimmt; denn *Aussagen sind entweder wahr oder falsch.* Die Regeln geben an, wie man bei zusammengesetzten Aussagen über „wahr oder falsch?" Auskunft erhält, indem man ihre Teilaussagen studiert: Nur von deren Wahrheit oder Falschheit hängt das Ergebnis ab. Man drückt diese Abhängigkeit oft in einer Tabelle, einer sogenannten *„Wahrheitstafel"* aus:

p	q	$\neg$ p	p$\wedge$q	p$\vee$q
w	w	f	w	w
w	f	f	f	w
f	w	w	f	w
f	f	w	f	f

Hinweise

(a) Mit ∧ und ∨ kann man *nur ganze Aussagen* (keine Bruchstücke) verknüpfen, und ¬ kann nur vor einer ganzen Aussage stehen. Im Deutschen ist das anders. Jemand sagt: „Ich will schwimmen und faulenzen" oder: „Kassel und das Studium sind mir widerwärtig". Mit logischen Symbolen geht es so nicht, man müßte schreiben: „Ich will schwimmen ∧ ich will faulenzen" bzw. „Kassel ist mir widerwärtig ∧ das Studium ist mir widerwärtig".

(b) Manche sprachlichen Unterscheidungen kann man mit logischen Symbolen nicht ausdrücken, z. B. zwischen „und" und „aber": „7 ist Primzahl, aber 9 ist keine Primzahl" wird zu „7 ist Primzahl ∧ ¬ (9 ist Primzahl)". Das ist dasselbe, wie wenn man „und" gesagt hätte. Es wurde „aber" gesagt, weil auf einen Gegensatz hingewiesen werden sollte; im „∧" ist dieser Hinweis verschwunden.

(c) Nach den Regeln sind zum Beispiel die Oder-Aussagen $3 < 4 \vee 3 = 4$; $3 < 3 \vee 3 = 3$; $3 < 4 \vee 5 < 6$ sämtlich wahr. Aber sie sind „uninteressant", weil man ja mehr weiß, nämlich $3 < 4$; $3 = 3$; $3 < 4 \wedge 5 < 6$. Die Disjunktion erscheint hiernach nur interessant, so lange man über die Wahrheit der Einzelaussagen noch nicht genau Bescheid weiß, etwa nach einer Taschenrechnerablesung: $\sqrt{2} \approx 1{,}414213\underline{5} \vee \sqrt{2} \approx 1{,}414213\underline{6}$, oder bei Anwendung der Disjunktion auf Aussage*formen* (s. u.).

(d) Mit den Ausdrücken Konjunktion und Disjunktion bezeichnet man mitunter nicht nur die *Operationen,* sondern auch die als Ergebnis entstehenden *Aussagen.* Diese nennen wir meist deutlicher „Und-Aussagen" und „Oder-Aussagen".

Man kann die logischen Operationen auch auf *Aussageformen* anwenden, aber dann muß man sich genau klarmachen, was dies bedeutet. Denn eine Aussageform, für sich genommen, ist weder wahr noch falsch. Es kommt ja ein x darin vor (und vielleicht noch ein y usw.); erst wenn man für diese Variablen Werte einsetzt (genauer: Namen für bestimmte Elemente der jeweiligen Grundmenge), entsteht eine Aussage. Die Regel für den Umgang mit Junktoren müssen daher folgendermaßen verallgemeinert werden:

$\neg \boldsymbol{A}(x)$ wird bei der Einsetzung genau derjeniger Werte für x wahr, für die $\boldsymbol{A}(x)$ falsch wird (siehe 5.2.4).

$\boldsymbol{A}(x) \wedge \boldsymbol{B}(x)$ wird bei der Einsetzung genau derjeniger Werte für x wahr, für die $\boldsymbol{A}(x)$ und $\boldsymbol{B}(x)$ beide wahr werden.

$\boldsymbol{A}(x) \vee \boldsymbol{B}(x)$ wird bei der Einsetzung genau derjeniger Werte für x wahr, für die mindestens eine der AF $\boldsymbol{A}(x)$ und $\boldsymbol{B}(x)$ wahr wird.

Dies kann auch wieder in Tabellenform dargestellt werden.

6.1.2 Entsprechungen zwischen logischen und Mengenoperationen

Wir kennen aus Teil A die *Mengenoperationen: Komplement, Durchschnitt* und *Vereinigung* von Teilmengen einer Grundmenge G. Insbesondere ist für eine Teilmenge A von G das Komplement $\overline{A}$ (geschrieben auch ∁A) die Restmenge $G \setminus A$. Natürlich ist $\overline{A}$ nur definiert, wenn die Grundmenge G feststeht.

Offensichtlich besteht ein Zusammenhang zwischen logischen Operationen und Mengenoperationen; diesen verdeutlicht die folgende Tabelle.

Man kann diese Tabelle als eine *Definition der Mengenoperationen* (für Teilmengen einer festen Grundmenge) auffassen, mit Bezugnahme auf die — als primär bekannt angenommenen — aussagenlogischen Operationen.

deutsche Prosa	Aussageform	Menge	Diagramm
	$\boldsymbol{A}(x)$ d. h. $x \in A$	A $= \{x \in G \mid \boldsymbol{A}(x)\}$	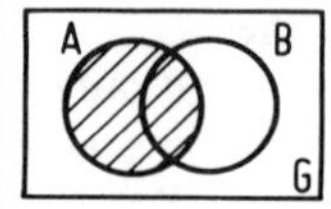
nicht $\boldsymbol{A}(x)$	$\neg \boldsymbol{A}(x)$ d. h. $x \notin A$ (Negation)	$\overline{A}$ $= \{x \in G \mid \neg \boldsymbol{A}(x)\}$ (Komplement)	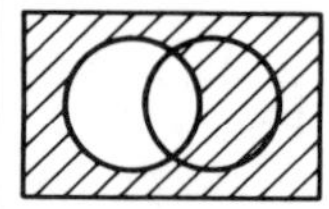
$\boldsymbol{A}(x)$ und $\boldsymbol{B}(x)$; beides; sowohl — als auch; $\boldsymbol{A}(x)$ sowie $\boldsymbol{B}(x)$	$\boldsymbol{A}(x) \wedge \boldsymbol{B}(x)$ d. h. $x \in A \cap B$ (Konjunktion)	$A \cap B$ $= \{x \in G \mid \boldsymbol{A}(x) \wedge \boldsymbol{B}(x)\}$ (Durchschnitt)	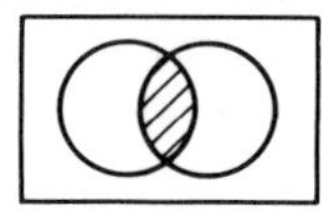
$\boldsymbol{A}(x)$ oder $\boldsymbol{B}(x)$; mindestens eines	$\boldsymbol{A}(x) \vee \boldsymbol{B}(x)$ d. h. $x \in A \cup B$ (Disjunktion)	$A \cup B$ $= \{x \in G \mid \boldsymbol{A}(x) \vee \boldsymbol{B}(x)\}$ (Vereinigung)	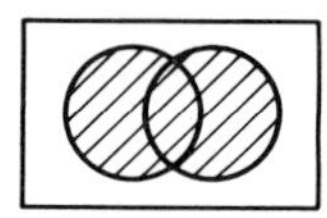

6.1.3 Beispiele, insbesondere Gleichungs- und Ungleichungssysteme

(1) Es gilt

$$
\begin{aligned}
& \{(x,y) \in \mathbb{R}^2 \mid x^2 - y^2 = 0\} \\
= & \{(x,y) \in \mathbb{R}^2 \mid (x-y)(x+y) = 0\} \\
= & \{(x,y) \in \mathbb{R}^2 \mid x-y = 0 \ \vee \ x+y = 0\} \\
= & \{(x,y) \in \mathbb{R}^2 \mid x-y = 0\} \cup \{(x,y) \in \mathbb{R}^2 \mid x+y = 0\} \\
= & \{(x,y) \in \mathbb{R}^2 \mid y = x\} \cup \{(x,y) \in \mathbb{R}^2 \mid y = -x\}
\end{aligned}
$$

Hier wurde folgendes Verfahren angewandt: Man formt die Aussageform, durch die die Menge charakterisiert ist, in eine äquivalente Aussageform um, die man besser handhaben kann. So findet man schließlich einen Ausdruck, der die Anwendung von Mengenoperationen erlaubt, und man kann die fragliche Menge aus bereits bekannten Mengen konstruieren. Sie ist die Vereinigung zweier Geraden.

(2) Wie bestimmt man die Menge $\{(x,y) \in \mathbb{R}^2 \mid |x| + |y| = 4\}$?
Auch hier formt man die Aussageform äquivalent um in eine „schönere“:

$$
\begin{aligned}
|x| + |y| = 4 \quad \Leftrightarrow \quad & x \geq 0 \wedge y \geq 0 \ \wedge \ x+y = 4 \\
\vee \ & x \leq 0 \wedge y \geq 0 \ \wedge -x+y = 4 \\
\vee \ & x \leq 0 \wedge y \leq 0 \ \wedge -x-y = 4 \\
\vee \ & x \geq 0 \wedge y \leq 0 \ \wedge \ x-y = 4
\end{aligned}
$$

$$
\begin{aligned}
\Leftrightarrow \ & (x,y) \text{ im I. Quadranten} \ \wedge \ y = -x+4 \\
\vee \ & (x,y) \text{ im II. Quadranten} \ \wedge \ y = x+4 \\
\vee \ & (x,y) \text{ im III. Quadranten} \ \wedge \ y = -x-4 \\
\vee \ & (x,y) \text{ im IV. Quadranten} \ \wedge \ y = x-4
\end{aligned}
$$

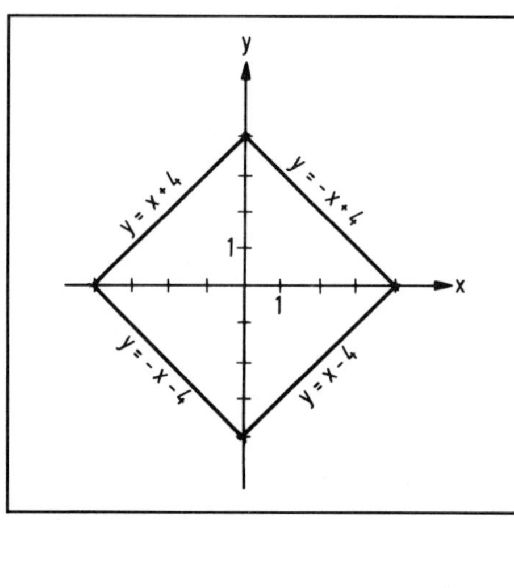

Die letzte Aussageform (eine viergliedrige Disjunktion) ist der ursprünglichen äquivalent; aber ihr kann man die Anleitung zur Skizze entnehmen.

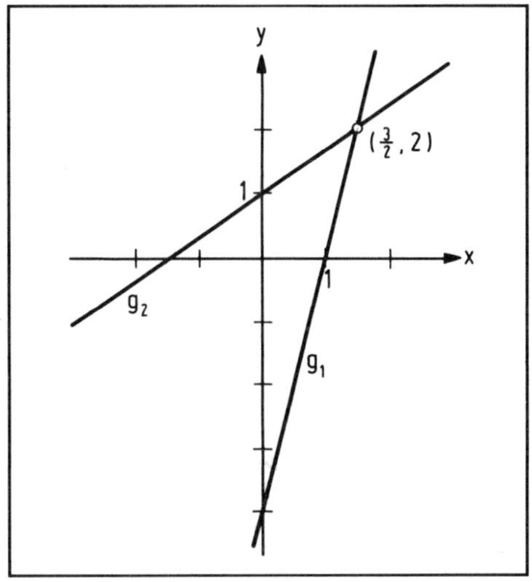

(3) Lineare Gleichungssysteme: Ein Gleichungssystem, beispielsweise

$$\left| \begin{array}{rcr} 4x - y &=& 4 \\ 2x - 3y &=& -3 \end{array} \right|$$ [50]

bedeutet die Konjunktion der betreffenden Gleichungen. Es zu lösen bedeutet, einen möglichst einfachen Ausdruck für seine *Lösungsmenge* zu finden. Im vorliegenden Fall ist dies

$$\begin{aligned} L &= \{(x,y) \in \mathbb{R}^2 \mid 4x-y = 4 \ \wedge \ 2x-3y = -3\} \\ &= \{(x,y) \in \mathbb{R}^2 \mid 4x-y = 4\} \cap \{(x,y) \in \mathbb{R}^2 \mid 2x-3y = -3\} \\ &= \underbrace{\{(x,y) \in \mathbb{R}^2 \mid y = 4x-4\}}_{g_1} \cap \underbrace{\{(x,y) \in \mathbb{R}^2 \mid y = \tfrac{2}{3}x + 1\}}_{g_2} \end{aligned}$$

Man erkennt: L ist die Menge der Punkte (x, y), die zugleich auf beiden Geraden g_1 und g_2 liegen. Da g_1 und g_2 sich im Punkt $\left(\frac{3}{2}, 2\right)$ schneiden, erhält man

$$L = \left\{\left(\frac{3}{2}, 2\right)\right\}.$$

Hierfür sagt man auch: $x = \frac{3}{2}$, $y = 2$ ist die (einzige) Lösung des Gleichungssystems.

Wie steht's mit den Gleichungssystemen

$$\left| \begin{array}{rcr} 4x - y &=& 4 \\ -2x + \frac{y}{2} &=& -2 \end{array} \right| \quad \text{und} \quad \left| \begin{array}{rcr} 4x - y &=& 4 \\ -2x + \frac{y}{2} &=& 2 \end{array} \right| \ ?$$

Beim ersten bestimmen beide Gleichungen dieselbe Gerade, beim zweiten zwei parallele Geraden, die sich nicht schneiden. Also ist $L = \{(x,y) \in \mathbb{R}^2 \mid y = 4x-4\}$ bzw. $L = \emptyset$. Man sagt: Das erste Gleichungssystem ist „nicht eindeutig lösbar" und das zweite ist „unlösbar". Das heißt nicht, man könnte die Lösungsmengen nicht eindeutig angeben — dies geht wohl — vielmehr: die Lösungsmenge besteht nicht aus genau einem Element (Paar), sondern aus mehr als einem bzw. keinem Element.

Ohne Bezugnahme auf eine geometrische Deutung erhält man die Lösungsmengen durch äquivalentes Umformen der gegebenen Gleichungssysteme, wie folgt:

[50] Diese Schreibweise statt $4x-y = 4 \wedge 2x-3y = -3$ ist in Schulbüchern üblich. Sie erweist sich auch für das Folgende als zweckmäßig. Die senkrechten Striche haben nichts mit den (hier nicht erörterten) „Determinanten" zu tun und sind natürlich auch keine Betragstriche.

$$\left|\begin{array}{rcr} 4x - y & = & 4 \\ 2x - 3y & = & -3 \end{array}\right| \Leftrightarrow \left|\begin{array}{rcr} 4x - y & = & 4 \\ -\frac{5}{2}y & = & -5 \end{array}\right| \Leftrightarrow \left|\begin{array}{rcr} 4x - y & = & 4 \\ y & = & 2 \end{array}\right| \Leftrightarrow \left|\begin{array}{rcl} x & = & \frac{3}{2} \\ y & = & 2 \end{array}\right|;$$

$$\left|\begin{array}{rcr} 4x - y & = & 4 \\ -2x + \frac{y}{2} & = & -2 \end{array}\right| \Leftrightarrow \left|\begin{array}{rcr} 4x - y & = & 4 \\ 0 & = & 0 \end{array}\right| \Leftrightarrow 4x - y = 4 \Leftrightarrow y = 4x-4;$$

$$\left|\begin{array}{rcr} 4x - y & = & 4 \\ -2x + \frac{y}{2} & = & 2 \end{array}\right| \Leftrightarrow \left|\begin{array}{rcr} 4x - y & = & 4 \\ 0 & = & 4 \end{array}\right| \Leftrightarrow 0 = 4.$$

Hier wurde jeweils beim ersten Umformungsschritt die untere Gleichung ersetzt durch die Differenz bzw. Summe aus der unteren und der halbierten oberen Gleichung. Man überzeuge sich genau davon, daß *diese Operationen Äquivalenzumformungen* sind: Jedes Zahlenpaar (x, y), das das Ausgangssystem erfüllt, erfüllt auch das umgeformte System und umgekehrt. Für die weiteren Umformungsschritte ist dies jeweils klar. Insbesondere ist die AF (das Gleichungssystem) $4x - y = 4 \wedge 0 = 4$ äquivalent zu $0 = 4$, weil diese beiden Aussageformen unerfüllbar sind.

Schließlich erhält man die betreffenden Lösungsmengen nach der Regel in 5.1.2.

(4) Lineare Ungleichungssysteme erhält man oft, wenn man ökonomische Probleme mathematisch analysiert. Beispielweise braucht jemand für eine Party Koteletts und Bier: mindestens 15 Koteletts, mindestens ebensoviele Flaschen Bier wie Koteletts, aber nicht weniger als 20; außerdem will er nicht mehr als 60 DM ausgeben, wobei das Kotelett DM 1,60 und die Flasche Bier DM 0,80 kostet. Was gibt's da für Möglichkeiten?

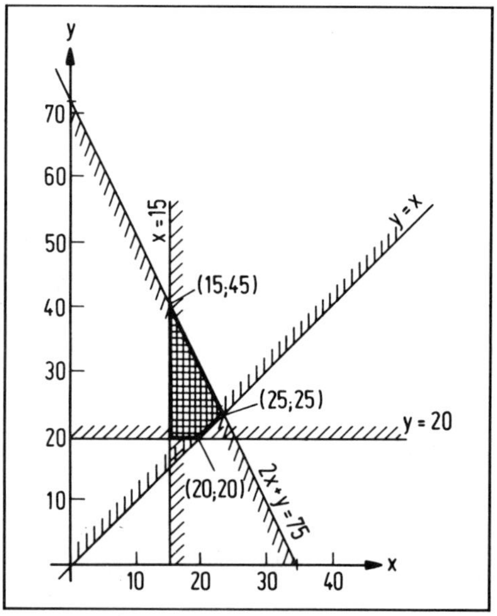

Wir nennen x die Zahl der Koteletts, y die der Flaschen Bier. Es soll sein:

$x \geq 15$ und

$y \geq 20$ und

$y \geq x$ und

$1{,}6x + 0{,}8y \leq 60$, d. h. $2x + y \leq 75$.

Jeder dieser Ungleichungen (Aussageformen) entspricht geometrisch eine Halbebene als Erfüllungsmenge. Die gemeinsame Erfüllungsmenge aller vier Ungleichungen ist der Durchschnitt dieser Halbebenen: das von den Begrenzungslinien eingerahmte Feld.

Hier haben wir zunächst eine Lösungsmenge $L \subseteq \mathbb{R} \times \mathbb{R}$ erhalten. Aber die richtige Grundmenge ist hier $\mathbb{N}_0 \times \mathbb{N}_0$; also ist $L \cap (\mathbb{N}_0 \times \mathbb{N}_0)$ die wirkliche Lösungsmenge: dies ist die Menge der Gitterpunkte, die in L fallen.

Hinweis: Man sieht hier wie schon in (2), daß *Durchschnitt und Vereinigung vieler Mengen* ganz analog wie bei zwei Mengen gebildet werden können, solange es endlich viele Mengen sind. Hat man Aussagen $p_1, \ldots, p_n$, so bedeutet

$p_1 \wedge p_2 \wedge \ldots \wedge p_n$ ist wahr bzw. $p_1 \vee p_2 \vee \ldots \vee p_n$ ist wahr

dasselbe wie

alle diese Ausagen sind wahr bzw. mindestens eine dieser Aussagen ist wahr

Entsprechend bedeutet für Mengen $A_1, \ldots, A_n$:

$x \in A_1 \cap A_2 \cap \ldots \cap A_n$ bzw. $x \in A_1 \cup A_2 \cup \ldots \cup A_n$

dasselbe wie

x gehört zu allen diesen Mengen bzw. x gehört zu mindestens einer dieser Mengen

Aufgabe: 1

6.1.4 Wichtige Kombinationen von „nicht“, „und“, „oder“

Die folgende Tabelle bedarf, als Fortsetzung der Tabelle in **2.**, keiner Erläuterung.

deutsche Prosa	Aussageform (ohne das x geschrieben)	Menge	Diagramm
A und nicht ***B***; ***A***, aber nicht ***B***	$A \wedge \neg B$	$A \cap \overline{B}$ Schreibweise: $A \setminus B$ (Mengendifferenz)	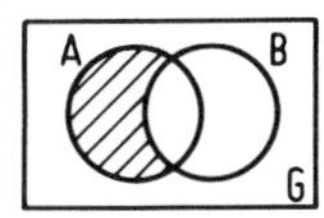
A oder ***B***, aber nicht beides; entweder ***A*** oder ***B***	$(A \vee B) \wedge \neg (A \wedge B)$ d. h. $(A \wedge \neg B) \vee (B \wedge \neg A)$	$(A \cup B) \setminus (A \cap B)$ ist gleich $(A \setminus B) \cup (B \setminus A)$ Schreibweise: $A \triangle B$	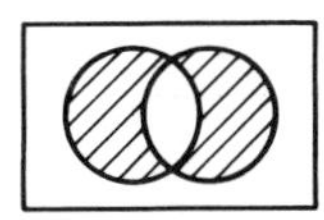
nicht beides; wenigstens eines nicht	$\neg (A \wedge B)$ d. h. $\neg A \vee \neg B$	$\overline{A \cap B}$ ist gleich $\overline{A} \cup \overline{B}$	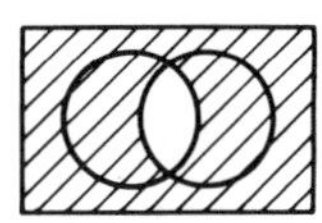
nicht einmal eines; keines von beiden	$\neg (A \vee B)$ d. h. $\neg A \wedge \neg B$	$\overline{A \cup B}$ ist gleich $\overline{A} \cap \overline{B}$	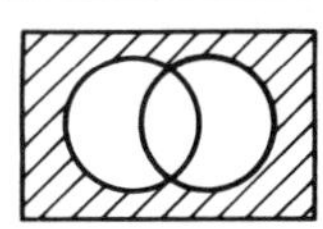

Die Berechtigung der in der zweiten bis vierten Tabellenzeile vorgenommenen Umformungen, angezeigt durch „d. h.“ bzw. „ist gleich“, leuchtet anhand der links stehenden „Prosafassungen“ oder auch anhand der Diagramme rechts fast unmittelbar ein. Insbesondere ergibt nach der dritten bzw. vierten Zeile die *Negation einer Und-Aussage eine Oder-Aussage* bzw. *die Negation einer Oder-Aussage eine Und-Aussage.* Diese wichtigen, sogenannten **de-Morganschen**[51]) **Regeln** präge man sich auch in der folgenden Form ein:

$$\neg (A(x) \wedge B(x)) \Leftrightarrow \neg A(x) \vee \neg B(x); \qquad \overline{A \cap B} = \overline{A} \cup \overline{B}$$
$$\neg (A(x) \vee B(x)) \Leftrightarrow \neg A(x) \wedge \neg B(x); \qquad \overline{A \cup B} = \overline{A} \cap \overline{B}$$

Beispiel: Gegeben sei die Menge $M = \{x \in \mathbb{R} \mid x^2 \leq 4\}$.

Es gilt $x^2 \leq 4 \Leftrightarrow -2 \leq x \leq 2 \Leftrightarrow -2 \leq x \wedge x \leq 2.$

Also ist $M = \underbrace{\{x \in \mathbb{R} \mid x \leq 2\}}_{\text{ooooooooooooo}} \cap \underbrace{\{x \in \mathbb{R} \mid x \geq -2\}}_{\text{+++++++++++++}};$

siehe die folgende Veranschaulichung.

[51]) Nach *A. de Morgan* (1806—1871), Professor der Mathematik an der Universität London.

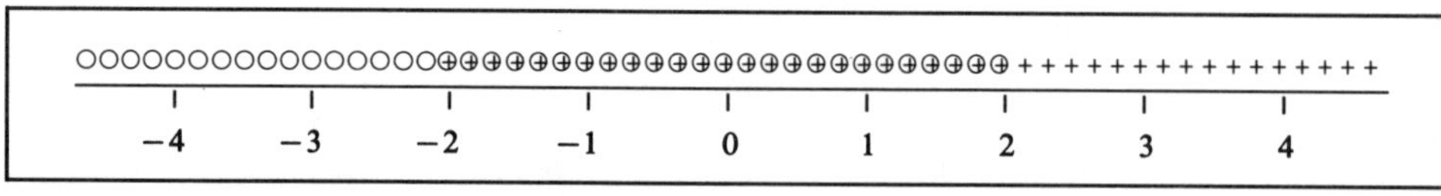

Nun betrachten wir die Menge $\{x \in \mathbb{R} \mid x^2 > 4\}$. Wegen $x^2 > 4 \Leftrightarrow \neg\,(x^2 \leq 4)$ ist dies die Komplementärmenge $\overline{M}$ von M. Im Bild ist das der Teil der Zahlengeraden, dem mindestens eine der Markierungen ooooo und +++++ fehlt.

Zum selben Ergebnis kommt man, wenn man die Aussageform $x^2 > 4$ äquivalent umformt[52]):

$$x^2 > 4 \Leftrightarrow \neg(x^2 \leq 4) \Leftrightarrow \neg(x \leq 2 \wedge x \geq -2) \Leftrightarrow \big(\neg(x \leq 2) \vee \neg(x \geq -2)\big)$$
$$\Leftrightarrow \; x > 2 \vee x < -2$$

Hieraus folgt nämlich

$$\overline{M} = \underbrace{\{x \in \mathbb{R} \mid x > 2\}}_{\text{vvvvvvvvvvvvvvvvvvvvv}} \cup \underbrace{\{x \in \mathbb{R} \mid x < -2\}}_{\text{wwwwwwwwwwwwwwwwww}}$$

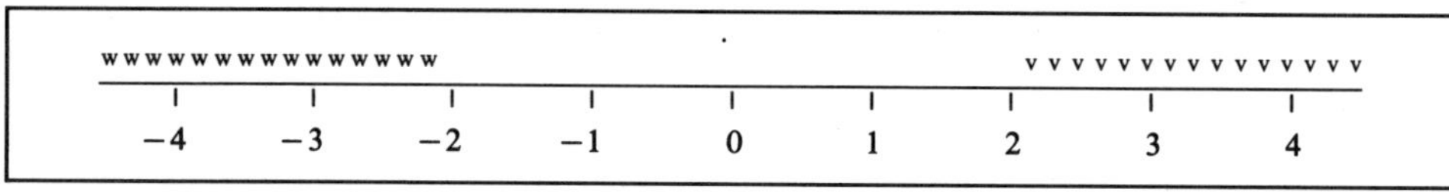

Aufgaben: 2 bis 4

Aufgaben 6.1

1. Im Text wurde das lineare Gleichungssystem $\left|\begin{array}{rcr} 4x - y &=& 4 \\ 2x - 3y &=& -3 \end{array}\right|$ gelöst.

Beschreibe mit Bezugnahme hierauf möglichst einfach die Mengen:

$A_1 = \{(x,y) \in \mathbb{R}^2 \mid (4x - y - 4)\,(2x - 3y + 3) = 0\}$;
$A_2 = \{\ldots \neq 0\}$;
$A_3 = \{\ldots < 0\}$;
$A_4 = \{\ldots > 0\}$;
$B_1 = \{(x,y) \in \mathbb{R}^2 \mid (4x - y - 4)^2 + (2x - 3y + 3)^2 = 0\}$;
$B_2 = \{\ldots \neq 0\}$;
$B_3 = \{\ldots < 0\}$;
$B_4 = \{\ldots > 0\}$;

Das erfordert keine neuen Rechnungen! Lege eine Skizze an, markiere die Mengen und gib dazu kurze Erläuterungen.

2. Gib jeweils eine Aussageform in x, y an (Grundmenge $\mathbb{R}^2$), deren Erfüllungsmenge die gegebene Punktmenge ist:

a) Die Vereinigung $g_1 \cup g_2 \cup g_3$ der drei Geraden g_1, g_2, g_3.

b) Das Innere des Dreiecks ABC einschließlich Rand.

c) Das gesamte Äußere des Dreiecks ohne Rand.

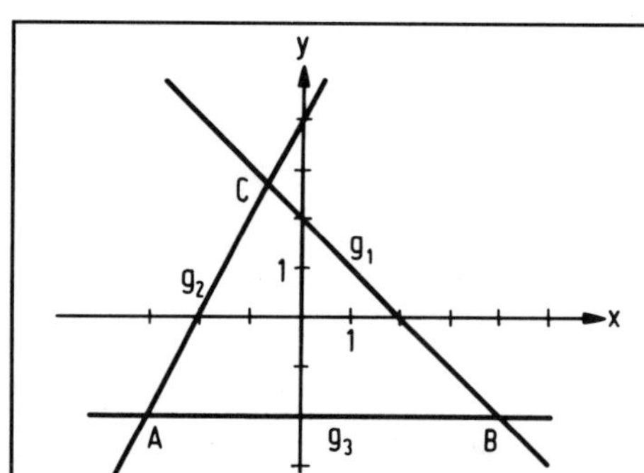

[52]) Man beachte, daß *nicht etwa*, in äußerer Analogie zu $x^2 \leq 4 \Leftrightarrow -2 \leq x \leq 2$, *folgendes gilt:* $x^2 > 4 \Leftrightarrow -2 > x > 2$. Denn $-2 > x > 2$ bedeutet $-2 > x \wedge x > 2$!

3. Ebenso für:
a) Die kreuzförmige Fläche einschließlich Rand.
b) Das gesamte Äußere dieser Fläche ohne Rand.
c) Die Randlinie dieser Fläche.

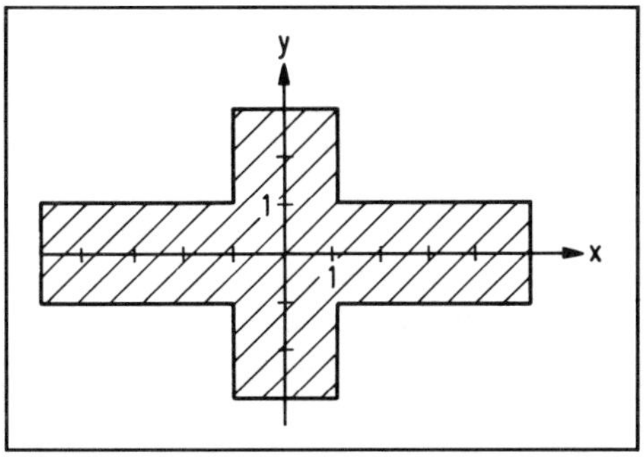

4. Stelle eine Wahrheitstafel wie in 6.1.1 für die folgenden zusammengesetzten logischen Operationen auf: „und nicht“, „nicht beides“, „entweder — oder“, „keines von beiden“.

6.2 Rechenregeln für die Mengenoperationen und Beweisverfahren dafür

6.2.1 $\cup$, $\cap$, $\overline{}$ als Operationen in der Potenzmenge

Bei gegebener Grundmenge G sind die Operationen $\cup$, $\cap$, $\overline{}$ für alle Teilmengen A, B von G definiert, und das Ergebnis $A \cup B$, $A \cap B$, $\overline{A}$ ist jeweils wieder eine Teilmenge von G. Diesen Sachverhalt drückt man kurz wie folgt aus: $\cup$, $\cap$, $\overline{}$ sind „Operationen in der Potenzmenge“ ***P*G** von G.

Unter der *Potenzmenge* ***P*G** einer Menge G versteht man allgemein die Menge aller Teilmengen von G (einschließlich $\emptyset$ und G selbst); ***P*G** ist also eine Menge von Mengen.

***P*G** ist im folgenden die Grundmenge, deren Elemente (genauer: die Namen von diesen) in Aussageformen wie $A \cup B = B \cup A$ für die Variablen A, B eingesetzt werden dürfen. Natürlich setzen wir $G \neq \emptyset$ voraus.

Ist G die Menge der 48 Merkmalklötze, also $\text{card}\, G = 48$, dann besteht ***P*G** aus den 2^{48} Teilmengen von G (vgl. 1.2.3); es gilt $\text{card}(\boldsymbol{P}G) = 2^{48}$. Wir verschaffen uns eine Vorstellung von dieser riesigen Anzahl:

$$2^{48} = 2^{10+10+10+10+8} = 1024^4 \cdot 256 \approx 10^{12} \cdot 256 = 2{,}56 \cdot 10^{14}.$$

Hier wurde stark gerundet. Da 1024 um 2,4 % größer ist als 10^3, muß nach 3.4.4 das Ergebnis noch um ungefähr $4 \cdot 2{,}4\,\%$, d. h. um knapp 10 % vergrößert werden. So erhält man $2^{48} \approx 2{,}81 \cdot 10^{14}$, und das ist, wie man mit dem Taschenrechner nachprüft, bereits eine korrekt gerundete Angabe des Wertes von 2^{48}.

6.2.2 Wichtige Rechenregeln für $\cup$, $\cap$, $\overline{}$

Aus dem bisherigen Umgang mit Mengen sind die meisten der folgenden Regeln vertraut bzw. leuchten unmittelbar ein. Für alle A, B, C $\in$ ***P*G** gilt:

(Ass $\cup$)	$(A\cup B)\cup C = A\cup(B\cup C)$	(Ass $\cap$)	$(A\cap B)\cap C = A\cap(B\cap C)$
(Komm$\cup$)	$A\cup B = B\cup A$	(Komm$\cap$)	$A\cap B = B\cap A$
(Neut $\cup$)	$A\cup\emptyset = A$	(Neut $\cap$)	$A\cap G = A$
	$A\cup G = G$		$A\cap\emptyset = \emptyset$
	$A\cup\overline{A} = G$		$A\cap\overline{A} = \emptyset$
	$A\cup A = A$		$A\cap A = A$
(Distr $\cup\cap$)	$(A\cup B)\cap C = (A\cap C)\cup(B\cap C)$	(Distr $\cap\cup$)	$(A\cap B)\cup C = (A\cup C)\cap(B\cup C)$
(de Morgan $\cup$)	$\overline{A\cup B} = \overline{A}\cap\overline{B}$	(de Morgan $\cap$)	$\overline{A\cap B} = \overline{A}\cup\overline{B}$

Ferner gilt $\overline{\overline{A}} = A$. Einige dieser Regeln haben wir wegen offensichtlicher Analogie zu gewissen Körperaxiomen bereits entsprechend bezeichnet und nennen sie natürlich auch „Assoziativgesetz für $\cup$", „Kommutativgesetz für $\cup$" usw. Die leere Menge verhält sich neutral bzgl. $\cup$, die Grundmenge neutral bzgl. $\cap$. So weit entsprechen sich die Operationen $\cup$ und $+$, $\cap$ und $\cdot$ sowie die Elemente $\emptyset$ und 0, G und 1. Keine genaue Entsprechung besteht zwischen der Komplementbildung bei Mengen und den Inversenbildungen bei Zahlen.

In gewisser Hinsicht sind die Mengen-Rechenregeln „schöner", weil eine vollständige Analogie zwischen den Regeln für $\cup$ und denen für $\cap$ (zwischen der linken und der rechten Seite unserer Zusammenstellung) besteht. Diese zeigt sich auch daran, daß wir jetzt, anders als in Körpern, zwei Distributivgesetze haben. Das zweite, (Distr $\cap$ $\cup$), erscheint vielleicht am überraschendsten. An diesem Beispiel erörtern wir, wie man überhaupt *Regeln der* **Mengenalgebra,** d. h. Rechenregeln für die Operationen $\cup$, $\cap$, $\overline{}$, *beweisen* kann.

Die *Behauptung* lautet: Für alle A, B, C $\in$ ***P***G gilt

$$(A \cap B) \cup C = (A \cup C) \cap (B \cup C).$$

Zum *Beweis* denken wir uns A, B, C $\in$ ***P***G beliebig gegeben und zeigen, daß

$$x \in (A \cap B) \cup C \quad \Leftrightarrow \quad x \in (A \cup C) \cap (B \cup C),$$

d. h. daß ein Element x der Grundmenge G genau dann zur links stehenden Menge gehört, wenn es zur rechts stehenden gehört. Hierzu ist zweierlei zu zeigen:

I. Hat man ein $x \in G$, für das $x \in (A \cap B) \cup C$ wahr ist, so ist für dieses x auch $x \in (A \cup C) \cap (B \cup C)$ wahr.

II. Hat man $x \in G$, für das $x \in (A \cup C) \cap (B \cup C)$ wahr ist, so ist für dieses x auch $x \in (A \cap B) \cup C$ wahr.

Vorbemerkung: Offenkundig gilt stets

$$A \subseteq A \cup B; \text{ d. h. was in A ist, ist erst recht in } A \cup B.$$

Auf diese Tatsache werden wir mehrmals zurückgreifen.
Beweis von I.: Es sei x ein Element aus G mit $x \in (A \cap B) \cup C$. Dies bedeutet $x \in A \cap B \vee x \in C$. Jetzt liegt es nahe, zwei Fälle zu unterscheiden:

Fall 1: $x \in A \cap B$, d. h. $x \in A \wedge x \in B$. Nach der Vorbemerkung folgt $x \in A \cup C \wedge x \in B \cup C$, d. h. $x \in (A \cup C) \cap (B \cup C)$. (Bei der Diskussion dieses Falls bleibt offen, ob vielleicht auch $x \in C$ gilt.)

Fall 2: $x \in C$. Dann gilt nach der Vorbemerkung erst recht $x \in A \cup C$ und $x \in B \cup C$, d. h. $x \in A \cup C \wedge x \in B \cup C$, d. h. $x \in (A \cup C) \cap (B \cup C)$.

Beweis von II.: Nun sei $x \in (A \cup C) \cap (B \cup C)$, d. h. $x \in A \cup C$ und $x \in B \cup C$. Hier bietet sich keine Fallunterscheidung an, aber wir können sie — etwas gewaltsam vielleicht — erzwingen; denn wir wissen: x ist entweder Element von C oder nicht.

Fall 1: $x \in C$. Dann gilt nach der Vorbemerkung erst recht $x \in (A \cap B) \cup C$.

Fall 2: $x \notin C$. Nach Voraussetzung ist $x \in A \cup C$ und $x \in B \cup C$. Also muß $x \in A$ und $x \in B$ gelten, denn andernfalls wäre $x \in A \cup C$ bzw. $x \in B \cup C$ falsch. Somit gilt auch $x \in A \cap B$ und erst recht $x \in (A \cap B) \cup C$.

Hiermit ist der Beweis abgeschlossen.

Um zu prüfen, ob man die Sache verstanden hat, sollte man den Beweis des anderen Distributivgesetzes selbst ausführen (Aufgabe 1).

Weitere Beweisverfahren speziell für die Mengenalgebra erörtern wir in den folgenden Unterabschnitten **3.** und **4.** Hier wie dort ist der Standpunkt noch ein anderer als bei der Behandlung der Körper-Rechenregeln in Abschnitt 3.2, wo wir gewisse Regeln als „Axiome" ohne Beweis an die Spitze gestellt haben. Etwas Analoges ist auch in der Mengenalgebra möglich;

wir gehen in **5.** darauf ein. Dann wird übrigens (Distr ∩ ∪) gerade zu den „Axiomen" gehören, die man dem weiteren Vorgehen zugrundelegt.

Aufgaben 1, 2

6.2.3 Beweise mittels Zugehörigkeitstafeln

Alle Gleichungen der Mengenalgebra können durch „gewaltsame" Fallunterscheidungen wie zuletzt in **2.** bewiesen werden, mittels sogenannter *Zugehörigkeitstafeln.* Dies sind Schemata zur systematischen Durchführung von Fallunterscheidungen, entsprechend den Wahrheitstafeln der Aussagenlogik.

Für Aussageformen $\boldsymbol{A}(x)$, $\boldsymbol{B}(x)$ hatten wir in 6.1.1 die Bedeutung von $\neg \boldsymbol{A}(x)$, $\boldsymbol{A}(x) \wedge \boldsymbol{B}(x)$, $\boldsymbol{A}(x) \vee \boldsymbol{B}(x)$ in Regeln zusammengefaßt. In einer Tabelle aufgeschrieben sieht das so aus:

Nr. des Falls		$\boldsymbol{A}(x)$ $x \in A$	$\boldsymbol{B}(x)$ $x \in B$	$\neg \boldsymbol{A}(x)$ $x \in \overline{A}$	$\boldsymbol{A}(x) \wedge \boldsymbol{B}(x)$ $x \in A \cap B$	$\boldsymbol{A}(x) \vee \boldsymbol{B}(x)$ $x \in A \cup B$
3	11	w	w	f	w	w
2	10	w	f	f	f	w
1	01	f	w	w	f	w
0	00	f	f	w	f	f

Die Fälle sind hier zweifach numeriert: zunächst mit den bekannten arabischen Ziffern, freilich bei 0 anfangend und verkehrt herum, dann mit „Dualzahlen". Man sieht, wie die Nummern mit den entsprechenden Fällen zusammenhängen.

Nun wenden wir uns wieder dem zweiten Distributivgesetz zu und stellen hierfür folgende Tafel auf:

Nr. des Falls		x ist Element von ...							
		A	B	C	$A \cap B$	$(A \cap B) \cup C$	$A \cup C$	$B \cup C$	$(A \cup C) \cap (B \cup C)$
7	111	w	w	w	w	w	w	w	w
6	110	w	w	f	w	w	w	w	w
5	101	w	f	w	f	w	w	w	w
4	100	w	f	f	f	f	w	f	f
3	011	f	w	w	f	w	w	w	w
2	010	f	w	f	f	f	f	w	f
1	001	f	f	w	f	w	w	w	w
0	000	f	f	f	f	f	f	f	f

Vergleicht man die Spalten unter $(A \cap B) \cup C$ und unter $(A \cup C) \cap (B \cup C)$, so sieht man: $x \in (A \cap B) \cup C$ ist *in genau denselben Fällen wahr bzw. falsch* wie $x \in (A \cup C) \cap (B \cup C)$. Also sind diese beiden Aussageformen äquivalent, was zu zeigen war.

Es muß ein *Einwand* diskutiert werden: Um die Äquivalenz der beiden Aussageformen zu zeigen, *muß man nach allen Elementen der Grundmenge* G *fragen — warum reicht es trotzdem, die genannten acht Fälle zu untersuchen?* Es reicht deshalb, weil nach der Definition der Mengenoperationen (vgl. auch 6.1.2) die Wahrheit von $x \in A \cap B$ usw. stets nur von den Wahrheitswerten von $x \in A$ und $x \in B$ abhängt. Bei der Aufstellung der entsprechenden Tafel macht man demnach folgendes: Man sortiert die Elemente von G nach den drei Kriterien: gehört zu A / gehört nicht zu A; gehört zu B / gehört nicht zu B; gehört zu C / gehört nicht zu C. Wenn man nun ein $x \in G$ so eingeordnet hat, dann weiß man auch, ob es zu $(A \cap B) \cup C$ gehört oder nicht. Man kann daher alle Elemente von G, die sich nach den drei Kriterien nicht unterscheiden, „in einem Aufwasch" abhandeln — und genau dies geschieht in der Zugehörigkeitstafel.

Ebenso beweist man die de Morganschen Regeln:

Fall Nr.	x ist Element von …									
	A	B	$A \cup B$	$\overline{A \cup B}$	$\overline{A}$	$\overline{B}$	$\overline{A} \cap \overline{B}$	$\overline{A} \cup \overline{B}$	$A \cap B$	$\overline{A \cap B}$
11	w	w	w	f	f	f	f	f	w	f
10	w	f	w	f	f	w	f	w	f	w
01	f	w	w	f	w	f	f	w	f	w
00	f	f	f	w	w	w	w	w	f	w
				(de Morgan ∪)				(de Morgan ∩)		

Aufgabe: 3

6.2.4 Beweise mittels Venn-Diagrammen

Eine weitere Möglichkeit, Fallunterscheidungen systematisch durchzuführen, bieten die sogenannten *Venn-Diagramme* (auch „Karnaugh-Diagramme" genannt, wenn die Teilmengen der Grundmenge rechteckig wie folgt eingezeichnet sind).

Für zwei Mengen A, B (vier Fälle)

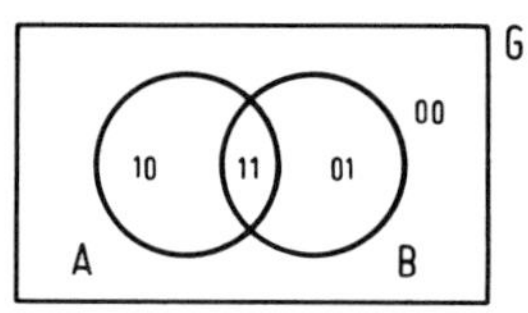

oder

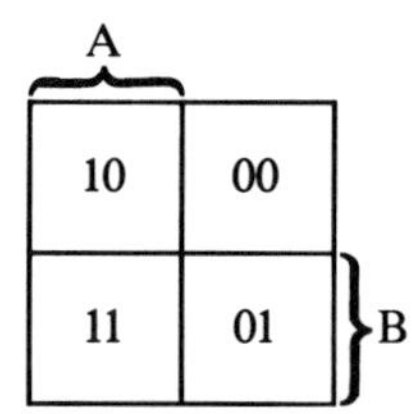

Für drei Mengen A, B, C (acht Fälle)

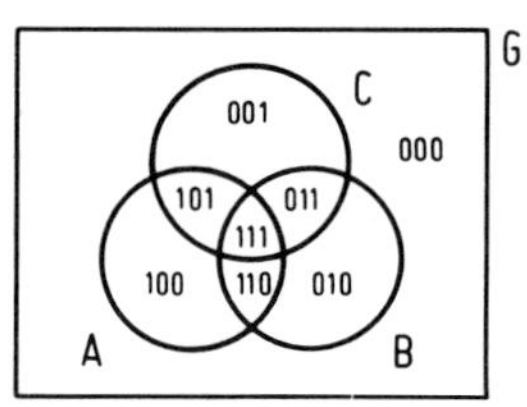

oder

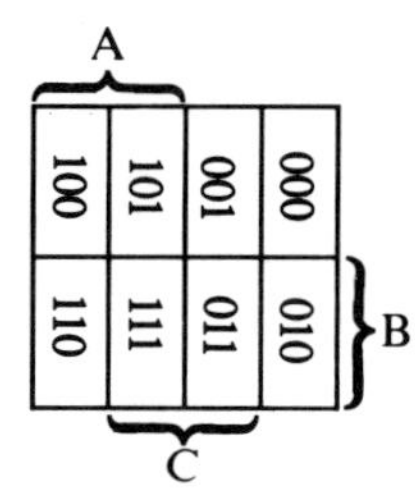

Für vier Mengen A, B, C, D gibt es kein Diagramm aus Kreisen, an dem man alle 16 Fälle unterscheiden kann. Mit Rechtecken geht es noch, wird aber schon arg unübersichtlich.

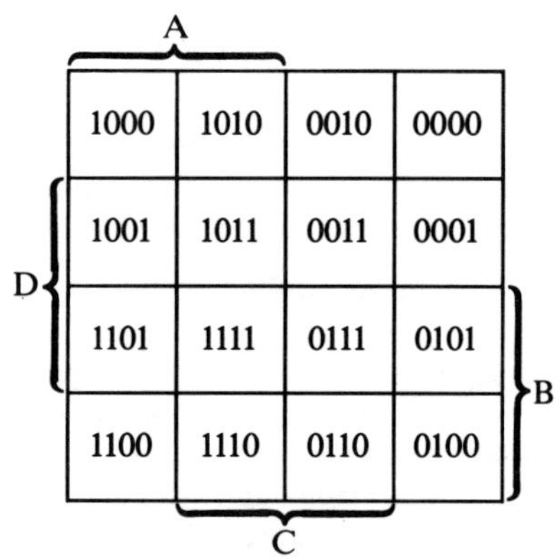

Ob man Kreise oder Rechtecke oder sonstige Figuren zeichnet, ist aus mathematischer Sicht natürlich gleichgültig. Es kommt nur darauf an, die Gebiete für A, B (evtl. C, evtl. D) so zu wählen, daß für jeden der 4 (bzw. 8 oder 16) Fälle ein Feld entsteht.

Das Distributivgesetz $(A \cap B) \cup C = (A \cup C) \cap (B \cup C)$ kann man nun so beweisen: Man zeichnet zwei dreigliedrige Venn-Diagramme und markiert in dem einen die Menge $(A \cap B) \cup C$, in dem anderen die Menge $(A \cup C) \cap (B \cup C)$:

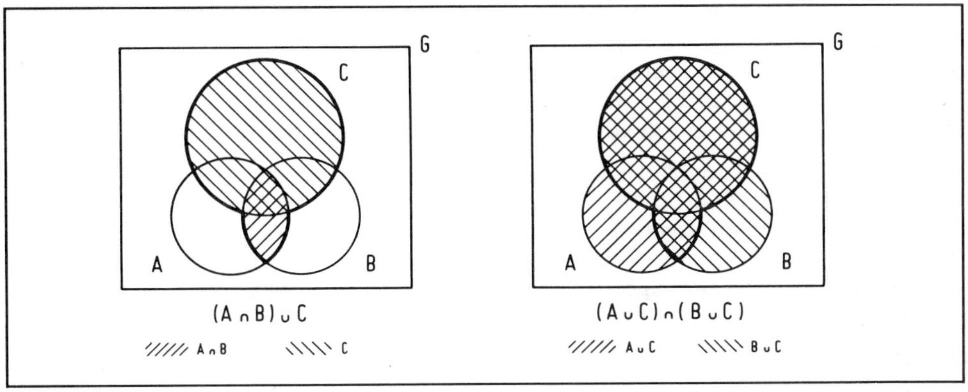

Man sieht diesen Diagrammen sofort an, daß beide Mengen übereinstimmen — und ist fertig. Das ist ganz einfach. Aber gar nicht so einfach ist es, einzusehen, daß dies ein *Beweis,* d. h. ein *zuverlässiges Argument* ist und nicht nur eine Veranschaulichung.

Dies machen wir uns wie folgt klar: Es sei G die Menge der 48 Merkmalklötze. Weiter sei etwa A die Menge aller großen, B die Menge aller gelben, C die Menge aller runden Klötze. Nun deuten wir die obigen Bilder als den Boden des Klassenzimmers, der mit drei Kreisen versehen ist, und stellen uns vor, den Kindern sei die Aufgabe gestellt, alle großen Klötze in den ersten, alle gelben in den zweiten, alle runden in den dritten Kreis zu legen. Klötze, die keine dieser Eigenschaften haben, werden außerhalb aller Kreise gelegt; Klötze, die mehrere zugleich haben, kommen dorthin, wo die entsprechenden Kreise sich überlappen.

Sodann fordern wir die Kinder auf, mit einem Band alle Klötze zu umfassen, welche groß und gelb oder aber rund sind, und weiter mit einem anderen Band alle Klötze, welche groß oder rund und zugleich gelb oder rund sind. Dann umfassen beide Bänder dieselbe Fläche, d. h. die Mengen $(A \cap B) \cup C$ und $(A \cup C) \cap (B \cup C)$ sind gleich.

Dies liegt nun offenbar *nicht an dem speziellen Beispiel.* Man hätte das gleiche Spiel — in Gedanken — mit beliebigen Teilmengen A, B, C dieser und jeder anderen Grundmenge G durchführen können. Daß die Sache funktioniert, liegt allein an der Markierung von Merkmalflächen auf der Grundfläche, so daß alle Kombinationen der Merkmale erfaßt werden. Wenn wir in diesem Sinne richtig angelegte Venn-Diagramme benutzen, sind die daran abgelesenen Gleichungen der Mengenalgebra *bewiesen*[53])!

Man beweise nun ebenso das erste Distributivgesetz $(A \cup B) \cap C = (A \cap C) \cup (B \cap C)$ und weiter das folgende *verallgemeinerte (erste) Distributivgesetz,* zu dessen Formulierung vier Variable benötigt werden:

$$(A \cup B) \cap (C \cup D) = (A \cap C) \cup (A \cap D) \cup (B \cap C) \cup (B \cap D)$$

Aufgaben: 4 bis 8

6.2.5 Beweise durch Folgern aus Grundgesetzen

Der Beweis des verallgemeinerten (ersten) Distributivgesetzes an einem Venn-Diagramm mit 16 Feldern oder auch an einer Zugehörigkeitstafel mit 16 Zeilen bereitet einige Mühe. Hier liegt es nahe, den Beweis einfach durch Folgern aus schon bekannten Gesetzen zu erbringen:

[53]) Für eine formale Begründung dessen siehe *A. Kirsch:* Venn-Diagramme und freie Boolesche Verbände; in „Der Mathematikunterricht" (MU) Heft 2/1972.

$$
\begin{aligned}
(A \cup B) \cap (C \cup D) &= (A \cap (C \cup D)) \cup (B \cap (C \cup D)) && \text{(Distr } \cup\cap) \\
&= ((C \cup D) \cap A) \cup ((C \cup D) \cap B) && \text{(Komm } \cap) \\
&= (C \cap A) \cup (D \cap A) \cup (C \cap B) \cup (D \cap B) && \text{(Distr } \cup\cap), \text{(Ass } \cup) \\
&= (A \cap C) \cup (A \cap D) \cup (B \cap C) \cup (B \cap D) && \text{(Komm } \cap)
\end{aligned}
$$

Bezeichnend für derartige Beweise ist, daß nicht mehr auf die Element-Menge-Beziehung $\in$ zurückgegriffen wird. Vielmehr stützt man sich — ganz ähnlich wie zum Beweis der Zahlen-Rechenregeln in Abschnitt 3.2 — ausschließlich auf ein System von Grundgesetzen, die ohne Beweis als **„Axiome der Mengenalgebra“** an die Spitze gestellt werden.

Ein solches System ist das folgende. Die hierin allein auftretenden, inhaltlich vertrauten Begriffe $\cup$, $\cap$, $\overline{}$, $\emptyset$, G (nicht: $\in$!) werden — ebenso wie $+$, $\cdot$, 0, 1 bei den Körperaxiomen — ohne ausdrückliche Definition verwendet. Die Grundmenge $\boldsymbol{G}$ braucht nicht die volle Potenzmenge $\boldsymbol{P}$G einer Menge G zu sein, aber es muß $\emptyset \in \boldsymbol{G}$, $G \in \boldsymbol{G}$ ($G \neq \emptyset$) gelten sowie, wenn $A, B \in \boldsymbol{G}$, dann stets auch $A \cup B$, $A \cap B$, $\overline{A}$ ($= G \setminus A$) $\in \boldsymbol{G}$.

Für alle $A, B, C \in \boldsymbol{G}$ gilt:

(Ass $\cup$)	$(A \cup B) \cup C = A \cup (B \cup C)$	(Ass $\cap$)	$(A \cap B) \cap C = A \cap (B \cap C)$
(Komm $\cup$)	$A \cup B = B \cup A$	(Komm $\cap$)	$A \cap B = B \cap A$
(Neut $\cup$)	$A \cup \emptyset = A$	(Neut $\cap$)	$A \cap G = A$
(Kompl $\cup$)	$A \cup \overline{A} = G$	(Kompl $\cap$)	$A \cap \overline{A} = \emptyset$
(Distr $\cup\cap$)	$(A \cup B) \cap C = (A \cap C) \cup (B \cap C)$	(Distr $\cap\cup$)	$(A \cap B) \cup C = (A \cup C) \cap (B \cup C)$

Neu im Vergleich zu den Körperaxiomen sind hier die beiden „Komplementgesetze“ (Kompl) sowie die Tatsache, daß beide Distributivgesetze gelten.

Der oben geführte Beweis ist dann eine unmittelbare Folgerung aus diesen Axiomen, genauso wie wir in 3.2.3 die Regel für das Ausmultiplizieren von Klammern (Satz 6) aus den Körperaxiomen gefolgert haben.

Für einen konsequenten Aufbau der Mengenalgebra auf dieser Grundlage müssen nun alle weiteren Begriffe, wie etwa $\setminus$ und $\triangle$ (siehe 6.1.4) definiert und alle weiteren Regeln, wie etwa $A \cup A = A$ und $A \cup G = G$ (auch wenn sie einleuchten) bewiesen werden.

Die genannten Axiome heißen auch die Axiome der *Booleschen*[54]) *Algebra.* Mitunter werden diese etwas anders, aber logisch gleichwertig formuliert. Sie gelten nicht nur für die angegebenen Operationen in einer geeigneten Menge von Mengen, sondern auch für andere Systeme von Dingen, etwa für gewisse Systeme von elektrischen Schaltungen (man spricht dann von „Schaltalgebra“). Wir können dies hier nicht weiter verfolgen, weisen aber noch auf einen wichtigen Aspekt hin: In einer axiomatisch betriebenen Mengenalgebra sieht man von der speziellen inhaltlichen Bedeutung einer Menge als Ansammlung von Objekten ab und betrachtet die Mengen selbst einfach als Objekte eines abstrakten Systems, innerhalb dessen man nach vorgegebenen Regeln operiert.

Weitere **Beispiele** für Beweise auf Grund der Mengenalgebra-Axiome:

(1) $A \cup A = A$

Beweis:

$$
\begin{aligned}
A &= A \cup \emptyset && \text{(Neut } \cup) \\
&= \emptyset \cup A && \text{(Komm } \cup) \\
&= (A \cap \overline{A}) \cup A && \text{(Kompl } \cap) \\
&= (A \cup A) \cap (\overline{A} \cup A) && \text{(Distr } \cap\cup) \\
&= (A \cup A) \cap (A \cup \overline{A}) && \text{(Komm } \cup) \\
&= (A \cup A) \cap G && \text{(Kompl } \cup) \\
&= A \cup A && \text{(Neut } \cap)
\end{aligned}
$$

[54]) Nach *G. Boole* (1815—1864), Professor der Mathematik in Cork. Dieser gilt als einer der Begründer der modernen Logik.

(2) $A \cup G = G$

Beweis: $A \cup G = A \cup (A \cup \overline{A}) = (A \cup A) \cup \overline{A} = A \cup \overline{A} = G$
(Kompl ∪) (Ass ∪) (1) (Kompl ∪)

Abschließend machen wir auf eine Besonderheit des Systems der Mengenalgebra-Axiome aufmerksam, die dem System der Körper-Axiome fehlt. Wie schon angedeutet, *vertauschen sich die links stehenden Axiome* (die für ∪ bzw. ∪, ∩) *mit den rechts stehenden* (denen für ∩ bzw. ∩, ∪), *wenn man überall* ∪ *mit* ∩ *und* ∅ *mit* G *vertauscht.* Diese sogenannte *Dualitätseigenschaft* des Axiomensystems hat zur Folge, daß auch jeder *Beweis* einer mengenalgebraischen Gleichung durch bloßes „Dualisieren" (Vertauschen von ∪ mit ∩ und ∅ mit G) in einen Beweis der dualisierten Behauptung übergeht. So entstehen aus den oben geführten Beweisen automatisch Beweise für $(A \cap B) \cup (C \cap D) = (A \cup C) \cap (A \cup D) \cap (B \cup C) \cap (B \cup D)$; $A \cap A = A$; $A \cap \emptyset = \emptyset$.

Aufgaben: 9, 10

Aufgaben 6.2

1. Beweise das Distributivgesetz (Distr ∪∩) wie in 6.2.2.

2. a) Formuliere durch Vertauschen von + und · ein zweites Distributivgesetz für das Zahlenrechnen und zeige, daß dieses *nicht* allgemeingültig (in $\mathbb{R}$) ist.
b) Bestimme alle Zahlentripel (a, b, c), für welche dieses „Gesetz" ausnahmsweise doch gilt.

3. Beweise das Gesetz (Distr ∪∩) mittels Zugehörigkeitstafel.

4. Beweise mittels Venn-Diagramm:
a) das Gesetz (Distr ∪∩);
b) das verallgemeinerte (erste) Distributivgesetz

$$(A \cup B) \cap (C \cup D) = (A \cap C) \cup (A \cap D) \cup (B \cap C) \cup (B \cap D).$$

5. Formuliere ein verallgemeinertes zweites Distributivgesetz und beweise es (irgendwie).

6. Beweise:
a) $\overline{A \cup B \cup C} = \overline{A} \cap \overline{B} \cap \overline{C}$; b) $\overline{A \cap B \cap C} = \overline{A} \cup \overline{B} \cup \overline{C}$;
c) $A \cup (A \cap B) = A$; d) $A \cap (A \cup B) = A$.

7. Logischerweise (vgl. 3.3.3) folgt aus $A = B$, daß $\overline{A} = \overline{B}$, $A \cup C = B \cup C$, $A \cap C = B \cap C$, $A \setminus C = B \setminus C$. Untersuche, ob jeweils auch umgekehrt gilt:
a) $\overline{A} = \overline{B} \Rightarrow A = B$; b) $A \cup C = B \cup C \Rightarrow A = B$;
c) $A \cap C = B \cap C \Rightarrow A = B$; d) $A \setminus C = B \setminus C \Rightarrow A = B$.

8. Nach 6.1.4 ist $A \triangle B = (A \setminus B) \cup (B \setminus A)$, d. h. es gilt
$A \triangle B = \{x \in G \mid x$ erfüllt *genau eine* der Bedingungen $x \in A, x \in B\}$. Beweise, daß für alle $A, B, C \in \boldsymbol{P}G$ auch gilt:
a) $A \triangle \emptyset = A$ (Neut △);
b) Die Gleichung $A \triangle X = \emptyset$ hat genau eine Lösung (Inv △);
c) $(A \triangle B) \triangle C = A \triangle (B \triangle C)$ (Ass △).
Untersuche, ob außerdem gilt:
d) $A \triangle B \triangle C = \{x \in G \mid x$ erfüllt genau eine der Bedingungen $x \in A, x \in B, x \in C\}$.

9. Welche der folgenden Mengen $\boldsymbol{G}$ von Mengen natürlicher Zahlen erfüllen die Bedingungen „wenn $A, B \in \boldsymbol{G}$, dann stets auch $A \cup B$, $A \cap B$, $\overline{A} \in \boldsymbol{G}$"?
$\boldsymbol{G}_1$: Menge aller Anfangsstücke[55]) von $\mathbb{N}$ (vgl. 1.1.1);
$\boldsymbol{G}_2$: Menge aller endlichen Teilmengen von $\mathbb{N}$;
$\boldsymbol{G}_3$: Menge aller Anfangsstücke von $\mathbb{N}$ und ihrer Komplemente (d. h. aller Anfangs- und „End"stücke);
$\boldsymbol{G}_4$: Menge aller endlichen Teilmengen von $\mathbb{N}$ und ihrer Komplemente.

[55]) Auch die leere Menge gelte als „Anfangsstück".

10. Beweise durch Folgern aus den Axiomen der Mengenalgebra:
a) $A \cap A = A$; b) $A \cap \emptyset = \emptyset$;
c) $\overline{G} = \emptyset$; d) $\overline{\emptyset} = G$.

6.3 Vereinigung und Durchschnitt von beliebig vielen Mengen; Klasseneinteilungen

Die Operationen $\cup$, $\cap$ der Mengenalgebra sind nach Abschnitt 6.1 jeweils nur für Paare (A, B) von Mengen gegeben. Von hier ausgehend kann man leicht auch endliche Vereinigungen $A_1 \cup A_2 \cup \ldots \cup A_n$ bzw. Durchschnitte $A_1 \cap A_2 \cap \ldots \cap A_n$ einführen — ebenso wie beim Zahlenrechnen endliche Summen $a_1 + a_2 + \ldots + a_n$ oder Produkte $a_1 \cdot a_2 \cdot \ldots \cdot a_n$. Wegen (Ass) und (Komm) kommt es dabei nicht auf Klammern und Reihenfolge an. Andererseits kann man auch direkt, wie am Schluß von 6.1.3 angedeutet, Vereinigung und Durchschnitt für endlich viele Mengen definieren.

6.3.1 Vereinigung unendlich vieler Mengen

Nun denken wir uns *unendlich viele* Mengen $A_1, A_2, A_3, \ldots$ gegeben; alle seien Teilmengen der Grundmenge G. Was versteht man unter der Vereinigung aller dieser Mengen? Die Antwort ist viel einfacher als bei der analogen Frage für die Addition bzw. Multiplikation von Zahlen. Diese führt auf die schwierigen Begriffe „unendliche Reihe", „unendliches Produkt", die wir hier nicht behandeln: Es ist nicht ganz einfach zu erklären, was Aussagen wie
$1 + \frac{1}{2} + \frac{1}{4} + \frac{1}{8} + \ldots = 2$; $1 + \frac{1}{2} + \frac{1}{3} + \frac{1}{4} + \ldots = \infty$ oder $\frac{2}{1} \cdot \frac{2}{3} \cdot \frac{4}{3} \cdot \frac{4}{5} \cdot \frac{6}{5} \cdot \frac{6}{7} \cdot \ldots = \frac{\pi}{2}$
genau bedeuten sollen.

Wir gehen jetzt wieder — anders als bei der „axiomatischen" Auffassung der Mengenalgebra in 6.2.5 — auf die *Bedeutung* von $A_1, A_2, A_3, \ldots$ als Mengen und auf die Element-Menge-Beziehung $\in$ zurück. Dabei knüpfen wir an die Bemerkung in 6.1.3 an.
Dort sagten wir (sinngemäß):

$$\begin{aligned} A_1 \cup A_2 \cup \ldots \cup A_n &= \{x \in G \mid x \in A_1 \vee x \in A_2 \vee \ldots \vee x \in A_n\} \\ &= \{x \in G \mid x \text{ gehört zu mindestens einer der Mengen } A_1, A_2, \ldots A_n\}. \end{aligned}$$

Ebenso können wir jetzt sagen:

$$\begin{aligned} A_1 \cup A_2 \cup A_3 \cup \ldots &= \{x \in G \mid x \in A_1 \ \vee \ x \in A_2 \ \vee \ x \in A_3 \ \vee \ \ldots\} \\ &= \{x \in G \mid x \text{ gehört zu mindestens einer der Mengen } A_1, A_2, A_3, \ldots\} \\ &= \{x \in G \mid \exists\, i \in \mathbb{N} : x \in A_i\}. \end{aligned}$$

Statt $A_1 \cup A_2 \cup A_3 \cup \ldots$ schreiben wir $\bigcup\limits_{i \in \mathbb{N}} A_i$ und erhalten die

Definition 1: $\bigcup\limits_{i \in \mathbb{N}} A_i := \{x \in G \mid \exists\, i \in \mathbb{N} : x \in A_i\}$;

oder anders geschrieben (siehe 5.2.2):

$$\bigcup_{i \in \mathbb{N}} A_i := \{x \in G \mid \bigvee_{i \in \mathbb{N}} x \in A_i\}.$$

Man liest: *„Vereinigung der* A_i *mit* $i \in \mathbb{N}$"; das Zeichen $\bigcup$ ist das „große Vereinigungszeichen". Jetzt versteht man, warum der Existenzquantor $\exists$ als „großes Oder" aufgefaßt werden kann und auch in der Form $\bigvee$ geschrieben wird.

Die Menge $\mathbb{N}$ fungiert hier als *„Indexmenge"*. Statt $\mathbb{N}$ kann man auch jede andere, unendliche oder endliche (nicht leere) Indexmenge I nehmen. Man hat also allgemein:

$$\bigcup_{i \in I} A_i := \{x \in G \mid \exists\, i \in I : x \in A_i\}.$$

und natürlich kann man für den („laufenden") *Index* auch einen anderen Buchstaben als i wählen: $\bigcup_{k \in I} A_k$ ist dieselbe Menge wie $\bigcup_{i \in I} A_i$.

Beispiele

(1) Die Mengen $[a, b[\; := \; \{x \in \mathbb{R} \mid a \leq x < b\}$ heißen *„halboffene Intervalle"* (links abgeschlossen, rechts offen); wir skizzieren sie als Strecken wie folgt:

Setzt man nun $S_i \; := \; [i-1, i[$, dann gilt:

$$\bigcup_{i \in \mathbb{N}} S_i = S_1 \cup S_2 \cup S_3 \cup \ldots = \mathbb{R}_0^+;$$

$$\bigcup_{i \in \{1, \ldots, n\}} S_i = S_1 \cup S_2 \cup \ldots \cup S_n = [0, n[.$$

Man beachte den Unterschied zwischen der unendlichen und der ganz ähnlich aussehenden endlichen Vereinigung. Ferner gilt (hier wäre eine Schreibweise mit Pünktchen nicht mehr zweckmäßig):

$$\bigcup_{i \in \mathbb{Z}} S_i = \mathbb{R}.$$

(2) Wir setzen $H_b \; := \; \{x \in \mathbb{R} \mid x \leq b\}$. Das ist die Halbgerade, die bis zur Stelle b einschließlich reicht:

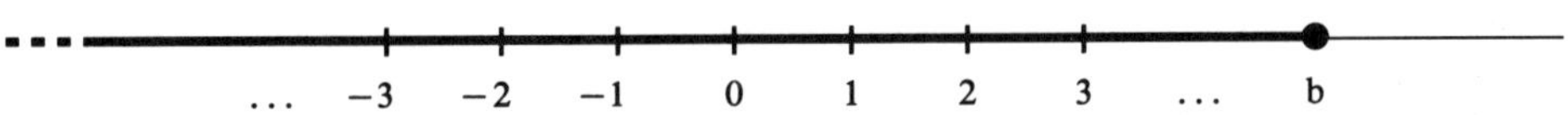

Dann gilt:

$$\bigcup_{i \in \mathbb{N}} H_i = H_1 \cup H_2 \cup H_3 \cup \ldots = \mathbb{R};$$

$$\bigcup_{i \in \{1, \ldots, n\}} H_i = H_1 \cup H_2 \cup \ldots \cup H_n = H_n \text{ (!)};$$

$$\bigcup_{i \in \mathbb{Z}} H_i = \bigcup_{i \in \mathbb{N}} H_i = \mathbb{R}.$$

(3) $Q_\alpha (\subseteq \mathbb{R}^2)$ bezeichne das um den Winkel α gedrehte Quadrat der Kantenlänge 2 (einschließlich der Randstrecken); siehe die Skizze.

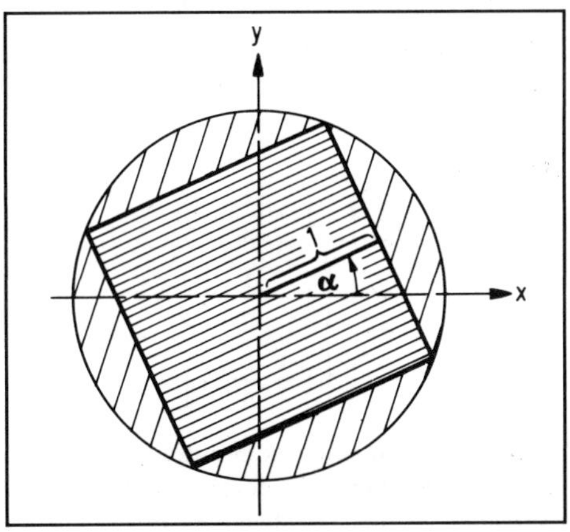

Dann gilt:

$$\bigcup_{\alpha \in [0°, 360°]} Q_\alpha = \{(x, y) \in \mathbb{R}^2 \mid x^2 + y^2 \leq 2\}.$$

Man mache sich genau klar: Ein Punkt (x, y) der Ebene $\mathbb{R}^2$ gehört genau dann zu mindestens einem der Quadrate Q_α, wenn er die Bedingung $x^2 + y^2 \leq 2$ erfüllt, d. h. zur Kreisfläche mit Mittelpunkt (0, 0) und Radius $\sqrt{2}$ gehört. Dies ist die Fläche, die sozusagen „von dem rotierenden Quadrat leergefegt" wird.

Hier wäre es nicht möglich, die Vereinigungmenge in der Form $Q_{\alpha_1} \cup Q_{\alpha_2} \cup Q_{\alpha_3} \cup \ldots$ zu schreiben. Denn die reellen Zahlen aus [0, 360] lassen sich nicht in einer Folge $x_1, x_2, x_3, \ldots$ aufzählen. Hierauf kommen wir in Abschnitt 11.2 zurück.

Hinweis: In Beispiel (1) sind die vereinigten Mengen paarweise disjunkt; in (2) sind sie „ineinandergeschachtelt", d. h. von je zwei Mengen ist eine der beiden eine Obermenge der anderen; in (3) ist nichts Derartiges der Fall.

(4) Nach Def. 1 gilt natürlich auch

$$\bigcup_{i \in \{1,2\}} A_i = A_1 \cup A_2; \qquad \bigcup_{i \in \{1\}} A_i = A_1.$$

Aufgaben: 1a, b; 2a, b

6.3.2 Durchschnitt unendlich vieler Mengen

Am Schluß von 6.1.3 sagten wir (sinngemäß):

$$\begin{aligned} A_1 \cap A_2 \cap \ldots \cap A_n &= \{x \in G \mid x \in A_1 \wedge x \in A_2 \wedge \ldots \wedge x \in A_n\} \\ &= \{x \in G \mid x \text{ gehört zu } \textit{allen} \text{ Mengen } A_1, A_2, \ldots, A_n\} \end{aligned}$$

Ebenso können wir jetzt sagen:

$$\begin{aligned} A_1 \cap A_2 \cap A_3 \cap \ldots &= \{x \in G \mid x \in A_1 \wedge x \in A_2 \wedge x \in A_3 \wedge \ldots\} \\ &= \{x \in G \mid x \text{ gehört zu } \textit{allen} \text{ Mengen } A_1, A_2, A_3, \ldots\} \\ &= \{x \in G \mid \forall\, i \in \mathbb{N} : x \in A_i\}. \end{aligned}$$

Definition 2: $$\bigcap_{i \in \mathbb{N}} A_i := \{x \in G \mid \forall\, i \in \mathbb{N} : x \in A_i\},$$

oder anders geschrieben (siehe 5.2.1):

$$\bigcap_{i \in \mathbb{N}} A_i := \{x \in G \mid \bigwedge_{i \in \mathbb{N}} x \in A_i\}$$

Man liest: *„Durchschnitt der* A_i *mit* $i \in \mathbb{N}$"; das Zeichen $\bigcap$ ist das „große Durchschnittszeichen". Jetzt versteht man, warum der Allquantor $\forall$ als „großes Und" aufgefaßt werden kann und auch in der Form $\bigwedge$ geschrieben wird.

Mit beliebiger Indexmenge I haben wir allgemein:

$$\bigcap_{i \in I} A_i := \{x \in G \mid \forall\, i \in I : x \in A_i\}.$$

Beispiele

(1) $$\bigcap_{n \in \mathbb{N}} \left[1 - \frac{1}{n}, 1 + \frac{1}{n}\right] = \{1\};$$

$$\bigcap_{n \in \mathbb{N}} \left[1 - \frac{1}{n}, 1\right] = \{1\};$$

$$\bigcap_{n \in \mathbb{N}} \left[1 - \frac{1}{n}, 1\right[= \emptyset.$$

Hier wurden jeweils ineinandergeschachtelte Intervalle zum Schnitt gebracht. In den ersten beiden Fällen liegen Intervallschachtelungen vor, welche die Zahl 1 erfassen. Anders im dritten Fall; hier ist der Durchschnitt leer!

Warum widerspricht dies nicht dem Intervallschachtelungs-Axiom (Int) in 4.2.3? Dort sind *„abgeschlossene" Intervalle*, d. h. Intervalle der Form [a, b] gemeint. Nachdem wir in **1.** auch Intervalle der Form [a, b[eingeführt haben, muß beim Intervallschachtelungs-Axiom die Abgeschlossenheit der Intervalle ausdrücklich betont werden. Das Beispiel zeigt, daß für nicht-abgeschlossene Intervalle die Aussage (Int) im allgemeinen falsch ist.

Versuch einer Veranschaulichung:
Kein Punkt gehört zu *allen* Intervallen!

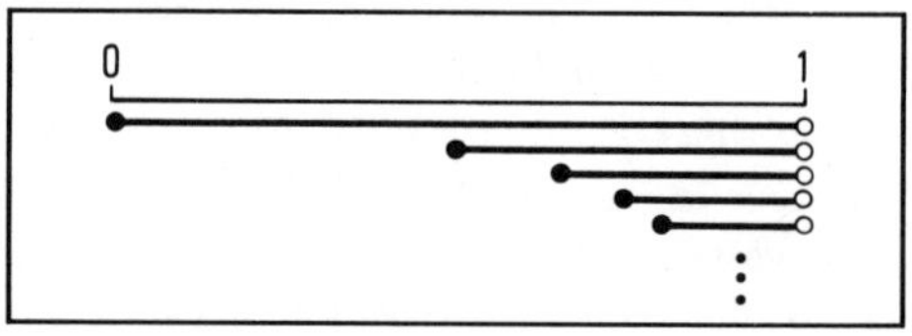

(2) (vgl. **1.**)

$$\bigcap_{i \in \mathbb{N}} H_i = H_1 \cap H_2 \cap H_3 \cap \ldots = H_1;$$

$$\bigcap_{i \in \{1, 2, \ldots n\}} H_i = H_1 \cap H_2 \cap \ldots \cap H_n = H_1;$$

$$\bigcap_{i \in \mathbb{Z}} H_i = \emptyset \text{ (!)}.$$

(3) (vgl. **1.**)

$$\bigcap_{\alpha \in [0°, 360°]} Q_\alpha = \{(x,y) \in \mathbb{R}^2 \mid x^2 + y^2 \leq 1\}.$$

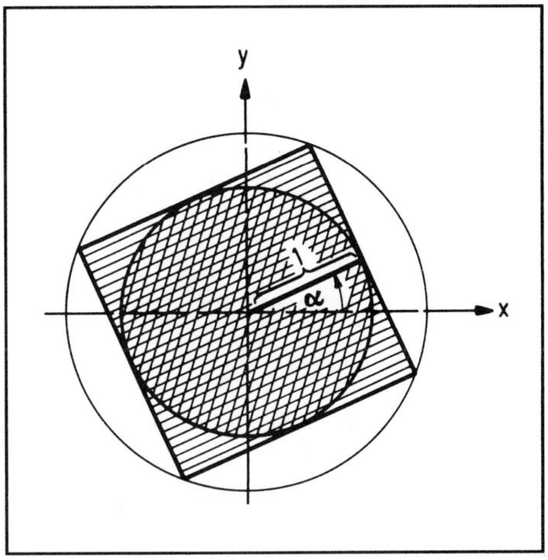

Auch diese Mengengleichheit sollte sich der Leser genau klarmachen: Ein Punkt (x, y) der Ebene $\mathbb{R}^2$ gehört genau dann zu allen Quadraten Q_α, wenn er die Bedingung $x^2 + y^2 \leq 1$ erfüllt, d. h. zur Einheitskreisfläche gehört. Dies ist die Fläche, die sozusagen „von dem rotierenden Quadrat vollständig verdeckt" wird (kein Punkt von ihr wird jemals sichtbar).

(4) Nach Def. 2 gilt natürlich auch

$$\bigcap_{i \in \{1,2\}} A_i = A_1 \cap A_2; \qquad \bigcap_{i \in \{1\}} A_i = A_1.$$

Aufgaben: 1 bis 4

6.3.3 Klasseneinteilungen einer Menge

Der Ausdruck „Einteilung einer Menge in Klassen" ist unmittelbar verständlich. Man denke an die Klassen in einer Schule. Wir geben auch einige mathematische

Beispiele:

(1) Einteilung der Menge $\mathbb{N}_0$ in drei Klassen, deren jede unendlich viele Zahlen enthält:

$$R_0 = \{0, 3, 6, \ldots\} = \{x \in \mathbb{N}_0 \mid \exists\, n \in \mathbb{N}_0 : x = 3n\};$$
$$R_1 = \{1, 4, 7, \ldots\} = \{x \in \mathbb{N}_0 \mid \exists\, n \in \mathbb{N}_0 : x = 3n + 1\};$$
$$R_2 = \{2, 5, 8, \ldots\} = \{x \in \mathbb{N}_0 \mid \exists\, n \in \mathbb{N}_0 : x = 3n + 2\}$$

(vgl. Aufgabe 2 in Abschnitt 1.3).

Hierfür gilt: $R_0 \cup R_1 \cup R_2 = \mathbb{N}$; $R_0 \cap R_1 = R_1 \cap R_2 = R_2 \cap R_0 = \emptyset$, d. h. R_0 disj R_1, R_1 disj R_2, R_2 disj R_0.

(2) Einteilung der Menge $\mathbb{N}$ in unendlich viele Klassen, deren jede endlich viele Zahlen enthält:

$S_1 = \{1, 2, \ldots, 9\}$, card $S_1 = 9$; $S_2 = \{10, 11, \ldots, 99\}$, card $S_2 = 90$;
$S_3 = \{100, 101, \ldots, 999\}$, card $S_3 = 900$; ...;

allgemein: $S_i = \{n \in \mathbb{N} \mid 10^{i-1} \leq n < 10^i\}$, card $S_i = 9 \cdot 10^{i-1}$, für $i \in \mathbb{N}$.

Hierfür gilt: $\bigcup_{i \in \mathbb{N}} S_i = \mathbb{N}$; $S_i \cap S_j = \emptyset$ für alle i, j mit $i \neq j$.

Beachte: Zwar ist jede einzelne Menge S_i endlich, aber für die Kardinalzahlen card S_i kann man keine gemeinsame Schranke angeben, d. h. die Menge dieser Kardinalzahlen ist *nicht beschränkt* (vgl. 2.3.3). In diesem Beispiel gibt es *keine unendlich große* Klasse; aber es gibt *beliebig große* Klassen, d. h. es gilt $\forall\, n \in \mathbb{N} : \exists\, i \in \mathbb{N} : \text{card}\, S_i > n$.

(3) Einteilung der Menge $\mathbb{N} \setminus \{1\}$ in unendlich viele Klassen, deren jede unendlich viele Zahlen enthält: Für jede Primzahl p sei $\boldsymbol{K}_p$ die Menge aller natürlichen Zahlen $\neq 1$, deren klein-

ster Primfaktor p ist, d. h. die Menge aller Zahlen aus $\mathbb{N} \setminus \{1\}$, die durch p, aber durch keine kleinere Primzahl teilbar sind. Zum Beispiel ist

$\boldsymbol{K}_2 = \{2, 4, 6, \ldots\}$ (die Menge der positiven geraden Zahlen);

$\boldsymbol{K}_3 = \{3, 9, 15, 21, 27, \ldots\}$ (die Menge der ungeraden Dreierzahlen);

$\boldsymbol{K}_3 = \{5, 25, 35, 55, 65, 85, \ldots\}$. (Hier ist es nicht ganz so einfach, das Bildungsgesetz für die Aufzählung zu beschreiben!)

Jede Menge $\boldsymbol{K}_p$ ist unendlich; $\boldsymbol{K}_p$ enthält ja jedenfalls die Potenzen $p^1, p^2, p^3, \ldots$.

Hierfür gilt, mit $\mathbb{P}$ als Menge aller Primzahlen:

$$\bigcup_{p \in \mathbb{P}} \boldsymbol{K}_p = \mathbb{N} \setminus \{1\} = \{2, 3, 4, 5, \ldots\}; \quad \boldsymbol{K}_p \cap \boldsymbol{K}_q = \emptyset, \text{ falls } p \neq q.$$

Der Leser prüfe dies genau nach.

Nun formulieren wir allgemein:

Definition 3: Gegeben sei eine nichtleere Menge M. Man sagt, die (endlich oder unendlich vielen) Mengen K_i ($i \in I$) bilden eine *Klasseneinteilung von* M, wenn die folgenden drei Bedingungen erfüllt sind:

(i) $$\bigcup_{i \in I} K_i = M;$$

(ii) $$K_i \cap K_j = \emptyset, \quad \text{falls } K_i \neq K_j;$$

(iii) $$K_i \neq \emptyset \quad \text{für alle } i \in I;$$

in Worten: Die Vereinigung aller Mengen K_i ist M; je zwei (verschiedene) dieser Mengen sind disjunkt; keine dieser Mengen ist leer. Nur wenn alle drei Bedingungen erfüllt sind, darf man die Mengen K_i als *„Klassen“* bezeichnen!

Zur Verdeutlichung betrachten wir zwei

Gegenbeispiele:

(4) Die abgeschlossenen Intervalle $[i-1, i]$ für $i \in \mathbb{Z}$ bilden keine Klasseneinteilung von $\mathbb{R}$; denn (ii) ist nicht erfüllt: es gilt z. B. $[0, 1] \cap [1, 2] = \{1\} \neq \emptyset$. Wohl aber haben diese Intervalle die wichtige Eigenschaft (i); man sagt dafür: sie *überdecken* $\mathbb{R}$.

Für die halboffenen Intervalle $[i-1, i[$, $i \in \mathbb{Z}$ (vgl. **1.**) gilt jedoch neben (i) und (iii) auch (ii); diese Intervalle bilden eine Klasseneinteilung von $\mathbb{R}$.

(5) Gegeben seien vier Teilmengen A, B, C, D von M. Wir bilden die folgenden 16 Mengen, vgl. 6.2.4:

$$M_0 = M_{0000} = \overline{A} \cap \overline{B} \cap \overline{C} \cap \overline{D};$$
$$M_1 = M_{0001} = \overline{A} \cap \overline{B} \cap \overline{C} \cap D;$$
$$\vdots$$
$$M_5 = M_{0101} = \overline{A} \cap B \cap \overline{C} \cap D;$$
$$\vdots$$
$$M_{15} = M_{1111} = A \cap B \cap C \cap D.$$

Das Bildungsgesetz ist klar. Wir benutzen die 16 „Dualzahlen“ von 0000 bis 1111 als Indizes. Die Indexmenge I ist also $\{0000, 0001, \ldots, 1111\} = \{0, 1, \ldots, 15\}$. (Links und rechts stehen dieselben Zahlen, nur anders geschrieben.)

Hierfür gilt:

(i) $$\bigcup_{i \in I} M_i = M; \text{ d. h. die } M_i \text{ überdecken } M;$$

der Leser sollte dies genau begründen. Weiter gilt

(ii) $M_i \cap M_j = \emptyset$, falls $M_i \neq M_j$.

Denn in diesem Fall muß $i \neq j$ sein, d. h. die vierstelligen Indizes unterscheiden sich an mindestens einer Stelle. Trifft dies z. B. für die zweite Stelle zu, dann ist eine der Mengen M_i, M_j Teilmenge von B, die andere Teilmenge von $\overline{B}$; also gilt M_i disj M_j. Daß (i) und (ii) gelten, drückt man auch so aus: die M_i bilden eine *Zerlegung* von M.

Aber im allgemeinen gilt *nicht* (iii); d. h. nicht für alle $i \in I$ ist $M_i \neq \emptyset$! Denn es war nichts über die Mengen A, B, C, D vorausgesetzt. Sind z. B. A und B disjunkt, so ist jedenfalls $M_{1100} = A \cap B \cap \overline{C} \cap \overline{D} = \emptyset$. Nur wenn die vier Mengen A, B, C, D sozusagen ein „Venn-Diagramm" für die Grundmenge M bilden (das bedeutet ja gerade, daß alle 16 Durchschnitte M_i nicht leer sind, vgl. 6.2.4), liegt eine Klasseneinteilung von M vor.

Weitere Beispiele:

(6) Es seien A und B endliche Mengen mit card A = n und card B = m. Dann zerfällt die Produktmenge $A \times B$ in natürlicher Weise in n Klassen, deren jede m Elemente enthält (und ebenso in m Klassen mit je n Elementen); siehe 1.2.2.

(7) Analog kann man $\mathbb{N} \times \mathbb{N}$ in unendlich viele Klassen K_i zerlegen, deren jede unendlich viele Zahlenpaare enthält:

$K_i = \{(m, n) \in \mathbb{N}^2 \mid m = i\}$, für jedes $i \in \mathbb{N}$.

Die i-te Klasse besteht also aus allen Zahlenpaaren, deren erstes Glied i ist.

Eine interessantere Klasseneinteilung von $\mathbb{N} \times \mathbb{N}$ werden wir in 11.1.3, bei der „Rekonstruktion der Bruchzahlen", kennenlernen.

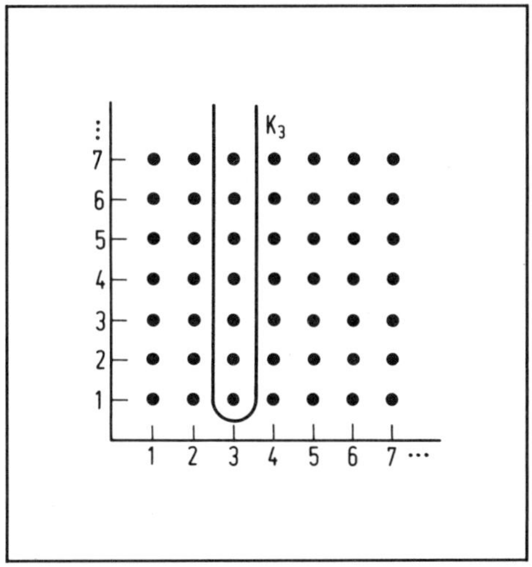

Hinweis

Soll eine Behauptung der Form $\forall x \in M : \boldsymbol{B}(x)$ bewiesen werden, so nimmt man oft eine *„Fallunterscheidung"* vor, indem man die Menge M geeignet durch Teilmengen M_i überdeckt, etwa $M = M_1 \cup M_2 \cup M_3$, und dann der Reihe nach beweist:

$$\forall x \in M_1 : \boldsymbol{B}(x), \quad \forall x \in M_2 : \boldsymbol{B}(x), \quad \forall x \in M_3 : \boldsymbol{B}(x).$$

Offensichtlich ist damit die Behauptung bewiesen. Dazu ist es *nicht* erforderlich, daß die Mengen M_i paarweise disjunkt sind (dann werden die betreffenden Teilaussagen mehrfach behandelt), und auch *nicht,* daß alle M_i nichtleer sind (andernfalls wird über Möglichkeiten argumentiert, die es gar nicht gibt); siehe hierzu auch Beispiel (5). Die „Fälle" M_i brauchen also keine Klasseneinteilung der Menge M aller „Möglichkeiten" zu bilden.

Beispiele hierfür sind wiederholt aufgetreten. Bei Beweisen von Behauptungen über reelle Zahlen überdeckt man $\mathbb{R}$ oft mit den Mengen $\mathbb{R}_0^+$ und $\mathbb{R}_0^-$ $(= \{x \in \mathbb{R} \mid x \leq 0\})$, die den nichtleeren Durchschnitt $\{0\}$ haben, siehe etwa den Beweis von Satz 10 in 3.3.4.

Aufgaben: 5, 6

Aufgaben 6.3

1. Q_α bezeichne wieder das um den Winkel α gedrehte Quadrat der Kantenlänge 2. Bestimme (Zeichnung):

a) $\bigcup_{\alpha \in \{0°, 45°, 90°\}} Q_\alpha$; b) $\bigcup_{45° \leq \alpha \leq 90°} Q_\alpha$; c) $\bigcap_{\alpha \in \{0°, 45°, 90°\}} Q_\alpha$; d) $\bigcap_{45° \leq \alpha \leq 90°} Q_\alpha$.

2. Für jede reelle Zahl r sei W_r die Punktmenge $\{(x, y) \in \mathbb{R}^2 \mid x \leq r \leq y\}$. Skizziere die Mengen W_1 und W_5. Bestimme die Mengen:

a) $\bigcup_{r \in \mathbb{R}} W_r$, b) $\bigcup_{0 \leq r \leq 5} W_r$, c) $\bigcap_{r \in \mathbb{R}} W_r$, d) $\bigcap_{0 \leq r \leq 5} W_r$

jeweils durch eine Skizze sowie Beschreibung mittels möglichst einfacher Aussageform.

3. Es sei $H_b = \{x \in \mathbb{R} \mid x \leq b\}$. Beschreibe entsprechend die Komplementärmenge $\overline{H}_b = \mathbb{R} \setminus H_b$ und bestimme die Mengen

a) $\bigcup_{i \in \mathbb{N}} \overline{H}_i$; b) $\bigcup_{i \in \mathbb{Z}} \overline{H}_i$; c) $\bigcap_{i \in \mathbb{N}} \overline{H}_i$; d) $\bigcap_{i \in \mathbb{Z}} \overline{H}_i$.

Vergleiche die Ergebnisse mit den Mengen

$\overline{\bigcap_{i \in \mathbb{N}} H_i}$, $\overline{\bigcap_{i \in \mathbb{Z}} H_i}$, $\overline{\bigcup_{i \in \mathbb{N}} H_i}$, $\overline{\bigcup_{i \in \mathbb{Z}} H_i}$.

siehe 6.3.1 und 6.3.2.

4. a) Beweise mit Bezugnahme auf 5.2.4

$$\overline{\bigcup_{i \in I} A_i} = \bigcap_{i \in I} \overline{A}_i; \quad \overline{\bigcap_{i \in I} A_i} = \bigcup_{i \in I} \overline{A}_i.$$

b) Stelle eine Beziehung zu den de Morganschen Regeln

$\overline{A \cup B} = \overline{A} \cap \overline{B}$; $\overline{A \cap B} = \overline{A} \cup \overline{B}$ her.

5. Untersuche, ob die angegebenen Figuren (Punktmengen) eine Klasseneinteilung der Ebene $\mathbb{R}^2$ bilden.

a) Alle Geraden der Form $g_{a,0} = \{(x, y) \mid y = ax\}$ mit $a \in \mathbb{R}$;

b) Alle Geraden mit der Steigung 2: $g_{2,b} = \{(x, y) \mid y = 2x + b\}$ mit $b \in \mathbb{R}$;

c) Alle Kreise $K_r = \{(x, y) \mid x^2 + y^2 = r^2\}$ mit $r \in \mathbb{R}^+$;

d) Alle Parabeln $P_a = \{(x, y) \mid y = ax^2\}$ mit $a \in \mathbb{R}$.

Wenn „nein“, gib jeweils an, welche der Bedingungen (i), (ii), (iii) für eine Klasseneinteilung verletzt ist.

6. Bestimme die Anzahl der Klasseneinteilungen mit genau zwei Klassen für die Menge $M = \{1, 2, \ldots, n\}$ $(n \geq 2)$.

Kapitel 7 „Wenn — dann“ und „also“

7.1 Implikation und Äquivalenz

7.1.1 Der Junktor „⇒“ in der Aussagenlogik

In der Aussagenlogik faßt man die Aussagenverbindung „wenn — dann“ ebenso wie „und“ und „oder“ als eine *logische Operation* auf, die aus zwei Aussagen p, q eine neue Aussage herstellt: „wenn p, dann q“, geschrieben $p \Rightarrow q$. Das Symbol ⇒ ist, ebenso wie ∧ und ∨, ein *Junktor*. Die Wahrheit oder Falschheit der Aussage $p \Rightarrow q$ hängt wieder nur von der Wahrheit oder Falschheit der Einzelaussagen ab.

Um die Art dieser Abhängigkeit zu verstehen, betrachten wir als Beispiel die Aussage (einer Mutter zu ihrem Kind): „Wenn du Eis ißt (p), dann bekommst du Bauchschmerzen (q)“. Falls sich dann herausstellt, daß p wahr, aber q falsch ist, so ist diese Aussage *widerlegt,* und man überzeugt sich davon, daß sie in allen anderen Fällen nicht widerlegt ist. Demnach ist es vernünftig, die Aussage $p \Rightarrow q$ im erstgenannten Fall als falsch und in allen anderen Fällen als wahr anzusehen.

So geschieht es in der Logik:

$p \Rightarrow q$ ist falsch *bedeutet dasselbe wie* $p \land \neg q$ ist wahr;
$p \Rightarrow q$ ist wahr *bedeutet dasselbe wie* $p \land \neg q$ ist falsch,

d. h. $\neg(p \land \neg q)$ ist wahr,

d. h. (de Morgan:) $\neg p \lor q$ ist wahr.

Dies liefert die *Wahrheitstafel:*

Fall Nr.	p	q	$p \Rightarrow q$, d. h. $\neg p \lor q$
11	w	w	w
10	w	f	f
01	f	w	w
00	f	f	w

Die Operation $\Rightarrow$ heißt in der Logik *materiale Implikation* oder auch *Subjunktion* und wird oft durch einen einfachen Pfeil $\rightarrow$ bezeichnet (der aber in der Mathematik vielfältige andere Bedeutungen hat). Wir bleiben bei $\Rightarrow$ und sprechen von **Implikation.** Oft werden auch die entstehenden Aussagen $p \Rightarrow q$ als Implikationen bezeichnet. Wir sprechen meist deutlicher von „Wenn-dann-Aussagen". Statt „wenn-dann" sagt man auch „wenn-so".

Es ist nützlich, sich einzuprägen, daß die Implikation $p \Rightarrow q$ nichts anderes bedeutet als die Aussagenverbindung $\neg p \lor q$; sie ist also auf die logischen Operationen $\neg$ und $\lor$ zurückführbar und läßt sich einfach als Abkürzung für $\neg p \lor q$ auffassen:

„Wenn p, dann q" *ist gleichbedeutend mit* „(nicht p) oder q".

Diese Festsetzung ist nicht so fern von der umgangssprachlichen Verwendung der Ausdrücke „wenn – dann" und „oder", wie es vielleicht scheint. Ob zum Beispiel jemand sagt „wenn ich (überhaupt) komme, dann bin ich pünktlich" oder „ich komme gar nicht oder aber pünktlich", macht in der Tat keinen Unterschied. Ebenso ist es bei den folgenden neuen Aussagen (einer Öltanklieferfirma): „Wenn Ihr Tank im Jahr 1994 ausläuft, liefern wir einen neuen" und „Ihr Tank läuft im Jahr 1994 nicht aus, oder wir liefern einen neuen".

Ähnlich wie bei $\land$ und $\lor$ lassen sich auch mit dem Symbol $\Rightarrow$ manche sprachlichen Unterscheidungen nicht ausdrücken, und ähnlich wie Oder-Aussagen sind auch Aussagen der Form $p \Rightarrow q$ nur so lange „interessant", wie man über die Wahrheit bzw. Falschheit der Einzelaussagen nicht genau Bescheid weiß. Weiß man aber Bescheid, dann wird man den Sachverhalt anders formulieren, etwa bei unserem ersten Beispiel wie folgt:

Fall 11: Weil du Eis gegessen hast, hast du Bauchschmerzen bekommen.
Fall 10: Obwohl du Eis gegessen hast, hast du keine ....
Fall 01: Obwohl du kein Eis gegessen hast, hast du doch ....
Fall 00: Weil du kein Eis gegessen hast, hast du keine ....

7.1.2 Beispiele aus der Mathematik

In der Mathematik wird der Junktor $\Rightarrow$ häufig zwischen zwei *Aussageformen* $\boldsymbol{A}(x)$, $\boldsymbol{B}(x)$ gesetzt. So entsteht die neue Aussageform $\boldsymbol{A}(x) \Rightarrow \boldsymbol{B}(x)$. Diese wird nach **1.** bei Einsetzung genau derjenigen Werte aus der Grundmenge für x falsch, für die $\boldsymbol{A}(x)$ eine wahre und $\boldsymbol{B}(x)$ eine falsche Aussage wird. Wir erhalten so die *Wahrheitstafel:*

Fall Nr.	***A***(x)	***B***(x)	***A***(x) ⇒ ***B***(x), d. h. ¬***A***(x) ∨ ***B***(x)
11	w	w	w
10	w	f	f
01	f	w	w
00	f	f	w

Beispiele

(1) Die Aussageform „wenn $x < 3$, dann $x < 5$", d. h. $x < 3 \Rightarrow x < 5$, wird man ohne viel Überlegen als allgemeingültig (über $\mathbb{R}$) ansehen. Dabei ist man sich vielleicht nicht im klaren darüber, daß die Aussagen, die bei beliebigen Einsetzungen für x entstehen, alle als wahr anerkannt sind, also auch Aussagen wie $4 < 3 \Rightarrow 4 < 5$ und $6 < 3 \Rightarrow 6 < 5$!

Verschaffen wir uns einen Überblick über alle Fälle:

Fall Nr.	Einsetzung für x	$x < 3$	$x < 5$	$x < 3 \Rightarrow x < 5$, d. h. $x \geq 3 \vee x < 5$
11	2	$2 < 3$, wahr	$2 < 5$, wahr	$2 < 3 \Rightarrow 2 < 5$, d. h. $2 \geq 3 \vee 2 < 5$, wahr
10	keine mögliche	–––	–––	–––
01	4	$4 < 3$, falsch	$4 < 5$, wahr	$4 < 3 \Rightarrow 4 < 5$, d. h. $4 \geq 3 \vee 4 < 5$, wahr!
00	6	$6 < 3$, falsch	$6 < 5$, falsch	$6 < 3 \Rightarrow 6 < 5$, d. h. $6 \geq 3 \vee 6 < 5$, wahr!

Man erkennt: Der einzige „kritische" Fall 10 kann nicht eintreten; denn *es gibt kein* $x \in \mathbb{R}$ *mit* $x < 3$ *und* $x \geq 5$ (daraus würde ja wegen der Transitivität der Kleinerbeziehung $5 < 3$ folgen). Genau dies ist der Grund für die richtig vermutete Allgemeingültigkeit der Aussageform $x < 3 \Rightarrow x < 5$.

(2) Anders ist es bei der Aussageform $x < 3 \Rightarrow x^2 < 10$. Hier liefert die Einsetzung $x = -4$ die falsche Aussage $-4 < 3 \Rightarrow 16 < 10$, d. h. $-4 \geq 3 \vee 16 < 10$. Damit ist bereits erkannt, daß die AF *nicht allgemeingültig* ist. Man könnte nun nach ihrer Erfüllungsmenge $\{x \in \mathbb{R} \mid x < 3 \Rightarrow x^2 < 10\}$ fragen oder besser nach deren Komplement, der Menge aller Gegenbeispiele: $\{x \in \mathbb{R} \mid x < 3 \wedge x^2 \geq 10\}$. Die Bestimmung dieser Mengen sei dem Leser überlassen (Aufgabe 1). Meist interessiert man sich bei solchen AF aber nicht so sehr hierfür, sondern begnügt sich mit der Entscheidung der Frage, ob Allgemeingültigkeit vorliegt oder nicht.

Auch allgemein interessiert man sich bei Implikationen $\boldsymbol{A}(x) \Rightarrow \boldsymbol{B}(x)$ (anders als bei Konjunktionen $\boldsymbol{A}(x) \wedge \boldsymbol{B}(x)$, etwa Gleichungs- oder Ungleichungssystemen!) meist nicht für die Erfüllungsmenge $\{x \in G \mid \boldsymbol{A}(x) \Rightarrow \boldsymbol{B}(x)\} = \{x \in G \mid \neg\boldsymbol{A}(x) \vee \boldsymbol{B}(x)\}$, sondern nur dafür, ob die AF *allgemeingültig ist oder nicht,* d. h. ob die *Allaussage*

$$\forall\, x \in G : (\boldsymbol{A}(x) \Rightarrow \boldsymbol{B}(x))$$

wahr ist oder nicht.

Aus diesem Grund ist die schon in 5.2.1 erörterte Unterschlagung des Allquantors beim Schreiben und Sprechen auch hier verbreitet: *Wenn jemand von einer Aussageform der Gestalt* $\boldsymbol{A}(x) \Rightarrow \boldsymbol{B}(x)$ *behauptet, sie sei wahr, so meint er in Wirklichkeit, daß die obige Allaussage wahr ist!* In diesem Sinn wird also $\boldsymbol{A}(x) \Rightarrow \boldsymbol{B}(x)$ häufig als *Abkürzung für die Aussage* $\forall \in G : (\boldsymbol{A}(x) \Rightarrow \boldsymbol{B}(x))$ aufgefaßt. $\boldsymbol{A}(x) \Rightarrow \boldsymbol{B}(x)$ ist dann, ebenso wie die uns schon bekannte Äquivalenz $\boldsymbol{A}(x) \Leftrightarrow \boldsymbol{B}(x)$ (siehe 5.1.2), eine *Aussage:* sie bringt eine *Beziehung* zwischen zwei Aussageformen zum Ausdruck, die *Folgerungsbeziehung.*

Demgemäß verbindet sich mit dem Ausdruck „wenn — dann" auch in der Umgangssprache eher die Vorstellung einer Beziehung zwischen Aussagen als ihrer bloßen Verknüpfung zu einer neuen Aussage gleicher Art, wie dies bei „und" der Fall ist: Ein Gleichungssystem ist ja im Prinzip nichts anderes als eine Gleichung.

Um die *Negation der Aussage* $\boldsymbol{A}(x) \Rightarrow \boldsymbol{B}(x)$ zu bilden, muß man von der korrekten Schreibweise $\forall\, x \in G : (\boldsymbol{A}(x) \Rightarrow \boldsymbol{B}(x))$ ausgehen. Ihr logisches Gegenteil lautet:

$$\neg \forall\, x \in G : \quad (\boldsymbol{A}(x) \Rightarrow \boldsymbol{B}(x))$$

d. h. $\exists\, x \in G : \neg(\boldsymbol{A}(x) \Rightarrow \boldsymbol{B}(x))$ (vgl. 5.2.4),

d. h. $\exists\, x \in G : \neg(\neg \boldsymbol{A}(x) \vee \boldsymbol{B}(x))$ (vgl. obige Tafel),

d. h. $\exists\, x \in G : \quad (\boldsymbol{A}(x) \wedge \neg \boldsymbol{B}(x))$ (de Morgan).

Der Nachweis dessen entspricht also genau dem wiederholt praktizierten Vorgehen bei der Widerlegung einer Wenn-dann-Aussage. Es wäre irreführend, wollte man die Negation von $\boldsymbol{A}(x) \Rightarrow \boldsymbol{B}(x)$ in der Form $\neg(\boldsymbol{A}(x) \Rightarrow \boldsymbol{B}(x))$ schreiben; denn hier wäre der *Existenz*quantor unterschlagen statt — wie stillschweigend geduldet — der Allquantor.

Bemerkung: Daß $\boldsymbol{A}(x) \Rightarrow \boldsymbol{B}(x)$ eigentlich eine Aussage*form* ist, erkennt man auch an folgendem: Die Einsetzung eines Elements der Grundmenge für x liefert hier *nichts Unsinniges* (auch wenn falsche Aussagen entstehen). Dagegen darf man natürlich bei $\forall\, x : (\boldsymbol{A}(x) \Rightarrow \boldsymbol{B}(x))$ für die gebundene Variable x nichts mehr einsetzen.

Aufgabe: 1

7.1.3 Der Junktor „⇔"

Wir erörtern jetzt den Junktor ⇔ und werden dann auch die genaue Bedeutung der schon in 5.1.2 eingeführten Schreibweise $\boldsymbol{A}(x) \Leftrightarrow \boldsymbol{B}(x)$ erklären können.

Naheliegenderweise setzt man in der Aussagenlogik die Bedeutung von „p genau dann, wenn q", geschrieben $p \Leftrightarrow q$, wie folgt fest:

$p \Leftrightarrow q$ ist wahr *bedeutet dasselbe wie* $(p \Rightarrow q) \wedge (q \Rightarrow p)$ ist wahr,

d. h. $(\neg p \vee q) \wedge (\neg q \vee p)$ ist wahr,

d. h. $(p \wedge q) \vee (\neg p \wedge \neg q)$ ist wahr.

Daß die letzte Form der Aussage gleichbedeutend mit den vorangehenden ist, kann man durch „Ausrechnen" mit den Distributivgesetzen für ∧ und ∨ bestätigen oder einfacher an der folgenden *Wahrheitstafel:*

Fall Nr.	p	q	$p \Rightarrow q$	$q \Rightarrow p$	$(p \Rightarrow q) \wedge (q \Rightarrow p)$	$p \wedge q$	$\neg p \wedge \neg q$	$(p \wedge q) \vee (\neg p \wedge \neg q)$
11	w	w	w	w	w	w	f	w
10	w	f	f	w	f	f	f	f
01	f	w	w	f	f	f	f	f
00	f	f	w	w	w	f	w	w

Beispiel 1: Im Reiseführer steht (bei der Beschreibung eines bestimmten Schlosses) sinngemäß: Der Fürst ist anwesend (p) *genau dann, wenn* die Fahne gehißt ist (q), d. h. $p \Leftrightarrow q$. Dies ist wahr in den Fällen 11, 00 und falsch in den Fällen 10, 01.

In der Mathematik setzt man den Junktor meist zwischen zwei *Aussageformen.* Die Aussageform $\boldsymbol{A}(x) \Leftrightarrow \boldsymbol{B}(x)$ wird bei Einsetzung genau derjenigen Werte aus G für x zu einer wahren Aussage, für die $\boldsymbol{A}(x)$ und $\boldsymbol{B}(x)$ beide wahr oder beide falsch werden. — Genauer betrachtet hat man es schon in Beispiel 1 mit *Aussageformen* über einer Grundmenge T, der Menge aller in Betracht kommenden Zeitpunkte, zu tun: p besagt, daß der Fürst zum Zeitpunkt t anwesend ist: $\boldsymbol{A}(t)$, entsprechend für q: $\boldsymbol{B}(t)$. Und gemeint ist im Reiseführer die Allaussage $\forall\, t \in T : (\boldsymbol{A}(t) \Leftrightarrow \boldsymbol{B}(t))$.

Beispiel 2: Die Aussageform $x + 2 < 5 \Leftrightarrow x < 3$ über $\mathbb{R}$ ist wahr für beliebige Einsetzungen; die Fälle 10 ($x + 2 < 5$ wahr und $x < 3$ falsch) und 01 ($x + 2 < 5$ falsch und $x < 3$ wahr) können nach dem Monotoniegesetz der Addition nicht eintreten. Die AF ist somit *allgemeingültig,* d. h. die Allaussage $\forall\, x \in \mathbb{R} : (x + 2 < 5 \Leftrightarrow x < 3)$ ist wahr.

Beispiel 3: Anders ist es bei der Aussageform $x < 3 \Leftrightarrow x < 5$. Diese wird bei Einsetzung von 4 für x zu der falschen Aussage $4 < 3 \Leftrightarrow 4 < 5$, d. h. $(4 < 3 \wedge 4 < 5) \vee (4 \geq 3 \wedge 4 \geq 5)$; sie ist somit *nicht allgemeingültig,* d. h. die Allaussage $\forall\, x \in \mathbb{R}\ (x < 3 \Leftrightarrow x < 5)$ ist falsch.

Hier ist nun wieder das Entsprechende zu bemerken wie zum Junktor $\Rightarrow$: Bei Aussageformen der Gestalt $\boldsymbol{A}(x) \Leftrightarrow \boldsymbol{B}(x)$ interessiert man sich meist nicht für die Erfüllungsmenge, sondern nur dafür, ob die AF *allgemeingültig ist oder nicht,* d. h. ob die *Allaussage*

$$\forall\, x \in G : (\boldsymbol{A}(x) \Leftrightarrow \boldsymbol{B}(x))$$

wahr ist oder nicht. Und wieder wird der Allquantor oft „vergessen"; d. h. *wenn jemand von einer Aussageform* $\boldsymbol{A}(x) \Leftrightarrow \boldsymbol{B}(x)$ *behauptet, sie sei wahr, so meint er in Wirklichkeit, daß die obige Allaussage wahr ist. In diesem* Sinn bezeichnet

$$\boldsymbol{A}(x) \Leftrightarrow \boldsymbol{B}(x)$$

eine *Aussage,* die eine *Beziehung, „Äquivalenz"* genannt, zwischen zwei Aussageformen (bzgl. der betreffenden Grundmenge G) zum Ausdruck bringt.

Jetzt erkennt man, daß dies **genau die Bedeutung** ist, die wir dem Ausdruck $\boldsymbol{A}(x) \Leftrightarrow \boldsymbol{B}(x)$ bereits in 5.1.2 beigelegt haben: Daß (wie wir jetzt sagen) $\boldsymbol{A}(x)$ und $\boldsymbol{B}(x)$ für jede Einsetzung für x entweder beide wahr oder beide falsch sind, bedeutet nichts anderes, als daß (wie wir früher sagten) $\boldsymbol{A}(x)$ für genau dieselben Elemente aus G gilt wie $\boldsymbol{B}(x)$. Damit ist die Verwendungsweise des Zeichens $\Leftrightarrow$ in 5.1.2 gerechtfertigt.

Aufgabe: 2

7.1.4 Sprachliche Formulierungen für Wenn-dann-Aussagen und Genau-dann-wenn-Aussagen

Im folgenden seien für $\boldsymbol{A}$ und $\boldsymbol{B}$ zwei Möglichkeiten zugelassen:
— beide sind Aussagen;
— beide sind Aussageformen über einer gegebenen Grundmenge.

Unter $\boldsymbol{A} \Rightarrow \boldsymbol{B}$ verstehen wir jetzt immer die betreffende *Wenn-dann-Aussage,* insbesondere wenn $\boldsymbol{A}, \boldsymbol{B}$ Aussageformen über der Grundmenge G sind, die Aussage $\forall\, x \in G : (\boldsymbol{A}(x) \Rightarrow \boldsymbol{B}(x))$. Gefragt ist *nur nach deren* Wahrheit bzw. Falschheit, *nicht* nach der Wahrheit der Einzelaussagen $\boldsymbol{A}$, $\boldsymbol{B}$ bzw. nach der Allgemeingültigkeit von $\boldsymbol{A}(x)$ oder $\boldsymbol{B}(x)$ allein.

Für $\boldsymbol{A} \Rightarrow \boldsymbol{B}$ sind folgende Formulierungen gebräuchlich:

(1) Wenn $\boldsymbol{A}$, dann $\boldsymbol{B}$ (oder: wenn $\boldsymbol{A}$, so $\boldsymbol{B}$).
(2) $\boldsymbol{B}$, wenn $\boldsymbol{A}$ (deutlicher: $\boldsymbol{B}$ mindestens dann, wenn $\boldsymbol{A}$).
(3) $\boldsymbol{A}$ nur dann, wenn $\boldsymbol{B}$ (oder: $\boldsymbol{A}$ allenfalls, wenn $\boldsymbol{B}$).
(4) Aus $\boldsymbol{A}$ folgt $\boldsymbol{B}$ (oder: $\boldsymbol{B}$ folgt aus $\boldsymbol{A}$).
(5) $\boldsymbol{A}$ impliziert $\boldsymbol{B}$.
(6) $\boldsymbol{A}$ ist hinreichend für $\boldsymbol{B}$.
(7) $\boldsymbol{B}$ ist notwendig für $\boldsymbol{A}$.
(8) $\boldsymbol{B}$ ist mindestens so wahr wie $\boldsymbol{A}$.[56])

Nicht gleichbedeutend mit diesen Formulierungen einer Aussage ist aber die folgende Feststellung: „Es gilt $\boldsymbol{A}$, also auch $\boldsymbol{B}$"; siehe hierzu Abschnitt 7.3.

Man nennt auch $\boldsymbol{A}$ „Voraussetzung" (Vordersatz), $\boldsymbol{B}$ „Behauptung" (Hintersatz oder Folgesatz). Die Bezeichnung „Behauptung" für $\boldsymbol{B}$ ist irreführend, weil sie suggeriert, es ginge um die Wahrheit der Einzelaussage $\boldsymbol{B}$ bzw. um die Allgemeingültigkeit der Einzelaussageform $\boldsymbol{B}(x)$. Dies ist aber, wie oben betont wurde, nicht der Fall. Genaugenommen ist daher erst *die ganze Wenn-dann-Aussage die Behauptung.*

[56]) Vorschlag *G. Heinemann.*

Beispiele: Man ersetze in (1) bis (8) $\boldsymbol{A}$ und $\boldsymbol{B}$ durch die in der ersten Zeile der folgenden Liste stehenden Aussagen, dann entsprechend durch die in der zweiten Zeile stehenden, usw. So entstehen jedesmal acht gleichbedeutende Aussagen. Alle diese sind wahr. Das letzte gilt aber *nicht,* wenn man überall $\boldsymbol{A}$ mit $\boldsymbol{B}$ vertauscht, d. h. die Aussagen $\boldsymbol{B} \Rightarrow \boldsymbol{A}$ bildet (Aufgabe 3).

$\boldsymbol{A}$	$\boldsymbol{B}$
M_1 ist echte Teilmenge von M_2 (endliche Mengen!).	$\operatorname{card} M_1 < \operatorname{card} M_2$ (siehe 1.1.5)
Die Seitenlängen l und b (in cm) eines gegebenen Rechtecks sind ganzzahlig. Kurz: $l \in \mathbb{N}$ und $b \in \mathbb{N}$.	Der Flächeninhalt $l \cdot b$ (in cm^2) des Rechtecks ist ganzzahlig. Kurz: $l \cdot b \in \mathbb{N}$.
Die Zahlen x und y sind rational; kurz: $x \in \mathbb{Q}$ und $y \in \mathbb{Q}$.	Das Produkt $x \cdot y$ ist rational; kurz: $x \cdot y \in \mathbb{Q}$.
$a < b$ und $c < d$ $(a, b, c, d \in \mathbb{R})$	$a + c < b + d$
Die Punktmenge M ist *endlich* (M Teilmenge von $\mathbb{R}^2$).	Die Punktmenge M ist *beschränkt*[57]) (d. h. $\exists r \in \mathbb{R}^+ : \forall (x,y) \in M : \sqrt{x^2 + y^2} \leq r$).
$q \leq 0$	Die Gleichung $x^2 + px + q = 0$ ist lösbar (d. h. ihre Lösungsmenge ist nicht leer).

Für die *Genau-dann-wenn-Aussage* $\boldsymbol{A} \Leftrightarrow \boldsymbol{B}$ sind folgende Sprechweisen gebräuchlich:

(1′) Wenn $\boldsymbol{A}$, dann (so) $\boldsymbol{B}$ und umgekehrt.
(2′) $\boldsymbol{A}$ genau dann, wenn $\boldsymbol{B}$.
(3′) $\boldsymbol{A}$ dann und nur dann, wenn $\boldsymbol{B}$.
(4′) Aus $\boldsymbol{A}$ folgt $\boldsymbol{B}$ und umgekehrt.
(5′) $\boldsymbol{A}$ impliziert $\boldsymbol{B}$ und umgekehrt ($\boldsymbol{A}$ und $\boldsymbol{B}$ implizieren sich wechselseitig).
(6′) $\boldsymbol{A}$ ist notwendig und hinreichend für $\boldsymbol{B}$.
(7′) $\boldsymbol{A}$ ist äquivalent (gleichbedeutend, gleichwertig) mit $\boldsymbol{B}$.
(8′) $\boldsymbol{A}$ ist genauso wahr oder falsch wie $\boldsymbol{B}$.[58])

Hier ist überall auch noch $\boldsymbol{A}$ mit $\boldsymbol{B}$ vertauschbar.

Beispiele: Man ersetze in (1′) bis (8′) jeweils $\boldsymbol{A}$ und $\boldsymbol{B}$ durch die in einer Zeile der folgenden Liste angegebenen Aussagen. So entstehen jedesmal acht gleichbedeutende Aussagen. Dies gilt ebenso für Einsetzungen aus der ersten Liste, aber nur bei der zweiten Liste sind es wahre Aussagen. Natürlich liefert die zweite Liste auch wahre Wenn-dann-Aussagen.

$\boldsymbol{A}$	$\boldsymbol{B}$
Es gibt eine eineindeutige Zuordnung zwischen M_1 und M_2 (endliche Mengen!).	$\operatorname{card} M_1 = \operatorname{card} M_2$
n ist teilbar durch 3 ($n \in \mathbb{N}$, dezimal geschrieben).	Die Quersumme von n ist teilbar durch 3.
$a = 0 \land b = 0$ $(a, b \in \mathbb{R})$	$a^2 + b^2 = 0$
$a = 0 \lor b = 0$ $(a, b \in \mathbb{R})$	$a \cdot b = 0$
Die Gitterpunktmenge M ist *endlich* (M Teilmenge von $\mathbb{Z} \times \mathbb{Z}$).	Die Gitterpunktmenge M ist *beschränkt* (siehe oben).
$p^2 \geq 4q$	Die Gleichung $x^2 + px + q = 0$ ist lösbar.

Aufgabe: 3

[57]) Siehe Abschnitt 5.2, Aufgabe 6.
[58]) Vorschlag *G. Heinemann*

7.1.5 Umkehrung und Kontraposition von Wenn-dann-Aussagen

Die sechs Beispiele der ersten Liste in **4.** zeigen: Eine Wenn-dann-Aussage $\boldsymbol{A} \Rightarrow \boldsymbol{B}$ darf nicht mit der *umgekehrten Aussage* $\boldsymbol{B} \Rightarrow \boldsymbol{A}$ verwechselt werden. Diese entsteht aus $\boldsymbol{A} \Rightarrow \boldsymbol{B}$, indem man den Vordersatz mit dem Hintersatz vertauscht. Diese Operation heißt die *Umkehrung* (deutlicher: das *Umkehren*) der betreffenden Wenn-dann-Aussage. Natürlich ergibt die Umkehrung von $\boldsymbol{B} \Rightarrow \boldsymbol{A}$ wieder die Aussage $\boldsymbol{A} \Rightarrow \boldsymbol{B}$. Man bezeichnet als „Umkehrung" auch das Ergebnis dieser Operation, nennt also die Aussage $\boldsymbol{B} \Rightarrow \boldsymbol{A}$ die Umkehrung von $\boldsymbol{A} \Rightarrow \boldsymbol{B}$. Für $\boldsymbol{B} \Rightarrow \boldsymbol{A}$ schreibt man auch $\boldsymbol{A} \Leftarrow \boldsymbol{B}$.

Beispiele (Grundmenge: $\mathbb{R}$)

Umkehren

$\boldsymbol{A} \Rightarrow \boldsymbol{B}$		$\boldsymbol{B} \Rightarrow \boldsymbol{A}$	
$a^2 + b^2 = 0 \Rightarrow a \cdot b = 0$	(w)	$a \cdot b = 0 \Rightarrow a^2 + b^2 = 0$	(f)
$a^2 > 0 \Rightarrow a > 0$	(f)	$a > 0 \Rightarrow a^2 > 0$	(w)
$a < b \Rightarrow 2a < 2b$	(w)	$2a < 2b \Rightarrow a < b$	(w)
$a < b \Rightarrow a^2 < b^2$	(f)	$a^2 < b^2 \Rightarrow a < b$	(f)

Hiernach sind alle „Kombinationen" von w und f möglich. Nur in den beiden letzten Fällen braucht man die Aussage $\boldsymbol{A} \Rightarrow \boldsymbol{B}$ und ihre Umkehrung $\boldsymbol{B} \Rightarrow \boldsymbol{A}$ nicht zu unterscheiden.

Wir formen nun die Aussage $\boldsymbol{A} \Rightarrow \boldsymbol{B}$ mittels aussagenlogischer Regeln um: $\boldsymbol{A} \Rightarrow \boldsymbol{B}$ bedeutet (vgl. **1.**) dasselbe wie

$$\neg \boldsymbol{A} \vee \boldsymbol{B};$$

d. h. $$\boldsymbol{B} \vee \neg \boldsymbol{A};$$

d. h. $$\neg\neg \boldsymbol{B} \vee \neg \boldsymbol{A};$$

d. h. $$\neg \boldsymbol{B} \Rightarrow \neg \boldsymbol{A}.$$

Der Übergang von $\boldsymbol{A} \Rightarrow \boldsymbol{B}$ zu $\neg\boldsymbol{B} \Rightarrow \neg\boldsymbol{A}$ heißt *Kontraposition* (deutlicher: *Kontraponieren*). Diese Operation besteht also darin, daß man *den Vordersatz und den Hintersatz negiert und dann beide vertauscht.* Man bezeichnet als „Kontraposition" auch das Ergebnis dieser Operation und nennt dann $\neg\boldsymbol{B} \Rightarrow \neg\boldsymbol{A}$ die Kontraposition von $\boldsymbol{A} \Rightarrow \boldsymbol{B}$. Offenbar ergibt die Kontraposition von $\neg\boldsymbol{B} \Rightarrow \neg\boldsymbol{A}$ wieder die Aussage $\boldsymbol{A} \Rightarrow \boldsymbol{B}$.

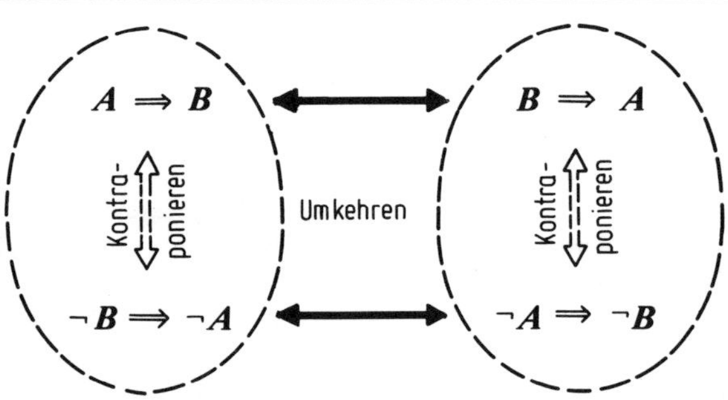

Beachte: Hiernach *ändert die Kontraposition nichts an der Wahrheit oder Falschheit der betreffenden Wenn-dann-Aussage.* Eine solche Aussage wird durch Kontraposition *nicht wesentlich verändert.* Die hier jeweils übereinander stehenden beiden Aussagen brauchen daher nicht unterschieden zu werden. Soll man eine Wenn-dann-Aussage beweisen, kann man ebensogut die kontraponierte beweisen. Will man sich eine Wenn-dann-Aussage einprägen, kann man sich ebensogut die kontraponierte merken; man darf den Unterschied zwischen beiden vergessen. Hiernach ist im weiteren Sinn *jede* rechts (links) stehende Wenn-dann-Aussage die Umkehrung von *jeder* links (rechts) stehenden! So sind die Aussprüche „Was ich auf der Schule gelernt habe, kann ich nicht gebrauchen" und „Was ich gebrauchen kann, habe ich nicht auf der Schule gelernt" gleichbedeutend, und es ist überflüssig, alle beide zu betonen. Dagegen ist der Werbespruch „Wer nicht spielt, gewinnt nicht" die Umkehrung von (also keineswegs gleichbedeutend mit) „Wer spielt, gewinnt".

Bei *Genau-dann-wenn-Aussagen* sind natürlich alle vier Schreibweisen bzw. Formulierungen $\boldsymbol{A} \Leftrightarrow \boldsymbol{B}$, $\boldsymbol{B} \Leftrightarrow \boldsymbol{A}$, $\neg \boldsymbol{A} \Leftrightarrow \neg \boldsymbol{B}$, $\neg \boldsymbol{B} \Leftrightarrow \neg \boldsymbol{A}$ gleichbedeutend.

Aufgabe: 4

Aufgaben 7.1

1. Bestimme (d. h. beschreibe möglichst einfach) die Menge aller $x \in \mathbb{R}$, für welche die Implikation $x < 3 \Rightarrow x^2 < 10$ *falsch* ist.

2. Untersuche jeweils, ob die Aussageform allgemeingültig über $\mathbb{R}^2$ ist. Wenn ja, beweise dies. Wenn nein, bestimme die Menge aller Gegenbeispiele. (Mengenbeschreibung mittels Aussageform und graphischer Darstellung!)
a) $x < y \Rightarrow x^2 < y^2$; b) $x^2 < y^2 \Rightarrow x < y$; c) $x < y \Leftrightarrow x^2 < y^2$;
d) $x < y \Rightarrow 0 < (x-y)^2$; e) $0 < (x-y)^2 \Rightarrow x < y$; f) $x < y \Leftrightarrow 0 < (x-y)^2$.

3. Begründe für die ersten sechs Beispiele in 7.1.4, daß die Aussagen $\boldsymbol{B} \Rightarrow \boldsymbol{A}$ falsch sind.

4. Formuliere für dieselben sechs Beispiele die kontraponierten Aussagen $\neg \boldsymbol{B} \Rightarrow \neg \boldsymbol{A}$ und $\neg \boldsymbol{A} \Rightarrow \neg \boldsymbol{B}$. Bestätige jeweils, daß $\neg \boldsymbol{B} \Rightarrow \neg \boldsymbol{A}$ wahr und $\neg \boldsymbol{A} \Rightarrow \neg \boldsymbol{B}$ falsch ist.

7.2 Die Mengen-Inklusion und ihre Eigenschaften

7.2.1 Entsprechung zwischen der Implikation und der Mengen-Inklusion

In 7.1.2 haben wir ausführlich erörtert, daß man bei dem Junktor $\Rightarrow$ für Aussageformen $\boldsymbol{A}(x)$, $\boldsymbol{B}(x)$ vor allem an der durch $\forall x \in G : (\boldsymbol{A}(x) \Rightarrow \boldsymbol{B}(x))$ gegebenen *Folgerungsbeziehung* zwischen den beiden AF interessiert ist, die dann ebenfalls durch das Zeichen $\Rightarrow$ ausgedrückt wird. Diese Beziehung entspricht der *Inklusionsbeziehung* $\subseteq$ zwischen den betreffenden Erfüllungsmengen $A = \{x \in G \mid \boldsymbol{A}(x)\}$ und $B = \{x \in G \mid \boldsymbol{B}(x)\}$. Hierbei ist die Entsprechung jedoch von anderer Art als die in 6.1.2 erörterte zwischen den Junktoren $\neg$, $\wedge$, $\vee$ auf der einen und den Mengenoperationen $\overline{}$, $\cap$, $\cup$, auf der anderen Seite.

Dies soll die folgende Tabelle verdeutlichen. Darin wurden sogleich auch die Äquivalenz $\Leftrightarrow$ und die Mengengleichheit aufgenommen (siehe nächste Seite).

Aussageform über G	Erfüllungsmenge der Aussageform	Diagramm	Bedeutung der zugehörigen Allaussage
$\neg \boldsymbol{A}(x)$ *Negation*	$\overline{A}$ *Komplement*	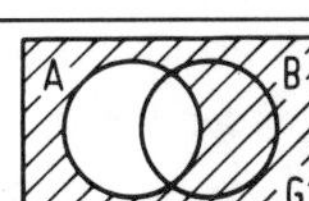	$\overline{A} = G$: $A = \emptyset$ A ist leer
$\boldsymbol{A}(x) \wedge \boldsymbol{B}(x)$ *Konjunktion*	$A \cap B$ *Durchschnitt*	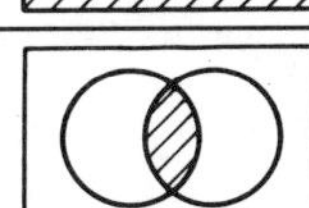	$A \cap B = G$: $A = G \wedge B = G$; beide sind gleich G
$\boldsymbol{A}(x) \vee \boldsymbol{B}(x)$ *Disjunktion*	$A \cup B$ *Vereinigung*		$A \cup B = G$: A und[59]) B überdecken G

59) Dieses „und" darf nicht durch $\wedge$ und schon gar nicht durch $\vee$ abgekürzt werden!

Aussageform über G	Erfüllungsmenge der Aussageform	Diagramm	Bedeutung der zugehörigen Allaussage
$\boldsymbol{A}(x) \Rightarrow \boldsymbol{B}(x)$ d. h. $\neg \boldsymbol{A}(x) \vee \boldsymbol{B}(x)$ *Implikation*	$\bar{A} \cup B$	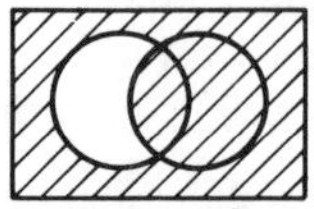	$\bar{A} \cup B = G$: $A \subseteq B$ A ist Teilmenge von B *Inklusion*
$\boldsymbol{A}(x) \Leftrightarrow \boldsymbol{B}(x)$ d. h. $(\boldsymbol{A}(x) \Rightarrow \boldsymbol{B}(x))$ $\wedge\ (\boldsymbol{B}(x) \Rightarrow \boldsymbol{A}(x))$ *Äquivalenz*	$(\bar{A} \cup B) \cap (\bar{B} \cup A)$	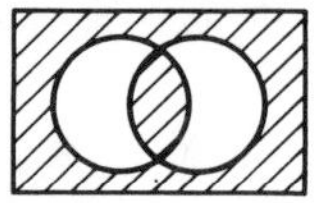	$(\bar{A} \cup B) \cap (\bar{B} \cup A) = G$: $A \subseteq B \wedge B \subseteq A$ A ist gleich B *Gleichheit*

Das Schräggedruckte erinnert dabei an die Tatsache, daß man sich bei den Junktoren $\neg$, $\wedge$, $\vee$ vor allem für die betreffende Erfüllungsmenge interessiert, bei den Junktoren $\Rightarrow$ und $\Leftrightarrow$ dagegen für die betreffende Allaussage, welche sich als Inklusions- bzw. Gleichheitsaussage (für die Erfüllungsmengen) darstellt. Hierdurch sind gerade die wesentlichen Entsprechungen hervorgehoben.

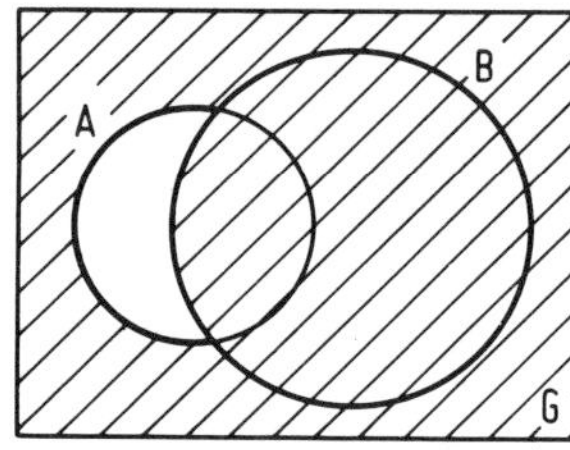

Beim ersten Hinsehen verwirrend ist die Veranschaulichung der Implikation $\Rightarrow$ durch die betreffende Erfüllungsmenge. Man mache sich genau klar, daß das schraffierte Gebiet tatsächlich die Menge aller der $x \in G$ darstellt, für welche „wenn $x \in A$, dann $x \in B$" zu einer wahren Aussage wird.

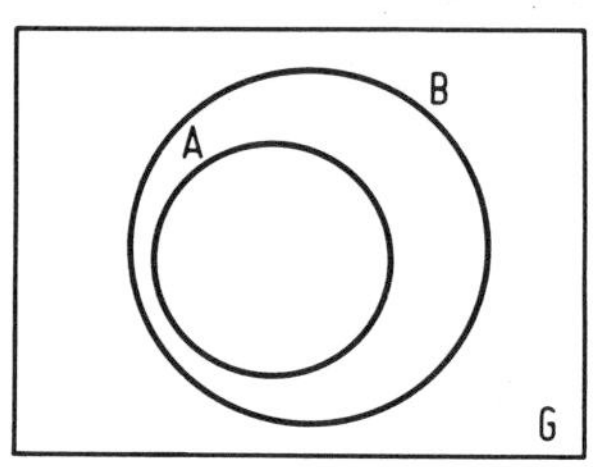

Interessant ist aber, wie gesagt, nicht so sehr die der Implikation entsprechende *Mengenoperation* (die durch das Venn-Diagramm veranschaulicht wird), sondern hauptsächlich der Fall, daß $\bar{A} \cup B$ die ganze Grundmenge ist, d. h. daß $A \subseteq B$ gilt. Um diese *Beziehung* zwischen A und B darzustellen, kann man den Kreis A in den Kreis B „hineinschieben" (so daß beim Schraffieren von $\bar{A} \cup B$ kein Teilgebiet frei bleibt). So erhält man die nebenstehende, unmittelbar verständliche Veranschaulichung der Inklusion $A \subseteq B$. Ausdrücklich betonen wir, daß es sich hierbei nicht um ein Venn-Diagramm gemäß 6.2.4 handelt.

7.2.2 Wichtige Eigenschaften der Mengen-Inklusion

Die Inklusionsbeziehung $\subseteq$ ist eine *Relation zwischen Mengen,* hier zwischen Teilmengen der Grundmenge G. Man sagt auch, $\subseteq$ sei eine *Relation in der Potenzmenge* $\boldsymbol{P}$G. Dies bedeutet, wie wir wissen: Für jedes Paar $(A, B) \in \boldsymbol{P}G \times \boldsymbol{P}G$ ist $A \subseteq B$ entweder wahr oder falsch. Und zwar gilt $A \subseteq B$ genau dann, wenn $\forall x \in G : (x \in A \Rightarrow x \in B)$, mit anderen Worten: genau dann, wenn jedes x aus A auch zu B gehört.[60]

Mittels $\subseteq$ definiert man in naheliegender Weise einige abgeleitete Relationen:

Definition: $A \supseteq B$ genau dann, wenn $B \subseteq A$;
$A \underset{\text{echt}}{\subset} B$ genau dann, wenn $A \subseteq B$ *und* $A \neq B$;
$A \underset{\text{echt}}{\supset} B$ genau dann, wenn $B \underset{\text{echt}}{\subset} A$.

Man vergleiche diese Definition mit der für $>$, $\leq$, $\geq$ in 3.3.2. Hier wie dort steht jeweils links das zu Definierende, rechts das Bekannte.

Im folgenden erörtern wir einige besonders wichtige Eigenschaften der Relation $\subseteq$. Ihre Übertragung — sofern möglich — auf die abgeleiteten Relationen sei dem Leser überlassen (Aufgabe 1).

[60]) Dies ist schon aus 1.1.3 bekannt. Nach DIN schreibt man für $A \subseteq B$ auch $A \subset B$.

Satz 1: Die leere Menge ist Teilmenge jeder Menge; d. h. dür alle $A \in \boldsymbol{P}G$ gilt: $\emptyset \subseteq A$.

Beweis: Die Behauptung bedeutet: $\forall x \in G : (x \in \emptyset \Rightarrow x \in A)$, oder anders ausgedrückt: $\forall x \in G : (x \notin \emptyset \vee x \in A)$. Nun gilt für alle $x \in G$ natürlich $x \notin \emptyset$; also gilt erst recht die Behauptung.

Man kann auch wie folgt argumentieren: Wer die Behauptung widerlegen will, müßte ein $x \in \emptyset$ mit der Eigenschaft $x \notin A$ angeben. Ein solches x findet er aber nicht, weil es schon kein x in $\emptyset$ gibt.

Daß $\emptyset \subseteq A$ *bewiesen* werden kann und nicht etwa eine Definition ist, wirkt erfahrungsgemäß oft befremdend. Dies verrät dann ein mangelndes Verständnis der Implikation.

Satz 2: Für alle $A, B, C \in \boldsymbol{P}G$ gilt:

(1) $A \subseteq A$ („Reflexivität“);
(2) $(A \subseteq B \wedge B \subseteq C) \Rightarrow A \subseteq C$ („Transitivität“);
(3) $(A \subseteq B \wedge B \subseteq A) \subseteq A = B$.

Beweis

(1) ist klar: Natürlich gilt $\forall x \in G : (x \in A \Rightarrow x \in A)$, d. h. $\forall x \in G : (x \notin A \vee x \in A)$.
(2) ist klar nach der in **1.** beschriebenen Veranschaulichung. Wir verzichten auf einen formalen Beweis.
(3) ist ebenfalls unmittelbar klar: Wenn jedes $x \in A$ auch zu B gehört und umgekehrt, dann ist $A = B$.

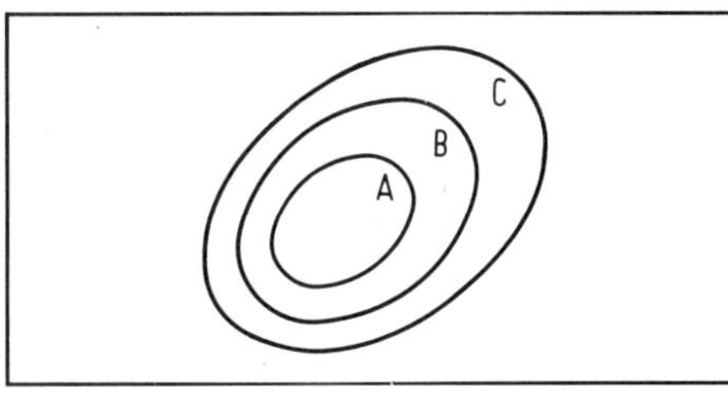

Wegen (1) gilt auch die Umkehrung von (3): $A = B \Rightarrow (A \subseteq B \wedge B \subseteq A)$. So erhält man die *wichtige Regel*

$$(A \subseteq B \wedge B \subseteq A) \Leftrightarrow A = B$$

Sie ist schon in der Tabelle in **1.** enthalten. Hiernach hat man, um die Gleichheit der Mengen A und B nachzuweisen, sowohl $A \subseteq B$ als auch $B \subseteq A$ zu beweisen. Dies entspricht dem schon vertrauten Vorgehen beim Beweis einer Äquivalenzaussage $\boldsymbol{A}(x) \Leftrightarrow \boldsymbol{B}(x)$: man beweist dazu die beiden Wenn-dann-Aussagen $\boldsymbol{A}(x) \Rightarrow \boldsymbol{B}(x)$ und $\boldsymbol{B}(x) \Rightarrow \boldsymbol{A}(x)$.

Satz 3: Für alle $A, B, C \in \boldsymbol{P}G$ gilt

(4) $A \subseteq B \Rightarrow A \cup C \subseteq B \cup C$;
(5) $A \subseteq B \Rightarrow A \cap C \subseteq B \cap C$;
(6) $A \subseteq B \Rightarrow \overline{B} \subseteq \overline{A}$.

Beweis

(4) Es sei $A \subseteq B$ und x ein Element aus $A \cup C$; zu zeigen ist, daß x dann auch zu $B \cup C$ gehört. $x \in A \cup C$ besagt, daß $x \in A$ oder $x \in C$. Im Fall $x \in A$ folgt nach Voraussetzung $x \in B$; im Fall $x \in C$ ist nichts zu tun. Jedenfalls folgt so $x \in B \vee x \in C$, d. h. $x \in B \cup C$.
(5) beweist man ebenso leicht.
(6) $A \subseteq B$ bedeutet $\forall x \in G : (x \in A \Rightarrow x \in B)$; $\overline{B} \subseteq \overline{A}$ bedeutet $\forall x \in G : (x \notin B \Rightarrow x \notin A)$. Die zweite Wenn-dann-Aussage geht durch Kontraposition aus der ersten hervor.

Bemerkung: Wegen $\overline{\overline{A}} = A$, $\overline{\overline{B}} = B$ folgt aus (6) auch die Umkehrung: $\overline{A} \subseteq \overline{B} \Rightarrow B \subseteq A$.

Aufgaben: 1, 2

Aufgaben 7.2

1. Untersuche, ob die Regeln (1) bis (6) aus Satz 2 und Satz 3 auch für $\underset{\text{echt}}{\subset}$ statt $\subseteq$ gelten (Beweis bzw. Widerlegung).

2. Untersuche ebenso, ob für alle A, B, C $\in$ *P*G gilt:

a) $A \cup C \subseteq B \cup C \Rightarrow A \subseteq B$;

b) $A \cap C \subseteq B \cap C \Rightarrow A \subseteq B$;

c) $A \subseteq B \Rightarrow A \setminus C \subseteq B \setminus C$;

d) $A \setminus C \subseteq B \setminus C \Rightarrow C \subseteq B$.

7.3 Hinweise zum Gebrauch des Wortes „also"; Schlußschemata

7.3.1 Beispiele

Wir haben wiederholt betont: Mit einer Aussage der Form $\boldsymbol{A} \Rightarrow \boldsymbol{B}$ wird nichts über die Wahrheit von $\boldsymbol{A}$ oder $\boldsymbol{B}$ *einzeln* ausgesagt, sondern eine Beziehung zwischen den beiden Aussagen bzw. Aussageformen zum Ausdruck gebracht (siehe insb. 7.1.2). Es kann nur gefragt werden, ob $\boldsymbol{A} \Rightarrow \boldsymbol{B}$ *als ganzes* wahr oder falsch ist.

Nun gibt es aber viele Situationen, in denen man schon weiß, daß $\boldsymbol{A}$ wahr ist, und ausdrücken will, daß *folglich auch* $\boldsymbol{B}$ wahr ist. Hierzu dient das Wort *„also"*, aber nicht die Aussagenverbindung „wenn-dann", d. h. nicht der Pfeil $\Rightarrow$. Das „also" fungiert dabei sozusagen[61]) als „Protokoll einer Denkhandlung", nicht als logische Operation. Es wird schon von Kindern richtig gehandhabt.

Beispiel 1: In einer bestimmten Situation sei bekannt, daß ein Würstchen 80 Pf kostet. Fritz möchte ein Würstchen essen. Er fühlt in seiner Tasche ein Geldstück und überlegt: *Wenn* das ein Markstück ist ($\boldsymbol{A}$), *dann* reicht's für ein Würstchen ($\boldsymbol{B}$). Diese Aussage ist jedenfalls wahr, unabhängig davon, ob A wahr ist. Nun schaut Fritz nach und stellt fest: Es *ist* ein Markstück, d. h. $\boldsymbol{A}$ ist wahr. Jetzt folgert er, daß auch $\boldsymbol{B}$ wahr ist und sagt sich: *Also* reicht's für ein Würstchen. Es wäre abwegig, diesen Denkvorgang mit $\boldsymbol{A} \Rightarrow \boldsymbol{B}$ zu symbolisieren, damit wäre ja nur die erste Überlegung (die erste „Prämisse" seiner „Schlußfolgerung") ausgedrückt. Fritz sagt ja am Ende auch nicht mehr: „Wenn's ein Markstück ist, dann reicht's", sondern eben: „Es *ist* ein Markstück, *also* reicht's". Vernünftigerweise schreibt man demnach in solchen Situationen: „(Es gilt) $\boldsymbol{A}$, *also* $\boldsymbol{B}$", aber nicht mehr $\boldsymbol{A} \Rightarrow \boldsymbol{B}$.

Beispiel 2: Ein Gespräch am Familientisch dreht sich um die Aussagen „Die gegessenen Pilze sind Knollenblätterpilze" ($\boldsymbol{A}$) und „Die Mägen müssen ausgepumpt werden" ($\boldsymbol{B}$). Die Kinder bestehen darauf, die Wahrheit der Aussage $\boldsymbol{A} \Rightarrow \boldsymbol{B}$ festzustellen, und quälen damit die Mutter, die sich dagegen sträubt — wohl weil sie die wahre Aussage $\boldsymbol{A} \Rightarrow \boldsymbol{B}$ mit der Feststellung „Es gilt $\boldsymbol{A}$, also $\boldsymbol{B}$" verwechselt.

Beispiel 3: Schon im Altertum hat man vermutet[62]), daß die Flächeninhalte des Einheitskreises und des Einheitsquadrats inkommensurabel sind, oder in heutiger Ausdrucksweise: daß π irrational ist. Bewiesen wurde dies[63]) erst im Jahre 1766. Damit wußte man vorher natürlich auch nicht, ob $\sqrt{\pi}$ (die Seitenlänge des zum Einheitskreis flächengleichen Quadrats) irrational ist oder nicht.

Betrachten wir nun die Aussage: „Wenn π irrational ist, dann auch $\sqrt{\pi}$"; symbolisch ausgedrückt: $\pi \notin \mathbb{Q} \Rightarrow \sqrt{\pi} \notin \mathbb{Q}$. Daß sie wahr ist, konnte schon immer leicht bewiesen werden (Kontraposition!). Aber erst seit 1766 weiß man: π *ist* irrational, *also* auch $\sqrt{\pi}$. Es wäre abwegig, auch diese Feststellung in der Form $\pi \notin \mathbb{Q} \Rightarrow \sqrt{\pi} \notin \mathbb{Q}$ auszudrücken. Man weiß ja viel mehr, als daß nur diese (fast triviale) Wenn-dann-Aussage wahr ist.

[61]) Nach einer Formulierung von *G. Heinemann*

[62]) Genauer: *Aristoteles* hat behauptet, daß Umfang und Durchmesser eines Kreises inkommensurabel sind, und *Archimedes* erkannte, daß das Verhältnis des Umfangs zum Durchmesser gleich dem Verhältnis des Flächeninhalts zum Radiusquadrat ist. (Angaben nach *H. Ebbinghaus* u. a.: „Zahlen". Berlin, Heidelberg usw. 1983).

[63]) Von dem Mathematiker *J. H. Lambert* (1728—1777).

Beispiel 4: Auch in Schulbuchtexten wird häufig der Wenn-dann-Pfeil gesetzt, wo es richtig „also" hieße, etwa in folgender Passage über arithmetische Folgen: „Wir erkennen, daß das doppelte der Summe gleich dem n-fachen der Teilsumme $a_1 + a_n$ ist:

$$2\,(a_1 + \ldots + a_n) = n\,(a_1 + a_n) \;\Rightarrow\; a_1 + \ldots + a_n = \frac{1}{2}\,n\,(a_1 + a_n)\text{“.}$$

Gemeint ist „also" statt des $\Rightarrow$. Die bloße Wenn-dann-Aussage wäre natürlich auch wahr, wenn links und rechts Ziffern 3 statt 2 und damit falsche Aussagen ständen. Aber so etwas ist nicht gemeint. Vielmehr will man sagen: Die links stehende Aussage *ist wahr* (wir haben sie ja „erkannt", s. o.), *und folglich* auch die rechte.

Korrekt könnte man hier (und entsprechend in den anderen Beispielen) auch sagen: Die linke Aussage gilt; daraus *folgt,* daß auch die rechte gilt.

Entsprechendes wie für „wenn-dann" und „also" gilt für die Verwendung von „genau dann-wenn" und „das heißt" (kurz: „d. h."). Man sollte nur das „genau dann-wenn" durch „$\Leftrightarrow$" symbolisieren, nicht auch das „d. h.".

Beispiel 5: Im folgenden Schulbuchtext zur Herleitung der Summenformel bei geometrischen Folgen sollte „d. h." statt „$\Leftrightarrow$" stehen: „Du findest:

$$q \cdot s_n - s_n = a_1 \cdot q^n - a_1 \;\Leftrightarrow\; (q-1) \cdot s_n = a_1 \cdot (q^n - 1) \;\Leftrightarrow\; s_n = a_1 \cdot \frac{q^n-1}{q-1}\text{.“}$$

Gefunden wurde hier die Gültigkeit der drei genannten Aussagen, nicht die bloße Äquivalenz zwischen ihnen.

Beispiel 6: Besonders im Zusammenhang mit der Gleichungslehre treten mißverständliche Formulierungen auf: „Wir suchen die Zahlen x, die der folgenden Bedingung genügen:

$$x^2 - 3x = 10 \;\Leftrightarrow\; (x-5)\,(x+2) = 0\text{.“}$$

Der Schreiber sucht offenbar die beiden Zahlen 5 und −2, und er will sagen, daß die links stehende Gleichung äquivalent zur rechts stehenden ist. Dies würde unmißverständlich klar, wenn er schriebe:

„... $x^2 - 3x = 10$, d. h. (der Bedingung) $(x-5)\,(x+2) = 0$."

Die zitierte Darstellung ist insofern abwegig, als offenbar *jede* Zahl x der Bedingung mit $\Leftrightarrow$ genügt, die ja besagt: „$x^2 - 3x = 10$ genau dann, wenn $(x-5)\,(x+2) = 0$".

7.3.2 Die Abtrennungsregel und verwandte Schlußschemata

Die Beispiele 1 bis 4 in **1.** illustrieren ein wichtiges *„Schlußschema",* die sogenannte *Abtrennungsregel,* auch *„Modus-Ponens-Regel"* genannt. Sie besagt: Wenn man zwei Aussagen als wahr anerkennt, von denen die eine die Form einer Implikation hat und die andere die Voraussetzung (der Vordersatz) dieser Implikation ist, so darf man auch die Aussage als wahr anerkennen, welche die Behauptung (der Hintersatz) der Implikation ist — indem man sozusagen von der Implikation ihre Voraussetzung „abtrennt"[64]).

Schematisch stellt man die Regel auch so dar:

erste Prämisse:	$(\boldsymbol{A} \Rightarrow \boldsymbol{B})$ ist wahr	(„Prämisse" bedeutet Voraussetzung)
zweite Prämisse:	$\boldsymbol{A}$ ist wahr	
	———————	(dieser Strich vertritt das „also")
Conclusio:	$\boldsymbol{B}$ ist wahr	(„Conclusio" bedeutet Schlußfolgerung)

In mathematischen Beweisen werden bei der Anwendung dieser Regel zusätzlich mehr oder weniger bewußt weitere Schlüsse ausgeführt. So folgert man etwa (siehe oben)

[64]) Formulierung nach *A. Tarski* (1901—1983), in dessen Buch „Einführung in die mathematische Logik", Göttingen [5]1977, auf Seite 61. Dort heißt es übrigens durchgehend „Satz" statt „Aussage".

$$\begin{array}{lll} \text{aus} & \forall x \in \mathbb{R}^+ : (x \notin \mathbb{Q} \;\Rightarrow\; \sqrt{x} \notin \mathbb{Q}) & \\ \text{und} & \pi \notin \mathbb{Q} & (\textit{Lambert } 1766), \\ \text{daß} & \sqrt{\pi} \notin \mathbb{Q}. & \end{array}$$

Hier wurde aus der ersten Prämisse zuerst durch Einsetzen von π für x in die Aussageform hinter dem Allquantor die Aussage $\pi \notin \mathbb{Q} \Rightarrow \sqrt{\pi} \notin \mathbb{Q}$ gefolgert (Schluß von der Allaussage auf einen Einzelfall) und dann die Abtrennungsregel angewandt.

Wir verzichten auf eine Erörterung aller Einzelschlüsse in mathematischen Beweisen, halten aber fest, daß die Abtrennungsregel und Varianten von ihr (wie die folgende) von zentraler Bedeutung sind.

Ein weiteres wichtiges Schlußschema, auch als *„Modus-Tollens-Regel“* bekannt, ist das folgende:

$$\begin{array}{rll} \text{erste Prämisse:} & (\boldsymbol{A} \Rightarrow \boldsymbol{B}) & \text{ist wahr} \\ \text{zweite Prämisse:} & \boldsymbol{B} & \text{ist falsch} \\ \hline \text{Conclusio:} & \boldsymbol{A} & \text{ist falsch} \end{array}$$

Die Korrektheit sieht man sofort ein: Wäre $\boldsymbol{A}$ wahr, dann folgte nach der Abtrennungsregel aus der ersten Prämisse, daß auch $\boldsymbol{B}$ wahr ist, im Widerspruch zur zweiten Prämisse.

Oft verwendet man das vorstehende Schema in der folgenden Variante, mit Ersetzung von $\boldsymbol{A}$ durch $\neg \boldsymbol{A}$:

$$\begin{array}{rll} \text{erste Prämisse:} & (\neg \boldsymbol{A} \Rightarrow \boldsymbol{B}) & \text{ist wahr} \\ \text{zweite Prämisse:} & \boldsymbol{B} & \text{ist falsch} \\ \hline \text{Conclusio:} & \neg \boldsymbol{A} & \text{ist falsch} \\ \text{d. h.} & \boldsymbol{A} & \text{ist wahr} \end{array}$$

Nach diesem Schema werden die sogenannten *Widerspruchsbeweise* geführt; siehe hierzu den Hinweis in 3.3.2.

Nicht korrekt ist der folgende, leider ebenfalls häufig vorkommende „Schluß“:

$$\begin{array}{rll} \text{erste Prämisse:} & (\boldsymbol{A} \Rightarrow \boldsymbol{B}) & \text{ist wahr} \\ \text{zweite Prämisse:} & \boldsymbol{B} & \text{ist wahr} \\ \hline \text{Conclusio:} & \boldsymbol{A} & \text{ist wahr} \end{array}$$

Wir haben schon in 3.3.2 ausdrücklich davor gewarnt.

Notgedrungen geht man in den empirischen Wissenschaften, wenn von einer Einzelbeobachtung oder Beobachtungsserie ($\boldsymbol{B}$) auf ein allgemeines Gesetz ($\boldsymbol{A}$) geschlossen werden soll, oft nach dem letztgenannten Schema vor und argumentiert „induktiv“ wie folgt:

$$\begin{array}{ll} (\boldsymbol{A} \Rightarrow \boldsymbol{B}) & \text{ist wahr} \\ \boldsymbol{B} & \text{ist wahr} \\ \hline \boldsymbol{A} & \text{ist glaubwürdiger (als vorher)} \end{array}$$

Zum Beispiel besage $\boldsymbol{A}$: Nikotin fördert die Entstehung von Lungenkrebs, und $\boldsymbol{B}$: Raucher erkranken im Verhältnis zu Nichtrauchern öfter an Lungenkrebs.

Der Mathematiker *G. Polya*[65]) nennt das vorstehende Schema „induktives Grundschema“ und sagt dazu: „Es drückt ... eine Überzeugung aus, an deren Berechtigung kein vernünftiger Mensch zu zweifeln scheint: *Die Verifikation einer Konsequenz macht eine Vermutung glaubwürdiger.* Mit etwas Aufmerksamkeit können wir im täglichen Leben, bei Gerichtsverfahren, in der Naturwissenschaft und so weiter zahllose Folgerungsweisen beobachten, die nach diesem Schema zu verlaufen scheinen.“

[65]) (1887—1985), in seinem Buch „Mathematik und plausibles Schließen“, Band 2, Basel und Stuttgart [2]1975, auf Seite 15.

Das Wort „induktiv“ ist hier nicht im Sinn der Mathematik verwandt worden. Die mathematische Schlußweise der „vollständigen Induktion“, der wir uns jetzt zuwenden, hat eine ganz andere Bedeutung.

7.4 Das Beweisverfahren der vollständigen Induktion

Die Überlegungen in Abschnitt 7.3 erleichtern auch das Verständnis des als schwierig geltenden Schlußschemas oder „Beweisverfahrens“ der vollständigen Induktion.

7.4.1 Einführende Beispiele

(1) Zu beweisen sei, daß die *Summe dreier aufeinanderfolgender Kubikzahlen stets durch* 9 *teilbar* ist. In der Tat ist 1 + 8 + 27 (= 36) durch 9 teilbar und ebenso 8 + 27 + 64 (= 99). Wir formulieren die allgemeine Behauptung wie folgt:

$$\forall n \in \mathbb{N} : \underbrace{n^3 + (n+1)^3 + (n+2)^3 \text{ ist durch 9 teilbar.}}_{\boldsymbol{A}(n)}$$

Hier ist $\boldsymbol{A}(n)$ eine Aussageform über $\mathbb{N}$ mit der freien Variablen n; behauptet wird, daß sie allgemeingültig ist.

Auf der Suche nach einem Beweis wird man zuerst darangehen, die Behauptung Schritt für Schritt zu „verifizieren“, d. h. als wahr nachzuweisen: $\boldsymbol{A}(1)$ und $\boldsymbol{A}(2)$ wurden schon als wahr erkannt;

$\boldsymbol{A}(3)$: $3^3 + (3+1)^3 + (3+2)^3$ (= 216) ist durch 9 teilbar; ist wahr;
$\boldsymbol{A}(4)$: $4^3 + (4+1)^3 + (4+2)^3$ (= 405) ist durch 9 teilbar; ist wahr.

Dieses Vorgehen macht zwar die Behauptung „glaubwürdiger“ (induktives Grundschema, siehe 7.3.2), führt aber, da es nie zu einem Ende kommt, auch nie zu einem Beweis.

Es ist nun manchmal möglich, eine „Strategie“ zu entwickeln, mit der man *immer* (egal, bei welcher Nummer n man ist) noch einen Schritt weiterkommt. Dies erfordert ein für jede Nummer n gültiges Argument. Hier kann man es so finden:

Wenn $\underbrace{4^3 + (4+1)^3 + (4+2)^3 \text{ durch 9 teilbar}}_{\boldsymbol{A}(4)}$ ist,

dann ist, weil

$$\begin{aligned}(4+1)^3 + (4+2)^3 + (4+3)^3 &= 4^3 + (4+1)^3 + (4+2)^3 + [(4+3)^3 - 4^3] \\ &= 4^3 + (4+1)^3 + (4+2)^3 + [3\cdot 4^2\cdot 3 + 3\cdot 4\cdot 3^2 + 3^3],\end{aligned}$$

und weil die „eckige Klammer“ ebenfalls durch 9 teilbar ist,

auch $\underbrace{(4+1)^3 + (4+2)^3 + (4+3)^3 \text{ durch 9 teilbar.}}_{\boldsymbol{A}(4+1)}$

Dieses Argument gilt offenbar für jede Nummer n statt 4, unabhängig davon, ob man schon weiß, daß $\boldsymbol{A}(n)$ wahr ist. Man ersetze überall die 4 durch ein n. So erkennt man, daß *für alle* $n \in \mathbb{N}$ *gilt: Wenn* $\boldsymbol{A}(n)$, *dann* $\boldsymbol{A}(n+1)$.

Hiermit darf man nun schließen, und das ist der „Witz“ bei der vollständigen Induktion, daß die Behauptung $\forall n \in \mathbb{N} : \boldsymbol{A}(n)$ wahr ist.

Ehe wir diese Schlußweise erörtern, betrachten wir noch zwei Beispiele. Hierzu ein

Hinweis: Bei längeren Argumentationen ist eine Darstellung in der Form „Wenn $\boldsymbol{A}(n)$, dann $\boldsymbol{A}(n+1)$“ sprachlich schwer durchzuhalten. Wir schreiben dann dafür etwa: „Es sei n eine Zahl, für die $\boldsymbol{A}(n)$ gilt. Dann folgt ..., daß für diese Zahl auch $\boldsymbol{A}(n+1)$ gilt.“

(2) *Behauptung:* $\forall n \in \mathbb{N} : \underbrace{2^0 + 2^1 + \ldots + 2^{n-1} = 2^n - 1}_{\boldsymbol{A}(n)}$

Beweis durch vollständige Induktion

(i) $\boldsymbol{A}(1)$ besagt: $2^0 = 2^1 - 1$ d. h. $1 = 1$; dies stimmt.

(ii) Es sei n eine natürliche Zahl, für die $\underbrace{2^0 + 2^1 + \ldots + 2^{n-1} = 2^n - 1}_{\boldsymbol{A}(n)}$ gilt.

Dann folgt durch Addieren von 2^n auf beiden Seiten:

$$2^0 + 2^1 + \ldots + 2^{n-1} + 2^n = 2^n - 1 + 2^n = 2 \cdot 2^n - 1 = 2^{n+1} - 1$$

Also gilt für diese Zahl n auch

$$\underbrace{2^0 + 2^1 + \ldots + 2^{(n+1)-1} = 2^{n+1} - 1}_{\boldsymbol{A}(n+1)}.$$

Hiermit ist bewiesen: $\forall n \in \mathbb{N} : (\boldsymbol{A}(n) \Rightarrow \boldsymbol{A}(n+1))$.

Aus (i) und (ii) folgt die Behauptung.

Zum Vergleich erinnern wir an den bekannten *Beweis auf Schulniveau,* ohne vollständige Induktion (diese ist sozusagen in den „Pünktchen“ versteckt):

Es sei $s_n := 2^0 + 2^1 + \ldots + 2^{n-2} + 2^{n-1}$,
also $2s_n = 2^1 + 2^2 + \ldots + 2^{n-1} + 2^n$.
Dann ergibt die Subtraktion der ersten Zeile von der zweiten:
$s_n = 2^n - 2^0 = 2^n - 1$.

So erhält man mit einem Schlag die Behauptung $\boldsymbol{A}(n)$ für alle n; man benötigt nicht den Umweg über (i) und (ii).

Das nächste Beispiel soll zeigen, daß es manchmal wohl nicht ohne vollständige Induktion geht.

(3) In einer Ebene seien n paarweise verschiedene Geraden gegeben. Dann erzeugen diese eine „Landkarte“ mit endlich vielen „Ländern“ (d. h. Teilstücken der Ebene). Beim „Färben“ einer solchen Landkarte müssen zwei Länder, die eine gemeinsame Grenzlinie haben, immer mit verschiedenen Farben versehen werden.

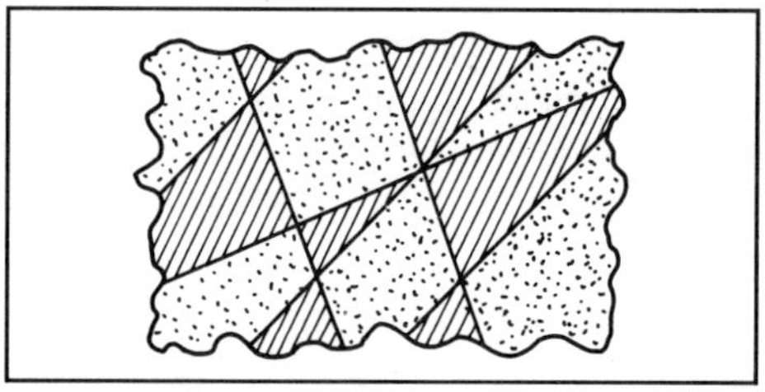

Behauptung: $\forall n \in \mathbb{N}$: $\underbrace{\text{Jede von n paarweise verschiedenen Geraden erzeugte Landkarte ist mit zwei Farben färbbar.}}_{\boldsymbol{A}(n)}$

Beweis

(i) $\boldsymbol{A}(1)$ besagt: Eine Landkarte wie die nebenstehende ist mit zwei Farben färbbar. Das ist klar.

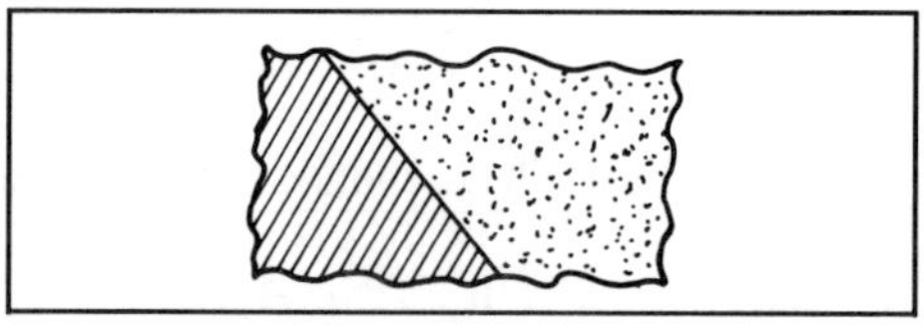

(ii) Es sei n eine Zahl, für welche $\boldsymbol{A}(n)$ gilt. Wir betrachten nun eine beliebige, von $n + 1$ paarweise verschiedenen Geraden erzeugte Landkarte und entfernen aus dieser vorübergehend eine der Geraden, sie heiße g. So entsteht eine Landkarte, welche wegen der Gültigkeit von $\boldsymbol{A}(n)$ richtig färbbar ist. Wird nun g wieder hinzugefügt, so ist an den Grenzlinien längs g die Färbungsregel verletzt. Jetzt vertauschen wir auf *einer* der beiden Seiten von g die beiden Farben. Dann kommen die Grenzlinien längs g „in Ordnung“, d. h. die angrenzenden Länder erhalten jeweils verschiedene Farben, und die anderen Grenzlinien bleiben in Ordnung. Also

ist auch die Landkarte mit n + 1 Geraden richtig färbbar, d. h. für das betreffende n gilt auch $\mathcal{A}(n+1)$. Hiermit ist bewiesen: $\forall n \in \mathbb{N} : (\mathcal{A}(n) \Rightarrow \mathcal{A}(n+1))$.
Aus (i) und (ii) folgt die Behauptung.

7.4.2 Allgemeine Beschreibung und Diskussion des Beweisverfahrens

In den Beispielen haben wir, um eine Behauptung der Form $\forall n \in \mathbb{N} : \mathcal{A}(n)$ zu beweisen, nur die Gültigkeit der folgenden beiden Aussagen nachgewiesen:

(i) $\mathcal{A}(1)$;

(ii) $\forall n \in \mathbb{N} : (\mathcal{A}(n) \Rightarrow \mathcal{A}(n+1))$.

Hierbei heißt (i) der *Induktionsanfang* und (ii) der *Induktionsschritt.* In (ii) nennt man den Bestandteil $\mathcal{A}(n)$ die Induktionsannahme oder *Induktionsvoraussetzung,* den Bestandteil $\mathcal{A}(n+1)$ die *Induktionsbehauptung.* Aus (i) und (ii) darf man, wie wir sagten, auf die Gültigkeit der Behauptung $\forall n \in \mathbb{N} : \mathcal{A}(n)$ schließen.

Zur Erläuterung dessen zeigen wir nun zuerst, daß jedenfalls der *Nachweis von* (i) *unentbehrlich ist.* So ist die Behauptung $\forall n \in \mathbb{N} : 3^1 + \ldots + 3^n = \frac{3}{2} 3^n$ *nicht etwa* bewiesen durch den Nachweis von (ii) $\forall n \in \mathbb{N} : \left(3^1 + \ldots + 3^n = \frac{3}{2} 3^n \Rightarrow 3^1 + \ldots + 3^{n+1} = \frac{3}{2} 3^{n+1}\right)$, indem auf beiden Seiten 3^{n+1} addiert und dann umgeformt wird. In der Tat ist diese Behauptung schon für $n = 1$ falsch.

Weiter ist genau darauf zu achten, daß bei (ii) die *Implikation* $\mathcal{A}(n) \Rightarrow \mathcal{A}(n+1)$ *tatsächlich für alle* n *bewiesen* wird, d. h. daß die Argumentation, die von $\mathcal{A}(n)$ zu $\mathcal{A}(n+1)$ führt, für jedes n gültig ist (hierzu: Aufgabe 1). *Nur darauf kommt es bei* (ii) *an,* nicht auf die Verifikation von — noch so vielen — einzelnen Aussagen $\mathcal{A}(n)$, welche lediglich, durch Schließen nach dem induktiven Grundschema (vgl. 7.3.2), die allgemeine Behauptung „immer glaubwürdiger“ machen würde.

Von *Leonhard Euler*[66]) stammt ein berühmtes Beispiel dafür, daß auch sehr viele Einzel-Verifikationen nicht für einen allgemeinen Beweis ausreichen: Die Aussage „$n^2 + n + 41$ ist Primzahl“ ist wahr für $n = 1, 2, 3, \ldots, 39$, aber nicht für $n = 40$ (denn $40^2 + 40 + 41 = 41 \cdot 41$).

Das **Schlußschema der vollständigen Induktion** (im Englischen „mathematical induction“ genannt!) sieht somit wie folgt aus[67]):

$$\begin{array}{ll} \text{(i)} & \mathcal{A}(1) \\ \text{(ii)} & \forall n \in \mathbb{N} : (\mathcal{A}(n) \Rightarrow \mathcal{A}(n+1)) \\ \hline & \forall n \in \mathbb{N} : \quad \mathcal{A}(n) \end{array}$$

Wir verzichten darauf, in jeder Zeile das „ist wahr“ dazuzuschreiben.

Daß diese Schlußweise *stichhaltig* ist, kann man auf verschiedene Weisen einsichtig machen. Ein beliebtes Vorgehen besteht darin, daß man sich die geordnete Menge der natürlichen Zahlen als eine nicht abbrechende Reihe von Dominosteinen vorstellt, die wie in der Skizze aufgestellt sind, oder daß man eine solche sehr lange Reihe tatsächlich aufbaut. Dann leuchtet folgendes ein, bzw. man kann es beobachten[68]):

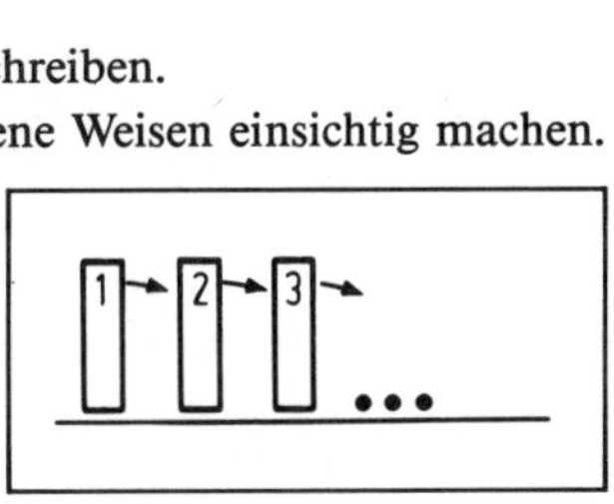

66) (1707—1783), schweizerischer Mathematiker, Mitglied der Akademie in St. Petersburg, später in Berlin, schließlich wieder in St. Petersburg.
67) Manche Autoren ziehen es vor, in (ii) die Variable mit k statt n zu bezeichnen; das ändert natürlich nichts.
68) Der „Weltrekord im Domino-Ralley-Bau“ liegt nach einer Notiz in der Tagespresse (HNA vom 28. 1. 1984) derzeit bei 275 000 Steinen, die in 12 Minuten alle kippten.

Aus (i) : der erste Stein kippt nach rechts;
und (ii): jeder Stein reißt, wenn er kippt, den nächsten mit;
folgt: Alle Steine kippen.

Wir veranschaulichen das Verfahren in folgendem Schema, das gleichsam eine „große Abtrennungsregel“ darstellt und keiner weiteren Erläuterung bedarf.

Prämissen:

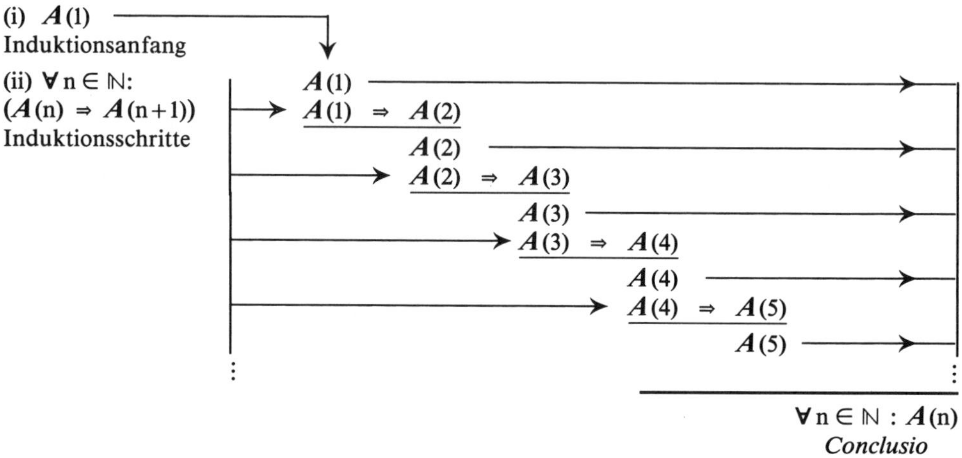

Auf eine weitergehende *Begründung* des Verfahrens kann hiernach verzichtet werden. — Sein beweistechnischer *Nutzen* liegt darin, daß es in vielen Fällen einfacher ist, die Allaussage (ii) zu beweisen als die Behauptung $\forall n \in \mathbb{N} : \boldsymbol{A}(n)$. Im Nachweis von (ii) liegt denn auch die Hauptarbeit bei Induktionsbeweisen. Der eigentliche *Induktionsschluß* ist aber der durch den letzten (dicken) Schluß-Strich dargestellte. In mathematischen Texten wird häufig (ii) als „Induktionsschluß“ bezeichnet und der eigentliche Induktionsschluß nicht ausdrücklich erwähnt.

Hinweise

(a) Mitunter beginnt man mit $n = 0$, ersetzt also $\mathbb{N}$ überall durch $\mathbb{N}_0$. Auch Abänderungen des Schlußschemas wie die folgende bedürfen keiner Erläuterung: Aus (i) $\boldsymbol{A}(3)$ und (ii) $\forall n \geq 3 : (\boldsymbol{A}(n) \Rightarrow \boldsymbol{A}(n+1))$ folgt $\forall n \geq 3 : \boldsymbol{A}(n)$. Ein Beispiel bildet der Beweis der Aussage: In jedem n-Eck beträgt die Summe der Winkelmaße $(n-2) \cdot 180°$.

(b) Die als allgemeingültig nachzuweisende Aussageform $\boldsymbol{A}(n)$ kann außer n noch *weitere Variable* (sogenannte „Konstante“, siehe 5.1.1) enthalten. Will man z. B. beweisen, daß $k! + n! \leq (k+n)!$ für alle $k, n \in \mathbb{N}$ gilt, so betrachtet man etwa $k \in \mathbb{N}$ als konstant und beweist hiermit: $\forall n \in \mathbb{N} : \boldsymbol{A}(n)$, wobei $\boldsymbol{A}(n)$ für $k! + n! \leq (k+n)!$ steht. Man zeigt also zuerst, daß $k! + 1! \leq (k+1)!$ gilt und folgert dann aus der Annahme $k! + n! \leq (k+n)!$, daß auch $k! + (n+1)! \leq (k+n+1)!$ gilt (Aufgabe 4). Hierbei muß man natürlich darauf achten, daß die Argumentation unabhängig von dem eingangs gewählten k ist. Dann ist bewiesen: $\forall k \in \mathbb{N} : \forall n \in \mathbb{N} : k! + n! \leq (k+n)!$, wie gewünscht.

(c) Eine besonders hübsche *Variante der vollständigen Induktion* verwandte *A. L. Cauchy*[69]) zum Beweis der Ungleichung $\boldsymbol{A}(n)$: $\sqrt[n]{a_1 \ldots a_n} \leq (a_1 + \ldots + a_n)/n$ zwischen dem geometrischen und dem arithmetischen Mittel von n positiven Zahlen. Für $n = 2$ ist $\boldsymbol{A}(n)$ schon bewiesen, siehe 4.3.2. Nun geht *Cauchy* zuerst von einem beliebigen Wurzelexponenten zum *doppelten* über und beweist so die Ungleichung für alle Zweierpotenzen als Wurzelexponenten. Dann geht er von einem (beliebigen) Wurzelexponenten zum *nächstkleineren* über und folgert hiermit — und mit dem ersten Teilergebnis — die Gültigkeit für alle $n \geq 2$.

[69]) (1789—1857), bedeutender französischer Mathematiker.

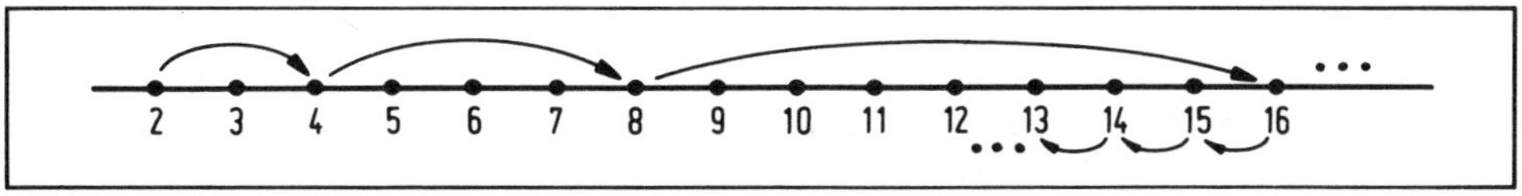

Dieses offensichtlich stichhaltige Verfahren[70]) läßt sich schematisch so darstellen:

$$\begin{array}{lll}
\text{(i)} & & \boldsymbol{A}(2)\\
\text{(ii)} & \forall n \in \mathbb{N} \setminus \{1\} : (\boldsymbol{A}(n) & \Rightarrow \boldsymbol{A}(2n))\\
\text{(iii)} & \forall n \in \mathbb{N} \setminus \{1\} : (\boldsymbol{A}(n+1) & \Rightarrow \boldsymbol{A}(n))\\
\hline
& \forall n \in \mathbb{N} \setminus \{1\} : & \boldsymbol{A}(n)
\end{array}$$

Wir führen die Schritte (ii) und (iii) für das Beispiel von *Cauchy* aus (sie sind durch Aufgabe 4 zu Abschnitt 4.3 vorbereitet):

(ii) Es gelte $A(n)$, d. h. $\sqrt[n]{a_1 \ldots a_n} \leq \frac{a_1 + \ldots a_n}{n}$ (für alle $a_1, \ldots, a_n \geqq 0$). Dann folgt

$$\begin{aligned}
\sqrt[2n]{a_1 \ldots a_n a_{n+1} \ldots a_{2n}} &= \sqrt[n]{\sqrt[2]{a_1 \ldots a_n a_{n+1} \ldots a_{2n}}}\\
&= \sqrt[n]{\sqrt[2]{a_1 a_{n+1}} \cdot \sqrt[2]{a_2 a_{n+2}} \cdot \ldots \cdot \sqrt[2]{a_n a_{2n}}}\\
&\leq \frac{\sqrt[2]{a_1 a_{n+1}} + \sqrt[2]{a_2 a_{n+2}} + \ldots + \sqrt[2]{a_n a_{2n}}}{n} \quad \text{(nach } \boldsymbol{A}(n))\\
&\leq \frac{\frac{a_1 + a_{n+1}}{2} + \frac{a_2 + a_{n+2}}{2} + \ldots + \frac{a_n + a_{2n}}{2}}{n} \quad \text{(nach } \boldsymbol{A}(2))\\
&= \frac{a_1 + \ldots + a_n + a_{n+1} + \ldots + a_{2n}}{2n};
\end{aligned}$$

somit gilt auch $A(2n)$.

(iii) Es gelte $A(n+1)$, d. h. $\sqrt[n+1]{a_1 \ldots a_n a_{n+1}} \leq \frac{a_1 + \ldots + a_n + a_{n+1}}{n+1}$.

Setzt man hierin insbesondere $\frac{a_1 + \ldots + a_n}{n}$ für a_{n+1}, so folgt

$$\sqrt[n+1]{a_1 \ldots a_n \frac{a_1 + \ldots + a_n}{n}} \leq \frac{a_1 + \ldots + a_n + \frac{a_1 + \ldots + a_n}{n}}{n+1} = \frac{a_1 + \ldots + a_n}{n}.$$

Durch Potenzieren folgt weiter

$$a_1 \ldots a_n \frac{a_1 + \ldots + a_n}{n} \leq \left(\frac{a_1 + \ldots + a_n}{n}\right)^{n+1},$$

also

$$a_1 \ldots a_n \leq \left(\frac{a_1 + \ldots + a_n}{n}\right)^{n},$$

und durch Wurzelziehen schließlich $A(n)$.

Aufgaben: 1 bis 9

7.4.3 Die Sätze von der kleinsten Zahl einer Zahlenmenge und von der Eindeutigkeit der Primfaktorzerlegung

Der folgende Satz über die natürlichen Zahlen ist von großer theoretischer Bedeutung. Er braucht, wie der Leser sofort bestätigt, für andere Zahlbereiche als $\mathbb{N}$ (etwa $\mathbb{Q}^+$, $\mathbb{Z}$, $\mathbb{R}$) nicht zu gelten.

[70]) Es wird in ähnlicher Weise erörtert bei *A. Schreiber:* Über die vollständige Induktion und das sogenannte induktive Schließen; Beiträge zum math. natw. Unterricht **35** (1979), 20—31 (bei J. B. Metzler). Hier findet man auch weitere Überlegungen zu unserem Thema.

Satz 1: Jede nicht leere Menge M von natürlichen Zahlen besitzt eine kleinste Zahl, d. h. eine Zahl $k \in M$ mit der Eigenschaft $k \leq n$ für alle $n \in M$.

Beweis: $\boldsymbol{A}(n)$ bezeichne die Aussageform: Jede Menge $M \subseteq \mathbb{N}$ mit der Eigenschaft $n \in M$ besitzt eine kleinste Zahl. Wir zeigen durch vollständige Induktion, daß $\boldsymbol{A}(n)$ allgemeingültig ist; damit wird der Satz bewiesen sein.

Zwischenbemerkung:
Hier wird eine *Fallunterscheidung* mit unendlich vielen, einander nicht ausschließenden Fällen gemacht. $\boldsymbol{A}(n)$ besagt: Im Fall Nr. n ($n \in M$) enthält M eine kleinste Zahl. Man überzeuge sich genau davon, daß statt $\boldsymbol{A}(n)$ *nicht* auch die folgende Aussageform für den Beweis geeignet ist: „Jede Menge $M \subseteq \mathbb{N}$ mit $\operatorname{card} M = n$ besitzt eine kleinste Zahl". Die Allgemeingültigkeit *dieser* Aussageform würde nur besagen, daß jede *endliche* Menge $M \neq \emptyset$ eine kleinste Zahl besitzt. Das wissen wir schon aus 2.3.3.

Ausführung des Beweises:
(i) $\boldsymbol{A}(1)$ ist offenbar wahr: jede Menge $M \subseteq \mathbb{N}$ mit $1 \in M$ hat eine kleinste Zahl, nämlich die Zahl 1.

(ii) Es gelte $\boldsymbol{A}(n)$, und M sei jetzt eine Menge von natürlichen Zahlen mit $n+1 \in M$. Wenn nun („zufällig") $n \in M$ gilt, dann hat M wegen $\boldsymbol{A}(n)$ eine kleinste Zahl. Wenn aber $n \notin M$, dann hat $M \cup \{n\}$ wegen $\boldsymbol{A}(n)$ eine kleinste Zahl k, und es ist jedenfalls $k \leq n$. Ist $k<n$, dann ist k auch kleinste Zahl von M; ist $k = n$, dann ist $n + 1$ kleinste Zahl von M. In jedem Falle gilt also $\boldsymbol{A}(n+1)$.

Damit ist Satz 1 bewiesen. Ergänzend bemerken wir, daß *die kleinste Zahl* k *von* M *eindeutig bestimmt* ist. Denn wenn auch $l \leq n$ für alle $n \in M$ gilt, ist insbesondere $k \leq l$ und $l \leq k$, also $k = l$.

Aus Satz 1 erhält man sofort als

Folgerung: Es gibt keine echt absteigende nichtabbrechende Folge natürlicher Zahlen: $n_1 > n_2 > n_3 > \ldots$.

Denn sonst hätte die Wertemenge $\{n_1, n_2, n_3, \ldots\}$ keine kleinste Zahl. Hiermit ist eine bereits in 1.3.1 erwähnte und benutzte Eigenschaft der natürlichen Zahlen („jede echt absteigende Folge bricht einmal ab") begründet.

Nach Satz 1 kann man schließen: *Ist eine Behauptung nicht für alle* $n \in \mathbb{N}$ *wahr, dann gibt es eine kleinste Zahl* $k \in \mathbb{N}$, *für welche sie falsch ist.* Dies bildet die Grundlage eines Beweisverfahrens („vollständige Induktion zweiter Art"), das wir schematisch wie folgt beschreiben:

$$\begin{array}{lll}
\text{(i)} & & \boldsymbol{A}(1) \\
\text{(ii*)} & \forall n \in \mathbb{N} : & ((\forall m<n : \boldsymbol{A}(m)) \Rightarrow \boldsymbol{A}(n)) \\
\hline
& \forall n \in \mathbb{N} : & \boldsymbol{A}(n)
\end{array}$$

In der Tat: Wäre hier die Conclusio falsch, dann gäbe es eine kleinste Zahl k (größer als 1), für die $\boldsymbol{A}(k)$ falsch ist. Dann wäre $(\forall j<k : \boldsymbol{A}(j)) \wedge \neg \boldsymbol{A}(k)$ wahr. Dies widerspricht (ii*).

Das neue Verfahren läßt sich wie folgt beschreiben: Um eine Behauptung für alle natürlichen Zahlen zu beweisen, darf man voraussetzen, daß sie jeweils für alle kleineren Zahlen schon gilt. Diese Formulierung umfaßt nicht nur (ii*), sondern auch (i)[71]). Sie besagt ja insbesondere: Um $\boldsymbol{A}(1)$ zu beweisen, darf man nichts voraussetzen, d. h. man muß $\boldsymbol{A}(1)$ selbst beweisen.

Zum *Beispiel* beweist man so, daß *jede Zahl* $n \geq 2$ *entweder selbst prim* oder *in Primfaktoren zerlegbar* ist (was noch nicht die Eindeutigkeit der Zerlegung besagt): Ist n nicht prim, dann gilt $n = l \cdot m$ mit $l < n$, $m < n$. Nun sind l und m nach erlaubter Voraussetzung zerlegbar. Die Zusammenfassung dieser beiden Zerlegungen liefert eine Zerlegung von n.

[71]) Genauer: Sie zeigt, daß (i) in (ii*) enthalten ist und daher gar nicht aufgeführt zu werden brauchte.

Zum Abschluß führen wir — nicht formal nach dem Schema, aber mit der erörterten Sch
weise — den in 1.4.4 zurückgestellten Beweis für die Eindeutigkeit der Primfaktorzerleg

Satz 2 (Eindeutigkeit der Primfaktorzerlegung): Für jede Zahl $n \in \mathbb{N} \setminus \{1\}$ gilt: *Wenn* $n = p_1 p_2 \ldots p_l$ und $n = q_1 \ldots q_m$ Primfaktorzerlegungen der Zahl n sind, mit $p_1 \leq p_2 \leq \ldots p_l$ und $q_1 \leq q_2 \leq \ldots q_m$, *dann* ist $m = l$ und $q_i = p_i$ für $i = 1, 2, \ldots, l$; d. h. die beiden PFZ stimmen überein.

Beweis: Angenommen, es gibt eine natürliche Zahl mit zwei oder mehr verschiedenen PFZ. Dann sei k die kleinste solche Zahl. Zwei verschiedene PFZ von k haben *keinen* gemeinsamen Primfaktor p; denn sonst wäre k/p eine kleinere Zahl als k mit zwei verschiedenen PFZ. Nun sei p die kleinste Primzahl, die in k aufgeht. Dann beschreibt $k = pa$ (mit eindeutiger PFZ von a) eine PFZ von k. Eine andere PFZ von k, die es ja geben muß, sei $k = qb$ (mit Primzahl q und eindeutiger PFZ von b). Hier muß $q \neq p$, also $p < q$ sein, also $q - p > 0$. Wegen $pa = qb$ folgt $a > b$, also $a - b > 0$. Nun hat man

$$k > k - pb = \left\{ \begin{array}{l} pa - pb = p(a-b) \\ qb - pb = (q-p)b \end{array} \right\} =: h.$$

Wegen $h < k$ ist die PFZ der Zahl h eindeutig. h hat den Primfaktor p (erste Zeile). Wegen der Eindeutigkeit der PFZ von h muß p auch in $q - p$ oder in b aufgehen (zweite Zeile); denn zerlegt man $q - p$ und b in Primfaktoren, muß man dieselben Primfaktoren wie in der ersten Zeile erhalten.

Aus „p teilt $q - p$" folgt der *Widerspruch:* p teilt q ($= q - p + p$). Und „p teilt b" steht im *Widerspruch* zu der Feststellung, daß alle Primfaktoren der zweiten PFZ $k = qb$ verschieden sind von den Primfaktoren der ersten PFZ $k = pa$ von k. Damit ist der Satz bewiesen.

7.4.4 Die Induktionseigenschaft als Charakteristikum der natürlichen Zahlen

Nach 3.2.1 und 3.3.1 erfüllen die natürlichen Zahlen *alle Körper- und Anordnungs-Axiome mit Ausnahme von* (Neut +), (Inv +), (Inv ·). Dadurch sind die natürlichen Zahlen aber keineswegs charakterisiert. Denn genau das Gleiche gilt z. B. auch für die positiven abbrechenden Dezimalzahlen, was man sofort bestätigt (siehe auch Aufgabe 1 zu Abschnitt 3.2).

Dagegen ist durch die Möglichkeit, Beweise von Behauptungen über alle Zahlen mittels *vollständiger Induktion* zu führen, weit eher das „Wesen" der natürlichen Zahlen beschrieben. Die Menge $\mathbb{N}$ hat nach dem Vorangehenden offensichtlich die folgende Eigenschaft, die man auch als die *Induktionseigenschaft* von $\mathbb{N}$ bezeichnet.

Jede Teilmenge von $\mathbb{N}$, *welche*
(i) *die Zahl* 1 *enthält,* und
(ii) *mit jeder Zahl* n, *die sie enthält, auch die Zahl* $n+1$ *enthält,*
ist schon die Menge $\mathbb{N}$.

Das läßt sich auch so ausdrücken: $\mathbb{N}$ hat keine echte Teilmenge, die (i) und (ii) erfüllt.

Ein Axiomensystem, das die natürlichen Zahlen *charakterisiert,* d. h. erschöpfend beschreibt, könnte nun wie folgt aussehen: *Alle Axiome des angeordneten Körpers ohne* (Neut +), (Inv +), (Inv ·) *und dazu die Induktionseigenschaft.*

Das ist eine sehr aufwendige Charakterisierung mittels 11 Axiomen. Diese kann man aber weitgehend vereinfachen[72]). Dabei schält sich als Kern immer die Induktionseigenschaft in irgendeiner Form heraus. Das bekannteste der so entstehenden Axiomensysteme für die natürlichen Zahlen ist das von *Peano*[73]); es enthält außer dem Induktionsaxiom nur vier weitere Axiome. Wir gehen hier nicht weiter darauf ein.

[72]) Eine Vorstellung von einem solchen Vereinfachungsprozeß vermittelt der Aufsatz des Autors: Gehören die Peano-Axiome in den Schulunterricht? MU Heft 3/1967.

[73]) *G. Peano* (1858—1932) italienischer Mathematiker und Grundlagenforscher. Sein Axiomensystem in heutiger Form wird z. B. in dem Buch von *A. Oberschelp:* Aufbau des Zahlensystems, Göttingen ^{2}1972, benutzt.

Aufgaben 7.4

1. Wo steckt der Fehler in dem folgenden „Beweis“, daß alle Menschen, die (d. h. deren Namen) im Hamburger Telefonbuch stehen, gleich groß sind?

Behauptung:

$\forall n \in \mathbb{N}$: $\underbrace{\text{Wenn man n Menschen aus dem Hamburger Telefonbuch beliebig herausgreift, dann sind die Größen dieser Menschen einander gleich.}}_{\boldsymbol{A}(n)}$

Beweis:

(i) $\boldsymbol{A}(1)$ stimmt; denn jeder herausgegriffene Mensch hat die gleiche Größe wie er selbst.

(ii) Es sei n eine Zahl, für die $\boldsymbol{A}(n)$ stimmt.

Nun seien n + 1 Menschen herausgegriffen, mit den Größen $h_1, h_2, \ldots, h_n, h_{n+1}$. Dann gilt nach Induktionsvoraussetzung $h_1 = h_2 = \ldots = h_n$ und $h_2 = \ldots = h_n = h_{n+1}$. Daraus folgt $h_1 = h_2 = \ldots = h_n = h_{n+1}$; also stimmt auch $\boldsymbol{A}(n+1)$.
Aus (i) und (ii) folgt die Behauptung.

2. Entscheide für jede der Aussageformen
$\boldsymbol{A}_1(n) : n^3 + 5n + 2$ ist durch 4 teilbar,
$\boldsymbol{A}_2(n) : n^3 + 5n + 2$ ist durch 3 teilbar,
$\boldsymbol{A}_3(n) : 1 + n! \leq (1 + n)!$,
$\boldsymbol{A}_4(n) : 1 + n! < (1 + n)!$,
a) ob die Aussage $\forall n \in \mathbb{N} : \boldsymbol{A}(n)$ wahr ist;
b) ob die Aussage $\forall n \in \mathbb{N} : (\boldsymbol{A}(n) \Rightarrow \boldsymbol{A}(n+1))$ wahr ist.

3. Beweise:

a) $\forall n \in \mathbb{N} : 1 + \ldots + n = \frac{n\,(n+1)}{2}$;

b) $\forall n \in \mathbb{N} : \frac{1}{\sqrt{1}} + \frac{1}{\sqrt{2}} + \ldots + \frac{1}{\sqrt{n}} \geq \sqrt{n}$;

c) $\forall n \in \mathbb{N} : (1 + x)^n \geq 1 + nx$, für alle $x \in \mathbb{R}$, $x \geq -1$;
d) $\forall n \in \mathbb{N} : (n > 4 \Rightarrow 2^n > n^2)$.

4. Beweise
a) $\forall k,n \in \mathbb{N} : k! + n! \leq (k + n)!$
b) $\forall k,n \in \mathbb{N} : k! \cdot n! < (k + n)!$
mit vollständiger Induktion — oder auch durch Argumentieren mittels geeigneter Mengen (z. B. Mengen von Anordnungen, siehe Abschnitt 1.2), welche k! bzw. n! bzw. (k+n)! Elemente haben.

5. a) Beweise durch vollständige Induktion:
$\forall n \in \mathbb{N}$: Die Menge $\{1, 2, \ldots, n\}$ hat genau 2^n Teilmengen.
Anleitung: Zerlege für den Induktionsschritt die Menge aller Teilmengen von $\{1, 2, \ldots, n+1\}$ in zwei Klassen: erstens die Klasse der Teilmengen, welche die Zahl n + 1 nicht enthalten; zweitens die Klasse der Teilmengen, welche die Zahl n + 1 enthalten.
b) Vergleiche den Beweis und seinen Argumentationsaufwand mit dem Beweis derselben Behauptung in 1.2.3. Worauf gründete sich der frühere Beweis? Wie kann man diese Grundlage jetzt mit vollständiger Induktion „sichern“?

6. *Behauptung:* Mit einem einzigen Gewichtssatz der Form $\{2^0\text{ kg}, 2^1\text{ kg}, \ldots, 2^{n-1}\text{ kg}\}$ kann man alle Gewichte 1 kg, 2 kg, 3 kg, …, $2^n - 1$ kg realisieren, d. h. zusammenstellen.
a) Verifiziere die Behauptung ausführlich für den Fall n = 4 (Tabelle).
b) Beweise die Behauptung für alle $n \in \mathbb{N}$ durch vollständige Induktion.
Achtung! Die Behauptung besagt nicht einfach, daß $2^0 + 2^1 + \ldots + 2^{n-1} = 2^n - 1$.

c) Zeige weiter, daß zu jedem Gewicht *genau eine* realisierende Gewichtsstückmenge gehört, d. h. daß die Zuordnung zwischen den Gewichten und den nichtleeren Teilmengen des Gewichtssatzes eineindeutig ist.
d) Versuche, die Beweise ohne vollständige Induktion zu führen, stattdessen durch Bezugnahme auf Abschnitt 1.3.

Gewicht in kg	Realisierung mittels 1	2	4	8	kg
1	×				
2		×			
3	×	×			
4			×		
5	×		×		
⋮					
15	×	×	×	×	

7. In einer Ebene seien n verschiedene Geraden gegeben, von denen keine zwei zueinander parallel sind und keine drei durch einen Punkt gehen. In wie viele Teile wird hierdurch die Ebene zerlegt?
a) Beantworte dies für $n = 1, 2, 3, 4, 5$.
b) Stelle eine allgemeine Formel für die gesuchte Anzahl bei beliebigem $n \in \mathbb{N}$ auf.
c) Beweise, daß die gesuchte Anzahl der Teile durch die gefundene Formel angegeben wird.

8. Bei einer quadratischen Fläche der Seitenlänge 2^n, die schachbrettartig in Einheitsquadrate unterteilt ist, wird eines der Einheitsquadrate entfernt. Beweise mit vollständiger Induktion, daß die verbleibende Fläche stets durch Platten der Form , bestehend aus drei Einheitsquadraten, lückenlos und überschneidungsfrei bedeckt werden kann.
Achtung! Es ist nicht nach der Anzahl der benötigten Platten gefragt, sondern nach der Möglichkeit der beschriebenen Überdeckung.

9. Welche der in Aufgabe 3 bis 8 bewiesenen Behauptungen $\mathcal{A}(n)$ gelten sogar für alle $n \in \mathbb{N}_0$, d. h. für welche gilt auch $\mathcal{A}(0)$? Untersuche in diesen Fällen, ob der Nachweis des Induktionsschritts $\mathcal{A}(n) \Rightarrow \mathcal{A}(n+1)$ auch für $n = 0$ stichhaltig ist. Dann ist die Bestätigung von $\mathcal{A}(1)$ überflüssig.

Teil C Funktionen (Abbildungen) und Relationen

Kapitel 8 Der Funktionsbegriff (Abbildungsbegriff): Definitionen und Beispiele

8.1 Funktionen auf dem Taschenrechner

Man spricht beim Taschenrechner (TR) von „Funktionstasten“. Wir erörtern ihre Wirkungsweise und wiederholen dabei Schulkenntnisse. Es geht hier aber nicht um eine Unterweisung im TR-Rechnen, sondern um die Vermittlung einer reichen inhaltlichen Vorstellung vom *Funktionsbegriff*: Das Wesentliche hieran ist, daß zu jeder (zulässig) eingegebenen Zahl eine *ganz bestimmte Zahl* als „*Funktionswert*“ gehört (hier: ausgegeben wird). Dieser schon vielfach aufgetretene Sachverhalt wird in Abschnitt 8.2 präzise gefaßt.

8.1.1 Einstellige Funktionen

Die Realisierung am TR beschreiben wir so:

Taste	eingegebene Zahl a	Funktion f	
Anzeige	a	f(a)	ausgegebene Zahl (Funktionswert)

Beispiel: Logarithmusfunktion zur Basis 10

Taste	100	lg	
Anzeige	100	2	= lg(100); man schreibt: lg 100

Die folgende Tabelle beschreibt die wichtigsten Funktionstasten und ihre Wirkungsweise.

eingegebene Zahl a (der Reihe nach)				*Funktion f* Berechnungsvorschrift in Prosa	übliche Tastenbezeichnung	ausgegebene Zahl, d. h. „*Funktionswert*“ f(a) (der Reihe nach)				Menge der eingebbaren Zahlen: „*Definitionsbereich*“ (idealisiert!)	Menge der ausgegebenen Zahlen: „*Wertebereich*“	übliche Schreibweise des Funkionswerts f(a)
100	−12,5	0	90	bilde das Reziproke (den Kehrwert)	1/x (!)	0,01	−0,08	Error	0,111...	$\mathbb{R}\setminus\{0\}$	$\mathbb{R}\setminus\{0\}$	$\frac{1}{a}$
100	−12,5	0	90	bilde die Gegenzahl	+/−	−100	12,5	0	−90	$\mathbb{R}$	$\mathbb{R}$	−a
100	−12,5	0	90	quadriere	x^2 (!)	10000	156,25	0	8100	$\mathbb{R}$	$\mathbb{R}_0^+$	a^2
100	−12,5	0	90	radiziere (ziehe die Wurzel)	$\sqrt{x}$ (!)	10	Error	0	9,486...	$\mathbb{R}_0^+$	$\mathbb{R}_0^+$	$\sqrt{a}$
100	−12,5	0	90	logarithmiere (Basis 10)	lg	2	Error	Error	1,954...	$\mathbb{R}^+$	$\mathbb{R}$	lg a
100	−12,5	0	90	logarithmiere (Basis e)	ln x (!)	4,605...	Error	Error	4,499...	$\mathbb{R}^+$	$\mathbb{R}$	ln a
100	−12,5	0	90	berechne den Sinus	sin	0,984...	−0,216...	0	1	$\mathbb{R}$	[−1,1]	sin a°
100	−12,5	0	90	berechne den Kosinus	cos	−0,173...	0,976...	1	0	$\mathbb{R}$	[−1,1]	cos a°
100	−12,5	0	90	berechne den Tangens	tan	−5,671...	−0,221...	0	Error	$\mathbb{R}\setminus\{\pm 90, \pm 270, ...\}$	$\mathbb{R}$	tan a°

Hinweise

(a) Die mit „!“ gekennzeichneten Bezeichnungen sind eingebürgert, aber irreführend, weil der Funktions*wert* für die eingegebene Zahl x statt eines Namens für die *Funktion* auf der Taste steht. Außerdem ist der Buchstabe x mit dem Malzeichen × verwechselbar. Aus diesen Gründen bezeichnen wir diese Funktionstasten lieber mit „rez(iprok)“ bzw. „quad“, „$\sqrt{\ }$“, „ln“ und verwenden hier a statt x als Variable für die eingegebenen Zahlen (vgl. Aufgabe 1).

(b) In diesem Abschnitt 8.1 sind die angegebenen Definitionsbereiche und Funktions-Wirkungsweisen in einem *idealisierten Sinn* zu verstehen. In Wirklichkeit kann man natürlich nicht alle reellen Zahlen, sondern nur *endlich viele verschiedene Zahlen,* als abbrechende Dezimalbrüche, eingeben (Aufgabe 2). Die Funktionswerte werden im allgemeinen nur angenähert, und zwar stets als abbrechende Dezimalbrüche, ausgegeben. Trotzdem bilden konkrete TR-Erfahrungen im Umgang mit bekannten Funktionen eine gute Vorbereitung für die allgemeine Erörterung des Funktionsbegriffs.

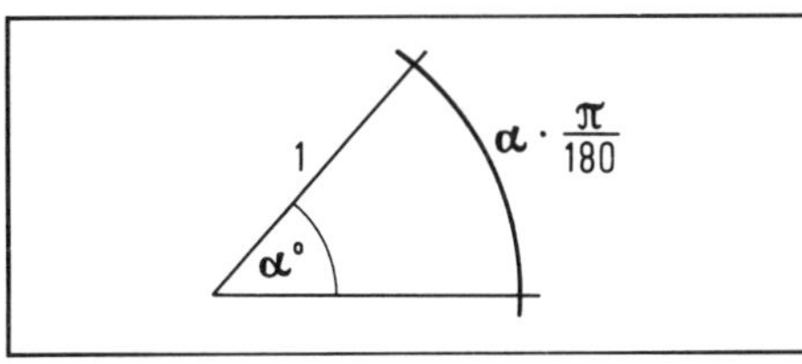

(c) Bei den Winkelfunktionen sin, cos, tan gibt man häufig statt des (oben verwendeten) *Gradmaßes* des betreffenden Winkels nach Betätigen einer Umschalttaste am TR das *Bogenmaß* des Winkels ein. Bekanntlich entspricht der gestreckte Winkel 180° dem Bogen (Halbkreis) der Länge $\pi \approx 3{,}14159$ auf dem Einheitskreis. Man setzt nun $180^\circ = \pi$ und erhält wegen der Proportionalität von Gradmaß und Bogen $\alpha^\circ = \alpha \cdot \frac{\pi}{180}$. Dann sind in der Tabelle die genannten Eingaben a durch $\frac{5\pi}{9}, \frac{-5\pi}{72}, 0, \frac{\pi}{2}$ zu ersetzen, und die Schreibweise der Funktionswerte ist sin a (nicht sin a°).

Aufgaben: 1 bis 4

8.1.2 Plus-, Minus-, Mal- und Durch-Operatoren

Die meisten Funktionen können nicht einfach durch *einen* Tastendruck realisiert werden. Das gilt insbesondere für die im Schulunterricht so genannten *„Operatoren“*, die wir in der Form $\boxed{+\,k}$, $\boxed{-\,k}$, $\boxed{\cdot\, k}$, $\boxed{:k}$ schreiben, wobei k jeweils eine feste Zahl ist (bei $\boxed{:k}$ nicht die Null). Zum Beispiel wird der Mal-Operator, d. h. die Funktion $\boxed{\cdot\, 3}$ (in Worten: „verdreifache“, „multipliziere mit 3“) am TR wie folgt realisiert:

	variierende Eingabe	Realisierung der Funktion		
Taste	a	×	3	=
Anzeige	a	↖	↗	a · 3 ⟵ Ausgabe

Zwischenanzeigen, interessieren im Augenblick nicht

Viele Rechner arbeiten nach geeigneter Fest-Eingabe, evtl. Betätigung der „Konstantentaste“, wie folgt:

Taste	a	=
Anzeige	a	a · 3

Bei beliebiger Eingabe a bewirkt die bloße Betätigung der Taste „=“ die Verdreifachung.

Die Konstante 3, allgemein k, ist als Bestandteil der *Funktion* anzusehen und nicht wie die Eingabe zu variieren.

ein-gegebene Zahl	Funktion (Operator)			ausgegebene Zahl (übliche Schreibweise)	Definitionsbereich	Wertebereich
	Kurzbezeichnung	Berechnungsvorschrift	erforderliche Tastenfolge			
a	$\boxed{+k}$	addiere k	+ k =	a + k	$\mathbb{R}$	$\mathbb{R}$
a	$\boxed{-k}$	subtrahiere k	− k =	a − k	$\mathbb{R}$	$\mathbb{R}$
a	$\boxed{\cdot k}$	multipliziere mit k	× k =	a · k	$\mathbb{R}$	$\mathbb{R}$ bzw.[74] {0}
a	$\boxed{:k}$	dividiere durch k ($\neq 0$)	÷ k =	a : k	$\mathbb{R}$	$\mathbb{R}$

Hinweis: Bei der Schreibweise $\boxed{+k}$, $\boxed{\cdot k}$ usw. bezeichnet das *Kästchen* keine einzelne TR-Taste. Wir benutzen es hier, um Zusammengehöriges zusammenzufassen und um für die beschriebenen Funktionen eine Bezeichnung zu haben. Außerdem wollen wir damit an die im Elementarunterricht gebräuchliche *Maschinenvorstellung* erinnern. Statt „Funktion" sagt man hier „Operator", insbesondere wenn $k \in \mathbb{N}$ oder $k \in \mathbb{Q}^+$. *Beispiel:*

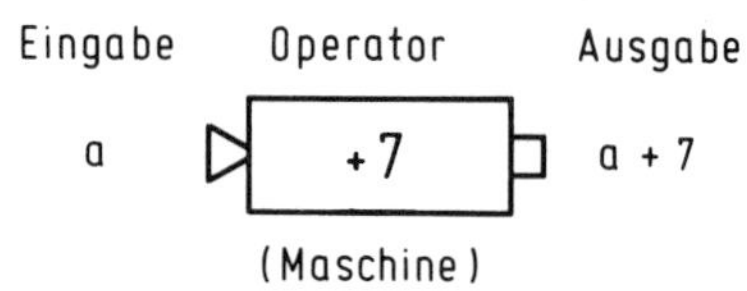

Beachte: Im Funktionswert a + 7, anders geschrieben a $\boxed{+7}$, steht hier der Name $\boxed{+7}$ der Funktion *hinter der Eingabe.* Das entspricht besser dem vorgestellten Handlungsablauf:

zuerst Eingabe, dann Anwendung des Operators (der Funktion), dann Ausgabe.

Natürlich kann man auch kompliziertere Funktionen durch längere Tastenfolgen am Taschenrechner realisieren. Dies haben wir schon in 1.3.3 für die „Polynomfunktion" f mit $f(a) = 3a^4 + a^3 + 2a^2 + 2a + 4$ erläutert. (Im dortigen Beispiel ist a = 5, aber nicht die Eingabe 5, sondern der Funktionswert f(5) ist mit a bezeichnet.) Wer einen *programmierbaren Rechner* hat, kann die ganze Rechenanweisung als Programm eingeben und erhält dann zu jeder Eingabe a den Funktionswert f(a) mit einem einzigen Tastendruck.

Aufgabe: 5

8.1.3 Zweistellige Funktionen

Hier besteht die *Eingabe* aus einem geordneten *Zahlenpaar* (a, b), die *Ausgabe* aus einer *Zahl,* dem Funktionswert f(a, b). (Pedantischerweise würde man f((a, b)) schreiben!)

Dies ist übersichtlich realisiert nur bei Taschenrechnern mit sogenannter UPN (umgekehrter polnischer Notation) und sieht dann so aus:

	Eingabe			Funktion
Taste	a	ENT	b	f
Anzeige	a		b	f(a, b) Ausgabe

Die Taste ENT („Enter", auch: „;") trennt die Eingaben.

[74]) falls k = 0.

Beispiel:

Taste	3	ENT	4	+
Anzeige	3		4	7 Ausgabe

Bei den meisten TR entspricht die Realisierung der üblichen Schreibweise:

	Eingabe		Funktion	(hier: Addition)
Taste	3	+	4	=
Anzeige	3		4	7 Ausgabe

Entsprechendes gilt für die folgenden wichtigsten zweistelligen Funktionen, die elementaren Rechenoperationen oder *„Zahlverknüpfungen“*:

Funktion f	Funktionswert f(a, b) in üblicher Schreibweise	Definitionsbereich	Wertebereich
+	$a + b$	$\mathbb{R}^2$	$\mathbb{R}$
–	$a - b$	$\mathbb{R}^2$	$\mathbb{R}$
×	$a \cdot b$	$\mathbb{R}^2$	$\mathbb{R}$
÷	$a : b$ oder $\frac{a}{b}$	$\mathbb{R} \times (\mathbb{R} \setminus \{0\})$	$\mathbb{R}$
↑	a^b	$\mathbb{R}_0^+ \times \mathbb{R}$	$\mathbb{R}_0^+$

Die Taste für die Funktion ↑, gelesen „hoch“, ist meist mit y^x bezeichnet (besser wäre x^y).

Auch bei zweistelligen Funktionen wie „+“ ist die Maschinenveranschaulichung mitunter hilfreich. Die folgende Darstellung ist unmittelbar verständlich:

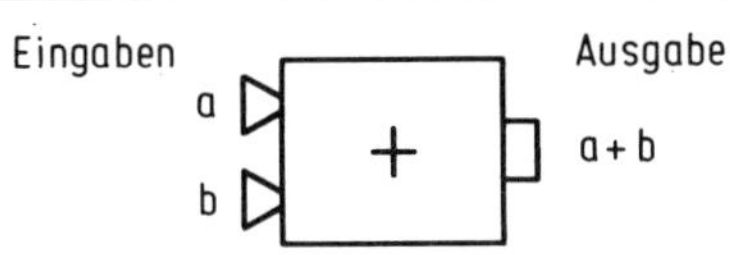

Wenn hier der untere Eingang mit einer festen Zahl, etwa 7, belegt wird, so entsteht gerade ein „Plus-Operator“ wie in **2.**, nämlich + 7.

Viele weitere zweistellige Funktionen kann man durch geeignete *Tastenfolgen* realisieren.

Beispiel: Jedem Zahlenpaar $(a, b) \in \mathbb{R}^2$ wird der „Abstand“ $|a-b|$ zwischen a und b zugeordnet. Realisierung am TR durch eine Tastenfolge (ohne Fallunterscheidung):

	Eingabe		Funktion „Abstand“			
Taste	a	–	b	=	**quad**	√
Anzeige	a		b	$a-b$	$(a-b)^2$	$\lvert a-b \rvert$ Ausgabe (siehe 4.3.1)

Schöner geht das wieder an einem Rechner mit UPN:

	Eingabe			Funktion		
Taste	a	ENT	b	–	quad	√
Anzeige	a		b			$\lvert a-b \rvert$ Ausgabe

Aufgaben 8.1

1. Auf dem TR stehen statt rez, quad, $\sqrt{\ }$ die Tastenbezeichnungen $\frac{1}{x}$, x^2, $\sqrt{x}$. Vereinfache die hier angegebenen Tippfolgen

a)

...	x^2	$\frac{1}{x}$	x^2	$\sqrt{x}$	$\frac{1}{x}$	x^2
a						

, b)

...	$\sqrt{x}$	$\frac{1}{x}$	x^2	$\sqrt{x}$	$\frac{1}{x}$	x^2	$\sqrt{x}$
a							

jeweils zu einer möglichst kurzen Tippfolge mit gleichem Effekt.

2. Die Anzeige eines TR habe acht Plätze für Ziffern. Dazu wird immer ein Dezimalpunkt — hinter irgendeiner der acht Ziffern — angezeigt. Nullen am Anfang werden nicht angezeigt; nur vor dem Dezimalpunkt kann eine Null stehen. Zusätzlich kann ein Vorzeichen „$-$" angezeigt werden.
Bestimme die Anzahl aller „TR-Zahlen", d. h. der rationalen Zahlen, die hier angezeigt werden können.

3. Untersuche die TR-Wertebereiche der Funktionen:
a) Gegenzahlbilden; b) Kehrwertbilden; c) Quadrieren; d) Quadratwurzelziehen.
Bestehen die Wertebereiche aus allen TR-Zahlen gemäß Aufgabe 2 (bzw. allen TR-Zahlen $\neq 0$ bzw. ≥ 0)?
Wenn nicht, gib einige fehlende Werte an und erkläre das Fehlen.

4. Die in Aufgabe 3 genannten Funktionen haben als mathematische Funktionen die Eigenschaft, daß zu verschiedenen (und bei „quad": nicht entgegengesetzten) Zahlen stets verschiedene Funktionswerte gehören.
Gilt dies auch für die Realisierung am Taschenrechner gemäß Aufgabe 2; d. h. werden bei Eingabe zweier verschiedener Zahlen in den TR stets zwei verschiedene Funktionswerte angezeigt?
Nenne andernfalls Gegenbeispiele und erkläre ihr Zustandekommen.

5. Durch die angegebene TR-Tastenfolge ist jeweils eine Funktion f realisiert. Beschreibe diese in der Form $f(x) = \dots$ und gib den zugehörigen (idealisierten) Definitions- sowie Wertebereich an.

a)

...	+	4	=	$\sqrt{\ }$

b)

...	quad	+	1	=	rez

c)

...	quad	−	1	=	$\sqrt{\ }$	rez

d)

...	quad	lg	÷	2	=

8.2 Definitionen, Bezeichnungsweisen, Darstellungsweisen

Nach den Vorbereitungen in Abschnitt 8.1 (und im Früheren) führen wir jetzt die angestrebten allgemeinen Begriffsbildungen und die zugehörigen Fachausdrücke ein.

8.2.1 Funktion, Definitionsmenge, Zielmenge, Wertemenge

Definition 1: Gegeben seien zwei nichtleere Mengen A, B. Ist in einer bestimmten Weise *jedem* Element x aus A *genau ein* (ein wohlbestimmtes) Element y aus B zugeordnet, so nennt man diese Zuordnung eine

Funktion f mit *Definitionsmenge* (Definitionsbereich) A und *Zielmenge* B

oder auch eine

Abbildung f *von* (der Menge) A *in* (die Menge) B.

Um auszudrücken, daß f eine solche Funktion (Abbildung) ist, schreibt man: $f : A \to B$.

Das *dem* Element $x \in A$ zugeordnete Element $y \in B$ wird mit $f(x)$ bezeichnet. So erhält man $y = f(x)$. Das Element $f(x)$ heißt

Wert der Funktion f an der *Stelle* x

oder auch

Bildpunkt von x bei der Abbildung f.

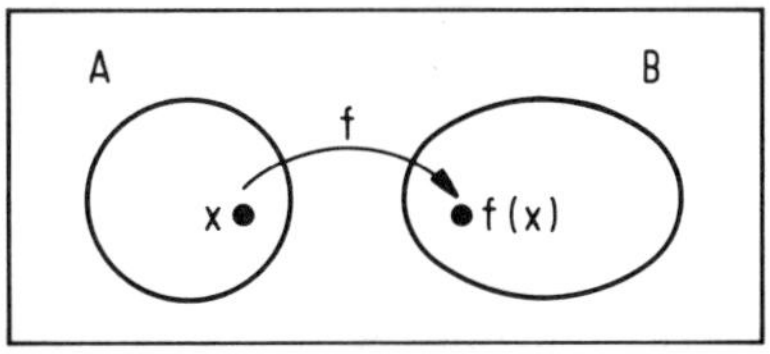

Hiernach bezeichnen die Wörter „Funktion" und „Abbildung" denselben Begriff. Beide Sprechweisen, die „Funktionssprechweise" und die „Abbildungssprechweise" — sowie manche weitere, z. B. „Operator" — sind verbreitet. Man spricht vorzugsweise von „Funktion", wenn die Zielmenge $\mathbb{R}$ ist, und von „Abbildung", wenn die Zielmenge eine Punktmenge ist. A und B müssen nicht verschieden oder gar, wie in obiger Figur, disjunkt sein; siehe die Beispiele in 8.1.1. Vielmehr kann auch $A = B$ sein, dann heißt f eine *Abbildung von* A *in sich.* Ein besonders wichtiger Fall ist: $A = B = \mathbb{R}$. Für den Anfang ist es jedoch günstig, sich die Mengen A und B als disjunkt vorzustellen; wie bei $A = \mathbb{R}^2$, $B = \mathbb{R}$.

Beispiel: Ist das Quadratwurzelziehen $\sqrt{}$ eine Funktion? Ja, aber nur, weil man vereinbart hat, daß $\sqrt{a}$ (für $a \geq 0$) die *nichtnegative* Zahl b mit $b^2 = a$ sein soll. Dies wird auch durch die Realisierung am Taschenrechner deutlich. Schreibt man dagegen (was anscheinend nicht auszurotten ist) „$\sqrt{a} = \pm b$", dann faßt man das Quadratwurzelziehen nicht als Funktion mit Zielmenge $\mathbb{R}$ auf, sondern als Bestimmen der Lösungsmenge von $x^2 = a$ (die aber nicht korrekt geschrieben ist). Auch wenn man jeder reellen Zahl a die Lösungsmenge der Gleichung $x^2 = a$ zuordnet, liegt eine Funktion, d. h. Abbildung vor. Ihre Definitionsmenge ist $\mathbb{R}$, ihre Zielmenge $\boldsymbol{P}\mathbb{R}$; d. h. jeder Zahl a wird eine Zahlenmenge (die Lösungsmenge der betreffenden Gleichung) zugeordnet. Als „Werte" bzw. „Bilder" kommen hierbei Zahlenmengen mit 2, 1 oder 0 Elementen vor.

Bemerkungen

(a) Die Aussage $f(x) = y$ schreibt man suggestiver, ohne Gleichheitszeichen, auch in der Form $x \xrightarrow{f} y$. Hiermit läßt sich auch das Hintereinanderausführen von Funktionen gut darstellen; *Beispiel:* $17 \xrightarrow{\cdot 2} 34 \xrightarrow{+6} 40$. Dafür darf man *nicht etwa* $17 \cdot 2 = 34 + 6 = 40$ schreiben (falscher Gebrauch des Gleichheitszeichens)!

(b) Statt $f(x)$ schreibt man für den Funktionswert auch fx oder umgekehrt xf oder x^f. Letzteres entspricht besser dem vorgestellten Handlungsablauf; siehe 8.1.2. Man spricht dann von der „Postfixnotation" der Funktion statt der „Präfixnotation" $f(x)$.

Wie im obigen Beispiel interessiert man sich bei einer gegebenen Funktion bzw. Abbildung $f : A \to B$ naturgemäß für die Menge der Funktionswerte, d. h. für die Menge der y, die als Bilder vorkommen.

Definition 2: Unter der *Wertemenge* (dem Wertebereich) der Funktion $f : A \to B$ versteht man die Menge

$$W = \{y \in B \mid \exists x \in A : f(x) = y\};$$

in Worten: die Menge aller y aus B, zu denen es ein $x \in A$ gibt, dessen Funktionswert das y ist. Kürzer (und unmittelbar verständlich) schreibt man auch

$$W = \{f(x) \mid x \in A\}.$$

In Abbildungssprechweise heißt W die *Bildmenge von* A bei der Abbildung f.

Nach Def. 2 gilt

$$W \subseteq B.$$

Die Wertemenge W darf nicht mit der Zielmenge B verwechselt werden. Die Definitionsmenge einer Funktion f wird auch mit D_f, die Wertemenge mit W_f bezeichnet.

Beispiele

(1) Schon zu Beginn von Teil A haben wir geschrieben:

$$\mathbb{Q}^+ = \left\{\frac{m}{n} \,\middle|\, (m,n) \in \mathbb{N}^2\right\}$$

$\mathbb{Q}^+$ ist tatsächlich die Wertemenge einer Funktion, nämlich der Division, mit dem Definitionsbereich $\mathbb{N}^2$.

(2) Die Funktion $\sin : \mathbb{R} \to \mathbb{R}$ hat die Wertemenge $[-1, 1]$. Der Sinus jedes Winkels liegt ja zwischen -1 und 1 (einschließlich), und jede solche Zahl tritt als Sinus von passenden Winkeln auf. Somit kann man auch schreiben: $\sin : \mathbb{R} \to [-1, 1]$.

Nach (2) könnte man versucht sein, die Wertemenge einer Funktion immer gleich mit anzugeben und auf den Begriff „Zielmenge" zu verzichten. Manchmal ist das aber nicht so einfach. Schon bei $f : \mathbb{R} \to \mathbb{R}$ mit $f(x) = x^2 - 4x + 5$ ist vielleicht nicht jedem Leser sofort klar, daß $W = \{y \in \mathbb{R} \mid y \geq 1\}$ ist. (Man sieht es nach der Umformung $x^2 - 4x + 5 = (x-2)^2 + 1$.) Deshalb gibt man ohne viel Skrupel oft „unnötig große" Zielmengen an.

Aufgaben: 1, 2

8.2.2 Gleichheit von Funktionen; Namen für Funktionen

Eine Funktion ist ein mathematischer *Gegenstand,* ein „Objekt", so wie „Zahl" oder „Menge". Man denke an „Maschine". Zur Bezeichnung einer Funktion verwendet man Buchstaben wie f (aber auch F, φ oder A, α mit der Intention „Abbildung"). Es sei nun

$$f_1 : A_1 \to B_1 \quad \text{und} \quad f_2 : A_2 \to B_2.$$

Was soll es bedeuten, daß $f_1 = f_2$ ist? Es bedeutet, daß beide Funktionen, als Maschinen aufgefaßt, in ihrer Wirkung nicht unterscheidbar, also austauschbar sind, oder mit anderen Worten: daß beide genau *die gleichen Eingaben erlauben* und jeweils genau *die gleichen Ausgaben liefern.* In mathematischer Ausdrucksweise heißt das:

$$f_1 = f_2 \quad \textit{bedeutet} \quad \Big(\underbrace{A_1 = A_2}_{A} \quad \textit{und} \quad \forall x \in A : f_1(x) = f_2(x)\Big)$$

Bemerkungen

(a) Hierdurch ist im Grunde genommen erst genau festgelegt, was man unter einer *Funktion* versteht, im Gegensatz zu deren jeweiliger Realisierung durch eine *Zuordnungsvorschrift.* Es handelt sich also eher um eine Präzisierung des Funktionsbegriffs als um eine Definition der Gleichheit von Funktionen.

(b) Man präge sich diese Festlegung auch in der folgenden gleichwertigen Formulierung ein:

$$f_1 \neq f_2 \quad \textit{bedeutet} \quad (A_1 \neq A_2 \quad \textit{oder} \quad \exists\, x \in A_1 \cap A_2 : f_1(x) \neq f_2(x))$$

Beispiel: Wir betrachten die fünf Funktionen f_i, die durch die Zuordnungsvorschriften

$$f_1(x) = x^3, \quad f_2(x) = \sqrt{x^6}, \quad f_3(x) = (\sqrt{x}\,)^6, \quad f_4(x) = (\sqrt{x^2})^3, \quad f_5(x) = (\sqrt{x^3})^2,$$

jeweils mit maximalem Definitionsbereich A_i, gegeben sind. Nach den „Potenzregeln" scheinen sie alle gleich der ersten zu sein.

Bei genauerem Hinsehen erkennt man: Es gilt

$A_1 = A_2 = \mathbb{R}$, aber $f_1(x) \neq f_2(x) = |x|^3$ für $x < 0$, *also* $f_1 \neq f_2$;
$A_1 = A_2 \neq A_3 = \mathbb{R}_0^+$, *also* $f_1 \neq f_3$, $f_2 \neq f_3$, obwohl

$$f_1(x) = f_2(x) = f_3(x) = x^3 \text{ für alle } x \in \mathbb{R}_0^+.$$

Dagegen gilt trotz der unterschiedlich aussehenden Zuordnungsvorschriften

$$A_2 = A_4 = \mathbb{R} \text{ und } f_2(x) = f_4(x) = |x|^3 \text{ für alle } x \in \mathbb{R}\text{ , } \textit{also } f_2 = f_4;$$
$$A_3 = A_5 = \mathbb{R}_0^+ \text{ und } f_3(x) = f_5(x) = x^3 \text{ für alle } x \in \mathbb{R}_0^+, \textit{ also } f_3 = f_5.$$

Aus der Gleichheit zweier Funktionen folgt natürlich, daß beide *dieselbe Wertmenge* haben. Es ist aber nicht erforderlich, daß bei Beschreibungen ein- und derselben Funktion auch dieselbe Zielmenge gewählt wird. Zum Beispiel kann man für die Sinusfunktion

$$\text{sowohl } \sin : \mathbb{R} \to \mathbb{R} \quad \text{als auch} \quad \sin : \mathbb{R} \to [-1, 1]$$

schreiben. Das sind dann zwei verschiedene Aussagen über dieselbe Funktion.

Bemerkung
(c) Manche Mathematiker sprechen in Fällen wie dem vorstehenden von „verschiedenen Abbildungen". Sie verstehen dabei unter „Abbildung" das geordnete Tripel (A, f, B), worin f die Zuordnungsvorschrift ist. Natürlich ist $(\mathbb{R}, \sin, \mathbb{R}) \neq (\mathbb{R}, \sin, [-1, 1])$.

Schon an der Beschriftung der Taschenrechnertasten zeigt sich die Schwierigkeit, daß *manche wichtige Funktionen keinen allgemein gebräuchlichen Namen besitzen.* Besonders gravierend ist dies bei den Potenzfunktionen. Man könnte sie mit „$\uparrow k$", gelesen „hoch k" bezeichnen, insbesondere mit $\uparrow 2$, $\uparrow -1$ usw. (Wir haben dafür in 8.1.1 „quad", „rez" geschrieben.) Allgemein gebräuchlich ist nur die Bezeichnung für die Funktions*werte*: x^k, insb. x^2, x^{-1} usw.

In solchen Fällen verwendet man eine *Beschreibung der Zuordnungsvorschrift* in der Form $x \mapsto x^k$ *als Namen* für die Funktion. Dabei werden oft besondere Pfeile, nämlich solche „mit Handgriff" $\mapsto$, benutzt. So bezeichnet

$$n \mapsto \text{Anzahl der Teiler von } n$$

eine wohlbestimmte Funktion mit Definitions- und Zielmenge $\mathbb{N}$.

Bei dieser Schreibweise wird der Definitionsbereich nicht mit angegeben; er ist meist aus dem Zusammenhang klar. Normalerweise nimmt man den *maximalen Definitionsbereich,* für den der Ausdruck rechts von „$\mapsto$" definiert ist, zum Beispiel bei $x \mapsto 1/x$ die Menge $\mathbb{R} \setminus \{0\}$. Andernfalls nennt man den Definitionsbereich ausdrücklich und spricht dann etwa von der „Funktion $x \mapsto 1/x$ für $x \in \mathbb{R}^+$".

Wir halten fest:

$$x \mapsto \text{Funktionswert von } x$$

ist ein *Name* für die betreffende Funktion. Wenn für diese Funktion bereits ein Name f eingeführt ist, besteht natürlich kein Bedürfnis, statt f den Namen $x \mapsto f(x)$ zu verwenden.

Zwei wichtige Funktionen ohne einheitlichen Namen sind die *konstanten Funktionen* $x \mapsto c$ mit festem $c \in B$ für alle $x \in A$ sowie die *identische Funktion* $x \mapsto x$ in jeder Menge A. Die letzte bezeichnen wir mit id_A (oder kurz id); danach gilt $id_A(x) = x$ für alle $x \in A$. Natürlich ist im Fall $A \neq B$ auch $id_A \neq id_B$.

8.2.3 Darstellungsweisen für Funktionen

Wir erinnern kurz an verschiedene — weitgehend aus dem Schulunterricht bekannte — Möglichkeiten, eine gegebene Funktion darzustellen oder auch: eine neue Funktion zu definieren.

(1) *Verbale Beschreibung* von Definitionsbereich und Zuordnung, wie in **1.** und **2.** erörtert. Es kommt nur darauf an, daß eine Menge A als Definitionsbereich sowie eine Zuordnungsanweisung beschrieben werden, durch die für jedes Element aus A ein wohlbestimmtes Objekt (aus einer gewissen Menge B) festgelegt ist.

(2) Beschreibung mittels *Rechenausdrücken;* dies insbesondere dann, wenn A und B Mengen von Zahlen oder Zahlenpaaren usw. sind. Hierbei können auch *Fallunterscheidungen* vorgenommen werden, *Beispiel:*

$$f(x) := \begin{cases} 2 & \text{, falls } x \leq 0 \\ 2-x, & \text{falls } 0 < x < 1 \\ 1/x & \text{, falls } x \geq 1 \end{cases}$$

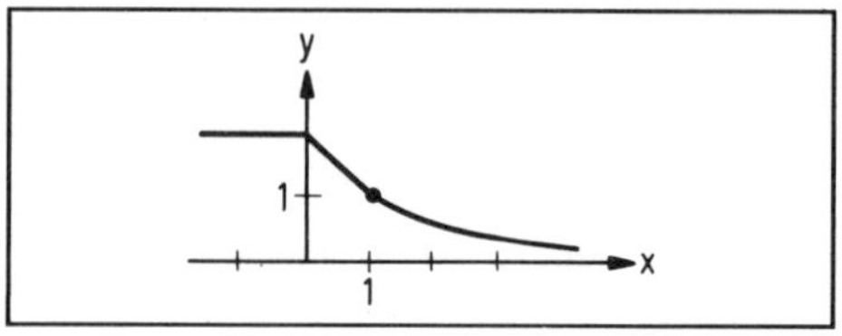

Bei solchen Definitionen müssen, anders als bei Beweisen, die „Fälle" eine *Zerlegung* (vgl. 6.3.3) des Definitionsbereichs, hier der Menge $\mathbb{R}$, liefern!

Auch wenn A und B Zahlenmengen sind, läßt sich *nicht etwa jede Funktion* $f : A \to B$ mittels Rechenausdrücken beschreiben. Ein *Beispiel* ist die Funktion $f : \mathbb{N} \to \mathbb{N}$ mit $f(n) :=$ die kleinste Primzahl, die $\geq n$ ist.

(3) Darstellung mittels *Pfeildiagramm,* dies bei unendlichem Definitionsbereich nur andeutungsweise, bei endlichem auch vollständig. Daß f Abbildung von A in B ist, bedeutet jetzt: Von jedem Element der Menge A geht *genau ein* Pfeil aus, und dieser endet irgendwo in B.

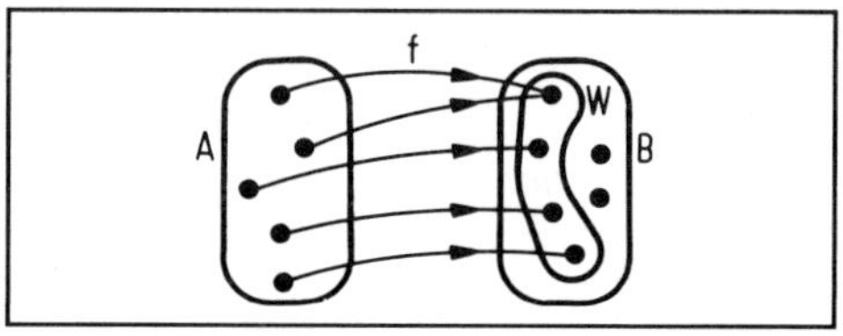

Der Wertebereich erscheint dann als die Menge aller Punkte, in denen Pfeile ankommen.

Die Mengen A und B müssen nicht disjunkt sein und auch nicht getrennt dargestellt werden. Zum *Beispiel* ist durch das Pfeildiagramm

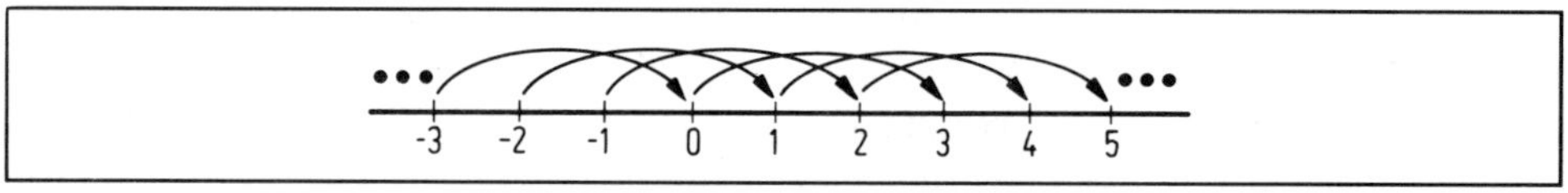

eine andeutende Beschreibung der Abbildung $\boxed{+3}$, d. h. $x \mapsto x + 3$, mit Definitions- und Wertemenge $\mathbb{Z}$ gegeben.

(4) Darstellung mittels *Wertetafel,* dies bei unendlichem Definitionsbereich nur andeutungsweise, bei endlichem auch vollständig. Im Beispiel ist A die Menge der Schüler einer Klasse, B die Menge der Gewichtsgrößen.

Schüler x	Gewicht von x in kg
Brendel, F.	39
Deubner, A.	41
Diehl, U.	36
⋮	⋮
Zech, M.	39

In der ersten Spalte sind alle Elemente von A aufgeführt (auf die Reihenfolge kommt es dabei nicht an), in der zweiten nur Elemente von B. Wie die Wertemenge dargestellt ist, sieht man. Sollte in der ersten Spalte ein Element von A mehrfach vorkommen, dann muß daneben auch immer dasselbe Element von B stehen. Andernfalls ist *keine Funktion* $f : A \to B$ dargestellt; dies zeigt das nebenstehende Beispiel (Auszug aus einem Fahrtenbuch).

getankt Liter	damit gefahrene km
28	271
37	398
12	137
37	343

(5) Darstellung einer Funktion $f : A \to B$ als *Paarmenge,* nämlich als die Teilmenge $\{(x, y) \in A \times B \mid y = f(x)\}$ von $A \times B$. Schon Pfeildiagramme und gewöhnliche Wertetafeln können als Paarmengen (Menge aller Pfeile; Menge aller Zeilen) aufgefaßt werden. Natürlich ist nicht jede Teilmenge von $A \times B$ die Darstellung einer Funktion. Vielmehr stellt eine Teilmenge von $A \times B$ genau dann eine Funktion $f : A \to B$ dar, wenn sie *zu jedem Element* $x \in A$ *genau ein Paar* (x, y) *enthält, dessen erstes Glied* x *ist.*

Man nennt die Paarmenge $\{(x, y) \in A \times B \mid y = f(x)\}$ auch den *Graph der Funktion* f. Das wird erst verständlich, wenn man diese Paarmenge geometrisch interpretiert, was insbesondere bei Funktionen $f: \mathbb{R} \to \mathbb{R}$ wohlbekannt und auch bei Funktionen $f: \mathbb{R}^2 \to \mathbb{R}$, $f: \mathbb{R} \to \mathbb{R}^2$ möglich ist. Wie dabei jeweils der Graph aussieht und wie die Mengen D_f und W_f dargestellt sind, erörtern wir in Abschnitt 8.4.

Bemerkung
Mitunter findet man auch die Auffassung, die Paarmenge $M = \{(x, y) \in A \times B \mid f(x) = y\}$ sei die Funktion selbst: $M = f$. Hiernach ist eine Funktion $f: A \to B$ nichts anderes als eine Teilmenge von $A \times B$ mit der oben angegebenen Eigenschaft. Für das praktische Umgehen mit Funktionen ist diese „statische" Auffassung wenig hilfreich. Sie erhellt aber den Gegenstandscharakter der Funktion und auch die Gleichheitsdefinition (siehe **2.**).

Aufgabe: 3

8.2.4 Injektiv, surjektiv, bijektiv

Wir erörtern hier eine besonders wichtige Eigenschaft, nämlich „injektiv", die eine Funktion $f: A \to B$ haben kann:

Definition 3: f heißt *injektiv* genau dann, wenn $\forall x_1, x_2 \in A: x_1 \neq x_2 \Rightarrow f(x_1) \neq f(x_2)$, d. h. genau dann, wenn $\forall x_1, x_2 \in A: f(x_1) = f(x_2) \Rightarrow x_1 = x_2$.

Hiernach besagt die Eigenschaft „injektiv":
— An zwei verschiedenen Stellen hat die Funktion stets zwei verschiedene Werte.
— Zwei verschiedene Punkte haben stets zwei verschiedene Bildpunkte.
— Zwei verschiedene Eingaben liefern stets auch verschiedene Ausgaben.

Was „hat man davon", daß eine Funktion f injektiv ist? Man kann dann, wenn ein Funktionswert $f(x) \in W_f$ gegeben ist, die Stelle x (den Ausgangswert) „rekonstruieren", mit anderen Worten: auf den Ausgangswert zurückschließen.

Beispiele
$x \mapsto \lg x$ ist injektiv; aus $\lg x = 0{,}5$ darf man folgern $x = \sqrt{10}$;
$x \mapsto \sin x$ ist nicht injektiv; aus $\sin x = 0{,}5$ darf man nicht folgern $x = \pi/6$ (bzw. $x = 30°$).

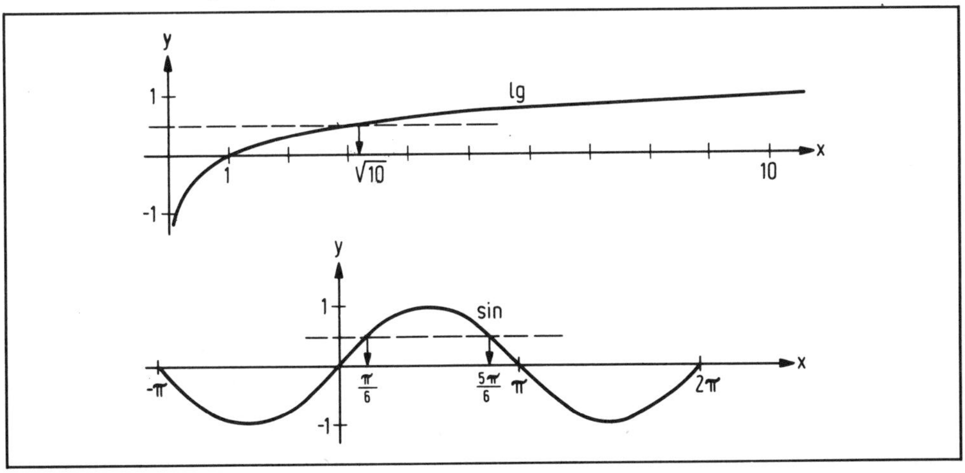

Für die in **3.** erörterten Darstellungsweisen besagt die Injektivität der dargestellten Funktion folgendes:

— für den *Rechenausdruck* f(x): Jede Gleichung f(x) = y hat bei gegebenem y höchstens eine Lösung.
— für das *Pfeildiagramm:* Niemals kommen an einem Punkt von B zwei oder mehr Pfeile an.
— für die *Wertetafel:* In der Spalte der Funktionswerte kommt kein Element mehrfach vor (sofern kein Element von A in der linken Spalte mehrfach auftritt).
— für die *Paarmenge* M: Wenn zwei Paare aus M im zweiten Glied übereinstimmen, dann auch im ersten (d. h. sie sind dann identisch); mit anderen Worten: Zu jedem y gibt es höchstens ein Paar aus M, dessen zweites Glied das y ist.

„Injektiv" ist eine Eigenschaft der Funktion selbst. Dagegen ist der im folgenden definierte Begriff „surjektiv" auf das Verhalten der Funktion gegenüber der in der Beschreibung angegebenen Zielmenge B bezogen.

Definition 4: f heißt *surjektiv bzgl.* B genau dann, wenn $\forall y \in B: \exists x \in A: f(x) = y$. Man sagt dafür auch „$f: A \to B$ ist surjektiv" oder „f ist Abbildung von A *auf* B" (statt nur *in* B).

Natürlich ist *jede Funktion surjektiv mit Bezug auf ihre eigene Wertemenge* W ($\subseteq$ B); „surjektiv bzgl. B" bedeutet nichts anderes als: die Wertemenge ist gleich B. Wenn die Zielmenge B feststeht, läßt man den Zusatz „bzgl. B" weg. Dies trifft insbesondere für den Fall B = A zu. Eine surjektive Funktion heißt dann auch Abbildung von A *auf sich.* Die Surjektivität einer Funktion $f: A \to B$ besagt
— für den *Rechenausdruck:* Für jedes $y \in B$ hat die Gleichung f(x) = y mindestens eine Lösung;
— für das *Pfeildiagramm:* In jedem Punkt von B kommt mindestens ein Pfeil an.
— für die *Wertetafel:* Jedes Element von B kommt in der Spalte der Funktionswerte vor.
— für die *Paarmenge* $M = \{(x, y) \in A \times B \mid y = f(x)\}$: Zu jedem $y \in B$ gibt es (mindestens) ein Paar aus M, dessen zweites Glied das y ist.

Um das Verständnis der hier eingeführten Begriffe zu prüfen, bilde man jeweils ein Beispiel einer Abbildung, etwa von $\mathbb{R}$ in $\mathbb{R}$, die injektiv und nicht surjektiv, surjektiv und nicht injektiv, beides zugleich, keins von beiden ist.

Schließlich sei erwähnt, daß für „injektiv und surjektiv" die Abkürzung *„bijektiv"* verwendet wird. Man erkennt nun:

> Der Begriff „bijektive Abbildung von A auf B"[75]) ist eine präzise Fassung dessen, was wir früher (in 1.1.2) *eineindeutige Zuordnung zwischen* A *und* B genannt haben.

Aufgaben: 4, 5

8.2.5 Fortsetzen und Einschränken von Funktionen

Vergleichen wir einmal die Funktionen

$f_1: \mathbb{N}_0 \to \mathbb{R}^+;\ x \mapsto 2^x;$
$f_2: \mathbb{R} \to \mathbb{R}^+;\ x \mapsto 2^x.$

Die erste ist, von der Bezeichnung abgesehen, die *Folge der Zweierpotenzen* $2^0, 2^1, 2^2, \ldots$; die zweite ist als *Exponentialfunktion zur Basis 2* bekannt.

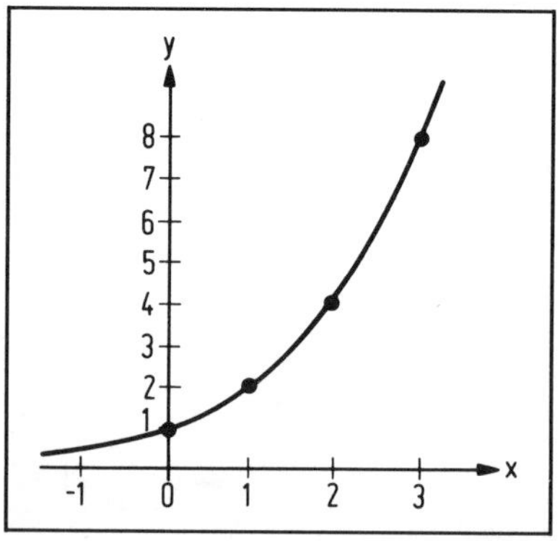

[75]) Es würde genügen zu sagen: bijektive Abbildung von A in B (denn das „auf" ist schon in dem „surjektiv" enthalten) oder: injektive Abbildung von A auf B (denn das „surjektiv" ist schon in dem „auf" enthalten).

Offensichtlich besteht eine enge Beziehung zwischen beiden. Und zwar ist f_2 „Fortsetzung" von f_1, und f_1 „Einschränkung" von f_2 in folgendem Sinn:

Definition 5: Gegeben seien zwei Funktionen

$$f_1 : A_1 \to B_1 \quad \text{und} \quad f_2 : A_2 \to B_2.$$

Dann heißt

f_2 *Fortsetzung* von f_1 oder, gleichbedeutend, f_1 *Einschränkung* von f_2

genau dann, wenn $\quad A_1 \subseteq A_2$ und $f_1(x) = f_2(x)$ für alle $x \in A_1$.

Natürlich gilt dann für die Wertebereiche: $W_1 \subseteq W_2$ (auf die Zielmengen B_1, B_2 kommt es nicht an), und im Fall $A_1 \underset{\text{echt}}{\subset} A_2$ sind f_1 und f_2 zwei verschiedene Funktionen.

Statt „Fortsetzung" sagt man auch „Erweiterung" und statt „Einschränkung" auch „Restriktion". Für die Einschränkung f_1 der Funktion f_2 schreibt man auch $f_2 | A_1$ und liest: f_2 eingeschränkt auf A_1.

Auch die Funktionen $n \mapsto n + 3$; $n \in \mathbb{N}$ (Stoff der Grundschule) und $n \mapsto n + 3$; $n \in \mathbb{Z}$ (Stoff der Mittelstufe) sind zwei verschiedene Funktionen, selbst wenn man beide mit $\boxed{+3}$ bezeichnet; die zweite ist Fortsetzung der ersten. Hier sieht man, wie sich das Fortsetzen einer Funktion unter Umständen auswirkt: $\boxed{+3} : \mathbb{Z} \to \mathbb{Z}$ ist bijektiv, $\boxed{+3} : \mathbb{N} \to \mathbb{N}$ ist es nicht. *Durch Fortsetzen haben sich die Eigenschaften der Funktion „verbessert"* — genauer: es ist eine neue Funktion mit besseren Eigenschaften entstanden.

Ebenso bringt der Übergang von $f_1 : \mathbb{N}_0 \to \mathbb{R}^+$; $x \mapsto 2^x$ zu $f_2 : \mathbb{R} \to \mathbb{R}^+$; $x \mapsto 2^x$ eine Verbesserung: Die zweite Funktion eignet sich besser als die erste zur *Beschreibung kontinuierlicher Wachstumsvorgänge.* Betrachten wir z. B. eine Population von Algen in einem Tümpel, die sich wöchentlich verdoppelt, dann gibt f_2 eine gute Beschreibung des ganzen Vorgangs, während f_1 nur „Momentaufnahmen" aneinanderreiht. Man beachte aber: In Wirklichkeit vollzieht sich auch das Wachstum der Algen in Sprüngen, die allerdings unbeobachtbar klein sind.

Dem Übergang von f_1 zu f_2 liegt hier eine schwierige **Begriffserweiterung** zugrunde, nämlich *vom elementaren Potenzbegriff zu dem der Potenz mit beliebigen reellen Exponenten.* Wir skizzieren sie kurz für das Beispiel der Potenzen mit Basis 2:

Die Potenzen 2^n für $n \in \mathbb{N}_0$ sind geläufig. Der Grundgedanke ist nun, 2^x für andere Zahlen x so zu definieren, daß die Potenzregeln $2^x \cdot 2^y = 2^{x+y}$ und $(2^x)^y = 2^{xy}$ gültig bleiben. Dies erreicht man für $x = -n$ ($n \in \mathbb{N}$) durch die Festsetzung $2^x = 2^{-n} = \frac{1}{2^n}$. Für $x = \frac{m}{n}$ ($m \in \mathbb{Z}$, $n \in \mathbb{N} \setminus \{1\}$) setzt man $2^x = \sqrt[n]{2^m}$, wobei man sich davon überzeugen muß, daß $\sqrt[nk]{2^{mk}} = \sqrt[n]{2^m}$ (ähnlich wie bei der Definition des Vielfachen $\frac{m}{n}A$ in 2.2.4). So ist 2^x für alle $x \in \mathbb{Q}$ definiert, und hierfür gilt $2^{x_1} < 2^{x_2}$, falls $x_1 < x_2$.

Ist x irrational, so betrachtet man eine Intervallschachtelung

$$a_1 \leq a_2 \leq a_3 \leq \ldots \leq x \leq \ldots \leq b_3 \leq b_2 \leq b_1,$$

mit $a_i, b_i \in \mathbb{Q}$, und kann dann beweisen, daß auch

$$2^{a_1} \leq 2^{a_2} \leq 2^{a_3} \leq \ldots \quad \ldots \leq 2^{b_3} \leq 2^{b_2} \leq 2^{b_1}$$

eine Intervallschachtelung ist. Die hiervon erfaßte Zahl wird als 2^x definiert.[76)] Schließlich muß noch bewiesen werden, daß für alle $x, y \in \mathbb{R}$ tatsächlich die "alten" Potenzregeln $2^x \cdot 2^y = 2^{x+y}$, $(2^x)^y = 2^{xy}$ gelten.

[76)] Zuvor hat man noch nachzuweisen, daß die erfaßte Zahl unabhängig von der Wahl der Intervallschachtelung für x ist.

Manchmal auch *verbessern sich die Eigenschaften einer Funktion durch Einschränken.*

Beispiel: $f_1 : \mathbb{R} \to \mathbb{R}; \quad x \mapsto \sin x, \quad$ d. h. $f_1 = \sin;$

$$f_2 : \left[0, \frac{\pi}{2}\right] \to \mathbb{R}; \; x \mapsto \sin x, \quad \text{d. h. } f_2 = \sin \,\Big|\, \left[0, \frac{\pi}{2}\right].$$

Hier ist f_2 Einschränkung von f_1 und, im Gegensatz zu f_1, *injektiv:* Man kann aus jedem Funktionswert $f_2(x)$ das x eindeutig „rekonstruieren". Allerdings hat f_2 einen kleineren Wertebereich als f_1; es gilt $W_2 = [0, 1] \underset{\text{echt}}{\subset} [-1, 1] = W_1$. Die folgende Funktion f_3 „zwischen" f_1 und f_2 ist injektiv und hat denselben Wertebereich wie f_1, nämlich $W_3 = [-1, 1]$:

$$f_3 : \left[-\frac{\pi}{2}, \frac{\pi}{2}\right] \to \mathbb{R}; \; x \mapsto \sin x, \; \text{d. h. } f_3 = \sin \,\Big|\, \left[-\frac{\pi}{2}, \frac{\pi}{2}\right].$$

Funktionen wie den Sinus durch Einschränken injektiv zu machen, ohne die Wertemenge zu verkleinern, ist kein Kunststück. Denn man sieht bereits am Funktionsgraphen die Intervalle, auf denen diese Funktion „bergauf" bzw. „bergab" geht und daher injektiv ist.[77]) Das ist nicht bei allen Funktionen so einfach, aber „im Prinzip" geht es immer. Dies zeigt der

Satz: Gegeben sei eine Abbildung f von A *auf* B, d. h. eine Funktion f mit der Definitionsmenge A und der Wertemenge B. Dann gibt es stets eine Teilmenge A_0 von A, so daß die Einschränkung $f \mid A_0$ von f injektiv ist und ebenfalls die Wertemenge B hat.

Beweis: Für jedes $y \in B$ definieren wir die folgende Teilmenge von A:

$$K_y = \{x \in A \mid f(x) = y\}$$

Die Mengen K_y bilden eine *Klasseneinteilung* von A. Man bestätige, daß tatsächlich gilt:

(i) $\bigcup\limits_{y \in B} K_y = A;$

(ii) $K_{y_1} \cap K_{y_2} = \emptyset$, falls $K_{y_1} \neq K_{y_2}$ (d. h. $y_1 \neq y_2$);

(iii) $K_y \neq \emptyset$ für jedes $y \in B$.

Wenn nun jede Klasse K_y *genau ein* Element von A enthält, ist offensichtlich f injektiv, und wir setzen $A_0 = A$. Andernfalls wählen wir aus jeder Klasse *ein* (und nur ein) Element aus und bilden mit all diesen ausgewählten Elementen eine neue Menge A_0; dies ist dann eine echte Teilmenge von A. In jedem Fall leistet die Menge A_0 das Gewünschte.

So harmlos dieser Beweis aussieht: Er beruht doch auf einem problematischen Schluß, weshalb wir oben die Formulierung „im Prinzip" benutzten. Es fragt sich nämlich, ob die Möglichkeit, aus jeder Klasse ein Element auszuwählen, auch dann garantiert ist, wenn man kein effektives Auswahlverfahren mehr angeben kann (z. B. bei unendlich vielen Klassen). Dieses tiefliegende Problem der Mengenlehre, das des sogenannten *Auswahlaxioms,* können wir hier nicht weiter behandeln.

Aufgaben: 6, 7

Aufgaben 8.2

1. Jemand will Funktionen f_1, f_2, f_3, f_4 mit Definitionsmenge $\mathbb{Q}^+ \times \mathbb{Q}^+$ und Zielmenge $\mathbb{Q}^+$ wie folgt definieren: Für alle $k, l, m, n \in \mathbb{N}$ sei

a) $f_1\left(\frac{k}{l}, \frac{m}{n}\right) = \frac{k+m}{l+n}$; b) $f_2\left(\frac{k}{l}, \frac{m}{n}\right) = \frac{nk+ml}{2nl}$; c) $f_3\left(\frac{k}{l}, \frac{m}{n}\right) = \frac{kn}{lm}$; d) $f_4\left(\frac{k}{l}, \frac{m}{n}\right) = \frac{kl}{mn}$.

Ist das jeweils eine einwandfreie Definition? Wenn nein, warum nicht? Wenn ja: Welchen üblichen Namen hat die Funktion?

[77]) Genauer wird dies in 8.4.1 erörtert.

2. a) Skizziere graphisch die Funktion $f : \mathbb{R}^+ \to \mathbb{R}^+$ mit $f(x) = x + \frac{1}{x}$ und bestimme ihre Wertemenge W. Dabei ist genau zu begründen, daß $\forall x \in \mathbb{R}^+ : f(x) \in W$ und $\forall y \in W : \exists x \in \mathbb{R}^+ : f(x) = y$.
Hinweis: Differentialrechnung wird nicht benötigt. Die aus der Skizze ablesbare Vermutung läßt sich elementar begründen.
b) Das Entsprechende für die Funktion $f : \mathbb{R} \to \mathbb{R}$ mit $f(x) = \frac{2x}{1+x^2}$.

3. Wir betrachten jetzt Funktionen $f : \mathbb{R}_0^+ \to \mathbb{Q}_0^+$.
Die Funktion f_1 mit $f_1(x) = [x]$ liefert die größte Zahl $\leq x$, d. h. sie schneidet die Nachkommastellen von x ab.
a) Welchen Effekt bewirkt die Funktion $f_2(x) = [x + 0{,}5]$?
b) Welchen Effekt bewirkt die Funktion $f_3(x) = [10x]/10$?
c) Beschreibe in ähnlicher Form die Funktion f_4, die jede Zahl aus $\mathbb{R}_0^+$ auf eine Stelle nach dem Komma rundet (gemäß üblicher Rundungskonvention).
d) Lege eine Beispieltabelle an und zeichne Ausschnitte von graphischen Darstellungen (kartesischen Graphen oder Pfeildiagrammen).

x	$f_1(x)$	$f_2(x)$	$f_3(x)$	$f_4(x)$
⋮				

4. Es sei $A = \{1, 2\}$; $B = \{1, 2, \ldots, 10\}$.
a) Wie viele Abbildungen von A in B gibt es?
b) Wie viele davon sind injektiv? Wie viele sind surjektiv?
c) Wie viele Abbildungen von B in A gibt es?
d) Wie viele davon sind injektiv? Wie viele sind surjektiv?
Hinweis: Lege (in Gedanken) Wertetabellen an; beachte die Erklärung der „Gleichheit" für Abbildungen.

5. Gib jeweils eine Funktion $f : \mathbb{R} \to \mathbb{R}$ und eine Funktion $g : [0, 2] \to [3, 4]$ an, die
a) injektiv, aber nicht surjektiv;
b) surjektiv, aber nicht injektiv;
c) injektiv und surjektiv;
d) weder injektiv noch surjektiv ist.

6. Eine Abbildung f von $A = \{0, 1, \ldots, 9\}$ auf $B = \{0, 1, 2, 3\}$ sei durch $f(x) = [x/3]$ gegeben. Bestimme eine Teilmenge A_0 von A, so daß die Einschränkung: $f \mid A_0$ eine injektive Abbildung *auf* B ist. Wie viele solche Teilmengen gibt es?

7. Die Funktion $f : [-3, 4] \to [0, 6]$ sei definiert durch

$$f(x) = \begin{cases} 3 + x, & \text{falls } -3 \leq x < 0; \\ 6 - 1{,}5x, & \text{falls } 0 \leq x \leq 4. \end{cases}$$

Bestimme alle Teilintervalle I von $[-3; 4]$, für welche die Einschränkung $f \mid I$ bei gleicher Wertemenge $[0, 6]$ injektiv ist.

8.3 Abbildungen endlicher Mengen; Folgen als Abbildungen

8.3.1 Abbildungen mit endlicher Definitions- und Zielmenge

Wir betrachten jetzt Abbildungen $f : A \to B$ zwischen *endlichen (nicht leeren) Mengen* $A = \{a_1, a_2, \ldots, a_n\}$, $B = \{b_1, b_2, \ldots, b_m\}$. Der Einfachheit halber nehmen wir mitunter an, daß $A = \{1, 2, \ldots, n\}$ und $B = \{1, 2, \ldots, m\}$ sei; dies bedeutet nur eine Bezeichnungsänderung der Elemente.

Nach den Überlegungen in Abschnitt 1.1, betreffend die Kardinalzahlen endlicher Mengen, liegt es nun nahe zu vermuten:

Satz 1: Für Mengen A, B mit card A = n, card B = m *existiert* eine

$$\left.\begin{array}{l}\text{injektive}\\ \text{bijektive}\\ \text{surjektive}\end{array}\right\}\ \text{Abbildung } f: A \rightarrow B \ \textit{genau dann, wenn} \left\{\begin{array}{l} n \leq m \\ n = m \\ n \geq m. \end{array}\right.$$

Beweis: I. Zum Nachweis der Implikationen „von rechts nach links" geben wir konkrete Abbildungen von $\{1, 2, \ldots, n\}$ in $\{1, 2, \ldots, m\}$ an: Im Fall $n \leq m$ sei $f_1(x) = x$, im Fall $n \geq m$ sei $f_2(x) = \begin{cases} x & \text{für } x \leq m \\ m & \text{für } x > m \end{cases}$ gesetzt. Dann ist f_1 injektiv und f_2 surjektiv.
Im Fall $n = m$ ist $f_1 = f_2$.
II. Interessanter sind die Implikationen „von links nach rechts". Wir schreiben die obere und die untere nach Kontraposition wie folgt (die mittlere folgt aus beiden):
— Wenn $n > m$, dann existiert keine injektive Abbildung von $\{1, \ldots, n\}$ in $\{1, \ldots, m\}$;
— Wenn $n < m$, dann existiert keine surjektive Abbildung von $\{1, \ldots, n\}$ in $\{1, \ldots, m\}$.

Dies machen wir uns hier nur anschaulich klar und stellen dazu in Gedanken eine Zuordnungstafel auf:

x	1	2	...	n
f(x)			...	

In die n freien Plätze der unteren Zeile sind Zahlen aus $\{1, 2, \ldots, m\}$ irgendwie einzutragen. Nun leuchtet ein: Wenn die Anzahl n der Plätze größer als m ist, kann man unten *nicht lauter verschiedene* Zahlen aus $\{1, \ldots, m\}$ eintragen, und wenn $n < m$ ist, kann man *nicht alle* Zahlen aus $\{1, \ldots, m\}$ unterbringen. Das sind aber gerade die Behauptungen.

Nun behaupten wir weiter:

Satz 2: Eine Abbildung einer *endlichen Menge in sich* ist *surjektiv genau dann, wenn sie injektiv* ist.

Bemerkung: Hiernach sind bei Abbildungen einer *endlichen Menge in sich die Begriffe injektiv, surjektiv, bijektiv gleichbedeutend!*

Beweis von Satz 2 durch Folgern aus Satz 1:
I. Es sei $f: A \rightarrow A$ (A endlich) und f *injektiv*. Angenommen, f sei *nicht surjektiv*, d. h. die Wertemenge W von f sei eine echte Teilmenge von A. Dann ist f auch eine injektive Abbildung $A \rightarrow W$ mit $\text{card}\, A > \text{card}\, W$, im Widerspruch zu Satz 1.
II. Es sei $f: A \rightarrow A$ und f *surjektiv*. Angenommen, f sei *nicht injektiv*, d. h. es gibt Elemente $a_1 \neq a_2$ in A mit $f(a_1) = f(a_2)$. Dann bildet f auch die Menge $A' = A \setminus \{a_2\}$ *auf* A ab. So hat man eine surjektive Abbildung $A' \rightarrow A$ mit $\text{card}\, A' < \text{card}\, A$, im Widerspruch zu Satz 1.

Da der Satz 1 zum Teil nur anschaulich begründet wurde und da andererseits auf Satz 2 später zurückgegriffen wird, geben wir auch einen „autonomen" Beweis von Satz 2.

Beweis von Satz 2 mittels vollständiger Induktion:
I. Wir beweisen, daß für alle $n \in \mathbb{N}$ gilt: Jede injektive Abbildung von $\{1, \ldots, n\}$ in sich ist surjektiv.
(i) für $n = 1$ ist dies klar; denn es gibt nur eine Abbildung von $\{1\}$ in sich, und diese ist zugleich injektiv und surjektiv.

x	1
f(x)	1

(ii) Die Behauptung gelte für n; weiter sei f eine injektive Abbildung von $\{1, \ldots, n, n+1\}$ in sich.

x	1	...	n	n+1
f(x)		...		

Fall 1: Für alle $x \leq n$ gilt $f(x) \leq n$; d. h. auf den ersten n Plätzen der unteren Zeile kommt die Zahl $n+1$ nicht vor.[78]) Dann liefern die ersten n Spalten der Tafel eine injektive Abbildung von $\{1, 2, \ldots, n\}$ in sich. Diese ist nach Induktionsannahme surjektiv; d. h. auf den ersten n Plätzen in der unteren Zeile stehen

[78]) Daß wir hier die Ausdrucksweise der Zuordnungstafeln verwenden, beeinträchtigt nicht die Schlüssigkeit der Argumentation!

alle Zahlen von 1 bis n. Da f injektiv ist, muß auf Platz n+1 eine andere Zahl stehen, also notwendigerweise die Zahl n+1. Daraus folgt, daß f surjektiv ist.

Fall 2: Es gibt eine Zahl $k \leq n$ mit $f(k) = n+1$; d. h. unten steht auf einem der ersten n Plätze (dem k-ten) die Zahl n+1. Weil f injektiv ist, muß dann auf Platz n+1 eine Zahl $l \leq n$ stehen.

x	1	...	k	...	n	n+1
f(x)		...	n+1	...		*l*

Nun tauschen wir in der unteren Zeile die Zahlen n+1 und *l* aus.

x	1	...	k	...	n	n+1
g(x)		...	*l*	...		n+1

So entsteht eine neue Abbildung g von $\{1, \ldots, n, n+1\}$ in sich, mit $g(n+1) = n+1$. Diese ist ebenso wie f injektiv. (Das Vertauschen der beiden Zahlen hat nichts daran geändert, daß unten lauter verschiedene Zahlen stehen.) Daher gilt für alle $x \leq n : g(x) \leq n$. Für die Abbildung g liegt Fall 1 vor; folglich ist g surjektiv — und damit auch f. (Das erneute Vertauschen der beiden Zahlen ändert nichts daran, daß unten alle Zahlen aus $\{1, \ldots, n, n+1\}$ stehen.)
Aus (i) und (ii) folgt die Behauptung I.

II. Nun sei f eine Abbildung von $\{1, \ldots, n\}$ *auf* sich, d. h. surjektiv; wir zeigen durch einen Widerspruchsbeweis, daß f injektiv ist. *Angenommen,* f sei nicht injektiv. Dann gibt es nach dem Satz in 8.2.5 eine bijektive Abbildung $f|A_0$ einer echten Teilmenge A_0 von $\{1, \ldots, n\}$ auf die Menge $\{1, \ldots, n\}$. (Jetzt treten im Beweis keine Probleme mit dem „Auswählen" auf; denn bei einer nichtleeren Menge von natürlichen Zahlen kann man die kleinste Zahl wählen.) Nun erhält man durch Umdrehen aller Zuordnungspfeile bzw. Vertauschen der beiden Zeilen der Tafel[79]) eine injektive Abbildung von $\{1, \ldots, n\}$ auf $A_0 \underset{\text{echt}}{\subset} \{1, \ldots, n\}$. Dies widerspricht dem in I. Bewiesenen.

Aufgabe: 1

8.3.2 Anzahlen solcher Abbildungen; Permutationen

Das Ausfüllen von Zuordnungstafeln vermittelt zugleich eine Vorstellung von der *Gesamtheit aller Abbildungen der Menge* A *in die Menge* B. Offensichtlich ist es dazu nicht erforderlich, mögliche Rechenvorschriften zu betrachten; vielmehr liefert *jede* Ausfüllung der Tafel eine solche Abbildung. Hiernach macht man sich, nach den Ergebnissen in Abschnitt 1.2, klar:

Satz 3: Für Mengen A, B mit $\operatorname{card} A = n$, $\operatorname{card} B = m$ beträgt
— die *Anzahl aller Abbildungen* von A in B : m^n;
— die *Anzahl aller injektiven Abbildungen* von A in B : $m(m-1) \ldots (m-n+1)$,
insbesondere also m! im Fall $n = m$ und Null im Fall $n > m$.

Beweis: Die untere Zeile der Zuordnungstafel, die wir uns wie oben vorstellen, bildet gerade ein n-Tupel oder, anders ausgedrückt, ein n-stelliges „Wort" (vgl. 1.2.3), wobei die „Buchstaben" hier Zahlen aus der Menge $\{1, 2, \ldots, m\}$ sind. Die Abbildungen $f : A \to B$ entsprechen nun offenbar genau solchen Wörtern, und deren Anzahlen wurden in 1.2.3, Beispiel (2), (4) bestimmt.

Nach Satz 3 ist *im Fall* $n = m$ die Anzahl der injektiven Abbildungen von A in B gleich m!. Diese Abbildungen sind nun gerade die (einzig im Fall $m = n$ existierenden) bijektiven Abbildungen von A auf B. Insbesondere ist also *die Anzahl aller bijektiven Abbildungen einer n-elementigen Menge* A *auf sich gleich* n!. Diese Abbildungen nennt man auch die *Permutationen* von A. Deren Anzahl beträgt also n!.

Bemerkungen

(a) In der elementaren Kombinatorik versteht man unter den „Permutationen von n Elementen" die möglichen *Anordnungen* dieser Elemente. Die Anzahl dieser Anordnungen wurde schon in 1.2.3 als n! bestimmt. Man erkennt, daß die Permutationen in der jetzt festgelegten Bedeutung als Abbildungen genau denen in der früheren Bedeutung entsprechen.

[79]) D. h. durch Umkehren der Funktion $f|A_0$ (siehe 9.1.2).

(b) Die Frage nach der *Anzahl aller surjektiven* Abbildungen $A \to B$ (im Fall $n > m$) ist nicht so leicht zu beantworten. Anregungen zu ihrer Bearbeitung gibt Aufgabe 3.

Aufgaben: 2, 3

8.3.3 Folgen als Abbildungen mit Definitionsbereich $\mathbb{N}$

Man versteht unmittelbar, was eine (unendliche) *Folge*

$$(a_1, a_2, a_3, \ldots)$$

— etwa von Zahlen — sein soll. Wir schreiben solche Folgen hier in Klammern, in Analogie zu den n-Tupeln $(a_1, a_2, \ldots, a_n)$ (siehe 1.2.2), die man manchmal auch „endliche Folgen" nennt. Hier wie dort kommt es auf die *Reihenfolge* an, in der die Zahlen aufgezählt werden, und: an verschiedenen Stellen *müssen nicht verschiedene Zahlen stehen.* Deshalb spricht man (wie bei den n-Tupeln) nicht von „verschiedenen Elementen", sondern von den verschiedenen „Gliedern" einer Folge.

Mit dem Abbildungsbegriff können wir jetzt formal definieren:

Definition 1: Eine (unendliche) Folge mit Gliedern aus einer Menge M ist eine Abbildung von $\mathbb{N}$ in M.

Hinweise

(a) Konsequenterweise sollte man die Folge $(a_1, a_2, \ldots)$, als Abbildung bzw. Funktion, mit a bezeichnen und dann die Glieder, als Funktionswerte, mit $a(1)$, $a(2)$ usw.; dies geschieht aber selten.

(b) Manchmal definiert man Folgen auch als Abbildungen von $\mathbb{N}_0$ in M, läßt sie also mit dem „nullten" Glied a_0 beginnen.

(c) Analog zu Def. 1 kann man jetzt auch n-Tupel $(a_1, \ldots, a_n)$ als Abbildungen, und zwar eines Anfangsstücks $\{1, 2, \ldots, n\}$ von $\mathbb{N}$, in eine Menge M auffassen.

(d) Die Folgen $(a_1, a_2, \ldots)$ und $(b_1, b_2, \ldots)$ sind genau dann als Abbildungen *gleich* (im Sinn von 8.2.2), wenn sie nach dem ursprünglichen Verständnis gleich sind: nämlich genau dann, wenn $a_n = b_n$ für alle $n \in \mathbb{N}$ gilt.

(e) Man *unterscheide unbedingt* die *Folge* $(a_1, a_2, \ldots)$ von ihrer *Wertemenge* $\{a_1, a_2, \ldots\}$. Die letztere kann endlich sein, und selbst wenn sie unendlich ist, so ist die Folge doch ein ganz anderes Objekt als die Wertemenge. (Siehe hierzu die folgenden Beispiele 1 bis 3.)

(f) Nach Def. 1 können die Elemente von M, die Glieder der Folge, Objekte der verschiedensten Art sein. So haben wir in Abschnitt 4.2.1 *Folgen von Intervallen:* $([a_1, b_1], [a_2, b_2], [a_3, b_3], \ldots)$ kennengelernt, wenn auch nicht in dieser Bezeichnungsweise. Dies sind Abbildungen $\mathbb{N} \to \boldsymbol{P}\mathbb{R}$, wobei die Folgenglieder Intervalle, also gewisse Zahlenmengen sind. Die wichtigsten Beispiele liefern jedoch die *Zahlenfolgen,* als Abbildungen $\mathbb{N} \to \mathbb{R}$.

Hinsichtlich *Bezeichnungen* und *Darstellungsweisen* für Folgen erinnern wir an 8.2.2 und 8.2.3. Man gibt meist die Funktions*werte* an, entweder in *Tupelschreibweise:*

$$(a_1, a_2, a_3, \ldots), \text{ kurz } (a_n)_{n \in \mathbb{N}}$$

oder in *Zuordnungsschreibweise:*

$$n \mapsto a_n \ (n \in \mathbb{N}).$$

Dabei werden die Klammern und die Angabe $n \in \mathbb{N}$ auch weggelassen.

Die jeweilige *Zuordnungsanweisung* kann manchmal andeutend schon durch Angabe der ersten Folgenglieder mitgeteilt werden und in vielen Fällen (nicht immer) mittels Rechenausdrücken.

Beispiel 1: Es ist klar, welche Folge mit

$$(1, 3, 1, 3, 1, 3, 1, \ldots)$$

gemeint ist. Eine unmißverständliche Zuordnungsvorschrift lautet:

$$a_n = \begin{cases} 1, \text{ falls n ungerade;} \\ 3, \text{ falls n gerade;} \end{cases}$$

oder kürzer, ohne Fallunterscheidung:

$$a_n = 2 + (-1)^n; \text{ für } n \in \mathbb{N}.$$

Namen für diese Folge sind also, neben dem ersten, andeutenden:

$$(2 + (-1)^n)_{n \in \mathbb{N}} \quad \text{und} \quad n \mapsto 2 + (-1)^n \ (n \in \mathbb{N}).$$

Ihre Wertemenge $\{1, 3, 1, 3, 1, 3, 1, \ldots\}$ ist gleich $\{1, 3\}$.

Beispiel 2: Die **arithmetischen Folgen:**

$$(a, a+d, a+2d, \ldots); \quad a_n = a + (n-1)d \quad (\text{mit } a, d \in \mathbb{R})$$

sind aus dem Schulunterricht bekannt. Der Fall $a = d = 1$ liefert die *Folge der natürlichen Zahlen.* Diese stellt sich jetzt, etwas befremdlich, als die Abbildung $id_{\mathbb{N}}$ heraus!

Die Folge

$$(1, 5, 5, 9, 9, 13, 13, \ldots); \quad a_n = 2n + (-1)^n$$

ist *nicht* arithmetisch, hat aber dieselbe Wertemenge wie die arithmetische Folge mit $a = 1$, $d = 4$.

Beispiel 3: Die **geometrischen Folgen:**

$$(a, aq, aq^2, \ldots); \quad a_n = aq^{n-1} \quad (\text{mit } a, q \in \mathbb{R})$$

sind ebenso bekannt und noch wichtiger. Die Wertemenge ist in den Fällen $q = 1$, $q = 0$ und $q = -1$ endlich, sonst (sofern $a \neq 0$) unendlich. Sie ist beschränkt, falls $|q| \leq 1$, sonst unbeschränkt.

Was *Injektivität* einer Folge bedeutet, ist klar. In diesem Fall ist die Wertemenge jedenfalls unendlich. Aber eine Folge mit unendlicher Wertemenge muß natürlich nicht injektiv sein.

Ob *Surjektivität* bei einer Folge $\mathbb{N} \to \mathbb{R}$ oder auch $\mathbb{N} \to \mathbb{Q}$ bestehen kann, ist ein schwieriges Problem, auf das wir zurückkommen. Dagegen bestätigt man leicht, daß bei Folgen $\mathbb{N} \to \mathbb{Z}$ und $\mathbb{N} \to \mathbb{N}$ alles auftreten kann: nur Injektivität, nur Surjektivität, beides zugleich oder keins von beiden (Aufgabe 4).

Bemerkung: Die vorangehenden Erörterungen betreffen, auch wenn sie an Zahlenfolgen illustriert wurden, Folgen beliebiger Art. Spezielle Eigenschaften von *Zahlenfolgen,* wie die *Monotonie,* werden im folgenden Abschnitt mit erfaßt. Der *Konvergenzbegriff* für Folgen gehört als Begriff der Analysis nicht in dieses Buch.

Aufgaben: 4, 5

8.3.4 Rekursive Definition von Folgen

Zu den in 8.2.3 erörterten Darstellungsweisen einer Abbildung tritt bei Folgen wegen des besonderen Charakters ihres Definitionsbereichs $\mathbb{N}$ eine weitere, die sogenannte *rekursive Definition.*

So läßt sich die geometrische Folge bei gegebenen $a, q \in \mathbb{R}$ auch wie folgt „*rekursiv*" definieren:

$$a_1 := a; \quad \forall n \in \mathbb{N} : a_{n+1} := a_n \cdot q$$

Demgegenüber heißt die früher angegebene Definition $a_n := aq^{n-1}$ „*explizit*".[80])

[80]) „Explizit" bedeutet wörtlich „ausgefaltet" oder „entwickelt"; „rekursiv" bedeutet „zurückschreitend": Um den Wert von a_n zu bestimmen, muß man über a_{n-1}, a_{n-2} usw. bis zu a_1 zurückschreiten.

Dieses Definitionsverfahren ist offensichtlich mit dem Beweisverfahren der vollständigen Induktion verwandt und von daher unmittelbar verständlich. Hiermit lassen sich nun auch die früher schon benutzten bzw. mittels „Pünktchenschreibweise" definierten Begriffe *Potenz* a^n, *Fakultät* n! (vgl. 1.2.3) und *Vielfaches* nA (vgl. 2.2.3) nun formal wie folgt definieren, wobei man auch mit n = 0 beginnen kann:

$$a^0 = 1; \quad \forall n \in \mathbb{N}_0 : \quad a^{n+1} = a^n \cdot a;$$
$$0! = 1; \quad \forall n \in \mathbb{N}_0 : (n+1)! = n!\,(n+1);$$
$$1A = A; \quad \forall n \in \mathbb{N} : (n+1)A = nA + A.$$

Und bei gegebener Zahlenfolge $(a_1, a_2, \ldots)$ definiert man die n-te *Teilsumme* $s_n = \sum_{i=1}^{n} a_i$ (vgl. 1.3.2) jetzt durch:

$$s_1 = a_1; \quad \forall n \in \mathbb{N} : s_{n+1} = s_n + a_{n+1}.$$

Die Näherungsfolge $(x_n)_{n \in \mathbb{N}_0}$ zur Berechnung von $\sqrt{a}$ wurde (in 4.3.3) *nur* rekursiv definiert:

$$x_0 = a \text{ (ganz roher Näherungswert für } \sqrt{a}\text{)}; \quad \forall n \in \mathbb{N}_0 : x_{n+1} = \frac{1}{2}\left(x_n + \frac{a}{x_n}\right).$$

Worauf kommt es bei diesem Verfahren an? Wir stellen uns vor, es soll Schritt für Schritt eine Zuordnungstafel für die Abbildung $\mathbb{N} \to M$; $n \mapsto a_n$ aufgestellt werden.

1	2	3	...	n	n+1	...
a_1	a_2	a_3	...	a_n →	?	...

Dazu gibt man zuerst ein Element aus M als erstes Glied a_1 der Folge an und trägt es ein. Dann braucht man nur zu wissen, wie man bei beliebigem $n \in \mathbb{N}$ aus dem Wert a_n und der neuen Nummer n+1 den nächsten Wert a_{n+1} bestimmt. Dies gelingt sicher dann, wenn man eine Vorschrift kennt, die jedem Paar (x, y) mit $x \in M$, $y \in \mathbb{N} \setminus \{1\}$ eindeutig einen Wert aus M zuordnet und dabei dem Paar $(a_n, n+1)$ jeweils den Wert a_{n+1}, mit anderen Worten: wenn eine *Abbildung* $\varphi : M \times (\mathbb{N} \setminus \{1\}) \to M$ gegeben ist. Der Leser mache sich genau klar, wie in den obigen Beispielen jeweils die Abbildung φ mit $\varphi(a_n, n+1) = a_{n+1}$ aussieht.

Theoretische Grundlage für dieses Definitionsverfahren ist der

Satz 4 (Rekursionssatz): Es sei $M (\neq \emptyset)$ eine Menge, a ein Element aus M und φ eine Abbildung von $M \times (\mathbb{N} \setminus 1)$ in M. Dann gibt es genau eine Folge $(a_n)_{n \in \mathbb{N}}$ mit:

(i') $\quad a_1 = a \quad ;$

(ii') $\forall n \in \mathbb{N} : a_{n+1} = \varphi(a_n, n+1)$.

Wir *beweisen* hier nur die *eindeutige Bestimmtheit* der so definierten Folge: Es seien $(a_n)_{n \in \mathbb{N}}$ und $(b_n)_{n \in N}$ Folgen mit den Eigenschaften (i') und (ii'). Dann gilt:

(i) $a_1 = a$ und $b_1 = a$, also $a_1 = b_1$;

(ii) *wenn* $a_n = b_n$ (für ein $n \in \mathbb{N}$), *dann*
$a_{n+1} = \varphi(a_n, n+1) = \varphi(b_n, n+1) = b_{n+1}$, also $a_{n+1} = b_{n+1}$.

Damit ist die Behauptung: $\forall n \in \mathbb{N} : a_n = b_n$ bewiesen.

Der Beweis der — jedenfalls einleuchtenden — Existenz einer solchen Folge ist recht mühsam und wird hier übergangen.[81])

Aufgaben: 6 bis 9

Aufgaben 8.3

1. Betrachte nochmals die Aufgaben 3 und 4 zu Abschnitt 8.1 (Surjektivität bzw. Injektivität der TR-Realisierungen von Funktionen).
Wie kann man jetzt mit Bezugnahme auf Satz 2 einfacher argumentieren?

[81]) Man findet ihn z. B. in dem Buch von *A. Oberschelp:* Aufbau des Zahlensystems, Göttingen [2]1972, S. 20—23.

2. a) Gib die 24 Permutationen f_1 bis f_{24} der Buchstabenmenge $\{a, b, c, d\}$ in „alphabetischer" Reihenfolge an.
b) Ein Element x der Definitionsmenge einer Abbildung f heißt „Fixpunkt von f" genau dann, wenn $f(x) = x$.
Bestimme die Anzahl der Permutationen f_i, die keinen bzw. genau einen, zwei, drei, vier Fixpunkte haben.

x	a	b	c	d
$f_1(x)$	a	b	c	d
$f_2(x)$	a	b	d	c
$f_3(x)$	a	c	b	d
⋮				

3. Bestimme die Anzahl aller surjektiven Abbildungen:
a) $\{1, 2, \ldots, n\} \to \{1, 2\}$; b) $\{1, 2, \ldots, n\} \to \{1, 2, 3\}$ (jeweils bei gegebenem $n \in \mathbb{N}$).
Hinweis: Zähle die Abbildungen, die *nicht* surjektiv sind.
Bestimme weiter die Anzahl aller Klasseneinteilungen der Menge $\{1, 2, \ldots, n\}$ mit
c) genau zwei Klassen; d) genau drei Klassen.

4. Gib jeweils eine Folge $\mathbb{N} \to \mathbb{N}$ und eine Folge $\mathbb{N} \to \mathbb{Z}$ an, die
a) injektiv, aber nicht surjektiv;
b) surjektiv, aber nicht injektiv;
c) injektiv und surjektiv;
d) weder injektiv noch surjektiv ist.

5. Versuche, jeweils eine Zahlenfolge $(a_1, a_2, a_3, \ldots)$ anzugeben, die bzw. deren Wertemenge $W = \{a_1, a_2, a_3, \ldots\}$ die folgenden Eigenschaften hat:
a) Folge injektiv, W beschränkt, aber ohne größte Zahl;
b) Folge injektiv, W hat eine kleinste und eine größte Zahl;
c) Folge injektiv, W endlich;
d) Folge nicht injektiv, W nicht beschränkt;
e) Folge nicht injektiv, W beschränkt, aber unendlich;
f) Folge nicht injektiv, W endlich, $\operatorname{card} W = k \geq 1$ beliebig vorgegeben.

6. Für die Teilsummen $s_n = \sum_{i=1}^{n} a_i$ der
a) arithmetischen Folge $a_n = a + (n-1)d$;
b) geometrischen Folge $a_n = a \cdot q^{n-1}$
lernt man im Schulunterricht explizite Formeln kennen. Gib diese an und beweise deren Richtigkeit.

7. Gesucht ist ein einfacher Rechenausdruck für die Summe $s_n = \sum_{k=1}^{n} \frac{1}{k(k+1)}$ $(n \in \mathbb{N})$.
a) Schreibe für einige n den Wert von s_n als gekürzten Bruch hin:
$s_1 = \frac{1}{1 \cdot 2} = \ldots$; $s_2 = \frac{1}{1 \cdot 2} + \frac{1}{2 \cdot 3} = \ldots$; usw. Leite daraus eine Vermutung für s_n ab.
b) Beweise die Vermutung durch vollständige Induktion.

8. Gegeben sei $a > 1$. Zur Berechnung von $\sqrt{a}$ definiert man rekursiv die Folge $(x_n)_{n \in \mathbb{N}_0}$ durch $x_0 = a$ und $\forall n \in \mathbb{N}_0 : x_{n+1} = \frac{1}{2}\left(x_n + \frac{a}{x_n}\right)$.
Beweise:
a) $\forall n \in \mathbb{N}_0 : x_n > \sqrt{a}$; b) $\forall n \in \mathbb{N}_0 : x_n > x_{n+1}$.

9. Durch Vorgabe des Anfangsgliedes $a_1 \in \mathbb{Q}$ und einer Abbildung $\varphi : \mathbb{Q} \times (\mathbb{N} \setminus \{1\}) \to \mathbb{Q}$ ist nach dem Rekursionssatz eine Folge $(a_n)_{n \in \mathbb{N}}$ bestimmt. Beschreibe die durch das Anfangsglied $a_1 = 1$ und die Vorschrift $\varphi(a_n, n+1) =$
a) $a_n + n+1$; b) $\frac{a_n + n+1}{2}$; c) $\frac{a_n}{n+1}$; d) a_n^{n+1}
definierte Folge, jedesmal mittels Zuordnungstafel bis $n = 5$ sowie in expliziter Form.

8.4 Vier Typen geometrisch interpretierbarer Funktionen bzw. Abbildungen

Wir erörtern hier kurz die Funktions- bzw. Abbildungstypen $\mathbb{R} \to \mathbb{R}$, $\mathbb{R}^2 \to \mathbb{R}$, $\mathbb{R} \to \mathbb{R}^2$ und $\mathbb{R}^2 \to \mathbb{R}^2$. Dies soll einerseits die in Abschnitt 8.2 eingeführten Begriffe weiter verdeutlichen, andererseits vertiefte Einsichten in wichtige Inhalte der Elementarmathematik vermitteln. Das Besondere an diesen Funktionen ist, daß sich Definitionsbereich, Wertebereich und (außer im Fall $\mathbb{R}^2 \to \mathbb{R}^2$) auch der Graph der Funktion geometrisch leicht interpretieren lassen — was auch Anlaß zur Übung des Raumanschauungsvermögens bietet. Schließlich betrachten wir in allen vier Fällen insbesondere die „affinen" Funktionen.

8.4.1 Funktionen vom Typ $\mathbb{R} \to \mathbb{R}$

Dies sind die aus dem Schulunterricht wohlbekannten *„reellen Funktionen (einer Veränderlichen)"*, $f: A \to \mathbb{R}$. Hierbei ist A eine Teilmenge von $\mathbb{R}$, meist ein Intervall oder eine Vereinigung von Intervallen. Im Fall $A = \mathbb{N}$ handelt es sich um Zahlenfolgen. In Anwendungssituationen können A und die Zielmenge auch Mengen von Größen sein; das ändert nichts Wesentliches. Solche Funktionen lassen sich in bekannter Weise durch *Graphen im rechtwinkligen, „kartesischen"*[82]) *Achsenkreuz* darstellen. Der Graph $\{(x, y) \in \mathbb{R}^2 \mid x \in A \wedge y = f(x)\}$ läßt sich jetzt als Punktmenge, in einfachen Fällen „glatte Kurve"[83]), in der Ebene $\mathbb{R}^2$ auffassen (vgl. 5.1.4).

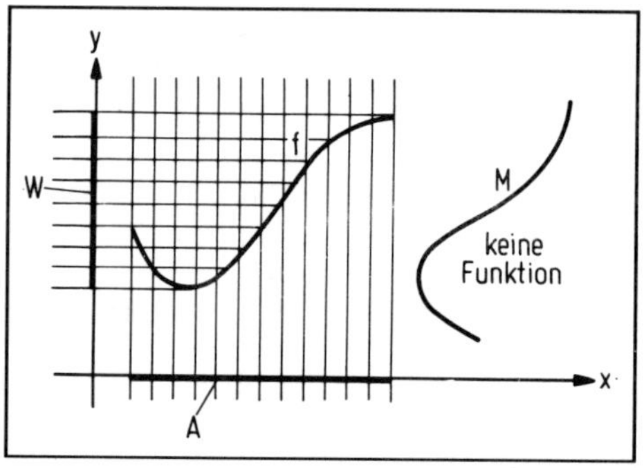

Hierbei erscheint die Definitionsmenge A von f als die (senkrechte) Projektion des Graphen auf die x-Achse und die Wertemenge W als die Projektion auf die y-Achse. Natürlich ist *nicht jede Punktmenge* $M \subseteq \mathbb{R}^2$ *der Graph einer Funktion.* Vielmehr liegt genau dann ein Funktionsgraph vor, wenn $M \neq \emptyset$ ist und *auf jeder Parallelen zur y-Achse höchstens ein Punkt von* M *liegt. Injektivität* von f bedeutet offenbar, daß auch auf jeder Parallelen zur x-Achse höchstens ein Punkt des Graphen liegt; die Bedeutung der *Surjektivität* (bzgl. $\mathbb{R}$) ist klar.

Man sollte die Graphen der folgenden wichtigsten elementaren Funktionen „im Kopf" haben und ohne langes Aufstellen einer Wertetafel zeichnerisch darstellen können:

$x \mapsto ax + b$ (mit Konstanten $a, b \in \mathbb{R}$);
$x \mapsto x^k$, insb. mit $k = 0, 1, 2, 3, 4, -1, -2, 0{,}5$ (Potenzfunktionen);
$x \mapsto a^x$, mit $a \in \mathbb{R}^+$, insb. $a = 2$ (Exponentialfunktionen).

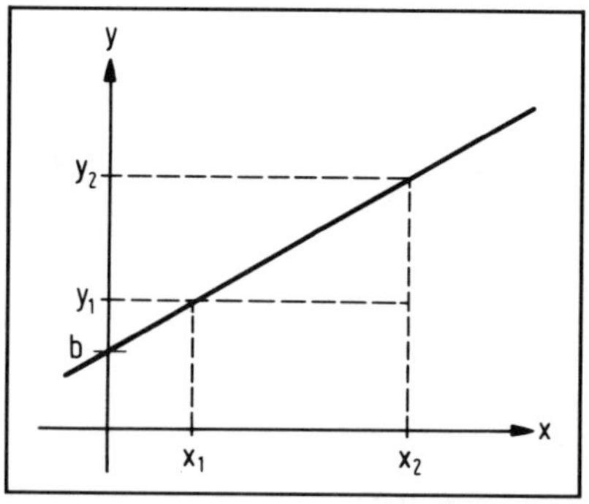

Am allerwichtigsten sind die im Schulunterricht „linear" genannten Funktionen $x \mapsto ax + b$; $x \in \mathbb{R}$. Oft nennt man diese Funktionen *affin*[84]) oder auch „affin-linear", zur Unterscheidung von den im engeren Sinn *linearen* Funktionen $x \mapsto ax$ (die im Schulunterricht auch „Proportionalitäten" heißen). Bekanntlich ist der Graph einer solchen affinen Funktion eine Gerade, welche die y-Achse bei b schneidet und die Steigung a hat. Dabei bedeutet die *Steigung* den (überall gleichen) Quotienten $\frac{y_2 - y_1}{x_2 - x_1}$ (siehe Skizze). f ist genau im Fall $a \neq 0$ sowohl injektiv als auch surjektiv.

[82]) Nach *R. Descartes* (1596—1650), franz. Philosoph und Mathematiker, dem Schöpfer der analytischen Geometrie.
[83]) Dieser Begriff kann hier nicht präzisiert werden.
[84]) Diese Bezeichnung ist in Analogie zu den in **4.** behandelten affinen Abbildungen $\mathbb{R}^2 \to \mathbb{R}^2$ gewählt.

Bemerkungen

(a) Man sollte die Steigung nicht (wie oft üblich) als „Tangens des Neigungswinkels" erklären, da dies unnötig kompliziert und nur bei gleichen Maßstäben auf beiden Achsen sinnvoll ist.

(b) Natürlich darf (und sollte) man die Maßeinheiten beliebig (und zweckmäßig!) wählen, etwa wie nebenstehend zur Darstellung von $x \mapsto x^2$ für $0 \leq x \leq 10$, wodurch ein vielleicht ungewohntes Bild dieser bekannten Funktion entsteht.

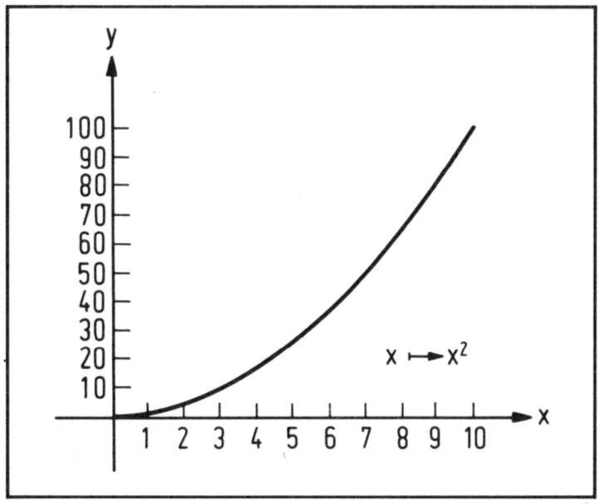

Vertraut sein sollten weiter die Graphen der Funktionen

$x \mapsto |x|$ (Betrag von x),

$x \mapsto [x]$ („Ganzteil" von x, d. h. größte ganze Zahl $\leq x$):

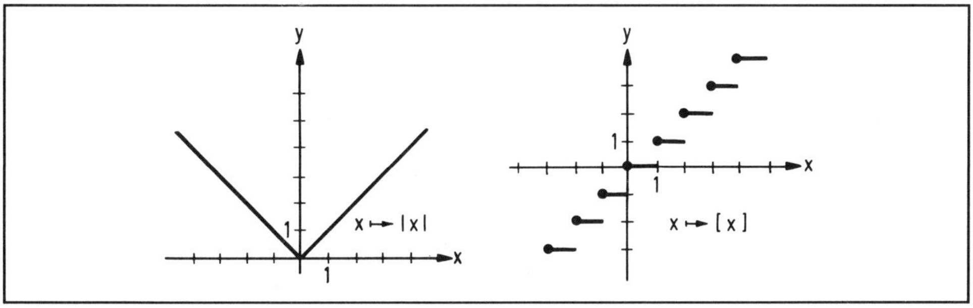

sowie diejenigen der „Winkelfunktionen" Sinus und Kosinus (sin und cos).

Nützlich ist es auch zu wissen, wie sich konstante Summanden oder Faktoren in den Rechenausdrücken auf den Graphen auswirken (siehe hierzu 9.3.3).

Nicht alle reellen Funktionen haben so schöne glatte oder wenigstens stückweise zusammenhängende[85]) Graphen. Ein berühmtes Beispiel einer Funktion mit „total unzusammenhängendem"[85]) Graph ist $f : \mathbb{R} \to \mathbb{R}$ mit

$$f(x) = \begin{cases} 1, & \text{falls } x \text{ irrational;} \\ 0, & \text{falls } x \text{ rational.} \end{cases}$$

Hier versucht man vergeblich, den Graph zeichnerisch darzustellen.

Eine wichtige Eigenschaft, die eine reelle Funktion (insbesondere eine Zahlenfolge[86])) haben kann, ist die *Monotonie.*

Definition: Eine Funktion $f : A \to \mathbb{R}$ (mit $A \subseteq \mathbb{R}$) heißt

monoton wachsend (steigend)
streng monoton wachsend
monoton abnehmend (fallend)
streng monoton abnehmend

genau dann, wenn $\forall\, x_1, x_2 \in A$

$$\begin{cases} x_1 < x_2 \Rightarrow f(x_1) \leq f(x_2) \\ x_1 < x_2 \Rightarrow f(x_1) < f(x_2) \\ x_1 < x_2 \Rightarrow f(x_1) \geq f(x_2) \\ x_1 < x_2 \Rightarrow f(x_1) > f(x_2). \end{cases}$$

[85]) Dieser Begriff kann hier nicht präzisiert werden.

[86]) Für Folgen wird die Definition der Monotonie manchmal anders (aber logisch gleichwertig) gefaßt; siehe Aufgabe 5.

Zusammenfassend nennt man die Funktion f:

monoton	genau dann, wenn f	monoton steigt oder fällt
streng monoton		streng monoton steigt oder fällt.

Beispiele:
$x \mapsto [x]$ ist monoton wachsend, aber nicht streng;

die Funktionen sin und cos: $\mathbb{R} \to \mathbb{R}$ sind nicht monoton;

$\sin \mid \left[0, \frac{\pi}{2}\right]$ ist streng monoton wachsend;

$\cos \mid [0, \pi]$ ist streng monoton abnehmend.

Die Folge $n \mapsto q^n$ ist monoton genau im Fall $q \geq 0$, und zwar streng monoton wachsend im Fall $q > 1$, streng monoton abnehmend im Fall $0 < q < 1$, konstant im Fall $q = 1$.
Die konstanten Funktionen sind sowohl monoton steigend wie fallend (!).

Streng monotones Wachsen von f bedeutet für den Graph : „er geht, in Richtung wachsender x-Werte durchlaufen, bergauf".

Monoton wachsende Funktionen lassen sich gut in *Pfeildiagrammen, mit getrennten, parallelen und gleichgerichteten Geraden,* darstellen. Monotones Wachsen bedeutet dann, daß sich niemals zwei Pfeile kreuzen (höchstens auf der Werteskala treffen). Beispiel: Darstellung von $x \mapsto [x]$.

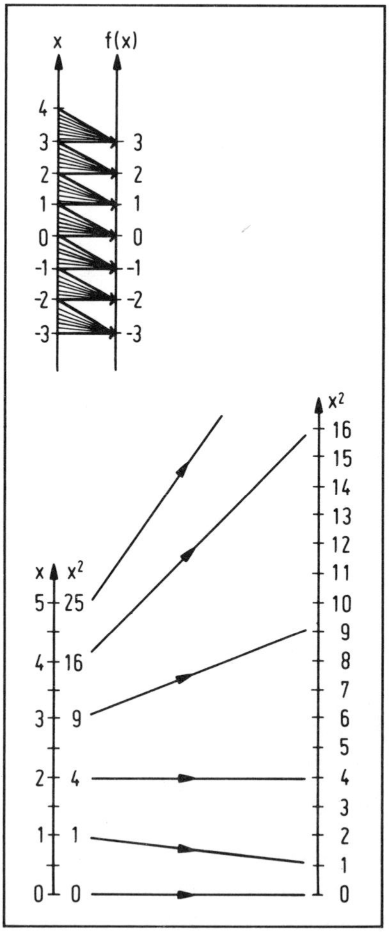

Streng monotone Funktionen kann man auch durch eine *Doppelskala* darstellen. Eine solche entsteht gleichsam aus einem Pfeildiagramm, indem man die Zahlen der zweiten Skala längs der Pfeile an die erste Skala „zurückrutschen" läßt.

Schließlich bemerken wir, daß jede *streng monotone Funktion* $f : A \to \mathbb{R}$ (mit $A \subseteq \mathbb{R}$) *injektiv ist.* Der Beweis sei dem Leser überlassen. Ebenso mache er sich selbst klar (etwa am Beispiel $x \mapsto 2[x] - x$), daß die Umkehrung hiervon *nicht* gilt.

Natürlich braucht eine streng monotone Funktion $f: \mathbb{R} \to \mathbb{R}$ nicht surjektiv zu sein. So ist zum Beispiel die Funktion $x \mapsto \frac{x}{1+|x|}$ streng monoton wachsend und hat die Wertemenge $\{y \in \mathbb{R} \mid -1 < y < 1\}$.

Aufgaben: 1 bis 5

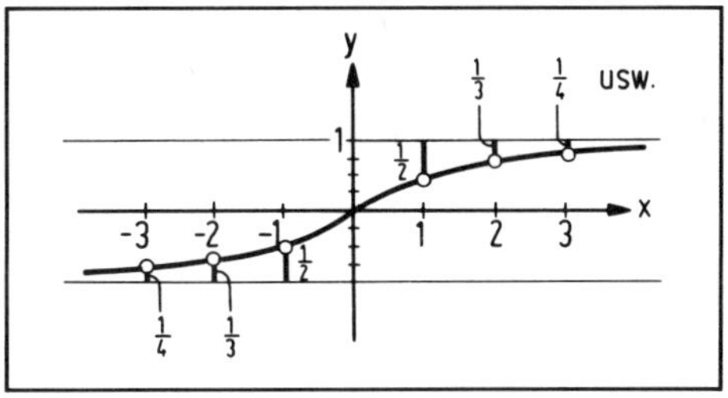

8.4.2 Funktionen vom Typ $\mathbb{R}^2 \to \mathbb{R}$

Dies sind die *„reellen Funktionen zweier Veränderlicher"*, $f: A \to \mathbb{R}$, wobei A eine Teilmenge von $\mathbb{R}^2$ ist. Wichtige elementare *Beispiele* sind die Zahlverknüpfungen $(x, y) \mapsto x + y$, $(x, y) \mapsto x \cdot y$ usw., auch $(x, y) \mapsto x^y$ (Taschenrechner!). Weiter denke man an bekannte Formeln aus Geometrie oder Physik: Das Zylindervolumen ist eine „Funktion von r und h"; das Volumen einer bestimmten Gasmenge ist eine „Funktion von Temperatur und Druck". Beispiele aus dem Schulstoff sind auch die „Zielfunktionen" beim linearen Optimieren mit zwei Variablen; diese sind von der Form

$$(x, y) \mapsto ax + by + c, \text{ mit Konstanten } a, b, c \in \mathbb{R}.$$

Alle Funktionen dieser letzten Art heißen, in Analogie zum Fall $\mathbb{R} \to \mathbb{R}$, *affin* bzw., wenn $c = 0$ ist, *linear.*

Wie sieht der *Graph* einer Funktion vom Typ $\mathbb{R}^2 \to \mathbb{R}$ aus? Er ist eine Teilmenge von $\mathbb{R}^2 \times \mathbb{R}$, kann also als *Punktmenge im dreidimensionalen Raum* $\mathbb{R}^3$, mit kartesischem xyz-Achsenkreuz, dargestellt werden:

$$\{(x, y, z) \in \mathbb{R}^3 \mid (x, y) \in A \;\wedge\; z = f(x, y)\}$$

Zu jedem Punkt $(x, y) \in A$ ($\subseteq \mathbb{R}^2$) denkt man sich den Funktionswert $f(x, y)$ in z-Richtung aufgetragen und den erhaltenen Punkt im Raum markiert. Alle diese Punkte bilden dann den Graphen von f: eine „gebirgige Fläche", die bei komplizierteren Funktionen natürlich auch „unzusammenhängend" sein kann, ähnlich wie die Graphen bei Funktionen $\mathbb{R} \to \mathbb{R}$.

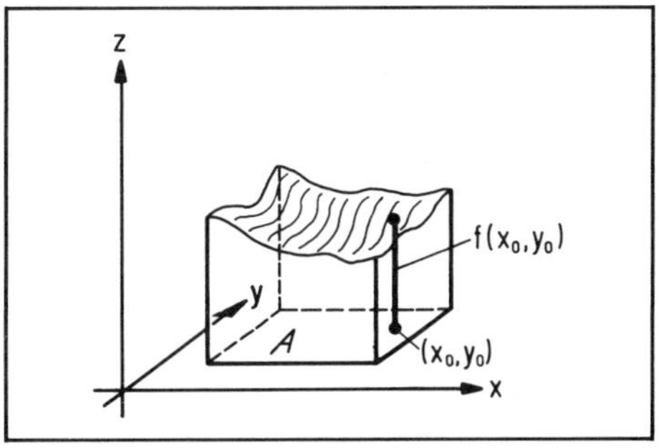

Umgekehrt bildet eine nichtleere Punktmenge M im Raum $\mathbb{R}^3$ mit xyz-Achsenkreuz genau dann den Graphen einer *Funktion,* wenn auf jeder Parallelen zur z-Achse höchstens ein Punkt von M liegt. Der Definitionsbereich A dieser Funktion ist dann die (senkrechte) Projektion von M auf die xy-Ebene. Die geometrische Bedeutung von *Wertemenge* bzw. *Surjektivität* ist klar; auf mögliche Injektivität kommen wir noch zu sprechen.

Solche Graphen, als räumliche Gebilde, lassen sich natürlich nicht einfach zeichnerisch darstellen; vielmehr ist es zur Realisierung nötig, geeignete Modelle zu bauen. In einfachen Fällen kann man solche auch perspektivisch skizzieren, so etwa für die Funktionen

$$(x, y) \mapsto x \cdot y \quad \text{und} \quad (x, y) \mapsto x^2 + y^2$$

wie folgt (siehe Seite 184 oben).

Um den Graph von $(x, y) \mapsto x \cdot y$ besser zu verstehen, denke man sich ihn von Ebenen parallel zur xz-Ebene (d. h. mit konstantem y-Wert) geschnitten; dann entstehen Geraden mit Gleichungen $z = x \cdot m$, wobei die Steigung m jeweils gleich y ist.

Eine andere Möglichkeit bietet die Darstellung solcher Funktionen mittels *Höhenlinien,* auf die man geführt wird, wenn man sich die räumlichen Graphen durch Ebenen parallel zur xy-

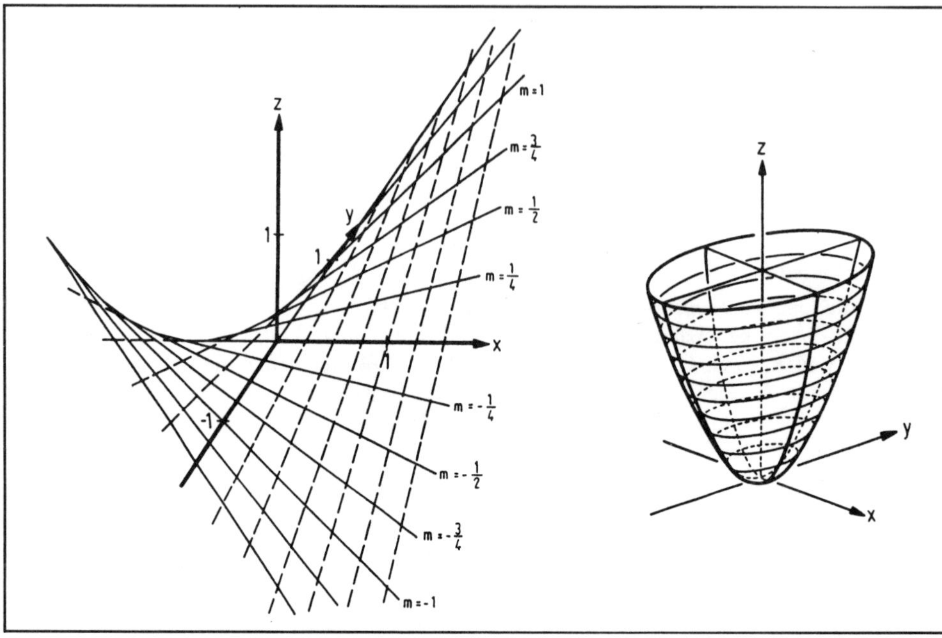

Ebene geschnitten denkt. Die folgenden Darstellungen der obigen Funktionen sind unmittelbar verständlich; man stelle sich die z-Achse senkrecht nach oben aus dem Papier herausragend vor:

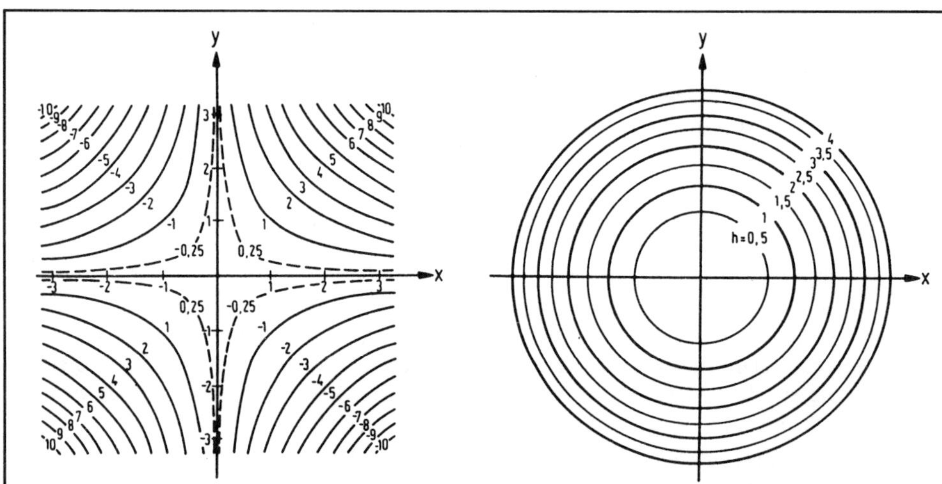

Bei $(x, y) \mapsto x \cdot y$ geht der Graph im ersten und dritten Quadranten „nach oben", im zweiten und vierten „nach unten", entsprechend den bekannten Vorzeichen des Produkts $x \cdot y$.

Allgemein versteht man bei einer Funktion $f : A \to \mathbb{R}$ $(A \subseteq \mathbb{R}^2)$, für jede Zahl h aus der Wertemenge, unter der „*Höhenlinie*[87]) *zur Höhe* h" die Punktmenge $\{(x, y) \in \mathbb{R}^2 \mid f(x, y) = h\}$ in der xy-Ebene. Die *Höhenliniendarstellung* von f besteht darin, daß man für mehrere Werte von h die Höhenlinien zeichnet und jeweils die Höhe h daranschreibt.

[87]) Deutlicher wäre die Bezeichnung „Isowertlinie".

Nun läßt sich leicht beschreiben, was *Injektivität* für eine solche Funktion bedeutet: Jede „Höhenlinie" besteht aus nur einem Punkt! Ob so etwas beim vollen Definitionsbereich $A = \mathbb{R}^2$ vorkommen kann, ist eine schwierige Frage; wir kommen in Abschnitt 11.2 darauf zurück. Im Fall $A = \mathbb{N}^2$ hat die Funktion $(m, n) \mapsto 2^m \cdot 3^n$ die gewünschte Eigenschaft. Zum Beweis benötigt man (wieder einmal) die Eindeutigkeit der Primfaktorzerlegung; siehe Aufgabe 8.

Zum Abschluß betrachten wir etwas genauer die *affinen Funktionen* $f : \mathbb{R}^2 \to \mathbb{R}$:

$$f(x, y) = ax + by + c \quad (a, b, c \in \mathbb{R}).$$

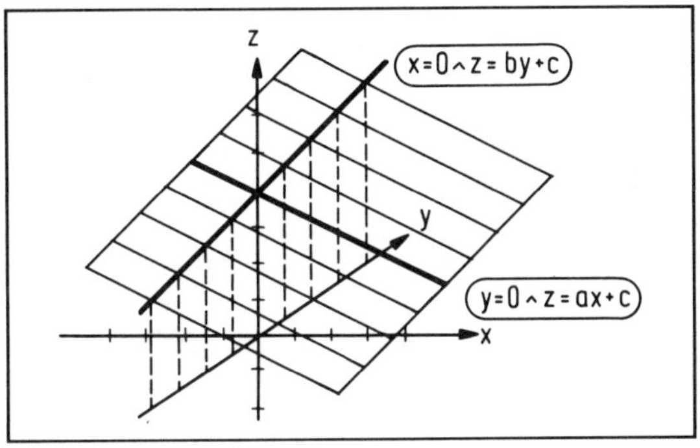

Wie sieht der Graph einer solchen Funktion aus? Offensichtlich schneidet er die z-Achse bei c. Weiter macht man sich klar: Jede („lotrechte") Ebene mit y = const schneidet den Graph in einer Geraden mit der Steigung a; jede Ebene mit x = const schneidet ihn in einer Geraden mit der Steigung b. So erkennt man bei etwas Raumanschauungsvermögen, daß der Graph von f eine *Ebene im* xyz-*Raum* ist, welche die xz-Ebene in einer Geraden mit der Steigung a und die yz-Ebene in einer Geraden mit der Steigung b schneidet.

Jetzt möchte man noch wissen, in welcher Richtung (des Fortschreitens in der xy-Ebene) der Graph im Raum am steilsten, und dann wie steil, ansteigt. Hierzu betrachten wir die Höhenlinien $\{(x, y) \in \mathbb{R}^2 \mid ax + by + c = h\}$ und setzen voraus, daß

$$a^2 + b^2 > 0, \quad \text{d. h. nicht} \quad a = b = 0$$

ist. Dann sind die Höhenlinien *Geraden,* deren Gleichungen im Fall $b \neq 0$ alle die Form $y = -\frac{a}{b}x + \text{const}$, mit demselben Faktor $\frac{-a}{b}$, haben. Also sind alle Höhenlinien einander parallel, und dies gilt offenbar auch im Fall $b = 0$, $a \neq 0$.

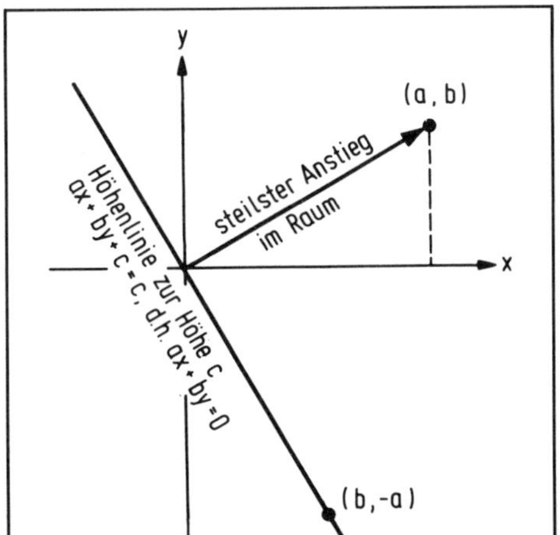

Nun leuchtet geometrisch ein, daß man, um auf dem Graphen im Raum möglichst steil anzusteigen, in der xy-Ebene *senkrecht zu den Höhenlinien* fortschreiten muß. Um diese Richtung zu bestimmen, betrachten wir speziell die Höhenlinie durch (0, 0). Sie geht, wie man durch Einsetzen bestätigt, durch den Punkt (b, −a). An der Figur macht man sich klar — oder weiß es aus der analytischen Geometrie[88]), daß die Gerade durch (0, 0) und (a, b) senkrecht zu dieser Höhenlinie verläuft. Also geht es in Richtung von (0, 0) zu (a, b), kurz: *in Richtung* (a, b), *am steilsten,* und zwar *bergauf,* wie ein Vergleich der Funktionswerte

$$f(0, 0) = c \quad \text{und} \quad f(a, b) = a^2 + b^2 + c > c$$

zeigt. Somit gewinnt man längs eines horizontalen Weges der Länge $\sqrt{a^2 + b^2}$ die Höhe

[88]) Es wurde schon in 3.1.4 (2) erwähnt.

$a^2 + b^2$, und die gesuchte maximale Steigung (gemessen in der Ebene durch die z-Achse und den Punkt (a, b, 0), siehe Skizze) hat den Wert $(a^2 + b^2)/\sqrt{a^2 + b^2} = \sqrt{a^2 + b^2}$.

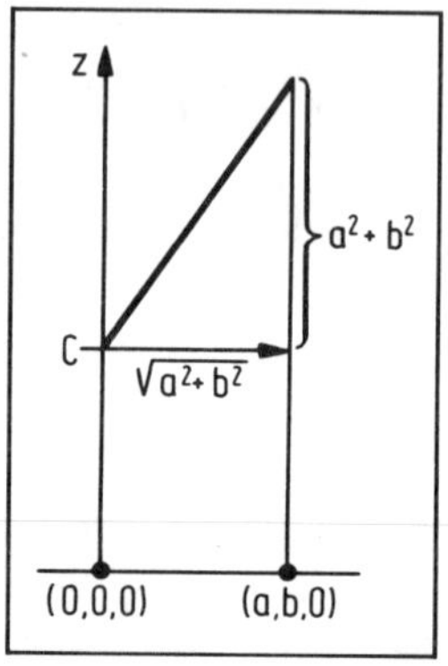

Wir fassen zusammen:

Satz 1: Der Graph der affinen Funktion $\mathbb{R}^2 \to \mathbb{R}$: $x \mapsto ax + by + c$ ist eine Ebene im xyz-Raum; diese schneidet die z-Achse in c und die xz-Ebene (bzw. die yz-Ebene) in einer Geraden mit der Steigung a (bzw. b). Ist $a^2 + b^2 > 0$, dann ist der Graph gegen die xy-Ebene geneigt; seine Steigung ist am größten, wenn man (in der xy-Ebene) in Richtung (a, b) fortschreitet, und beträgt dann $\sqrt{a^2 + b^2}$. In diesem Fall ist die Funktion natürlich surjektiv.

Aufgaben: 6 bis 9

8.4.3 Abbildungen vom Typ $\mathbb{R} \to \mathbb{R}^2$

Bei Funktionen $f : A \to \mathbb{R}^2$ sagt man meist „Abbildung" statt „Funktion". Hier ist $A \subseteq \mathbb{R}$, und man stellt sich den Definitionsbereich A zweckmäßig als *Zeitabschnitt* oder Zeitachse vor, bzw. im Fall $A = \mathbb{N}$ als Menge einzelner Zeitpunkte. Wir bringen dies durch Verwendung des Buchstabens t als Variable zum Ausdruck. Die Zuordnung ist dann von der Art $t \mapsto (x, y)$, wobei $x = u(t)$, $y = v(t)$ ist, mit irgendwelchen Funktionen $u, v : A \to \mathbb{R}$ als „Abzissenfunktion" und „Ordinatenfunktion". Jedem (Zeit-)Punkt $t \in A$ ist dann der Punkt $f(t) = (\underbrace{u(t)}_{x}, \underbrace{v(t)}_{y}) \in \mathbb{R}^2$ zugeordnet.

Die Bildpunkte solcher Abbildungen beschreiben *Kurven,* besser: *Bewegungsabläufe, in der Ebene.* Diesen gegenüber sind die Graphen von Funktionen $f : \mathbb{R} \to \mathbb{R}$ nur sehr spezielle Kurven, nämlich solche, die jede Parallele zur y-Achse höchstens einmal schneiden.

Beispiel 1: Die Abbildung

$$t \mapsto (2|t| + t,\ 2|t| - t) \quad \text{für} \quad t \in \mathbb{R}$$

liefert den skizzierten Bewegungsablauf. Man mache sich dies genau klar, notfalls mit Hilfe einer Wertetafel. Im Zeitraum vor dem Zeitpunkt 0 ($t<0$) „nähert" sich der Bildpunkt auf der oberen Halbgeraden; danach ($t > 0$) „entschwindet" er auf der unteren. Durch diese verbale Beschreibung der Bewegung ist aber die gegebene Abbildung noch nicht vollständig erfaßt. *Dieselbe* Beschreibung paßt ja auch auf die *andere* Abbildung $t \mapsto (|t| + t/2,\ |t| - t/2)$. Hierbei wird der skizzierte Weg sozusagen halb so schnell durchlaufen.

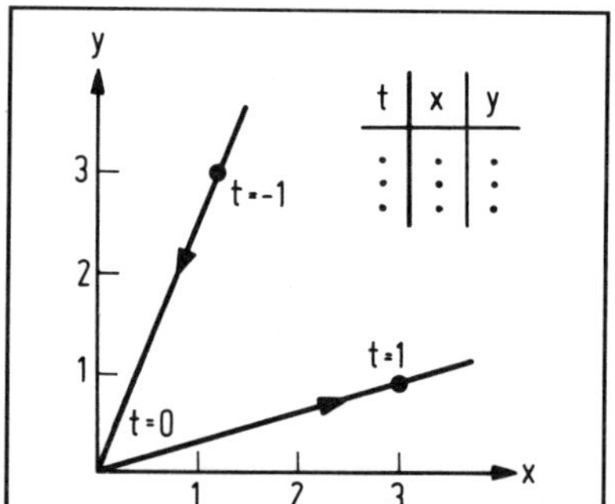

Beispiel 2: Es sei

$$f_1 : [0,2\pi[\to \mathbb{R}^2;\ t \mapsto (5\cos t,\ 2\sin t);$$
$$f_2 : [0,2\pi[\to \mathbb{R}^2;\ t \mapsto (5\cos t,\ -2\sin t);$$
$$f_3 : [0,\pi] \to \mathbb{R}^2;\ t \mapsto (5\cos t,\ 2\sin t);$$
$$f_4 : [0,\pi] \to \mathbb{R}^2;\ t \mapsto (5\cos 2t,\ 2\sin 2t);$$

Man bestätige zunächst, daß dies vier *verschiedene Abbildungen* sind. Wie sehen hier die Bewegungsabläufe aus, und wie äußert sich darin die Verschiedenheit der Abbildungen?

Wir legen eine Wertetafel für f_1 und f_2 an und tragen der Einfachheit halber t in Vielfachen von $\pi/6$, d. h. von 30°, ein.

$t/\frac{\pi}{6}$	$x = 5\cos t$	$y = 2\sin t$	$(-2\sin t)$
0	5	0	(0)
1	4,3	1	(−1)
2	2,5	1,7	(−1,7)
3	0	2	(−2)
4	−2,5	1,7	(−1,7)
5	−4,3	1	(−1)
6	−5	0	(0)
7	−4,3	−1	(1)
8	−2,5	−1,7	(1,7)
9	0	−2	(2)
10	2,5	−1,7	(1,7)
11	4,3	−1	(1)

Die Darstellung dieser Punkte (und naheliegender Zwischenpunkte) ergibt als Wertemenge beider Abbildungen dieselbe Kurve, eine Ellipse, jedoch mit verschiedenen „Zeitmarken“ für die Abbildungen f_1 und f_2. Bei f_2 wird die Ellipse anders herum durchlaufen als bei f_1. Bei f_3 liegt derselbe Bewegungsablauf wie bei f_1 vor, aber nur bis zur Hälfte; die Wertemenge ist die obere Halbellipse. Bei f_4 ist es wieder die volle Ellipse, aber doppelt so schnell durchlaufen. Somit beschreiben die vier verschiedenen Abbildungen f_1 bis f_4 tatsächlich — trotz teilweiser Übereinstimmung in Definitionsmenge, Zuordnungsvorschrift und Wertemenge — vier verschiedene „Spaziergänge“ in der Ebene.

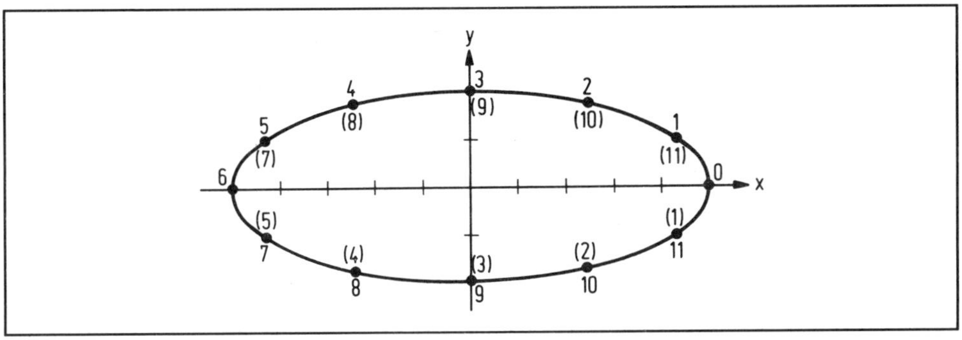

Umgekehrt zeigen die Abbildungen f_1, f_2, f_4, daß *ein und dieselbe Kurve viele verschiedene Darstellungen durch eine Abbildung* $t \mapsto (u(t), v(t))$ erlaubt. Eine solche Abbildung nennt man, wenn primär die Kurve interessiert, auch **Parameterdarstellung** der betreffenden Kurve, mit t als „Parameter“.

Erinnerung an die Definition der Winkelfunktionen:
Die Zeitmarken t in der Zeichnung für f_1 lassen sich nicht ohne weiteres als Winkel deuten. Stellt man aber die Abbildung $t \mapsto (\cos t, \sin t)$ für $t \in \mathbb{R}$ dar, dann wird der *Einheitskreis* um (0, 0) durchlaufen (unendlich oft), und t bedeutet den Winkel zwischen positiver x-Achse und „Fahrstrahl“ von (0, 0) zu (x, y), gemessen im Bogenmaß, d. h. als Bogenlänge auf dem Einheitskreis.

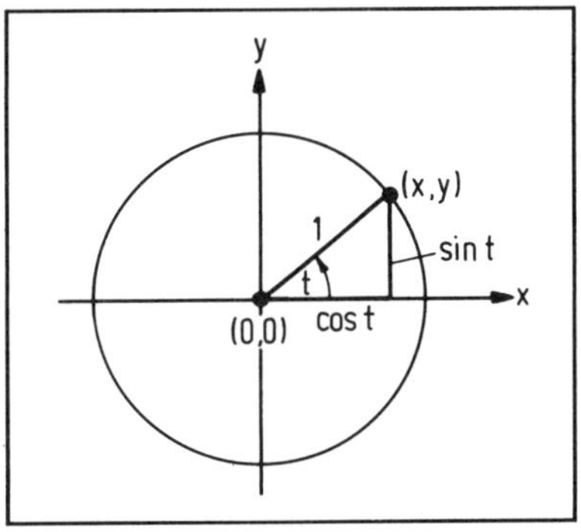

Genau dies ist die elementare, im Schulunterricht übliche Definition der Funktionen Sinus und Kosinus: Für jedes t ist $\cos t$ die Abszisse, $\sin t$ die Ordinate des Punktes auf dem Einheitskreis, der zum Winkel t gehört. Hiernach erkennt man auch sofort, daß $(\sin t)^2 + (\cos t)^2 = 1$ gilt (Pythagoras).

Erinnerung an die Analytische Geometrie:
Beweis, daß die Wertemenge W_1 von f_1 die Ellipse E $= \left\{(x, y) \in \mathbb{R}^2 \;\middle|\; \frac{x^2}{25} + \frac{y^2}{4} = 1\right\}$ ist.

I. Es sei $(x, y) \in W_1$. Dann gibt es ein $t \in [0, 2\pi[$, so daß $x = 5 \cos t$, $y = 2 \sin t$, d. h.

$\cos t = \frac{x}{5}$, $\sin t = \frac{y}{2}$ ist. Nach oben (Pythagoras) gilt also $\left(\frac{x}{5}\right)^2 + \left(\frac{y}{2}\right)^2 = 1$[89],
d. h. $(x, y) \in E$. Es folgt $W_1 \subseteq E$.

II. Es sei $(x, y) \in E$, d. h. $\left(\frac{x}{5}\right)^2 + \left(\frac{y}{2}\right)^2 = 1$. Hiernach liegt der Punkt $\left(\frac{x}{5}, \frac{y}{2}\right)$ auf

[89]) Man sagt, jetzt sei der Parameter t aus der Darstellung $t \mapsto (5 \cos t, 2 \sin t)$ der Ellipse *„eliminiert“* worden.

dem Einheitskreis $\{(x, y) \in \mathbb{R}^2 \mid x^2 + y^2 = 1\}$. Daher gibt es einen Winkel $t \in [0, 2\pi[$, so daß $\frac{x}{5} = \cos t$, $\frac{y}{2} = \sin t$. Danach gilt $(x, y) \in W_1$. Es folgt $E \subseteq W_1$, also mit I. auch $W_1 = E$. Der Beweis verläuft fast ebenso für f_2 und f_4. Bei f_3 versagt offensichtlich der Teil II. Hier kann man nach Teil I nur aussagen, daß $W_3 \subseteq E$.

Nach den Beispielen ist für Abbildungen $f : A \to \mathbb{R}^2$ die Bedeutung des *Definitionsbereichs* $A \subseteq \mathbb{R}$ und der *Wertemenge* $W \subseteq \mathbb{R}^2$ klar. Letztere ist eine Kurve, gleichsam die „Spur" des durch f gegebenen Bewegungsablaufs. *Injektivität* von f bedeutet offenbar, daß zu verschiedenen Zeitpunkten stets auch verschiedene Bildpunkte in der Ebene gehören, wofür man auch sagt, daß die Kurve „keine Doppelpunkte hat". Dies ist bei allen Abbildungen aus Beispiel 1 und 2 der Fall, außer bei f_4, wo $f_4(0) = f_4(\pi) = (5, 0)$ gilt. Ob es *surjektive* Abbildungen $\mathbb{R} \to \mathbb{R}^2$ gibt, ist eine schwierige Frage (ähnlich wie die nach der Injektivität bei Funktionen $\mathbb{R}^2 \to \mathbb{R}$); wir kommen in Abschnitt 11.2 darauf zurück.

Wie sieht der *Graph* einer Abbildung $f : A \to \mathbb{R}^2$ aus? *Keinesfalls sind die erörterten Wertemengen als die Graphen anzusehen!* Vielmehr ist der Graph eine Teilmenge von $A \times \mathbb{R}^2$ und läßt sich somit als Punktmenge im Raum $\mathbb{R}^3$ darstellen:

$$\{(t, x, y) \in \mathbb{R}^3 \mid t \in A \wedge (x, y) = f(t) = (u(t), v(t))\}$$

Den $\mathbb{R}^3$ versieht man jetzt zweckmäßig mit einem txy-Achsenkreuz wie in der folgenden Skizze. Nun wird die zeitliche Aufeinanderfolge der Bildpunkte in der xy-Ebene gleichsam durch deren Verschiebung in t-Richtung zu einer räumlichen Kurve auseinandergezogen. Der Graph von f erscheint dann als Punktmenge, die *jede Ebene parallel zur* xy-*Ebene in höchstens einem Punkt trifft.* Umgekehrt sind genau die Punktmengen $M (\neq \emptyset)$ mit dieser Eigenschaft als Graphen von *Funktionen* $A \to \mathbb{R}^2$ $(A \subseteq \mathbb{R})$ auffaßbar.

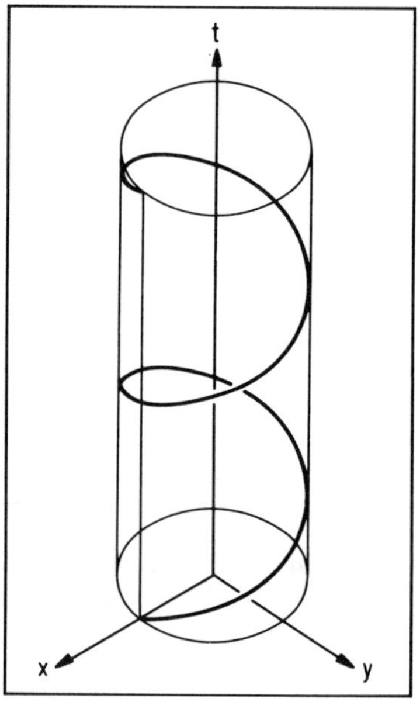

Beispiel 3: Der Graph von

$$t \mapsto (\cos t, \sin t),\ t \in [0, 4\pi]$$

ist die skizzierte Schraubenlinie, die sich um die t-Achse windet.

Bemerkung: Ist man primär an einer Beschreibung räumlicher Kurven interessiert, so spricht man (statt von Graphen für Funktionen des Typs $\mathbb{R} \to \mathbb{R}^2$) von Parameterdarstellungen, z. B. für die Schraubenlinie bzw. für Geraden im Raum:

$$x = \cos t,\quad y = \sin t,\quad z = t \quad \text{bzw.}$$
$$x = at + c,\quad y = bt + d,\quad z = t.$$

Allgemeiner lassen sich in der Form

$$t \mapsto (\underbrace{u(t)}_{x}, \underbrace{v(t)}_{y}, \underbrace{w(t)}_{z})$$

beliebige Raumkurven darstellen (die nicht jede Ebene parallel zur xy-Ebene in höchstens einem Punkt treffen müssen).

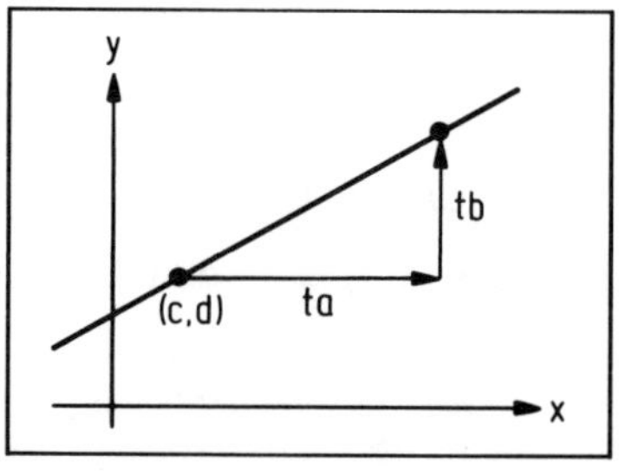

Schließlich betrachten wir wieder den Sonderfall der *affinen Abbildungen,* die jetzt wie folgt aussehen:

$$t \mapsto (\underbrace{at + c}_{x}, \underbrace{bt + d}_{y}) \quad (\text{mit } a, b, c, d \in \mathbb{R});$$

dafür schreibt man auch: $\quad t \mapsto t \cdot (a, b) + (c, d)$.

Im Fall c = d = 0 heißen die Abbildungen *linear.*

Der Definitionsbereich sei ganz $\mathbb{R}$. Der *Wertebereich* im $\mathbb{R}^2$ besteht im Fall a = b = 0 aus dem einzigen Punkt (c, d) $\in \mathbb{R}^2$ und ist andernfalls die *Gerade durch den Punkt* (c, d) *in Richtung*[90]) (a, b).

Der *Graph* einer affinen Abbildung $\mathbb{R} \to \mathbb{R}^2$ ist in jedem Fall eine Gerade im $\mathbb{R}^3$, welche die xy-Ebene schneidet. Genau im Fall a = b = 0 ist sie parallel zur t-Achse.

Aufgaben: 10 bis 12

8.4.4 Abbildungen vom Typ $\mathbb{R}^2 \to \mathbb{R}^2$

Dies sind die aus der Geometrie bekannten Abbildungen der Ebene: Jedem Punkt P = (x, y) $\in \mathbb{R}^2$ wird ein Bildpunkt P′ = (x′, y′) derselben oder einer anderen[91]) Ebene zugeordnet; f(P) = P′.

Hier sei darauf aufmerksam gemacht, daß man gerade in der Geometrie eine Abbildung f : $\mathbb{R}^2 \to \mathbb{R}^2$ oft auch als Abbildung $\boldsymbol{P}\mathbb{R}^2 \to \boldsymbol{P}\mathbb{R}^2$ auffaßt, welche jeder *Figur* (Punktmenge) F eine Bild*figur* F′ zuordnet. Dabei ist F′ die Wertemenge der auf F eingeschränkten Abbildung f, d. h. F′ = $\{f(x, y) \mid (x, y) \in F\}$, und man schreibt f(F) = F′. Dies ist natürlich ebenso bei Abbildungen zwischen beliebigen Mengen möglich.

Wir setzen Grundkenntnisse über die wichtigsten **elementargeometrischen Abbildungen** voraus: (Parallel-)Verschiebungen; (Geraden-)Spiegelungen; Drehungen; zentrische Streckungen; senkrechte Achsenstreckungen (senkrecht-affine Abbildungen); Parallelprojektionen.

Die nächstliegende zeichnerische Darstellung erfolgt jeweils andeutend mittels *Pfeildiagramm.* In manchen Fällen lassen sich dann die gezeichneten Pfeile als „Bahnen“ in der Ebene deuten, die bei einem realen Bewegungsvorgang durchlaufen werden. Diese Vorstellung wird aber durch den Begriff der Abbildung, als bloße Zuordnung des Bildpunktes zum Urpunkt, *nicht* erfaßt und kann hier auch nicht weiter erörtert werden.

Beispiele

(1) f_1; *Parallelverschiebung* um (3, 2):
$(x, y) \mapsto (x+3, y+2)$; d. h. $f_1(x, y) = (\underbrace{x+3}_{x'}, \underbrace{y+2}_{y'})$.

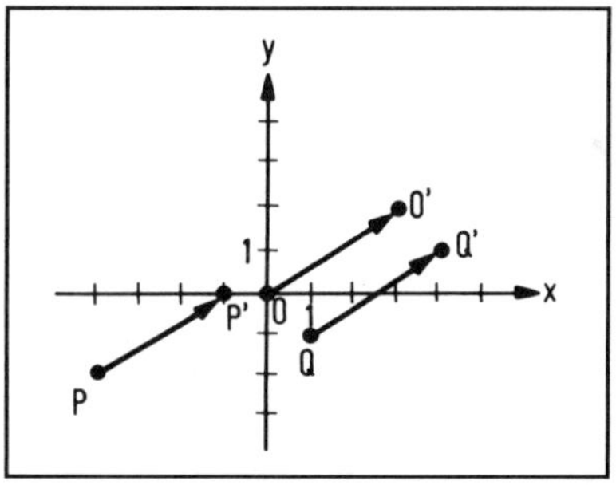

Bemerkung: Alle Pfeile Punkt-Bildpunkt sind hier gleichlang und gleichgerichtet; sie lassen sich in naheliegender Weise durch das Zahlenpaar (3, 2) beschreiben. Ebenso wie jede *Zahl* eine Verschiebung der Zahlen*geraden* festlegt, beschreibt also jedes Zahlen*paar* eine Verschiebung der „Zahlen*ebene*“ $\mathbb{R}^2$. Statt (x + 3, y + 2) schreibt man naheliegenderweise auch (x, y) + (3, 2).

(2) f_2; (Geraden-)*Spiegelung* an der x-Achse:
$(x, y) \mapsto (x, -y)$; d. h. $f_2(x, y) = (\underbrace{x}_{x'}, \underbrace{-y}_{y'})$.

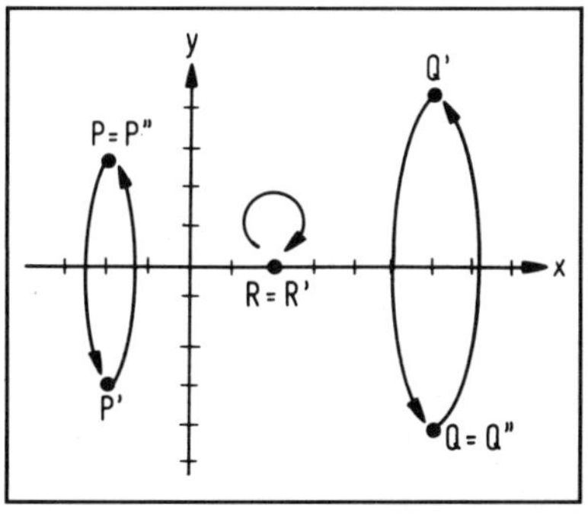

90) Vgl. **2.**

91) Diese kann man als ein anderes Exemplar von $\mathbb{R}^2$ auffassen.

(3) f_3; (Links-)*Drehung* um 90° mit Zentrum $(0,0)$[92]:
$(x,y) \mapsto (-y,x)$; d. h. $f_3(x,y) = (\underbrace{-y}_{x'}, \underbrace{x}_{y'})$.

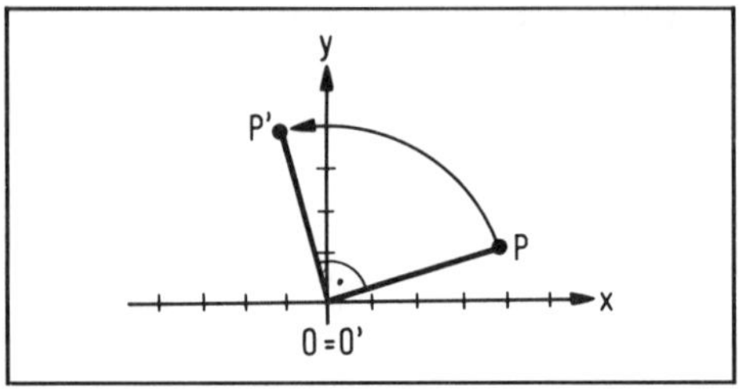

(4) f_4; *zentrische Streckung* mit Zentrum $(0,0)$ und Streckfaktor 3:
$(x,y) \mapsto (3x,3y)$; d. h. $f_4(x,y) = (\underbrace{3x}_{x'}, \underbrace{3y}_{y'})$.

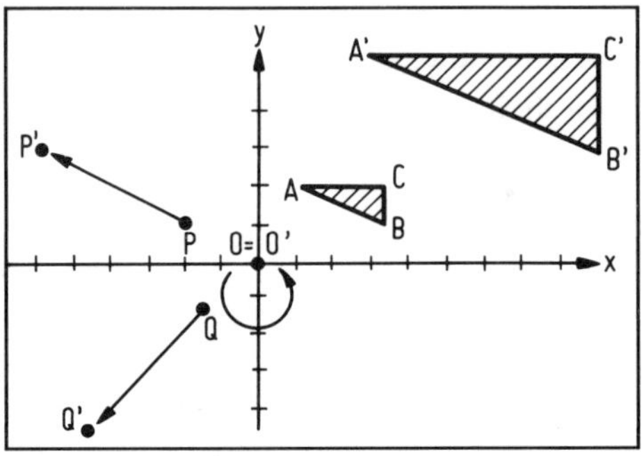

(5) f_5; *Achsenstreckung* senkrecht zur y-Achse, mit Steckfaktor $-\frac{1}{2}$:
$(x,y) \mapsto \left(-\frac{x}{2}, y\right)$;
d. h. $f_5(x,y) = \left(\underbrace{-\frac{x}{2}}_{x'}, \underbrace{y}_{y'}\right)$.

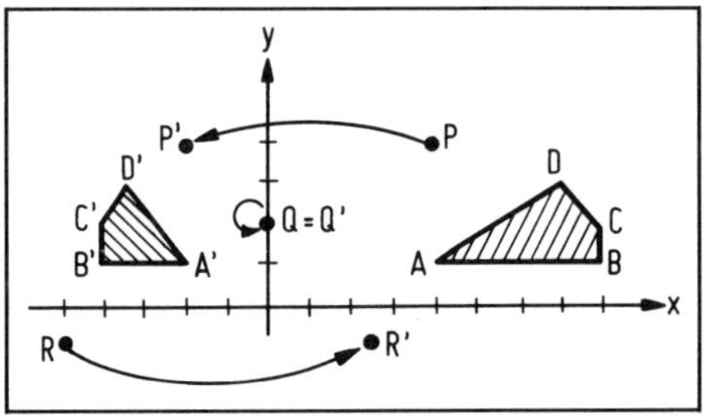

In diesem konkreten Fall spricht man deutlicher von „Stauchung und dann Spiegelung".

(6) f_6; *Parallelprojektion* senkrecht auf die x-Achse:
$(x,y) \mapsto (x,0)$ d. h. $f_6(x,y) = (\underbrace{x}_{x'}, \underbrace{0}_{y'})$

Hier ist die Projektion als Abbildung von $\mathbb{R}^2$ *in sich* aufgefaßt; die Bildmenge ist $\{(x,y) \in \mathbb{R}^2 \mid y = 0\}$, die x-Achse.

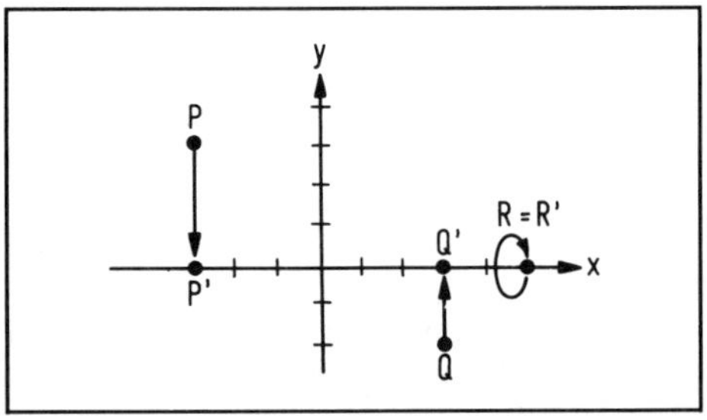

Die Abbildungen f_1 bis f_6 sind sämtlich vom Typ $f: \mathbb{R}^2 \to \mathbb{R}^2$ mit

$$(x,y) \mapsto (ax+by+u,\quad cx+dy+v);\quad \text{d. h.}\quad f(x,y) = (\underbrace{ax+by+u}_{x'}, \underbrace{cx+dy+v}_{y'});$$

hier ist $a, b, c, d, u, v \in \mathbb{R}$.

Diese Abbildungen heißen die **affinen Abbildungen** von $\mathbb{R}^2$ in sich. Der Ausdruck „affin" kommt aus dem Lateinischen und besagt, daß eine gewisse *Verwandtschaft* zwischen einer geometrischen Figur und ihrer Bildfigur besteht. So ist, was wir hier nicht beweisen, das Bild einer Geraden stets wieder eine Gerade (in Ausnahmefällen ein Punkt), und äquidistante (d. h. gleichabständige) Punkte auf der ersten Geraden haben als Bilder wieder äquidistante Punkte.

[92]) Dieser Punkt wird auch mit O (Großbuchstabe) bezeichnet.

In allen betrachteten Beispielen außer (1) gilt u = v = 0. Dies bedeutet, daß das Bild des Nullpunkts wieder der Nullpunkt ist: f(0, 0) = (0, 0). Affine Abbildungen mit dieser besonderen Eigenschaft heißen **lineare Abbildungen.** Bei solchen tritt, grob gesprochen, keine Verschiebungswirkung wie bei f_1 auf. Wichtige Eigenschaften einer affinen Abbildung kann man schon an den linearen Abbildungen studieren. Deshalb erörtern wir hier nur diese, als die wichtigsten Abbildungen des Typs $\mathbb{R}^2 \to \mathbb{R}^2$ überhaupt.

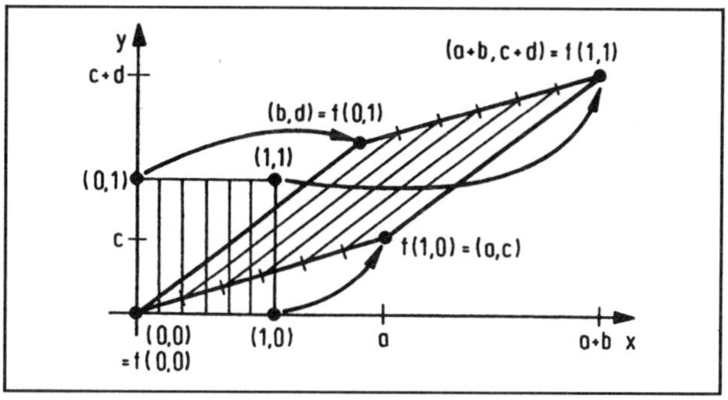

Das nebenstehende Bild zeigt die geometrische „Wirkung“ einer linearen Abbildung f in dem *Hauptfall, daß die Bildpunkte* (a, c) *und* (b, d) *der Punkte* (1, 0) *und* (0, 1) *nicht auf einer Geraden durch* (0, 0) *liegen.* Durch diese beiden Bildpunkte ist die ganze Abbildung festgelegt. Insbesondere ist die Bildmenge des „Punktgitters“ $\mathbb{Z}^2$ wieder ein — im allgemeinen schiefwinkliges — Punktgitter. Man stellt sich nun leicht vor, wie zu jedem Punkt $P = (x, y) \in \mathbb{R}^2$ der Bildpunkt $P' = (x', y')$ konstruiert werden kann. Dies führt auch zu einer andeutenden Beschreibung einer linearen Abbildung f mittels zweier getrennter Achsenkreuze, wie folgt[93]):

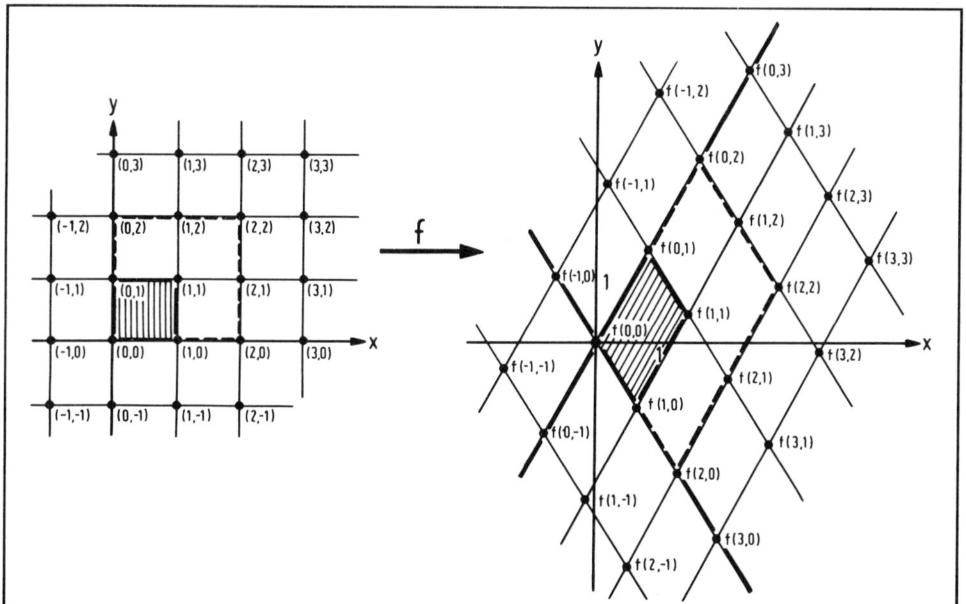

In dem *Sonderfall, daß die Punkte* (a, c) *und* (b, d) *auf derselben Geraden durch* (0, 0) *liegen,* müssen *alle* Bildpunkte auf dieser Geraden liegen. Die Abbildungen f ist dann jedenfalls *nicht* (wie im Hauptfall offensichtlich) *surjektiv.*

Bemerkung: Aus der analytischen Geometrie ist bekannt, daß der Flächeninhalt des schraffierten Parallelogramms, d. h. des Bildes des Einheitsquadrats, $ad - bc$ beträgt (abgesehen

[93]) Noch schöner läßt sich dies mit einer durchsichtigen Folie, die über das erste Achsenkreuz gelegt wird, realisieren.

vom Vorzeichen, siehe Aufgabe 16). Mit diesem Faktor werden bei der Abbildung auch die Flächeninhalte aller anderen Figuren multipliziert. Die Punkte (a,c) und (b,d) liegen also genau dann auf einer Geraden durch $(0,0)$, wenn $ad - bc = 0$ ist.

Nach dem Vorangehenden vermutet man den

Satz 2: Für lineare Abbildungen $f: \mathbb{R}^2 \to \mathbb{R}^2;\ (x,y) \mapsto (ax+by,\ cx+dy)$ gilt:

$$f \text{ ist surjektiv} \Leftrightarrow ad - bc \neq 0 \Leftrightarrow f \text{ ist injektiv.}$$

Hiernach ist, ebenso wie wir es von *beliebigen Abbildungen einer endlichen Menge* kennen, bei *linearen Abbildungen des* $\mathbb{R}^2$ in sich *jede injektive Abbildung auch surjektiv und umgekehrt.* Jede solche Abbildung ist also auch bijektiv.

Beim *Beweis* wiederholen wir zugleich Grundkenntnisse über lineare Gleichungssysteme.

Fall 1: $ad - bc \neq 0$. Gegeben sei ein Punkt $(x',y') \in \mathbb{R}^2$. Wir suchen einen Punkt $(x,y) \in \mathbb{R}^2$ mit $f(x,y) = (x',y')$, d. h. eine Lösung (x,y) des Gleichungssystems

$$\begin{aligned} ax + by &= x' \\ cx + dy &= y'. \end{aligned}$$

Wenn es einen solchen Punkt (x,y) gibt, dann folgt hierfür, durch passendes Vervielfachen beider Gleichungen und dann Subtrahieren der zweiten von der ersten:

$$(ad - bc)x = dx' - by', \quad \text{d. h. } x = \frac{dx' - by'}{ad - bc};$$

$$(bc - ad)y = cx' - ay', \quad \text{d. h. } y = \frac{-cx' + ay'}{ad - bc}.$$

Also ist f *injektiv:* Jeder Punkt $(x',y') \in \mathbb{R}^2$ hat *höchstens einen* „Urpunkt", nämlich den angegebenen Punkt (x,y).

Durch Einsetzen bestätigt man, daß (x,y) tatsächlich das Gleichungssystem erfüllt[94]). Somit ist die Abbildung f auch *surjektiv.*

Fall 2a: $ad - bc = 0$ *und* $a \neq 0$

Jetzt gilt $d = \frac{c}{a}b$, und man erhält für den Bildpunkt (x',y') eines beliebigen Punktes $(x,y) \in \mathbb{R}^2$:

$$y' = cx + dy = \frac{c}{a}(ax + by) = \frac{c}{a}x', \quad \text{also } y' = \frac{c}{a}x';$$

alle Bildpunkte (x',y') liegen auf der Geraden durch $(0,0)$ mit der Steigung $\frac{c}{a}$. Also ist f *nicht surjektiv.*

Weiter gilt für den von $(0,0)$ verschiedenenen Punkt $(x,y) = (b,-a)$:

$$x' = ab + b(-a) = 0, \quad y' = cb + d(-a) = -(ad - bc) = 0.$$

Da auch $(0,0)$ das Bild $(0,0)$ hat, ist somit die Abbildung f *nicht injektiv.*

Ähnlich behandelt man die *Fälle* 2b, 2c, 2d, in denen außer $ad - bc = 0$ noch $b \neq 0$ bzw. $c \neq 0$ bzw. $d \neq 0$ gilt. (Die vier Fälle 2a bis 2d schließen einander nicht aus!)

Fall 3: $a = b = c = d = 0$

Hier ist die Wertemenge $W = \{(0,0)\}$; die Abbildung ist *weder injektiv noch surjektiv.*

Schließlich beachte man, daß die in den Fällen 2 und 3 gewonnenen Ergebnisse:

$$ad - bc = 0 \Rightarrow f \text{ nicht injektiv } \textit{und: } ad - bc = 0 \Rightarrow f \text{ nicht surjektiv}$$

durch Kontraposition übergehen in:

$$f \text{ injektiv} \Rightarrow ad - bc \neq 0 \ \textit{ und } \ f \text{ surjektiv} \Rightarrow ad - bc \neq 0.$$

Hiermit und mit dem Ergebnis von Fall 1 ist der Satz bewiesen.

[94]) Im Vorangehenden wurde nicht nachgewiesen, daß eine Äquivalenzumformung des Gleichungssystems vorliegt. Daher ist jetzt diese Bestätigung erforderlich.

Auf die elementargeometrischen Abbildungen kommen wir in Abschnitt 9.2 nochmals zurück. Als Kontrast geben wir drei *Beispiele für nicht-affine* (und nicht bijektive) Abbildungen $f: \mathbb{R}^2 \to \mathbb{R}^2$:

(7) f_7: $(x,y) \mapsto (x,|y|)$; f_7 ist *nicht injektiv, nicht surjektiv.* Die untere Halbebene wird gleichsam auf die obere geklappt. Die Wertemenge ist $\{(x,y) \in \mathbb{R}^2 \mid y \geq 0\}$.

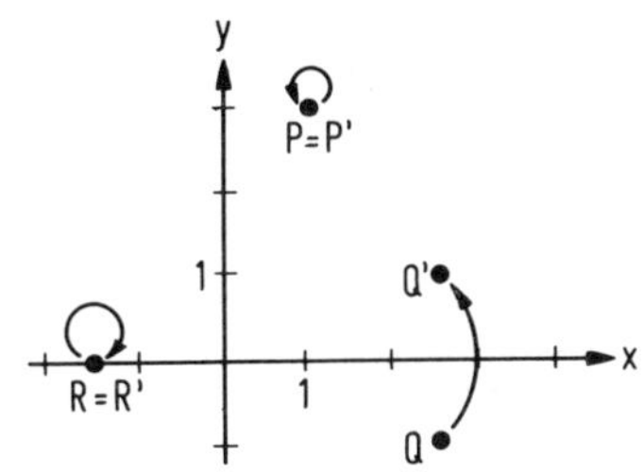

(8) f_8: $(\underbrace{r\cos\alpha}_{x}, \underbrace{r\sin\alpha}_{y}) \mapsto (\underbrace{r\cos 2\alpha}_{x'}, \underbrace{r\sin 2\alpha}_{y'})$

$(\alpha \in [0, 2\pi[)$.

Die obere Halbebene wird gleichsam fächerartig über die ganze Ebene auseinandergezogen; die untere Halbebene ebenso, sie überdeckt die Ebene ein zweites Mal. Jeder Punkt der Ebene (außer dem Nullpunkt) hat zwei „Urpunkte": f_8 ist *nicht injektiv, aber surjektiv.*

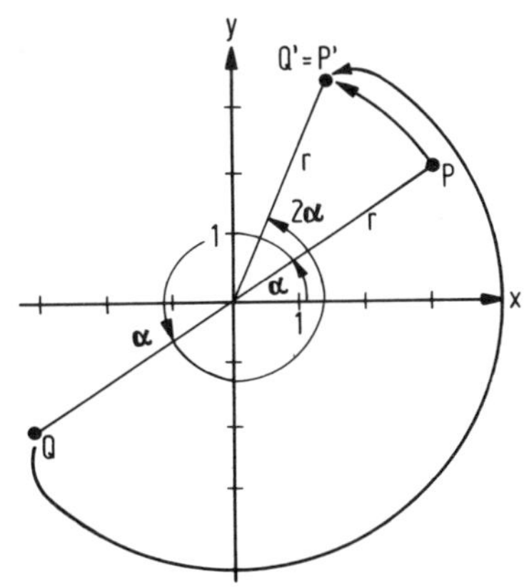

(9) f_9: $(x,y) \mapsto \left(\frac{x}{1+|x|}, \frac{y}{1+|y|}\right)$;

f_9 ist *injektiv, aber nicht surjektiv;* die Wertemenge ist $\{(x,y) \in \mathbb{R}^2 \mid |x| < 1 \ \wedge \ |y| < 1\}$. Um dies einzusehen, beachte man das Beispiel am Schluß von **1.** Durch f_9 wird — bemerkenswerterweise — die ganze Ebene $\mathbb{R}^2$ bijektiv auf das Innere eines Quadrats abgebildet.

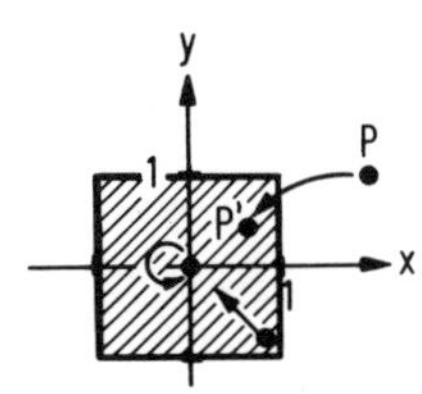

Vom *Graph* einer Abbildung des Typs $\mathbb{R}^2 \to \mathbb{R}^2$ war bisher nicht die Rede. Dieser ist, als Teilmenge von $\mathbb{R}^2 \times \mathbb{R}^2$, im wesentlichen eine Menge von „Quadrupeln" (x, y, x', y') und läßt sich daher nicht mehr im dreidimensionalen Raum $\mathbb{R}^3$ darstellen. So bleibt es bei den bisher benutzten andeutenden Veranschaulichungen.

Aufgaben: 13 bis 17

Aufgaben 8.4

1. Die Funktion $f: \mathbb{R} \to \mathbb{R}$ sei definiert durch

$$f(x) = \begin{cases} x & , \text{ falls } x < 0; \\ 0 & , \text{ falls } 0 \leq x < 1; \\ 1/2 & , \text{ falls } 1 \leq x < 2; \\ 1/x & , \text{ falls } 2 \leq x . \end{cases}$$

Bestimme größtmögliche Teilmengen A, B, C, D von $\mathbb{R}$ so, daß die Einschränkung

$f|A$ monoton wachsend; $f|B$ monoton fallend;
$f|C$ streng monoton wachsend; $f|D$ streng monoton fallend ist.

2. In 8.2.5 haben wir die Folge $n \mapsto 2^n$ ($n \in \mathbb{N}_0$) zur Exponentialfunktion $x \mapsto 2^x$ ($x \in \mathbb{R}$) *fortgesetzt.* Technisch einfacher erhält man eine ebenfalls streng monotone Fortsetzung $f : \mathbb{R} \to \mathbb{R}$ durch *„lineares Interpolieren"*. Hierzu verbindet man die Punkte des Graphen von $n \mapsto 2^n$ geradlinig.
a) Zeige, daß $f(x) = 2^{[x]} + (2^{[x+1]} - 2^{[x]}) \cdot (x - [x])$ die beschriebene Fortsetzung f von $n \mapsto 2^n$ darstellt.
b) Beschreibe noch einfacher eine Fortsetzung $g : \mathbb{R} \to \mathbb{R}$ von $n \mapsto 2^n$, die nur monoton, nicht streng monoton ist (Graph und Rechenausdruck).

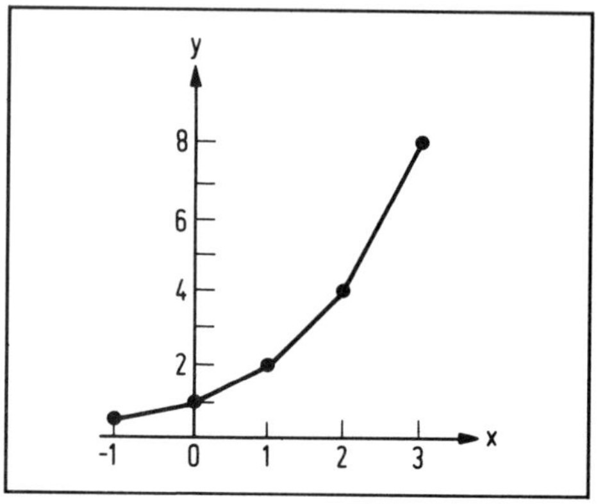

3. Jemand versucht, die Monotonie einer Funktion $f : A \to \mathbb{R}$ wie folgt zu beschreiben:
f ist *monoton* $\Leftrightarrow \forall x_1, x_2 \in A : \big((x_1 < x_2 \Rightarrow f(x_1) \leq f(x_2)) \vee (x_1 < x_2 \Rightarrow f(x_1) \geq f(x_2))\big)$.
Warum ist dies unzutreffend? Welche Eigenschaft von f ist hierdurch beschrieben?

4. Eine Funktion $f : \mathbb{R} \to \mathbb{R}$ heiße (für den Augenblick) „progressiv" genau dann, wenn $\forall x \in \mathbb{R} : f(x) > x$.
a) Beschreibe mit Worten die Bedeutung der Eigenschaft „progressiv". Was bedeutet sie für den kartesischen Graph von f, was für das Pfeildiagramm (mit Skalen wie bei der Darstellung von $x \mapsto [x]$ in **1.**)? Nenne Beispiele progressiver Funktionen.
Entscheide, ob für alle Funktionen $f : \mathbb{R} \to \mathbb{R}$ gilt:
b) f progressiv $\Rightarrow$ f monoton wachsend ;
c) f monoton wachsend $\Rightarrow$ f progressiv ;
d) f progressiv $\Rightarrow$ f nicht monoton abnehmend .
(Beweis bzw. Widerlegung)

5. Die Monotonie einer Zahlenfolge $f : \mathbb{N} \to \mathbb{R}$ wird häufig wie folgt definiert:
f monoton wachsend $\Leftrightarrow \forall k \in \mathbb{N} : f(k) \leq f(k+1)$ (anders geschrieben: $a_k \leq a_{k+1}$).
a) Begründe, daß diese Definition mit der in 8.4.1 gleichwertig ist. Unterscheide dazu die Nachweise für „$\Rightarrow$" und für „$\Leftarrow$".
b) Für einen formalen Beweis von „$\Leftarrow$" ist aus $\forall k \in \mathbb{N} : a_k \leq a_{k+1}$ zu folgern, daß $\forall n \in \mathbb{N} : \forall k \in \mathbb{N} : a_k \leq a_{k+n}$. Führe diesen Beweis mit vollständiger Induktion.

6. Es sei f die Funktion $\mathbb{R}^2 \to \mathbb{R}$ mit $f(x, y) = |x - y|$.
a) Bestimme die Wertemenge W von f.
b) Skizziere für h = 0, 1, 2, 3 die Höhenlinien $H_h = \{(x, y) \in \mathbb{R}^2 \mid f(x, y) = h\}$.
c) Zeichne die Schnitte des Graphen von f mit den Ebenen $y = 0$, $y = 2$, $y = -2$ in das xz-Achsenkreuz ein.
d) Beschreibe die Gestalt des Graphen von f. Wie kann man ihn als Fläche aus Karton realisieren?

7. Das Gleiche wie in Aufgabe 6 für die Funktion $f : \mathbb{R}^2 \to \mathbb{R}$ mit $f(x, y) = \sqrt{x^2 + y^2}$.

8. Es sei f die Funktion $\mathbb{R}^2 \to \mathbb{R}$ mit $f(x, y) = 2^x 3^y$.
a) Beschreibe die Höhenlinien von f.
Beweise folgende Aussagen über Einschränkungen von f:
b) $f|\mathbb{N}^2$ ist injektiv; c) $f|\mathbb{Z}^2$ ist injektiv; d) $f|\mathbb{Q}^2$ ist injektiv.
Hinweis: Zeige für c) und d) zuerst, daß $\forall m, n \in \mathbb{Z} : (2^m = 3^n \Rightarrow m = n = 0)$. Für $m, n \in \mathbb{N}_0$ ist das aus 1.4.4 bekannt.

9. a) Eine ebene Fläche habe in x-Richtung („nach Osten") die Steigung $a = 5\,\%$ (= 5/100), in y-Richtung („nach Norden") die Steigung $b = 10\,\%$.
Bestimme die („Himmels"-)Richtung, in der die Fläche am steilsten ansteigt, sowie den Wert der maximalen Steigung.

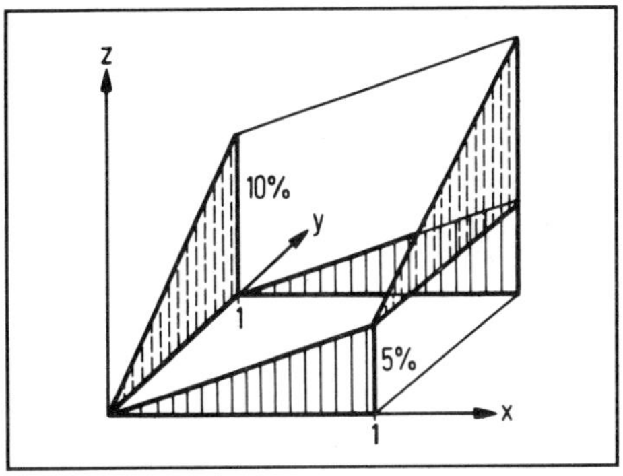

b) Der Graph einer Funktion $(x, y) \mapsto ax + by$ steige in 60°-Richtung am steilsten an. (0° bezeichnet die x-Richtung, 90° die y-Richtung.) Die maximale Steigung beträgt 20 %. Bestimme a und b.

10. Der hier skizzierte Weg soll in „Parameterform", als Wertemenge einer Funktion $f : [0, 8] \to \mathbb{R}^2$ mit $f(t) = (\underbrace{u(t)}_{x}, \underbrace{v(t)}_{y})$, dargestellt werden.

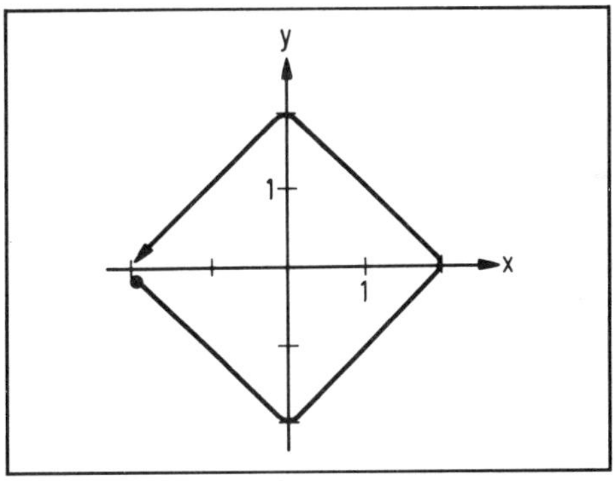

a) Beschreibe geeignete Koordinatenfunktionen u und v durch Graphen im tx-Achsenkreuz und im ty-Achsenkreuz sowie mittels Rechenausdrücken.
b) Beschreibe den Graph der Funktion f.

11. Gegeben sei die Abbildung $f : [0°, 360°] \to \mathbb{R}^2$ mit $f(t) = (\cos t, \sin 2t)$. ($\sin 2t$ bedeutet $\sin(2t)$.)
a) Lege eine Wertetabelle für $t = n \cdot 15°$, $n = 0, 1, 2, \ldots, 12$ an und skizziere die Wertemenge W_1 von $f\,|\,[0°, 180°]$ mit „Zeitmarken".
b) Zeichne möglichst ohne neue Tabelle auch die Wertemenge W_2 von $f\,|\,[180°, 360°]$.

12. Stelle die skizzierte Spirale in der xy-Ebene in Parameterform, d. h. durch eine Abbildung $t \mapsto (\underbrace{u(t)}_{x}, \underbrace{v(t)}_{y})$ dar.

Beachte dazu, daß der Abstand des Kurvenpunktes vom Nullpunkt proportional zum Winkel t (siehe Skizze) wächst.

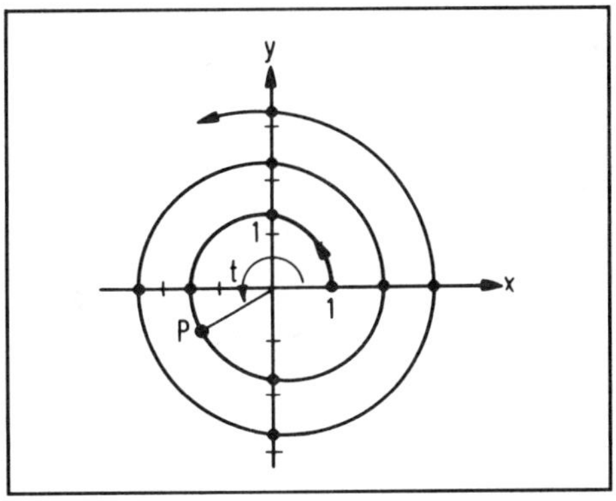

13. Gib Abbildungen $f_1, f_2, f_3, f_4 : \mathbb{R}^2 \to \mathbb{R}^2$ an, so daß für die skizzierten Figuren gilt:

$f_1(Qu) = Re$;
$f_2(Qu) = Pa$;
$f_3(Re) = Qu$;
$f_4(Re) = Pa$;

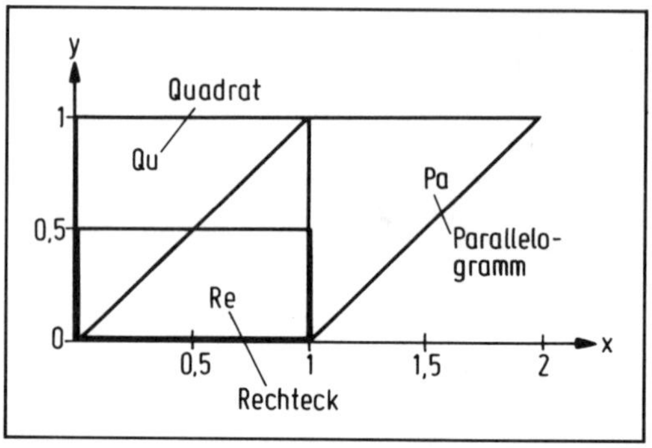

14. a) Gib eine Abbildung der Form $(x, y) \mapsto (ax + by,\ cx + dy)$ an, die die ganze Ebene auf die Gerade $y = x/2$ abbildet. Beschreibe ihre geometrische Wirkung im einzelnen.
b) Kennzeichne *alle* diese Abbildungen durch eine Eigenschaft ihrer Koeffizienten a, b, c, d.

15. Die (Links-)Drehung der Ebene $\mathbb{R}^2$ mit Zentrum (0, 0) um den Winkel δ ist eine lineare Abbildung $(x, y) \mapsto (ax + by,\ cx + cy)$.
a) Bestimme hierfür die Koeffizienten a, b, c, d.
b) Prüfe das Ergebnis am Beispiel (3) in 8.4.3 und durch Berechnung von $ad - bc$.

16. a) Beweise elementargeometrisch: Liegen die Punkte (a, c) und (b, d) wie skizziert im ersten Quadranten, dann ist der Flächeninhalt des zugehörigen Parallelogramms gleich $ad - bc$.
b) Begründe: Vertauscht man die Bezeichnungen der Punkte, so daß jetzt (a, c) links von (b, d) liegt (vom Nullpunkt aus gesehen), dann ist der Flächeninhalt gleich $-(ad - bc)$.
c) Bestätige an Beispielen für andere Lagen der Punkte, z. B. in anderen Quadranten: Der Flächeninhalt des Parallelogramms mit den Eckpunkten (0, 0), (a, c), (a+b, c+d), (b, d) ist gleich $|ad - bc|$.

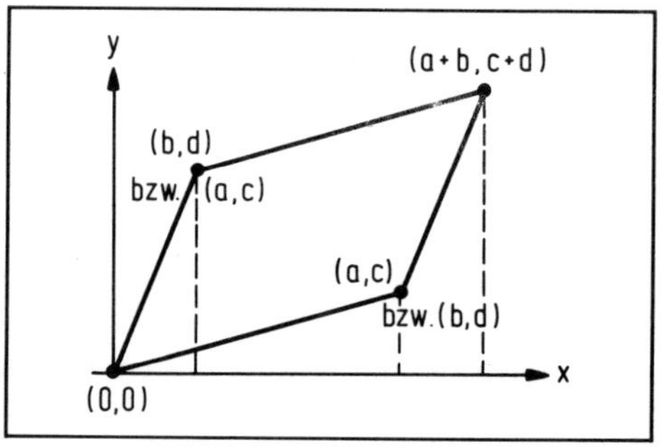

17. Gegeben sei die Abbildung $f : \mathbb{R}^2 \to \mathbb{R}^2$ mit $(x, y) \mapsto (2^x, 2^y)$. (Die Funktion $x \mapsto 2^x$ ist aus 8.2.5 bekannt; sie ist streng monoton wachsend und hat die Wertemenge $\mathbb{R}^+$.) Untersuche:
a) Ist f injektiv?
b) Welches ist die Wertemenge von f?
c) Wie sehen die Bilder der Koordinatenachsen $y = 0$ und $x = 0$ aus, wie das Bild des ersten Quadranten?
d) Wie sehen die Bilder der Geraden $y = b$, $y = ax$, $y = ax + b$ aus?

8.5 Maßfunktionen

Dies sind Funktionen, die gewissen *Mengen* jeweils eine *nicht-negative Zahl* (evtl. mit einer Maßeinheit versehen[95])) zuordnen, welche die „Größe" der betreffenden Menge ausdrückt. Es gibt viele Möglichkeiten, den Begriff „Größe einer Menge" zu fassen, und daher viele verschiedene Maßfunktionen. Immer aber haben solche die folgende Eigenschaft der *„Additivität"*: Ist eine Menge die *Vereinigung* zweier disjunkter Mengen derselben Art, dann ist ihre Maßzahl die *Summe* der Maßzahlen jener beiden Mengen.

[95]) Eine solche wird bei mathematischen Betrachtungen außer acht gelassen.

8.5.1 Die Kardinalzahlfunktion

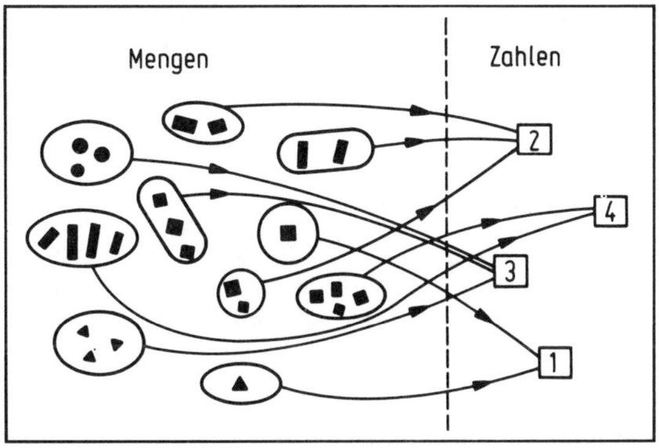

Gegeben sei eine (nicht leere) „Grundmenge“ $\boldsymbol{G}$ von endlichen Mengen. Das kann, aber muß nicht die Potenzmenge $\boldsymbol{P}$G einer endlichen Menge G sein. Zum Beispiel kann $\boldsymbol{G}$ auch die unendliche Menge aller „Intervalle“ von ganzen Zahlen sein, d. h. aller Mengen der Form $[a, b]_{\mathbb{Z}} := \{x \in \mathbb{Z} \mid a \leq x \leq b\}$, $a, b \in \mathbb{Z}$, $a \leq b$.

Die in 1.1.1 erörterte Zuordnung der Kardinalzahl card A zu einer endlichen Menge A ist nichts anderes als die *Kardinalzahlfunktion* $\text{card} : \boldsymbol{G} \to \mathbb{N}_0$; $\underset{\text{(Menge)}}{A} \mapsto \underset{\text{(Zahl)}}{\text{card}\,A}$.

Die *Wertemenge* dieser Funktion ist im Fall $\boldsymbol{G} = \boldsymbol{P}G$ offenbar $\{0, 1, 2, \ldots, \text{card}\,G\}$ und im zweitgenannten Beispiel $\mathbb{N}$. In diesem (zweiten) Beispiel gilt $\text{card}\,[a, b]_{\mathbb{Z}} = b - a + 1$.

Genauer wäre die Kardinalzahlfunktion in $\boldsymbol{G}$ mit „$\text{card}_{\boldsymbol{G}}$“ zu bezeichnen; im Fall $\boldsymbol{G}_1 \neq \boldsymbol{G}_2$ gilt nach 8.2.2 natürlich $\text{card}_{\boldsymbol{G}_1} \neq \text{card}_{\boldsymbol{G}_2}$. Im allgemeinen verzichtet man aber auf die Angabe eines Definitionsbereichs und geht stillschweigend von der Vorstellung aus, die Kardinalzahlfunktion sei für *alle* endlichen Mengen definiert, d. h. $\boldsymbol{G}$ sei die „Menge aller endlichen Mengen überhaupt“. Diese Begriffsbildung führt allerdings auf grundlagentheoretische Probleme[96]) und wird daher vermieden.

Die Funktion card hat offensichtlich die in 1.2.1 als „Summenregel (1a)“ bezeichnete Eigenschaft der *Additivität:*

$$\text{card}\,(A \cup B) = \text{card}\,A + \text{card}\,B, \text{ falls } A \cap B = \emptyset \text{ (und } A, B, A \cup B \in \boldsymbol{G}).$$

Sie ist also eine Maßfunktion im eingangs erläuterten Sinn. Aus der Additivität folgen ebenso wie in 1.2.1 die dort mit (1b) und (1c) bezeichneten Fassungen dieser Eigenschaft. Weiter folgt die noch allgemeinere Fassung (für $n \geq 2$):

	Gliederzahl:
$\text{card}\,(A_1 \cup A_2 \cup \ldots \cup A_n) =$	
$\text{card}\,A_1 + \text{card}\,A_2 + \ldots + \text{card}\,A_n$	$\binom{n}{1}$
$- \text{card}\,(A_1 \cap A_2) - \text{card}\,(A_1 \cap A_3) - \ldots - \text{card}\,(A_{n-1} \cap A_n)$	$\binom{n}{2}$
$+ \text{card}\,(A_1 \cap A_2 \cap A_3) + \ldots + \text{card}\,(A_{n-2} \cap A_{n-1} \cap A_n)$	$\binom{n}{3}$
$\vdots$	$\vdots$
$\mp \text{card}\,(A_1 \cap A_2 \cap \ldots \cap A_n)$	$\binom{n}{n}$

(„–“, wenn n gerade; sonst „+“)
Für einen Beweis siehe Aufgabe 1 sowie 9.3.2.

Es liegt nahe, sich zu fragen, ob man den Definitionsbereich der Kardinalzahlfunktion und den Begriff der Zahl so erweitern kann, daß auch *unendlichen Mengen* eine „Kardinalzahl“ — im erweiterten Sinn — zugeordnet wird. Hierfür wäre es allerdings von geringem Wert, einfach jeder unendlichen Menge das Symbol ∞ als „Kardinalzahl“ zuzuordnen:

$$\text{card}\,A = \infty, \text{ falls A unendlich.}$$

Immerhin ist hierdurch jeder Menge A eine „Zahl“ aus der Menge $\mathbb{N}_0 \cup \{\infty\}$ zugeordnet, und man bestätigt leicht, daß auch die Eigenschaft der Additivität besteht, falls in der Zielmenge $\mathbb{N}_0 \cup \{\infty\}$ die Addition passend definiert wird (vgl. Aufgabe 1 zu Abschnitt 3.3).

[96]) Solche werden andeutungsweise in 11.2.6 angesprochen.

Georg Cantor[97]), dem Begründer der Mengenlehre, ist es gelungen, einen differenzierteren Begriff der unendlichen Kardinalzahl zu entwickeln. Darauf gehen wir in Abschnitt 11.2 ein.

Aufgaben: 1 bis 3

8.5.2 Flächeninhalt, Kurvenlänge

Da die meisten geometrischen Figuren aus unendlich vielen Punkten bestehen, kann man ihre „Größe" nicht einfach durch die Kardinalzahl der Menge ihrer Punkte charakterisieren. Vielmehr benutzt man dazu bekanntlich Begriffe wie Länge, Flächeninhalt, Rauminhalt. Diese sollen hier nicht weiter begründet, sondern nur beschrieben werden.

Die wohl wichtigste Maßfunktion im Bereich der Geometrie ist die *Flächeninhaltsfunktion.* Weitgehend analog dazu verhält sich die *Rauminhaltsfunktion* (Volumenfunktion), auf deren gesonderte Erörterung wir verzichten.

Gegeben sei eine Menge $\boldsymbol{F}$ von beschränkten[98]) (das ist wichtig!) geometrischen Figuren, d. h. Punktmengen $F \subseteq \mathbb{R}^2$. Wir wählen hier der Einfachheit halber $\boldsymbol{F}$ als Menge aller Vielecke, jeweils mit Einschluß der inneren Punkte.

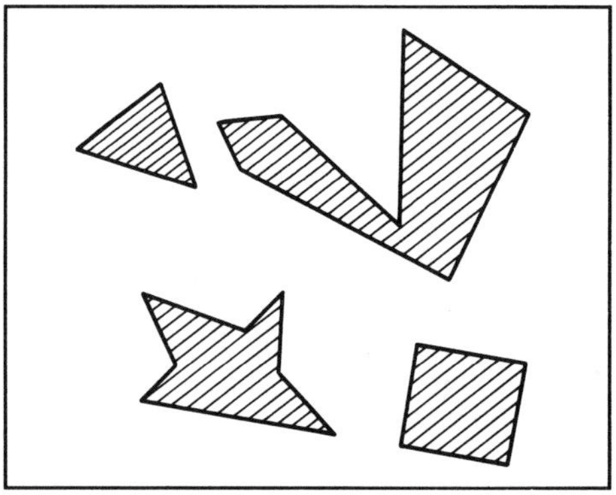

Die **Flächeninhaltsfunktion** in $\boldsymbol{F}$ ordnet jeder Figur F aus $\boldsymbol{F}$ ihren Flächeninhalt inh(F) zu:

$$\text{inh} : \boldsymbol{F} \to \mathbb{R}_0^+ \; ; \; \underset{\text{Figur}}{F} \mapsto \underset{\text{Zahl}}{\text{inh}(F)}$$

Bemerkungen

(a) Faßt man Figuren nicht als Teilmengen des $\mathbb{R}^2$, sondern als Teile einer realen Fläche (z. B. auf dem Papier) auf, dann ist der Flächeninhalt einer Figur eine Zahl mit der Maßeinheit cm^2. So verfährt die Schulmathematik.

(b) Genaugenommen müßte man verschiedene Flächeninhaltsfunktionen, je nach ihrem Definitionsbereich $\boldsymbol{F}$, unterscheiden. Jedenfalls verwendet man meist weit umfassendere Definitionsbereiche als oben angenommen.

(c) Es liegt sogar nahe zu vermuten, daß *jeder* beschränkten Punktmenge $F \subseteq \mathbb{R}^2$ in natürlicher Weise ein Flächeninhalt inh(F), gleichsam als Maß für ihre „Ausdehnung", zugeordnet sei. Diese Vermutung führt jedoch auf tiefliegende mathematische Probleme[99]).

Die *Additivität* besteht bei der Flächeninhaltsfunktion naturgemäß schon dann, wenn der Durchschnitt der beiden vereinigten Mengen (Vielecke) nur aus Randpunkten besteht, also von höchstens endlich vielen Strecken gebildet wird. (Der Fall $F_1 \cap F_2 = \emptyset$ kann gar nicht vorkommen, wenn $F_1 \cup F_2$ wieder ein einziges Vieleck sein soll!) Somit heißt es jetzt:

(Add) $\quad \text{inh}(F_1 \cup F_2) = \text{inh}(F_1) + \text{inh}(F_2)$, falls $A \cap B$ keine Innenpunkte enthält (und $F_1, F_2, F_1 \cup F_2 \in \boldsymbol{F}$).

Neben der Additivität hat die Flächeninhaltsfunktion — wie alle geometrischen Maßfunktionen — die folgende Eigenschaft:

(Invar) $\quad F_1 \text{ kongruent } F_2 \;\Rightarrow\; \text{inh}(F_1) = \text{inh}(F_2)$;

97) (1845—1918), Professor an der Universität Halle.

98) Siehe Aufgabe 6 zu Abschnitt 5.2.

99) Hierzu etwa: *A. Kirsch,* Natürliche und formale Auffassung des Flächeninhalts. In: Praxis der Mathematik (PM) **21** (1979), 65—69.

in Worten: kongruente Figuren besitzen gleichen Flächeninhalt. Diese Eigenschaft nennt man „*Invarianz*“ (zu deutsch: Unveränderlichkeit) des Flächeninhalts gegenüber „Kongruenzabbildungen“ einer Figur (wie Verschiebungen, Spiegelungen, Drehungen, siehe 8.4.4).

Schließlich zeichnet man in der Ebene eine „Einheitsfigur“ E aus, meist ein Quadrat mit der Kantenlänge 1, und setzt fest:

(Norm) $\quad \text{inh}(E) = 1;$

in Worten: die Einheitsfigur E hat den Flächeninhalt 1. Hierdurch ist, wie man sagt, die Flächeninhaltsfunktion „*normiert*“.

Auf der Grundlage der drei Eigenschaften (Add), (Invar) und (Norm) kann man nun alle Flächeninhaltsformeln der Elementargeometrie beweisen. Wir führen dies für ein Rechteck R mit den Seitenlängen 3 und 1,5 aus; siehe die Skizze:

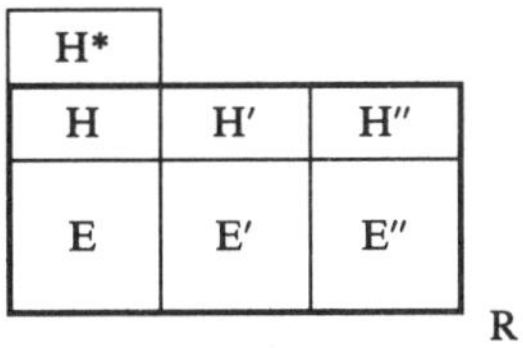

Es gilt $\text{inh}(E) = 1$, (Norm),

also auch $\text{inh}(E') = \text{inh}(E'') = 1$ (Invar).

Ferner gilt $\text{inh}(H) = \text{inh}(H^*)$ (Invar)

sowie $\text{inh}(H) + \text{inh}(H^*) = \text{inh}(H \cup H^*)$

$= \text{inh}(E) = 1$ (Add, Invar).

Aus den beiden letzten Zeilen folgt $\text{inh}(H) = \frac{1}{2}$, also auch

$$\text{inh}(H') = \text{inh}(H'') = \frac{1}{2} \quad \text{(Invar)}.$$

Schließlich erhält man durch mehrfache Anwendung von (Add):

$$\text{inh}(R) = 3 \cdot \text{inh}(E) + 3 \cdot \text{inh}(H) = 3 + \frac{3}{2} = \frac{9}{2}.$$

So beweist man auch allgemein die *Flächeninhaltsformel für Rechtecke mit den Seitenlängen* a *und* b:

$$\text{inh}(R) = a \cdot b \quad (a, b \in \mathbb{R}^+),$$

jedenfalls in dem Fall, daß a und b rationale Zahlen sind. Ist a oder b irrational (d. h. inkommensurabel zur gewählten Einheitslänge), dann erfordert der Beweis keine andere Grundlage, aber detailliertere Überlegungen, etwa mit Hilfe von Intervallschachtelungen in $\mathbb{R}^+$.

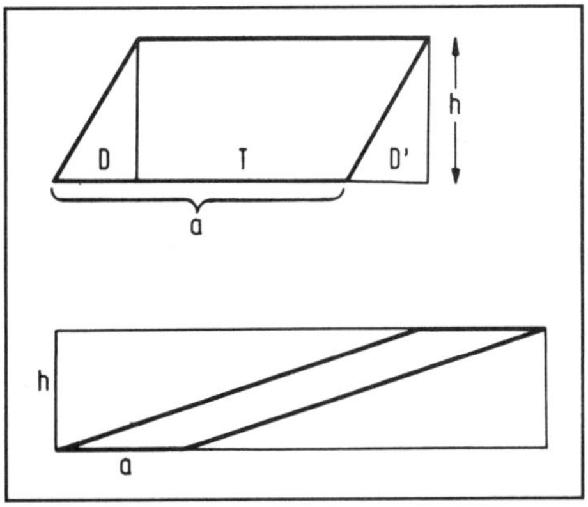

Andere bekannte Flächeninhaltsformeln ergeben sich nun leichter, so die Formel $\text{inh}(P) = a \cdot h$ für ein *Parallelogramm* P mit Grundseite(nlänge) a und Höhe h:

$\text{inh}(P) = \text{inh}(D \cup T) = \text{inh}(D) + \text{inh}(T) = \text{inh}(T) + \text{inh}(D') = \text{inh}(T \cup D') = a \cdot h$, und

die für ein *Dreieck:* $\text{inh}(D) = \frac{1}{2} a \cdot h$.

Der Fall, daß das Parallelogramm „sehr schief“ ist (wie in der Skizze), erfordert eine Modifikation des Beweises (Aufgabe 4).

Da jede Figur $F \in \boldsymbol{F}$ in Dreiecke zerlegt werden kann, zeigt das Vorstehende, daß ihr Flächeninhalt inh(F) aufgrund der drei Eigenschaften (Add), (Invar) und (Norm) von inh eindeutig bestimmt ist, d. h. daß jede Funktion $\boldsymbol{F} \to \mathbb{R}_0^+$ mit diesen drei Eigenschaften den gleichen Wert für F liefert. Es gilt:

Satz 1: Ist $\boldsymbol{F}$ die Menge der Vielecke in der Ebene, dann gibt es genau eine Funktion $\text{inh} : \boldsymbol{F} \to \mathbb{R}_0^+$ mit den Eigenschaften (Add), (Invar), (Norm).

Allerdings haben wir nur die *eindeutige Bestimmtheit* einer solchen Funktion gezeigt und die *Existenz* stillschweigend angenommen. Deren Nachweis bildet das hier ausgesparte Problem einer „Begründung“ des Flächeninhaltsbegriffs. — Satz 1 gilt übrigens für weit umfassendere Definitionsbereiche als angegeben, aber (wie schon angedeutet) nicht für die Menge *aller* beschränkten Punktmengen in der Ebene.

Die **Längenmaßfunktion** ist naturgemäß eine Funktion, die auf einer geeigneten Menge $\boldsymbol{K}$ von *Kurven* (hier wiederum als beschränkte Punktmengen in der Ebene $\mathbb{R}^2$ aufgefaßt) definiert ist und jeder Kurve K aus $\boldsymbol{K}$ eine „Längenmaßzahl“ aus $\mathbb{R}_0^+$ zuordnet. Sie hat neben (Add) wieder die Eigenschaften (Invar) und (Norm), wobei letztere sich jetzt naturgemäß auf eine *Einheitsstrecke* $E \in \boldsymbol{K}$ bezieht.

Die Längenmaßfunktion bereitet keine neuen Probleme, wenn $\boldsymbol{K}$ nur hinreichend einfache Kurven enthält, z. B. nur Streckenzüge aus endlich vielen Strecken oder andere „vernünftige“ Kurven:

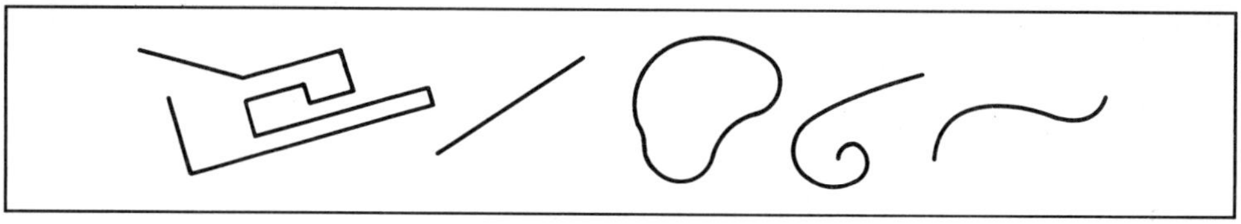

Was „vernünftig“ allgemein bedeuten soll, ist eine Frage, die in der höheren Analysis geklärt wird[100]. Nicht „vernünftig“ ist z. B. die folgende Kurve, die ganz in einem Rechteck der Seitenlängen 6 und 3 verläuft und sich unendlich oft um einen gewissen inneren Punkt dieses Rechtecks windet; die Längen der jeweils rechtwinklig anzutragenden Strecken bilden die Folge $\left(\frac{6}{1}, \frac{6}{2}, \frac{6}{3}, \ldots\right)$.

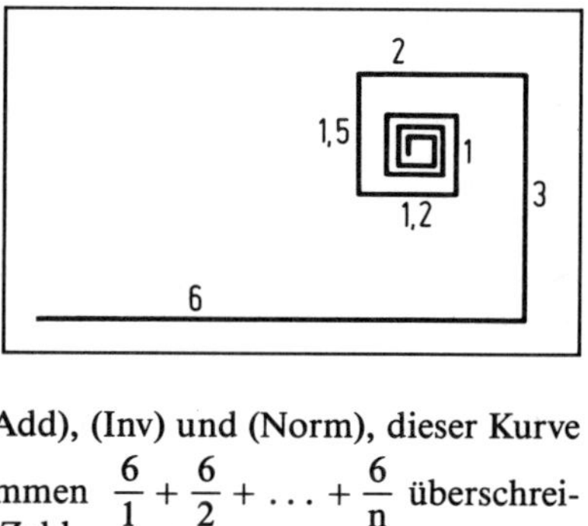

Es ist nicht möglich, bei Beachtung der Eigenschaften (Add), (Inv) und (Norm), dieser Kurve eine Zahl aus $\mathbb{R}_0^+$ als Länge zuzuordnen; denn die Summen $\frac{6}{1} + \frac{6}{2} + \ldots + \frac{6}{n}$ überschreiten bei wachsendem n erstaunlicherweise jede positive Zahl.

Aufgabe: 4

8.5.3 Bewertungsfunktionen

Maßfunktionen sind natürlich im allgemeinen *nicht injektiv.* Ihre Aufgabe ist es ja sozusagen, Ungleiches vergleichbar zu machen. Dazu werden gewisse verschiedene Mengen als „gleichwertig“ eingestuft.

Ein wichtiger Fall ist der, daß eine endliche Menge $G = \{\alpha_1, \ldots \alpha_n\}$ (etwa von Testaufgaben) gegeben ist, und daß man jeder Teilmenge von G (Menge der richtig gelösten Aufgaben als „Testergebnis“) einen Zahlwert zuordnen will, um alle diese Teilmengen wertmäßig vergleichen zu können. Dabei begnügt man sich oft nicht damit, einfach die Kardinalzahl der betreffenden Teilmenge als Wert zu nehmen, sondern man will die Elemente α_i von G (die Testaufgaben) auch verschieden „gewichten“, indem man jedem α_i eine „Punktzahl“ $p_i \in \mathbb{R}_0^+$ zuordnet. Dann addiert man für jede Teilmenge A von G die betreffenden Punktzahlen und erhält so eine *„Bewertungsfunktion“*, auch *„Punktbewertung“* genannt:

$$W : \boldsymbol{P}G \to \mathbb{R}_0^+ \; ; \; W(A) = \sum_{\alpha_i \in A} p_i.$$

Die Summenschreibweise rechts ist unmittelbar verständlich.

[100]) Der Begriff heißt dort „rektifizierbar“.

Die Bewertungsfunktion W ordnet der leeren Menge die Zahl 0 zu: $W(\emptyset) = 0$, und der Menge G die Summe aller Punktzahlen: $W(G) = p_1 + \ldots + p_n$. Weiter ist sie, wie aus der Konstruktion ersichtlich ist, *additiv*; d. h. für alle $A, B \in \boldsymbol{P}G$ gilt:

(Add) $\quad W(A \cup B) = W(A) + W(B)$, falls $A \cap B = \emptyset$.

Es ist nun bemerkenswert, daß das oben beschriebene Verfahren *alle additiven Funktionen* $W : \boldsymbol{P}G \to \mathbb{R}_0^+$ liefert:

Satz 2: Ist $G = \{\alpha_1, \ldots \alpha_n\}$ eine endliche Menge, dann gibt es für jede additive Funktion $W : \boldsymbol{P}G \to \mathbb{R}_0^+$ Zahlen $p_1, \ldots, p_n \in \mathbb{R}_0^+$, so daß (für alle $A \in \boldsymbol{P}G$) gilt: $W(A) = \sum_{a_i \in A} p_i$.

Der *Beweis* ist fast unmittelbar klar: Bei gegebener additiver Funktion W setzt man $p_i = W(\{\alpha_i\})$ und wendet dann jeweils (bei vorgelegtem $A \in \boldsymbol{P}G$) wiederholt die Additivität von W an.

Hinweis: Der hier erörterte Sachverhalt läßt sich auch in der Sprache der *Wahrscheinlichkeitsrechnung* ausdrücken. Dort beschreibt man gewisse einfache Zufallsexperimente jeweils durch die endliche Menge $G = \{\alpha_1, \ldots, \alpha_n\}$ der möglichen „Ausfälle“ und ordnet jedem solchen eine gewisse Wahrscheinlichkeit $p_i \geq 0$ zu, etwa aufgrund von Symmetrieüberlegungen oder Beobachtung von Versuchsreihen. Dabei wird zusätzlich die Normierungsbedingung $p_1 + \ldots + p_n = 1$ beachtet. Nun interpretiert man die Teilmengen von G als die verschiedenen „Ereignisse“, die bei Ausführung des Versuchs eintreten können, und ordnet jedem Ereignis A die Wahrscheinlichkeit $W(A) = \sum_{\alpha_i \in A} p_i$ zu. Die Additivität von W besagt jetzt, daß bei unvereinbaren Ereignissen A, B dem Ereignis „A oder B“ die Summe der Einzelwahrscheinlichkeiten zukommt. Wegen der vorgenommenen Normierung gilt

$$W(G) = 1;$$

das „sichere Ereignis“ hat die Wahrscheinlichkeit 1. Hieraus und aus (Add) folgt weiter

$$W(G \setminus A) = 1 - W(A);$$

dies besagt, daß das „Gegenereignis“ zu A die komplementäre Wahrscheinlichkeit (zu der von A) hat.

Eine wichtige Folgerung aus der Additivität einer Bewertungsfunktion ist deren *Monotonie:* Für alle $A, B \in \boldsymbol{P}G$ gilt

(Mon)[101] $\quad A \subseteq B \Rightarrow W(A) \leq W(B)$

Beweis: Es sei $A \subseteq B$. Dann gilt $B = A \cup (B \setminus A)$ und $A \cap (B \setminus A) = \emptyset$. Nach (Add) folgt $W(B) = W(A) + W(B \setminus A)$ und wegen $W(B \setminus A) \geq 0$ weiter $W(B) \geq W(A)$.

Bemerkung: Der Beweis gilt auch für andere Maßfunktionen, sofern deren Definitionsbereich $\boldsymbol{G}$ die Eigenschaft hat, daß mit zwei Mengen A, B stets auch deren Differenzmenge $B \setminus A$ dazugehört: $(A \in \boldsymbol{G} \wedge B \in \boldsymbol{G}) \Rightarrow B \setminus A \in \boldsymbol{G}$.

Die Monotonie drückt eine als „vernünftig“ oder „gerecht“ empfundene Eigenschaft der Bewertungsfunktion W aus: Wenn ein Testergebnis A in einem anderen, B, enthalten ist, dann darf A nicht höher bewertet werden als B. Man wird sogar wünschen, daß *„strenge Monotonie“* besteht:

$$A \underset{\text{echt}}{\subset} B \Rightarrow W(A) < W(B);$$

dies ist offensichtlich genau dann der Fall, wenn alle Punktzahlen positiv sind: $p_i > 0$ für alle i. Strenge Monotonie hat hier allerdings (anders als bei Funktionen $\mathbb{R} \to \mathbb{R}$) *nicht die Injektivität* zur Folge! Dies zeigt schon unser Hinweis in 1.1.3. zur Kardinalzahlfunktion, die ja auch eine Bewertungsfunktion ist.

[101]) Zur Unterscheidung von der Monotonie bei Funktionen $\mathbb{R} \to \mathbb{R}$ sollte man besser (Mon $\subseteq$, $\leq$) schreiben.

Durch geeignete Wahl der $p_i > 0$ lassen sich jedoch sehr wohl *injektive Bewertungsfunktionen* W konstruieren (Aufgabe 6). Dies kann insofern von Interesse sein, als man mitunter die 2^n Testergebnisse „der Güte nach" ordnen und dabei niemals zwei verschiedene Ergebnisse A, B als gleichwertig einordnen möchte. In der Tat liefert jede injektive Bewertungsfunktion eine solche *„strenge Rangordnung"*. Hierdurch ist dann für *alle* Paare von verschiedenen Mengen A, B aus G entschieden, welche von beiden höher rangiert, und dabei ist die „Gerechtigkeitsforderung" eingehalten, daß im Fall $A \underset{\text{echt}}{\subset} B$ die Menge B höher einzustufen ist als A.

Abschließend betonen wir, daß man (falls $n > 2$) durch Modifikation der Punktzahlen p_i durchaus *verschiedene* solche Rangordnungen herstellen kann. Hier zeigt sich eine Möglichkeit der Differenzierung, aber auch der „Manipulation" bei der Bewertung von Testergebnissen.[102])

Aufgaben: 5, 6

Aufgaben 8.5

1. Schreibe die Formel für $\text{card}(A_1 \cup \ldots \cup A_n)$ für $n = 4$ ohne „Pünktchen" hin. Beweise diese Formel durch Folgern aus den Formeln für $n = 2$ und $n = 3$.
(Dies läßt erkennen, wie entsprechend, mit n statt 3 und n+1 statt 4, ein Induktionsbeweis für die allgemeine Formel zu führen wäre.)

2. Entwickle mit Hilfe der Formel für $\text{card}(A_1 \cup A_2 \cup \ldots \cup A_n)$ eine Formel für die Anzahl aller Permutationen der Menge $\{1, 2, \ldots, n\}$, die
a) mindestens einen Fixpunkt haben;
b) keinen Fixpunkt haben.
(Vgl. Abschnitt 8.3, Aufgabe 2)

3. Bestimme mit Hilfe der Formel für $\text{card}(A_1 \cup A_2 \cup \ldots \cup A_k)$ die Anzahl aller surjektiven Abbildungen $\{1, 2, \ldots, n\} \to \{1, 2, \ldots, k\}$ $(n, k \in \mathbb{N})$.
(Vgl. Abschnitt 8.3, Aufgabe 3)

4. Beweise auf Grund der Flächeninhalts-Eigenschaften (Add), (Invar) und der Flächeninhaltsformel für Rechtecke:
Mit den üblichen Bezeichnungen gilt
a) $\text{inh}(P) = a \cdot h$, für jedes Parallelogramm P (auch für den in 8.5.2 noch offengelassenen Fall!);
b) $\text{inh}(D) = \frac{1}{2} a \cdot h$, für jedes Dreieck D;
c) $\text{inh}(T) = \frac{1}{2}(a_1 + a_2) \cdot h$, für jedes Trapez T.

5. Beweise: Für jede Maßfunktion $W : \mathcal{P}G \to \mathbb{R}_0^+$ mit $W(G) = 1$ gilt: Wenn $W(A) = 1$ und $W(B) = 1$, dann $W(A \cap B) = 1$.

6. a) Beweise: Wählt man die Punktzahlen $p_i = 1/2^i$ $(i = 1, \ldots, n)$, dann ist die zugehörige Bewertungsfunktion $W : \{\alpha_1, \ldots, \alpha_n\} \to \mathbb{R}_0^+$ injektiv.
b) Bei der Funktion W aus a) wird eines der α_i, nämlich α_1 höher bewertet als alle andern zusammen. Konstruiere jetzt eine injektive Bewertungsfunktion, die keinen solchen „Nachteil" hat, sondern vielmehr die Eigenschaft

$$W(A) < W(B), \quad \text{falls} \quad \text{card}\,A < \text{card}\,B.$$

(„Wenn B mehr Elemente hat als A, dann ist B auch mehr wert".)

[102]) Für Weiteres hierzu siehe 10.2.4 sowie *A. Kirsch:* Gewährleisten Punktbewertungen gerechte Urteile? In: mathematiklehrer 2—1983.

Kapitel 9 Operationen für Funktionen

9.1 Verketten und Umkehren von Funktionen

9.1.1 Verketten

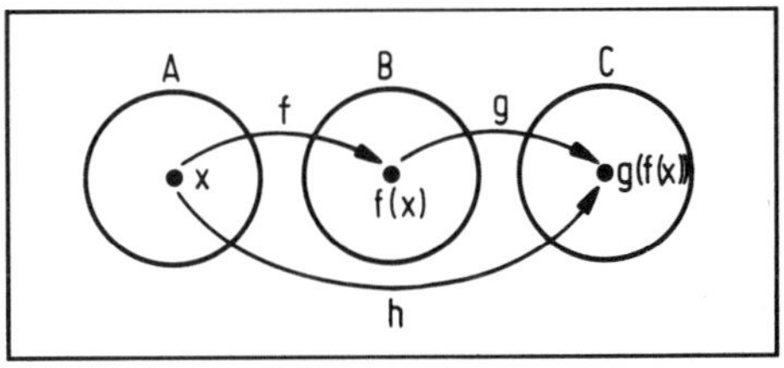

Gegeben sei eine Funktion $f : A \to B$ und eine Funktion $g : B \to C$. Hieraus gewinnt man in naheliegender Weise eine Funktion $h : A \to C$, indem man „die Pfeile von g an die Pfeile von f hängt". So wird die Operation des *Verkettens von Funktionen* definiert:

Definition 1: Es sei $f : A \to B$ und $g : B \to C$. Dann ist durch $x \mapsto g(f(x))$ eine Funktion $h : A \to C$ gegeben, mit $h(x) = g(f(x))$. Die Funktion h heißt die *Verkettung* von f und g. Man schreibt dafür $h = g \circ f$ (in dieser Reihenfolge!) und liest $g \circ f$ als „g nach f", deutlicher „zuerst f, dann g".

Hinweise

(a) Im Fall $A = B$ gilt hiernach insbesondere $g \circ id_A = g$; im Fall $B = C$ gilt $id_B \circ f = f$.

(b) Statt $g(f(x))$ kann man somit auch $g \circ f(x)$ schreiben. Der Kringel $\circ$ verbindet die beiden Funktionszeichen f und g zu einem einzigen. Deutlicher schreibt man $(g \circ f)(x)$. Die Reihenfolge von f und g in dieser Schreibweise der Verkettung entspricht ihrer Stellung in dem Ausdruck $g(f(x))$ für den Funktionswert: Zuerst ist der Wert der „inneren" Funktion f zu bestimmen, dann hiervon der Wert der „äußeren" Funktion g.

(c) Die Zielmenge von f und die Definitionsmenge von g brauchen nicht übereinzustimmen. Offensichtlich ist die obige Definition von $g \circ f$ sinnvoll auch für $f : A \to B'$ und $g : B \to C$, wenn nur $W_f \subseteq B$, d. h. wenn die Wertemenge von f in der Definitionsmenge von g enthalten ist. Man kann dann immer auch f als Funktion mit Zielmenge B auffassen.

(d) Veranschaulicht man die Funktionen als Maschinen (wie die „Operatoren" in 8.1.2), dann bedeutet die Operation des Verkettens naturgemäß des Hintereinanderschalten solcher Maschinen, mit anderen Worten: das Zusammensetzen zweier Maschinen zu einer neuen.

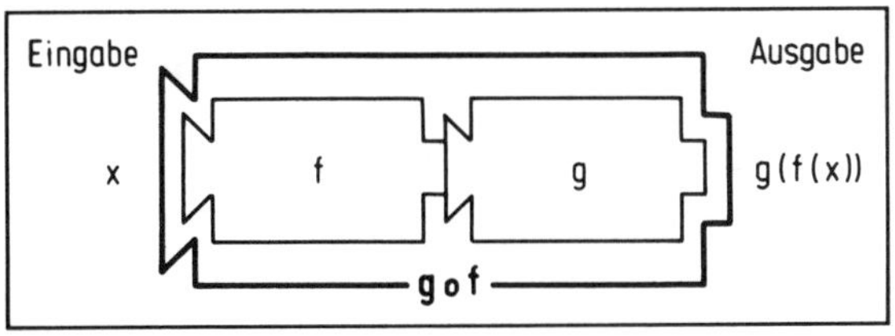

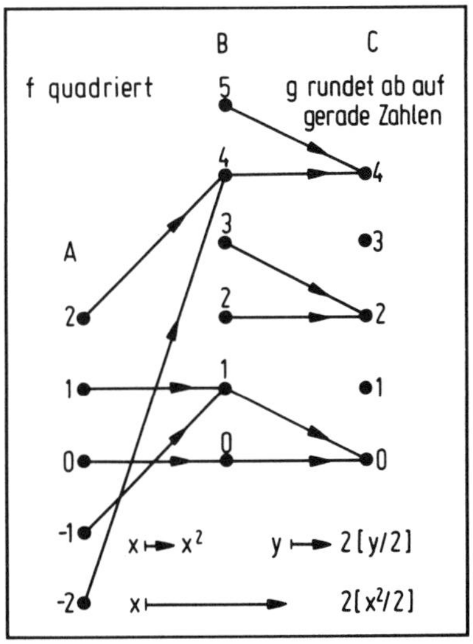

Beispiel 1:
Für die Funktionen $f : A \to B$, $g : B \to C$ mit $f(x) = x^2$, $g(y) = 2\,[y/2]$ (siehe Skizze) erhält man $g \circ f : A \to C$ mit $(g \circ f)(x) = g(f(x)) = g(x^2) = 2\,[x^2/2]$. Hier sind A, B, C drei (verschiedene) endliche Zahlenmengen. Übrigens ist keine der drei Funktionen f, g, $g \circ f$ injektiv oder surjektiv; dies gilt auch, wenn man $A = \mathbb{Q}$, $B = \mathbb{Q}_0^+$, $C = \mathbb{N}_0$ nimmt.
Solche Pfeildiagramme mit einzelnen Zuordnungspfeilen sind nicht zu verwechseln mit symbolischen Darstellungen wie eingangs.

Beispiel 2:
Wir verketten die Funktionen quad, d. h. $x \mapsto x^2$, und sin (beide mit Definitionsbereich $\mathbb{R}$).

Hier ist sin ∘ quad die Funktion $x \mapsto \sin(x^2)$ und quad ∘ sin die Funktion $x \mapsto (\sin x)^2$. Die erste hat die Wertemenge $[-1, 1]$, die zweite die Wertemenge $[0, 1]$. Schon dies zeigt, daß es verschiedene Funktionen sind. (Auch beim Taschenrechner ist es keineswegs gleichgültig, ob man zuerst die Taste quad, dann sin drückt oder umgekehrt!)

Man sieht, daß die Operation des Verkettens *nicht kommutativ* ist. In vielen Fällen sind nicht einmal beide Verkettungen $f \circ g$ und $g \circ f$ definiert, so etwa, wenn f die Flächeninhaltsfunktion $\boldsymbol{F} \to \mathbb{R}_0^+$ ist (vgl. 8.5.2) und $g : \mathbb{R} \to \mathbb{Z}$ die Ganzteilfunktion $x \mapsto [x]$. Aber auch wenn beide Verkettungen definiert sind, ist im allgemeinen $f \circ g \neq g \circ f$.

Zur anschaulichen Darstellung von Verkettungen eignen sich verhältnismäßig gut Pfeildiagramme, weniger aber, auch bei Funktionen des Typs $\mathbb{R} \to \mathbb{R}$, kartesische Graphen. Ist bei $x \mapsto g(f(x))$ die innere Funktion f streng monoton, so kann man diese durch doppelte Beschriftung der x-Achse darstellen und dann die Funktionswerte der äußeren Funktion g an den Stellen f(x) auftragen: So erhält man eine Darstellung von $g \circ f$. Siehe hierzu auch 9.3.3.

Beispiel 3: Gegeben seien die Funktionen

$f : \mathbb{R}^+ \to \mathbb{R}$ mit $f(x) = \operatorname{ld} x$; kurz: $f = \operatorname{ld}$ (der Logarithmus zur Basis 2);

$g : \mathbb{R} \to \mathbb{R}$ mit $g(x) = \pi \cdot x$; kurz: $g = \boxed{\cdot\, \pi}$;

$h : \mathbb{R} \to \mathbb{R}$ mit $h(x) = \sin x$; kurz: $h = \sin$.

Wie stellen die Verkettung $h \circ g \circ f : \mathbb{R}^+ \to \mathbb{R}$, mit $h(g(f(x))) = \sin(\pi \cdot \operatorname{ld} x)$ dar und beschriften dazu die x-Achse sogar dreifach:

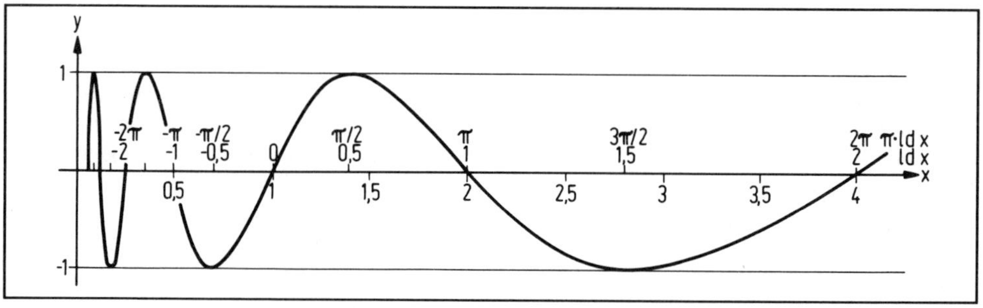

Im letzten Beispiel wurde stillschweigend das Assoziativgesetz für das Verketten angewandt. In der Tat ist es gleichgültig, ob man zuerst $f : x \mapsto \operatorname{ld} x$ ausführt und dann $h \circ g : x \mapsto \sin(\pi x)$ oder zuerst $g \circ f : x \mapsto \pi \cdot \operatorname{ld} x$ und dann $h : x \mapsto \sin x$. Auch allgemein kommt es beim Hintereinanderausführen von Zuordnungs-Handlungen offensichtlich nicht auf die Arten des (vorgestellten) Zusammenfassens an. Man denke an das Hintereinander-Drücken von TR-Funktionstasten. Genauer formulieren wir:

Satz 1 *(Assoziativgesetz für das Verketten):* Es sei $f : A \to B$, $g : B \to C$, $h : C \to D$. Dann gilt $(h \circ g) \circ f = h \circ (g \circ f)$.

Beweis: Es sei $x \in A$. Dann ist $((h \circ g) \circ f)(x) = (h \circ g)(f(x)) = (hg(f(x)))$ und $(h \circ (g \circ f))(x) = h((g \circ f)(x)) = h(g(f(x)))$. Somit gilt $((h \circ g) \circ f)(x) = (h \circ (g \circ f))(x)$ für alle $x \in A$; das ist die Behauptung. (Man beachte die Bedeutung der Gleichheit von Funktionen; vgl. 8.2.2).

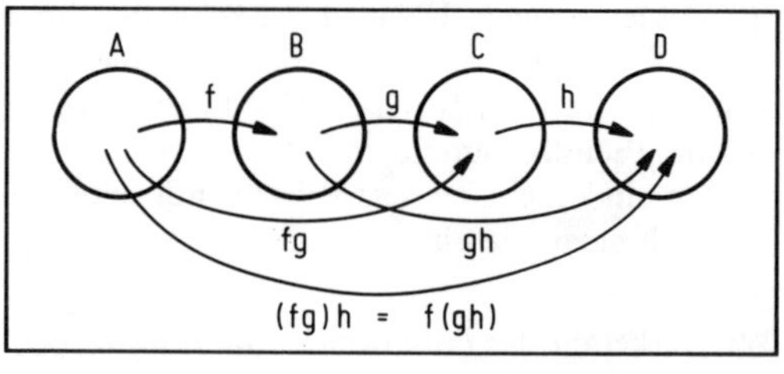

Das zugehörige Pfeilbild wird leichter lesbar, wenn man für $g \circ f$ (zuerst f, dann g) einfach fg schreibt. Demgemäß vereinbaren wir eine *zweite Schreibweise für die Verkettung:* Statt $g \circ f$ darf auch fg (ohne Verkettungszeichen) geschrieben werden. Dies paßt im allgemeinen besser zur Abbildungs- (statt Funktions-)Sprechweise und ist insbesondere dann zweckmäßig, wenn mehr als zwei Abbildungen verkettet, d. h. lange „Abbildungsketten" gebildet werden. So schreibt man die Operatorkette „zuerst $\boxed{+2}$, dann $\boxed{\cdot 3}$, dann $\boxed{-7}$" lieber in der Form $\boxed{+2}\,\boxed{\cdot 3}\,\boxed{-7}$ als nach Def. 1: $\boxed{-7} \circ \boxed{\cdot 3} \circ \boxed{+2}$.

Es ist nun konsequent, das eingegebene Element x jeweils *vor* die Abbildung zu setzen, also xf oder x^f statt $f(x)$ zu schreiben („Postfixnotation", siehe 8.2.1). Weiter ist es zweckmäßig, für die Abbildungen andere Buchstaben als für die Elemente des Definitionsbereichs zu verwenden, etwa griechische Buchstaben. Dann ist $x\varphi$ das Bild von x bei der Abbildung φ. Jetzt bezeichnet $(x\varphi)\psi$ das Bild von x bei der Verkettung $\varphi\psi$; mit anderen Worten: $\varphi\psi$ ist die Abbildung

$$x \mapsto (x\varphi)\psi;$$

es gilt $x(\varphi\psi) = (x\varphi)\psi$.

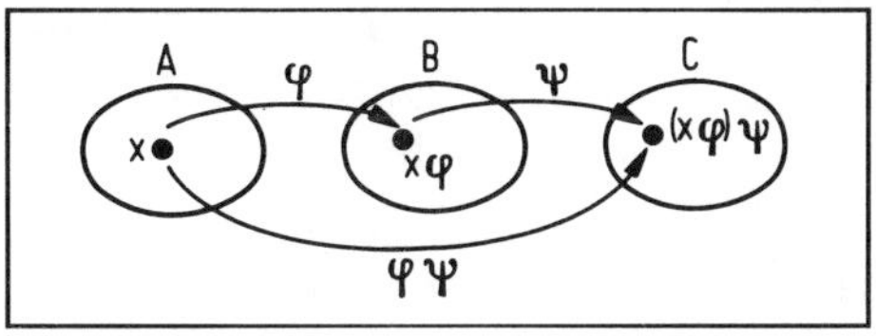

Eine Einheitlichkeit in der Bezeichnung von Verkettungen läßt sich nicht erzwingen. Manche Autoren verwenden außer den beiden hier verwendeten Bezeichnungsweisen noch weitere.

Wir beweisen noch:

Satz 2: Sind die Abbildungen $\varphi : A \to B$ und $\psi : B \to C$ beide injektiv, dann ist es auch die Verkettung $\varphi\psi : A \to C$; sind φ und ψ beide surjektiv, dann ist es auch $\varphi\psi$.

Beweis: I. (φ, ψ injektiv): Es sei $x_1, x_2 \in A$ und $x_1 \neq x_2$. Dann gilt, weil φ injektiv ist, $x_1\varphi \neq x_2\varphi$. Daraus folgt weiter, weil ψ injektiv ist $x_1\varphi\psi \neq x_2\varphi\psi$. Somit ist $\varphi\psi$ injektiv.

II. (φ, ψ surjektiv): Es sei $z \in C$. Dann gibt es, weil ψ surjektiv ist, ein $y \in B$ mit $y\psi = z$. Und weil φ surjektiv ist, gibt es ein $x \in A$ mit $x\varphi = y$, also $x\varphi\psi = y\psi = z$. Somit ist $\varphi\psi$ surjektiv.

Folgerung: Sind $\varphi : A \to B$ und $\psi : B \to C$ beide bijektiv, dann ist es auch $\varphi\psi : A \to C$.

9.1.2 Umkehren

Es sei f eine *injektive* Abbildung von A *auf* B. Dann erhält man durch „Umdrehen aller Abbildungspfeile" offensichtlich eine Abbildung von B in A, die *„Umkehr(abbild)ung"* oder *„Inverse (Abbildung)"* f^I zu f.

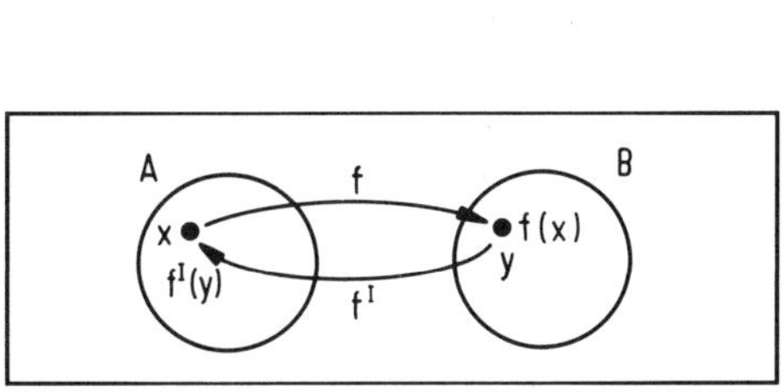

Definition 2: Es sei $f : A \to B$ bijektiv. Dann ist durch „$y \mapsto$ das x mit $f(x) = y$" eine Funktion $f^I : B \to A$ gegeben, für die also gilt (für alle $y \in B$): $f^I(y) =$ das Element $x \in A$ mit $f(x) = y$. Die Funktion (Abbildung) f^I heißt die *Umkehrung* oder die *Inverse* von f.

Bemerkung: Statt f^I schreibt man auch f^{-1} und liest „f hoch minus 1". Man darf aber (bei Funktionen mit Zielmenge $\mathbb{R} \setminus \{0\}$) die Umkehrung f^{-1}, d. h. f^I, nicht mit der Funktion $x \mapsto (f(x))^{-1}$, d. h. $x \mapsto 1/f(x)$ verwechseln!

Was entsteht, wenn man die Pfeile einer *nicht bijektiven* Abbildung $f : A \to B$ umdreht? Ist f *nicht surjektiv,* so geht nicht von jedem $y \in B$ ein umgedrehter Pfeil aus — man erhielte jedenfalls keine Abbildung mit Definitionsbereich B. Ist f *nicht injektiv,* so gehen von manchen $y \in B$ mehrere umgedrehte Pfeile aus — man erhielte gar keine Abbildung. Die Bijektivität von $f : A \to B$ ist also dafür notwendig, daß f^I überhaupt eine Abbildung von B in A ist.

Satz 3: Die Inverse $f^I : B \to A$ einer bijektiven Abbildung $f : A \to B$ ist ebenfalls *bijektiv,* und ihre Umkehrung ist wieder f, d. h. es gilt $(f^I)^I = f$.

Der ganz einfache *Beweis* wird dem Leser überlassen.

Beispiele

(1) Es sei $A = B = \mathbb{R}_0^+$ und $f(x) = x^n = y$. Dann ist $f^I(y) = \sqrt[n]{y} = x$. Mit anderen Worten: Die Umkehrung der Potenzfunktion $x \mapsto x^n$ ist die Wurzelfunktion $y \mapsto \sqrt[n]{y}$, die man natürlich auch in der Form $x \mapsto \sqrt[n]{x}$ schreiben kann.

(2) Es sei $A = \mathbb{R}$, $B = \mathbb{R}^+$ und $f(x) = b^x$ $(b > 1)$. Dann ist $f^I(y) = {}_b\log y = x$: Die Umkehrung der Exponentialfunktion $x \mapsto b^x$ ist die Logarithmusfunktion zur Basis b. Nun erhält man leicht die bekannte *Eigenschaft der Logarithmusfunktion* (hier ohne deren Basis b geschrieben):

$$\forall y_1, y_2 \in \mathbb{R}^+ : \log(y_1 y_2) = \log y_1 + \log y_2.$$

Beweis: Es sei $\log y_1 = x_1$, $\log y_2 = x_2$, also $y_1 = b^{x_1}$, $y_2 = b^{x_2}$. Dann folgt nach einer Potenzregel $y_1 y_2 = b^{x_1} \cdot b^{x_2} = b^{x_1 + x_2}$, also $x_1 + x_2 = \log(y_1 y_2)$. Dies liefert die Behauptung.

(3) Im Fall B = A kommt es auch vor, daß eine bijektive Abbildung f die *Umkehrung von sich selbst* ist. Dies gilt zum Beispiel für die Reziprokenbildung $x \mapsto 1/x$ in $\mathbb{R}^+$ und für die Geradenspiegelung $(x, y) \mapsto (x, -y)$ im $\mathbb{R}^2$. Eine solche (aber nicht die identische) Abbildung heißt „*involutorisch*“.

(4) Die Addition $(x, y) \mapsto x + y$, als Abbildung von $\mathbb{R}^2$ in $\mathbb{R}$, ist nicht injektiv und hat also *nicht* etwa die Subtraktion $(x, y) \mapsto x - y$ als Umkehrabbildung! Wohl aber ist jeder Minus-Operator $\boxed{-k}$ die Umkehrung des betreffenden Plus-Operators $\boxed{+k}$. Nur in diesem Sinn ist „die Subtraktion die Umkehrung der Addition“.

Es ist klar, wie sich die Umkehrung einer bijektiven Funktion im Pfeildiagramm und in der Zuordnungstafel darstellt. Interessant ist die geometrische Deutung bei reellen Funktionen am kartesischen Graphen: Das Umkehren erscheint hier einfach als Spiegeln des Graphen an der „Winkelhalbierenden“ y = x. Wir machen uns dies genau klar:

Gegeben sei der Graph einer bijektiven Funktion $f: A \to B$ mit $A, B \subseteq \mathbb{R}$. Aus ihm liest man wie üblich die Zuordnung $x \mapsto f(x)$ ab.

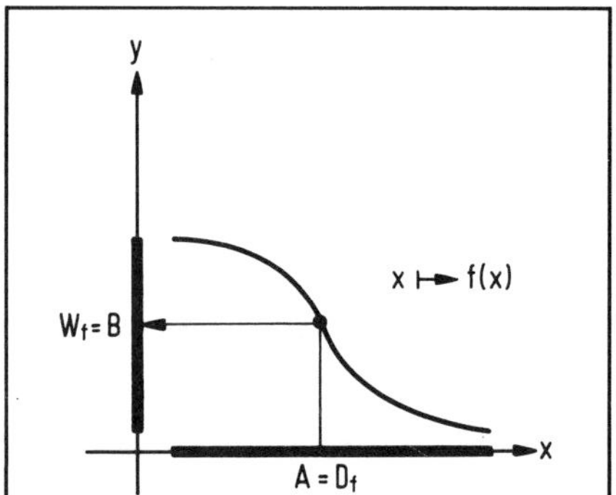

Erster Schritt: Kehre die Zuordnungsrichtung um, d. h. „lies“ den Graphen anders herum. So erscheint dieser als Darstellung der Umkehrfunktion $f^I: B \to A$. Dies ist der entscheidende Schritt! Ihm entspricht die „Auflösung“ des Rechenausdrucks f(x) nach x: Aus f(x) = y wird $x = f^I(y)$; Beispiel: aus $2x - 1 = y$ wird $x = (y+1)/2$.

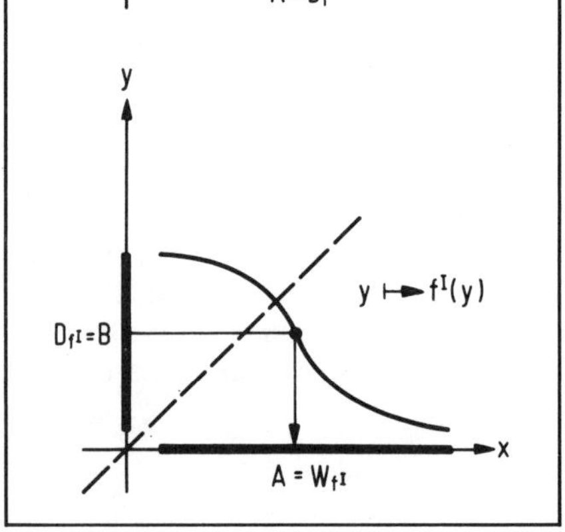

Zweiter Schritt: Spiegele das ganze Bild an der gestrichelten Achse. Oder real: Drehe das Blatt (am besten Pergamentpapier) um die gestrichelte Achse und betrachte die Rückseite. Hierdurch hat sich nichts Wesentliches geändert! Aber der Graph von f^I erscheint jetzt in üblicher Lage; d. h. der Definitionsbereich B ist auf der waagerechten, der Wertebereich A auf der lotrechten Achse dargestellt.

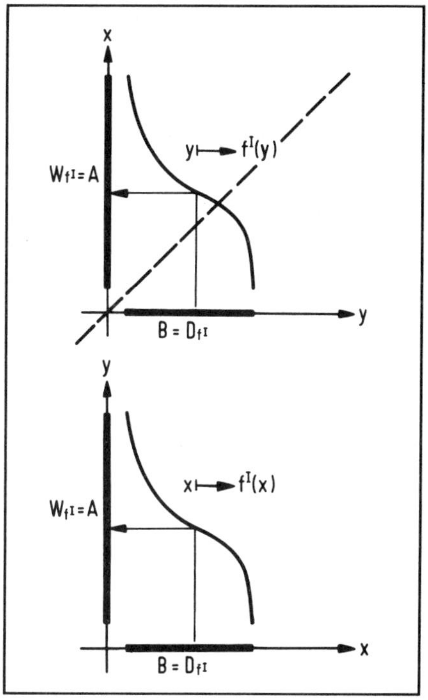

Dritter Schritt: Vertausche die Benennungen x und y, so daß die waagerechte Achse als x-Achse, die lotrechte als y-Achse erscheint. Wieder hat sich nichts Wesentliches geändert. Aber es entsteht die Darstellung von f^I mit den üblichen Bezeichnungen: x ist die „unabhängige", y die „abhängige" Variable; statt $x = f^I(y)$ heißt es $y = f^I(x)$.

Die folgenden Sätze stellen eine Verbindung zwischen den Operationen „Umkehren" und „Verketten" bei bijektiven Abbildungen her. Die Beweise ergeben sich unmittelbar aus Def. 2.

Satz 4: Es sei $f: A \to B$ bijektiv. Dann gilt

$$f^I \circ f = id_A \quad \text{und} \quad f \circ f^I = id_B.$$

Folgerung: Im Fall $A = B$ gilt $f^I \circ f = f \circ f^I$.

Satz 5: Es seien $f: A \to B$ und $g: B \to C$ bijektiv. Dann (ist auch $g \circ f: A \to C$ bijektiv, und es) gilt:

$$(g \circ f)^I = f^I \circ g^I.$$

Man beachte die verschiedene Reihenfolge, in der die Funktionen links und rechts des Gleichheitszeichens auftreten! Zur Veranschaulichung deute man (etwas grob) f und g als die Handlungen „Hemd anziehen" und „Jacke anziehen".

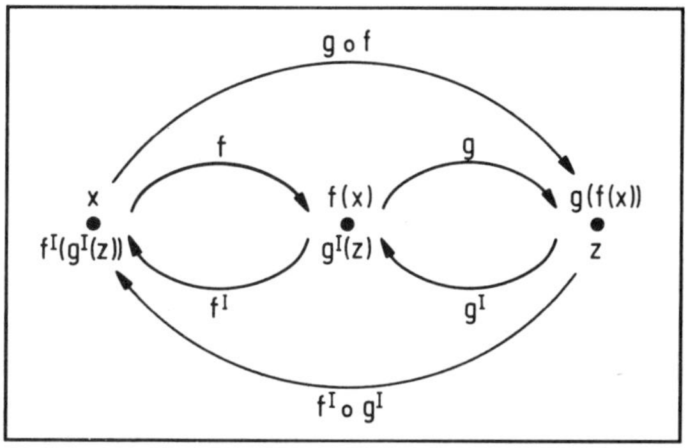

Aufgabe: 1

9.1.3 Ein Beispiel: Affine Abbildungen der Geraden

Wir illustrieren das Verketten und das Umkehren am Beispiel der Verschiebungen und Streckungen als Abbildungen der Zahlengeraden (die wir mit der Menge $\mathbb{R}$ identifizieren) in sich.

Die *Verschiebung um* $a: x \mapsto x + a$ ist nichts anderes als der früher betrachtete „Plus-Operator" $\boxed{+a}$.

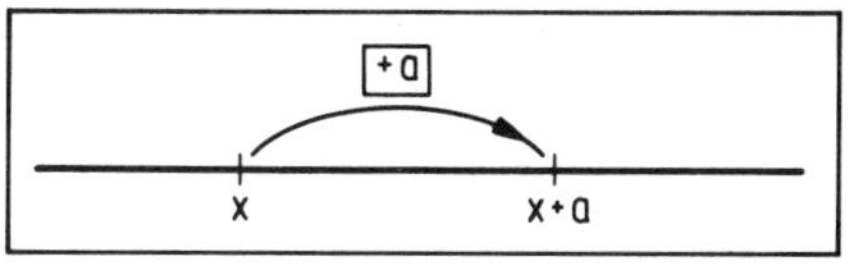

Die geometrische Wirkung ist klar: Im Fall $a>0$ handelt es sich um eine Verschiebung nach rechts, im Fall $a<0$ um eine solche nach links, im Fall $a = 0$ um die identische Abbildung. Natürlich ist jede Verschiebung $\mathbb{R} \to \mathbb{R}$ bijektiv.

Offensichtlich entsprechen diese Verschiebungen eineindeutig den reellen Zahlen, und für das Verketten und Umkehren gilt:

(1) $\underset{\text{zuerst}}{\boxed{+a}}\ \underset{\text{dann}}{\boxed{+b}} = \boxed{+(a+b)}$; $\quad \boxed{+a}^{I} = \boxed{+(-a)}\ (= \boxed{-a})$.

Das Verketten von Verschiebungen entspricht der Addition der betreffenden Zahlen; das Umkehren einer Verschiebung entspricht dem Übergang zur entgegengesetzten Zahl.

Diese Entsprechung ist der Grund dafür, daß man bei der Einführung der negativen Zahlen im Schulunterricht die Zahlen als Verschiebungen der Zahlengeraden und die Addition als Hintereinanderausführung veranschaulichen kann.

Die *Streckung mit* $a : x \mapsto ax$, auch *lineare Abbildung* genannt (vgl. 8.4.1), ist nichts anderes als der „Mal-Operator" $\boxed{\cdot\, a}$.

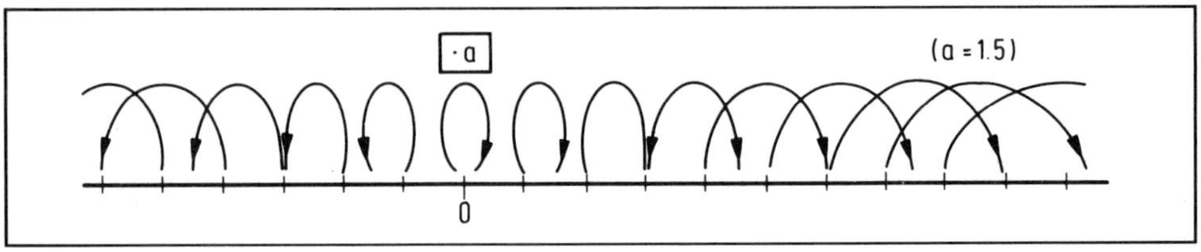

Wieder ist die geometrische Wirkung klar: Es handelt sich um die *Streckung mit Zentrum* 0 (der Nullpunkt ist „Fixpunkt") und Streckfaktor a. Sie ist als Abbildung $\mathbb{R} \to \mathbb{R}$ bijektiv außer im Fall $a = 0$. Und zwar handelt es sich

im Fall	$a = 0$	um	die Nullabbildung $x \mapsto 0$
	$a = 1$		die identische Abbildung
	$a = -1$		die Spiegelung am Nullpunkt 0
	$a > 1$		eine echte Streckung
	$0 < a < 1$		eine Stauchung
	$a < -1$		die Spiegelung an 0 und dann echte Streckung
	$-1 < a < 0$		die Spiegelung an 0 und dann Stauchung.

Offensichtlich entsprechen die Streckungen mit Zentrum 0 eineindeutig den reellen Zahlen, und für das Verketten und Umkehren gilt:

(2) $\underset{\text{zuerst}}{\boxed{\cdot\, a}}\ \underset{\text{dann}}{\boxed{\cdot\, b}} = \boxed{\cdot\,(ab)}$; $\quad \underset{(\text{falls } a \neq 0)}{\boxed{\cdot\, a}^{I}} = \boxed{\cdot\,\frac{1}{a}}\ (= \boxed{:a})$.

Das Verketten von Streckungen (mit Zentrum 0*) entspricht der Multiplikation der betreffenden Zahlen; das Umkehren einer Streckung entspricht dem Übergang zur reziproken Zahl.*

Diese Entsprechung ist der Grund dafür, daß man bei der Einführung der Multiplikation negativer Zahlen im Schulunterricht mitunter die Zahlen als Streckungen und die Multiplikation als Hintereinanderausführung veranschaulicht. Danach wird zum Beispiel die Regel $(-1) \cdot (-1) = 1$ sofort einleuchtend.

Interessanter ist das „gemischte" Verketten von Verschiebungen und Streckungen. Hierfür gilt nicht etwa (wie bei Verschiebungen und Streckungen allein) das Kommutativgesetz, sondern:

(3) $\underset{\text{zuerst}}{\boxed{+a}}\ \underset{\text{dann}}{\boxed{\cdot\, b}} = \boxed{\cdot\, b}\ \boxed{+ab}$

Beweis: Für alle $x \in \mathbb{R}$ gilt $(x + a) \cdot b = x \cdot b + a \cdot b$ (Distributivgesetz in $\mathbb{R}$).

Mittels (1), (2), (3) macht man sich (mit Verwendung des Assoziativgesetzes) leicht klar:[103])

Satz 6: Jede Verkettung von endlich vielen Verschiebungen und Streckungen (mit Zentrum 0) in beliebiger Reihenfolge kann in der Form $\boxed{\cdot a}\,\boxed{+b}$ dargestellt werden. Sie ist als Abbildung $\mathbb{R} \to \mathbb{R}$ bijektiv genau dann, wenn $a \neq 0$ ist, und dann gilt

$$\left(\boxed{\cdot a}\,\boxed{+b}\right)^{I} = \boxed{:a}\,\boxed{-\frac{b}{a}}.$$

Zum *Beweis* des zweiten Teils beachte man, daß $\left(\boxed{\cdot a}\,\boxed{+b}\right)^{I} = \boxed{-b}\,\boxed{:a}$ (Satz 5) und wende dann (3) an.

Die Verkettungen von Verschiebungen und Stauchungen sind hiernach gerade die Abbildungen $x \mapsto ax + b$, die in 8.4.1 als *affine Funktionen* bezeichnet wurden; jetzt haben wir sie in neuer Weise geometrisch interpretiert und beherrschen auch ihre Verkettung sowie (im Fall $a \neq 0$) ihre Umkehrung. Sie heißen auch die *affinen Abbildungen der Zahlengeraden* (in sich).

Die *geometrische Wirkung* einer affinen Abbildung $\boxed{\cdot a}\,\boxed{+b}$ kann man sich wie folgt an Pfeildiagrammen mit mehreren Exemplaren der Zahlengeraden klarmachen. Dieses zeigt, daß es im Fall $a \neq 1$ genau einen Punkt gibt, der durch die Streckung $\boxed{\cdot a}$ ebenso weit nach links (rechts) verschoben wird wie anschließend durch die Verschiebung $\boxed{+b}$ nach rechts (links). Dieser Punkt ist also Fixpunkt, d. h. er wird auf sich abgebildet, und alle (gerichteten) Abstände von ihm werden mit a multipliziert. Damit ist schon fast bewiesen:

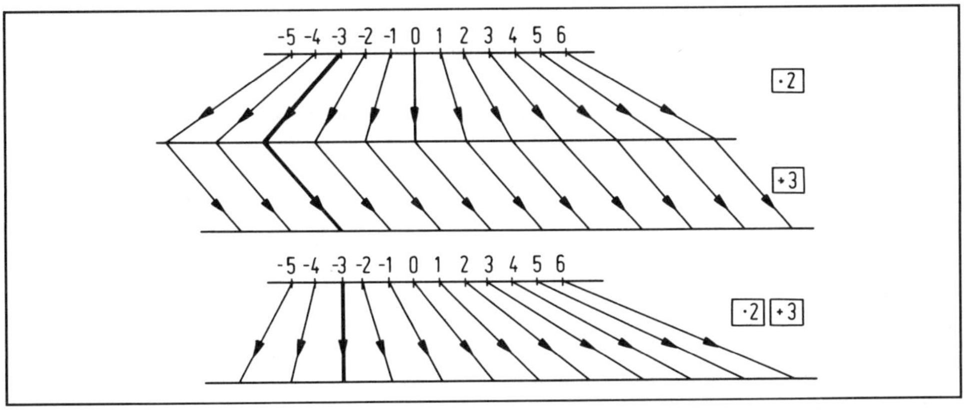

Satz 7: Die affine Abbildung $f = \boxed{\cdot a}\,\boxed{+b}$, d. h. $x \mapsto ax + b$, der Zahlengeraden „wirkt" wie folgt:
Im Fall $a = 1$ ist es die Verschiebung um b;
im Fall $a \neq 1$ ist es die Streckung mit Zentrum $x_0 = b/(1-a)$ und Streckfaktor a.

Beweis: Der Fall $a = 1$ ist klar. Nun sei $a \neq 1$. Ein Punkt x wird genau dann auf sich abgebildet, wenn $f(x) = ax + b = x$, d. h. $(a-1)x = -b$, d. h. $x = b/(1-a)$ gilt. Dies ist das behauptete Zentrum x_0. Weiter folgt aus $f(x) = ax + b$ und $f(x_0) = ax_0 + b = x_0$, daß $f(x) - f(x_0) = a(x - x_0)$, d. h. $f(x) - x_0 = a(x - x_0)$. Dies zeigt, daß durch f die (gerichteten) Abstände von x_0 mit a multipliziert werden.

Bemerkung: Im Fall $a = 0$ handelt es sich um die konstante Abbildung $x \mapsto b$, im Fall $a = -1$ um die Spiegelung am Punkt $b/2$.

Aufgaben: 2, 3

[103]) Ein formaler Beweis kann mit vollständiger Induktion nach der Länge n der Kette geführt werden.

9.1.4 Abbildungsgruppen

Die bijektiven affinen Abbildungen der Zahlengeraden nennt man auch die *Affinitäten* der Zahlengeraden. Hierfür gilt nach **3.**:

— Wenn f und g Affinitäten sind, dann ist auch fg eine solche;
— wenn f eine Affinität ist, dann ist auch f^I eine solche.

Allgemein interessiert man sich bei gegebener (nichtleerer) Grundmenge M für gewisse Mengen von bijektiven Abbildungen $M \to M$. Die bijektiven Abbildungen heißen auch die *Permutationen* von M. Für endliche Mengen M ist das schon aus 8.3.2 bekannt.

Definition 3: Eine nichtleere Menge Γ (griechisch groß Gamma) von Permutationen der Menge M heißt *Abbildungsgruppe* (auf M) genau dann, wenn Γ die folgenden Eigenschaften besitzt:

$$(\Gamma 1) \qquad (f \in \Gamma \wedge g \in \Gamma) \Rightarrow fg \in \Gamma$$

$$(\Gamma 2) \qquad f \in \Gamma \Rightarrow f^I \in \Gamma.$$

Hiernach ist die Menge der Affinitäten der Zahlengeraden eine Abbildungsgruppe (auf $\mathbb{R}$). Ebenso bilden die Verschiebungen von $\mathbb{R}$ eine Abbildungsgruppe und auch die Streckungen mit Zentrum 0 und Streckfaktor $a \neq 0$. Diese beiden Abbildungsgruppen sind, anders als die der Affinitäten, sogar *kommutativ,* d. h. es gilt

$$fg = gf \quad (\text{für alle } f, g \in \Gamma).$$

Jede Abbildungsgruppe Γ *enthält die identische Abbildung* id_M. Denn wegen $\Gamma \neq \emptyset$ gibt es eine Permutation $f \in \Gamma$; wegen (Γ2) gilt dann auch $f^I \in \Gamma$ und wegen (Γ1) $id_M = ff^I \in \Gamma$.

Die umfassendste Abbildungsgruppe einer Menge M ist die Menge *aller* ihrer Permutationen; sie heißt die (volle) *Permutationsgruppe* von M. Diese ist besonders bei endlichen Mengen M von Interesse und hat bekanntlich (card M)! Elemente, siehe 8.3.2.

Die große Bedeutung des Begriffs „Abbildungsgruppe" — und abstrakter: Gruppe — kann hier noch nicht deutlich gemacht werden. Eine erste Anwendung erfolgt in Abschnitt 10.3.

Aufgaben: 4, 5

Aufgaben 9.1

1. Die Funktion $f: \mathbb{R} \to]-1, 1[$ mit $f(x) = \dfrac{x}{1+|x|}$ (vgl. 8.4.1) ist bijektiv. Bestimme ihre Umkehrfunktion f^I (graphisch und durch einen Rechenausdruck).

2. Die Funktion $f: \mathbb{R} \to \mathbb{R}$ sei durch die folgende Operatorkette gegeben:

+ 3	· 3	− 3	: 3	+ 5	· 5	− 5	: 5	− 7	· 4

(d. h. als Verkettung: zuerst + 3, dann · 3, ...).

a) Gib eine Kette aus zwei Gliedern: $\boxed{\cdot a \mid + b}$ an, so daß $\boxed{\cdot a \mid + b} = f$ gilt, d. h. $x \boxed{\cdot a \mid + b} = xf$ für alle $x \in \mathbb{R}$.

Hinweis: Berechne zunächst für einige x das Bild xf; wähle auch speziell $x = 0$ und $x = 1$ und berechne damit a und b. Dann liefert die Operation „mal a plus b" zu jeder Eingabezahl x sofort das Ergebnis xf.

b) Wie kann man umgekehrt zu jeder Ausgabezahl xf sofort die Eingabezahl x rekonstruieren?

c) Was passiert mit x, wenn man die Kette f zweimal durchläuft? D. h. gib eine neue Kette $\boxed{\cdot c \mid + d}$ an, so daß $\boxed{\cdot c \mid + d} = ff$.

3. Durch $10 \boxed{+3 \mid \cdot 3 \mid -3 \mid :3 \mid +5 \mid \cdot 5 \mid -5 \mid :5 \mid -7 \mid \cdot 4} = 36$ ist eine richtig gelöste „Kettenaufgabe" korrekt notiert. Löscht man hier die gezeichneten Linien, so entsteht eine falsche Darstellung der gemeinten Aufgabe — bzw. eine andere Aufgabe.

a) Bringe durch Setzen von Klammern die falsche Darstellung in Ordnung. Wie viele Klammern benötigt man dazu bei Beachtung der Konvention „Punktrechnung vor Strichrechnung" mindestens?
b) Vereinfache und löse auch die andere Aufgabe, die hier nach Löschen der gezeichneten Linien dasteht.

4. Die Funktionen $x \mapsto x^2$, $x \mapsto \sqrt{x}$, $x \mapsto \frac{1}{x}$ sind Permutationen der Menge $\mathbb{R}^+$.

a) Fülle die nebenstehende Verkettungstafel aus.
b) Formuliere eine Regel für das Vertauschen und Umkehren der drei gegebenen Funktionen.

		zuerst		
	$\circ$	$x \mapsto x^2$	$x \mapsto \sqrt{x}$	$x \mapsto \frac{1}{x}$
dann	$x \mapsto x^2$			
	$x \mapsto \sqrt{x}$			
	$x \mapsto \frac{1}{x}$			

c) Beweise, daß die Menge aller Funktionen, die man durch Verketten der drei gegebenen (endlich oft, auch mit sich selbst) herstellen kann, eine kommutative Abbildungsgruppe auf $\mathbb{R}^+$ ist.
d) Wie kann man alle diese Funktionen einheitlich in der Form $x \mapsto x^c$ beschreiben?

5. a) Beweise: Die Menge aller streng monoton wachsenden Funktionen mit Definitions- und Wertebereich $[0, 1]$ ist eine Abbildungsgruppe auf $[0, 1]$.
b) Gilt dies auch für die Menge der streng monoton fallenden Funktionen?
c) Gilt es für die Menge aller streng monotonen Funktionen?
d) Ist gegebenenfalls die Abbildungsgruppe kommutativ?

9.2 Elementargeometrische Abbildungen und ihre Verkettung

9.2.1 Affine Abbildungen der Ebene

Die Überlegungen aus 9.1.3 lassen sich weitgehend auf den Fall der Ebene $\mathbb{R}^2$ übertragen. Wir bezeichnen Abbildungen $\mathbb{R}^2 \to \mathbb{R}^2$ jetzt mit Großbuchstaben und betrachten insbesondere *Verschiebungen* und *lineare Abbildungen*. Die Verschiebung (oder „Translation") V:

$$(x, y) \mapsto (x + u,\ y + v)$$

wird auch in der Form $(x, y) \mapsto (x, y) + (u, v)$ geschrieben (vgl. 8.4.4) und heißt *Verschiebung um* (u, v). Auch die linearen Abbildungen L:

$$(x, y) \mapsto (ax + by,\ cx + dy)$$

sind aus 8.4.4 bekannt.

Das Verketten wird wieder durch Nebeneinanderschreiben ohne Kringel $\circ$ bezeichnet; AB ist die Abbildung „zuerst A, dann B".

Nun erkennt man leicht:

(1) Die Verkettung V_1V_2 zweier Verschiebungen ist wieder eine Verschiebung. Jede Verschiebung $V: (x, y) \mapsto (x+u, y+v)$ ist eine Permutation von $\mathbb{R}^2$; ihre Umkehrung ist $V^I: (x, y) \mapsto (x-u, y-v)$.

Offensichtlich entspricht das Verketten von Verschiebungen der Addition von Zahlenpaaren gemäß $(u_1, v_1) + (u_2, v_2) = (u_1 + u_2, v_1 + v_2)$; das Umkehren entspricht dem Übergang zum entgegengesetzten Zahlenpaar $-(u, v) = (-u, -v)$.

Etwas mühsamer ist es, die Verkettung zweier linearer Abbildungen $\mathbb{R}^2 \to \mathbb{R}^2$ zu bestimmen (Aufgabe 1). Die Frage der Bijektivität haben wir schon in 8.4.4 erörtert. Man bestätigt:

(2) Die Verkettung $L_1 L_2$ zweier linearer Abbildungen ist wieder eine solche. Die lineare Abbildung $L : (x, y) \mapsto (ax + by, cx + dy)$ ist eine Permutation von $\mathbb{R}^2$ genau dann, wenn $ad - bc \neq 0$, und ihre Umkehrung ist dann die lineare Abbildung

$$L^I : (x, y) \mapsto \left(\frac{dx - by}{ad - bc}, \frac{-cx + ay}{ad - bc}\right).$$

Weiter behaupten wir:

(3) Für die „gemischte" Verkettung VL gilt $VL = LV^*$; hierbei ist V^* die Verschiebung $(x, y) \mapsto (x + \underbrace{au + bv}_{u^*},\ y + \underbrace{cu + dv}_{v^*})$.

Der *Beweis* von (3) ergibt sich aus dem folgenden, unmittelbar verständlichen Schema:

$$(x, y) \overset{V}{\longmapsto} (x+u, y+v) \quad \overset{L}{\longmapsto} \quad \big(a(x+u) + b(y+v), c(x+u) + d(y+v)\big)$$
$$(x, y) \overset{L}{\longmapsto} (ax + by, cx + dy) \overset{V^*}{\longmapsto} (ax + by + u^*, cx + dy + v^*)$$

Mittels (1), (2), (3) macht man sich wie in 9.1.3 klar:

Satz 1: Jede Verkettung von endlich vielen Verschiebungen und linearen Abbildungen $\mathbb{R}^2 \to \mathbb{R}^2$ kann in der Form

$$LV : (x, y) \mapsto (ax + by + u,\ cx + dy + v)$$

dargestellt werden, ist also eine *affine Abbildung* (vgl. 8.4.4). Sie ist bijektiv genau dann, wenn $ad - bc \neq 0$ ist. In diesem Fall ist auch ihre Umkehrung eine affine Abbildung.

Zum *Beweis* der letzten Aussage beachte man, daß nach 9.1.2 (Satz 5) gilt: $(LV)^I = V^I L^I$. Nach (1) und (2) ist V^I wieder eine Verschiebung und L^I eine lineare Abbildung. Nach (3) gilt also $V^I L^I = L^I (V^I)^*$, wobei $(V^I)^*$ jedenfalls eine Verschiebung ist.

Die bijektiven affinen Abbildungen der Ebene werden ebenso wie im Fall der Geraden als *Affinitäten* bezeichnet. Nach dem Vorangehenden ist klar: Die Affinitäten der Ebene $\mathbb{R}^2$ bilden eine *Abbildungsgruppe (auf* $\mathbb{R}^2$). Dasselbe gilt für die Verschiebungen und ebenso für die (bijektiven) linearen Abbildungen allein. Die Gruppe der Verschiebungen ist kommutativ, d. h. es gilt

$$V_1 V_2 = V_2 V_1 \quad \text{für alle Verschiebungen } V_1, V_2.$$

Dies gilt *nicht* für die Gruppe aller Affinitäten und auch nicht für die Gruppe der (bijektiven) linearen Abbildungen (Aufgabe 2).

Die Diskussion der affinen Abbildungen der Ebene mit Beschreibung ihrer geometrischen Wirkung macht einen großen Teil der Elementargeometrie aus. Wir können sie hier nur für einige Sonderfälle durchführen.

Am einfachsten überschaut man Affinitäten wie

$$(x, y) \mapsto (ax + u,\ y) \quad (a \neq 0).$$

Diese bezeichnen wir als *x-Affinitäten,* im Fall $a = 1$ als *x-Verschiebungen*:

$$(x, y) \mapsto (x + u,\ y),$$

im Fall $u = 0$ als *x-Streckungen*:

$$(x, y) \mapsto (ax, y).$$

Hierbei handelt es sich im wesentlichen um die aus 9.1.3 bekannten Affinitäten der Zahlgeraden: Eine solche wirkt in x-Richtung, während in y-Richtung „nichts geschieht"; d. h. die y-Koordinaten aller Punkte bleiben ungeändert.

So ist $(x, y) \mapsto (2x + 3, y)$ nach 9.1.3 (Pfeildiagramm auf S. 209) eine Streckung der Ebene in x-Richtung mit der Achse $x = -3$ und Streckfaktor 2:

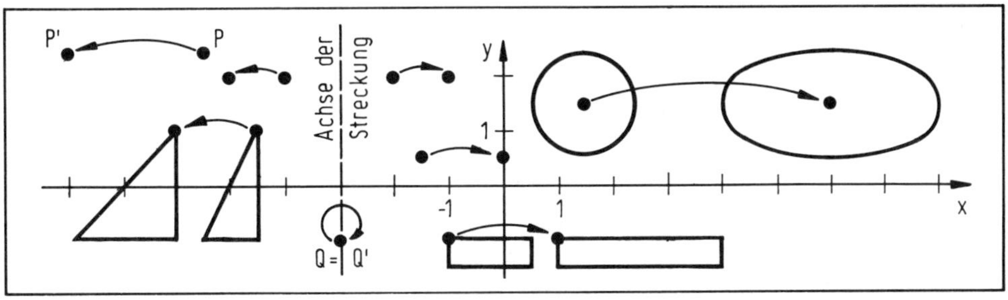

Entsprechendes wie für x-Affinitäten gilt für die *y-Affinitäten*

$$(x, y) \mapsto (x, dy + v) \quad (d \neq 0),$$

insbesondere *y-Verschiebungen* und *y-Streckungen.*

Das *Verketten* von x-Affinitäten (und ebenso von y-Affinitäten) ist nach 8.1.3 klar. Auch gemischte Verkettungen bereiten keine Probleme, da x-Affinitäten und y-Affinitäten sich gegenseitig „nicht stören". Jede endliche Kette von x- und y-Affinitäten kann auf die Form

$$(x, y) \mapsto (ax + u, dy + v) \quad (a, d \neq 0)$$

gebracht werden. Die Affinitäten dieses einfachen Typs (die wiederum eine Abbildungsgruppe bilden) überblickt man also in ihrer geometrischen Wirkung vollständig. Sie haben insbesondere die bemerkenswerte Eigenschaft, jeden Funktionsgraphen wieder in einen ebensolchen zu überführen (was man sich nach S. 180 klarmacht). Wir werden diese Affinitäten in 9.3.3 beim Abbilden von Funktionsgraphen verwenden; siehe hierzu auch S. 250, dritter Absatz. Insbesondere sind die zentrischen Streckungen (vgl. 8.4.4): $(x, y) \mapsto (kx, ky)$ mit $k \neq 0$ von diesem Typ.

Geometrisch interessanter ist eine andere spezielle Gruppe von Affinitäten, die der *Kongruenzabbildungen.* Diese erörtern wir in den folgenden beiden Unterabschnitten, wobei wir die in der Elementargeometrie übliche (nicht rechnerische) Behandlungsweise verwenden.

Aufgaben: 1 bis 3

9.2.2 Geradenspiegelungen, Verschiebungen, Drehungen

Zunächst erinnern wir an die *elementargeometrischen Definitionen* dieser Abbildungen. Dazu benutzen wir ohne weitere Erklärung geometrische Begriffe wie: senkrecht, parallel, Richtung, Abstand (Länge), Winkel.

Die Ebene wird jetzt nicht primär als „Zahlenebene" $\mathbb{R}^2$ aufgefaßt, sondern wie im Geometrieunterricht gleichsam als idealisiertes Zeichenblatt; sie heiße $\mathbb{E}$. Bei Bedarf legt man auf die Ebene $\mathbb{E}$ ein Achsenkreuz in geeigneter (dem jeweiligen Zweck angepaßter) Lage. Hierdurch wird dann eine eineindeutige Entsprechung zwischen den Punkten aus $\mathbb{E}$ und den Zahlenpaaren aus $\mathbb{R}^2$ hergestellt, und man hat die rechnerische Erfassung geometrischer Sachverhalte als Hilfsmittel zur Verfügung.

Definition 1: Bei gegebener Geraden g versteht man unter der *(Geraden-)Spiegelung mit der Achse* g die Abbildung, die jedem Punkt $P \in \mathbb{E}$ den Bildpunkt P' gemäß folgender Vorschrift zuordnet:

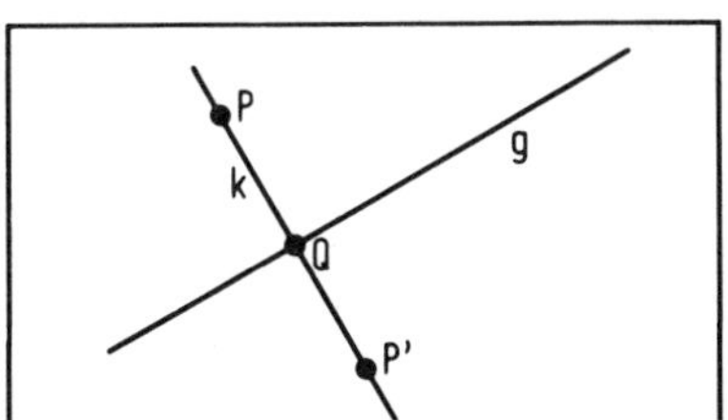

Setze $P' = P$, falls $P \in g$. Zeichne andernfalls durch P die Senkrechte k zu g; nenne den Schnittpunkt Q. Bestimme auf k den Punkt P', der von Q den gleichen Abstand hat wie P und auf der anderen Seite von g liegt.

Definition 2: Bei gegebenem Punkt Z und gegebenem Winkel(maß) δ $(0 \leq \delta < 2\pi)$ ist die *Drehung um δ mit Zentrum* Z die Abbildung, die jedem Punkt $P \in \mathbb{E}$ den Bildpunkt P′ gemäß folgender Vorschrift zuordnet:

Setze P′ = P, falls P = Z. Zeichne andernfalls von Z aus die Halbgerade h durch P. Trage an h nach links den Winkel δ an; nenne den zweiten Schenkel h′. Bestimme auf h′ den Punkt P′, der von Z den gleichen Abstand hat wie P.

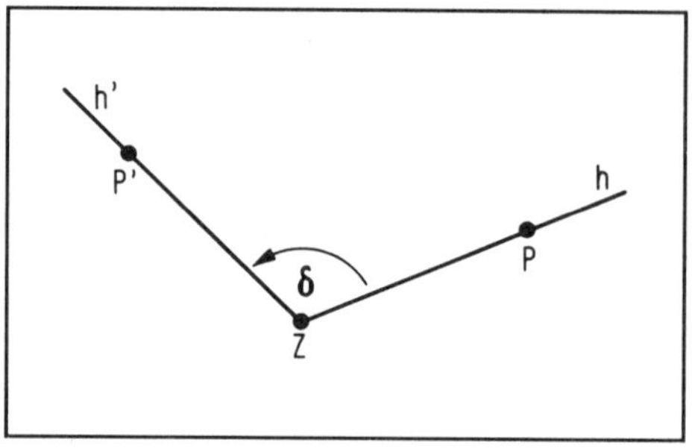

Im Fall $\delta = \pi$ heißt die Drehung mit Zentrum Z auch *Halbdrehung* oder *Punktspiegelung*. Wenn wir von „Spiegelungen" reden, meinen wir jedoch immer Geradenspiegelungen.

Definition 3: Bei gegebenem Punktepaar (A, B) ist die *(Parallel)-Verschiebung* um $\overrightarrow{AB}$ die Abbildung, die jedem Punkt $P \in \mathbb{E}$ den Bildpunkt P′ gemäß folgender Vorschrift zuordnet:

Setze P′ = P, falls A = B. Zeichne andernfalls von A aus die Halbgerade h durch B und dann von P aus die Halbgerade k, die parallel zu h ist und die gleiche (nicht entgegengesetzte!) Richtung hat. Bestimme auf k den Punkt P′, der von P den gleichen Abstand hat wie B von A.

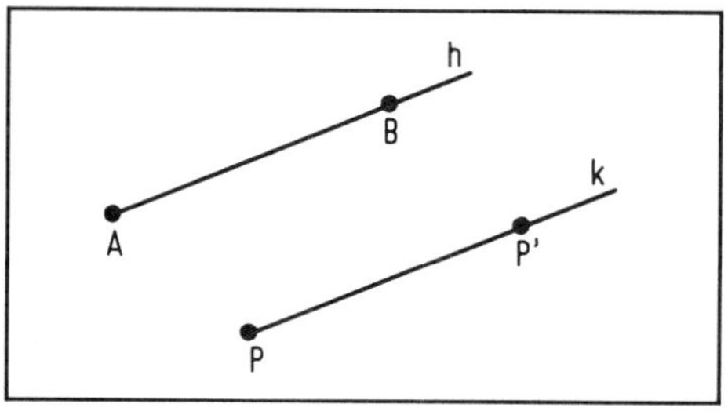

Die Verschiebung um $\overrightarrow{AB}$ heißt dann auch die Verschiebung um l (Länge der Strecke AB) in Richtung h.

Bemerkung: Die identische Abbildung (und nur diese) ist zugleich Drehung und Verschiebung.

Die Verschiebungen lassen sich auch rechnerisch leicht behandeln; siehe **1.** Auch die Spiegelungen und die Drehungen sind lineare Abbildungen, aber man hat nur dann einfache rechnerische Beschreibungen, wenn Spiegelachse bzw. Drehpunkt in günstiger Lage gewählt werden; siehe die Beispiele in 8.4.4.

Alle hier eingeführten Abbildungen der Ebene $\mathbb{E}$ in sich sind offensichtlich bijektiv, d. h. Permutationen von $\mathbb{E}$. Man erkennt sofort:

Satz 2: Für die *Inverse* der Spiegelung S, Drehung D, Verschiebung V gilt:

$$S^I = S;$$
$$D^I = \text{Drehung um } 2\pi - \delta \text{ mit demselben Zentrum;}$$
$$V^I = \text{Verschiebung um } \overrightarrow{BA}.$$

Wir betrachten nun die *Verkettungen* der eingeführten Abbildungen. Von grundlegender Bedeutung ist der folgende, aus dem Geometrieunterricht bekannte Satz:

Satz 3: Die *Verkettung* S_1S_2 *zweier Geradenspiegelungen* mit den Achsen g_1, g_2 ist
— eine *Verschiebung* V, falls[104]) $g_1 \parallel g_2$ (insbesondere die identische Abbildung, falls $g_1 = g_2$);
— eine *Drehung* D, falls $g_1 \nparallel g_2$.
Hierbei ist
— die *Richtung* von V senkrecht zu g_1 (von g_1 nach g_2), und die *Länge* von V der doppelte Abstand von g_1 und g_2;

[104]) Die Parallelität $g_1 \parallel g_2$ wird in der Geometrie durch „$g_1 \cap g_2 = \emptyset$ oder $g_1 = g_2$" definiert. Im gegenteiligen Fall $g_1 \nparallel g_2$ besteht dann $g_1 \cap g_2$ aus einem Punkt (die Geraden „schneiden" sich).

— das *Zentrum* von D der Schnittpunkt von g_1 und g_2, und der *Drehwinkel* das Doppelte des Winkels von g_1 nach g_2.

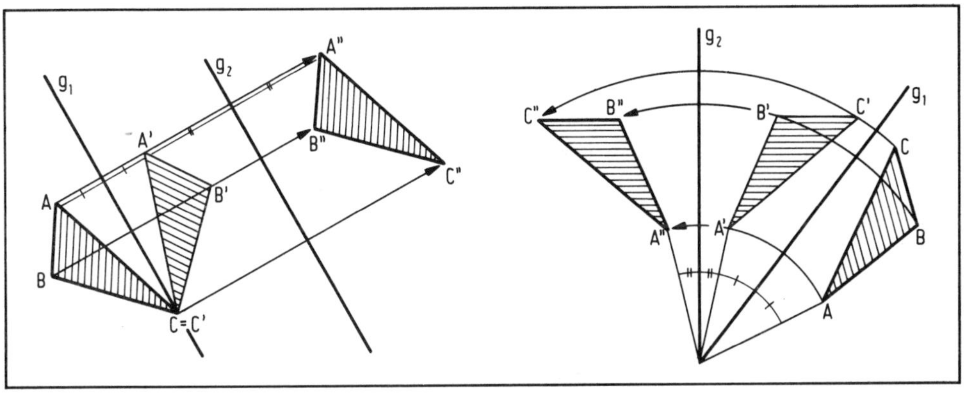

Ein *Beweis* kann jetzt nicht formal geführt werden, da genau formulierte Grundlagen hierfür (ein Axiomensystem der Elementargeometrie) fehlen. Vielmehr stützen wir uns bei der Argumentation auf vertraute oder unmittelbar einsichtige geometrische Sachverhalte.

Im Fall $g_1 \parallel g_2$ erkennt man anhand der linken Skizze die Gültigkeit der Behauptung für Punkte A, B, C in der skizzierten Lage, wenn man beachtet, daß nach Definition der Spiegelung die jeweils gleich markierten Strecken gleichlang sind (auch bei B und C entsprechend wie bei A). Es wäre nun weiter zu zeigen, daß die Behauptung für *jeden* Punkt der Ebene gilt. Dies erfordert die Betrachtung zahlreicher, nicht ganz so übersichtlicher Fälle, die wir dem Leser überlassen (siehe auch Aufgabe 4).

Im Fall $g_1 \nparallel g_2$ erkennt man die Gültigkeit der Behauptung ebenso anhand der rechten Skizze, bei Beachtung der Tatsache, daß auf Grund bekannter Eigenschaften der Geradenspiegelung die gleich markierten Winkel gleichgroß sind.

Bemerkungen
(a) Ist D bzw. $V = S_1S_2$, dann gilt (wegen $S^I = S$) $D^I = S_2S_1$ bzw. $V^I = S_2S_1$. Dies zeigt insbesondere, daß $S_1S_2 \neq S_2S_1$, außer wenn $S_1 = S_2$ ist oder die Achsen von S_1 und S_2 senkrecht aufeinander stehen (in diesem Fall ist S_1S_2 eine Drehung um π, d. h. Punktspiegelung).

(b) Nach Satz 3 kann man jede Drehung und jede Verschiebung als Verkettung zweier Spiegelungen darstellen und dabei *eine der beiden Achsen beliebig* — durch Z gehend bzw. senkrecht zur Verschiebungsrichtung — wählen. Die andere Achse ist dann durch die Aussage des Satzes festgelegt. Dies nutzen wir aus zum Beweis von

Satz 4: Die *Verkettung* D_1D_2 *zweier Drehungen* mit den Zentren Z_1, Z_2 und den Drehwinkeln δ_1, δ_2 ist
— im Fall $\delta_1 + \delta_2 \neq 2\pi$ eine *Drehung,* und zwar mit dem Drehwinkel $\delta_1 + \delta_2$ bzw. (falls $\delta_1 + \delta_2 > 2\pi$) $\delta_1 + \delta_2 - 2\pi$;
— im Fall $\delta_1 + \delta_2 = 2\pi$ eine *Verschiebung.*

Die Lage des Drehzentrums Z bzw. die Daten der Verschiebung entnimmt man dem

Beweis: Wir setzen $Z_1 \neq Z_2$ voraus (andernfalls ist D_1D_2 offensichtlich eine Drehung mit Zentrum $Z_1 = Z_2$). Nun sei g die Gerade Z_1Z_2. Wir wählen die Achse g_1 durch Z_1 so, daß $D_1 = S_1S$ ist (S_1 die Spiegelung mit Achse g_1, S die Spiegelung mit Achse g) und entsprechend g_2 durch Z_2 so, daß $D_2 = SS_2$ ist.

Nun folgt nach Satz 3: $D_1D_2 = S_1SSS_2$, also wegen $SS = id_E : D_1D_2 = S_1S_2$. Damit ist (ohne jede Bezugnahme auf eine Zeichnung!) schon erkannt, daß D_1D_2 eine Drehung oder Verschiebung ist.

Die nebenstehende Skizze zeigt, wie man im Fall $\delta_1 + \delta_2 \neq 2\pi$ die Behauptung über den Drehwinkel von D_1D_2 bestätigt (es wären noch weitere Unterfälle zu betrachten) und das Drehzentrum Z bestimmt. Im Fall $\delta_1 + \delta_2 = 2\pi$, d. h. $\delta_1/2 + \delta_2/2 = \pi$, sind die Geraden g_1 und g_2 parallel, und man bestimmt anhand einer ähnlichen Skizze die Richtung und die Länge der Verschiebung D_1D_2.

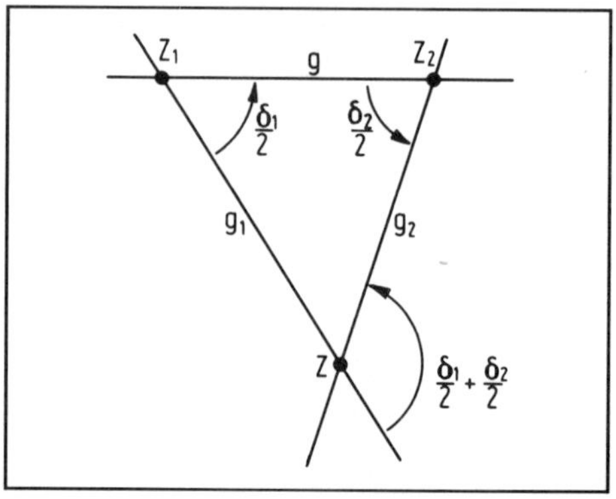

Satz 5: Die *Verkettungen* DV *und* VD *einer Drehung* $D \neq id_{\mathbb{E}}$ *mit einer Verschiebung* sind *Drehungen,* die denselben Drehwinkel wie D haben.

Der *Beweis* verläuft einfacher als bei Satz 4 und wird dem Leser überlassen (Aufgabe 5). Die Lage der Zentren von DV und VD ist wieder der Skizze zum Beweis zu entnehmen.

Die *Verkettung zweier Verschiebungen* ist wieder eine *Verschiebung.* Dies ist schon aus **1.** bekannt, und zwar ergibt offensichtlich die Verkettung „zuerst Verschiebung um $\overrightarrow{AB}$, dann Verschiebung um $\overrightarrow{BC}$" die Verschiebung um $\overrightarrow{AC}$. Ein Beweis mittels Satz 3 ist ebenfalls möglich (Aufgabe 6).

Aus Satz 2, 4 und 5 folgt, daß *die Menge aller Drehungen und Verschiebungen eine Abbildungsgruppe auf* $\mathbb{E}$ ist.

Aufgaben: 4 bis 6

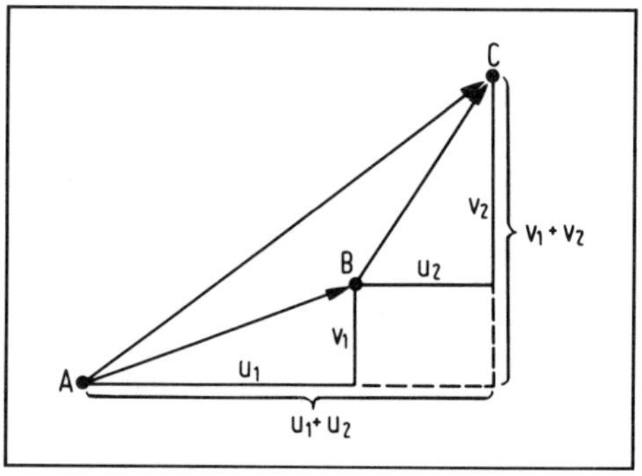

9.2.3 Kongruenzabbildungen als Spiegelungsketten und als Isometrien

Im Geometrieunterricht definiert man Kongruenzabbildungen meist als endliche Verkettungen von Spiegelungen, Drehungen und Verschiebungen (in beliebiger Reihenfolge). Auf Grund von Satz 3 können wir dies kürzer fassen:

Definition 4: Eine *Kongruenzabbildung* K der Ebene $\mathbb{E}$ ist eine endliche Verkettung $S_1 \dots S_n$ von Spiegelungen.

Die Verkettung zweier Kongruenzabbildungen ist trivialerweise wieder eine solche; das gleiche gilt für die Inverse K^I, die ja einfach durch $S_n \dots S_1$ gegeben ist. Somit bilden die Kongruenzabbildungen eine *Abbildungsgruppe auf* $\mathbb{E}$.

Satz 6: Jede Kongruenzabbildung K ist als Verkettung von höchstens drei Spiegelungen darstellbar.

Beweis: Es sei $K = S_1 \dots S_n$. Ist $n > 3$, dann kann man nach den Ergebnissen von **2.** den Anfang $S_1S_2S_3S_4$ durch ein Produkt von zwei Spiegelungen ersetzen und so die Länge n der Kette um 2 vermindern. Durch wiederholte Anwendung dieses Verfahrens gelangt man schließlich zu einer Kette der Länge 2 oder 3. Der Fall $n = 1$ ist klar.

Nun interessieren wir uns für die Ketten der Länge 3. Hierfür gilt:

Satz 7: (Satz von den drei Spiegelungen): Eine Verkettung $S_1S_2S_3$ dreier Spiegelungen ist eine Spiegelung S genau dann, wenn für die Achsen g_1, g_2, g_3 gilt:

$g_1 \cap g_2 \cap g_3 \neq \emptyset$ oder[105]) $g_1 \parallel g_2 \parallel g_3$
(die Achsen gehen durch einen Punkt) (die Achsen sind parallel)

Beweis:
I. Es gelte $Z \in g_1 \cap g_2 \cap g_3$ oder $g_1 \parallel g_2 \parallel g_3$.
Man wähle eine Achse g_4 durch Z bzw. parallel zu g_3 so, daß die Drehung bzw. Verschiebung S_4S_3 gleich S_1S_2 ist: $S_1S_2 = S_4S_3$. Dann folgt $S_1S_2S_3 = S_4S_3S_3$, also $S_1S_2S_3 = S_4$.

II. Es sei $S_1S_2S_3 = S$, d. h. $S_1S_2 = SS_3$.
Fall 1: $S_1S_2 = id_{\mathbb{E}} = SS_3$. Dann folgt $S_1 = S_2$ (Achse g_1) und $S = S_3$ (Achse g); natürlich gilt nun $g_1 \cap g_1 \cap g \neq \emptyset$ oder $g_1 \parallel g_1 \parallel g$.
Fall 2: $S_1S_2 = D = SS_3$, D eine Drehung $\neq id_{\mathbb{E}}$. Dann gehen alle vier Achsen durch das Zentrum von D; also ist $g_1 \cap g_2 \cap g_3 \neq \emptyset$.
Fall 3: $S_1S_2 = V = SS_3$, V eine Verschiebung $\neq id_{\mathbb{E}}$. Dann sind alle vier Achsen senkrecht zur Verschiebungsrichtung; also gilt $g_1 \parallel g_2 \parallel g_3$.

Damit ist der Satz bewiesen.

Was für eine Abbildung ist $S_1S_2S_3$, wenn *weder* $g_1 \cap g_2 \cap g_3 \neq \emptyset$ *noch* $g_1 \parallel g_2 \parallel g_3$ gilt? *Keinesfalls* ist $S_1S_2S_3$ *eine Drehung oder Verschiebung;* denn aus $S_1S_2S_3 = S_4S_5$ würde folgen, daß $S_1S_2S_3S_3S_2 = S_4S_5S_3S_2$, also $S_1 = S_4S_5S_3S_2$, und dies würde nach **2.** besagen, daß die Spiegelung S_1 gleich einer Drehung oder Verschiebung ist, was offensichtlich nicht sein kann.

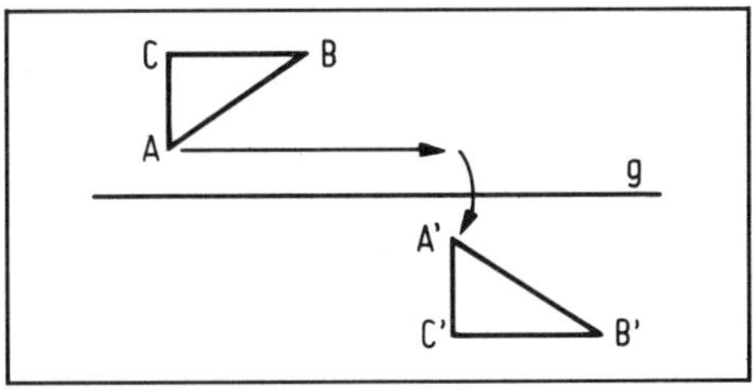

In diesem Fall ist also $S_1S_2S_3$ eine neuartige Abbildung. Man kann zeigen (Aufgabe 7), daß eine solche Abbildung sich immer in der Form VS darstellen läßt, wobei V eine Verschiebung $\neq id_{\mathbb{E}}$ ist und die Achse der Spiegelung S in der Richtung von V liegt. Solche Abbildungen heißen *Schubspiegelungen.*
Wir halten fest:

> Jede Kongruenzabbildung ist eine Spiegelung, Drehung, Verschiebung oder Schubspiegelung.

Die Kongruenzabbildungen der Ebene lassen sich noch in anderer Weise kennzeichnen. Und zwar sind es, wie wir zum Abschluß zeigen wollen, gerade die Abbildungen, welche *alle Abstände zwischen zwei Punkten ungeändert lassen,* d. h. es sind die *Isometrien,* gemäß

Definition 5: Eine Abbildung J von $\mathbb{E}$ in sich heißt *Isometrie* genau dann, wenn für alle $P, Q \in \mathbb{E}$ gilt:

$$\mathrm{Abst}(P, Q) = \mathrm{Abst}(P^J, Q^J)$$

Hier bezeichnet Abst(P, Q) den Abstand der Punkte P und Q, und P^J den Bildpunkt von P bei der Abbildung J.

Man bemerkt zunächst, daß *jede Spiegelung* S *eine Isometrie ist.* Dies ist eine bekannte Eigenschaft der Spiegelungen. Für einen rechnerischen Beweis legt man zweckmäßig die x-Achse auf die Achse von S; dann wird S beschrieben durch $(x, y) \mapsto (x, -y)$. Für $P_1 = (x_1, y_1)$, $P_2 = (x_2, y_2)$ gilt nun: $\mathrm{Abst}(P_1, P_2) = \sqrt{(x_1-x_2)^2 + (y_1-y_2)^2}$ (Pythagoras). Der Abstand der Bildpunkte $P_1^S = (x_1, -y_1)$, $P_2^S = (x_2, -y_2)$ ist nun $\sqrt{(x_1-x_2)^2 + (-y_1-(-y_2))^2}$, also wegen $(y_2-y_1)^2 = (y_1-y_2)^2$ gleich dem von P_1 und P_2.

Weiter macht man sich nach Def. 5 sofort klar, daß jede *Verkettung von Isometrien wieder eine Isometrie* ist. Damit ist schon gezeigt, daß *jede Kongruenzabbildung eine Isometrie* ist

[105]) Im Fall $g_1 = g_2 = g_3$ gilt beides zugleich.

(was man ebenfalls aus dem Geometrieunterricht weiß). Jetzt fehlt noch der Beweis der Umkehrung:

Satz 8: Jede Isometrie der Ebene $\mathbb{E}$ ist eine Kongruenzabbildung.

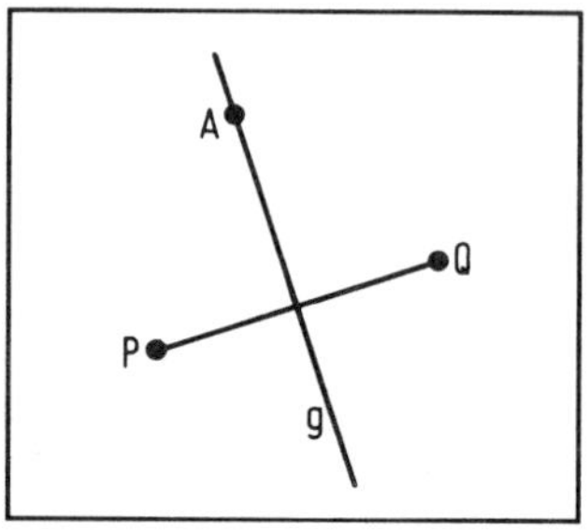

Vorbemerkung: Beim Beweis verwenden wir als geometrisch einleuchtend die folgende Tatsache: Es sei $P \neq Q$ und g die Mittelsenkrechte (Spiegelachse) von P und Q. Dann gilt für alle Punkte $A \in \mathbb{E}$:

$$A \in g \;\Leftrightarrow\; \mathrm{Abst}(A, P) = \mathrm{Abst}(A, Q)$$

Beweis von Satz 8: Es sei J eine Isometrie. Wir wählen ein Dreieck ABC und betrachten das Bilddreieck $A^J B^J C^J$. Nun zeigen wir zuerst, daß man durch die Verkettung einer Verschiebung, einer Drehung und nötigenfalls einer Spiegelung die Dreiecksecken A^J, B^J, C^J auf A, B, C abbilden kann.

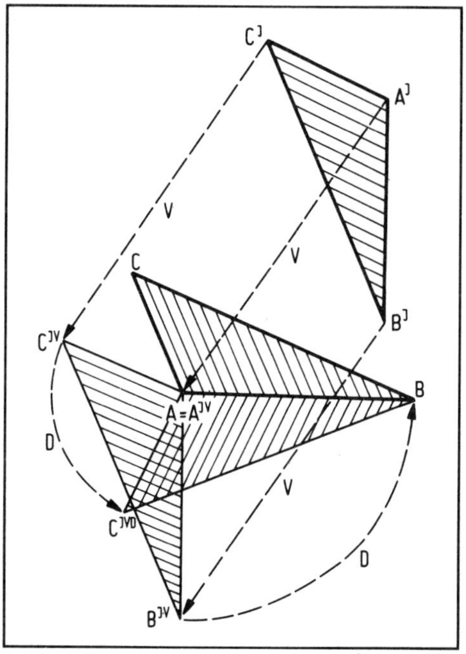

V sei die Verschiebung um $\overrightarrow{A^J A}$; dann gilt $A^{JV} = A$. Weiter sei D die Drehung mit Zentrum A, die B^{JV} auf B abbildet. (Es ist $\mathrm{Abst}(A, B) = \mathrm{Abst}(A^{JV}, B^{JV}) = \mathrm{Abst}(A, B^{JV})$, wegen der Isometrieeigenschaft von JV.) Dann gilt $A^{JVD} = A$, $B^{JVD} = B$.

Fall 1: $C^{JVD} = C$. Dann leistet die Abbildung VD das Gewünschte; sie bildet A^J, B^J, C^J auf A, B, C ab.

Fall 2: $C^{JVD} \neq C$. Man hat $\mathrm{Abst}(A, C^{JVD}) = \mathrm{Abst}(A, C)$ und $\mathrm{Abst}(B, C^{JVD}) = \mathrm{Abst}(B, C)$; also liegen nach der Vorbemerkung die Punkte A und B auf der Mittelsenkrechten von C^{JVD} und C, d. h. es gilt $C^{JVDS} = C$, wobei S die Spiegelung an der Geraden AB ist. Da natürlich auch $A^{JVDS} = A$ und $B^{JVDS} = B$ ist, leistet die Abbildung VDS das Gewünschte.

In beiden Fällen haben wir eine Kongruenzabbildung K erhalten, nämlich K = VD bzw. K = VDS, welche die Punkte A^J, B^J, C^J auf A, B, C abbildet. Es bleibt zu zeigen, daß die gegebene Isometrie J gleich K^I, also ebenfalls eine Kongruenzabbildung ist.

Nun ist JK eine Isometrie mit der Eigenschaft $A^{JK} = A$, $B^{JK} = B$, $C^{JK} = C$. Eine solche Isometrie muß nach dem folgenden Hilfssatz die identische Abbildung sein: $JK = \mathrm{id}_{\mathbb{E}}$. Es folgt $J = K^I$, wie behauptet.

Hilfssatz: Es sei J eine Isometrie, welche die drei Ecken A, B, C eines Dreiecks auf sich abbildet: $A^J = A$, $B^J = B$, $C^J = C$. Dann ist J die identische Abbildung, d. h. es gilt $P^J = P$ für alle $P \in \mathbb{E}$.

Beweis: Für alle $P \in \mathbb{E}$ gilt nach Voraussetzung $\mathrm{Abst}(A, P) = \mathrm{Abst}(A, P^J)$, $\mathrm{Abst}(B, P) = \mathrm{Abst}(B, P^J)$, $\mathrm{Abst}(C, P) = \mathrm{Abst}(C, P^J)$. Wir *nehmen nun an,* es gäbe einen Punkt $P \in \mathbb{E}$ mit $P^J \neq P$. Dann liegen alle drei Punkte A, B, C nach der Vorbemerkung auf der Mittelsenkrechten von P und P^J, im *Widerspruch* dazu, daß diese drei Punkte ein Dreieck bilden.

Aufgabe: 7

Aufgaben 9.2

1. Vervollständige den folgenden Nachweis dafür, daß die Verkettung zweier linearer Abbildungen $\mathbb{R}^2 \to \mathbb{R}^2$ wieder eine lineare Abbildung ist.

$$(x, y) \overset{L_1}{\longmapsto} (\overbrace{a_1x + b_1y}^{x'}, \overbrace{c_1x + d_1y}^{y'}) \overset{L_2}{\longmapsto} (a_2x' + b_2y', c_2x' + d_2y')$$

$$\xrightarrow[L]{L_1L_2} (ax + by, cx + dy),$$

wobei $a =$, $b =$,

$c =$, $d =$.

2. Gegeben seien die linearen Abbildungen $\mathbb{R}^2 \to \mathbb{R}^2$
$L_1 : (x, y) \mapsto (x + y, y)$; $L_2 : (x, y) \mapsto (x, x + y)$.

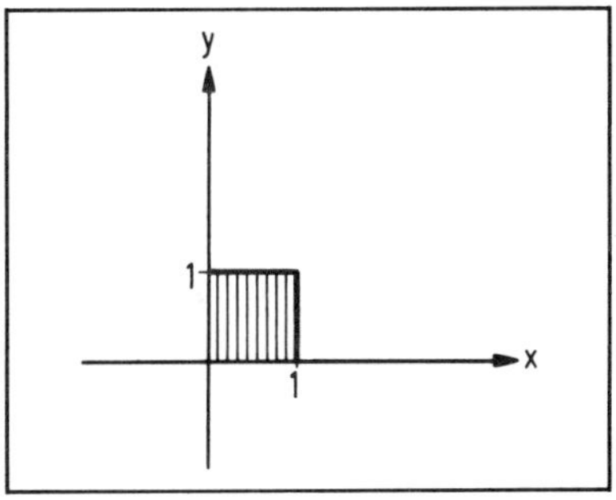

a) Auf welche Figuren wird das Einheitsquadrat abgebildet durch L_1, L_2, L_1L_2, L_2L_1?
b) Stelle L_1L_2 und L_2L_1 in der Form $(x, y) \mapsto (ax + by, cx + dy)$ dar.
c) Bestimme die inversen Abbildungen L_1^I und L_2^I und illustriere sie ebenfalls durch Bilder des Einheitsquadrats.

3. Die linearen Abbildungen der Form $(x, y) \mapsto (kx, ky)$ heißen *zentrische Streckungen* (mit Zentrum $(0, 0)$ und Streckfaktor k).
a) Beweise, daß jede Verkettung von endlich vielen zentrischen Streckungen und Verschiebungen eine affine Abbildung A der Form $(x, y) \mapsto (kx + u, ky + v)$ ist. Wie erhält man den Koeffizienten k aus den Koeffizienten der einzelnen Abbildungen?
b) Unter welchen Voraussetzungen existiert die inverse Abbildung A^I? Stelle A^I dann in der gleichen Form dar wie A in a).
c) Beweise, daß die Menge aller Abbildungen $\mathbb{R}^2 \to \mathbb{R}^2$ der Form $(x, y) \mapsto (kx + u, ky + v)$ mit $k \neq 0$ eine Abbildungsgruppe ist. Ist diese kommutativ?

4. Beweise rechnerisch die Behauptung von Satz 3 für den Fall $g_1 \parallel g_2$.
Hinweis: Lege dazu das Achsenkreuz so, daß g_1 die y-Achse ist. S_1 und S_2 lassen sich dann in der Form $(x, y) \mapsto (ax + u, y)$ darstellen (nämlich wie?), und man kann die Verkettung leicht rechnerisch bestimmen. Eine weitere Fallunterscheidung ist hier nicht erforderlich.

5. Beweise den Satz 5: Die Verkettungen DV und VD einer Drehung $D \neq id_{\mathbb{E}}$ mit einer Verschiebung sind Drehungen, die denselben Drehwinkel wie D haben.

6. Beweise mittels Satz 3: Die Verkettung zweier Verschiebungen $V_1 = S_1S_2$ und $V_2 = S_3S_4$ ist wieder eine Verschiebung.
Unterscheide dazu die Fälle:
a) $g_1 \parallel g_2 \parallel g_3 \parallel g_4$ (g_i sei die Achse von S_i).
b) $g_1 \parallel g_2 \nparallel g_3 \parallel g_4$. Erläutere in diesem Fall die Skizze und begründe die angegebenen Gleichheiten.

$$\begin{aligned} V_1V_2 &= S_1 \quad S_2S_3 \quad S_4 \\ &= S_1S_5S_5S_2S_3S_6S_6S_4 \\ &= S_1S_5 \qquad S_6S_4 \\ &= S_7S_0 \qquad S_0S_8 \\ &= S_7 \qquad\quad S_8 \end{aligned}$$

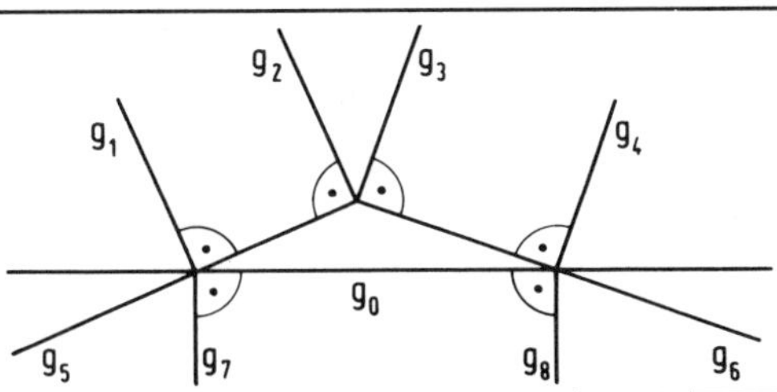

7. Beweise: Gilt weder $g_1 \cap g_2 \cap g_3 \neq \emptyset$ noch $g_1 \parallel g_2 \parallel g_3$, dann ist die Verkettung $S_1S_2S_3$ der zugehörigen Spiegelungen gleich einer Verkettung $S_4S_5S_6$, wobei $g_4 \parallel g_5$, $g_4 \neq g_5$ (also S_4S_5 eine Verschiebung $\neq$ Id) und g_5 senkrecht zu g_6 ist.

Hinweis: Betrachte zuerst den Fall $g_1 \perp g_2$ oder $g_2 \perp g_3$; führe dann den allgemeinen Fall hierauf zurück. Beachte dabei: Im Fall $g_i \perp g_k$ ist $S_iS_k = S_kS_i$ die Punktspiegelung am Schnittpunkt P von g_i und g_k, und dies gilt auch, wenn das „Kreuz" $g_i \cup g_k$ um P gedreht wird.

9.3 Spezielle Operationen für reelle Funktionen

9.3.1 Addition und Multiplikation

Sind f und g Funktionen mit der Zielmenge $\mathbb{R}$, dann kann man in ganz natürlicher Weise die Operationen + und · von $\mathbb{R}$ auf die Funktionen übertragen, also die „Summe" und das „Produkt" von f und g bilden. Dies geschieht oft fast unbewußt, z. B. wenn man zwei Folgen (die ja auch Funktionen sind) einfach so „addiert":

$$(a_1, a_2, a_3, \ldots) + (b_1, b_2, b_3, \ldots) = (a_1 + b_1,\ a_2 + b_2,\ a_3 + b_3, \ldots),$$

insbesondere zwei Paare:

$$(a_1, b_1) + (a_2, b_2) = (a_1 + a_2,\ b_1 + b_2)$$

(vgl. 9.2.1). Allgemein formulieren wir:

Definition 1: Es sei $f : A \to \mathbb{R}$ und $g : B \to \mathbb{R}$. Dann versteht man unter der *Summe* bzw. dem *Produkt* von f und g die Funktion:

$$f + g : \ x \mapsto f(x) + g(x)$$

bzw.

$$f \cdot g : \ x \mapsto f(x) \cdot g(x).$$

Der *Definitionsbereich* von f + g und f · g ist jeweils der Durchschnitt $A \cap B$, d. h. die Menge aller x, für welche die Ausdrücke rechts sinnvoll sind.

Somit bedeutet $h = f + g$ bzw. $h = f \cdot g$, daß

$$h(x) = f(x) + g(x) \quad \text{bzw.} \quad h(x) = f(x) \cdot g(x), \quad \text{für alle} \quad x \in A \cap B.$$

Hinweise

(a) Am wichtigsten ist der Fall A = B. Dann sind auch die Summe f + g und das Produkt f · g Funktionen mit demselben Definitionsbereich, d. h. + und · sind Operationen in der Menge aller Funktionen $A \to \mathbb{R}$. Als solche sind sie — trotz der gleichen Bezeichnungen — sehr wohl von den Operationen + und · in der Menge $\mathbb{R}$ zu unterscheiden! — Im Fall $A \cap B = \emptyset$ sind f + g und f · g nicht definiert.

(b) Die hier eingeführten Operationen für Funktionen sind von ganz anderer Art als das Verketten. Dies kommt besonders deutlich in der Maschinenveranschaulichung zum Ausdruck, die hier eine kompliziertere Zusammensetzung der Maschinen für f und für g mit einem „Addierer" (wie in 8.1.3) bzw. „Multiplizierer" erfordert:

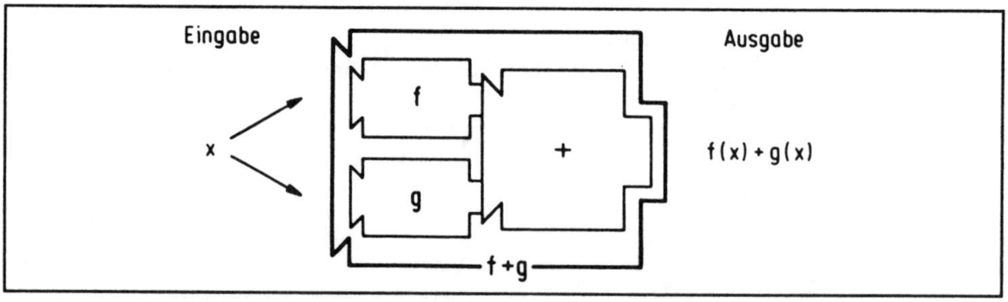

Solche Maschinen existieren nur in unserer Vorstellung. Praktisch ist es nicht möglich, ein und dasselbe Werkstück zweimal zu verarbeiten.

Im *Fall* A, B $\subseteq \mathbb{R}$ haben die hier eingeführten Operationen eine einprägsame geometrische Bedeutung.

Der Graph von f + g entsteht durch *Superposition* (wörtlich: Aufeinandersetzen) der Graphen von f und von g: An jeder Stelle x aus $A \cap B$ werden die Ordinaten von g auf die von f gesetzt oder umgekehrt. Dies zu durchschauen ist manchmal hilfreich beim Zeichnen von Funktionsgraphen.

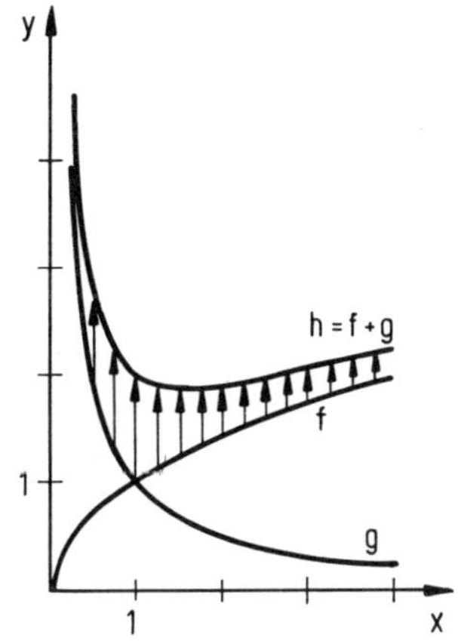

Beispiel 1:

$f(x) = \sqrt{x}, \quad x \geq 0;$

$g(x) = \frac{1}{x}, \quad x \neq 0;$

$h(x) = \sqrt{x} + \frac{1}{x}, \quad x > 0.$

Insbesondere gilt dies, wenn g eine *konstante oder lineare Funktion* ist: g(x) = k bzw. g(x) = mx für alle $x \in \mathbb{R}$. Im ersten Fall entsteht der Graph von f + g aus dem von f einfach durch *Verschieben* um k in y-Richtung, d. h. durch die y-Verschiebung $(x, y) \mapsto (x, y + k)$ der Ebene $\mathbb{R}^2$. Im zweiten Fall erfolgt eine *Scherung* des Graphen von f, mit der y-Achse als Achse. Eine solche Scherung ist eine (in 9.2.1 noch nicht erörterte) lineare Abbildung der Ebene $\mathbb{R}^2$, nämlich $(x, y) \mapsto (x, mx + y)$. Ihre geometrische Wirkung wird klar am

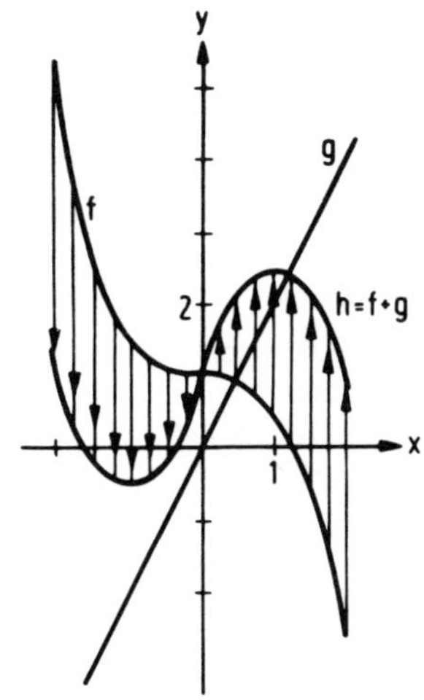

Beispiel 2:

$f(x) = -\frac{x^3}{2} + 1;$

$g(x) = 2x;$

$h(x) = -\frac{x^3}{2} + 2x + 1.$

Auch für das Zeichnen des Graphen von f · g können geometrische Vorstellungen hilfreich sein. Zumindest entnimmt man den Vorzeichen von f(x) und g(x) sofort, ob der Graph von f · g an der Stelle x oberhalb oder unterhalb der x-Achse verläuft.

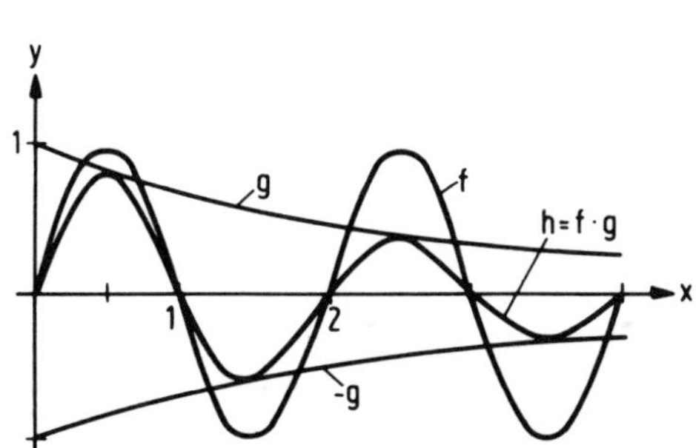

Beispiel 3:

$f(x) = \sin(\pi x);$

$g(x) = 2^{-x/2};$

$h(x) = 2^{-x/2} \cdot \sin(\pi x).$

Hier kann man g(x) gleichsam als variable Amplitude der Sinusschwingung auffassen.

Wenn g *konstant* ist: $g(x) = c$ (für alle $x \in \mathbb{R}$), entsteht der Graph von $f \cdot g$ aus dem von f durch *Streckung* senkrecht zur x-Achse, d. h. durch die y-Streckung $(x, y) \mapsto (x, cy)$ der Ebene $\mathbb{R}^2$. So erhält man den Graph von $x \mapsto -x^3/2 + 1$ (siehe Beispiel 2) aus dem von $x \mapsto x^3$, indem man zuerst die y-Streckung mit dem Faktor $-1/2$, dann die y-Verschiebung um 1 anwendet.

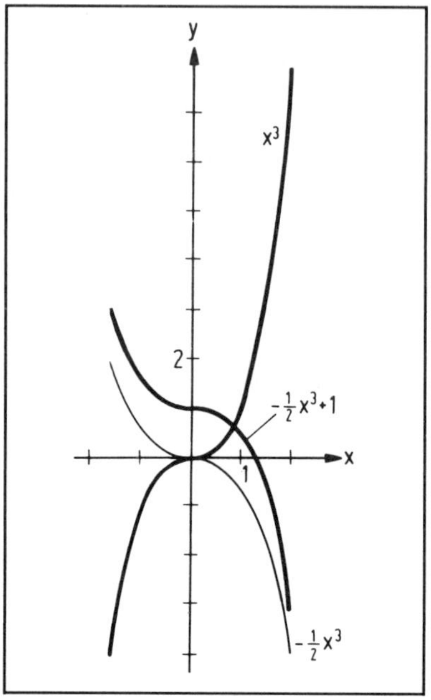

Schließlich bemerken wir, daß sich die *Rechenregeln* für die Operationen + und · bei Zahlen weitgehend auf die hier eingeführten Operationen für Funktionen übertragen. Zum Beispiel gilt natürlich $f + g = g + f$; dies besagt ja $f(x) + g(x) = g(x) + f(x)$ für alle $x \in D_f \cap D_g$.

Satz 1: In der Menge aller Funktionen $A \to \mathbb{R}$ (wobei A eine beliebige, mindestens zweielementige Menge ist) gelten für die Operationen + und · *alle Körperaxiome* (siehe 3.2.1) *außer* (Inv ·). Dabei ist unter 0 bzw. 1 die konstante Funktion $x \mapsto 0$ bzw. $x \mapsto 1$ zu verstehen.

Der ganz einfache *Beweis* wird dem Leser überlassen. Hierzu ist es zweckmäßig, die genannten konstanten Funktionen mit $\underline{0}$ bzw. $\underline{1}$ zu bezeichnen. Daß (Inv ·) nicht gilt, zeigt jede Funktion f mit $f(x_1) = 0$ und $f(x_2) \neq 0$ $(x_1, x_2 \in A)$. Hier ist $f \neq \underline{0}$, aber es gibt keine Inverse zu f, d. h. keine Funktion g mit $f \cdot g = \underline{1}$; es ist ja $(f \cdot g)(x_1) = 0$, also $f \cdot g \neq \underline{1}$ für jede Funktion g.

Mit Satz 1 gelten auch alle Folgerungen aus den Körper-Axiomen, soweit hierfür das Axiom (Inv ·) nicht benutzt wurde. Insbesondere ist nach 3.2.2 klar, was man unter der *entgegengesetzten*, d. h. additiv inversen Funktion $-f$ einer Funktion f und unter der *Differenz* $g - f$ zweier Funktionen zu verstehen hat.

Die zu f *multiplikativ inverse* Funktion $x \mapsto \dfrac{1}{f(x)}$ existiert nur dann, wenn (nicht nur $f \neq \underline{0}$, sondern sogar) $f(x) \neq 0$ *für alle* $x \in A$. In diesem Fall bezeichnet man diese Funktion mit $\dfrac{1}{f}$, aber nicht mit f^{-1}, um Verwechselungen mit der inversen Funktion f^I zu vermeiden. Dann kann man auch beliebige Quotienten $\dfrac{g}{f}$ bilden.

Aufgaben: 1 bis 4

9.3.2 Entsprechung zu den Mengenoperationen (Charakteristische Funktionen)

Die in **1.** eingeführte Addition und Multiplikation von Funktionen lassen sich interessanterweise leicht zu den Mengenoperationen ∪ und ∩ in Beziehung setzen. Hierzu betrachten wir Funktionen des Typs $G \to \{0, 1\}$, Funktionen also, die nur die Werte 0 und 1 annehmen können. Der Definitionsbereich G dieser Funktionen ist eine beliebige (nicht leere) Grundmenge G, die man sich festgehalten denkt. Zu jeder solchen Funktion f gehört eine wohlbestimmte

Teilmenge von G, nämlich die Menge aller $x \in G$, für welche $f(x) = 1$ ist, $\{x \in G \mid f(x) = 1\}$. Umgekehrt ist jeder Teilmenge A von G in natürlicher Weise eine Funktion $G \to \{0, 1\}$ zugeordnet, durch

Definition 2: Für jede Teilmenge A der (festen, nicht leeren) Grundmenge G versteht man unter der *charakteristischen Funktion von* A (bzgl. G) die Funktion

$$ch_A : G \to \{0, 1\}; \quad ch_A(x) = \begin{cases} 1, & \text{falls } x \in A \\ 0, & \text{falls } x \notin A. \end{cases}$$

Offensichtlich besteht eine eineindeutige Entsprechung zwischen den Teilmengen A von G und den Funktionen $f : G \to \{0, 1\}$, und zwar durch die Abbildung

$$A \mapsto ch_A.$$

In der Tat ist diese Abbildung injektiv: Aus $A \neq B$ folgt sofort $ch_A \neq ch_B$. Und sie bildet $\boldsymbol{P}G$ auf die Menge aller Funktionen $G \to \{0, 1\}$ ab, weil ja jede solche Funktion f die charakteristische Funktion einer Teilmenge von G, nämlich der Menge $\{x \in G \mid f(x) = 1\}$ ist.

Die angekündigte Beziehung zwischen den Operationen für Mengen und denen für Funktionen wird ausgedrückt durch

Satz 2: Für alle Mengen $A, B \in G$ gilt

(1) $ch_{A \cap B} = ch_A \cdot ch_B$;

(2) $ch_{A \cup B} = ch_A + ch_B - ch_A \cdot ch_B$;

(3) $ch_{\overline{A}} = \underline{1} - ch_A$.

Hierbei ist wie früher $\overline{A} = G \setminus A$, und $\underline{1}$ ist die Funktion $x \mapsto 1$ (für alle $x \in G$).

Beweis: Wir legen eine Zugehörigkeitstafel wie in 6.2.3 an und setzen sie rechts fort zu einer Wertetafel für die interessierenden Funktionen. Das ist in einfacher Weise möglich, weil man für diese Funktionen jeweils die x-Werte eines Falles „in einem Aufwasch" abhandeln kann.

Fall	$x \in A$	$x \in B$	$x \in A \cap B$	$x \in A \cup B$	$x \in \overline{A}$	$ch_A(x)$	$ch_B(x)$	$ch_{A \cap B}(x)$	$ch_{A \cup B}(x)$	$ch_{\overline{A}}(x)$
11	w	w	w	w	f	1	1	1	1	0
10	w	f	f	w	f	1	0	0	1	0
01	f	w	f	w	w	0	1	0	1	1
00	f	f	f	f	w	0	0	0	0	1

Nun liest man die Behauptungen ab.

Die in Satz 2 ausgedrückte Beziehung ist der Grund dafür, daß man früher den Durchschnitt von Mengen auch ihr „Produkt" und — mit nicht ganz der gleichen Berechtigung — die Vereinigung ihre „Summe" genannt hat.

Die Formel (2) erinnert an die Regel (1b) aus 1.2.1 für die Kardinalzahlen endlicher Mengen A, B:

$$\operatorname{card}(A \cup B) = \operatorname{card} A + \operatorname{card} B - \operatorname{card}(A \cap B).$$

Das ist kein Zufall. Denn bei endlicher Grundmenge G ist die Kardinalzahl einer Menge $A \subseteq G$ jetzt auch als die Summe aller Funktionswerte $ch_A(x)$ (= 1 bzw. 0) beschreibbar: $\operatorname{card} A = \sum_{x \in G} ch_A(x)$. Nun bedeutet (2) bei Berücksichtigung von (1), daß

$$ch_{A \cup B}(x) = ch_A(x) + ch_B(x) - ch_{A \cap B}(x), \quad \text{für alle } x \in G.$$

Summation aller dieser (Zahlen-)Gleichungen liefert bei Beachtung der vorstehenden Kardinalzahlbeschreibung gerade die genannte Regel.

Auf Grund von (1) bis (3) kann man nun allgemein eine Formel für $ch_{A_1 \cup \ldots \cup A_n}$ herleiten und gewinnt so, *einfach durch Rechnen mit* + *und* ·, zugleich die entsprechende Formel für Kardinalzahlen (vgl. 8.5.1).

Wir führen dies nur für n = 3 aus und bemerken hierfür zunächst, daß nach (1) gilt:

(4) $\quad ch_{A \cap B \cap C} = ch_{(A \cap B) \cap C} = ch_{A \cap B} \cdot ch_C = ch_A \cdot ch_B \cdot ch_C$;

sodann *behaupten* wir:

(5) $\quad ch_{A \cup B \cup C} = ch_A + ch_B + ch_C - ch_{A \cap B} - ch_{A \cap C} - ch_{B \cap C} + ch_{A \cap B \cap C}$

Dies *beweist* man über $(A \cup B) \cup C$ durch wiederholte Anwendung von (2) und (1). Mehr Durchblick hinsichtlich Übertragbarkeit auf n Mengen gibt der folgende Beweis allein mittels (1) und (3): Es gilt einerseits

$ch_{\overline{A \cup B \cup C}} = \underline{1} - ch_{A \cup B \cup C}$ nach (3),

andererseits:

$$\begin{aligned}
ch_{\overline{A \cup B \cup C}} &= ch_{\overline{A} \cap \overline{B} \cap \overline{C}} && \text{(de Morgan)}\\
&= ch_{\overline{A}} \cdot ch_{\overline{B}} \cdot ch_{\overline{C}} && \text{nach (4)}\\
&= (\underline{1} - ch_A) \cdot (\underline{1} - ch_B) \cdot (1 - ch_C) && \text{nach (3)}\\
&= \underline{1} - ch_A - ch_B - ch_C + ch_A ch_B + ch_A ch_C + ch_B ch_C - ch_A ch_B ch_C\\
&\quad \text{(Ausmultiplizieren von Klammern)}\\
&= \underline{1} - (ch_A + ch_B + ch_C - ch_{A \cap B} - ch_{A \cap C} - ch_{B \cap C} + ch_{A \cap B \cap C}) && \text{nach (1) und (4)}
\end{aligned}$$

Ein Vergleich der ersten und der letzten Zeile liefert die Behauptung, und damit auch die Regel:

$$\begin{aligned}
\operatorname{card}(A \cup B \cup C) = {} & \operatorname{card} A + \operatorname{card} B + \operatorname{card} C\\
& - \operatorname{card}(A \cap B) - \operatorname{card}(A \cap C) - \operatorname{card}(B \cap C)\\
& + \operatorname{card}(A \cap B \cap C)
\end{aligned}$$

Die Übertragung auf n statt 3 Mengen ist nun im wesentlichen ein Problem der übersichtlichen Ausmultiplikation von Produkten der Form $(1 + a_1)(1 + a_2) \dots (1 + a_n)$.

Aufgabe: 5

9.3.3 Verkettung von reellen Funktionen mit affinen

Ist in dem Produkt $f \cdot g$ bzw. der Summe $f + g$ zweier Funktionen des Typs $\mathbb{R} \to \mathbb{R}$ *die Funktion* g *konstant,* dann entsteht der Graph von $f \cdot g$ bzw. $f + g$ aus dem von f durch eine y-Streckung bzw. y-Verschiebung (siehe **1.**). Kennt man den Graph von f, so kann man hiernach sofort auch die Graphen von $x \mapsto cf(x)$ und $x \mapsto f(x) + d$, bei gegebenen $c, d \in \mathbb{R}$, zeichnen. Nun läßt sich in diesem, geometrisch so leicht interpretierbaren Fall das Produkt bzw. die Summe zweier Funktionen auch als *Verkettung* deuten. Und zwar ist die Funktion $x \mapsto cf(x)$ bzw. $x \mapsto f(x) + d$ gerade die Verkettung

$$\underset{\text{zuerst}}{f}\ \underset{\text{dann}}{\boxed{\cdot c}} \quad \text{bzw.} \quad \underset{\text{zuerst}}{f}\ \underset{\text{dann}}{\boxed{+d}}$$

von f mit einem Mal-Operator bzw. Plus-Operator (vgl. 9.1.3):

$$x \xmapsto{f} f(x) \xmapsto{\boxed{\cdot c}} cf(x); \qquad x \xmapsto{f} f(x) \xmapsto{\boxed{+d}} f(x) + d.$$

Hiernach gilt (siehe auch das Beispiel auf S. 222):

Satz 3: Die Funktion $x \mapsto cf(x) + d$ ist die Verkettung $f\,\boxed{\cdot c}\,\boxed{+d}$ von f mit der affinen Funktion $y \mapsto cy + d$. Ihr Graph entsteht aus dem Graph von f durch Anwendung der y-Affinität $(x, y) \mapsto (x, cy + d)$ der Ebene $\mathbb{R}^2$, d. h. durch die Operation: zuerst Strecken senkrecht zur x-Achse mit dem Faktor c, dann Verschieben in y-Richtung um d.

Nun betrachten wir entsprechend die Verkettungen $\underset{\text{zuerst}}{\boxed{\cdot a}}\ \underset{\text{dann}}{f}$ und $\underset{\text{zuerst}}{\boxed{+b}}\ \underset{\text{dann}}{f}$:

$$x \xmapsto{\boxed{\cdot a}} ax \xmapsto{f} f(ax); \qquad x \xmapsto{\boxed{+b}} x + b \xmapsto{f} f(x + b)$$

und fragen, wie der Graph dieser Funktionen aus dem von f entsteht.

Beispiel 1:

$f(x) \; = \sin x$

$f^*(x) = \sin(\pi x)$

$f(x) \; = \sqrt{4-x^2}$

$f^*(x) = \sqrt{4-(x+3)^2}$

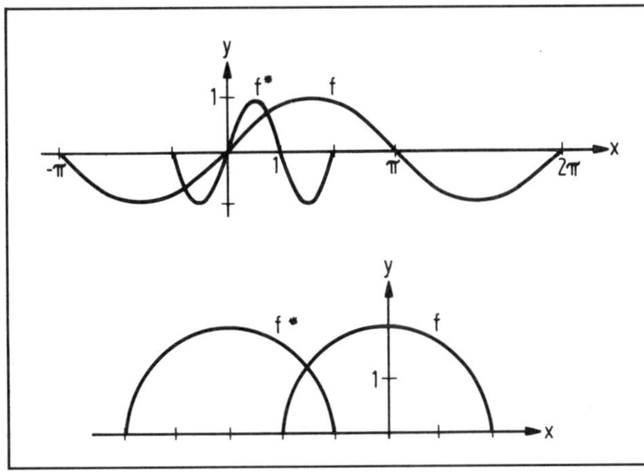

Das Vorstehende und auch frühere Beispiele führen zu der (überraschenden?) Einsicht oder zumindest Vermutung: Der Graph von $x \mapsto f(ax)$ $(a \neq 0)$ bzw. $x \mapsto f(x+b)$ entsteht aus dem Graph von f durch x-Streckung mit dem zu a *reziproken* Faktor 1/a bzw. durch x-Verschiebung um den zu b *entgegengesetzten* Wert $-b$.

Um dies zu verstehen, überlegen wir, wie der zur Stelle x gehörige Punkt P* des Graphen von $f^* = \boxed{\cdot a}\,f$, $f^*(x) = f(ax)$, gefunden wird. Um dessen Ordinate $f^*(x)$ zu bestimmen, geht man zur Stelle ax und holt die dortige Ordinate des Graphen von f *zurück* an die Stelle x. Auf den betreffenden Punkt P des Graphen von f wendet man also, um P* zu erhalten, gerade die zu $\boxed{\cdot a}$ *inverse* Abbildung $\boxed{:a}$, genauer: die Abbildung $(x, y) \mapsto \left(\frac{x}{a}, y\right)$ an.

Ganz entsprechend verfährt man bei $f^* = \boxed{+b}\,f$, $f^*(x) = f(x+b)$.

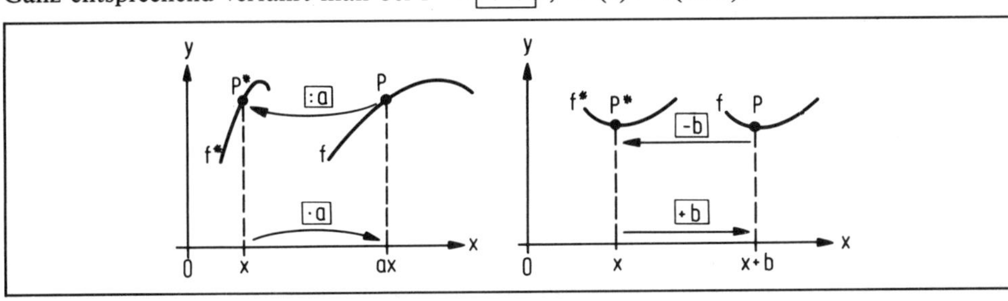

Das Vorstehende zusammenfassend, wendet man bei $\boxed{\cdot a}\,\boxed{+b}\,f$, d. h. $x \mapsto f(ax+b)$, auf den Graph die Abbildung $(\boxed{\cdot a}\,\boxed{+b})^I = \boxed{-b}\,\boxed{:a}$, genauer: $(x, y) \mapsto \left(\frac{x-b}{a}, y\right)$ an. Somit gilt:

Satz 4: Die Funktion $x \mapsto f(ax+b)$ $(a \neq 0)$ ist die Verkettung $\boxed{\cdot a}\,\boxed{+b}\,f$ der affinen Abbildung $x \mapsto ax+b$ mit f. Ihr Graph entsteht aus dem Graph von f durch die x-Affinität $(x, y) \mapsto \left(\frac{x-b}{a}, y\right)$ der Ebene $\mathbb{R}^2$, d. h. durch die Operation: zuerst Verschieben in x-Richtung um $-b$, dann Strecken senkrecht zur y-Achse mit dem Faktor $\frac{1}{a}$.[106])

Mit Satz 3 und Satz 4 beherrschen wir, da x-Affinitäten und y-Affinitäten sich gegenseitig nicht „stören“ (vgl. 9.2.1), vollständig auch das *Herstellen des Graphen von*

[106]) Schreibt man die x-Affinität in der Form $(x, y) \mapsto \left(\frac{x}{a} - \frac{b}{a}, y\right)$, so entspricht dies der Operation: zuerst Strecken mit dem Faktor 1/a, dann Verschieben um $-b/a$.

$$x \mapsto cf(ax+b)+d \quad (a \neq 0)$$

aus dem von f. Statt dies allgemein zu beschreiben, betrachten wir

Beispiel 2: Zu zeichnen ist der Graph von f mit

$$f(x) = 2\cos\left(\frac{3}{2}x + 3\pi\right) + \frac{7}{2}.$$

Weg 1: Auf den Graph von cos wird zuerst die y-Affinität $(x, y) \mapsto \left(x, 2y + \frac{7}{2}\right)$ angewandt und liefert den Graph von $f_1 : f_1(x) = 2\cos x + \frac{7}{2}$, dann darauf die x-Affinität $(x, y) \mapsto \left(\frac{x - 3\pi}{3/2}, y\right)$, d. h. $(x, y) \mapsto \left(\frac{x}{3/2} - 2\pi, y\right)$.

Weg 2: Auf den Graph von cos wird zuerst die genannte x-Affinität angewandt und liefert den Graph von $f_2 : f_2(x) = \cos\left(\frac{3}{2}x + 3\pi\right)$, dann hierauf die genannte y-Affinität.

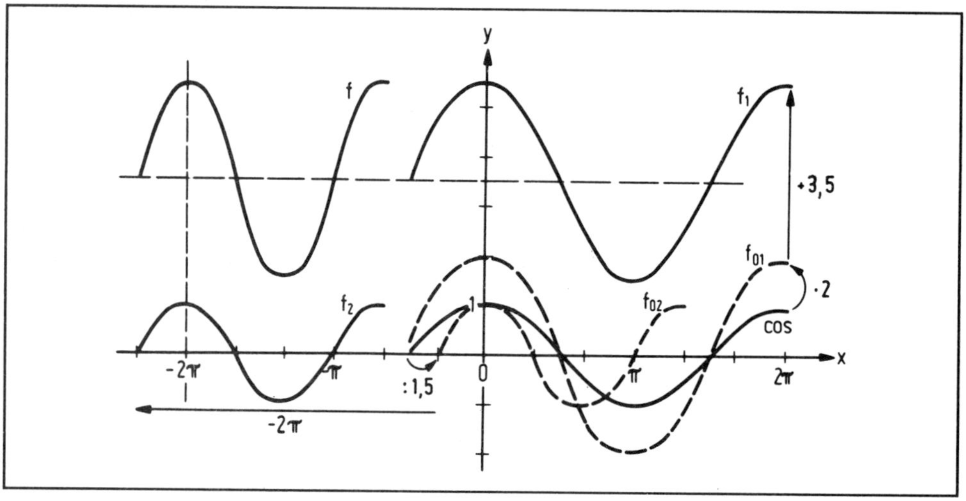

Jede der angewandten Affinitäten ist von der Form „zuerst Streckung, dann Verschiebung". In der Figur ist dies für jeden der beiden Wege nur für den ersten Schritt aufgeschlüsselt, indem die „Zwischenstationen" $f_{01} : f_{01}(x) = 2\cos x$ und $f_{02} : f_{02}(x) = \cos\left(\frac{3}{2}x\right)$ eingezeichnet sind.

Es sind auch andere, „gemischte" Wege von cos zu f möglich. Dabei hat man nur darauf zu achten, daß eine Streckung nicht mit einer Verschiebung in derselben Richtung vertauscht werden darf.

Aufgaben: 6, 7

9.3.4 Symmetrieeigenschaften von Funktionsgraphen

Der Graph einer reellen Funktion f, als Teilmenge von $\mathbb{R}^2$, ist bekanntlich *symmetrisch*

— *zur y-Achse (Achsensymmetrie)* genau dann, wenn $f(-x) = f(x)$;

— *zum Nullpunkt (Punktsymmetrie)* genau dann, wenn $f(-x) = -f(x)$.

Genauer bedeutet dies jeweils, daß der Definitionsbereich $D(\subseteq \mathbb{R})$ von f symmetrisch zu 0 ist und die genannte Gleichung für alle $x \in D$ gilt. Man nennt kürzer auch die Funktionen selbst (statt ihre Graphen) symmetrisch.

Erste *Beispiele* sind die Potenzfunktionen $x \mapsto x^n$ mit geraden bzw. ungeraden Exponenten $n \in \mathbb{Z}$. Wir geben je ein weiteres:

$$f(x) = \sin|x|\,; \quad x \in \mathbb{R} \qquad\qquad f(x) = |x| \sin x\,; \quad x \in \mathbb{R}$$

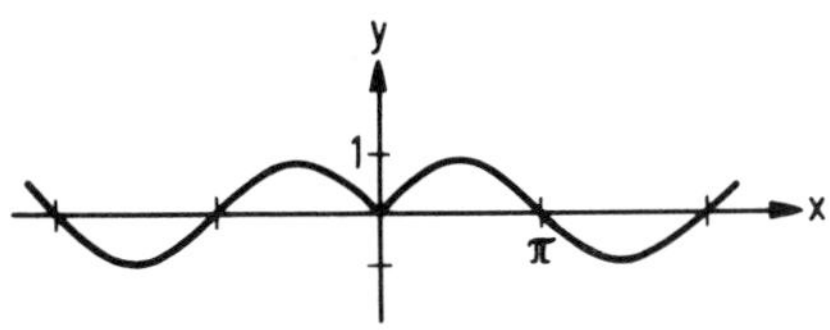

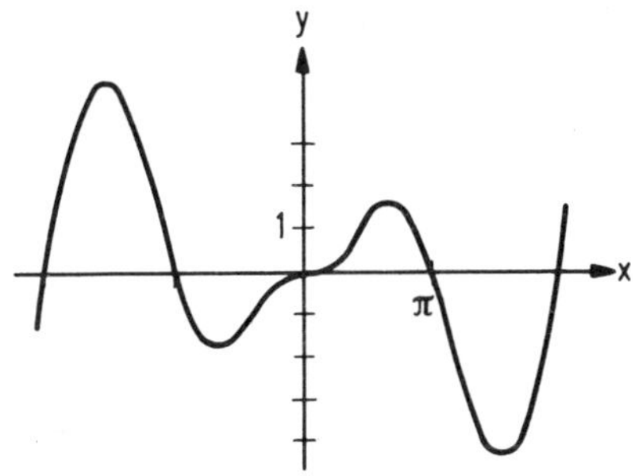

Es ist zweckmäßig, den Symmetriebegriff für Figuren in der Ebene wesentlich allgemeiner zu fassen. Und zwar nennt man eine Figur *symmetrisch bezüglich der Affinität* A *genau dann, wenn sie durch* A *auf sich selbst abgebildet wird.* Wir betrachten hier als „Figuren" nur Funktionsgraphen und als Affinitäten nur x- und y-Affinitäten und ihre Verkettungen (vgl. 9.2.1).

Sind insbesondere A_1, A_2 die Geradenspiegelungen $(x, y) \mapsto (-x, y)$ und $(x, y) \mapsto (x, -y)$, ist also $A_1 A_2$ die Punktspiegelung $(x, y) \mapsto (-x, -y)$, dann bedeutet

— Symmetrie von f zur y-Achse: $(\text{Graph } f)^{A_1} = \text{Graph } f$;

— Symmetrie von f zum Nullpunkt: $(\text{Graph } f)^{A_1 A_2} = \text{Graph } f$.

Die Symmetrie zum Nullpunkt sollte hiernach (treffender als oben, aber gleichwertig) durch $-f(-x) = f(x)$ ausgedrückt werden.

Im folgenden stellen wir einige weitere Symmetrietypen der Form

$$(\text{Graph } f)^{A_1 A_2} = \text{Graph } f$$

zusammen: A_1 soll eine x-Verschiebung, A_2 eine y-Verschiebung oder y-Streckung (insb. die identische Abbildung) sein. Diese Zusammenstellung ist ohne weitere Erklärung verständlich. Der Leser möge jedoch für jeden Symmetrietyp genau bestätigen, daß die beschriebene Eigenschaft des Graphen mit der Eigenschaft des Rechenausdrucks gleichwertig ist, und sich klarmachen, daß das jeweils angegebene Beispiel zum genannten Symmetrietyp gehört.

Typ Nr.	Der Graph wird auf sich selbst abgebildet, wenn man ihn in x-Richtung um u verschiebt ($u \neq 0$) und in y-Richtung	Dies besagt:	Beispiel	
1	nicht verändert	$f(x-u)=f(x)$	$f(x) = 2(x-[x])^2$; $(u=1)$	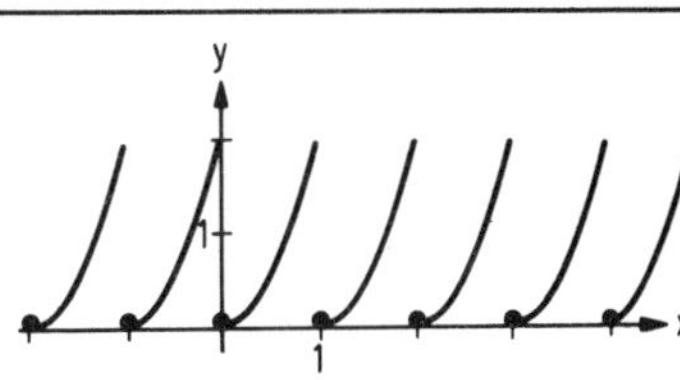
2	um v verschiebt ($v \neq 0$)	$f(x-u)+v=f(x)$	$f(x) = [2x/3]$; $(u=3/2,$ $v=1)$	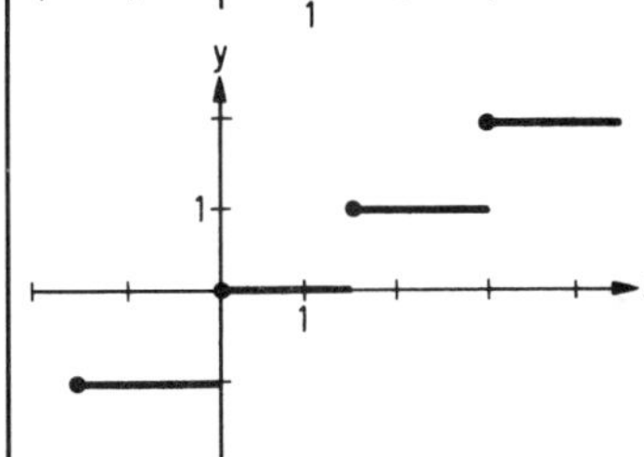

Typ Nr.	Der Graph wird auf sich selbst abgebildet, wenn man ihn in x-Richtung um u verschiebt ($u \neq 0$) und in y-Richtung	Dies besagt:	Beispiel	
3	mit q streckt ($q \neq 1, \neq 0$)	$f(x-u) \cdot q = f(x)$	$f(x) = 2^{-x/2} \sin(\pi x)$; ($u=1$, $q = -1/\sqrt{2}$) (vgl. S. 221)	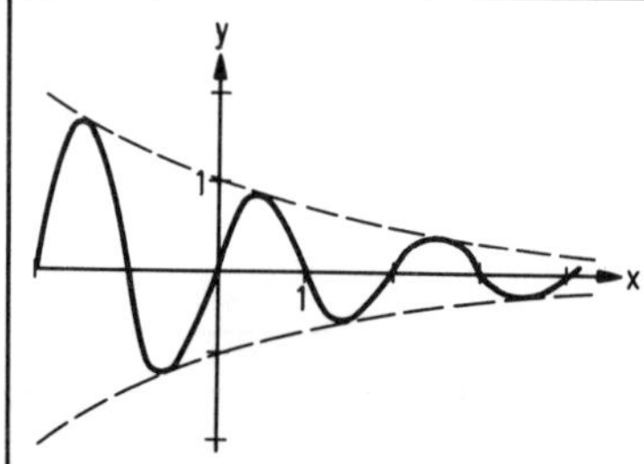

Die Beispiele sind „so unsymmetrisch wie möglich" gewählt; dies bedeutet:

— Es besteht jeweils nur *eine* der drei Symmetrieeigenschaften, anders als etwa bei der Sinusfunktion, die zugleich symmetrisch vom Typ 1 ($u = 2\pi$), vom Typ 3 ($u = \pi$, $q = -1$) und auch punktsymmetrisch zum Nullpunkt ist.

— Die betreffende Symmetrieeigenschaft besteht *nicht schon* für einen Bruchteil u/n des angegebenen u ($n \in \mathbb{N} \setminus \{1\}$). Dagegen besteht die Eigenschaft automatisch für alle Vielfachen mu ($m \in \mathbb{Z} \setminus \{0\}$), wobei dann v durch mv bzw. q durch q^m zu ersetzen ist.

Die Symmetrie vom Typ 1 ist als *Periodizität* vertraut, wie sie auch bei (nicht abbrechenden) Streifenornamenten vorliegt. Die Typen 2 und 3 sind hiermit verwandt. Unser Beispiel zu Typ 3 kann als Darstellung eines „abklingenden" Schwingungsvorgangs interpretiert werden. Für weitere Symmetrietypen siehe Aufgabe 8 und 9.

Die so unsymmetrisch wie möglich gewählten Beispiele mögen teilweise gekünstelt erscheinen. Um so wichtiger ist es zu wissen, daß Symmetrien der Typen 1 bis 3 auch bei bekannten elementaren Funktionen vorliegen, und dies sogar verstärkt insofern, als die betreffende Eigenschaft nicht nur für *einen* Wert u (und alle Vielfachen davon) vorliegt, sondern für *jeden*. So sind offensichtlich alle

konstanten Funktionen	$x \mapsto k$	symmetrisch vom Typ 1,
affinen Funktionen	$x \mapsto ax + b \quad (a \neq 0)$	symmetrisch vom Typ 2,
Wachstumsfunktionen[107])	$x \mapsto ab^x \quad (a, b > 0;\ b \neq 1)$	symmetrisch vom Typ 3,

und zwar mit jedem u ($\neq 0$), bei passend gewähltem v bzw. q. Man kann zeigen, daß auch umgekehrt diese wichtigen Funktionen durch die genannten Symmetrieeigenschaften im wesentlichen gekennzeichnet sind. Eine Vorstellung hiervon gibt der nächste Unterabschnitt.

Aufgaben: 8, 9

9.3.5 Die Funktionalgleichungen der linearen und der Exponentialfunktionen

Die in **4.** erörterten Symmetrien der Typen 2 und 3 kann man auch anders interpretieren, indem man weniger die geometrischen Eigenschaften des Graphen ins Auge faßt als vielmehr rechnerische Gesetzmäßigkeiten der Veränderung des Funktionswerts f(x) bei Änderung des eingegebenen x. Hierzu ist es zweckmäßig, in den die Symmetrie beschreibenden Gleichungen jetzt

$$u \text{ statt } -u, \quad v \text{ statt } -v, \quad q \text{ statt } \frac{1}{q}$$

[107]) Auch „Exponentialfunktionen" (im weiteren Sinn) genannt. Wir bezeichnen als Exponentialfunktionen nur die Funktionen $x \mapsto b^x$ ($b>0$).

(wieder mit $u, v \neq 0$; $q \neq 1, \neq 0$) zu schreiben. Dies ändert nichts an den beschriebenen Eigenschaften, entspricht aber besser der jetzigen Absicht, den Graphen „festzuhalten" und die genannten Gesetzmäßigkeiten beim Ablesen von Funktionswerten zu studieren.

Unmittelbar verständlich ist die Zusammenstellung:

Typ Nr.	Kennzeichnende Gleichung	Weiterschreiten um u bei der Eingabe bewirkt	Beispiel
2	$f(x+u) = f(x) + v$, wobei $v = f(u) - f(0)$	Zuwachs des Funktionswertes um v	$f(x) = ax + b$ $(a \neq 0)$ u beliebig, $v = au$
3	$f(x+u) = q f(x)$, wobei $q = f(u)/f(0)$ (falls $f(0) \neq 0$)	Multiplikation des Funktionswertes mit q	$f(x) = ab^x$ $(a, b > 0;\ b \neq 1)$ u beliebig, $q = b^u$

Die hier beschriebenen Gesetzmäßigkeiten treten in vielen realen Situationen auf, wobei sie dann auch meist wie bei den jetzigen Beispielfunktionen für beliebiges u bestehen. Man denke bei Typ 2 ans Taxifahren (x die Fahrstrecke, f(x) die Taxameteranzeige) oder an die „Stromrechnung" (x die kWh-Zahl des Verbrauchs, f(x) der Rechnungsbetrag). Typ 3 liegt vor beim schon erörterten Wachstum einer Algenpopulation (siehe 8.2.5) und auch beim Sparbuch, nach einmaliger Einzahlung eines Betrages (x die Wartezeit in Jahren, f(x) der verfügbare Betrag). Beim Sparbuch ist allerdings u auf ganzzahlige Werte beschränkt, und die Wachstumsfunktion rechts stimmt nur für ganzzahlige x exakt (siehe Aufgabe 10). — Es ist in der Praxis, beim Rechnen im Kopf oder mit dem Taschenrechner, oft nützlich, direkt die verbale Beschreibung der Gesetzmäßigkeit (statt der Funktionsgleichungen) zu benutzen.[108])

Nach dem Vorangehenden gilt für jede affine Funktion $f : \mathbb{R} \to \mathbb{R}$

(A) $\forall x, u \in \mathbb{R} : f(x + u) = f(x) + f(u) - f(0)$

und für jede Wachstumsfunktion $f : \mathbb{R} \to \mathbb{R}^+$

(B) $\forall x, u \in \mathbb{R} : f(x + u) = \dfrac{f(x) \cdot f(u)}{f(0)}$

Man nennt Aussagen wie (A) und (B) *Funktionalgleichungen.* Genaugenommen handelt es sich dabei offensichtlich um *Aussageformen* mit der Variablen f, wobei die Grundmenge von allen Funktionen $\mathbb{R} \to \mathbb{R}$ bzw. allen Funktionen $\mathbb{R} \to \mathbb{R}^+$ gebildet wird. Die vorstehenden Feststellungen besagen dann gerade, daß *jede affine Funktion die Funktionalgleichung* (A) und *jede Wachstumsfunktion die Funktionalgleichung* (B) erfüllt. Man wird nun natürlich — wie in der Gleichungslehre — nach den Lösungsmengen dieser Gleichungen fragen, d. h. jeweils nach der *Gesamtheit aller Funktionen,* welche die Gleichung erfüllen.

Wir vereinfachen diese Fragestellung ein wenig, indem wir statt (A) und (B) die einfacher gebauten Funktionalgleichungen

(C) $\forall x, u \in \mathbb{R} : f(x + u) = f(x) + f(u)$

und

(D) $\forall x, u \in \mathbb{R} : f(x + u) = f(x) \cdot f(u)$

untersuchen. Da jede lineare Funktion f affin ist und die Eigenschaft $f(0) = 0$ hat, *erfüllt jede lineare Funktion die Funktionalgleichung* (C). Entsprechend gilt für Exponentialfunktionen f, $f(x) = b^x$ $(b > 0)$, wegen $f(0) = 1$: *Jede Exponentialfunktion erfüllt die Funktionalgleichung* (D).

108) Siehe hierzu *A. Kirsch:* Zuordnungstafeln und Operatorpfeile: Vorschläge zum Arbeiten mit Funktionaleigenschaften statt Funktionstermen. Der Mathematikunterricht (MU) Heft 3/1982.

Von grundlegender Bedeutung ist die Funktionalgleichung (C); sie heißt auch die *Cauchy*'sche Funktionalgleichung[109]). Die in ihr ausgedrückte Gesetzmäßigkeit „Zur Summe zweier Zahlen gehört immer die Summe (der betreffenden Funktionswerte)" nutzt man schon beim volkstümlichen Umgehen mit Proportionalitäten, also linearen Funktionen aus, etwa indem man z. B. aus den Preisen zweier Benzinmengen (Literzahlen) auf den Preis der Gesamtmenge schließt.

Die Frage nach der Lösungsmenge von (C) führt auf schwierige mathematische Probleme. Es hat sich gezeigt, daß es außer den linearen Funktionen noch weitere Lösungen gibt, die allerdings „total unstetig" und nicht konkret angebbar sind[110]). Verhältnismäßig einfach beweisen läßt sich jedoch:

Satz 5: Jede *monotone* Funktion $f : \mathbb{R} \to \mathbb{R}$, die (C) erfüllt, ist linear. Hiernach sind *die monotonen Lösungen von* (C) *genau die linearen Funktionen.*

Beweis: Es sei f eine monotone Funktion, die (C) erfüllt. Aus (C), von rechts nach links gelesen, folgt

(1) $\quad f(0) = 0 \qquad \big(\text{denn } f(0) + f(0) = f(0+0) = f(0)\big);$
(2) $f(-x) = -f(x) \ \big(\text{denn } f(-x) + f(x) = f(-x+x) = f(0) = 0\big);$

f ist somit symmetrisch zu (0, 0). Wieder aus (C) folgt

$$f(2x) = f(x+x) = f(x) + f(x) = 2f(x),$$

und weiter mit vollständiger Induktion:

(3) $f(nx) = nf(x)$, für alle $n \in \mathbb{N}$,

also nach (1) und (2) auch

(4) $f(mx) = mf(x)$, für alle $m \in \mathbb{Z}$.

Nun setzen wir $f(1) = a$ und erhalten

(5) $f(m) = ma$.

Dann folgt aus (3), von rechts nach links gelesen:

$$nf\left(\frac{m}{n}\right) = f\left(n\frac{m}{n}\right) = f(m) = ma, \quad \text{also}$$

$$f\left(\frac{m}{n}\right) = \frac{m}{n}a = a\frac{m}{n}, \quad \text{für alle } m \in \mathbb{Z},\ n \in \mathbb{N}.$$

Dies besagt:

(6) $f(x) = ax$ (wobei $a = f(1)$) für alle $x \in \mathbb{Q}$;

d. h. f *stimmt für alle rationalen* x *mit der linearen Funktion* $x \mapsto ax$ *überein.*

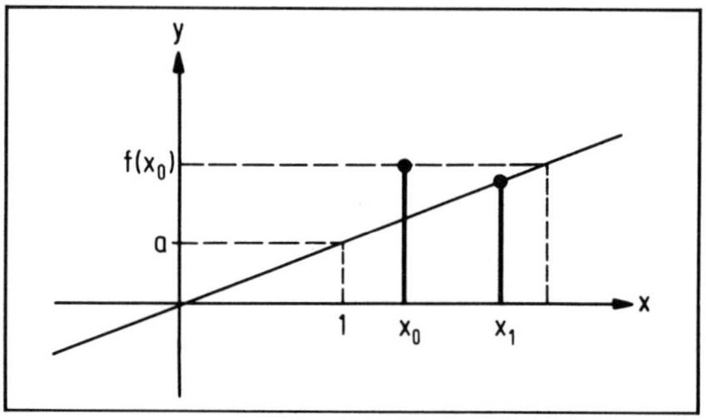

Jetzt wird die Voraussetzung ausgenutzt, daß f monoton wachsend ist. Dann folgt $a \geq 0$; d. h. auch $x \mapsto ax$ ist monoton wachsend. Wir *nehmen an,* es gibt ein (irrationales) x_0 mit der Eigenschaft $f(x_0) \neq ax_0$, etwa $f(x_0) > ax_0$. Dann findet man, weil die rationalen Zahlen dicht auf der Zahlengeraden liegen, jedenfalls ein rationales $x_1 > x_0$ mit $ax_1 < f(x_0)$, d. h. $f(x_1) < fx_0)$. (Siehe die Skizze. Im Fall

[109]) Nach *A. L. Cauchy,* siehe 7.4.2.
[110]) Diese Aussagen können hier nicht präzisiert werden. Siehe dazu auch *A. Kirsch:* Die Funktionalgleichung $f(x+x') = f(x) + f(x')$ als Thema für den Oberstufenunterricht; Math.-Phys. Semesterberichte **24** (1977), 172—187.

$a = 0$ gilt dies für jedes $x_1 > x_0$.) Dies steht im *Widerspruch* zur Monotonie von f. Im Fall, daß f monoton fallend oder $f(x_0) < ax_0$ ist, verläuft die Argumentation ganz entsprechend. Damit ist der Satz bewiesen. Entsprechend gilt

Satz 6: Jede monotone Funktion $f: \mathbb{R} \to \mathbb{R}^+$, die (D) erfüllt, ist eine Exponentialfunktion $x \mapsto b^x$ $(b > 0)$. Die monotonen Lösungen von (D) sind also *genau die Exponentialfunktionen* mit $b > 0$.

Zum *Beweis* von Satz 6 stützen wir uns auf die Tatsache, daß die Logarithmusfunktion $\lg: \mathbb{R}^+ \to \mathbb{R}$ monoton ist und die Eigenschaft $\lg(y \cdot v) = \lg y + \lg v$ (für alle $y, v \in \mathbb{R}^+$) hat. Nun sei f eine Funktion, welche die Voraussetzungen des Satzes erfüllt. Wir bilden die Verkettung $g = \lg \circ f$; $g(x) = \lg(f(x))$ für $x \in \mathbb{R}$. Dann ist g, als Verkettung monotoner Funktionen, ebenfalls monoton und hat die Eigenschaft

$$g(x+u) = \lg(f(x+u)) = \lg(f(x) \cdot f(u)) = \lg(f(x)) + \lg(f(u)) = g(x) + g(u).$$

Jetzt folgt aus Satz 5, daß $g(x) = ax$, d. h. $\lg(f(x)) = ax$, also $f(x) = 10^{ax} = (10^a)^x$ für alle $x \in \mathbb{R}$. (10 ist die Basis der „gewöhnlichen“ Logarithmusfunktion lg.) Dies liefert, mit $10^a = b$, die Behauptung.

Nun ist es nicht mehr schwierig, auch die Lösungsmengen der Funktionalgleichungen (A) und (B) bezüglich aller monotonen Funktionen $\mathbb{R} \to \mathbb{R}$ bzw. $\mathbb{R} \to \mathbb{R}^+$, zu bestimmen.

Aufgaben: 10 bis 12

Aufgaben 9.3

1. Es seien f und g Funktionen $\mathbb{R} \to \mathbb{R}$. Betrachte die Aussagen:
a) Wenn f und g monoton sind, ist auch die Summe $f + g$ monoton.
b) Wenn f monoton ist, ist auch $f \cdot f$ monoton.
Diese Aussagen sind so nicht richtig; warum nicht? Ändere die Aussagen so ab, daß richtige (und möglichst allgemeine) Aussagen entstehen, und beweise die abgeänderten Aussagen.

2. Zeichne den Graph von $f: [-\pi, \pi] \to \mathbb{R}$ mit
a) $f(x) = x^2$; b) $f(x) = |x|$; c) $f(x) = 2^x$; d) $f(x) = \sin x$.
Skizziere dann jeweils ohne Wertetabelle die Graphen von $f - \underline{4}$; $-\underline{0{,}5} \cdot f$; $-\underline{0{,}5} \cdot f + \underline{4}$; $-\underline{0{,}5} \cdot (f - \underline{4})$.

3. a) Skizziere ohne Wertetabelle die Graphen von $f_i: \mathbb{R} \to \mathbb{R}$ mit $f_i(x) = |x - i|$, $i = 1, 2, 3, 4$.
b) Skizziere im selben Achsenkreuz die Graphen der Funktionen $f_1 + f_4$; $f_2 + f_3$; $f = f_1 + f_2 + f_3 + f_4$.
c) Für welche $x \in \mathbb{R}$ nimmt die Funktion f ihren kleinsten Wert an, und wie groß ist dieser?
d) Wie b) und c), für die Funktionen $f_1 + f_3$ bzw. $f = f_1 + f_2 + f_3$.

4. a) Verallgemeinere die Aufgabe 3 auf Funktionen f_i: $f_i(x) = |x - a_i|$ $(i = 1, 2, \ldots, m)$ mit $a_1 < a_2 < \ldots < a_m$, und $f = f_1 + f_2 + \ldots = f_m$. Unterscheide die Fälle $m = 2n$ und $m = 2n + 1$.
b) Löse hiermit die „Problemaufgabe“: Auf einer Geraden seien m Punkte $P_1, P_2, \ldots P_m$ gegeben. Gesucht sind die Punkte P der Geraden, für welche die Summe
$\mathrm{Abst}(P, P_1) + \mathrm{Abst}(P, P_2) + \ldots + \mathrm{Abst}(P, P_m)$ minimal ist.

5. Beweise durch vollständige Induktion: Für alle $n \in \mathbb{N}$ gilt

$$\begin{array}{rl|c}
 & & \text{Anzahl der Summanden:} \\
(1+a_1)(1+a_2)\ldots(1+a_n) = & 1 & \\
 & + \; a_1 + a_2 + \ldots + a_n & \binom{n}{1} \\
 & + \; a_1a_2 + a_1a_3 + \ldots + a_{n-1}a_n & \binom{n}{2} \\
 & + \; a_1a_2a_3 + \ldots + a_{n-2}a_{n-1}a_n & \binom{n}{3} \\
 & \vdots & \vdots \\
 & + \; a_1a_2\ldots a_{n-1} + \ldots + a_2a_3\ldots a_n & \binom{n}{n-1} \\
 & + \; a_1a_2\ldots a_n & \binom{n}{n}
\end{array}$$

Die rechts stehenden Angaben verdeutlichen die Behauptung und sind mit zu beweisen.

6. a) Skizziere den Graph der Funktion f mit $f(x) = 2^x$. Skizziere weiter im selben Achsenkreuz die Graphen der Funktionen

$x \mapsto f(x+2),\ f(-x),\ f\left(\frac{x}{2}\right),\ f(2-x),$
$f\left(\frac{x}{2}+2\right),\ 4f(x),\ 4f(-x),\ 4f\left(\frac{x}{2}\right).$

b) Ein Vorgang verlaufe wie skizziert; der Abstand vom Sättigungswert 4 halbiert sich jeweils nach 1,5 Stunden. Beschreibe den Vorgang durch einen Rechenausdruck. Welchen Wert hat die dargestellte Größe nach 1, 2, 3 usw. Stunden?

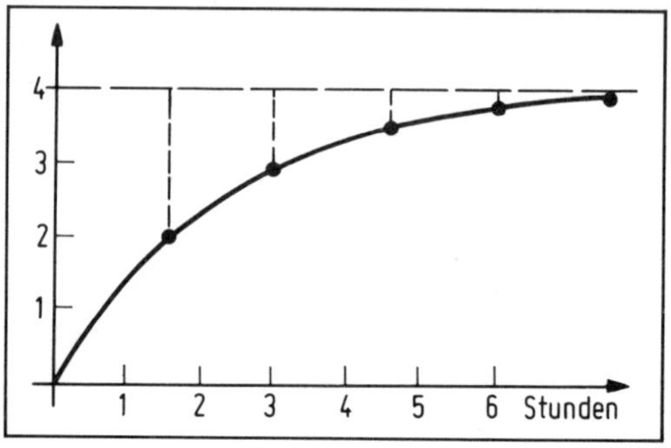

7. Die Funktion $f: \mathbb{R} \to \mathbb{R}$ sei bijektiv (Beispiel: $f(x) = x + 2^x$). Wir setzen $g(x) = c \cdot f(ax+b) + d$, mit $a, b, c, d \in \mathbb{R}$, $a \neq 0$, $c \neq 0$.
a) Beweise, daß auch die Funktion $g: \mathbb{R} \to \mathbb{R}$ bijektiv ist.
b) Bestimme die Inverse g^I von g, ausgedrückt durch f^I, a, b, c, d.

8. a) Erläutere wie in 9.3.4 die folgenden Symmetrietypen 4, 5, 6 von Funktionen und suche jeweils Beispiele. (Definitionsbereich $\mathbb{R}^+$. Ein Beispiel zu Typ 4 findet sich in 9.1.1.)

Typ Nr.	Der Graph wird auf sich selbst abgebildet, wenn man ihn in x-Richtung mit p streckt ($p \neq 1$, $\neq 0$) und in y-Richtung	Dies besagt:
4	nicht verändert	$f\left(\frac{x}{p}\right) = f(x)$
5	um v verschiebt ($v \neq 0$)	$f\left(\frac{x}{p}\right) + v = f(x)$
6	mit q streckt ($q \neq 1$, $q \neq 0$)	$f\left(\frac{x}{p}\right) q = f(x)$

b) Von welchem Symmetrietyp sind die Logarithmusfunktionen; von welchem Typ sind die Potenzfunktionen?

9. Die Funktion $f: \mathbb{R}^+ \to \mathbb{R}$ mit $f(x) = x \sin(\pi\,\mathrm{ld}\,x)$ hat die Eigenschaft, daß ihr Graph durch zentrische Streckung auf sich selbst abgebildet wird. (Er ist also ein ähnlich vergrößertes bzw. verkleinertes Abbild von sich selbst.)
a) Skizziere den Graph von f und bestimme die Streckfaktoren der betreffenden zentrischen Streckung.
b) Hat die Funktion f noch eine andere Symmetrieeigenschaft?
c) Nenne weitere Funktionen, deren Graph durch zentrische Streckung auf sich selbst abgebildet wird.

10. Eine zu p % verzinste Spareinlage wächst jeweils am Jahresende um den Faktor $q = 1 + \frac{p}{100}$. Zwischenwerte werden durch „lineare Interpolation" bestimmt, siehe die Skizze und die Aufgabe 2 zu Abschnitt 8.4.
a) Bestätige, daß der Wert einer Spareinlage vom Anfangswert 1 (etwa 1000 DM) zu jedem Zeitpunkt $t \geq 0$ durch

$$f(t) = q^{[t]} + (q^{[t+1]} - q^{[t]})\,(t - [t])$$

beschrieben wird. Was erhält man hiernach für $f(n)$, $n \in \mathbb{N}_0$?

b) Beweise, daß f das Wachstumsgesetz $\forall t \in \mathbb{R}_0^+ : f(t+u) = f(t) \cdot f(u)$ erfüllt, *wenn* u *ganzzahlig* ist; $u = n \in \mathbb{N}_0$.
Hinweis: Beachte, daß $[t+n] = [t] + n$.
c) Zeige durch ein Beispiel, daß im Fall $u \notin \mathbb{N}_0$ dieses Gesetz nicht erfüllt ist.
Hinweis: Zum ersten Halbjahr gehört wegen der linearen Interpolation jeweils ein größerer Wachstumsfaktor als zum zweiten.

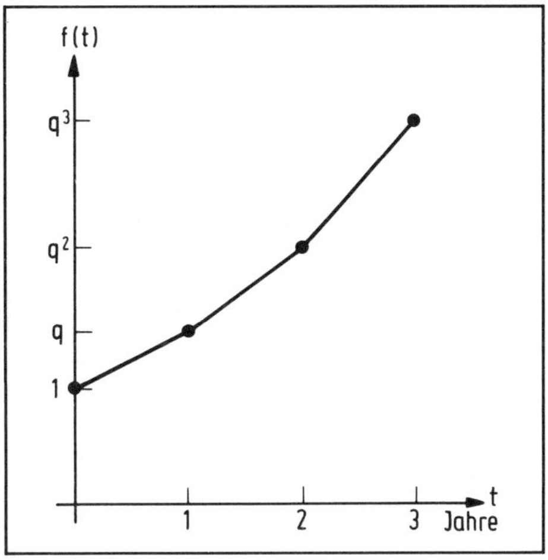

11. Bestimme alle monotonen Funktionen $f : \mathbb{R} \to \mathbb{R}$ (Zielmenge $\mathbb{R}$ statt $\mathbb{R}^+$), welche die Funktionalgleichung (D) erfüllen. Beweise dazu als Folgerung aus (D):
a) Wenn $f(x_0) = 0$ für ein x_0, dann $f(x) = 0$ für alle $x \in \mathbb{R}$.
b) $f(x) \geq 0$ für alle $x \in \mathbb{R}$.
Hinweis zu a): Setze etwa $x = (x - x_0) + x_0$.

12. Bestimme alle monotonen Funktionen:
a) $f : \mathbb{R} \to \mathbb{R}$, welche die Funktionalgleichung (A) erfüllen;
b) $f : \mathbb{R} \to \mathbb{R}^+$, welche die Funktionalgleichung (B) erfüllen.

Kapitel 10 Relationen

10.1 Der Relationsbegriff in Beziehung zu anderen Begriffen

10.1.1 Was ist eine Relation?

Wir kennen bereits zahlreiche Relationen und wissen auch, wie man mit ihnen umzugehen hat. Daß man eine Relation R in einer Menge M *kennt,* bedeutet nichts anderes, als daß man für jedes geordnete Paar $(a, b) \in M \times M$ feststellen kann, ob es „in der Relation R steht“ oder nicht; man schreibt dann aRb bzw. $a\not{R}b$.

Erste **Beispiele** für Relationen in der Menge $\mathbb{N}$ (und ebenso in $\mathbb{Z}, \mathbb{Q}, \mathbb{R}$) sind die Kleinerrelation $<$ und die Kleiner-oder-gleich-Relation $\leq$. Andere wichtige Relationen in $\mathbb{N}$ sind die *Teilerrelation* T und die *Teilerfremdheit,* die wie folgt definiert sind:

$$aTb \underset{\text{def}}{\Leftrightarrow} \exists n \in \mathbb{N} : na = b$$

$$a \text{ teilerfremd } b \underset{\text{def}}{\Leftrightarrow} \neg \exists n \in \mathbb{N} : (nTa \wedge nTb \wedge n > 1).$$

Für aTb sagt man auch „a teilt b“ oder „a geht auf in b“ und schreibt $a \mid b$. Der Strich $\mid$ darf aber nicht mit dem Bruchstrich in a/b verwechselt werden: a/b ist eine positive rationale *Zahl;* $a \mid b$ ist entweder wahr oder falsch.

Weiter kennen wir verschiedene Relationen in der Potenzmenge $\boldsymbol{P}G$ einer gegebenen Grundmenge G, insbesondere disj, $\subseteq$, $\underset{\text{echt}}{\subset}$. Das sind, wie man kurz sagt, „Relationen zwischen Mengen“.

Besonders instruktive Beispiele für Relationen liefern die *Verwandtschaftsbeziehungen* zwischen Menschen. Ausdrücke wie Schwester, Bruder, Mutter, Vater, Tochter, Sohn usw. bezeichnen *Relationen.* Durch eine solche wird immer ein (geordnetes) Paar von Menschen „in Beziehung gesetzt". Man kann z. B. sagen (für Menschen a, b): „a *ist Sohn von* b". Dann ist dies eine Aussage, d. h. entweder wahr oder falsch. Aber es hätte keinen Sinn, nur zu sagen „a ist Sohn". Entsprechendes gilt für die anderen Verwandtschaftsrelationen. Bei der Vater-Relation scheint es anders zu sein, indem hier auch die unvollständige Aussage „a ist Vater" einen Sinn hat und gebraucht wird. Hiermit meint man dann folgendes: „Es gibt einen Menschen b, so daß gilt: a ist Vater von b". In diesem Sinn bezeichnet das Wort „Vater" auch eine *Eigenschaft* (von Menschen) statt einer Relation (zwischen Menschen). — Das Nicht-Beachten des Relationscharakters kann zu Mißverständnissen führen, wie die bekannte Scherzaufgabe zeigt: „An einem Tisch sitzen drei Männer; es sind zwei Söhne und zwei Väter".

Durch das Vorstehende ist noch *keine korrekte Definition* des Begriffs „Relation" gegeben. In einer solchen darf ja der zu definierende Begriff nicht verwendet werden, auch nicht in versteckter Form wie hier durch die Umschreibung „in Beziehung stehen". Dies würde bedeuten, daß die Definition „zirkelhaft" ist. Vielmehr muß der zu definierende Begriff auf frühere, „primitivere" Begriffe zurückgeführt werden.

Hierzu kann man den von uns als grundlegend betrachteten Begriff der *Funktion* oder *Abbildung* verwenden und definieren: Eine Relation R in einer Menge M ist eine Abbildung, die jedem Paar $(a, b) \in M \times M$ einen der Wahrheitswerte „wahr", „falsch" zuordnet. Schreibt man noch 1 für „wahr" und 0 für „falsch", so besagt dies: *Eine Relation* R *in der Menge* M *ist eine Abbildung der Produktmenge* $M \times M$ *in die Menge* $\{0, 1\}$.

Auch für einen Tischcomputer sind Relationen wie $<$, $>$, $=$ und $\neq$ (geschrieben ><) in diesem Sinne Abbildungen, d. h. zweistellige Operationen. Auf die Eingabe

$$?\pi < 22/7; \qquad ?\pi > 22/7; \qquad ?\pi = 22/7; \qquad ?\pi{>}{<}22/7$$

reagiert er wie folgt:

$$1; \qquad 0; \qquad 0; \qquad 1.$$

Die vorstehende Definition ist insofern unbefriedigend, als sie sich auf den Begriff der Abbildung stützt, der in Kapitel 8 nicht formal definiert, sondern nur durch eine Umschreibung, mit Hilfe des Ausdrucks „Zuordnung", eingeführt worden ist. Üblicherweise definiert man nun den Relationsbegriff ohne eine solche Bezugnahme. Hierzu erinnern wir daran, daß die Abbildungen einer Menge G in die Menge $\{0, 1\}$, die sogenannten *charakteristischen Funktionen* bzgl. G (vgl. 9.3.2), eineindeutig den *Teilmengen* von G entsprechen. So wird klar, daß unsere Vorstellungen vom Relationsbegriff angemessen erfaßt werden durch

Definition 1: Unter einer *Relation* R *in einer Menge* M versteht man eine *Teilmenge von* $M \times M$ $(= M^2)$. Für $(a, b) \in R$ schreibt man meist aRb und sagt: „a steht in der Relation R zu b" oder: „a und[111] b stehen in der Relation R". Hiernach gilt $R = \{(x, y) \in M^2 \mid xRy\}$. Für $(a, b) \notin R$ schreibt man $a\not R b$.

Dies entspricht auch unserer ersten Feststellung: Eine Relation in M zu kennen, bedeutet nichts anderes, als eine Teilmenge von $M \times M$ zu kennen.

Eine unreflektierte Aufnahme dieser Definition bringt nicht allzuviel Erhellung, und für das tatsächliche Umgehen mit Relationen ändert sich hierdurch nichts. Auch muß man sich auf einige „Schocks" gefaßt machen, wenn man die Definition wörtlich nimmt. Hiernach ist ja z. B. die Kleinerrelation $<$ in $\mathbb{R}$ nichts anderes als eine Teilmenge von $\mathbb{R}^2$, nämlich die Halbebene $\{(x, y) \in \mathbb{R}^2 \mid x < y\}$. Umgekehrt „ist" jede geometrische Figur, als Teilmenge von $\mathbb{R}^2$,

[111]) Man beachte, daß das „und" hierbei nicht die in 6.1.1 erörterte Bedeutung als Junktor zwischen Aussagen hat.

eine Relation in $\mathbb{R}$. Weiter hätte man sich unter einer Relation zwischen Mengen (etwa $\subseteq$ oder disj) jetzt eine Menge von Paaren von Mengen vorzustellen!

Tatsächlich definiert Def. 1 eine Relation durch ihren *Umfang,* d. h. als Menge der zu ihr gehörenden Paare, nicht durch ihre inhaltliche Bedeutung. Denkt man aber daran, wie Teilmengen in den meisten Fällen festgelegt werden: nämlich durch Angabe einer definierenden Eigenschaft, so gewinnt man für den praktischen Umgang die inhaltliche Bedeutung zurück. Jedenfalls wird durch Def. 1 ein *theoretisches Bedürfnis* befriedigt, nämlich: den Relationsbegriff ausschließlich mittels früher eingeführter Begriffe zu definieren. Die hierzu herangezogenen Begriffe — Menge und geordnetes Paar — behandeln wir in diesem Buch als keiner weiteren formalen Begründung bedürftig.

Ergänzung: Man kann auch Relationen zwischen Elementen *verschiedener* Mengen M_1 und M_2 betrachten. Zum Beispiel ist die Relation „liegt auf" in der ebenen Geometrie eine Relation zwischen Punkten und Geraden. Formal wäre diese als eine gewisse Teilmenge des Produkts der Menge aller Punkte mit der Menge aller Geraden (Kreuzprodukt) zu beschreiben. Die wichtigsten Relationen sind jedoch vom oben definierten Typ $R \subseteq M \times M$.

10.1.2 Beispiele und Darstellungsweisen für Relationen

In jeder Menge M sind nach Def. 1 trivialerweise zwei „uninteressante" Relationen gegeben, nämlich die *leere Relation* $R = \emptyset$:

$$a\emptyset b \text{ gilt für } \textit{kein} \text{ Paar } (a,b) \in M^2;$$

und die *Allrelation* $R = M^2$:

$$aM^2b \text{ gilt für } \textit{alle} \text{ Paare } (a,b) \in M^2.$$

Im Fall $M = \emptyset$ (auch dieser wird jetzt nicht ausgeschlossen) ist $M^2 = \emptyset$, d. h. die leere und die Allrelation stimmen überein.

Interessanter ist schon die *Gleichheitsrelation* oder *„Identität"* $R = Id_M$, in jeder Menge M. Sie ist wie folgt definiert: Für alle Paare $(a,b) \in M^2$ gilt

$$a\, Id_M\, b \underset{\text{def}}{\Leftrightarrow} a = b.$$

Gleichwertig hiermit ist die Definition:

$$Id_M := \{(x,y) \in M^2 \mid x = y\}$$

Das letzte Beispiel zeigt, wie eine Relation R in M üblicherweise dargestellt, beschrieben oder „gegeben" wird: nämlich mittels einer *zweistelligen Aussageform* $\boldsymbol{R}(x,y)$ über M (vgl. 5.1.4) wie folgt:

$$xRy \underset{\text{def}}{\Leftrightarrow} \boldsymbol{R}(x,y) \quad (\text{für alle } x,y \in M).$$

So haben wir schon in **1.** die Teilbarkeitsrelation in $\mathbb{N}$ durch die zweistellige (!) AF über $\mathbb{N}$: $\exists\, n \in \mathbb{N} : nx = y$ definiert. Jede zweistellige Aussageform $\boldsymbol{R}(x,y)$ über M liefert so eine Relation R in M. Diese ist nichts anderes als die Erfüllungsmenge $R = \{(x,y) \mid \boldsymbol{R}(x,y)\}$. Äquivalente AF liefern dieselbe Relation, vgl. 5.1.2.

Beispiel: Die Aussageform $|x-y| \leq 1$ über $\mathbb{R}$ beschreibt die Relation „unterscheidet sich um höchstens 1 von" in $\mathbb{R}$. Dieselbe Relation wird auch beschrieben durch $x - 1 \leq y \leq x + 1$ und durch $y - 1 \leq x \leq y + 1$. Diese drei AF sind äquivalent. In der xy-Ebene erscheint diese Relation als der skizzierte Parallelstreifen, der die Gerade $y = x$ (die Gleichheitsrelation!) umfaßt.

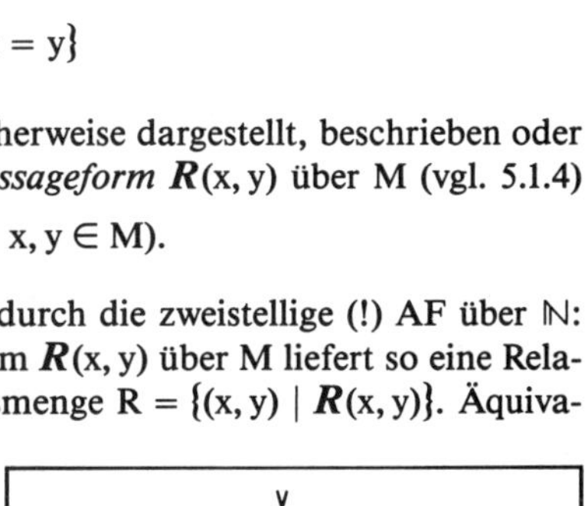

Bei *endlicher Menge* M bieten sich zur Darstellung von Relationen **Tabellen** mit zwei Eingängen an. In den Eingängen führt man jeweils die Elemente von M auf; in die Felder der Tabelle setzt man genau dort Kreuze, wo das betreffende Elementepaar (links das erste, oben das zweite Glied) zur Relation gehört.

Beispiel: Darstellung der Relationen | („ist Teiler von") und „ist Vorgänger von" in der Menge $M = \{1, 2, 3, 4, 5, 6\}$.

ist Teiler von	1	2	3	4	5	6
1	×	×	×	×	×	×
2		×		×		×
3			×			×
4				×		
5					×	
6						×

ist Vorgänger von	1	2	3	4	5	6
1		×				
2			×			
3				×		
4					×	
5						×
6						

Jede beliebige Verteilung von Kreuzen in einer solchen Tabelle stellt eine Relation in der betreffenden Menge M dar. Die Anzahl aller dieser Relationen ist daher $2^{(n^2)}$, wobei $n = \text{card}\, M$, im Beispiel also $2^{36} = 2^6 \cdot 2^{30} = 64 \cdot 1024^3 \approx 6{,}9 \cdot 10^{10}$ (Kopfrechnen!). Nur wenige von diesen Relationen haben eine Bedeutung, die sich verbal oder mit Hilfe eines Rechenausdrucks leicht beschreiben läßt, wie im Vorstehenden durch

$$\exists\, n \in \mathbb{N} : nx = y \qquad \text{bzw.} \qquad x = y - 1.$$

Die *Identität* Id_M in einer endlichen Menge M ist dargestellt, wenn genau die Felder auf der Diagonalen der Tabelle mit Kreuzen besetzt sind.

Hinweise

(a) Relationstabellen dürfen nicht mit Verknüpfungstafeln, etwa Additions- oder Multiplikationstabellen, verwechselt werden. In einer solchen steht in jedem Feld das Ergebnis der betreffenden Rechenoperation, also eine Zahl. In einer Relationstabelle steht — von der Bezeichnung abgesehen — in jedem Feld einer der Wahrheitswerte „wahr" oder „falsch".

(b) Relationstabellen sind im Fall $M \subseteq \mathbb{R}$ mit der Punktmengendarstellung von Relationen verwandt: Statt eine Tabelle anzulegen, kann man die anzukreuzenden Paare (x, y) auch als Punkte in die xy-Ebene einzeichnen. Hierbei trägt man allerdings das erste Glied nach rechts, das zweite nach oben ab und nicht, wie bei Tabellen, das erste am linken Rand nach unten, das zweite am oberen Rand nach rechts.

Weit verbreitet ist die Darstellung von Relationen in endlichen Mengen mittels **Pfeildiagrammen** (dies andeutungsweise auch bei Relationen in unendlichen Mengen). „aRb" wird dann jeweils dadurch ausgedrückt, daß man (in der Darstellung der Menge M) einen Pfeil von a nach b zeichnet.

Für die Relationen | und „ist Vorgänger von" in $\{1, 2, 3, 4, 5, 6\}$ sieht das so aus:

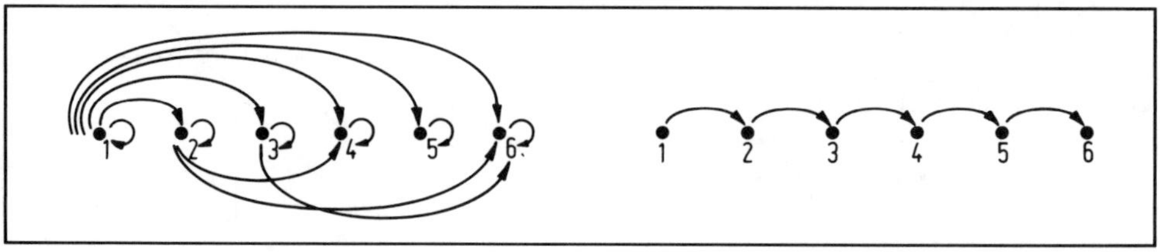

Offenbar stellt bei gegebener endlicher Menge M jedes beliebige Bild mit Pfeilen zwischen Elementen von M eine Relation in M dar, wenn nur für alle $a, b \in M$ gilt: Von a nach b geht höchstens ein Pfeil.

Solche Pfeildiagramme sind in gewisser Hinsicht mißverständlich[112]). So weisen die Pfeile der Teiler-Relation | gerade zu den *Vielfachen* einer Zahl und die Pfeile der Vorgängerrelation $R = \{(x, y) \in \mathbb{N} \mid x = y - 1\}$ gerade zum *Nachfolger* der betreffenden Zahl. Entsprechend zeigen die Pfeile der Kleinerrelation $<$ zu den jeweils *größeren* Zahlen.

Gegen solche Mißverständnisse wirkt eine Beschriftung der Pfeile derart, daß man eine verbale Beschreibung der Relation erhält, wenn man vom „Schwanz“ des Pfeils ausgehend in Pfeilrichtung liest:

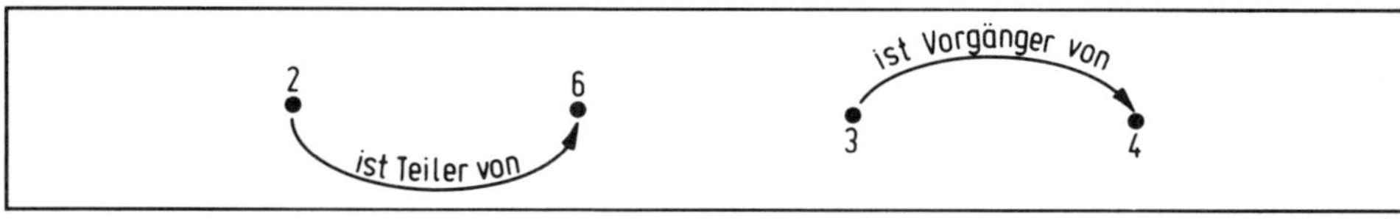

Ohne eine derartige Beschriftung erscheint das Pfeilbild der Vorgänger-Relation R eher als Darstellung der Nachfolger-*Funktion* $x \mapsto x + 1$. Hier zeigt sich eine Verwandtschaft zwischen dem Relations- und dem Funktionsbegriff, der wir in **4.** nachgehen.

10.1.3 Operationen mit Relationen

Da die Relationen in M nichts anderes als gewisse *Mengen* sind, nämlich die Teilmengen von $M \times M$, kann man die bekannten Mengenoperationen unmittelbar auf Relationen anwenden und natürlich auch nach dem Bestehen von Relationen zwischen Relationen fragen. Die folgenden *Beispiele* für *Durchschnitt* und *Vereinigung* von Relationen sind unmittelbar verständlich. Sie zeigen wieder, daß das $\cup$ dem „oder“, das $\cap$ dem „und“ entspricht. Und das Bestehen der *Inklusion* $R_1 \subseteq R_2$ besagt, daß (für alle $a, b \in M$) gilt: $aR_1b \Rightarrow aR_2b$.

Menge M	Relationen in M R_1	 R_2	 $R_1 \cup R_2$	 $R_1 \cap R_2$	 $R_1 \subseteq R_2$?
Eine Menge von Menschen	ist Sohn von ist Kind von ist Vater von	ist Tochter von ist Abkömmling von ist Mutter von	ist Kind von ist Abkömmling von ist Elter(nteil) von	leere Relation $\emptyset$ ist Kind von leere Relation $\emptyset$	nein ja nein
$\mathbb{R}$ /	$<$ $<$ $\leq$	$= (Id_{\mathbb{R}})$ $\leq$ $\geq$	$\leq$ $\leq$ Allrelation $\mathbb{R}^2$	leere Relation $\emptyset$ $<$ $= (Id_{\mathbb{R}})$	nein ja nein
$\mathbb{N}$	$<$	| (ist Teiler von)	$\leq$	ist echter Teiler von	nein
PG	$\underset{\text{echt}}{\subset}$ $\subseteq$	$\subseteq$ $\supseteq$	$\subseteq$ ist Unter- oder Obermenge von (nicht die Allrelation!)	$\underset{\text{echt}}{\subset}$ $= (Id_G)$	ja nein

Eine weitere, und zwar einstellige Mengenoperation ist die Komplementbildung. Das *Komplement* $M^2 \setminus R$ der Relation R in M sollte konsequenterweise mit $\overline{R}$ bezeichnet werden; meist schreibt man $\not R$.

[112]) Daher wird von ihrer Verwendung im Unterricht (jedenfalls der Grundschule) abgeraten. Siehe *H.-D. Gerster:* Pfeilbilder für Relationen. In „Grundschule“ Heft 4/1984.

Die Komplementbildung darf nicht verwechselt werden mit der ganz andersartigen Operation der Inversenbildung. Die *Inverse* R^I der Relation R wird naturgemäß wie folgt definiert:

Definition 2: Für jede Relation R in einer Menge M versteht man unter der *Inversen (Relation)* von R, geschrieben R^I, die Paarmenge $\{(x, y) \in M^2 \mid yRx\}$. Kurz:

$$xR^Iy \underset{\text{def}}{\Leftrightarrow} yRx.$$

Die folgenden *Beispiele* für Komplemente und Inverse von Relationen sind wieder unmittelbar verständlich. Die Komplementbildung entspricht der Negation. Die Inversenbildung bedeutet gleichsam die Spiegelung der Relation: im Fall $M = \mathbb{R}$ an der Geraden $y = x$, bei endlicher Menge M an der Hauptdiagonalen der Tabelle. Bei der Darstellung im Pfeildiagramm bedeutet sie einfach das Umdrehen aller Pfeile.

Menge M	Relation R in M	$\overline{R}$ ($\not R$)	R^I
eine Menge von Menschen	ist Kind von	ist nicht Kind von	ist (Elter)nteil von
$\mathbb{R}$	$<$ $\leq$	$\geq$ (d. h. nicht kleiner) $>$	$>$ $\geq$
$\mathbb{N}$	$\mid$ (ist Teiler von)	$\nmid$ (ist nicht Teiler von)	ist Vielfaches von
PG	disj	hat mindestens ein Element gemeinsam mit	disj
	$\subseteq$	$\not\subseteq$ (das ist nicht dasselbe wie $\underset{\text{echt}}{\supset}$!)	$\supseteq$

Zur Verdeutlichung des Unterschieds von $\not R$ und R^I stelle man sich eine Menge von 50 Menschen vor. Dann besteht die obige Relation R „ist Kind von" aus ganz wenigen geordneten Paaren. Die Relation $\overline{R}$ besteht aus den restlichen fast 2500 Paaren, R^I dagegen aus ebenso vielen Paaren wie R.

Schließlich kann man Relationen, ähnlich wie Funktionen, *verketten.* Dies hat jedoch nicht die gleiche große Bedeutung wie bei Abbildungen, d. h. Funktionen.

Definition 3: Es seien R_1, R_2 Relationen in derselben Menge M. Unter der *Verkettung* von R_1 und R_2 (in dieser Reihenfolge) versteht man die Relation R in M gemäß

$$xRy \underset{\text{def}}{\Leftrightarrow} \exists z \in M : (xR_1z \wedge zR_2y).$$

Wir schreiben kurz $R = R_1R_2$.

Beispiele

(1) Es sei M eine Menge von Menschen und R_1 die Relation „ist Bruder von", R_2 die Relation „ist Elter(nteil) von". Dann bedeutet xR_1R_2y, daß x Bruder eines Elter(nteil)s von y, d. h. Onkel von y ist: x ist Onkel von y $\Leftrightarrow$ $\exists z \in M$: (x ist Bruder von z und z ist Elter von y).

Die Verkettung R_2R_1 (in anderer Reihenfolge) ist hier eine andere Relation; denn xR_2R_1y besagt, daß x Elter(nteil) eines Bruders von y ist, und dies schließt (wenn man Halbbrüder nicht als „Brüder" ansieht) im allgemeinen sogar das Onkelsein aus. — Was bedeutet es, wenn für ein Paar (x, y) zugleich xR_1R_2y und xR_2R_1y gilt?

(2) Es sei $M = \boldsymbol{F}$ eine Menge von geometrischen Figuren in der Ebene (nicht als Menge von Relationen in $\mathbb{R}$ aufgefaßt!). Weiter sei R_1 die aus dem Geometrieunterricht bekannte Relation „kongruent" oder „deckungsgleich" und R_2 die Inklusion $\subseteq$. Welche Bedeutung hat dann die Relation R_1R_2 in $\boldsymbol{F}$? Es gilt (für $A, B \in \boldsymbol{F}$):

$$A\, R_1R_2\, B \Leftrightarrow \exists C \in \boldsymbol{F} : A \text{ kongruent } C \wedge C \subseteq B;$$

d. h. A R_1R_2 B bedeutet, daß A kongruent zu einer Teilmenge von B ist, wofür man mitunter sagt „A paßt hinein in B". In diesem Fall ist R_2R_1 dieselbe Relation wie R_1R_2. Denn wenn A wie beschrieben in B hineinpaßt, dann ist A auch Teilmenge einer zu B kongruenten Menge.

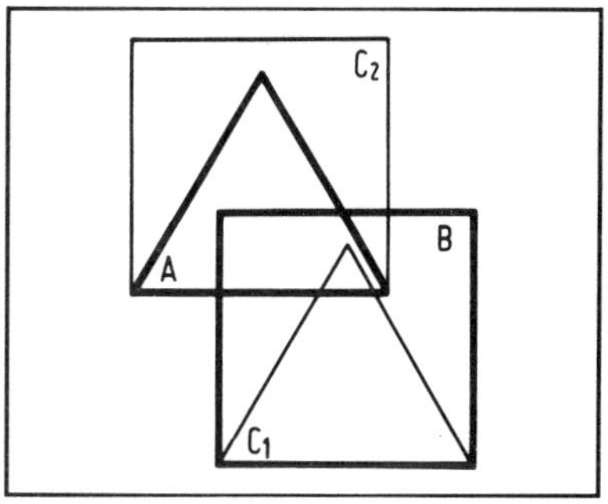

Im *Pfeildiagramm* läßt sich das Verketten als Aneinandersetzen von Pfeilen deuten: Für die Darstellung von R_1R_2 hängt man die Pfeile von R_2 an die von R_1. Das liefert allerdings im allgemeinen auch überflüssige Pfeile und nicht, wie es sein müßte, für jedes zur Relation gehörige Paar genau einen.

So erhält man bei den Relationen R_1 „ist Schwester von" und R_2 „ist Schüler von" in der skizzierten Menge von Menschen durch Zusammensetzen der Pfeile von R_1 und von R_2 nicht unmittelbar das Pfeildiagramm der Verkettung R_1R_2 „ist Schwester eines Schülers von".

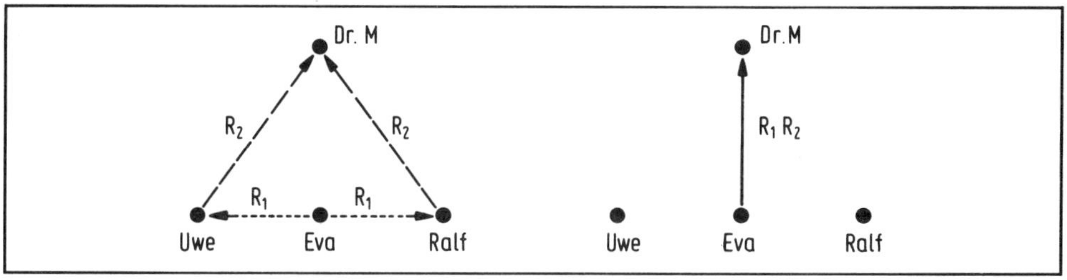

Aufgaben: 1 bis 3

10.1.4 Funktionen als spezielle Relationen

Die Darstellung von Relationen in Pfeildiagrammen weist auf eine Verwandtschaft mit dem *Funktionsbegriff* hin. Natürlich ist — wie schon die Beispiele in **2.** zeigen — nicht jedes Pfeildiagramm einer Relation die Darstellung einer Funktion. Aber jedes solche Pfeildiagramm drückt eine (nicht notwendig eindeutige) „Zuordnung" aus. In diesem Sinn ist durch den Relationsbegriff die allgemeine Vorstellung „Zuordnung" begrifflich gefaßt, als Oberbegriff für den Funktionsbegriff.

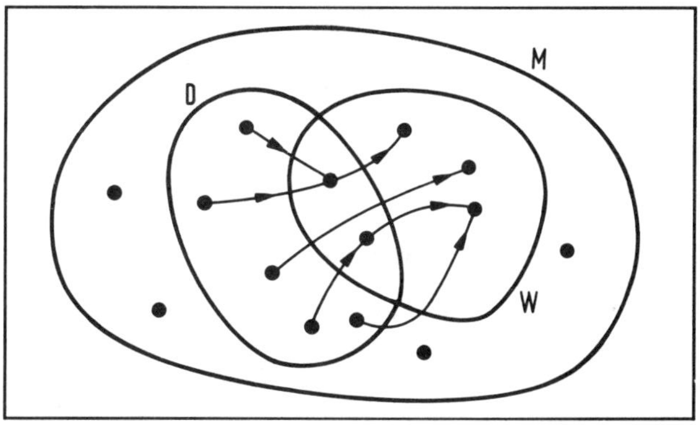

Offensichtlich stellt das Pfeildiagramm einer Relation R in M *genau dann eine Funktion* f *dar, wenn von jedem Element (Punkt) aus* M *höchstens ein Pfeil ausgeht.* Der Definitionsbereich D von f ist dann die Menge aller Punkte, von denen ein Pfeil ausgeht; der Wertebereich W von f ist die Menge aller Punkte, in denen mindestens ein Pfeil endet. Die dargestellte Funktion ist dann eine Abbildung von D in M. Auch das leere Pfeildiagramm stellt hiernach eine Funktion dar, mit $D = W = \emptyset$. Diese, die leere Relation, rechnen wir von jetzt ab zu den Funktionen (siehe Def. 4.).

Dies erinnert an 8.2.3. Dort wurde als *Graph* einer Funktion $f: D \to M$ die Paarmenge $\{(x, y) \in D \times M \mid f(x) = y\}$ bezeichnet und festgestellt: Eine Teilmenge von $D \times M$ ist *der Graph einer Funktion* $D \to M$ *genau dann, wenn sie zu jedem* $x \in D$ *genau ein Paar* (x, y) enthält, dessen erstes Glied x ist.

Nach dem Vorstehenden ist es unter Umständen zweckmäßig, die genannte Eigenschaft zur *Definition* des Funktionsbegriffs (unabhängig von unserer früheren Einführung) zu verwenden, wie folgt:

Definition 4: Eine Relation R in M, d. h. Teilmenge von $M \times M$, heißt *Funktion* genau dann, wenn sie die Eigenschaft

(1) $$((x, y_1) \in R \wedge (x, y_2) \in R) \Rightarrow y_1 = y_2 \quad (\text{für alle } x, y_1, y_2 \in M)$$

hat. Für eine Funktion, jetzt mit f bezeichnet, heißt

$$\{x \in M \mid \exists y \in M : (x, y) \in f\} \text{ die } \textit{Definitionsmenge } D \text{ von } f,$$
$$\{y \in M \mid \exists x \in M : (x, y) \in f\} \text{ die } \textit{Wertemenge } W \text{ von } f,$$

und f heißt auch *Abbildung* von D in M oder von D auf W.

Statt $(x, y) \in f$ oder xfy schreibt man dann $f(x) = y$ oder $x \xrightarrow{f} y$.

Hiernach ist insbesondere die leere Relation eine Funktion; weiter ist die *identische Relation* in M eine Funktion, und zwar gerade die *identische Abbildung* von M; es gilt $Id_M = id_M$. Für jede Teilmenge D von M sind die Funktionen $D \to M$ genau die oben beschriebenen Teilmengen von $D \times M$.

Hinweise

(a) Für das Umgehen mit Funktionen ändert sich durch Def. 4 nichts. Es ist zweckmäßig, die Vorstellung des eindeutigen Zuordnens beizubehalten. Durch Def. 4 wird in erster Linie ein *theoretisches Interesse befriedigt,* indem der Funktionsbegriff auf den formal definierten Relationsbegriff zurückgeführt wird. *Entsprechendes gilt für die folgenden Hinweise.*

(b) Die Eigenschaft (1) einer Relation R heißt in der Relationentheorie „Rechtseindeutigkeit". Entsprechend definiert man die „Linkseindeutigkeit" durch

(2) $$((x_1, y) \in R \wedge (x_2, y) \in R) \Rightarrow x_1 = x_2.$$

Bei Funktionen, d. h. rechtseindeutigen Relationen, bedeutet Linkseindeutigkeit offensichtlich nichts anderes als *Injektivität.* Man bemerkt, daß die leere Funktion injektiv, also eine Permutation von $\emptyset$ ist.

(c) Nach Def. 2 hat jede Funktion f (als Relation) eine *Inverse* f^I. Die Relation f^I ist genau dann eine Funktion, und zwar gerade die früher eingeführte Inverse von f, wenn f injektiv ist. f^I hat dann die Definitionsmenge W_f und die Wertemenge D_f.

(d) Nach Def. 3 ist für je zwei Funktionen f_1, f_2, als Relationen in derselben Menge M, die *Verkettung* $f_1 f_2$ definiert. Diese ist wieder eine Funktion und zwar, falls f_1 und f_2 schon nach Def. 1 in 9.1.1 verkettbar sind, gleich der dort eingeführten Verkettung $f_2 \circ f_1$.

(e) Bei einer Funktion $f: D \to M$ gemäß Def. 4 ist der Definitionsbereich D immer eine Teilmenge der „Zielmenge" M. Dies bedeutet keine Einengung des Funktionsbegriffs gegenüber Abschnitt 8.2. Man kann ja immer, ohne an der Funktion etwas zu ändern, die verwendete Zielmenge so erweitern, daß sie die Definitionsmenge umfaßt.

Nochmals sei betont: Auch wenn nach Def. 4 Funktionen „nichts anderes als spezielle Relationen" sind, verbinden sich doch mit den beiden Begriffen ganz verschiedene Vorstellungen, die durch die Ausdrücke „eindeutige Zuordnung" und „Beziehung" umschrieben werden können. Dies zeigt sich wie in **2.** schon an der Paarmenge $\{(x, y) \in \mathbb{N}^2 \mid x + 1 = y\}$ =

$\{(1,2), (2,3), (3,4), \ldots\}$. Faßt man sie als *Relation* auf, so spricht man von der Vorgänger-Relation (in $\mathbb{N}$); faßt man sie als *Funktion* auf, spricht man von der Nachfolger-Funktion.

Aufgaben: 4 bis 6

Aufgaben 10.1

1. Nenne Relationen R in $\mathbb{N}$ $(R \neq \emptyset, \; \neq Id_{\mathbb{N}}, \; \neq \mathbb{N}^2)$ mit der Eigenschaft
a) $R^I = R$; b) $R \cap R^I = \emptyset$; c) $R \cap R^I = Id_{\mathbb{N}}$; d) $R^I = \overline{R}$
— falls es solche Relationen gibt (andernfalls Begründung).

2. Beschreibe die Bedeutung der folgenden Verkettungen von Relationen:
a) $<<$ in $\mathbb{N}$; b) $<<$ in $\mathbb{Q}$; c) $><$ in $\mathbb{N}$; d) $><$ in $\mathbb{Q}$.

3. Die Relationen: (ist) Mutter, Vater, Tochter, Sohn, Ehepartner (von), in einer passend gewählten Menge von Menschen, seien der Reihe nach mit M, V, T, S, E bezeichnet.
a) Drücke hiermit (und mit den in 10.1.3 erörterten Operationen) die folgenden Relationen aus:
Schwiegermutter, Schwiegersohn, Großvater, Enkeltochter, Bruder (nicht nur Halbbruder), Stiefvater.
b) Welche Relationen werden durch MM, $MM \cup MV$, $SS \cup ST$, VE, ES, $(V \cup M)^I$, $TE \cap \overline{T}$, $TV \cap TM$, $TV \cup TM$ beschrieben?
c) Was besagt die Aussage $EMEV \cap Id = \emptyset$? Ist sie in jeder Menge von Menschen wahr?

4. Wie viele von den 2^{36} Relationen in $\{1,2,3,4,5,6\}$ sind *Funktionen* gemäß Def. 4?

5. Was bedeutet die Aussage $f_1 \subseteq f_2$ für Funktionen f_1, f_2, die als Paarmengen aufgefaßt sind? Stelle eine Verbindung zu Abschnitt 8.2 her.

6. Diskutiere die Relation R in $\mathbb{R}$, die durch $xRy \Leftrightarrow x = y^2$ gegeben ist:
a) Ist R eine Funktion?
b) In welcher Beziehung steht R zur Quadratfunktion $x \mapsto x^2$, in welcher zur Wurzelfunktion $x \mapsto \sqrt{x}$?

10.2 Eigenschaften von Relationen; Ordnungsrelationen

Eine wichtige Eigenschaft, die eine Relation haben kann, ist die im Vorangehenden erörterte *Funktionseigenschaft.* Wir interessieren uns hier jedoch mehr für Relationen, die keine Funktionen sind, insbesondere für die sogenannten Ordnungsrelationen.

10.2.1 Transitivität

Schon bei mehreren Relationen, so bei $<$, $\leq$, $=$ in $\mathbb{R}$ und bei $\subseteq$ in $\mathcal{P}G$, wurde die Eigenschaft der *Transitivität* hervorgehoben. Jetzt definieren wir allgemein:

Definition 1: Eine Relation R in M heißt *transitiv* genau dann, wenn gilt:

(Trans) $\quad (aRb \wedge bRc) \Rightarrow aRc \quad$ (für alle $a, b, c \in M$).

In der *Tabellendarstellung* einer Relation kann man die Transitivität nicht leicht erkennen. Für das *Pfeildiagramm* einer Relation bedeutet die Transitivität, daß mit jeder Kette aus zwei Pfeilen:

auch der „Überbrückungspfeil“:

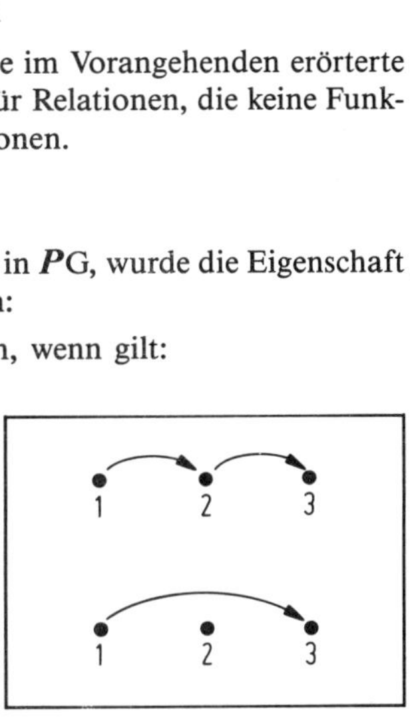

zur Relation gehört. Dies ist bei der Vorgänger-Relation *nicht* der Fall, wohl aber zum Beispiel bei der Kleinerrelation und ebenso bei der Teilerrelation.

Zur Kontrolle des Verständnisses bestätige man, daß auch in der zweielementigen Menge $\{1,2\}$

die Kleinerrelation transitiv ist; denn hier ist $a < b \wedge b < c$ (der Vordersatz in der Definition) immer falsch. Dies gilt auch für die Menge $\{1\}$; hier ist $<$ die leere Relation.

Offenbar ist keine der in 10.1.1 erörterten Verwandtschaftsrelationen transitiv. Nicht einmal die Relation „ist Geschwister von" (d. h. „ist Bruder oder Schwester von", und zwar nicht nur Halbbruder bzw. Halbschwester) ist transitiv. Denn wenn a Geschwister von b, also b Geschwister von a ist, so folgt daraus ja nicht, daß a Geschwister von a ist. Man erhält erst dann eine transitive Relation, wenn man die Geschwisterrelation mit der Identität vereinigt: Durch

$$a \text{ ist Geschwister von } b \ \vee \ a = b$$

ist eine transitive Relation in der betreffenden Menge von Menschen gegeben. Man kann sie wie folgt beschreiben:

$$a \text{ hat dieselben Eltern wie } b$$

und diese neue Relation dann wieder die Geschwisterrelation (im weiteren Sinn) nennen.

Ebenso erzwingt man in der Geometrie die Transitivität der Relation $\parallel$ (parallel) in der Menge der Geraden, indem man jede Gerade auch als parallel zu sich selbst erklärt. Im Fall der Geschwister hätte dies allerdings die unerwünschte Folge, daß jeder Mensch seinen Vater auch Onkel nennen kann!

Ein wichtiges *Beispiel* einer transitiven Relation (in jeder Menge M) ist die *Identität;* ein wichtiges Beispiel einer nicht transitiven Relation (in jeder Menge M mit mehr als einem Element) ist ihr Komplement, d. h. die Relation $\neq$. Aus $a \neq b$ und $b \neq c$ darf man *nicht* folgern (wie es mitunter geschieht), daß $a \neq c$.

10.2.2 Reflexivität und Irreflexivität

Auch die Eigenschaft der Reflexivität einer Relation ist uns schon begegnet, z. B. bei $\leq$ in $\mathbb{N}$ und bei $\subseteq$ in $\mathcal{P}G$; weiter ist die Identität Id_M reflexiv. Die Relationen $<$ und $\subset$ sind nicht reflexiv und sogar „irreflexiv", was etwas anderes besagt. Hier die Definitionen:

Definition 2: Eine Relation R in M heißt

$$\left.\begin{array}{r}\textit{reflexiv}\\ \textit{irreflexiv}\end{array}\right\} \text{ genau dann, wenn } \left\{\begin{array}{l}\text{für } \textit{alle } a \in M \text{ gilt: } aRa;\\ \text{für } \textit{kein } a \in M \text{ gilt: } aRa.\end{array}\right.$$

Danach bedeutet

Reflexivität von R: Alle Diagonalfelder der Tabelle sind angekreuzt, bzw. jedes Element von M trägt einen Ringpfeil;

Irreflexivität von R: Kein Diagonalfeld der Tabelle ist angekreuzt, bzw. kein Element von M träg einen Ringpfeil. Statt „irreflexiv" sagt man deutlicher auch „antireflexiv"

Dagegen bedeutet

Nicht-Reflexivität von R: Nicht alle Diagonalfelder der Tabelle sind angekreuzt bzw. nicht jedes Element von M trägt einen Ringpfeil.

Mit Hilfe von Mengenoperationen (bzw. -Relationen) kann man dies wie folgt allgemein ausdrücken. Es bedeutet

Reflexivität von R:	$Id_M \subseteq R$,	d. h. $Id_M \cap R = Id_M$;
Irreflexivität von R:	Id_M disj R,	d. h. $Id_M \cap R = \emptyset$;
Nicht-Reflexivität von R:	$Id_M \nsubseteq R$,	d. h. $Id_M \cap R \neq Id_M$.

Viele wichtige Relationen, wie „kleiner", „Teilmenge von", „Teiler von", „parallel" sind in ihrer ursprünglichen Bedeutung nicht reflexiv. So sträubt man sich anfangs wohl dagegen, jede Menge als Teilmenge von sich selbst, jede Zahl als Teiler von sich selbst und jede Gerade als parallel zu sich selbst anzusehen. In der Mathematik bevorzugt man reflexive Relationen, etwa $\leq$ gegenüber $<$, bzw. man definiert die Relationen (Teilmenge, Teiler, parallel) gleich so, daß Reflexivität besteht.

Natürlich gibt es auch Relationen, die *weder reflexiv noch irreflexiv* sind; *Beispiele:*

„disjunkt“ zwischen Mengen ($\emptyset$ ist disjunkt zu sich selbst, alle anderen Mengen sind es nicht); „ist Quadrat von“ zwischen Zahlen (0 und 1 sind Quadrat von sich selbst, alle anderen Zahlen sind es nicht); „liegt spiegelbildlich zu“ zwischen Figuren in der Ebene (die achsensymmetrischen Figuren sind spiegelbildlich zu sich selbst, die anderen Figuren sind es nicht).

10.2.3 Symmetrie und Antisymmetrie, Trichotomie

Die Bedeutung der „Symmetrie“ einer Relation liegt auf der Hand; Beispiele symmetrischer Relationen sind die Teilerfremdheit in $\mathbb{N}$, die Disjunktheit in $\boldsymbol{P}G$ und das Senkrechtstehen zwischen Geraden. Die „Antisymmetrie“ ist nicht ganz so leicht zu erfassen. Wir geben die

Definition 3: Eine Relation R in M heißt

$$\left.\begin{array}{r}\textit{symmetrisch}\\ \textit{antisymmetrisch}\end{array}\right\}\text{ genau dann, wenn für alle } a,b\in M \text{ gilt: }\left\{\begin{array}{l} aRb \Rightarrow bRa;\\ (aRb \wedge a \neq b) \Rightarrow b\not R a.\end{array}\right.$$

Antisymmetrie von R besagt also: Wenn aRb und nicht $a = b$, dann *auch nicht* bRa. Diese Eigenschaft ist gleichbedeutend mit $a\not R b \vee a = b \vee b\not R a$ (warum?), d. h. mit $\neg(aRb \wedge bRa) \vee a = b$, d. h. mit $(aRb \wedge bRa) \Rightarrow a = b$. Üblicherweise verwendet man zur Definition der Antisymmetrie einer Relation R diese letzte Wenn-dann-Aussage:

(1) $$(aRb \wedge bRa) \Rightarrow a = b.$$

Wir haben ihr Bestehen schon früher für die Relationen $\subseteq$ und $\leq$ festgestellt. Erst recht sind die Relationen $\underset{\text{echt}}{\subset}$ und $<$ antisymmetrisch. Dies sieht man wohl leichter an der eingangs verwendeten Fassung dieser Eigenschaft als an (1). Für irreflexive Relationen besagt Antisymmetrie einfach: $aRb \Rightarrow b\not R a$.

Nach dem Vorangehenden bedeutet

Symmetrie von R: In der Tabelle ist die Kreuzverteilung symmetrisch zur Hauptdiagonalen; im Pfeildiagramm sind alle Pfeile zweiseitig:

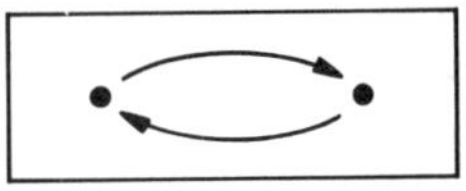

Antisymmetrie von R: Von zwei symmetrisch zur Diagonalen gelegenen Feldern außerhalb der Diagonalen trägt höchstens eines ein Kreuz; kein Pfeil außer etwaigen Ringpfeilen ist zweiseitig.

Mit Hilfe der in 10.1.3 erörterten Inversenbildung kann man dies wie folgt allgemein ausdrücken. Es bedeutet

Symmetrie von R: $R = R^I$

Antisymmetrie von R: $R \cap R^I \subseteq Id_M$

Offensichtlich sind die Identität Id_M und die leere Relation *zugleich symmetrisch und antisymmetrisch.* Dies zeigt, daß die (in der Relationentheorie übliche) Bezeichnungsweise nicht sehr glücklich gewählt ist, und außerdem, daß „antisymmetrisch“ etwas anderes bedeutet als „nicht symmetrisch“.

Hier ein Beispiel einer Relation, die weder symmetrisch noch antisymmetrisch (noch reflexiv noch irreflexiv noch transitiv) ist. Sie läßt sich auch beschreiben durch die Aussageform $x < 3 \leq x + y \leq 4$ über der Menge $\{1, 2, 3\}$.

R	1	2	3
1		×	×
2	×	×	
3			

Verwandt mit der Antisymmetrie ist eine schon früher festgestellte Eigenschaft der Relation $<$, die *Trichotomie.* Sie besagt, jetzt für eine beliebige Relation R in einer Menge M formuliert:

(Trich) *entweder* aRb *oder* $a = b$ *oder* bRa;

d. h. für jedes Paar $(a, b) \in M^2$ ist genau eine dieser drei Aussagen wahr.

Hiernach ist die Trichotomie eine „stärkere“ Eigenschaft als die Antisymmetrie: Wenn eine Relation (Trich) erfüllt, dann ist R *antisymmetrisch und irreflexiv.* Denn nach (Trich) folgt schon aus aRb, daß b$\not R$a, und wegen a = a folgt, daß niemals aRa gelten kann. Das Umgekehrte ist aber nicht wahr; dies zeigt die Relation $\underset{\text{echt}}{\subset}$.

Aufgaben: 1 bis 4

10.2.4 Ordnungsrelationen

Viele wichtige Relationen sind zugleich *transitiv und antisymmetrisch:* so $\subseteq$ und $\underset{\text{echt}}{\subset}$ bei Mengen; $\leq$ und $<$ bei (reellen) Zahlen; $|$ (die Teilbarkeitsrelation) bei natürlichen Zahlen.

Definition 4: Eine Relation R in einer Menge M heißt *Ordnungsrelation* genau dann, wenn R transitiv und antisymmetrisch ist.

Ist R außerdem reflexiv, so heißt R *reflexive Ordnungsrelation;* ist R irreflexiv, so heißt R *irreflexive* (oder „strikte") *Ordnungsrelation.*

Bemerkungen

(a) Man kann zeigen (Aufgabe 4), daß aus der Transitivität und Irreflexivität einer Relation schon ihre Antisymmetrie folgt. Somit lassen sich die strikten Ordnungsrelationen kürzer durch die Eigenschaft „transitiv und irreflexiv" definieren.

(b) Es gibt auch Ordnungsrelationen, die weder reflexiv noch irreflexiv sind; *Beispiel:*

$$aRb \underset{\text{def}}{\Leftrightarrow} a < b^2 \text{ in } M = \{1, 2\}$$

	1	2
1		×
2		×

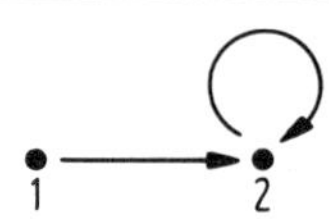

Aber solche Relationen sind nur von geringem Interesse.

Für die *Darstellung von Ordnungsrelationen* in endlichen Mengen verwendet man mit Vorteil Pfeildiagramme, die wie folgt vereinfacht werden und dann *Ordnungsdiagramme* (oder „Hasse-Diagramme"[113]) heißen:

— Man läßt Überbrückungspfeile weg. Diese sind wegen der Transitivität automatisch zu ergänzen (in Gedanken).

— Man läßt Ringpfeile weg. Aus dem Zusammenhang ist jeweils klar, ob (wie meist) eine reflexive Ordnungsrelation gemeint ist oder eine irreflexive.

— Man legt das Diagramm so an, daß alle Pfeile von unten nach oben zeigen und läßt dann auch noch die Pfeilspitzen weg.

Als *Beispiele* stellen wir die Kleinerrelation und die Teilbarkeitsrelation in $\{1, 2, \ldots, 10\}$ dar sowie die Inklusion in der Potenzmenge von $\{a, b, c\}$ und in der Menge $\{\mathbb{N}, \mathbb{Z}, \mathbb{Q}^+, \mathbb{Q}, \mathbb{R}\}$:

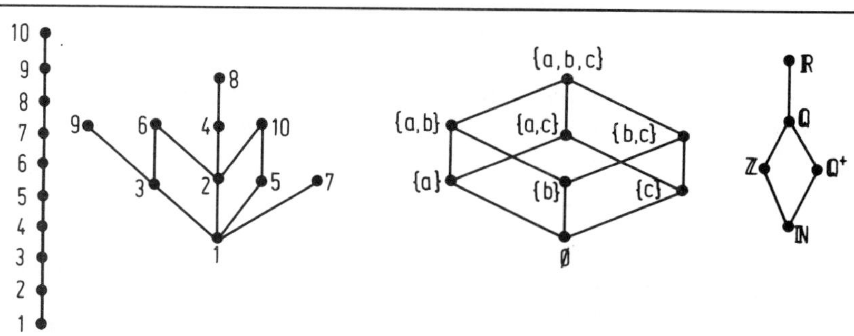

[113]) Nach dem Mathematiker *H. Hasse* (1898—1979), der solche Diagramme in seinen Darstellungen der Zahlentheorie verwendet hat.

Die vorstehenden Diagramme zeigen einen wesentlichen Unterschied zwischen der Kleinerrelation (bzw. der Relation $\leq$) und der Teilbarkeitsrelation: im ersten Fall bildet das Diagramm sozusagen eine Kette. Diese Eigenschaft wird erfaßt durch

Definition 5: Eine *Ordnungsrelation* R in M heißt *linear* genau dann, wenn (für alle a, b $\in$ M)

$$a \neq b \Rightarrow (aRb \vee bRa).$$

Dies besagt, daß für zwei verschiedene Elemente a, b aus M stets entweder aRb oder bRa gilt. Beides zugleich kann wegen der Antisymmetrie nur im Fall a = b gelten.

Für strikte lineare Ordnungsrelationen gilt hiernach auch (Trich). Diese Relationen lassen sich kürzer durch die Eigenschaften (Trans) und (Trich) kennzeichnen; aus (Trich) folgt ja $a \neq b \Rightarrow (aRb \vee bRa)$ sowie die Antisymmetrie und Irreflexivität; siehe **3.**

Gemäß Def. 5 unterscheidet man lineare und nichtlineare Ordnungsrelationen. „Quer dazu" liegt die eingangs genannte Unterscheidung zwischen reflexiven und irreflexiven (und weiteren, unwichtigen) Ordnungsrelationen. Diese Unterscheidung ist nicht so wesentlich; denn man kann aus jeder nicht reflexiven Ordnungsrelation R eine reflexive $\underline{\underline{R}}$ machen, durch Vereinigen mit der Identität Id:

$$a\underline{\underline{R}}b \Leftrightarrow aRb \vee a = b,$$

und man kann aus jeder Ordnungsrelation R eine irreflexive $\underset{\neq}{R}$ machen, durch Schneiden mit Id, d. h. Übergang zu R $\setminus$ Id:

$$a\underset{\neq}{R}b \Leftrightarrow aRb \wedge a \neq b.$$

Das macht man sich klar durch Deutung der Relationseigenschaften am Pfeildiagramm.

Zum Abschluß nennen wir zwei Relationen, die „nur beinahe" Ordnungsrelationen sind.

In der Menge $\mathbb{Z}$ der ganzen Zahlen wird die Teilbarkeitsrelation | ebenso wie in $\mathbb{N}$ definiert:

$$a \mid b \Leftrightarrow \exists k \in \mathbb{Z} : ak = b$$

Man bestätigt, daß diese Relation | in $\mathbb{Z}$ transitiv und reflexiv, aber *nicht antisymmetrisch* ist. Es gilt ja z. B. $3 \mid -3$ und $-3 \mid 3$, aber nicht $3 = -3$. Die Relation | in $\mathbb{Z}$ ist also keine Ordnungsrelation.

Weiter betrachten wir die Relation ϱ in der Potenzmenge $\boldsymbol{P}$G einer endlichen Grundmenge G gemäß

$$A \varrho B \underset{\text{def}}{\Leftrightarrow} W(A) \leq W(B),$$

wobei W eine Bewertungsfunktion $\boldsymbol{P}G \to \mathbb{R}_0^+$ ist, siehe 8.5.3. Diese Relation ϱ ist transitiv und reflexiv, aber im allgemeinen *nicht antisymmetrisch:* Aus $A \varrho B$ und $B \varrho A$ folgt zwar W(A) = W(B), aber nicht A = B, es sei denn, daß W injektiv ist. Nur im letzten Fall ist ϱ eine — und dann lineare — Ordnungsrelation.

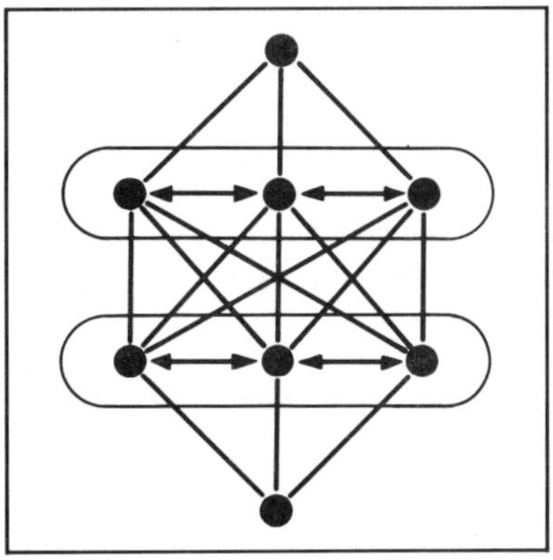

Dieses Gegenbeispiel zum Begriff der Ordnungsrelation beschreibt bemerkenswerterweise gerade das Herstellen einer „Rangordnung" in vielen realen Situationen. Man faßt dazu gleichwertige Objekte zu Klassen zusammen und ordnet dann diese Klassen. Zur Verdeutlichung versuchen wir hier, die Relation ϱ für den Fall G = {a, b, c} und W = card darzustellen. (Für die Beschriftung siehe das frühere Diagramm der Inklusion in $\boldsymbol{P}$G.) Dies ist kein Ordnungsdiagramm. Wohl aber erkennt man, wie hierdurch eine Ordnung zwischen den „Stockwerken" gegeben ist. Weil W Bewertungsfunktion ist, gilt übrigens $\varrho \supseteq R$, wobei R die Inklusion in $\boldsymbol{P}$G bezeichnet.

In 10.3.5 zeigen wir allgemein, wie man von solchen — nur transitiven und reflexiven — Relationen in natürlicher Weise zu Ordnungsrelationen kommt.

Aufgaben: 5 bis 10

Aufgaben 10.2

1. Wie viele Relationen in der Menge $M = \{1, 2, \ldots, n\}$ gibt es, die
a) reflexiv sind?
b) irreflexiv sind?
c) symmetrisch sind?
d) antisymmetrisch sind?
e) zugleich reflexiv und symmetrisch sind?
f) zugleich reflexiv und antisymmetrisch sind?
g) zugleich symmetrisch und antisymmetrisch sind?

2. Gib alle zugleich reflexiven und symmetrischen Relationen in der Menge $\{1, 2, 3\}$ durch Tabellen an und beschreibe jede solche Relation durch eine einfache Aussageform (über $\{1, 2, 3\} \times \{1, 2, 3\}$). Beispiel:

	1	2	3
1	×	×	
2	×	×	×
3		×	×

$|x - y| \leq 1$;
auch: $xy \neq 3$.

3. Zeige, daß die Antisymmetrie einer Relation R auch in der Form $aRb \Rightarrow (b \not R a \ \vee \ b = a)$ gekennzeichnet werden kann; d. h. beweise, daß diese Eigenschaft gleichbedeutend zu Def. 3 ist. Drücke die neue Kennzeichnung auch mit Worten aus.

4. a) Beweise: Jede Relation, die transitiv und irreflexiv ist, ist auch antisymmetrisch.
b) Ist jede Relation, die transitiv und symmetrisch ist, auch reflexiv?
Hinweis: Betrachte die Relation R in $\mathbb{N}$ mit $nRm \Leftrightarrow nm = 1$.

5. Die Teilermenge T_n einer natürlichen Zahl n ist wie folgt definiert:
$T_n = \{x \in \mathbb{N} \mid x \text{ ist Teiler von } n\}$.
a) Zeichne Ordnungsdiagramme für die Teilerrelation | in der Menge $T_3, T_4, T_6, T_8, T_{12}, T_{30}$.
b) Nenne jeweils mehrere Zahlen n, deren Teilerdiagramm (d. h. das Ordnungsdiagramm von | in T_n) wie folgt gekennzeichnet werden kann:

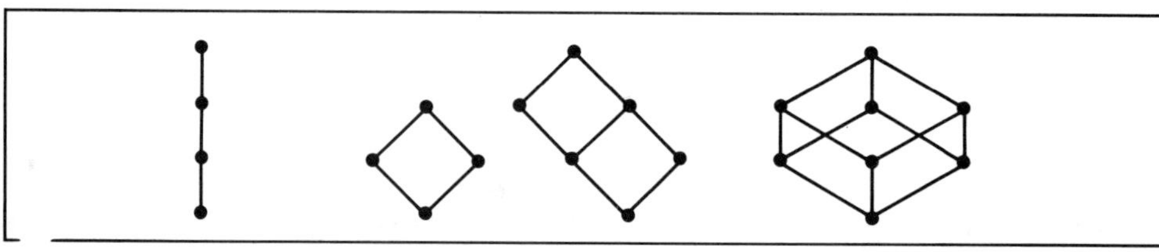

c) Beschreibe jeweils *alle* solchen Zahlen n. Welche der Zahlen bis 30 haben ein anderes Teilerdiagramm als die in a) und b) gekennzeichneten?

6. Nach 10.2.4 sieht das Ordnungsdiagramm der Inklusion $\subseteq$ in der Menge $\boldsymbol{P}\{a, b, c\}$ ebenso aus wie das Teilerdiagramm von 30.
a) Zeichne ein Inklusionsdiagramm für $\boldsymbol{P}\{a, b, c, d\}$ und nenne Zahlen $n \in \mathbb{N}$, deren Teilerdiagramm ebenso aussieht.
b) Beschreibe alle Zahlen $n \in \mathbb{N}$, deren Teilerdiagramm ebenso aussieht wie das Inklusionsdiagramm von $\boldsymbol{P}\{a_1, a_2, \ldots, a_k\}$, $k \in \mathbb{N}$.

7. Es seien R_1, R_2 Ordnungsrelationen in M.
a) Beweise, daß auch $R_1 \cap R_2$ eine Ordnungsrelation ist.
b) Ist immer auch $R_1 \cup R_2$ eine Ordnungsrelation?
c) Beweise: Ist R_1 reflexiv, dann gilt $(R_1 \setminus Id) \cup Id = R_1$.
d) Beweise: Ist R_2 irreflexiv, dann gilt $(R_2 \cup Id) \setminus Id = R_2$.

8. Beschreibe für die Teilbarkeitsrelation in $\mathbb{Z}$ die Teilermengen $T_n^* = \{x \in \mathbb{Z} \mid x \text{ teilt } n\}$ für $n = 0$, $n \in \mathbb{N}$, $-n \in \mathbb{N}$.

9. Für Funktionen $f: A \to \mathbb{R}$ werde eine Relation R definiert durch
$f_1 R f_2 \Leftrightarrow \forall x \in A: f_1(x) \leq f_2(x)$.
a) Beweise, daß R eine Ordnungsrelation ist. Sie wird ebenfalls mit $\leq$ bezeichnet.
b) Zeige, daß diese Ordnungsrelation im allgemeinen nicht linear ist.
c) Ist die Relation $\leq$ linear in der Menge aller linearen Funktionen $\mathbb{R} \to \mathbb{R}$? Ist sie es in der Menge aller linearen Funktionen $\mathbb{R}^+ \to \mathbb{R}$?

10. In der Menge $\mathbb{R}^2$ definieren wir zwei Relationen R und R' durch

$$(x_1, y_1) R (x_2, y_2) \Leftrightarrow x_1 < x_2 \wedge y_1 < y_2;$$
$$(x_1, y_1) R' (x_2, y_2) \Leftrightarrow x_1 < x_2 \vee (x_1 = x_2 \wedge y_1 < y_2)$$

a) Beweise, daß R eine Ordnungsrelation ist. Ist diese linear?
b) Ebenso für R' statt R.
c) Bescheibe verbal die Bedeutung dieser Relationen für Punkte in der Ebene.

10.3 Äquivalenzrelationen

Von größter Wichtigkeit in der gesamten Mathematik, insbesondere bei Fragen der Abstraktion und der Begriffsbildung, sind die Äquivalenzrelationen. Diese lassen sich grob als „Relationen von der Art der Gleichheit" beschreiben.

10.3.1 Äquivalenzrelationen und Gleichheit

Definition: Eine Relation R in M heißt *Äquivalenzrelation* genau dann, wenn sie *reflexiv, symmetrisch und transitiv* ist.

Offenbar ist die *Gleichheit,* d. h. die Identität Id_M eine Äquivalenzrelation in M; sie ist sozusagen der Prototyp, an dem sich die Begriffsbildung „Äquivalenzrelation" orientiert; siehe hierzu auch 3.3.3.

Äquivalenzrelationen werden oft durch das Zeichen $\sim$ bezeichnet. Die drei charakteristischen Eigenschaften drücken sich dann wie folgt aus:

$$a \sim a; \quad a \sim b \Rightarrow b \sim a; \quad (a \sim b \wedge b \sim c) \Rightarrow a \sim c.$$

Keine zwei dieser drei Eigenschaften implizieren die dritte (Aufgabe 1).

Als instruktives *Beispiel* betrachten wir die schon erörterte *Parallelität* zwischen Geraden in der Ebene. $g \parallel h$ besagt „weniger" als die Gleichheit $g = h$, aber $g \parallel h$ bringt doch eine gewisse Übereinstimmung beider Geraden zum Ausdruck: es gibt etwas „Gleiches", das beide haben, nämlich die Richtung.

Ein weiteres *Beispiel* ist die *Kongruenz modulo* m (wobei $m \in \mathbb{N}$) in der Menge $\mathbb{N}_0$. Diese Relation wird wie folgt definiert:

(1) $a \underset{m}{\equiv} b \Leftrightarrow$ a und b unterscheiden sich (nur) um ein Vielfaches von m;
d. h. $\Leftrightarrow \exists k \in \mathbb{N}_0: |a-b| = k \cdot m$; d. h. $\Leftrightarrow \exists k \in \mathbb{Z}: a-b = k \cdot m$.

$a \underset{m}{\equiv} b$ wird gelesen: „a kongruent b modulo m"; man schreibt dafür meist $a \equiv b \mod m$, und wenn der „Modul" m feststeht, kurz $a \equiv b$.

Die Relation $\underset{m}{\equiv}$ ist in der Tat

— reflexiv : Für alle $a \in \mathbb{N}$ gilt $a \underset{m}{\equiv} a$; denn $a - a = 0 \cdot m$.

— symmetrisch : Sei $a \underset{m}{\equiv} b$, d. h. $a - b = k \cdot m$ mit $k \in \mathbb{Z}$. Dann folgt $b - a = -k \cdot m$, also (wegen $-k \in \mathbb{Z}$) $b \underset{m}{\equiv} a$.

— transitiv : Sei $a \underset{m}{\equiv} b \wedge b \underset{m}{\equiv} c$, d. h. $a - b = k \cdot m \ \wedge \ b - c = l \cdot m$ mit $k, l \in \mathbb{Z}$. Dann folgt $a - c = (a-b) + (b-c) = (k+l)m$, also (wegen $k + l \in \mathbb{Z}$) $a \underset{m}{\equiv} c$.

Insbesondere bedeutet nun:

$a \underset{2}{\equiv} b$: a und b haben die *gleiche* „Parität“, d. h. sie sind entweder beide gerade oder beide ungerade;

$a \underset{10}{\equiv} b$: a und b haben die *gleiche* letzte Ziffer bei Dezimalschreibweise.

Was ist hier, allgemein gesprochen, jeweils das „Gleiche“, das dahintersteckt? Es ist der *Rest bei Division durch* m. In der Tat gilt offenbar

(2) $a \underset{m}{\equiv} b \Leftrightarrow$ a und b lassen bei Division durch m den *gleichen* Rest.

Bemerkung: Üblicherweise wird die Kongruenz mod m als Relation *in der Menge* $\mathbb{Z}$ definiert (sonst wie oben, mit $m \in \mathbb{N}$). Dann läßt sich aber die Bedeutung von $\underset{2}{\equiv}$, $\underset{10}{\equiv}$, $\underset{m}{\equiv}$ nicht ganz so einfach wie vorstehend ausdrücken.

Hätte man von vornherein (2) als einleuchtend akzeptiert, wäre die Eigenschaft von $\underset{m}{\equiv}$ als Äquivalenzrelation sofort erkennbar gewesen. Durch

$$a \mapsto \underbrace{\text{Rest von a bei Division durch m}}_{f(a)}$$

ist ja eine *Abbildung* f von $\mathbb{N}_0$ (in $\mathbb{N}_0$) gegeben, und es gilt: $a \underset{m}{\equiv} b \Leftrightarrow f(a) = f(b)$.

Daß a in der Relation $\underset{m}{\equiv}$ zu b steht, bedeutet hier also gerade das Übereinstimmen der Werte f(a) und f(b). Damit sind die Reflexivität, Symmetrie und Transitivität unmittelbar klar, als Folge der betreffenden Eigenschaften bei der Gleichheitsrelation. Ebenso gilt allgemein:

Satz 1: Es sei eine Abbildung f der Menge M in irgendeine Menge gegeben. Definiert man eine Relation $\sim$ in M durch

$$a \sim b \underset{\text{def}}{\Leftrightarrow} f(a) = f(b),$$

dann ist $\sim$ eine Äquivalenzrelation in M.

Bei injektiver Abbildung f ist $\sim$ natürlich die Gleichheitsrelation. Es wird sich zeigen, daß in dieser Weise *jede* Äquivalenzrelation in M mittels einer geeigneten Abbildung von M (in eine passende Menge) beschrieben werden kann. Bei der Relation $\parallel$ (Parallelität) leistet dies die Abbildung, die jeder Geraden g ihre Richtung — etwa ihren Richtungswinkel — zuordnet.

Ein anderes instruktives *Beispiel* ist die *Flächengleichheit* bei geometrischen Figuren. Für Figuren F_1, F_2 aus einer Grundmenge $\boldsymbol{F}$ bedeutet ja „F_1 flächengleich F_2“ nichts anderes als $\text{inh}(F_1) = \text{inh}(F_2)$, wobei „inh“ die Flächeninhaltsfunktion $\boldsymbol{F} \to \mathbb{R}_0^+$ ist. Hiernach ist die Relation „flächengleich“ in $\boldsymbol{F}$ natürlich eine Äquivalenzrelation. Man spricht unzulässigerweise manchmal sogar von „gleichen“ Figuren, wenn man flächengleiche meint.

Schließlich sei die Relation der *Gleichmächtigkeit* zwischen endlichen Mengen genannt: „M_1 gleichmächtig M_2“ besagt, daß M_1 und M_2 gleiche „Mächtigkeit“, d. h. gleiche Kardinalzahl haben: $\text{card}\, M_1 = \text{card}\, M_2$. Wir haben schon in 1.1.3 vor einer Verwechslung dieser Relation mit der Gleichheit gewarnt: $\text{card}\, M_1 = \text{card}\, M_2$ bedeutet nicht dasselbe wie $M_1 = M_2$. Ein tieferes Verständnis der Relation „gleichmächtig“ wird sich in Abschnitt 11.2 ergeben.

Aufgaben: 1, 2

10.3.2 Äquivalenzrelationen und Abbildungsgruppen

Bevor die Überlegungen aus **1.** fortgeführt werden, beschreiben wir einen anderen Weg, der zu vielen wichtigen Äquivalenzrelationen führt, nämlich den über *Abbildungsgruppen.* Wir beschränken uns zunächst auf solche für die Ebene $\mathbb{R}^2$; das Folgende läßt sich aber leicht auf Abbildungsgruppen in anderen Mengen übertragen.

Zuerst betrachten wir die *Gruppe der Kongruenzabbildungen* in der Ebene. Die Kenntnis dieser Gruppe vorausgesetzt, kann man die Relation *„kongruent"* für beliebige Figuren, d. h. Teilmengen von $\mathbb{R}^2$, ganz leicht wie folgt definieren: Für $A, B \subseteq \mathbb{R}^2$ bedeute A kongruent B, daß es eine Kongruenzabbildung K gibt, die A auf B abbildet; kurz:

$$A \text{ kgr } B \underset{\text{def}}{\Leftrightarrow} \exists \text{ Kongruenzabbildung } K\text{: } A^K = B.$$

Auf dieser Grundlage beweist man sofort, daß die Relation kgr eine Äquivalenzrelation ist:

Reflexivität: Für alle $A \subseteq \mathbb{R}^2$ gilt A kgr A. Denn man hat $A^{id} = A$, und id ist eine Kongruenzabbildung.

Symmetrie: Aus A kgr B folgt B kgr A. Denn aus $A^K = B$ folgt $(A^K)^{K^I} = B^{K^I}$, also $A = B^{K^I}$ d. h. $B^{K^I} = A$, und mit K ist auch ihre Inverse K^I eine Kongruenzabbildung (Gruppeneigenschaft Γ2, siehe 9.1.4).

Transitivität: Aus A kgr B und B kgr C folgt A kgr C. Denn aus $A^{K_1} = B$ und $B^{K_2} = C$ folgt $(A^{K_1})^{K_2} = A^{K_1K_2} = C$, und mit K_1 und K_2 ist auch die Verkettung K_1K_2 eine Kongruenzabbildung (Gruppeneigenschaft Γ1).

Ebenso beweist man allgemeiner:

Satz 2: Es sei Γ eine Abbildungsgruppe auf der Menge G, d. h. eine Gruppe von Permutationen von G. Eine Abbildung φ aus Γ ordnet zugleich jeder Teilmenge $A \subseteq G$ eine Bildmenge A^φ zu[114]). Durch

$$A \sim B \underset{\text{def}}{\Leftrightarrow} \exists \varphi \in \Gamma : A^\varphi = B$$

ist dann eine Äquivalenzrelation ~ in der Menge ***P***G aller Teilmengen von G gegeben.

Zum *Beweis* wird neben (Γ1) und (Γ2) die daraus folgende Tatsache benutzt, daß id zu Γ gehört.

Alle in Abschnitt 9.2 betrachteten Abbildungsgruppen in $\mathbb{R}^2$ „erzeugen" in dieser Weise naheliegende Äquivalenzrelationen, also modifizierte Gleichheitsbegriffe, für Figuren in der Ebene:

Nr.	Gruppe aller	zugehörige Äquivalenzrelation
1	Kongruenzabbildungen	kongruent
2	Drehungen und Verschiebungen	kongruent im engeren Sinn (d. h. mit Erhaltung des Drehsinns)
3	Verschiebungen: $(x, y) \mapsto (x+u, y+v)$	verschiebungsgleich
4	Affinitäten des Typs $(x+y) \mapsto (ax+u, dy+v)$ $(a, d > 0)$	siehe unten
5	zentrischen Streckungen mit Zentrum (0, 0) : $(x, y) \mapsto (kx, ky)$ $(k > 0)$	zentrisch ähnlich bzgl. (0, 0)
6	Verkettungen von Verschiebungen und zentrischen Streckungen: $(x, y) \mapsto (kx+u, ky+v)$ $(k > 0)$ (siehe Aufgabe 3 zu Abschnitt 9.2)	ähnlich und in ähnlicher Lage (siehe unten)
7	Affinitäten $(x, y) \mapsto (ax+by+u, cx+dy+v)$ $(ad-bc \neq 0)$	affin-verwandt

[114]) Und zwar ist $A^\varphi := \{x^\varphi \mid x \in A\}$. Wir bevorzugen im Kontext von Abbildungsverkettungen die Postfix-Schreibweise, schreiben also x^φ statt $\varphi(x)$.

Bei der *Kongruenz im engeren Sinn* (Nr. 2) werden zueinander spiegelbildliche Figuren nicht als kongruent angesehen (es sei denn, sie sind selbst achsensymmetrisch: die Figuren F und ꟻ sind nicht kongruent im engeren Sinn, wohl aber sind es die Figuren E und Ǝ).

Die *Verschiebungsgleichheit* (Nr. 3) ist diejenige Art von Gleichheit, an welche sich Grundschüler fürs „richtige Abschreiben“ von Schreibfiguren[115]) erst gewöhnen müssen, nachdem sie anfangs natürlich die Kongruenz verwenden und z. B. 4 und Ꮧ, S und Ƨ, vielleicht auch A und ∀, Ⅎ und F als „gleich“ ansehen. — Betrachtet man als „Figuren“ nur Geraden in der Ebene, dann stimmen die Relationen „verschiebungsgleich“ und „parallel“ überein.

Die Äquivalenzrelation Nr. 4 kommt bei der Diskussion von Funktionsgraphen ins Spiel: Sie bringt die Vorstellung „nicht wesentlich verschieden“ für solche Graphen zum Ausdruck. Dies besagt dann, daß der eine Graph aus dem anderen allein durch Verschieben und Strecken in Richtung der Koordinatenachsen hergestellt werden kann. Das läßt sich auch so ausdrücken: Beide Graphen eigenen sich zur ***Darstellung derselben Funktion,*** wenn man zuläßt, daß die Nullpunkte und die Einheitslängen (Maßstäbe) auf den Achsen passend abgeändert werden.

Die Äquivalenzrelation Nr. 6 kann als *Verkettung* (siehe 10.1.3) der Relationen Nr. 3 und Nr. 5 aufgefaßt werden:

$$\begin{aligned} A \sim B \quad &\Leftrightarrow \quad \exists C \subseteq \mathbb{R}^2\colon \ A \text{ verschiebungsgleich } C \wedge C \text{ zentrisch ähnlich } B \\ &\Leftrightarrow \quad \exists C \subseteq \mathbb{R}^2\colon \ A \text{ zentrisch ähnlich } C \wedge C \text{ verschiebungsgleich } B \end{aligned}$$

Dafür sagt man auch, A und B seien „ähnlich und in ähnlicher Lage“. Offensichtlich ist hier die Verkettung unabhängig von der Reihenfolge der beiden eingehenden Relationen.

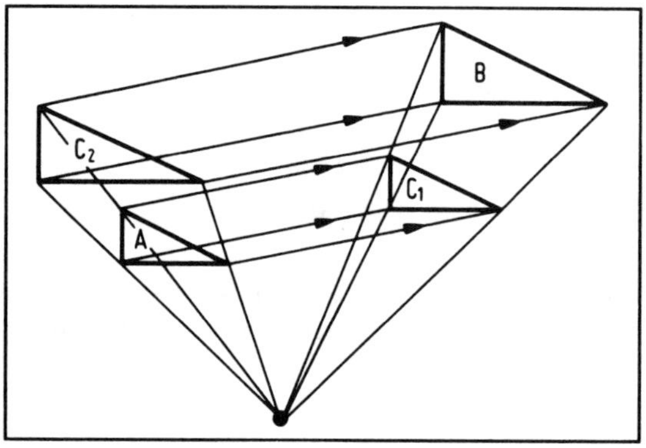

Ebenso entsteht durch Verketten der Relationen „kongruent“ und „zentrisch ähnlich“ die Relation „ähnlich“. Auch hier steckt eine Gruppe dahinter, nämlich die Gruppe aller Ähnlichkeitsabbildungen. Sie besteht aus allen Verkettungen von zentrischen Streckungen mit Kongruenzabbildungen. Diese sind etwas schwieriger formal zu beschreiben und wurden daher in Abschnitt 9.2 nicht behandelt.

Es ist aber ***nicht*** etwa so, daß jede Äquivalenzrelation in der Menge $\boldsymbol{P}\mathbb{R}^2$ gemäß Satz 2 von einer Abbildungsgruppe auf $\mathbb{R}^2$ erzeugt wird (Aufgabe 4). So sucht man vergeblich nach einer erzeugenden Abbildungsgruppe für die Relation „flächengleich“ in der Menge aller Vielecke[116]). Für die Menge aller ***Dreiecke*** jedoch leistet die Gruppe der affinen Abbildungen

$$(x, y) \mapsto (ax + by + u,\ cx + dy + v) \quad \text{mit } |ad - bc| = 1$$

(siehe Aufgabe 5) das Gewünschte: Jedes Dreieck kann durch eine solche Abbildung auf jedes flächengleiche — und kein anderes — Dreieck abgebildet werden. Dies leuchtet ein, wenn man bedenkt, daß der Betrag von $ad - bc$ als „Flächenänderungsfaktor“ der affinen Abbildung gedeutet werden kann; siehe 8.4.4.

Aufgaben: 3 bis 5

[115]) Auch Erwachsenen gelingt dies nicht immer. Z. B. werden die Zeichen $\nparallel$ (nicht parallel) und $\neq$ (ungleich) oft verwechselt, ebenso die Zeichen $<$, $>$, $\vee$, $\wedge$.

[116]) Die Konstruktion einer solchen Gruppe ist eine schwierige Aufgabe. Sie bringt keine Verdeutlichung des Begriffs „flächengleich“.

10.3.3 Äquivalenzrelationen und Klasseneinteilungen

Das Pfeildiagramm der Äquivalenzrelation $\underset{3}{\equiv}$ in der Menge $M = \{1, 2, \ldots, 8\}$ läßt erkennen, daß die Menge M durch die Relation $\underset{3}{\equiv}$ in natürlicher Weise in *Klassen* „zusammenhängender", d. h. durch Pfeile vollständig[117]) untereinander verbundener Elemente zerlegt wird. Dies zeigt sich auch daran, daß bei passender Anlage der Relationstabelle diese in quadratische Felder von Kreuzen zerfällt:

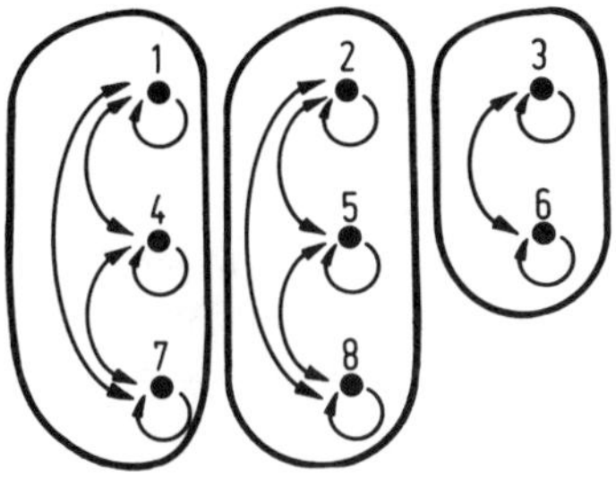

	1 4 7	2 5 8	3 6
1	× × ×		
4	× × ×		
7	× × ×		
2		× × ×	
5		× × ×	
8		× × ×	
3			× ×
6			× ×

Ebenso wird $\mathbb{N}_0$ durch die Kongruenz $\underset{m}{\equiv}$ in die folgenden m Klassen zerlegt:

$$\begin{array}{llllll} K_0 & = \{0, & m, & 2m, & 3m, & \ldots\} \\ K_1 & = \{1, & m+1, & 2m+1, & 3m+1, & \ldots\} \\ K_2 & = \{2, & m+2, & 2m+2, & 3m+2, & \ldots\} \\ \vdots & & & \vdots & & \\ K_{m-1} & \multicolumn{5}{l}{= \{m-1,\ m+(m-1),\ 2m+(m-1),\ 3m+(m-1),\ \ldots\} = \{m-1,\ 2m-1,\ 3m-1,\ 4m-1,\ \ldots\},} \end{array}$$

die sogenannten *Restklassen* von $\mathbb{N}_0$ mod m (siehe hierzu auch 6.3.3). Man setzt weiter $K_m = K_0$, $K_{m+1} = K_1$, usw. Dann ist immer K_n diejenige unter den Klassen $K_0, \ldots, K_{m-1}$, die die Zahl n enthält.

Bei einer beliebigen (nichtleeren) Menge M versteht man bekanntlich (siehe 6.3.3) unter einer *Klasseneinteilung von* M eine Menge $\boldsymbol{K}$ von Mengen, genannt Klassen, mit den Eigenschaften

(i) die Vereinigung aller Klassen ist M;
(ii) je zwei verschiedene Klassen sind disjunkt;
(iii) keine Klasse ist leer.

Dann ist klar: Zu jedem $a \in M$ gibt es genau eine Klasse aus $\boldsymbol{K}$, in der a liegt.

Wir zeigen nun, daß zu jeder Äquivalenzrelation in M — ebenso wie in den Beispielen — in natürlicher Weise eine Klasseneinteilung von M gehört und umgekehrt.

Satz 3:
(a) Gegeben sei eine *Äquivalenzrelation* ~ in der Menge M. Definiert man (für jedes $a \in M$)

$$K(a) := \{x \in M \mid x \sim a\},$$

dann bilden die (verschiedenen unter den[118])) Mengen K(a) eine *Klasseneinteilung* von M.

(b) Gegeben sei eine *Klasseneinteilung* $\boldsymbol{K}$ der Menge M. Definiert man (für alle $a, b \in M$)

[117]) D. h. zu jedem Paar (a, b) von Elementen einer Klasse gibt es einen Pfeil von a nach b.

[118]) Es kann durchaus $K(a) = K(b)$ sein, auch wenn $a \neq b$ ist. Wir kennen das schon von den Restklassen mod m.

$$a \sim b \Leftrightarrow \begin{cases} \text{a und b liegen in derselben Klasse, d. h.} \\ \text{die Klasse, in der a liegt, ist gleich der Klasse, in der b liegt,} \end{cases}$$

dann ist $\sim$ eine *Äquivalenzrelation* in M.

(c) Durch die Definitionen in (a) und (b) ist eine eineindeutige Entsprechung zwischen den Äquivalenzrelationen in M und den Klasseneinteilungen von M gegeben.

Ergänzung:

(c) besagt genauer: Geht man von einer Äquivalenzrelation $\sim$ aus, konstruiert hierzu gemäß (a) die zugehörige Klasseneinteilung und dazu gemäß (b) die zugehörige Äquivalenzrelation, so erhält man wieder $\sim$. *Und:* Geht man von einer Klasseneinteilung $\boldsymbol{K}$ aus, konstruiert hierzu gemäß (b) die zugehörige Äquivalenzrelation und dazu gemäß (a) die zugehörige Klasseneinteilung, so erhält man wieder $\boldsymbol{K}$.

Beweis:

(b) ist klar. Formal folgt es aus Satz 1 bei Benutzung der Abbildung $a \mapsto$ Klasse, in der a liegt.

(a) Nach der Definition von K(a) bedeutet $x \in K(a)$ dasselbe wie $x \sim a$. Wegen der Reflexivität von $\sim$ gilt folglich $a \in K(a)$. Weiter gilt wegen der Transitivität: Wenn $a \sim b$, dann $x \in K(a) \Leftrightarrow x \in K(b)$, also $K(a) = K(b)$, und wenn $K(a) = K(b)$, dann $a \in K(b)$, also $a \sim b$; zusammengefaßt:

$$a \sim b \Leftrightarrow K(a) = K(b)$$

Nun erkennt man leicht, daß die K(a) eine Klasseneinteilung von M bilden:

(i) Für jedes $a \in M$ gilt $a \in K(a)$, also ist a auch Element der Vereinigung aller Klassen. Also ist M Teilmenge (und daher gleich!) der Vereinigung aller Klassen.

(ii) Zu zeigen ist: $K(a) \neq K(b) \Rightarrow K(a) \cap K(b) = \emptyset$; d. h. $K(a) \cap K(b) \neq \emptyset \Rightarrow K(a) = K(b)$. Es sei $c \in K(a) \cap K(b)$, d. h. $c \in K(a) \wedge c \in K(b)$, d. h. $c \sim a \wedge c \sim b$. Dann folgt $a \sim b$, also (s. o.) $K(a) = K(b)$.

(iii) Für jede Klasse K(a) gilt $a \in K(a)$, also $K(a) \neq \emptyset$.

(c) Die Entsprechung leuchtet, auch anhand der Beispiele, unmittelbar ein. Wir verzichten auf einen formalen Beweis des in der Ergänzung formulierten Sachverhalts.

Weitere *Beispiele* liefern die Äquivalenzrelationen aus **2.** So wird durch die Relation „verschiebungsgleich" die Menge aller Geraden in Klassen untereinander paralleler Geraden eingeteilt. Dieselbe Relation zerlegt die Menge aller „Pfeile" (geordneten Punktepaare) in Klassen, welche bekanntlich „Vektoren" heißen; ein „Vektor" läßt sich in der Elementargeometrie als „Pfeilklasse" definieren[119]). Die Relation „ähnlich" zerlegt die Menge aller Figuren in Klassen untereinander ähnlicher Figuren. Auch hier läßt sich das Gemeinsame der Figuren einer Klasse durch eine inhaltliche Vorstellung beschreiben: es ist die „Form" oder „Gestalt" der betreffenden Figuren.

Jetzt wird auch klar, daß — wie in **1.** angekündigt — *jede* Äquivalenzrelation $\sim$ in M gemäß Satz 1 durch eine Abbildung f von M (in eine passende Menge) beschrieben werden kann. Hierfür nimmt man einfach die Abbildung $K : M \to \boldsymbol{K}$

$$a \mapsto \underbrace{\{x \in M \mid x \sim a\}}_{K(a)}.$$

Sie ordnet jedem $a \in M$ die Klasse zu, in der a liegt. Dann gilt wie in Satz 1 (jetzt mit K statt f geschrieben):

$$a \sim b \Leftrightarrow K(a) = K(b)$$

Bemerkenswert ist aber, daß jetzt — umgekehrt wie in Satz 1 — die Äquivalenzrelation *primär* gegeben ist und hieraus auf dem Weg über die Klasseneinteilung von M eine zugehörige Abbildung, nämlich $f : M \to \boldsymbol{K}$, konstruiert worden ist.

Aufgaben: 6 bis 8

[119]) Hierfür gibt es auch andere Möglichkeiten, die wir nicht erörtern.

10.3.4 Eine Anwendung: Grundaufgaben der Kombinatorik[120])

Zur Illustration des Vorangehenden betrachten wir eine spezielle Äquivalenzrelation, nämlich die (sogleich genauer zu erörternde) *Umstellgleichheit* in der Menge aller s-stelligen *Wörter* über einem gegebenen n-elementigen „Alphabet“ $A = \{a_1, a_2, \ldots, a_n\}$ $(s, n \in \mathbb{N})$; siehe 1.2.3. Ein solches Wort oder „s-tupel“ läßt sich formal beschreiben als Abbildung von $\{1, 2, \ldots, s\}$ in A.

Nun *fragen* wir nach der Anzahl aller Wörter bzw. aller injektiven Wörter, ferner nach der Anzahl der Wörter in einer „Umstellklasse“ und schließlich nach der Anzahl aller solcher Klassen. Diese — teilweise schon in 1.2.3 bzw. 8.3.2 beantworteten — Fragen entsprechen genau den klassischen Grundaufgaben der *elementaren Kombinatorik,* deren Aufgabe ja die arbeitsökonomische Bestimmung der Kardinalzahlen endlicher Mengen ist. Jetzt erhalten wir eine einprägsame Formulierung dieser Grundaufgaben und ihrer Lösungen.

Zur Verdeutlichung der folgenden allgemeinen Überlegungen konkretisiere man diese jeweils an folgendem *Beispiel:* Es sei $s = 4$ sowie $A = \{$weiß, gelb, grün, rot, blau, schwarz$\}$ mit $n = \text{card}\, A = 6$ die Menge der Farben von würfelförmigen Bausteinen, die in beliebiger Anzahl verfügbar seien. Dann sind 4-stellige „Wörter“ über A *Türme* der Höhe 4; die „Umstellungen“ eines solchen Worts sind die *Umbauten* des Turms, und die „Wortklassen“ entsprechen den ungeordneten *Haufen*[121]) von 4 Steinen. Die gefundenen Anzahlen sind am Schluß zusammengestellt.

Wir kennen bereits nach der Produktregel (siehe 1.2.3, dort mit anderer Numerierung) die

Anzahl aller s-stelligen Wörter über $A = \{a_1, a_2, \ldots, a_n\}$ (auch: „Variationen“)	
mit (erlaubter) Wiederholung:	ohne Wiederholung von Buchstaben:
(1) n^s	(2) $n(n-1) \ldots (n-s+1)$

Die Wörter ohne Buchstabenwiederholung sind natürlich gerade die *injektiven* Wörter.

Für Wörter ist in ganz natürlicher Weise eine Äquivalenzrelation „umstellgleich“ gegeben: Das Wort w_2 heißt *umstellgleich* zum Wort w_1 genau dann, wenn man w_2 aus w_1 einfach durch Umstellen der Buchstaben herstellen kann, wie z. B. das Wort EREMIT aus REIMTE. Diese Relation zwischen s-stelligen Wörtern wird übrigens von der Permutationsgruppe der Menge $\{1, 2, \ldots, s\}$ $(= G)$ in ähnlicher Weise erzeugt, wie es in **2.**, Satz 2 für die Relation $\sim$ zwischen den Teilmengen einer Menge G beschrieben wurde. So kann man auch formal begründen, daß es sich um eine Äquivalenzrelation handelt. Hiernach zerfällt die Menge aller s-stelligen Wörter in Klassen, und man erhält für die

Anzahl der Wörter in jeder Klasse (Anzahl aller Umstellungen, „Permutationen“ eines Wortes der Klasse)	
mit (erlaubter) Wiederholung:	ohne Wiederholung von Buchstaben:
(3) $\dfrac{s!}{v_1! \ldots v_n!}$ v_i (≥ 0) gibt an, wie oft a_i vorkommt; es gilt $v_1 + \ldots + v_n = s$.	(4) $s(s-1) \cdot \ldots \cdot 2 \cdot 1$ $(= s!)$

(4) ist aus 1.2.3 bekannt. (3) wird unten hergeleitet.

120) Für eine ausführlichere, allerdings auch umständlichere Darstellung siehe *A. Kirsch,* Eine moderne und einprägsame Fassung der kombinatorischen Grundaufgaben. In: Didaktik der Mathematik **1** (1973), 113—130.

121) Solche Haufen lassen sich *nicht* als Teilmengen von A charakterisieren!

Endlich will man umstellgleiche Wörter nicht mehr unterscheiden; d. h. man interessiert sich nur noch für die Klassen. Diese heißen in der traditionellen Kombinatorik „Kombinationen". Nun beträgt die

Anzahl der Umstellklassen von s-stelligen Wörtern über A („Kombinationen")	
mit (erlaubter) Wiederholung:	ohne Wiederholung von Buchstaben:
(5) $\frac{n(n+1)\ldots(n+s-1)}{s!} = \binom{n+s-1}{s}$	(6) $\frac{n(n-1)\ldots(n-s+1)}{s!} = \binom{n}{s}$

Die *Kombinationen ohne Wiederholung* entsprechen offensichtlich gerade den s-elementigen *Teilmengen* von A; ihre Anzahl kennen wir aus 1.2.3. Dort wurde zuerst die Anzahl $n(n-1)\ldots(n-s+1)$ aller injektiven Wörter bestimmt. Dann wurde — wie wir jetzt sagen können — die Menge dieser Wörter bzgl. der Relation „umstellgleich" in Klassen eingeteilt, deren jede genau s! Wörter enthält. Die gesuchte Anzahl (6) der Klassen ergab sich dann durch Division. Dieses Vorgehen bezeichnet man scherzhaft als „Prinzip der Schäfer": Um die Anzahl seiner Schafe zu bestimmen, zählt der Schäfer zuerst alle Beine und dividiert dann die erhaltene Zahl durch 4. Übrigens gilt (6) auch im Fall $s > n$: Dann ist die Anzahl $\binom{n}{s}$ gleich Null.

Genau nach diesem Prinzip bestimmen wir jetzt die Anzahl (3) der *Permutationen mit Wiederholung.* Ist ein s-stelliges Wort gegeben, etwa FADACCA, dann versehen wir zuerst die gleichlautenden Buchstaben mit Indizes: $F_1A_1D_1A_2C_1C_2A_3$. So erhalten wir ein ebenfalls s-stelliges Wort (hier mit $s = 7$), welches lauter verschiedene Buchstaben hat und daher nach (4) s! Umstellungen erlaubt. Sodann bezeichnen wir zwei solche Umstellungen als äquivalent, wenn sie nach „Vergessen" der Indizes übereinstimmen (man bestätige, daß dies eine Äquivalenzrelation liefert), und betrachten die zugehörigen Wortklassen, die ja genau den abzuzählenden Wörtern ohne Indizes entsprechen. Jede solche Wortklasse enthält, wiederum nach (4) und der Produktregel, $3! \cdot 2!$ Wörter. Allgemein sind das $v_1! \cdot v_2! \cdot \ldots \cdot v_n!$ Wörter, wobei $v_i (\geq 0)$ angibt, wie oft der i-te Buchstabe des Alphabets in den Wörtern dieser Klasse auftritt. (Man beachte, daß $1! = 1$ und $0! = 1$.) Division liefert dann (3).

Schließlich bestimmen wir die Anzahl (5) der *Kombinationen mit Wiederholung,* d. h. der Umstellklassen von s-stelligen Wörtern über dem Alphabet $\{a_1, a_2, \ldots, a_n\}$. Hierzu stelle man sich zunächst die Wörter jeder solchen Klasse alphabetisch geordnet[122]) vor und mache sich klar, daß dann jeweils das erste Wort, und nur dieses, von der Form

$$\underbrace{a_1\ldots a_1}_{v_1}\,\underbrace{a_2\ldots a_2}_{v_2}\ldots\underbrace{a_n\ldots a_n}_{v_n}, \text{ mit } v_1 + v_2 + \ldots + v_n = s$$

ist (wobei einzelne der Vielfachheiten v_i auch Null sein können). Solche Wörter, in denen auf einen Buchstaben niemals einer folgt, der im Alphabet vorangeht, mögen „monoton" heißen. Offensichtlich entsprechen dann die abzuzählenden Kombinationen eineindeutig den monotonen s-stelligen Wörtern über A, und es genügt, diese zu zählen.

Jetzt betrachten wir ein rechteckiges Gitter der Breite s und der Höhe $n - 1$. Hier ist jeder kürzeste Gitterweg von links unten nach rechts oben durch ein Codewort der Form

$$\underbrace{r\ldots r}_{v_1}\,h\,\underbrace{r\ldots r}_{v_2}\,h\ldots h\,\underbrace{r\ldots r}_{v_n},$$ mit insgesamt s Buchstaben r für „rechts" und $n-1$ Buchstaben h für „hoch", gekennzeichnet; es gilt $v_i \geq 0$ und $v_1 + v_2 + \ldots + v_n = s$.

[122]) Dabei wird davon Gebrauch gemacht, daß die Buchstaben des Alphabets selbst geordnet sind. Die zugehörige Ordnung der Wörter heißt dann auch „lexikographisch" (siehe 4.2.2).

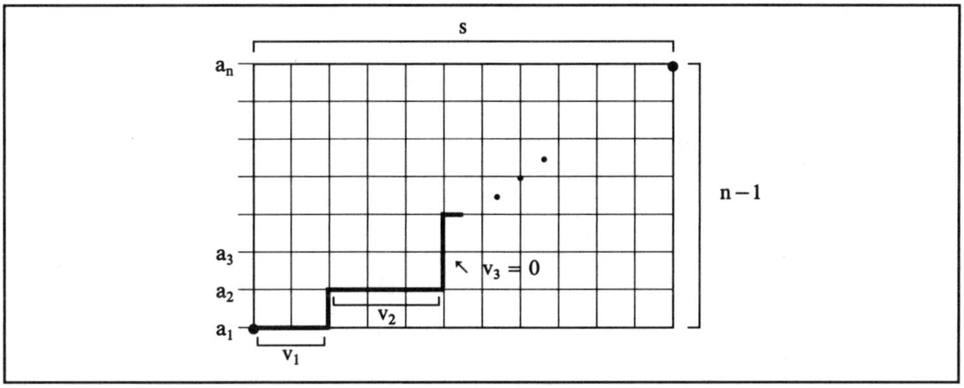

Jeder solche Gitterweg kann offenbar als Darstellung, sozusagen als Graph, eines monotonen Wortes, wie oben beschrieben, aufgefaßt werden, und es ist klar, daß die abzuzählenden monotonen Wörter eineindeutig den kürzesten Gitterwegen von (0, 0) nach (s, n − 1) entsprechen. Deren Anzahl ist aber (zugleich als Anzahl aller s-elementigen Teilmengen von $\{1, 2, \ldots, s+n-1\}$) aus 1.2.1 bekannt. Sie beträgt $\binom{s+n-1}{s}$, wie behauptet.

Hiernach gibt es genau $\binom{32}{7}$ Klassen von 7stelligen Wörtern über dem gewöhnlichen 26elementigen Alphabet. Die Klasse, zu der FADACCA gehört, wird durch das monotone Wort AAACCDF repräsentiert und wie nebenstehend dargestellt.

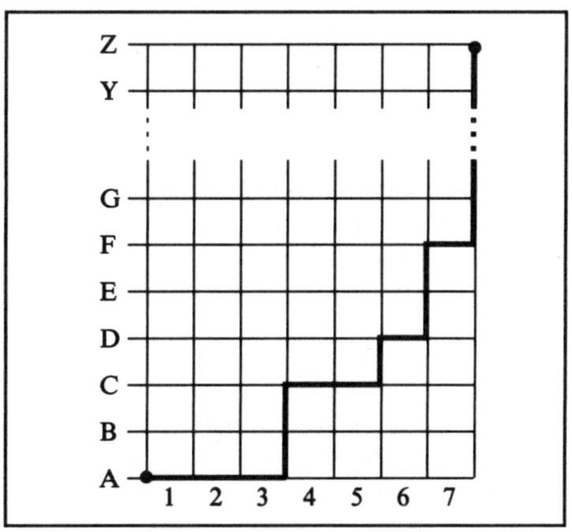

Für die eingangs genannten Türme bzw. Haufen von Bausteinen erhält man nach dem Vorangehenden:

Anzahl aller möglichen (paarweise verschiedenen)	wenn Farbwiederholung erlaubt:	wenn Farbwiederholung verboten:
... Türme der Höhe 4	$6^4 = 1296$	$6 \cdot 5 \cdot 4 \cdot 3 = 360$
... Umbauten eines Turms (einschließlich des gegebenen)	falls einfarbig: $\frac{4!}{4!} = 1$ falls zweifarbig: $\frac{4!}{3!\,1!} = 4$ bzw. $\frac{4!}{2!\,2!} = 6$ falls dreifarbig: $\frac{4!}{2!\,1!\,1!} = 12$	(vierfarbig) $4! = 24$
... Haufen von 4 Steinen	$\frac{6 \cdot 7 \cdot 8 \cdot 9}{4!} = 126$	$\frac{6 \cdot 5 \cdot 4 \cdot 3}{4!} = 15$

Aufgabe: 9

10.3.5 Begriffsbildung durch Abstraktion bzgl. einer Äquivalenzrelation

Die in **3.** erkannten Zusammenhänge ermöglichen die genauere Beschreibung von Begriffsbildungsprozessen, die wir zum Teil schon früher in weniger formaler Weise erörtert haben. Der Grundgedanke hierbei ist folgender:

Man geht von gewissen *konkreten Objekten* aus und definiert hierfür eine *Äquivalenzrelation.* Diese bringt zum Ausdruck, in welchem Sinn man zwei Objekte als „nicht wesentlich verschieden" ansehen will. Dann „vergißt" man die Unterschiede zwischen untereinander äquivalenten Objekten und interessiert sich nur noch für die (zu der betreffenden Äquivalenzrelation gehörenden) *Klassen.* Dies sind dann die neu gewonnenen *abstrakten Objekte.* Diese haben, wie man sagt, die ursprünglichen, konkreten Objekte als *„Repräsentanten".*

Beispiel 1: *Definition von Größenbegriffen* (vgl. 2.2.2)
M sei die Menge aller *Strecken* der Ebene bzw. eine Menge von *Stäben.* Als Äquivalenzrelation verwendet man die Kongruenz bzw. die Relation „paßt genau auf". Dabei sagt man auch, daß jeder Stab genau auf sich selbst paßt; erst dann liegt eine Äquivalenzrelation vor. Als Resultat des Abstraktionsprozesses erhält man hier die *Längen.* Jede Länge kann also als Klasse äquivalenter Stäbe bzw. Strecken aufgefaßt werden.

Entsprechendes gilt für andere Größenbegriffe (siehe 2.2.2) und auch für den in Abschnitt 11.2 näher zu erörternden *Kardinalzahlbegriff.*

Natürlich gibt der beschriebene Abstraktionsvorgang nicht alle Aspekte bei solchen Begriffsbildungen wieder. So wird man den Begriff „Geldwert" nicht durch Abstraktion aus „Klassen gleichwertiger Waren" gewinnen, ganz abgesehen davon, daß „Gleichwertigkeit" nicht (wie Deckungsgleichheit bei Stäben) objektiv feststellbar ist, sondern auf — von Fall zu Fall getroffenen — Vereinbarungen zwischen Menschen beruht. Andererseits ist die Vorstellung einer Äquivalenzrelation „gleichwertig" auch nicht ohne jeden Bezug zum Geldwertbegriff. So findet man bei *Karl Marx* den Satz: „Das Geld ist die allgemeine Ware".[123])

Beispiel 2: *Definition „abstrakter" geometrischer Begriffe*
Die in **3.** betrachteten Klassen geometrischer Figuren können unmittelbar als abstrakte Begriffe, nämlich „Richtung", „Vektor", „Gestalt" gedeutet werden, die eben hierdurch — als Klassen konkreter Objekte — definiert sind. Solche Definitionen wirken erfahrungsgemäß zunächst befremdlich; sie geben nicht die inhaltliche Bedeutung des Begriffs (seine Intension) wieder, sondern nur seine umfangsmäßige Ausdehnung (die Extension).

Die vorstehenden Beispiele lassen eine Merkwürdigkeit bei solchen Begriffsbildungsprozessen erkennen: Es ist leichter zu erklären, was es bedeutet, daß

— zwei Strecken *gleich lang,*

— zwei Geraden *gleichgerichtet* (parallel),

— zwei Pfeile Darstellungen des *gleichen Vektors,*

— zwei Figuren von *gleicher Gestalt* (ähnlich)

sind, als die Frage zu beantworten, was eine Länge, eine Richtung, ein Vektor, eine Gestalt nun wirklich *ist.* Die hier gegebenen „extensionalen" Antworten mögen nicht voll befriedigen. Sie weisen andererseits darauf hin, daß der Fragende vielleicht zu viel erwartet.

Von etwas anderer Art ist die Abstraktion bei der *Gewinnung von Ordnungsrelationen* aus Relationen, die nur reflektiv und transitiv sind, wie $|$ in $\mathbb{Z}$ und ϱ in $\boldsymbol{P}G$ (vgl. 10.2.4).

Wir zeigen jetzt allgemein, wie man durch einen naheliegenden Abstraktionsprozeß von jeder solchen Relation R in einer Menge M zu einer Ordnungsrelation, allerdings in einer anderen Menge, kommt.

[123]) Das Kapital, erstes Buch, zweites Kapitel „Der Austauschprozeß".

Hierzu definieren wir in M eine Relation $\sim$ durch

$$a \sim b \underset{\text{def}}{\Leftrightarrow} (aRb \wedge bRa).$$

Somit ist $\sim$ die Relation $R \cap R^I$ (vgl. 10.1.3). Man bestätigt sofort, daß nach den Voraussetzungen über R diese Relation $\sim$ eine *Äquivalenzrelation* in M ist. Sprachlich könnte man sie als „Gleichwertigkeit bzgl. R" bezeichnen und die zugehörigen Klassen, in welche die Menge M zerlegt wird, als „Gleichwertigkeitsklassen". In den obigen Beispielen erhält man so bei $|$ die Klasseneinteilung $\{\{0\}, \{1, -1\}, \{2, -2\}, \{3, -3\}, \ldots\}$ von $\mathbb{Z}$, und bei ϱ zerfällt $\boldsymbol{P}G$ in die Klassen von Mengen A mit jeweils gleichen Werten W(A).

Allgemein bezeichnen wir jetzt die Klasse, in der das Element a liegt, mit $\tilde{a}$:

$$\tilde{a} := \{x \in M \mid x \sim a\},$$

und die Menge aller dieser Klassen mit $\tilde{M}$. (Im Fall $a \sim b$ bezeichnen $\tilde{a}$ und $\tilde{b}$ dieselbe Klasse!) Nun leuchtet ein, daß aus der gegebenen Relation R in M eine *Ordnungsrelation* $\tilde{R}$ in der Menge $\tilde{M}$ der *Klassen* entsteht, wenn man setzt:

(1) $$\tilde{a}\tilde{R}\tilde{b} \underset{\text{def}}{\Leftrightarrow} aRb$$

Diese Definition bedarf noch einer *Rechtfertigung,* weil man jede Klasse in verschiedener Weise schreiben kann, aber die definierte Relation nicht von der Schreibweise abhängen darf. Es ist also zu zeigen:

Wenn $\tilde{a}_1 = \tilde{a}$ und $\tilde{b}_1 = \tilde{b}$, dann bedeutet a_1Rb_1 dasselbe wie aRb; anders ausgedrückt: Aus $a_1 \sim a$ und $b_1 \sim b$ folgt $a_1Rb_1 \Leftrightarrow aRb$.

Dieser Nachweis ist ganz einfach und kann dem Leser überlassen werden, ebenso wie die Bestätigung der Reflexivität, Transitivität und Antisymmetrie der Relation $\tilde{R}$.

Wir halten fest:

Satz 4: Jede zugleich reflexive und transitive Relation R in einer Menge M liefert gemäß (1) eine Ordnungsrelation $\tilde{R}$ in der Menge $\tilde{M}$ der Klassen von M bzgl. der Äquivalenzrelation $R \cap R^I$ in M. Ist R selbst eine Ordnungsrelation, dann sind die genannten Klassen einelementig; also ist dann $\tilde{R}$ im wesentlichen die Relation R selbst.

Aufgaben: 10, 11

Aufgaben 10.3

1. Bestätige anhand von Beispielen:
a) Eine reflexive und symmetrische Relation braucht nicht transitiv zu sein;
b) eine reflexive und transitive Relation braucht nicht symmetrisch zu sein;
c) eine symmetrische und transitive Relation braucht nicht reflexiv zu sein (siehe Aufgabe 4b zu Abschnitt 10.2).

2. Die Relationen R_1 bis R_4 in $\mathbb{R}$ seien definiert durch

a) $xR_1y \Leftrightarrow [x] = [y]$ (Übereinstimmen der Ganzteile);
b) $xR_2y \Leftrightarrow |x-y| \leq 10^{-3}$;
c) $xR_3y \Leftrightarrow (x \cdot y > 0 \vee x^2 + y^2 = 0)$;
d) $xR_4y \Leftrightarrow (\sin x = \sin y \wedge \cos x = \cos y)$.

Sind es Äquivalenzrelationen?

3. Beschreibe die Äquivalenzrelation R in $\boldsymbol{P}\mathbb{R}^2$, die durch die Gruppe aller Abbildungen $(x, y) \mapsto (ax, dy)$ $(a, d > 0)$ erzeugt wird. Erläutere ähnlich wie für die Relation Nr. 4 in 10.3.2 welche Bedeutung diese Äquivalenzrelation für den Vergleich von Funktionsgraphen hat.

4. In der Potenzmenge $\boldsymbol{P}\mathbb{R}^2$ von $\mathbb{R}^2$ definieren wir eine Relation $\sim$ durch

$$A \sim B \Leftrightarrow \begin{cases} \text{entweder A endlich und card}\,A = \text{card}\,B \\ \text{oder A unendlich und B unendlich} \end{cases}$$

a) Zeige, daß $\sim$ eine Äquivalenzrelation ist.
b) Zeige, daß diese Äquivalenzrelation von keiner Abbildungsgruppe auf $\mathbb{R}^2$ gemäß Satz 2 erzeugt wird.
Hinweis: Betrachte die Mengen $\mathbb{R}^2$ und $\mathbb{R}^2 \setminus \{(0,0)\}$.

5. Beweise, daß die Abbildungen
$(x, y) \mapsto (ax + by + u,\ cx + dy + v)$ mit der Eigenschaft $|ad - bc| = 1$ eine Abbildungsgruppe auf $\mathbb{R}^2$ bilden.
Hinweis: Es genügt, dies für die linearen Abbildungen $(u = v = 0)$ zu zeigen. Beachte Abschnitt 9.2.1.

6. Beschreibe die Klassen, die zu den Relationen R_1 bis R_4 in Aufgabe 2 gehören (sofern sie Äquivalenzrelationen sind).

7. Wie viele Äquivalenzrelationen gibt es in der Menge $\{1, 2, 3, 4\}$?

8. Jede Abbildungsgruppe auf $\mathbb{R}^2$ erzeugt auch in der Menge aller Punkte (nicht nur: aller Figuren) eine Äquivalenzrelation.
Bestätige, daß die angegebenen Abbildungen eine Gruppe bilden, und beschreibe die zugehörigen Äquivalenzklassen von Punkten:
a) alle Abbildungen $(x, y) \mapsto (kx, ky),\ k \in \mathbb{R}^+$;
b) alle Abbildungen $(x, y) \mapsto \left(x + u,\ y + \frac{u}{2}\right),\ u \in \mathbb{R}$;
c) alle Abbildungen $(x, y) \mapsto (x,\ y + dx),\ d \in \mathbb{R}$;

9. Für den Transport einer Gruppe von 8 Personen stehen drei Aufzüge A, B, C zur Verfügung (Tragfähigkeit jeweils 8 Personen).
a) Wie viele Möglichkeiten gibt es, die Personen auf die Aufzüge (die nicht alle benutzt werden müssen) zu verteilen?
b) Wie viele, wenn 3 Personen in A, 3 Personen in B und 2 Personen in C fahren?
c) Wie viele Möglichkeiten sind es, wenn es nur auf die Besetzungszahlen der Aufzüge (nicht auf die Personen selbst) ankommt?
d) Wie viele, wenn es nur darauf ankommt, welche Personen zusammen bzw. getrennt (nicht, in welchem Aufzug sie jeweils) fahren?

10. Beweise:
a) Aus $a_1 \sim a \wedge b_1 \sim b$ folgt $a_1 R b_1 \Leftrightarrow aRb$ (Rechtfertigung der Definition von $\tilde{R}$);
b) $(\tilde{a}\tilde{R}\tilde{b} \wedge \tilde{b}\tilde{R}\tilde{a}) \Rightarrow \tilde{a} = \tilde{b}$ (Antisymmetrie der Relation $\tilde{R}$).

11. Jede Abbildung $f: M \to \{1, 2, \ldots, 15\}$ einer Menge M von Schülern in die „Punktskala" liefert eine Relation ϱ in M gemäß

$$x \varrho y \Leftrightarrow f(x) \leq f(y) \quad \text{(für alle Schüler } x, y \in M).$$

Erläutere an diesem Beispiel
a) die Äquivalenzrelation $\varrho \cap \varrho^I$ in M;
b) die zugehörige Klasseneinteilung von M;
c) die zugehörige Ordnungsrelation $\tilde{\varrho}$ gemäß Satz 4. Kann ϱ selbst eine Ordnungsrelation sein?

Kapitel 11 Begründung von Zahlbegriffen

In diesem Kapitel versuchen wir, Antworten auf die bisher zurückgestellte Frage „Was ist eine Zahl?" zu geben. Die begrifflich etwas anspruchsvolleren Überlegungen sind im Vorangehenden, insbesondere in den Kapiteln 9 und 10, vielfältig vorbereitet worden.

Im ersten Abschnitt legen wir die natürlichen Zahlen noch unhinterfragt zugrunde und erkennen die rationalen (wie auch die reellen) Zahlen als *Verhältnisse von Größen.* Dadurch werden verschiedene *Rekonstruktionsverfahren* für $\mathbb{Q}$ verständlich. Diese Formulierung soll zum Ausdruck bringen, daß hier die — im Bewußtsein längst vorhandenen — Zahlen *auf genau beschriebener Grundlage neu konstruiert* werden.

Im zweiten Abschnitt definieren wir *unabhängig von vorgängigen Zahlbegriffen* die Relation „gleichmächtig" zwischen Mengen und damit die Begriffe: unendliche Menge, endliche Menge, Kardinalzahl. Hierbei werden auch den unendlichen Mengen Kardinalzahlen zugeordnet. Die Kardinalzahlen der *endlichen* Mengen lassen sich nun als die natürlichen Zahlen (einschließlich Null) auffassen. Damit ist dann auch für die natürlichen Zahlen eine mögliche Antwort auf unsere Frage gegeben.

11.1 Reelle Zahlen, rationale Zahlen

11.1.1 Zahlen als Größenverhältnisse

Unter einer *Proportion* oder *Verhältnisgleichheit* versteht man eine Aussage der folgenden Form:

a verhält sich zu b wie c zu d;

a und b stehen im gleichen Verhältnis wie c und d.

Dabei sind a und b zwei gleichartige Größen (etwa Längen), ebenso c und d (etwa Flächeninhalte). Diese alte, aber durchaus noch gebräuchliche Ausdrucksweise sieht man heute als gleichbedeutend mit der folgenden an:

$$a : b = c : d \quad \text{bzw.} \quad \frac{a}{b} = \frac{c}{d}.$$

Hier ist das *„Verhältnis"* a : b nichts anderes als der *Quotient* $\frac{a}{b}$ der Größen a und b, worunter man einfach eine geeignete (positive, reelle) *Zahl* versteht; entsprechend für c : d. Somit sind die Ausdrücke „Proportion" und „Verhältnis" heute entbehrlich, und demgemäß findet man sie kaum noch in modernen Darstellungen der Mathematik.

Es ist nun bemerkenswert, daß der Begriff des Verhältnisses begriffsgeschichtlich dem der (reellen bzw. rationalen) Zahl *vorangeht* und insofern geeignet ist, zu einer Antwort auf unsere Frage beizutragen. Und zwar haben schon die Griechen ohne Benutzung von anderen als natürlichen Zahlen eine präzise Definition der Verhältnisgleichheit gegeben. In heutiger Ausdrucksweise handelt es sich dabei um eine *Relation zwischen Größenpaaren.* Dabei verstehen wir unter „Größen" Elemente eines beliebigen Größenbereichs, der auch die Achimedische Eigenschaft hat; siehe 2.2.3 und 4.2.3. Für gleichartige Größen (Elemente desselben Größenbereichs) sind eine Addition + und eine Kleinerbeziehung < gegeben, und für jede Größe a und jede natürliche Zahl n ist das Vielfache na definiert. Für diese Operationen gelten die in 2.2.3 angegebenen „Rechenregeln des gesunden Menschenverstandes". Jetzt läßt sich die klassische Definition[124]) wie folgt formulieren:

Definition 1: Es seien a, b gleichartige Größen und c, d gleichartige Größen, aber möglicherweise von anderer Art als a, b. Dann heißt

(a, b) *verhältnisgleich* (c, d)

genau dann, wenn für alle $m, n \in \mathbb{N}$ gilt:

$$\begin{aligned} & nc = md \;\Rightarrow\; na = mb \\ \text{und}\quad & nc < md \;\Rightarrow\; na < mb \\ \text{und}\quad & nc > md \;\Rightarrow\; na > mb. \end{aligned}$$

Um diese komplizierte Definition zu verstehen, wenden wir sie zuerst auf den Fall an, daß (mindestens) eines der beiden Größenpaare aus natürlichen Zahlen besteht[125]). Hierfür läßt

[124]) *Euklid,* Die Elemente, V. Buch. — *H. Gericke,* Geschichte des Zahlbegriffs, Mannheim 1970, Seite 41.
[125]) Auch die Menge $\mathbb{N}$ ist ein „Größenbereich" (siehe 2.2.3).

sich einfacher sagen, was "Verhältnisgleichheit" bedeutet, nämlich wie folgt:
Im Falle $k, l \in \mathbb{N}$ ist

(a,b) verhältnisgleich (k, l) genau dann wenn $la = kb$.

Dies ist vertraut als Regel „Produkt der Außenglieder gleich Produkt der Innenglieder". In der Tat folgt es aus Def. 1:

I. Es sei (a,b) verhältnisgleich (k,l). Dann gilt nach Def. 1 für alle $m,n \in \mathbb{N}$:

$$nk = ml \Rightarrow na = mb.$$

Daraus folgt speziell mit $m=k$, $n=l$ wegen $lk = kl$: $la = kb$.

II. Es sei $la = kb$. Dann gilt für alle $m,n \in \mathbb{N}$:

$$nk \underset{\substack{<\\>}}{=} ml \quad \Rightarrow \quad nkla \underset{\substack{<\\>}}{=} mlkb \quad \Rightarrow \quad na \underset{\substack{<\\>}}{=} mb$$

Somit ist nach Def. 1 (a,b) verhältnisgleich (k,l).

Das Bewunderswerte an der griechischen Definition ist aber, daß sie auch den Fall erfaßt, in dem — wie wir heute sagen — die Verhältnisse a : b und c : d *irrational* sind, etwa wenn

a der Umfang,
b der Durchmesser,
c der Flächeninhalt,
d das Quadrat über dem Radius

des Einheitskreises ist, also $a : b = c : d \; (= \pi)$. Hier gibt es bekanntlich keine natürlichen Zahlen m, n, so daß $nc = md$ und $na = mb$ gilt. Die Gleichheit der Verhältnisse kommt jetzt darin zum Ausdruck, daß für jedes Paar m, n mit $nc < md$ (hier z. B. $n = 7$, $m = 22$) auch $na < mb$ gilt, und für jedes Paar m, n mit $nc > md$ (hier z. B. $n = 8$, $m = 25$) auch $na > mb$.

Man erkennt, daß *die Verhältnisgleichheit* gemäß Def. 1, als Relation in einer geeigneten Menge von Paaren gleichartiger Größen[126]), *eine Äquivalenzrelation* ist: Die Reflexivität ist klar. Die Symmetrie erhält man durch Kontraponieren der drei Implikationen. Dies liefert zunächst

$$na \neq mb \Rightarrow nc \neq md,$$
$$na \geq mb \Rightarrow nc \geq md,$$
$$na \leq mb \Rightarrow nc \leq md,$$

und dann, durch Zusammenfassen von je zwei dieser Implikationen, auch die gewünschten mit „=", „<", „>". Die Transitivität zeigt sich unmittelbar an der Form der Definition.

Jetzt erinnern wir an den Hinweis in 10.3.5. Ebenso wie für „Länge", „Richtung" usw. läßt sich auch für den Begriff des Verhältnisses zwar gut erklären, was „Gleichheit" bedeutet, aber die Frage, *was ein Verhältnis selbst ist,* erlaubt wieder nur eine „extensionale" Antwort:

Definition 2: Unter dem *Verhältnis* a : b zweier gleichartiger Größen versteht man die Klasse aller zu (a, b) verhältnisgleichen Größenpaare (aus der zugrundegelegten Menge).

Hiernach ist also „Verhältnis" das, was man aus den Größenpaaren durch Abstraktion nach der Äquivalenzrelation „verhältnisgleich" erhält.

Damit kann unsere Ausgangsfrage wie folgt beantwortet werden: *Eine (positive reelle) Zahl ist ein Größenverhältnis.* Um dies zu einer präzisen Definition zu machen, müßte man noch die zugrundeliegenden Größenbereiche genau beschreiben. Wir beschränken uns auf *Längen* und brauchen dann nur an den vertrauten Größenbereich $\mathbb{L}$ zu erinnern, der insbesondere die Archimedische und die Vollständigkeitseigenschaft hat (siehe 4.2.3).

Die Definition der reellen Zahlen als Längen- oder Größenverhältnisse war — mehr oder weniger deutlich ausgesprochen — bis ins 19. Jahrhundert hinein allgemein üblich. Hiernach wurden also, anders ausgedrückt, die Zahlen primär als Maßzahlen aufgefaßt, durch die ja

[126]) Man kann nicht gut von der Menge *aller* Paare von gleichartigen Größen sprechen, da eine solche Begriffsbildung grundlagentheoretische Probleme aufwerfen würde.

das Verhältnis von Größen zur gewählten Maßeinheit beschrieben wird. Die Hinzunahme der negativen Zahlen macht, wie schon in 4.1.3 bemerkt, keine grundsätzlichen Schwierigkeiten; siehe hierzu auch **4.** Auf eine weitergehende Begründung der reellen Zahlen müssen wir im Rahmen dieses Buches verzichten.

Die Auffassung der Größenverhältnisse als Zahlen, mit denen man — nach geeigneter Einführung der Rechenoperationen — gemäß den Körper- und Anordnungs-Rechenregeln (siehe Abschnitt 3.2 und 3.3) umgehen kann, bedeutet einen entscheidenden Schritt über die griechische Mathematik hinaus. Insbesondere erscheint jetzt die Verhältnisgleichheit einfach als „Quotientengleichheit":

$$(a, b) \text{ verhältnisgleich } (c, d) \iff \frac{a}{b} = \frac{c}{d}$$

Heute definiert man sogar Produkte und Quotienten (Verhältnisse!) *für beliebige, auch verschiedenartige Größen* (siehe 2.2.5). Dafür gilt dann ganz allgemein die Regel

$$\frac{a}{b} = \frac{c}{d} \iff ad = bc,$$

die wir aus Def.1 nur für den Sonderfall c = k, d = *l* folgern konnten. Im Fall, daß alle vier Größen a, b, c, d natürliche Zahlen sind, ist sie bereits aus 2.1.1 bekannt. Hieraus folgt weiter ganz allgemein:

$$\frac{a}{b} = \frac{c}{d} \iff \frac{a}{c} = \frac{b}{d}$$

(„Vertauschung der Innenglieder"), was man aus Def. 1 nur für den Sonderfall erhält, daß alle vier Größen gleichartig sind.

Aufgabe: 1

11.1.2 Rekonstruktion der Bruchzahlen als Operatoren für Größen

Die Überlegungen in **1.** erleichtern den Zugang zu einer Rekonstruktion der positiven rationalen Zahlen, die auch als Grundlage für eine unterrichtliche Einführung in die Bruchrechnung Verwendung gefunden hat.[127)]

Es hat sich gezeigt, daß man Zahlen als Längenverhältnisse erklären kann, und weiter, daß ein solches Verhältnis eine gewisse Klasse von Längenpaaren bzgl. der Äquivalenzrelation „verhältnisgleich" ist. Bekanntlich haben nun manche dieser Klassen (nicht alle) die Eigenschaft, daß ihre Längenpaare (a, b) verhältnisgleich zu einem Paar (m, n) natürlicher Zahlen sind:

$$(a, b) \text{ verhältnisgleich } (m, n), \quad \text{d. h.} \quad na = mb.$$

Diese Klassen heißen *rational;* es sind gerade die Bruchzahlen, d. h. die positiven rationalen Zahlen. Z. B. ist die Zahl 3/4 hiernach nichts anderes als die Klasse aller Längenpaare (a, b) mit der Eigenschaft

$$(a, b) \text{ verhältnisgleich } (3, 4); \quad \text{d. h.} \quad 4a = 3b.$$

Zu ihr gehören die Paare

(3 cm, 4 cm),	(6 cm, 8 cm),	(9 cm, 12 cm), . . .,
(3 mm, 4 mm),	(3 m, 4 m),	(3 km, 4 km), . . .,
(3 Zoll, 4 Zoll),	(3 Fuß, 4 Fuß),	(3 Meilen, 4 Meilen), . . .

und allgemein jedes Paar (3d, 4d), wobei d irgendeine Länge (etwa die Diagonalenlänge im Einheitsquadrat) ist.

Solche Klassen kann man nach 10.1.4 auch als *Abbildungen* von $\mathbb{L}$ in sich auffassen: Das Verhältnis m : n ist nichts anderes als die *Abbildung, die jeder Länge* a *das* m*-fache ihres* n*-ten Teils zuordnet.* So kommt man zu der angekündigten Rekonstruktion der Bruchzahlen als

127) Solche Einführungen wurden angeregt durch *P. Braunfeld:* Ein neuer Zugang zur Bruchrechnung vom Standpunkt der Operatoren. In: Beiträge zum Mathematikunterricht 1968, Hannover 1969, 209—217.

Abbildungen, d. h. *Operatoren.* Diese erweist sich damit als eng verwandt mit klassischen Vorstellungen. Bei Bezugnahme auf Kenntnisse über den Abbildungsbegriff und über Operationen mit Abbildungen läßt sich die Rekonstruktion sehr einfach beschreiben.

Als *Grundlage* benutzt man die Menge $\mathbb{N}$ der *natürlichen Zahlen,* mit

— den Größenbereichs-Eigenschaften (Ass +), (Komm +), (Trich), (Lösb) (siehe 2.2.3);
— der Multiplikation und den Gesetzen (Ass ·), (Komm ·), (Neut ·), (Distr) (siehe 3.2.1);

sowie die Menge $\mathbb{L}$ der *Längen,* mit

— den Größenbereichs-Eigenschaften;
— der Teilbarkeitseigenschaft: Für jedes $n \in \mathbb{N}$ und jedes $a \in \mathbb{L}$ gibt es genau ein $b \in \mathbb{L}$, so daß $nb = a$ (siehe 2.2.4).

Die Kenntnis der hier beschriebenen Grundlage betrachten wir dabei als den Bruchzahlen (bzw. ihrer Kenntnis) *vorangehend.*

Zur Herstellung der Bruchzahlen als Operatoren beginnt man mit den Abbildungen $a \mapsto na$ von $\mathbb{L}$ in sich, wobei n eine feste *natürliche Zahl* ist. Diese Abbildungen heißen jetzt *Strecker* und können mit $\boxed{\cdot\, n}$ bezeichnet werden. Tatsächlich ist $a \mapsto na$ nichts anderes als der zu n gehörige Mal-Operator (siehe 8.1.2), jetzt aber mit Definitionsbereich $\mathbb{L}$. Als Klasse von Längenpaaren aufgefaßt, ist $\boxed{\cdot\, n}$ die Menge aller Paare der Form (a, na) mit $a \in \mathbb{L}$. Im folgenden überlassen wir dem Leser die Interpretation der Operatoren als Klassen von Längenpaaren. Das Vielfache na wird also jetzt als Bild $\boxed{\cdot\, n}(a)$ von a bei der Abbildung $\boxed{\cdot\, n}$ aufgefaßt. So schreibt man es natürlich nicht. Das Kästchen wird nur benutzt, wenn man mit den Operatoren allein umgeht.

Für Abbildungen ist klar, was „Gleichheit“ bedeutet; weiter sind für Abbildungen $\mathbb{L} \to \mathbb{L}$ Verkettung $\circ$ und Addition + (Superposition) definiert, siehe 9.1.1 und 9.3.1.
Danach ist

$$\boxed{\cdot\, n} = \boxed{\cdot\, m} \quad \text{gleichbedeutend mit: } na = ma \text{ für alle } a,$$

und es ist

$$\boxed{\cdot\, n} \circ \boxed{\cdot\, m} \quad \text{die Abbildung } a \mapsto \underbrace{n(ma)}_{=\,(nm)a},$$

$$\boxed{\cdot\, n} + \boxed{\cdot\, m} \quad \text{die Abbildung } a \mapsto \underbrace{na + ma}_{=\,(n+m)a}.$$

Somit gilt für alle Strecker $\boxed{\cdot\, n}$, $\boxed{\cdot\, m}$ (siehe auch Aufgabe 2a):

(1) $\boxed{\cdot\, n} = \boxed{\cdot\, m} \quad \Leftrightarrow \quad n = m;$

(2) $\boxed{\cdot\, n} \circ \boxed{\cdot\, m} = \boxed{\cdot\,(n \cdot m)} \quad \left(= \boxed{\cdot\,(m \cdot n)} = \boxed{\cdot\, m} \circ \boxed{\cdot\, n}\right);$

(3) $\boxed{\cdot\, n} + \boxed{\cdot\, m} = \boxed{\cdot\,(n+m)} \quad \left(= \boxed{\cdot\,(m+n)} = \boxed{\cdot\, m} + \boxed{\cdot\, n}\right).$

Hiernach besteht eine eineindeutige Entsprechung:

Strecker	$\boxed{\cdot\, n}$	———	natürliche Zahl n
Verkettung	$\circ$	———	Multiplikation ·
Superposition	+	———	Addition +

Die Verkettung und die Superposition von Streckern bilden eine neue Interpretation der Operationen + und · mit natürlichen Zahlen.

Besonders bemerkenswert ist die ganz natürliche Interpretation der Multiplikation als Verkettung: Der Operator „zuerst mal m, dann mal n“ bewirkt dasselbe wie „mal nm“. Sie weist den Weg zur Definition der Multiplikation für Bruchzahlen.

Nun ist jeder Strecker $\boxed{\cdot n}$ eine *injektive* Abbildung von $\mathbb{L}$ *auf* sich, d. h. eine Permutation von $\mathbb{L}$. Die Injektivität besagt $a \neq b \Rightarrow na \neq nb$ (hierzu: Aufgabe 2b); die Surjektivität ist durch die Teilbarkeitseigenschaft von $\mathbb{L}$ gegeben.

Damit liegt eine *Erweiterung* des Bereichs der natürlichen Zahlen, d. h. der Strecker, nahe. Und zwar nimmt man zunächst zu allen Streckern $\boxed{\cdot n}$ ihre *Inversen* $\boxed{\cdot n}^{I}$ hinzu. Diese Abbildungen heißen jetzt *Staucher* und können mit $\boxed{:n}$ bezeichnet werden. Tatsächlich sind sie nichts anderes als die zu natürlichen Zahlen gehörigen *Durchoperatoren*; $\boxed{:n}$ ordnet jeder Länge a ihren n-ten Teil $\frac{1}{n}a$ zu, d. h. es ist $\boxed{:n}(a) = \frac{1}{n}a$. Offensichtlich gilt hierfür:

(4) $\quad \boxed{\cdot n} \circ \boxed{:n} \;=\; id_{\mathbb{L}} = \boxed{:n} \circ \boxed{\cdot n}$;

(5) $\quad \boxed{:n} \circ \boxed{:m} \;=\; \boxed{:(n \cdot m)} = \boxed{:(m \cdot n)} = \boxed{:m} \circ \boxed{:n}$;

(6) $\quad \boxed{\cdot m} \circ \boxed{:n} \;=\; \boxed{:n} \circ \boxed{\cdot m}$;

Die jetzige Abbildungs-Formulierung erleichtert die Beweise. Zum Beispiel ergibt sich (6), d. h. die Vertauschbarkeit von Streckern mit Stauchern, wie folgt mittels (2) und (4):

$$\underbrace{\boxed{:n} \circ \boxed{\cdot n}}_{=\,id_{\mathbb{L}}} \circ \boxed{\cdot m} \circ \boxed{:n} \;=\; \boxed{:n} \circ \boxed{\cdot m} \circ \underbrace{\boxed{\cdot n} \circ \boxed{:n}}_{=\,id_{\mathbb{L}}}.$$

Aus (2), (3), (5) und (6) folgt, daß es beim Verketten von Streckern und Stauchern (auch gemischt) *nicht auf die Reihenfolge ankommt.* Wir lassen daher jetzt, auch im Einklang mit 9.1.1, die Verkettungszeichen $\circ$ weg.

Nun nimmt man zu den Operatoren auch alle *Verkettungen* von Streckern und Stauchern, in beliebiger (endlicher) Anzahl und beliebiger Reihenfolge, hinzu. Nach dem Vorstehenden kann jede solche Kette auf die Form $\boxed{\cdot m}\,\boxed{:n}$ gebracht werden, und es ist klar, daß diese Ketten eine *kommutative Abbildungsgruppe* auf $\mathbb{L}$ bilden (siehe 9.1.3, 9.1.4). Insbesondere enthält diese die identische Abbildung von $\mathbb{L}$ in der Form $\boxed{\cdot n}\,\boxed{:n}$ und zu jeder Kette $\boxed{\cdot m}\,\boxed{:n}$ die Inverse $(\boxed{\cdot m}\,\boxed{:n})^{I} = \boxed{\cdot n}\,\boxed{:m}$. Offensichtlich handelt es sich um die *kleinste Abbildungsgruppe, die sämtliche Strecker enthält;* man sagt, es ist die von den Streckern *erzeugte* Abbildungsgruppe.

Jetzt liegt es auf der Hand, wie die Bruchzahlen — vorerst *„Bruchoperatoren"* genannt und in der Form $\boxed{\cdot \frac{m}{n}}$ geschrieben — zu definieren sind:

Definition 3: Für alle $m, n \in \mathbb{N}$ sei $\boxed{\cdot \frac{m}{n}} := \boxed{\cdot m}\,\boxed{:n}$

Hiernach ist $\boxed{\cdot \frac{m}{n}}(a) = \boxed{\cdot m}\,(\boxed{:n}(a)) = m\left(\frac{1}{n}a\right)$; man schreibt $\frac{m}{n}a$.

Insbesondere gilt nach Def. 3 $\boxed{\cdot \frac{m}{1}} = \boxed{\cdot m}$ und $\boxed{\cdot \frac{1}{n}} = \boxed{:n}$.

Weiter erhält man in neuer Weise die Regel für das Kürzen bzw. Erweitern von Brüchen

$$\boxed{\cdot \frac{m}{n}} = \boxed{\cdot \frac{mk}{nk}},$$

indem man einfach zwischen $\boxed{\cdot m}$ und $\boxed{:n}$ die Kette $\boxed{\cdot k}\,\boxed{:k}$ ($= id_{\mathbb{L}}$) einschiebt:

$$\boxed{\cdot m}\,\boxed{:n} = \boxed{\cdot m}\,\boxed{\cdot k}\,\boxed{:k}\,\boxed{:n} = \boxed{\cdot mk}\,\boxed{:nk}.$$

Wir übergehen die Bestätigung der Regeln für die Addition (Superposition, wie in 9.3.1) und die Verkettung von Bruchoperatoren:

$$\boxed{\frac{m}{n}} + \boxed{\frac{k}{l}} = \boxed{\frac{ml + nk}{nl}}, \quad \boxed{\frac{m}{n}}\,\boxed{\frac{k}{l}} = \boxed{\frac{mk}{nl}}.$$

Nun löst man sich von den umständlichen Schreib- und Bezeichnungsweisen und nennt — im Einklang mit den bei Streckern beobachteten Entsprechungen:

den Bruchoperator $\boxed{\cdot \frac{m}{n}}$	*Bruchzahl* $\frac{m}{n}$,
insb. den Operator $\boxed{\cdot \frac{m}{1}}$	auch *natürliche Zahl* m,
die Verkettung	*Multiplikation* $\cdot$,
die Superposition +	*Addition* +.

Der Beweis des folgenden Satzes wird aber dadurch besonders einfach, daß man auf die Abbildungs-Bedeutungen Bezug nimmt.

Satz 1: Für die im Vorstehenden definierten Bruchzahlen und Operationen gelten die Gesetze (Ass +), (Komm +), (Ass ·), (Komm ·), (Neut ·), (Distr) sowie (Inv ·) : $\frac{m}{n} \cdot x = 1$ ist eindeutig lösbar.

D. h. es gelten alle Körper-Axiome mit Ausnahme von (Neut +) und (Inv +); siehe 3.2.1.

Beweis: Die Gesetze (Ass +) und (Komm +) gelten im Größenbereich $\mathbb{L}$ und übertragen sich auf beliebige Abbildungen von $\mathbb{L}$ in $\mathbb{L}$, ebenso wie das in 9.3.1 für die Addition von reellen Funktionen festgestellt wurde.

Die vier Gesetze für die Multiplikation besagen gerade, daß die Bruchoperatoren — wie schon bemerkt — eine kommutative Abbildungsgruppe bilden. Man beachte dazu, daß die identische Abbildung von $\mathbb{L}$, nämlich $\boxed{\cdot \frac{1}{1}}$, jetzt auch „Zahl 1" genannt wird, und daß man als Lösung von $\frac{m}{n} \cdot x = 1$ gerade die Zahl $\frac{n}{m}$ erhält. Schließlich gilt das Distributivgesetz $(f + g) \circ h = f \circ h + g \circ h$ sogar für *beliebige* Abbildungen f, g, h von $\mathbb{L}$ in sich; denn für alle $a \in \mathbb{L}$ ist $\big((f+g) \circ h\big)(a) = (f+g)\big(h(a)\big) = f\big(h(a)\big) + g\big(h(a)\big) = (f \circ h)(a) + (g \circ h)(a) = \big((f \circ h) + (g \circ h)\big)(a)$.

Hiermit ist die „Rekonstruktion der Bruchzahlen" abgeschlossen. Auf genau beschriebener Grundlage wurde eine Menge von mathematischen Objekten und zugehörigen Operationen konstruiert, welche gerade die Eigenschaften der vertrauten Bruchzahlen, mit Addition und Multiplikation, haben.

Es bereitet keine besonderen Schwierigkeiten, auch die *Kleinerbeziehung* für Bruchoperatoren zu definieren und für sie die Gesetze (Trich) und (Lösb) (siehe 2.2.3) nachzuweisen[128]). Damit erweist sich dann die Menge $\mathbb{Q}^+$ der Bruchzahlen ebenso wie $\mathbb{N}$ auch als *Größenbereich.*

Aufgabe: 2

11.1.3 Rekonstruktion der Bruchzahlen als Verhältnisse von natürlichen Zahlen

Die im folgenden beschriebene Rekonstruktion ist die in der Fachmathematik übliche: Man definiert die *positiven rationalen Zahlen als Verhältnisse von natürlichen Zahlen* (allerdings ohne das so auszusprechen). Dies besagt nach **1.**, daß als „Größenpaare" nur Paare von natür-

[128]) Für die Ausführung sei verwiesen auf *A. Kirsch,* Elementare Zahlen- und Größenbereiche, Göttingen 1970, insb. S. 107 f. und 133 f.

lichen Zahlen betrachtet werden und daß die Menge $\mathbb{N} \times \mathbb{N}$ dieser Paare bezüglich der Äquivalenzrelation „verhältnisgleich" in Klassen eingeteilt wird. Auch hier genügt es nach dem Vorangehenden, die Grundgedanken der Konstruktion kurz darzustellen. Ihr Vorzug gegenüber der in **2.** beschriebenen ist, daß als *Grundlage nur die Menge* $\mathbb{N}$ *der natürlichen Zahlen* benötigt wird, mit ihren in **2.** genannten Größenbereichs- und Multiplikationsgesetzen, aus denen sofort *die weiteren Gesetze* (Trans), (Mon +), (Mon ·) folgen (Aufgabe 3).

Die Verhältnisgleichheit, jetzt als Relation in $\mathbb{N} \times \mathbb{N}$, wird oft mit „~" bezeichnet und sogleich wie folgt definiert:

$$(m, n) \sim (k, l) \underset{\text{def}}{\Leftrightarrow} ml = kn$$

Hierfür beweist man direkt, daß eine Äquivalenzrelation vorliegt. Zum Beispiel ergibt sich die Transitivität

$$((m, n) \sim (k, l) \wedge (k, l) \sim (i, j)) \Rightarrow (m, n) \sim (i, j)$$

wie folgt: Aus $ml = kn \wedge kj = il$ folgt $mlj = knj \wedge knj = inl$, also $mlj = inl$, also $mj = in$. Im Vorstehenden wurde, wie auch schon in **2.**, insbesondere die *Streichungsregel*

$$ml = nl \Rightarrow m = n$$

benutzt. Diese folgt sofort aus (Trich) und (Mon ·).

Nun *definiert* man für jedes Paar $(m, n) \in \mathbb{N} \times \mathbb{N}$ die *positive rationale Zahl* (Bruchzahl) mit dem Namen $\frac{m}{n}$ als die Klasse, in der (m, n) liegt:

Definition 4a:

$$\frac{m}{n} := \{(x, y) \in \mathbb{N} \times \mathbb{N} \mid (x, y) \sim (m, n)\}$$

Diese Klassen lassen sich einprägsam als Gitterpunkt-Mengen deuten: $\frac{m}{n}$ besteht aus allen Gitterpunkten, die auf der Halbgeraden vom Ursprung aus durch den Punkt (m, n) liegen.

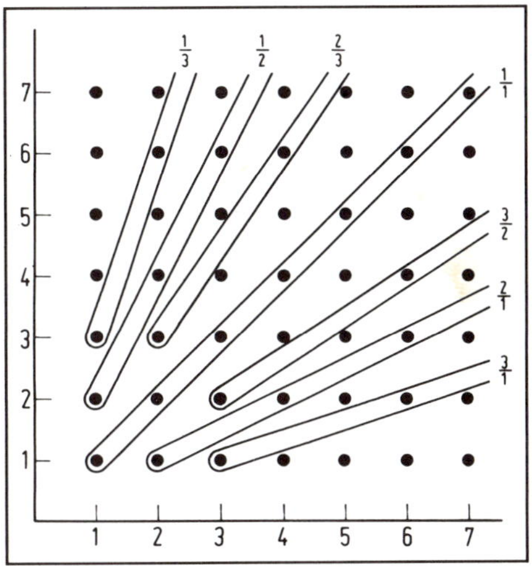

Nach Def. 4a gilt natürlich

$$\frac{m}{n} = \frac{k}{l} \Leftrightarrow (m, n) \sim (k, l) \Leftrightarrow ml = kn;$$

d. h. die bekannte Gleichheitsregel für Brüche ist erfüllt. Zum Beispiel hat man jetzt:

$$\frac{3}{4} = \frac{6}{8} = \frac{9}{12} = \ldots = \{(3,4), (6,8), (9,12), \ldots\}.$$

Offensichtlich gilt allgemein $\frac{m}{n} = \frac{mk}{nk}$; d. h. man darf wie üblich erweitern und kürzen.

Weiter müssen für die so definierten Bruchzahlen die Operationen „Addition" und „Multiplikation" definiert werden. Dazu kann man diesmal nicht einfach, wie in **2.**, allgemein definierte Operationen für Abbildungen verwenden. Eine Orientierung geben jetzt die bekannten Bruchrechenregeln. Die *Definition der Multiplikation* lautet:

Definition 4b: $\frac{m}{n} \cdot \frac{k}{l} := \frac{mk}{nl}$, für alle $m, n, k, l \in \mathbb{N}$.

Diese erfordert eine *Rechtfertigung*, weil sich jede Klasse $\frac{m}{n}$ in verschiedener Weise schreiben läßt, aber die „Ergebnisklasse" rechts nicht davon abhängen darf, wie die „Eingangsklassen" links geschrieben sind. Mit anderen Worten: Das Ergebnis muß unabhängig von den

„Repräsentanten" (m, n), (k, l) sein, mittels derer die beiden Faktoren bezeichnet sind. Es ist also zu zeigen:

$$\left(\frac{m}{n} = \frac{m'}{n'} \ \wedge \ \frac{k}{l} = \frac{k'}{l'}\right) \ \Rightarrow \ \frac{mk}{nl} = \frac{m'k'}{n'l'};$$

d. h. $(mn' = m'n \ \wedge \ kl' = k'l) \ \Rightarrow \ mkn'l' = m'k'nl$. Dies ergibt sich sofort, wenn man entsprechende Seiten der links stehenden Gleichungen miteinander multipliziert.

Entsprechendes ist zur *Definition der Addition* zu sagen:

Definition 4c: $\frac{m}{n} + \frac{k}{l} := \frac{ml + kn}{nl}$, für alle $m, n, k, l \in \mathbb{N}$.

Die Rechtfertigung hierfür braucht nicht mehr ausgeführt zu werden, da sie bereits in 2.1.1 mit dem Beweis von Satz 4 erbracht wurde. Schon dort haben wir die hier bestehende Problematik vorbereitend angesprochen.

Jetzt ist — ebenso wie in **2.**, aber jetzt mit Bezugnahme auf die neuen Definitionen — zu beweisen:

Satz 2: Für die im Vorstehenden definierten positiven rationalen Zahlen und zugehörigen Rechenoperationen gelten die Gesetze

(Ass +), (Komm +), (Ass ·), (Komm ·), (Neut ·), (Distr) sowie (Inv ·).

Beweis: Diesmal kann man sich nicht auf allgemeine Sätze über Abbildungen stützen. Die behaupteten Gesetze folgen aber leicht, wenn auch mit einigem Schreibaufwand, aus denen für natürliche Zahlen. Z. B. ergibt sich (Ass +) aus

$$\left(\frac{m}{n} + \frac{k}{l}\right) + \frac{i}{j} = \frac{ml + kn}{nl} + \frac{i}{j} = \frac{(ml + kn)j + inl}{nlj};$$

$$\frac{m}{n} + \left(\frac{k}{l} + \frac{i}{j}\right) = \frac{m}{n} + \frac{kj + il}{lj} = \frac{mlj + (kj + il)n}{nlj}$$

(für alle $m, n, k, l, i, j \in \mathbb{N}$). Das Ergebnis schreibt man dann natürlich in der Form

$(a+b) + c = a + (b+c)$, für alle positiven rationalen Zahlen a, b, c.

Die Rolle der Zahl 1 in den Gesetzen (Neut ·) und (Inv ·) spielt die positive rationale Zahl $\frac{1}{1} = \frac{2}{2} = \frac{3}{3} = \ldots = \{(1,1), (2,2), (3,3), \ldots\}$.

Als Inverse $\left(\frac{m}{n}\right)^{-1}$ von $\frac{m}{n}$ hat man offensichtlich die Zahl $\frac{n}{m}$. Die Vervollständigung des Beweises sei dem Leser überlassen (siehe auch Aufgabe 4).

Schließlich vereinbart man, eine positive rationale Zahl der Form $\frac{n}{1}$ nicht von der betreffenden natürlichen Zahl n zu unterscheiden. Das bringt keine Probleme, weil ja gilt:

$$\frac{n}{1} \cdot \frac{m}{1} = \frac{nm}{1 \cdot 1} = \frac{nm}{1} \quad \text{sowie} \quad \frac{n}{1} + \frac{m}{1} = \frac{n \cdot 1 + m \cdot 1}{1 \cdot 1} = \frac{n + m}{1},$$

d. h. weil die Rechenoperationen gemäß Def. 4b und 4c bei Zahlen der Form $\frac{n}{1}$ genau den alten Operationen in $\mathbb{N}$ entsprechen. Danach ist es gerechtfertigt, die hier konstruierte Menge $\mathbb{Q}^+$ der positiven rationalen Zahlen (mit den Operationen + und ·) als *Erweiterung* von $\mathbb{N}$ (mit + und ·) anzusehen und $\mathbb{N} \underset{\text{echt}}{\subset} \mathbb{Q}^+$ zu schreiben. Man sagt in diesem Sinn auch, der der Zahlbereich $\mathbb{N}$ sei in den Zahlbereich $\mathbb{Q}^+$ *eingebettet* worden.

Der Kürze halber wurde hier wie in **2.** darauf verzichtet, das Entsprechende für die Kleinerbeziehung auszuführen. Diese Relation kann in natürlicher Weise auch für die Bruchzahlen definiert werden und erfüllt dann wie in $\mathbb{N}$ die Gesetze (Trich) und (Lösb).

Aufgaben: 3 bis 6

11.1.4 Negative Zahlen

Während die vorangehenden Begründungen bzw. Konstruktionen der positiven (reellen bzw. rationalen) Zahlen Abstraktionsprozesse erforderten, ist die folgende Konstruktion der negativen Zahlen aus den positiven begrifflich ganz harmlos. Sie funktioniert in gleicher Weise für die negativen ganzen, die negativen rationalen und auch für die negativen reellen Zahlen. Grundlage bildet jeweils der betreffende Bereich der positiven Zahlen, mit den *Größenbereichs-Eigenschaften*

(Ass +), (Komm +), (Trich), (Lösb)

sowie den *Multiplikationsgesetzen*

(Ass ·), (Komm ·), (Neut ·), (Distr).

Hieraus folgen (Aufgabe 3) die Anordnungsgesetze (Trans), (Mon +) und (Mon ·).

Ziel ist es, durch Hinzunahme der Null und geeignet konstruierter negativer Zahlen einen erweiterten Zahlbereich zu schaffen, in dem alle bisherigen Rechengesetze, aber an Stelle von (Lösb) jetzt (Neut +) und (Inv +) gelten. Weiter gilt dann das Gesetz (Inv ·), sofern letzteres schon für die positiven Zahlen erfüllt ist. In diesem letzten Fall, der insbesondere bei $\mathbb{Q}^+$ vorliegt, erhält man so einen angeordneten *Körper* (siehe 3.3.1).

Der zugrundegelegte Zahlbereich sei mit $\boldsymbol{P}$ bezeichnet; man denke an $\mathbb{N}$ oder $\mathbb{Q}^+$. Zu jeder Zahl p aus $\boldsymbol{P}$, jetzt *positive Zahl* genannt, bilden wir ein neues Objekt $\overline{p}$ und vereinbaren hierfür:

$$\overline{p} \neq q \quad \text{für alle } q \in \boldsymbol{P};$$
$$\overline{p} = \overline{q} \iff p = q.$$

Diese Objekte $\overline{p}$, gelesen „p quer", heißen *negative Zahlen.* Weiter bilden wir ein neues Objekt 0, so daß

$$0 \neq p \ \wedge \ 0 \neq \overline{p} \quad \text{für alle } p \in \boldsymbol{P},$$

und nennen es die *Zahl Null.* Die Menge aller nun vorhandenen Zahlen der Typen p, 0, $\overline{p}$ heiße $\boldsymbol{S}$. Der Buchstabe $\boldsymbol{S}$ soll darauf hinweisen, daß die Menge $\boldsymbol{S}$ durch *„Symmetrisierung"* des gegebenen Zahlbereichs $\boldsymbol{P}$ entstanden ist.

Die vorstehende Konstruktion ist logisch unproblematisch und durch Vorkenntnisse über negative Zahlen gut motiviert. Das gleiche gilt für die folgenden Definitionen der Rechenoperationen + und · und der Kleinerbeziehung < in $\boldsymbol{S}$ sowie für den anschließenden Satz 3.

Definition 5 a: Für alle $p, q \in \boldsymbol{P}$ sei

$$p + 0 = 0 + p = p;$$
$$0 + 0 = 0;$$
$$\overline{p} + 0 = 0 + \overline{p} = \overline{p};$$
$$p + \overline{q} = \overline{q} + p = \begin{cases} p - q, & \text{falls } p > q \\ 0, & \text{falls } p = q \\ \overline{q - p}, & \text{falls } p < q; \end{cases}$$
$$\overline{p} + \overline{q} = \overline{p + q}$$

Definition 5 b: Für alle $p, q \in \boldsymbol{P}$ sei

$$p \cdot 0 = 0 \cdot p = 0;$$
$$0 \cdot 0 = 0;$$
$$\overline{p} \cdot 0 = 0 \cdot \overline{p} = 0;$$
$$p \cdot \overline{q} = \overline{q} \cdot p = \overline{p \cdot q};$$
$$\overline{p} \cdot \overline{q} = p \cdot q.$$

Definition 5 c: Für alle $p, q \in \boldsymbol{P}$ gelte

$0 < p$ und nicht $p < 0$;

nicht $0 < 0$;

$\overline{p} < 0$ und nicht $0 < \overline{p}$;

$\bar{p} < q$ und nicht $q < \bar{p}$;

$\bar{p} < \bar{q} \Leftrightarrow p > q$.

Satz 3: Für die im Vorangehenden konstruierte Menge $\boldsymbol{S}$ mit den Operationen + und · und der Relation < gelten jedenfalls alle Körper- und Anordnungsgesetze bis auf (Inv ·). Es gilt auch das Gesetz (Inv ·), wenn dieses schon in dem zugrundegelegten Zahlbereich $\boldsymbol{P}$ erfüllt ist.

Der *Beweis,* auf der Grundlage der Definitionen 5a, b, c und der Voraussetzungen über den Zahlbereich $\boldsymbol{P}$, macht keinerlei grundsätzliche Schwierigkeiten, erfordert aber einige arbeitsaufwendige Fallunterscheidungen. Diese mangelnde „Eleganz“ ist der Nachteil unserer im übrigen so einfachen Konstruktion gegenüber anderen, die von Mathematikern bevorzugt werden. Im folgenden beschreiben wir genau die abzuhandelnden Fälle und überlassen die Einzelnachweise weitgehend dem Leser. Dieser möge zumindest versuchen, sich von der Vollständigkeit der Fallunterscheidungen zu überzeugen!

Beweis der Additionsgesetze

Die Gesetze (Komm +), (Neut +), (Inv +) folgen unmittelbar aus Def. 5a.

Beim *Assoziativgesetz*

(Ass +) $\quad (a + b) + c = a + (b + c)$, für alle $a, b, c \in \boldsymbol{S}$

bemerkt man zuerst die Gültigkeit in dem Fall, daß wenigstens eine der Zahlen a, b, c Null ist. Für $c = 0$ beispielsweise gilt ja $(a + b) + 0 = a + b = a + (b + 0)$.

Danach bleiben *acht Hauptfälle,* wie nachstehend angegeben, zu behandeln. Hier sind p, q, r (die Beträge von a, b, c) Zahlen aus $\boldsymbol{P}$.

Fall	a	b	c
1	p	q	r
2	p	q	$\bar{r}$
3	p	$\bar{q}$	r
4	p	$\bar{q}$	$\bar{r}$
5	$\bar{p}$	q	r
6	$\bar{p}$	q	$\bar{r}$
7	$\bar{p}$	$\bar{q}$	r
8	$\bar{p}$	$\bar{q}$	$\bar{r}$

Im *Fall 1* ist (Ass +) trivialerweise erfüllt.

Im *Fall 2* sind die folgenden 5 Unterfälle zu unterscheiden (die Unterstreichungen sollen die Übersicht erleichtern):

(2a) $r < \underline{q}$; (2b) $r = \underline{q}$; (2c) $\underline{q} < r < \underline{p + q}$; (2d) $r = \underline{p + q}$;
(2e) $\underline{p + q} < r$.

Die Behauptung $(p+q) + \bar{r} = p + (q+\bar{r})$ erhält man beispielsweise für (2c) aus $(p+q) + \bar{r} = (p+q) - r$; $p + (q+\bar{r}) = p + \overline{r - q} = p - (r-q) = p + q - r$.

Im *Fall 3* setzt man zuerst $p < r$ voraus und bestätigt hierfür die Behauptung $(p + \bar{q}) + r = p + (\bar{q} + r)$ in jedem der 7 Unterfälle:

(3a) $q < \underline{p}$; (3b) $q = \underline{p}$; (3c) $\underline{p} < q < \underline{r}$; (3d) $q = \underline{r}$; (3e) $\underline{r} < q < p + r$;

(3e) $r < q < \underline{p + r}$; (3f) $q = \underline{p + r}$; (3g) $\underline{p + r} < q$.

Sodann zieht man das Kommutativgesetz (Komm +) hinzu und bemerkt, daß die Behauptung für $p = r$ trivialerweise gilt, und daß sie für $r < p$ aus dem bereits Bewiesenen (von rechts nach links gelesen und mit Vertauschung von p mit r) folgt: $(p + \bar{q}) + r = r + (\bar{q} + p) = (r + \bar{q}) + p = p + (\bar{q} + r)$.

Im *Fall 4* sind wieder 5 Unterfälle zu unterscheiden:

(4a) $p < \underline{q}$; (4b) $p = \underline{q}$; (4c) $\underline{q} < p < \underline{q + r}$; (4d) $p = \underline{q + r}$; (4e) $\underline{q + r} < p$.

Im *Fall 5* folgt die Behauptung aus Fall 2 durch Vertauschen von p mit r:
$(\bar{p}+q) + r = r + (q+\bar{p}) = (r+q) + \bar{p} = \bar{p} + (q+r)$.

Im *Fall 6* gilt für die Behauptung $(\bar{p}+q) + \bar{r} = \bar{p} + (q + \bar{r})$ wörtlich das gleiche wie im Fall 3 (mit denselben 7 Unterfällen).

Im *Fall 7* folgt die Behauptung aus Fall 4 durch Vertauschen von p mit r.

Im *Fall 8* ist die Behauptung fast trivialerweise erfüllt:
$(\bar{p}+\bar{q}) + \bar{r} = \overline{p + q} + \bar{r} = \overline{p + q + r} = \bar{p} + \overline{q + r} = \bar{p} + (\bar{q}+\bar{r})$.

Beweis der Multiplikationsgesetze

Die Gesetze (Komm ·) und (Ass ·) wurden unter den hier gegebenen Voraussetzungen schon in Aufgabe 2 zu Abschnitt 3.1 bewiesen. (Neut ·) ist klar wegen $p \cdot 1 = p$; $0 \cdot 1 = 0$; $\bar{p} \cdot 1 = \overline{p \cdot 1} = \bar{p}$. Wenn in $\boldsymbol{P}$

jede Gleichung $p \cdot x = 1$ ist eindeutig lösbar ist, dann gilt entsprechend in $\boldsymbol{S}$:

(Inv ·) Für alle $a \neq 0 : a \cdot x = 1$ ist eindeutig lösbar.

Und zwar lautet offensichtlich im Fall $0 < a = p$ die Lösung $x = p^{-1}$, im Fall $0 > a = \bar{p}$ die Lösung $x = \overline{p^{-1}}$.

Das *Distributivgesetz* $(a+b)c = ac + bc$ (Distr) ist im Fall $a = 0 \vee b = 0 \vee c = 0$ trivialerweise erfüllt, und man braucht nur die acht Hauptfälle wie bei (Ass +) zu betrachten. Dabei darf man wegen (Komm +) $p \geq q$ voraussetzen und hat in Fall 3 bis 6 jeweils noch die Unterfälle $p > q$ und $p = q$ zu unterscheiden. Beispielsweise gilt im Fall 6

für $p > q$: $(\bar{p}+q)\,\bar{r} = \overline{p-q}\,\bar{r} = (p-q)r = pr - qr = pr + \overline{qr} = \bar{p}\bar{r} + q\bar{r}$;

für $p = q$: $(\bar{p}+q)\bar{r} = 0\bar{r} = 0 = pr + \overline{pr} = \bar{p}\bar{r} + p\bar{r} = \bar{p}\bar{r} + q\bar{r}$.

Beweis der Anordnungsgesetze

Das Gesetz (Trich) folgt unmittelbar aus Def. 5c. Für das Weitere ist es zweckmäßig, sich zuerst klarzumachen, daß (für alle $a, b \in \boldsymbol{S}$) gilt:

(L) $a < b \Leftrightarrow \exists u \in \boldsymbol{P} : a + u = b$.

Dies ist im Fall $a > 0$, d. h. $a \in \boldsymbol{P}$ klar nach dem Lösbarkeitsgesetz (Lösb) in $\boldsymbol{P}$. Im Fall $a = 0$ ist (L) trivialerweise erfüllt. Im Fall $a < 0$, d. h. $a = \bar{p}$ mit $p \in \boldsymbol{P}$, gilt bei gegebenem $u \in \boldsymbol{P}$,

wenn $u < p$: $b = a + u = \bar{p} + u = \overline{p-u} > \bar{p} = a$;
wenn $u = p$: $b = a + u = \bar{p} + p = 0 > a$;
wenn $u > p$: $b = a + u = \bar{p} + u = u - p > a$.

Umgekehrt gilt bei gegebenem $b > a$, $a = \bar{p}$,

wenn $b = q \in \boldsymbol{P}$: $a + (p+q) = \bar{p} + p + q = q = b$;
wenn $b = 0$: $a + p = \bar{p} + p = 0 = b$;
wenn $b = \bar{q} > \bar{p}$: $a + (p-q) = \bar{p} + p - q = \overline{p-(p-q)} = \bar{q} = b$;

also leistet $u = p + q$ bzw. $u = p$ bzw. $u = p - q \in \boldsymbol{P}$ das Verlangte. Damit ist (L) auch für $a < 0$ bewiesen.

Mittels (L), (Ass +), (Komm +) folgen nun die Gesetze

(Trans) $(a < b \wedge b > c) \Rightarrow a < c$
(Mon +) $a < b \Rightarrow a + c < b + c$

ebenso wie in Größenbereichen; siehe 2.2.3 (1), (2). Das Gesetz (vgl. 3.3.1)

(Mon ·) $a < b \Rightarrow ar < br$ (für alle $r \in \boldsymbol{P}$)

beweist man schließlich so: $a < b$ besagt $a + u = b$ mit $u \in \boldsymbol{P}$; hieraus folgt nach (Distr) $ar + ur = br$, also wegen $ur \in \boldsymbol{P}$ nach (L) : $ar < br$.

Aufgaben 11.1

1. Beweise mit heutigen Hilfsmitteln, aber ohne Produkte von Größen mit Größen zu benutzen:

Für gleichartige Größen a, b, c, d gilt $\frac{a}{b} = \frac{c}{d} \Leftrightarrow \frac{a}{c} = \frac{b}{d}$.

Hinweis: Heute faßt man jedes Verhältnis a : b gleichartiger Größen als reelle Zahl $r > 0$ auf; man schreibt $a : b = \frac{a}{b} = r$ und gleichbedeutend damit $a = rb$. Für diese Vervielfachung von Größen mit reellen Zahlen gelten insbesondere die Gesetze $(rs)a = r(sa)$ sowie $ra = rb \Rightarrow a = b$ $(r, s \in \mathbb{R}^+)$.

Damit bereitet der Beweis keine Schwierigkeiten. Ein Beweis allein auf Grund von Def. 1 ist mühsam.[129])

2. Beweise aufgrund der in 2.2.3 genannten Rechenregeln für Größen: Für alle $n, m \in \mathbb{N}$ und alle Größen a, b gilt:

[129]) Man findet einen solchen z. B. in *Oskar Becker:* Grundlagen der Mathematik in geschichtlicher Entwicklung, Freiburg/München 1969, zweites Kapitel, Abschnitt C.

a) $ma = na \Leftrightarrow m = n$;
b) $na = nb \Leftrightarrow a = b$;
Hinweis: Es braucht nur „$\Rightarrow$“ bewiesen zu werden, warum?

3. Folgere aus den am Beginn von 11.1.2 bzw. 11.1.4 angegebenen acht Größenbereichs- und Multiplikationsgesetzen für positive Zahlen die weiteren:

$$(a < b \wedge b < c) \Rightarrow a < c \qquad \text{(Trans)};$$
$$a < b \Rightarrow a + c < b + c \qquad \text{(Mon +)};$$
$$a < b \Rightarrow ac < bc \qquad \text{(Mon} \cdot\text{)}.$$

4. Gibt es Geraden durch den Nullpunkt, die zwischen allen Gitterpunkten (siehe die Skizze in 11.1.3) hindurchgehen?

5. Begründe in dem folgenden Beweis des Distributivgesetzes für Bruchzahlen jedes der fünf Gleichheitszeichen mit Bezugnahme auf Def. 4a, 4b, 4c.

$$\left(\frac{m}{n} + \frac{k}{l}\right) \cdot \frac{i}{j} = \frac{ml + kn}{nl} \cdot \frac{i}{j}$$
$$= \frac{(ml + kn) \cdot i}{nl \cdot j}$$
$$= \frac{mli}{nlj} + \frac{kni}{nlj}$$
$$= \frac{mi}{nj} + \frac{ki}{lj}$$
$$= \frac{m}{n} \cdot \frac{i}{j} + \frac{k}{l} \cdot \frac{i}{j}$$

6. Für Bruchzahlen gemäß Def. 4a wird die Relation < wie folgt definiert:

$$\frac{m}{n} < \frac{k}{l} \underset{\text{def}}{\Leftrightarrow} ml < kn.$$

a) Rechtfertige diese Definition; d. h. beweise die Repräsentanten-Unabhängigkeit:

$$\left(\frac{m}{n} = \frac{m'}{n'} \wedge \frac{k}{l} = \frac{k'}{l'} \wedge \frac{m}{n} < \frac{k}{l}\right) \Rightarrow \frac{m'}{n'} < \frac{k'}{l'}.$$

b) Beweise als Folgerung aus dieser Definition die Gesetze (Trich) und (Lösb) für Bruchzahlen.

11.2 Gleichmächtigkeit von Mengen; Kardinalzahlen

11.2.1 Die Gleichmächtigkeit als Äquivalenzrelation zwischen Mengen

Das Vergleichen von Mengen hinsichtlich ihrer „Größe“ kann unter verschiedenen Aspekten erfolgen, etwa unter dem des Maßes; siehe Abschnitt 8.5. Jetzt interessiert uns wieder, wie schon in Abschnitt 1.1, der *Anzahlaspekt,* d. h. die Frage „Wie viele Elemente hat die betreffende Menge?“ bzw. „Welche von zwei gegebenen Mengen hat mehr Elemente?“. Diese Frage konnte bisher nur für *endliche Mengen* beantwortet werden, nämlich durch Angabe bzw. Vergleich der betreffenden *Kardinalzahlen.* Jede endliche Menge M hat eine wohlbestimmte natürliche Zahl n (evtl. 0) als Kardinalzahl: card M = n.

Dies wollen wir jetzt genauer begründen und dann weiter fragen, ob man in ähnlicher Weise auch *unendliche Mengen,* etwa die Zahlenmengen $\mathbb{N}$, $\mathbb{Z}$, $\mathbb{Q}$, $\mathbb{R}$ oder die Punktmengen $\mathbb{Z} \times \mathbb{Z}$, $\mathbb{Q} \times \mathbb{Q}$, $\mathbb{R} \times \mathbb{R}$, vergleichen und ihnen womöglich gewisse „unendliche Kardinalzahlen“ zuordnen kann. Grundlegend hierfür ist die (für beliebige Mengen A, B ausgesprochene)

Definition 1:

$$A \text{ glm } B \underset{\text{def}}{\Leftrightarrow} \text{Es gibt eine bijektive Abbildung von A auf B;}$$

man sagt dafür: A *gleichmächtig* (zu) B.

In der Ausdrucksweise des Abschnitts 1.1 formuliert, bedeutet A glm B, daß man „zwischen A und B eine eineindeutige Zuordnung herstellen kann". Jetzt haben wir den Begriff der bijektiven Abbildung zur Verfügung und kennen seine Eigenschaften. Dies liefert sofort die Einsicht, daß die *Gleichmächtigkeit eine Äquivalenzrelation* ist, in jeder Menge von Mengen[130]). In der Tat ist die Reflexivität klar, weil für jede Menge A z. B. die identische Abbildung id_A eine bijektive Abbildung von A auf A ist; die Symmetrie und die Transitivität folgen sofort aus den Sätzen 3 und 5 in Abschnitt 9.1. Man beachte, daß nach Def. 1 auch die leere Menge gleichmächtig zu sich selbst (und nur zu sich selbst) ist; siehe 10.1.4 (b).

Was bedeutet es, daß zwei Mengen A, B *nicht gleichmächtig* sind? Offenbar dies: Es *gibt keine* bijektive Abbildung $A \to B$; d. h. es ist *unmöglich,* eine eineindeutige Zuordnung zwischen A und B herzustellen. Dies gegebenenfalls zu beweisen, ist im allgemeinen schwieriger, als eine Aussage der Form A glm B zu beweisen, wozu ja die Angabe einer einzigen bijektiven Abbildung genügt.

Der Begriff „gleichmächtig" bildet die natürliche und angemessene Präzisierung der Vorstellung „gleich viele Elemente". Bemerkenswert ist, daß dieser Begriff hier *ohne Verwendung des Zahlbegriffs* definiert worden ist. Er ist in gewisser Weise ursprünglicher als der Zahlbegriff. Auch aus dem täglichen Leben ist bekannt, daß man zur Feststellung der Gleichmächtigkeit zweier endlicher Mengen A, B oft nicht erst die Kardinalzahlen zu bestimmen, sondern nur eine bijektive Abbildung herzustellen braucht:

A = Menge der Schulkinder einer Klasse; B = Menge der Stühle (im Klassenraum);

oder:

A = Menge der Damen; B = Menge der Herren (in einem Tanzsaal).

Auf *unendliche Mengen* angewandt, führt die so harmlos aussehende Definition 1 zu einer „paradoxen" Konsequenz: *Eine Menge kann gleichmächtig zu einer echten Teilmenge sein;* mit anderen Worten: die ganze Menge kann „ebenso viele" Elemente haben wie eine ihrer echten Teilmengen! Zum Beispiel ist durch $x \mapsto x + 1$ eine bijektive Abbildung von $\mathbb{N}$ auf $\mathbb{N} \setminus \{1\}$ gegeben; dies zeigt, daß

$$\mathbb{N} \text{ glm } \mathbb{N} \setminus \{1\}$$

gilt. Ebenso zeigt die Abbildung $x \mapsto 2x$, daß $\mathbb{N}$ sogar gleichmächtig zu der noch viel „kleineren" Menge der geraden natürlichen Zahlen ist. Der aus der griechischen Mathematik stammende Grundsatz „Das Ganze ist größer als der Teil" gilt also nicht mehr, wenn man zum Größenvergleich zwischen Mengen die Äquivalenzrelation „gleichmächtig" verwendet.

Aufgabe: 1

11.2.2 Nochmals: Endliche und unendliche Mengen

Wir erinnern an die in 1.1.4 gegebenen Definitionen. Das *Anfangsstück* A_n von $\mathbb{N}$ sei jetzt für jedes $n \in \mathbb{N}_0$ erklärt, durch $A_n := \{x \in \mathbb{N} \mid x \leq n\}$; hiernach ist A_0 die leere Menge.

Definition 2: Eine Menge M heißt *endlich* genau dann, wenn

$$\exists\, n \in \mathbb{N}_0 : M \text{ glm } A_n;$$

andernfalls heißt M *unendlich.*

Jetzt greifen wir eine Frage auf, die in 1.1.1 „noch nicht problematisiert" wurde: Warum erhält man beim Zählprozeß für eine gegebene Menge M immer *dasselbe* Anfangsstück? D. h. warum gilt niemals zugleich M glm A_n und M glm A_m, mit $m \neq n$? Dies hätte zur Folge, daß A_n glm A_m, und das ist nach dem folgenden Satz unmöglich.

Satz 1: Kein Anfangsstück A_n von $\mathbb{N}$, und damit keine endliche Menge, ist gleichmächtig zu einer echten Teilmenge.

130) Es wäre, wie wir in **6.** sehen werden, nicht sinnvoll, hier „die Menge aller Mengen" zugrundelegen zu wollen.

Beweis: a) Da die leere Menge A_0 keine echte Teilmenge hat, braucht man nur A_n mit $n \in \mathbb{N}$ zu betrachten. Angenommen, es gilt A_n glm B mit $B \underset{\text{echt}}{\subset} A_n$, d. h. es gibt eine bijektive Abbildung $f : A_n \to B$. Dann ist f auch eine injektive Abbildung von $A_n = \{1, 2, \ldots, n\}$ in sich, die aber wegen $B \underset{\text{echt}}{\subset} A_n$ nicht surjektiv ist. Genau dies wurde schon im Beweis von Satz 2 in Abschnitt 8.3 als unmöglich nachgewiesen.

b) Jetzt nehmen wir an, A sei eine beliebige endliche Menge $\neq \emptyset$ mit A glm $B \underset{\text{echt}}{\subset} A$, und es sei $f : A \to B$ bijektiv. Nach Def. 1 gilt dann A glm A_n mit $n \in \mathbb{N}$; d. h. es gibt eine bijektive Abbildung $g : A \to A_n$. Weiter sei g' die Einschränkung $g|B$ der Abbildung g, also g' injektive Abbildung von B auf eine echte Teilmenge B' von A_n. Dann ist die Verkettung $g' \circ f \circ g^I$ eine bijektive Abbildung des Anfangsstücks A_n auf dessen echte Teilmenge B', im Widerspruch zu dem unter a) Bewiesenen.

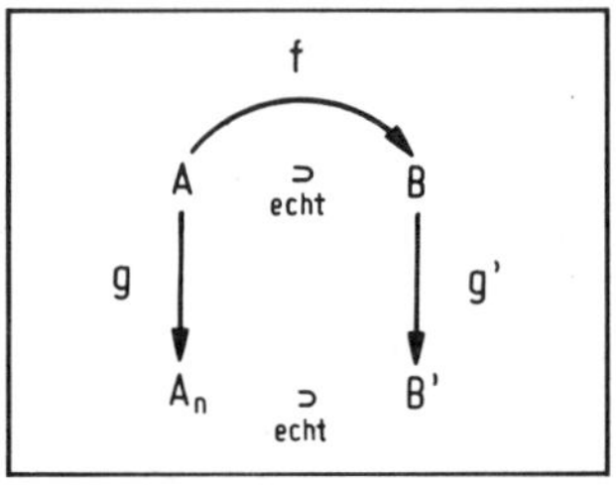

Folgerung: Jede Menge M, *die gleichmächtig zu einer echten Teilmenge ist, ist unendlich.*

Insbesondere ist also die Menge $\mathbb{N}$ unendlich, d. h. nicht gleichmächtig zu einem Anfangsstück A_n. (Dies wurde in 1.1.4 als selbstverständlich angesehen.)

Satz 2: Jede unendliche Menge M enthält eine zu $\mathbb{N}$ gleichmächtige Teilmenge.
Beweis: Wir definieren rekursiv eine injektive Abbildung von $\mathbb{N}$ in M, d. h. eine injektive Folge mit Gliedern $a_n \in M$ (siehe 8.3.4). Hierzu denken wir uns eine „Auswahlfunktion" φ gegeben, die jeder nichtleeren Teilmenge T von M ein Element $\varphi(T) \in T$ zuordnet[131]), und setzen:

$$a_1 := \varphi(M),$$

sowie für alle $n \in \mathbb{N}$:

$$a_{n+1} = \varphi(M \setminus \{a_1, \ldots, a_n\}).$$

Insbesondere ist also $a_2 = \varphi(M \setminus \{a_1\})$, $a_3 = \varphi(M \setminus \{a_1, a_2\})$.

Jedes so definierte Folgenglied ist von allen vorangehenden verschieden, und die Definition funktioniert für alle n, weil M unendlich, also keine der Mengen $M \setminus \{a_1, \ldots, a_n\}$ leer ist[132]). Die Wertemenge dieser injektiven Folge $(a_n)_{n \in \mathbb{N}}$ ist eine zu $\mathbb{N}$ gleichmächtige Teilmenge von M, wie behauptet.

Folgerung: Jede unendliche Menge M *ist gleichmächtig zu einer echten Teilmenge.*
Denn nach Satz 2 darf man — nötigenfalls nach Bezeichnungsänderung — annehmen, daß $\mathbb{N} \subseteq M$. (Die Menge $\mathbb{N}$ steckt sozusagen in jeder unendlichen Menge.) Dann ist durch

$$f(x) = \begin{cases} x+1, & \text{falls } x \in \mathbb{N} \\ x\;, & \text{falls } x \in M \setminus \mathbb{N} \end{cases}$$

eine bijektive Abbildung $f : M \to M \setminus \{1\}$ gegeben; es gilt M glm $M \setminus \{1\}$.

Wir halten fest:

> Eine Menge M ist *unendlich* genau dann, wenn M zu einer echten Teilmenge gleichmächtig ist. Andernfalls ist M endlich.

Hinweis: Die Verwendung der „Auswahlfunktion" φ im obigen Beweis ist ebenso problematisch wie das Auswählen beim Beweis des Satzes in 8.2.5. Wenn aber M eine unendliche *Menge von natürlichen Zahlen* ist, gibt es keine Probleme, weil man dann eine Auswahlfunktion φ wie folgt angeben kann:

$$\varphi(T) := \text{die kleinste Zahl aus T.}$$

[131]) Siehe dazu den nachfolgenden Hinweis.
[132]) Auch M ist nicht leer.

Hiernach ist a_{n+1} einfach die *auf* a_n *folgende* Zahl in M. Jetzt erhält man als Wertemenge der Folge $(a_n)_{n \in \mathbb{N}}$ die ganze Menge M[133]); es gilt M glm $\mathbb{N}$. Somit gilt:

Jede Teilmenge von $\mathbb{N}$ *ist entweder endlich oder aber gleichmächtig* zu $\mathbb{N}$.

Aufgaben: 2 bis 4

11.2.3 Abzählbar unendliche Mengen

Nach dem Vorangehenden sind die „kleinsten" unendlichen Mengen die zur Menge $\mathbb{N}$ gleichmächtigen. Sie erhalten einen besonderen Namen.

Definition 3: Eine Menge M heißt *abzählbar unendlich* genau dann, wenn M glm $\mathbb{N}$.
Die Bezeichnung „abzählbar" bringt zum Ausdruck, daß man die Elemente von M mit aufeinanderfolgenden „Nummern" aus $\mathbb{N}$ versehen kann. Dazu braucht man aber diesmal, anders als bei endlichen Mengen, *alle* natürlichen Zahlen. Offensichtlich ist es gleichgültig, ob man eine bijektive Abbildung $\mathbb{N} \to M$ oder eine bijektive Abbildung $M \to \mathbb{N}$ herstellt.

Beispiele abzählbar unendlicher Mengen sind neben $\mathbb{N} \setminus \{1\}$ und der Menge der geraden Zahlen die noch viel „dünneren" Mengen $\{1, 4, 9, 16, \ldots\}$ und $\{1, 2, 4, 8, 16, \ldots\}$ der *Quadratzahlen* und der *Zweierpotenzen;* dies zeigen die Abbildungen $n \mapsto n^2$ und $n \mapsto 2^n$. Weitere Beispiele sind die Menge der Primzahlen und allgemeiner *jede unbeschränkte Teilmenge von* $\mathbb{N}$. Denn bei jeder solchen Menge M funktioniert die in **2.** beschriebene Definition einer bijektiven Abbildung von $\mathbb{N}$ auf M (d. h. injektiven Folge mit Wertemenge M).

Überraschender sind vielleicht die folgenden Beispiele abzählbar unendlicher Mengen, die scheinbar „größer" als $\mathbb{N}$ sind.

(1) *Die Menge $\mathbb{Z}$ der ganzen Zahlen.* Eine bijektive Abbildung $f: \mathbb{Z} \to \mathbb{N}$ ist gegeben durch[134])

$$f(x) = \begin{cases} 2x + 1, & \text{falls } x \geq 0 \\ -2x, & \text{falls } x < 0 \end{cases} = 2\left|x + \frac{1}{4}\right| + \frac{1}{2}.$$

Die Abbildung f „wirkt" wie folgt:

$$x \xrightarrow{+\frac{1}{4}} x + \frac{1}{4} \xrightarrow{|\,|} \left|x + \frac{1}{4}\right| \xrightarrow{\cdot 2} 2\left|x + \frac{1}{4}\right| \xrightarrow{+\frac{1}{2}} f(x).$$

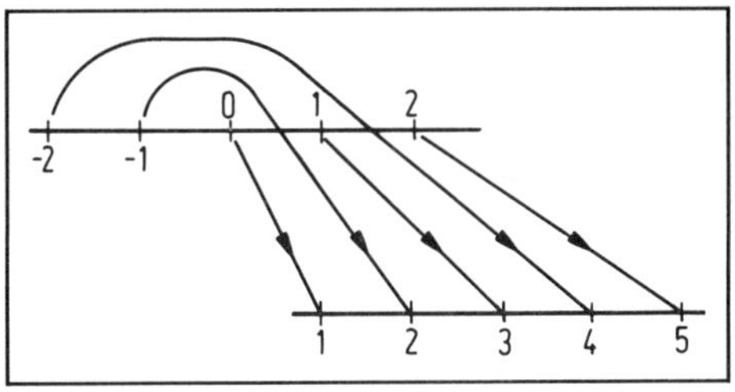

Zuerst rückt sie alle Punkte um 1/4 nach rechts. Dann spiegelt sie die links von 0 liegenden Punkte am Nullpunkt; so kommen diese genau in die Lücken zwischen den rechts liegenden Punkten. Die Streckung mit dem Faktor 2 sorgt für richtige Abstände und die abschließende Verschiebung um 1/2 nach rechts für die richtigen „Plätze".

(2) *Die Menge $\mathbb{Z} \times \mathbb{Z}$ der Gitterpunkte in der Ebene.* Zum Nachweis von $\mathbb{Z} \times \mathbb{Z}$ glm $\mathbb{N}$ definieren wir eine bijektive Abbildung $f: \mathbb{N} \to \mathbb{Z} \times \mathbb{Z}$ rekursiv wie folgt:

n	1	2	3	4	5 ...
f(n)	(0, 0)	(1, 0)	(1, 1)	(0, 1)	(−1,1) ...

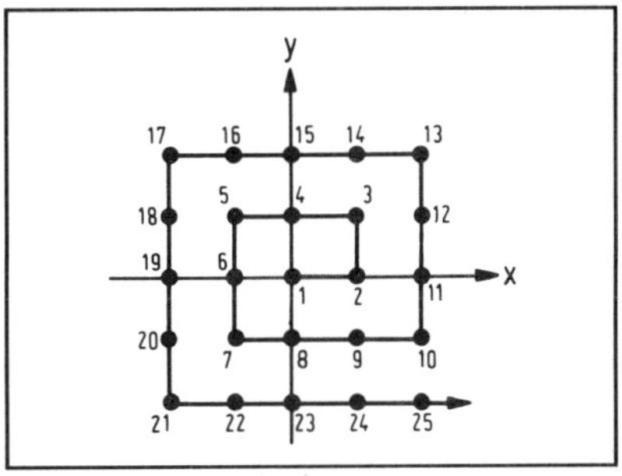

133) Andernfalls gäbe es in M eine kleinste Zahl k, die *nicht* zur Wertemenge der Folge gehört. Die nächstkleinere Zahl in M wäre dann noch ein Folgenglied a_m, und die rekursive Definition lieferte den Widerspruch $a_{m+1} = \varphi(M \setminus \{a_1, a_2, \ldots, a_m\}) = k$.
134) Die Umkehrung f^{I} dieser Abbildung ist schon als Lösung der Aufgabe 4c in Abschnitt 8.3 bekannt.

Nach der Skizze ist klar, wie bei jedem Schritt die Auswahl des jeweiligen Gitterpunktes aus der Menge der noch nicht erfaßten Punkte erfolgt (vgl. den Beweis von Satz 2). Man bestätige genau, daß jeder Gitterpunkt einmal und nur einmal „drankommt" (Aufgabe 6).

(3) Ähnlich funktioniert der berühmte Beweis von *Georg Cantor*[135]) für die Abzählbarkeit der *Menge* $\mathbb{Q}^+$, *das sogenannte erste Cantorsche Diagonalverfahren.*

Der skizzierte Weg durch die Menge $\mathbb{Q}^+$ zeigt, wie man eine bijektive Abbildung $\mathbb{N} \to \mathbb{Q}^+$ (und ebenso: $\mathbb{Q}^+ \to \mathbb{N}$) erhält. Bruchzahlen, die schon dran waren, werden übergangen. Die Zuordnungstafel beginnt dann wie folgt:

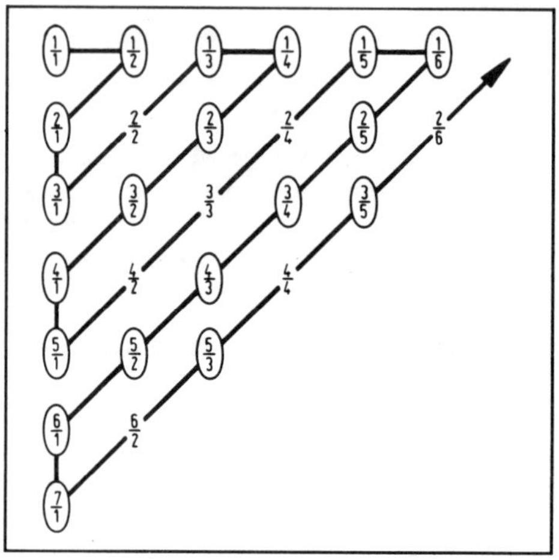

n	1	2	3	4	5	6	7	8	9	...
q	1	$\frac{1}{2}$	2	3	$\frac{1}{3}$	$\frac{1}{4}$	$\frac{2}{3}$	$\frac{3}{2}$	4	...

Auch ein Vergleich mit (2) zeigt, daß $\mathbb{Q}^+$ glm $\mathbb{N}$: Die Menge $\mathbb{Q}^+$ ist gleichmächtig zu einer Teilmenge von $\mathbb{Z} \times \mathbb{Z}$ und damit auch zu einer (natürlich unendlichen) Teilmenge von $\mathbb{N}$.

Nach dem Vorangegangenen ist nun leicht zu beweisen (siehe Aufgabe 8):

Satz 3: Die Menge $\mathbb{Q}$ der rationalen Zahlen ist abzählbar unendlich.

Ergänzung: Für „endlich oder abzählbar unendlich" sagt man kurz *„abzählbar"*. Dann ist nach dem Vorangehenden fast unmittelbar klar: M ist *abzählbar genau dann, wenn*
— M injektiv in $\mathbb{N}$ abgebildet werden kann,
und ebenso, wenn
— M die Wertemenge einer Folge ist.

Zur letzten Bemerkung beachte man, daß nach 8.2.5 jede Folge (d. h. Abbildung mit Definitionsbereich $\mathbb{N}$) zu einer injektiven Folge mit ungeänderter Wertemenge W eingeschränkt werden kann. Ihre Definitionsmenge ist dann eine Teilmenge von $\mathbb{N}$, und diese Teilmenge ist gleichmächtig zu W.

Aufgaben: 5 bis 9

11.2.4 Kontinuum-unendliche Mengen

Man wird jetzt fragen, ob auch die Menge $\mathbb{R}$ der reellen Zahlen abzählbar ist. Die Abbildung $f: \mathbb{R} \to]0,1[$ mit

$$f(x) = \frac{1}{2} + \frac{1}{2}\,\frac{x}{1+|x|}$$

(vgl. 8.4.1) ist bijektiv und zeigt, daß $\mathbb{R}$ glm $]0,1[$.

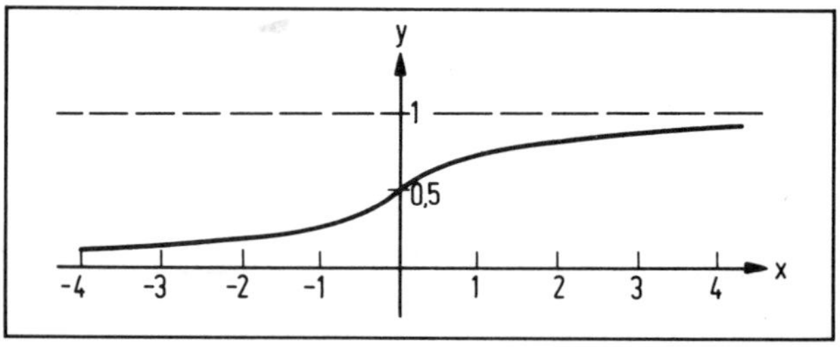

Unsere Frage ist also gleichbedeutend mit der Frage, ob das Intervall $]0,1[$ abzählbar unendlich ist. *Georg Cantor* hat mit seinem berühmten *zweiten Diagonalverfahren* nachgewiesen, daß dies *nicht* der Fall ist. Wir schildern jetzt dieses Verfahren.

135) Siehe 8.5.1.

Die reellen Zahlen aus]0, 1[entsprechen eineindeutig den nichtabbrechenden Dezimalbrüchen der Form $0,\alpha_1,\alpha_2,\alpha_3\ldots$, wobei die Ziffern α_i nicht alle Null sind und kein Neunerende vorliegt. (Wohl aber kann ein „Nullen-Ende“ vorliegen, d. h. der Dezimalbruch kann nach dem üblichen Sprachgebrauch „abbrechend“ sein.) Angenommen, es gibt eine bijektive Abbildung $f : \mathbb{N} \to]0,1[$. Wir denken uns f in einer nichtabbrechenden Tabelle dargestellt, wo rechts *alle* Zahlen aus]0, 1[als Dezimalbrüche geschrieben, aufgezählt sind. Hier bezeichnen die α_{ij} *Ziffern.* Der erste Index i bedeutet die Zeile, in der sie steht (die Nummer des betreffenden Dezimalbruchs); der zweite Index j die Stellennummer innerhalb des betreffenden Dezimalbruchs. Somit ist

$$f(n) = 0,\alpha_{n1}\alpha_{n2}\alpha_{n3}\ldots, \quad \text{für jedes } n \in \mathbb{N}.$$

n	f(n)
1	$0,\alpha_{11}\alpha_{12}\alpha_{13}\ldots$
2	$0,\alpha_{21}\alpha_{22}\alpha_{23}\ldots$
3	$0,\alpha_{31}\alpha_{32}\alpha_{33}\ldots$
⋮	⋮

An dieser Abbildung darf nachträglich nichts mehr geändert werden. Dies beachte man, wenn wir jetzt einen Dezimalbruch angeben, der mit Sicherheit *nicht* in der rechten Spalte der Tabelle vorkommt, d. h. *nicht* zur Wertemenge von f gehört:

$$0,\beta_1\beta_2\beta_3\ldots, \quad \text{wobei } \beta_i = \begin{cases} 2, & \text{falls } \alpha_{ii} = 1 \\ 1, & \text{falls } \alpha_{ii} \neq 1 \end{cases}$$

In der Tat unterscheidet sich $0,\beta_1\beta_2\beta_3\ldots$ von jedem in der Tabelle stehenden Dezimalbruch, d. h. es gilt $0,\beta_1\beta_2\beta_3\ldots \neq f(n)$ für jedes $n \in \mathbb{N}$; denn f(n) hat an der n-ten Stelle die Ziffer $\alpha_{nn} \neq \beta_n$.

Hiermit ist bewiesen, daß die Menge]0, 1[, und damit die Menge $\mathbb{R}$, nicht abzählbar unendlich ist. Da natürlich $\mathbb{R}$ auch nicht endlich ist, gilt

Satz 4: Die Menge $\mathbb{R}$ der reellen Zahlen ist nicht abzählbar.

Weil andererseits jede abzählbare Menge gleichmächtig zu einer Teilmenge von $\mathbb{R}$ ist, hat es guten Sinn zu sagen, daß die Menge $\mathbb{R}$, das „Kontinuum der Punkte einer Zahlengeraden“, *mehr Elemente* hat als die abzählbaren Mengen.

Mit $\mathbb{R}$ haben wir eine neue Stufe des Unendlichen erreicht, die Stufe des „Kontinuum-Unendlichen“.

Definition 4: Eine Menge M heißt *kontinuum-unendlich* genau dann, wenn M glm $\mathbb{R}$.

Wichtige **Beispiele** kontinuum-unendlicher Mengen sind die *Intervalle* im weiteren Sinn. Als solche bezeichnet man alle Teilmengen von $\mathbb{R}$, die wie folgt mit $a < b$, $a, b \in \mathbb{R}$ beschreibbar sind:

$a < x < b$	○——○	]a, b[	beschränkte Intervalle
$a < x \leq b$	○——●	]a, b]	
$a \leq x < b$	●——○	[a, b[	
$a \leq x \leq b$	●——●	[a, b]	
$a < x$	○——		unbeschränkte Intervalle
$x < b$	——○		
$a \leq x$	●——		
$x \leq b$	——●		

Zum *Beweis,* daß *jedes Intervall* (im weiteren Sinn) *kontinuum-unendlich* ist, erinnern wir an die eingangs genannte bijektive Abbildung $x \mapsto \frac{1}{2} + \frac{1}{2}\,\frac{x}{1+|x|}$ von $\mathbb{R}$ auf]0, 1[sowie an die Exponentialfunktion $x \mapsto 2^x$, als bijektive Abbildung von $\mathbb{R}$ auf $\mathbb{R}^+$. Mittels geeigneter affiner Abbildungen $x \mapsto cx + d$ $(c \neq 0)$ kann man die Intervalle auf der Zahlengeraden dann noch in jeder gewünschten Weise strecken, spiegeln und verschieben und so deren Gleichmächtigkeit untereinander nachweisen. Das einzig schwierige Problem ist es, einen „Randpunkt wegzuschaffen“, wie beispielsweise für den Nachweis von]0, 1] glm]0, 1[.

Dazu setzen wir für alle x aus]0, 1]

$$f(x) = \begin{cases} \dfrac{1}{n+1}, & \text{falls } x = \dfrac{1}{n} \text{ mit } n \in \mathbb{N}; \\ x \quad, & \text{sonst.} \end{cases}$$

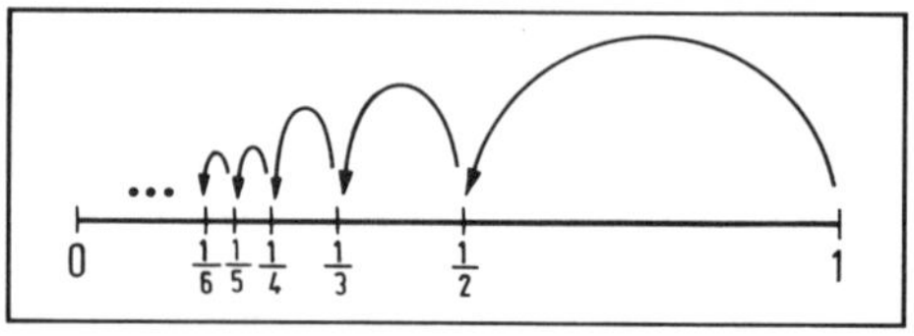

Das Pfeildiagramm zeigt sehr anschaulich, wie hier im Innern des Intervalls Platz für den Randpunkt 1 geschaffen wird, indem jeder Stammbruch zum nächsten weiterrückt, und wie so eine bijektive Abbildung $f :]0, 1] \to]0, 1[$ entsteht.

Man wird nun vermuten, daß die Menge $\mathbb{R}^2$ aller Punkte der Ebene (als „zweidimensionales Kontinuum") *noch mehr* Elemente enthält, und daß dies erst recht für den Raum $\mathbb{R}^3$ (als „dreidimensionales Kontinuum") gilt. Beides ist falsch. Vielmehr gilt der ebenfalls von *Georg Cantor* bewiesene

Satz 5: Die Menge $\mathbb{R}^2$ (und ebenso die Menge $\mathbb{R}^3$) ist kontinuum-unendlich.

Der *Beweis* soll nur angedeutet werden. Offensichtlich genügt es nachzuweisen, daß das Einheitsquadrat $E = \{(x, y) \in \mathbb{R}^2 \mid 0 < x < 1 \ \wedge \ 0 < y < 1\}$ gleichmächtig zum Intervall $I =]0, 1[$ ist. Hierzu schreiben wir die reellen Zahlen aus I wie oben als Dezimalbrüche:

$$x = 0,\alpha_1\alpha_2\alpha_3\ldots; \qquad y = 0,\beta_1\beta_2\beta_3\ldots$$

und definieren eine Abbildung $f : E \to I$ durch

$$f(x, y) = f(0,\alpha_1\alpha_2\alpha_3\ldots,\ 0,\beta_1\beta_2\beta_3\ldots) = 0,\alpha_1\beta_1\alpha_2\beta_2\alpha_3\beta_3\ldots.$$

Man bestätige genau, daß die rechts stehenden „gemischten" Dezimalbrüche kein Neunerende haben und folglich Zahlen aus I darstellen, und weiter, daß die so gegebene Abbildung f injektiv ist: Aus $(x, y) \neq (x', y')$ folgt $f(x, y) \neq f(x', y')$. Leider ist f nicht surjektiv, weil zum Beispiel die Zahl 0,191919... nicht zur Wertemenge gehört (!). Immerhin ist bewiesen, daß E *gleichmächtig zu einer Teilmenge von* I ist.

Andererseits ist natürlich I gleichmächtig zu einer Teilmenge von E; dies zeigt schon die Abbildung $x \mapsto (x, 1/2)$. Damit kann man folgern, daß E glm I; denn nach einem berühmten Satz der Mengenlehre, dem *Satz von Bernstein*[136]), gilt die naheliegende Aussage:

$$(A \text{ glm } A' \subseteq B \ \wedge \ B \text{ glm } B' \subseteq A) \quad \Rightarrow \quad A \text{ glm } B,$$

in Worten: Wenn A gleichmächtig zu einer Teilmenge von B ist und B gleichmächtig zu einer Teilmenge von A, dann ist auch A gleichmächtig zu B. Wir führen dies nicht weiter aus.

Dagegen soll noch bewiesen werden, daß die *Menge* $\mathbb{R} \setminus \mathbb{Q}$ *aller irrationalen Zahlen kontinuum-unendlich ist.* Gesucht ist eine bijektive Abbildung $f : \mathbb{R} \to \mathbb{R} \setminus \mathbb{Q}$. Wir wissen bereits, daß $\mathbb{Q}$ abzählbar unendlich ist, d. h. daß die rationalen Zahlen als Werte einer injektiven Folge $(q_1, q_2, q_3, \ldots)$ dargestellt werden können. Um hierfür „Platz zu schaffen" in der Menge $\mathbb{R} \setminus \mathbb{Q}$, wählen wir eine injektive Folge von irrationalen Zahlen, etwa $(\sqrt{2}, 2\sqrt{2}, 3\sqrt{2}, \ldots)$, und ziehen diese gleichsam auseinander. Dann wird f wie folgt definiert, für alle $x \in \mathbb{R}$:

$$f(x) = \begin{cases} 2n\sqrt{2} & , \text{ falls } x = n\sqrt{2} \\ (2n-1)\sqrt{2}, & \text{falls } x = q_n \\ x & , \text{ sonst.} \end{cases}$$

Also: Zwischen je zwei Gliedern der Folge $(\sqrt{2}, 2\sqrt{2}, 3\sqrt{2}, \ldots)$ wird ein Platz freigemacht für eine rationale Zahl, und sonst bleibt alles wie es war.

Hiernach gibt es erstaunlicherweise „viel mehr" irrationale Zahlen als rationale, nämlich „ebenso viele" wie reelle Zahlen!

Aufgaben: 10 bis 12

[136]) *Felix Bernstein* (Schüler *Cantors*), 1878—1956; siehe auch Aufgabe 12. Für einen Beweis des Satzes siehe etwa *J. Breuer:* Einführung in die Mengenlehre, Hannover und Paderborn [3]1966.

11.2.5 Kardinalzahlen

Für das Folgende sei eine *möglichst umfassende Menge* $\boldsymbol{M}$ *von Mengen* zugrunde gelegt. Um etwas bestimmtes vor Augen zu haben, wählen wir hierfür die Menge aller Punktmengen der Ebene.

Die Menge $\boldsymbol{M}$ zerfällt nach der Äquivalenzrelation „gleichmächtig" in Klassen. Solche sind zunächst die folgenden *Klassen endlicher Mengen*:

$\boldsymbol{K}_0 = \{A \in \boldsymbol{M} \mid \text{card}\, A = 0\} = \{\emptyset\}$,
$\boldsymbol{K}_1 = \{A \in \boldsymbol{M} \mid \text{card}\, A = 1\}$ (Klasse aller Einpunktmengen $\{P\}$),
$\boldsymbol{K}_2 = \{A \in \boldsymbol{M} \mid \text{card}\, A = 2\}$ (Klasse aller Zweipunktmengen $\{P, Q\}$ mit $P \neq Q$);

allgemein:

$\boldsymbol{K}_n = \{A \in \boldsymbol{M} \mid \text{card}\, A = n\}$, für alle $n \in \mathbb{N}_0$.

Jede endliche Punktmenge liegt in genau einer dieser Klassen.

Ferner kennen wir *zwei Klassen unendlicher Mengen:*

$\boldsymbol{K}_{\boldsymbol{a}} = \{A \in \boldsymbol{M} \mid A \text{ ist abzählbar unendlich}\}$;
$\boldsymbol{K}_{\boldsymbol{c}} = \{A \in \boldsymbol{M} \mid A \text{ ist kontinuum-unendlich}\}$.

Beispiele sind aus **3.** und **4.** bekannt und lassen sich leicht beschreiben, wenn man Punkte wieder als Zahlenpaare auffaßt. Abzählbar unendliche Mengen sind z. B. das Punktgitter $\mathbb{Z} \times \mathbb{Z}$ und auch die in der Ebene dicht liegende Menge $\mathbb{Q} \times \mathbb{Q}$ aller Punkte mit rationalen Koordinaten (Aufgabe 8). Kontinuum-unendlich ist z. B. die ganze Ebene $\mathbb{R} \times \mathbb{R} = \mathbb{R}^2$ und ebenso die Menge $\mathbb{R} \times \mathbb{Z}$, die Vereinigung aller zur x-Achse parallelen Geraden mit ganzzahligem y-Wert. Der Leser bilde selbst Beispiele für *beschränkte* Mengen, die abzählbar bzw. kontinuum-unendlich sind.

Natürlich kann man auch die *Zahlenmengen,* insbesondere $\mathbb{N}$, $\mathbb{Z}$, $\mathbb{Q}$, $\mathbb{R}$, als Elemente von $\boldsymbol{M}$ „wiederfinden", etwa indem man sie als Teilmengen der x-Achse $\{(x, 0) \mid x \in \mathbb{R}\} \subseteq \mathbb{R}^2$ interpretiert.

Nun zurück zur Klassifizierung der Punktmengen der Ebene! Wir wissen:

— Keine der Klassen $\boldsymbol{K}_0, \boldsymbol{K}_1, \boldsymbol{K}_2, \ldots, \boldsymbol{K}_{\boldsymbol{a}}, \boldsymbol{K}_{\boldsymbol{c}}$ ist leer.
— Je zwei verschiedene dieser Klassen sind disjunkt.

Um eine regelrechte *Klasseneinteilung* zu haben, müßten wir überdies wissen, daß dies *alle* Klassen sind: *Gibt es Punktmengen, die in keine der genannten Klassen fallen?* Dies ist das sogenannte *Kontinuumproblem.* Die Antwort[137]) lautet: *Das weiß man nicht.* Man weiß nur folgendes: Es ist unmöglich, mit den bekannten Methoden der Mengenlehre eine solche Menge zu bestimmen, und: es ist unmöglich, mit diesen Methoden zu beweisen, daß es eine solche Menge nicht gibt. Ein erstaunliches Ergebnis der Grundlagenforschung!

Den Klassen endlicher Punktmengen entsprechen die natürlichen Zahlen als Kardinalzahlen; so wurden diese Klassen ja definiert. Es liegt nun nahe, den Begriff der *Kardinalzahl* auf *unendliche* Mengen auszudehnen und etwa zu sagen:

$\boldsymbol{a}$ ist die Kardinalzahl der abzählbar unendlichen Mengen[138]);
$\boldsymbol{c}$ ist die Kardinalzahl der kontinuum-unendlichen Mengen.

Danach darf man in den vorstehenden Beispielen schreiben:

$$\text{card}(\mathbb{Z} \times \mathbb{Z}) = \boldsymbol{a}, \quad \text{card}(\mathbb{Q} \times \mathbb{Q}) = \boldsymbol{a},$$
$$\text{card}(\mathbb{R} \times \mathbb{R}) = \boldsymbol{c}, \quad \text{card}(\mathbb{R} \times \mathbb{Z}) = \boldsymbol{c},$$

und natürlich auch:

$$\text{card}\, \mathbb{N} = \text{card}\, \mathbb{Z} = \text{card}\, \mathbb{Q} = \boldsymbol{a}; \quad \text{card}\, \mathbb{R} = \boldsymbol{c}.$$

[137]) Gefunden im Jahre 1963 durch den amerikanischen Mathematiker *P. J. Cohen* (geb. 1934).
[138]) Diese kleinste unendliche Kardinalzahl wird nach *G. Cantor* auch mit $\aleph_0$ bezeichnet, gelesen Aleph-Null ($\aleph$ ist der erste Buchstabe des hebräischen Alphabets).

Der erweiterte Begriff „Kardinalzahl“ ist so gebildet, daß der grundlegende Satz aus 1.1.3:

$$\text{A glm B} \Leftrightarrow \text{card A} = \text{card B}$$

gültig bleibt. Hiermit ist klar, was die Gleichheit zweier Kardinalzahlen bedeutet. Aber es ist *nicht* erklärt, *was eine Kardinalzahl selbst ist!* Ähnlich wie beim Begriff des Verhältnisses kann man etwa sagen: „Kardinalzahl“ ist das, was man aus den Mengen durch Abstraktion nach der Äquivalenzrelation „gleichmächtig“ erhält. Wer damit nicht zufrieden ist, der kann auch wieder „extensional“ definieren:

Definition 5: Unter der *Kardinalzahl* card A einer Menge A versteht man die Klasse aller zu A gleichmächtigen Mengen (aus der zugrundegelegten Mengenmenge). Man sagt dann, daß jede Menge aus einer solchen Klasse die betreffende Kardinalzahl *repräsentiert.*

Unschön ist hier wie bei den Verhältnissen, daß auf eine Grundmenge Bezug genommen werden muß, die andererseits für den Umgang mit dem definierten Begriff unwesentlich ist; wesentlich ist allein die Regel $\text{A glm B} \Leftrightarrow \text{card A} = \text{card B}$.

Trotzdem soll auf die Möglichkeit hingewiesen werden, jetzt eine Antwort auf die Frage „Was ist eine natürliche Zahl?“ zu geben. Nach **2.** läßt sich ja *unabhängig von den natürlichen Zahlen erklären,* was eine *endliche Menge* ist: nämlich eine solche, die zu keiner echten Teilmenge gleichmächtig ist. Tatsächlich hat der Mathematiker *Dedekind*[139]) endliche Mengen gerade so definiert. Damit kann man weiter definieren: *Eine natürliche Zahl ist die Kardinalzahl einer endlichen*[140]) Menge. Konsequenterweise sollte man dabei allerdings Mengen zugrundelegen, die unabhängig von Zahlen gebildet bzw. beschrieben sind. Auf dieser Grundlage läßt sich das gesamte Rechnen mit den natürlichen Zahlen aufbauen und insbesondere die Induktionseigenschaft, die wir ja als die „wesentliche“ erkannt haben, beweisen. Das letztere bereitet allerdings erhebliche Mühe und ist nur von theoretischem Interesse.

Einfach und naheliegend ist es dagegen, für Kardinalzahlen eine *Addition,* eine *Multiplikation* und eine *Kleinerbeziehung* so zu definieren (siehe Aufgabe 13), daß für beliebige — auch unendliche — Kardinalzahlen α und β die aus 1.1.5 bzw. 1.2.2 vertrauten Regeln gelten:

(1) $\alpha + \beta = \text{card}(A \cup B)$, falls $\text{card A} = \alpha$, $\text{card B} = \beta$ und $A \cap B = \emptyset$;

(2) $\alpha \cdot \beta = \text{card}(A \times B)$, falls $\text{card A} = \alpha$, $\text{card B} = \beta$;

(3) $\alpha < \beta \Leftrightarrow \Big\{$ ist $\text{card A} = \alpha$ und $\text{card B} = \beta$, so gibt es eine echte Teilmenge A′ von B, so daß A glm A′, *aber nicht* A glm B.

In (3) ist der Zusatz „aber nicht A glm B“ entscheidend. Denn zum Beispiel sind die abzählbar unendlichen Mengen $\mathbb{Z}$ und $\mathbb{N}$ gleichmächtig, obwohl $\mathbb{N} \underset{\text{echt}}{\subset} \mathbb{Z}$. Ließe man den Zusatz fort, so erhielte man widersinnigerweise $\boldsymbol{a} < \boldsymbol{a}$. Der Zusatz kann nur fortgelassen werden, wenn man sich auf endliche Kardinalzahlen beschränkt.

Unsere bisherigen Erkenntnisse über endliche, abzählbar unendliche und kontinuumunendliche Mengen lassen sich wie folgt zusammenfassen (Aufgabe 14):

+	n	***a***	***c***
m	bekannt	***a***	***c***
a	***a***	***a***	***c***
c	***c***	***c***	***c***

·	0	n	***a***	***c***
0	0	0	0	0
m	0	bekannt	***a***	***c***
a	0	***a***	***a***	***c***
c	0	***c***	***c***	***c***

<	n	***a***	***c***
m	bekannt	ja	ja
a	nein	nein	ja
c	nein	nein	nein

139) *Richard Dedekind* (1831—1916), in seiner berühmten Schrift „Was sind und was sollen die Zahlen?“, Braunschweig [8]1960.
140) Evtl.: nicht leeren.

Diese Tabellen zeigen, daß man beim Rechnen mit unendlichen Kardinalzahlen vorsichtig sein muß. Hierfür gelten zwar die Gesetze (Ass), (Komm), (Neut) (jeweils für + und ·) und (Distr) sowie die Anordnungsgesetze (Trans) und (Trich), *nicht* aber — wie man sieht — die Monotoniegesetze $\alpha < \beta \Rightarrow \alpha + \gamma < \beta + \gamma$; $\alpha < \beta \wedge 0 < \gamma \Rightarrow \alpha \cdot \gamma < \beta \cdot \gamma$

und auch *nicht* die Streichungsregel: $\alpha + \gamma = \beta + \gamma \Rightarrow \alpha = \beta$.

Bei den Beweisen der genannten Gesetze bereitet nur das Trichotomiegesetz (Trich) Schwierigkeiten. Dessen Beweis bildete ein berühmtes Problem in der Anfangszeit der Mengenlehre.

Wenn man die Tabellen für + und · weiter betrachtet, hat man den Eindruck, als könnte es keine größeren Kardinalzahlen als $\boldsymbol{c}$ geben. Denn keine dieser Operationen führt über $\boldsymbol{c}$ hinaus: Im Unendlichen sind Summe und Produkt nicht größer als der größte der Summanden bzw. Faktoren. Dies führt zu der Frage, ob es noch größere Kardinalzahlen gibt.

Aufgaben: 13 bis 15

11.2.6 Gibt es noch größere Kardinalzahlen?

Nachdem das Vereinigen und das Kreuzproduktbilden von unendlichen Mengen nicht zu größeren Kardinalzahlen geführt hat, versuchen wir es mit der Potenzmengenbildung und *behaupten:* Ist G eine beliebige Menge, dann gibt es *keine bijektive Abbildung von* G *auf die Potenzmenge* $\boldsymbol{P}$G.

Zum *Beweis* zeigen wir sogar, daß überhaupt *keine Abbildung von* G *auf* $\boldsymbol{P}$G existiert. Angenommen, es sei $f : G \to \boldsymbol{P}G$ surjektiv. Für jedes $x \in G$ ist f(x) ein Element von $\boldsymbol{P}$G, d. h. eine Teilmenge von G. Hierfür gilt jeweils

$$\textit{entweder } x \in f(x) \quad \textit{oder } \; x \notin f(x).$$

Wir fassen die Elemente x der zweiten Art zu einer Menge M zusammen:

$$M := \{x \in G \mid x \notin f(x)\}.$$

Da f surjektiv und $M \in \boldsymbol{P}G$ ist, muß es ein Element $a \in G$ geben, so daß $f(a) = M$. Hierfür gilt wieder $\quad$ *entweder* $a \in f(a) = M$ *oder* $a \notin f(a) = M$.

Nun folgt aber nach der Definition von M aus $a \notin f(a)$, daß $a \in M$, und aus $a \in f(a)$, daß $a \notin M$! Somit kann $\quad$ *weder* $a \in M$ *noch* $a \notin M$

wahr sein. Mit diesem Widerspruch ist die Behauptung bewiesen. Es gilt also für jede Menge G : *nicht* G glm $\boldsymbol{P}$G.

Umgekehrt gibt es natürlich bijektive Abbildungen von G auf echte Teilmengen von $\boldsymbol{P}$G. Zum Beispiel wird die Menge G durch $x \mapsto \{x\}$ bijektiv auf die Menge $\boldsymbol{E}$ aller einelementigen Teilmengen von G abgebildet, und man bestätigt, daß in jedem Falle[141]) $\boldsymbol{E} \underset{\text{echt}}{\subset} \boldsymbol{P}G$ gilt, also:

$$G \text{ glm } \boldsymbol{E} \underset{\text{echt}}{\subset} \boldsymbol{P}G.$$

Die Bedingungen (3) des Kleinerseins sind damit für die Kardinalzahlen von G und $\boldsymbol{P}$G erfüllt, und man erhält:

Satz 6: Für alle Mengen G ist $\operatorname{card} G < \operatorname{card}(\boldsymbol{P}G)$.

Aus diesem Satz folgt sofort, daß es *keine größte Kardinalzahl gibt.* Denn dies müßte die Kardinalzahl einer Menge G sein, und deren Potenzmenge hätte eine noch größere Kardinalzahl.

Schließlich zeigen wir, daß es *keine Menge aller Mengen* geben kann, d. h. keine Menge, die alle Mengen als Elemente enthält. Angenommen, es gibt eine solche Menge G. Dann gilt nach dem Vorangehenden $\quad G \text{ glm } \boldsymbol{E} \underset{\text{echt}}{\subset} \boldsymbol{P}G$,

[141]) Sogar im Fall $G = \emptyset$; dann ist $\boldsymbol{E} = \emptyset$, also $\boldsymbol{E} \underset{\text{echt}}{\subset} \boldsymbol{P}\emptyset = \{\emptyset\}$.

wobei E wieder die alte Bedeutung hat. Andererseits gilt, weil G insbesondere alle Teilmengen von sich selbst als Elemente enthält,

$$\boldsymbol{P}\mathrm{G} \subseteq \mathrm{G}.$$

Hieraus folgt nach dem schon erwähnten Satz von Bernstein, daß G glm $\boldsymbol{P}$G, im Widerspruch zu dem Bewiesenen. — Mit Kardinalzahlen kann man den Widerspruch wie folgt ausdrücken: Einerseits gilt nach Satz 6 $\mathrm{card}\,\mathrm{G} < \mathrm{card}(\boldsymbol{P}\mathrm{G})$, andererseits wegen $\boldsymbol{P}\mathrm{G} \subseteq \mathrm{G}$ aber $\mathrm{card}(\boldsymbol{P}\mathrm{G}) \leq \mathrm{card}\,\mathrm{G}$.

Die gleiche Argumentation zeigt, daß es keine „Allmenge" gibt, d. h. keine Menge, die jedes denkbare Objekt als Element enthält. Hiermit sind die mehrfach erwähnten grundlagentheoretischen Probleme angedeutet, die uns auch im Abschnitt 11.1 veranlaßt haben, nicht von einer „Menge aller Größenpaare" zu sprechen.

Aufgabe: 16

Aufgaben 11.2

1. a) Erläutere und begründe die Aussage, daß es keine „kleinste" unendliche Menge gibt.
b) Verdeutliche diese Aussage durch Angabe einer Folge $(M_n)_{n \in \mathbb{N}}$ von unendlichen Teilmengen von $\mathbb{N}$, für die gilt:

$$M_1 \underset{\text{echt}}{\supset} M_2 \underset{\text{echt}}{\supset} M_3 \underset{\text{echt}}{\supset} \ldots .$$

2. Beweise:
a) Jede Obermenge einer unendlichen Menge ist unendlich; jede Teilmenge einer endlichen Menge ist endlich;
b) Jede beschränkte Teilmenge von $\mathbb{N}$ ist endlich.

3. Nach 10.3.2 erhält man für jede Grundmenge G eine Äquivalenzrelation $\sim$ in der Potenzmenge $\boldsymbol{P}$G durch:

$$\mathrm{A} \sim \mathrm{B} \underset{\text{def}}{\Leftrightarrow} \text{Es gibt eine Permutation } \varphi \text{ von G, so daß } \mathrm{A}^{\varphi} = \mathrm{B}.$$

Beweise hierfür:

$$\mathrm{A} \sim \mathrm{B} \Leftrightarrow (\mathrm{A}\ \mathrm{glm}\ \mathrm{B} \wedge \mathrm{G} \setminus \mathrm{A}\ \mathrm{glm}\ \mathrm{G} \setminus \mathrm{B}),$$

4. Folgere aus dem in Aufgabe 3 Bewiesenen, daß bei endlicher, nicht jedoch bei unendlicher Grundmenge G die Relationen $\sim$ und glm übereinstimmen.

5. a) Beweise ohne Rückgriff auf Satz 3: Die Menge M aller abbrechenden Dezimalbrüche $0,\alpha_1\alpha_2\ldots\alpha_n$ (mit beliebigem $n \in \mathbb{N}$ und $\alpha_n \neq 0$) ist abzählbar unendlich.
b) Beweise: Die Menge aller endlichen Teilmengen von $\mathbb{N}$ ist abzählbar unendlich.

6. Begründe genau, warum bei der Zuordnung $\mathbb{N} \to \mathbb{Z} \times \mathbb{Z}$ in 11.2.3 (2) jeder Gitterpunkt „einmal drankommt". Nenne dazu für jeden Punkt $(p, q) \in \mathbb{Z} \times \mathbb{Z}$ eine Nummer n, bei der dies spätestens eintritt.

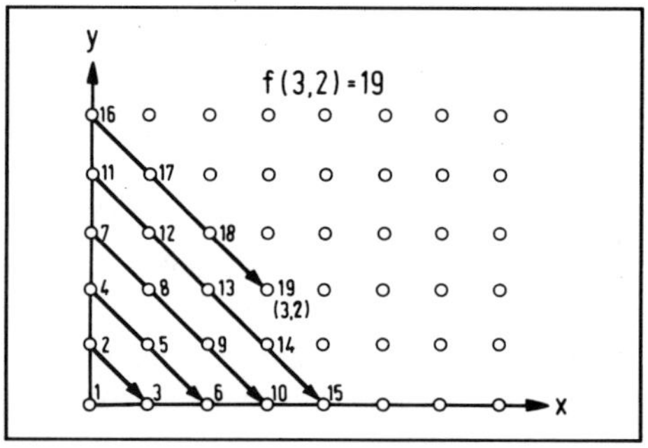

7. Wir wissen bereits, daß $\mathbb{N}_0 \times \mathbb{N}_0$ glm $\mathbb{N}$. Jetzt soll eine bijektive Abbildung $f: \mathbb{N}_0 \times \mathbb{N}_0 \to \mathbb{N}$ *in geschlossener Form* angegeben werden. Dazu werden die Punkte von $\mathbb{N}_0 \times \mathbb{N}_0$ gezählt wie auf der Skizze angedeutet.

a) Beweise, daß sich hiernach $f(x, y) = \dfrac{(x+y)(x+y+1)}{2} + x + 1$ ergibt.

b) Gib die Umkehrabbildung f^{I} an. Das muß nicht durch geschlossene Formeln $x = \ldots$, $y = \ldots$ geschehen. Wohl aber muß eine unmißverständliche, einem Rechner mit $\sqrt{\ }$ und [ ] (Ganzteilfunktion, auch INT genannt) verständliche Anweisung gegeben werden, wie man vorzugehen hat, um aus einer gegebenen Nummer n die Koordinaten des betreffenden Punktes (x, y) zu rekonstruieren.

8. Beweise:
a) Die Menge $\mathbb{Q}$ ist abzählbar unendlich; b) die Menge $\mathbb{Q}^2$ ist abzählbar unendlich.

9. Beweise: die Menge M aller Zahlen der Form $\sqrt[n]{q}$ ($n \in \mathbb{N}$, $q \in \mathbb{Q}^+$) ist abzählbar unendlich.
Hinweis: Diese Menge enthält auch alle Zahlen aus $\mathbb{Q}^+$ und mit den Wurzeln die meisten der uns bekannten irrationalen Zahlen!

10. Beweise durch Angabe einer geeigneten bijektiven Abbildung:
a) $]a\,,\,b[$ glm $]c\,,\,d[$, wobei $a, b, c, d \in \mathbb{R}$ mit $a < b$, $c < d$;
b) $\mathbb{R}_0^+$ glm $\mathbb{R}^+$. (Erinnerung: $\mathbb{R}_0^+ = \mathbb{R}^+ \cup \{0\}$)

11. Beweise:
a) Jede Kreislinie $\{(x, y) \in \mathbb{R}^2 \mid x^2 + y^2 = r^2\}$ $(r > 0)$ ist eine kontinuum-unendliche Punktmenge.
b) Jede Kreisfläche $\{(x, y) \in \mathbb{R}^2 \mid x^2 + y^2 \leq r^2\}$ $(r > 0)$ ist eine kontinuum-unendliche Punktmenge.
Hinweis zu b): Es genügt, verbal eine bijektive Abbildung des Quadrats $\{(x, y) \in \mathbb{R}^2 \mid |x| \leq 1 \wedge |y| \leq 1\}$ auf die Kreisfläche zu beschreiben.

12. Der Satz von Bernstein besagt ursprünglich:

$$(A \subseteq B \subseteq C \;\wedge\; A \text{ glm } C) \;\Rightarrow\; A \text{ glm } B.$$

a) Folgere hieraus die im Text benutzte Aussage

$$(A \text{ glm } A' \subseteq B \;\wedge\; B \text{ glm } B' \subseteq A) \;\Rightarrow\; A \text{ glm } B.$$

Hinweis: Benutze die Bildmenge A″ von A′ bei einer bijektiven Abbildung $B \to B'$. Hierfür gilt $A'' \subseteq B' \subseteq A$ und A″ glm A′ glm A.
b) Folgere aus der zweiten Aussage die erste.

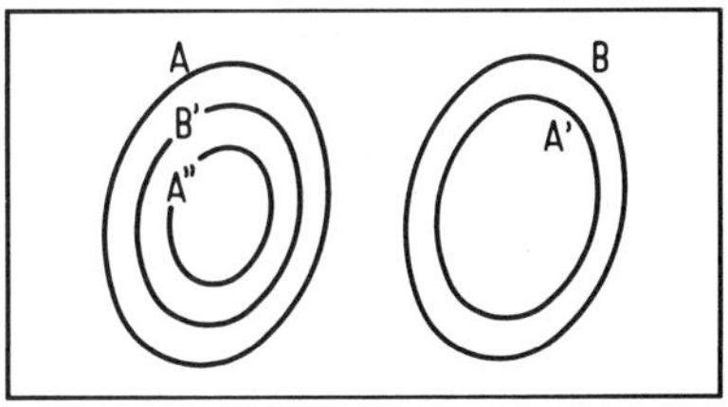

13. Die Regel (1) in 11.2.5 kann als *Definition* der Addition von Kardinalzahlen aufgefaßt werden. Zu ihrer *Rechtfertigung* muß bewiesen werden: Für beliebige Mengen A, B, A′, B′ gilt:

$$(A \text{ glm } A' \;\wedge\; B \text{ glm } B' \;\wedge\; A \cap B = \emptyset \;\wedge\; A' \cap B' = \emptyset) \;\Rightarrow\; A \cup B \text{ glm } A' \cup B'.$$

a) Formuliere diese Behauptung in Worten und veranschauliche sie an einem Mengenbild.
b) Beweise die Behauptung.

14. Beweise durch Angabe geeigneter Mengen:
a) $\boldsymbol{a} + n = \boldsymbol{a}$ $(n \in \mathbb{N}_0)$, $\boldsymbol{a} + \boldsymbol{a} = \boldsymbol{a}$;
b) $\boldsymbol{c} + n = \boldsymbol{c}$ $(n \in \mathbb{N}_0)$, $\boldsymbol{c} + \boldsymbol{a} = \boldsymbol{c}$, $\boldsymbol{c} + \boldsymbol{c} = \boldsymbol{c}$;
c) $\boldsymbol{a} \cdot n = \boldsymbol{a}$ $(n \in \mathbb{N})$, $\boldsymbol{a} \cdot \boldsymbol{a} = \boldsymbol{a}$;
d) $\boldsymbol{c} \cdot n = \boldsymbol{c}$ $(n \in \mathbb{N})$, $\boldsymbol{c} \cdot \boldsymbol{a} = \boldsymbol{c}$, $\boldsymbol{c} \cdot \boldsymbol{c} = \boldsymbol{c}$.
Begründe dazu jeweils, daß die Regel (1) bzw. (2) in 11.2.5 erfüllt ist.

15. Für Kardinalzahlen α, β bedeutet $\alpha \leq \beta$ natürlich $\alpha < \beta \vee \alpha = \beta$.
Beweise: Für alle Mengen A, B gilt:
a) $\operatorname{card} A \leq \operatorname{card} B \;\Leftrightarrow\;$ Es gibt eine injektive Abbildung $A \to B$;
b) $\operatorname{card} A \geq \operatorname{card} B \;\Leftrightarrow\;$ Es gibt eine surjektive Abbildung $A \to B$.

16. Wir wissen, daß $\boldsymbol{a} < \boldsymbol{c}$ und $\boldsymbol{a} = \operatorname{card} \mathbb{N} < \operatorname{card}(\boldsymbol{P}\mathbb{N})$. Beweise nun, daß $\operatorname{card}(\boldsymbol{P}\mathbb{N}) = \boldsymbol{c}$. Benutze dazu die Menge D aller nichtabbrechenden Dualbrüche $0{,}\delta_1\delta_2\delta_3\ldots$ ($\delta_i = 0$ oder 1), auch mit Nullenende oder mit Einerende. (Analog wie bei Dezimalbrüchen gilt: Die Dualbrüche ohne Einerende entsprechen eineindeutig den reellen Zahlen aus $[0, 1[$; die Dualbrüche mit Einerende entsprechen eineindeutig denen mit Nullenende.)
Zeige: a) $\operatorname{card}(\boldsymbol{P}\mathbb{N}) = \operatorname{card} D$; b) $\operatorname{card} D = \boldsymbol{c}$.

Lösungen der Aufgaben

Lösungen zu Kapitel 1

Abschnitt 1.1

1. Grobe Sandkörner kann man angenähert als Würfel von 1 mm Kantenlänge auffassen. Eine Menge von 10^{18} solchen Sandkörnern bildet dann einen Haufen (Berg!) von 1 Kubikkilometer Rauminhalt.

2. Richtig; sinnlos; richtig; falsch; sinnlos; richtig.

3. 10^4; 10^4; 10^3.

4. $\operatorname{card} M_1 = \operatorname{card} M_2 = \operatorname{card} M_4$.
$\operatorname{card} M_3 > \operatorname{card} M_1$; denn das Weglassen der ersten Ziffer 2 liefert außer den Zahlen von M_1 noch Symbole wie 0347, die nicht zu M_1 gehören.
$\operatorname{card} M_5 = \operatorname{card} M_3$ (Zuordnung: Ersetze die erste Ziffer 4 durch eine 2 und lasse die letzte Ziffer 4 weg.)

5. $\operatorname{card} G_1 < \operatorname{card} G_2 < \operatorname{card} G_3$. Denn zu P_2 (bzw. P_3) führen außer den Wegen über P_1 (bzw. P_2) noch weitere.
$\operatorname{card} G_5 = \operatorname{card} G_1$, $\operatorname{card} G_4 = \operatorname{card} G_2$. (Die Spiegelung der Wege an der Diagonalen OP_3 liefert eineindeutige Zuordnungen!)

6. a) Beweis durch eineindeutige Zuordnung zwischen Wegen und Teilmengen von $\{1, 2, \ldots, 10\}$ wie in 1.1.3 (2), zwischen G und T.
b) Die Wege von O zu $(s, n-s)$ haben alle die Länge n und lassen sich eineindeutig den s-elementigen Teilmengen von $\{1, 2, \ldots, n\}$ zuordnen.

7. $\binom{n}{1} = n$; $\binom{n}{n} = 1$; $\binom{n}{0} = 1$.

$\binom{n}{2} = \frac{n(n-1)}{2}$ (Man erhält alle zweielementigen Teilmengen von $\{1, 2, \ldots, n\}$ wie folgt: Zuerst hat man n Möglichkeiten, ein Element auszuwählen und dann jedesmal $n-1$ Möglichkeiten, ein zweites zu wählen; das liefert nach der Produktregel $n(n-1)$ mögliche Auswahlen. Hierbei tritt aber jede zweielementige Menge doppelt auf.)

Abschnitt 1.2

1. Mehrfache Anwendung von (1b) in 1.2.1 und Benutzung der angegebenen Mengengleichung liefert:

$$\begin{aligned}\operatorname{card}(A \cup B \cup C) &= \operatorname{card}((A \cup B) \cup C)\\ &= \operatorname{card}(A \cup B) + \operatorname{card} C - \operatorname{card}((A \cup B) \cap C)\\ &= \operatorname{card} A + \operatorname{card} B - \operatorname{card}(A \cap B) + \operatorname{card} C\\ &\quad - (\operatorname{card}(A \cap C) + \operatorname{card}(B \cap C) - \operatorname{card}((A \cap C) \cap (B \cap C))).\end{aligned}$$

Mit $(A \cap C) \cap (B \cap C) = A \cap B \cap C$ erhält man nun durch Umordnen die Behauptung.

2. (1) Anzahl der Ecken: $1 + 5 + 5 + 1 = 12$, der Kanten: $5 + 5 + 10 + 5 + 5 = 30$ (Zerlegung des Ikosaeders in „horizontale Schichten").
(2) $9 + 9 + 90 + 90 + 900 + 900 = 1998$. (Zerlegung der Wortmenge in Mengen von Wörtern gleicher Stellenzahl).
(3) 462.

3. a) Addiert man die Anzahlen aller 0-elementigen, aller 1-elementigen, usw. bis aller n-elementigen Teilmengen einer gegebenen n-elementigen Menge, so erhält man die Anzahl *aller* Teilmengen dieser Menge, also 2^n.

b) 2^n. Denn der k-te Summand in a) gibt die Anzahl aller Wege von O zum k-ten Punkt auf der Diagonale an ($k = 0, 1, \ldots, n$).

c) $\binom{n}{k}\binom{n}{k}$ ist nach der Produktregel die Anzahl aller kürzesten Gitterwege von O über den k-ten Diagonalpunkt nach E ($k = 0, 1, \ldots, n$). Summation aller dieser Anzahlen ergibt die Anzahl aller kürzesten Gitterwege von O nach E, und diese ist nach 1.2.1 gleich $\binom{2n}{n}$.

4. a) Die Anzahl der 7-stelligen Wörter mit k Buchstaben b und 7-k Buchstaben a ist $\binom{7}{k}$ ($k = 0, 1, \ldots, 7$).

Die gesuchten Zahlfaktoren sind also der Reihe nach $\binom{7}{0}, \binom{7}{1}, \ldots, \binom{7}{6}, \binom{7}{7}$.

b, c) $(a+b)^n = \binom{n}{0}a^n + \binom{n}{1}a^{n-1}b + \ldots + \binom{n}{n-1}ab^{n-1} + \binom{n}{n}b^n$ (insb. mit $n = 7$).

d) $(1+1)^n = \binom{n}{0} + \binom{n}{1} + \ldots + \binom{n}{n-1} + \binom{n}{n}$. Auch hiermit ist die Formel in Aufgabe 3a bewiesen.

5. a) $\binom{11}{6} = 462$.

b) $\binom{6}{3} \cdot \binom{5}{3} = 20 \cdot 10 = 200$ (Produktregel!).

c) $\binom{6}{6} \cdot \left(\binom{5}{0} + \binom{5}{1} + \ldots + \binom{5}{5}\right) = 1 \cdot 2^5 = 32$ (vgl. Aufgabe 3a).

d) $\frac{2048}{2} = 1024$; denn es gibt ebenso viele Teilmengen mit 6 oder mehr Kindern wie mit 5 oder weniger Kindern.

6. a) 24. Denn man hat 6 Möglichkeiten, eine Grundfläche zu wählen und dann jeweils 4 Möglichkeiten, den Würfel zu fixieren.
b) Man hat 6! (= 720) Möglichkeiten, den 6 Augenzahlen jeweils eine der 6 Farben zuzuordnen. Da man nach dem Färben die Augenzahlen nicht mehr sehen kann, sind immer 24 so gefärbte Würfel nicht mehr unterscheidbar. (Man kann einen Würfel auf 24 verschiedene Weisen in eine farbige „Hülle" stecken.) Somit gibt es 720/24 = 30 verschiedene Möglichkeiten, den Würfel zu färben.
c) 210. Denn er hat 7 Möglichkeiten, eine der 7 Farben auszuscheiden und dann jeweils 30 Möglichkeiten, mit den übrigen 6 Farben den Würfel zu färben.

Abschnitt 1.3

1. a) Man erhält r als Fünferrest der letzten Ziffer von a. Verdoppeln von $a - r$ und Weglassen der Null am Schluß ergibt dann q.
b) $(343340)_5$; $(1111111)_5$; $(1120000)_5$; $(4444444)_5$; $(12023421)_5$.

2. a) Beweis: Sei $n = q \cdot 3 + 1$. Dann folgt $n^2 = 9q^2 + 6q + 1 = (3q^2 + 2q) \cdot 3 + 1 = q' \cdot 3 + 1$.
b) Widerlegung: 5 ist R2-Zahl, aber $5^2 = 25$ ist nicht R2-Zahl.
c) Widerlegung: $5^2 = 25$ ist R1-Zahl, aber 5 ist nicht R1-Zahl.
d) Beweis: Ist n $\begin{cases} \text{R0-Zahl,} \\ \text{R1-Zahl,} \\ \text{R2-Zahl,} \end{cases}$ dann ist n^2 $\begin{cases} \text{R0-Zahl} \\ \text{R1-Zahl} \\ \text{R1-Zahl} \end{cases}$

(Beweis wie oben). Somit ist n^2 niemals R2-Zahl; es gibt kein Gegenbeispiel. Zu dieser Argumentationsweise siehe auch Kapitel 7.

3. Die Zahlen von 0 bis 31 haben, im Zweiersystem dargestellt, die Form $z_1z_2z_3z_4z_5$, mit Ziffern $z_i = 0$ oder 1. (Hier dürfen auch vorn Nullen stehen). Man bestätigt nun, daß die Menge M_i $(i = 1, 2, 3, 4, 5)$ genau die Zahlen enthält, die an der i-ten Stelle die Ziffer 1 haben. Kennt man jetzt die Mengen, in denen die gedachte Zahl vorkommt, dann kennt man ihre Stellen mit Ziffer 1 und damit die Zahl selbst.

4. a) Die nächstgrößere Zahl n + 1 hat im Zwanzigersystem die Darstellung $(100000000)_{20}$, d. h. es ist die Zahl $20^8 = 2^8 \cdot 10^8 = (25600000000)_{10}$. Also ist n (im Zehnersystem geschrieben) die Zahl 25599999999.
b) Es gilt $20^6 = 2^6 \cdot 10^6 = 64000000$, also $20^6 < m < 2 \cdot 20^6$. Daher ist m im Zwanzigersystem 7-stellig mit erster Ziffer 1. Die letzte Ziffer ist 19 (Rest von m bei Division durch 20).

5. a) Enthalten in b).
b) $a \cdot b^{n-1} + a \cdot b^{n-2} + \ldots + a \cdot b + a = a \cdot \frac{b^n - 1}{b - 1}$ (Summenformel der „endlichen geometrischen Reihe").
c) $(b-1) \cdot \frac{b^n - 1}{b - 1} = b^n - 1$; dann $(888)_9 = 9^3 - 1 = 728$; $(22222)_3 = 3^5 - 1 = 242$; $(111111111)_2 = 2^9 - 1 = 511$.

6. Anzahl der Multiplikationen beim Hornerschema: $m = n - 1$; beim üblichen Verfahren: $m' = (n-1) + (n-2) + \ldots + 2 + 1$, also (Schulkenntnisse!) $m' = \frac{(n-1)n}{2}$.
Der Quotient $\frac{m'}{m} = \frac{n}{2}$ zeigt, wie der Aufwand beim üblichen Verfahren im Verhältnis zu dem beim Hornerschema mit wachsendem n immer gravierender wird.

7. 66; 1.

Abschnitt 1.4

1. a) Wäre n nicht Primzahl, dann hätte n eine Zerlegung $n = k \cdot l$, und hier müßte wenigstens einer der Faktoren k, l kleiner als 11 sein (warum?). Die Primfaktoren dieses Faktors müßten dann 2, 3, 5 oder 7 sein, was nach Voraussetzung nicht sein kann.
b) Analog: Wenigstens einer der Faktoren k, l müßte $\leq \sqrt{n}$ sein, usw.

2. a) Aus $a = 3n + 1$, $b = 3m + 1$ folgt $a \cdot b = 9nm + 3(n + m) + 1 = 3(3nm + n + m) + 1$, also $a \cdot b \in D$.
b) Wenn ein Faktor von a zu D gehört, etwa: $b = 3n + 1$, und der andere nicht zu D gehört: $c = 3m$ oder $c = 3m + 2$, dann gilt $a = b \cdot c = 9nm + 3m = 3 \cdot (3nm + m)$ bzw. $b \cdot c = 9nm + 6n + 3m + 2 = 3 \cdot (3nm + 2n + m) + 2$. Das kann wegen $a \in D$ nicht sein.
c) Wegen $13 \cdot 13 = 169$ genügt es, die Vielfachen von 4, 7, 10 zu streichen:

	4	7	10	13	~~16~~	19	22	25	~~28~~
31	34	37	~~40~~	43	46	~~49~~	~~52~~	55	58
61	~~64~~	67	~~70~~	73	~~76~~	79	82	85	~~88~~
~~91~~	94	97	~~100~~	103	106	109	~~112~~	115	118
121	~~124~~	127	~~130~~	~~133~~	~~136~~	139	142	145	~~148~~
151	~~154~~	157	~~160~~	163	166				

Alle nicht gestrichenen Zahlen sind D-prim.

d) Nein! Z. B. hat 100 die Zerlegungen $4 \cdot 25$ und $10 \cdot 10$.

3. a) Siehe 1.4.5, Satz 4.
b) Widerlegung: Die Zahl $256 = 2^8$ hat genau 9 Teiler.

c) Jede Zahl der Form p^8 (p prim) hat genau 9 Teiler.
d) Alle diese Zahlen sind von der Form p^8 oder p^2q^2 mit $p < q$ (p, q prim). Man findet: 256 sowie 36, 100, 196, 484 und 225, 441.

4. I. Wenn n Quadratzahl ist, dann ist die Teilerzahl ungerade. Beweis: $n = k^2$. Die Exponenten $e_1, e_2, \ldots, e_m$ in der PFZ von n sind die Doppelten der Exponenten in der PFZ von k, also sämtlich gerade. Die Teilerzahl $(e_1 + 1)(e_2 + 1) \ldots (e_m + 1)$ ist dann, als Produkt von ungeraden Zahlen, ebenfalls ungerade.

II. Wenn die Teilerzahl $(e_1 + 1)(e_2 + 1) \ldots (e_m + 1)$ einer Zahl n ungerade ist, dann ist n Quadratzahl. Beweis: Alle Faktoren $(e_1 + 1), (e_2 + 1), \ldots, (e_m + 1)$ müssen ungerade sein (warum?). Daher sind alle Exponenten in der PFZ $n = p_1^{e_1} p_2^{e_2} \ldots p_m^{e_m}$ gerade, und folglich ist n Quadratzahl (warum?).

5. a) Die PFZ (wie im Text) erfordert 9 bzw. 6, insgesamt also 15 Divisionen, der euklidische Algorithmus nur sechs. Der ggT ist 66.
b) Die PFZ von 1933 erfordert 11 Divisionen (Prüfung auf Teilbarkeit durch die Primzahlen von 7 bis 43); dann ist das Ergebnis „ggT = 1" klar. Bei geschickterem Vorgehen erkennt man schon nach einer Division die PFZ $781 = 11 \cdot 71$ und nach zwei weiteren Divisionen (1933 : 11 und 1933 : 71) das Ergebnis. Der euklidische Algorithmus erfordert fünf Divisionen.

Lösungen zu Kapitel 2

Abschnitt 2.1

1. a) Wir beweisen zuerst: Wenn $\frac{a}{b} < \frac{c}{d}$, dann $\frac{a}{b} < \frac{a+c}{b+d}$.
Es sei $\frac{a}{b} < \frac{c}{d}$. Dies bedeutet nach Satz 3 dasselbe wie $ad < bc$. Hieraus folgt $ad + ab < bc + ab$, d. h. (Ausklammern!) $a(b+d) < b(a+c)$, und das ist nach Satz 3 gleichbedeutend mit $\frac{a}{b} < \frac{a+c}{b+d}$.
Bemerkung: Um diesen Beweis zu finden, forme man zuerst $\frac{a}{b} < \frac{a+c}{b+d}$ nach Satz 3 um und vergleiche die erhaltene Ungleichung mit $ad < bc$.
Die zweite Teilbehauptung wird ganz ähnlich bewiesen.

b) Beispiele zeigen: Unter der Voraussetzung $\frac{a}{b} < \frac{c}{d}$ liegt

$$\frac{a+c}{b+d} \left\{ \begin{array}{l} \text{links von der Mitte} \\ \text{in der Mitte} \\ \text{rechts von der Mitte} \end{array} \right. \quad \text{zwischen } \frac{a}{b} \text{ und } \frac{c}{d}, \text{ falls } \left\{ \begin{array}{l} b > d \\ b = d \\ b < d. \end{array} \right.$$

Der größere der beiden Nenner b und d zieht gleichsam den mittleren Bruch zu sich herüber.
Andeutung des Beweises: Nach Voraussetzung gilt $\frac{ad}{bd} = \frac{a}{b} < \frac{c}{d} = \frac{bc}{bd}$.
Hiernach liegt $\frac{ad+bc}{2bd}$ in der Mitte zwischen $\frac{a}{b}$ und $\frac{c}{d}$. Nun sei $b > d$. Dann folgt wegen $ad < bc$, daß $ad(b-d) < bc(b-d)$. Diese Ungleichung erweist sich als gleichbedeutend mit $(a + c) \cdot 2bd < (b + d)(ad + bc)$, d. h. $\frac{a+c}{b+d} < \frac{ad+bc}{2bd}$.

2. a) Abbrechend, denn $\frac{1}{256} = \frac{1}{2^8} = \frac{5^8}{2^8 5^8} = \frac{5^8}{10^8}$; 8 Stellen nach dem Komma.
b) Ebenso, oder als Folgerung aus a): 16 Stellen nach dem Komma.

3. a)

		10	100	150	140	40	60	90	50	160	70	20	30	130	110	80	120
1 : 17 =	0,	0	5	8	8	2	3	5	2	9	4	1	1	7	6	4	7
	1	10	15	14	4	6	9	5	16	7	2	3	13	11	8	12	1

b) 20

2 : 17 = 0, 1 1 7 6 4 7 0 5 8 8 2 3 5 2 9 4 . Man übernimmt die Ziffern des Dezi-
2

malbruchs für 1 : 17, beginnend mit der auf den Rest 2 folgenden Ziffer 1.
c) Entsprechend wie bei b); denn jeder Rest von 2 bis 16 tritt bei der Entwicklung von 1 : 17 auf.
d) Nein; denn bei der Division 1 : 13 treten nur die Reste 3, 4, 9, 10, 12 auf, für die Entsprechendes gilt.

4. a) Gesucht sind die Stammbrüche $\frac{1}{n}$, die sich in der Form $\frac{uvw}{1000}$ schreiben lassen, d. h. für die gilt $n \cdot uvw = 1000$. Die Nenner n sind also die sämtlichen Teiler $\neq 1$ von $1000 = 2^3 5^3$. Deren Anzahl ist $(4 \cdot 4 - 1 =)$ 15.
b) Entsprechend mit $\frac{1}{n} = \frac{uvw}{999}$; $n \cdot uvw = 999 = 3^3 \cdot 37$. Die Anzahl dieser Stammbrüche ist $(4 \cdot 2 - 1 =)$ 7.
Bei sechs Nachkommastellen erhält man wegen $1000000 = 2^6 5^6$ und $999999 = 3^3 \cdot 7 \cdot 11 \cdot 13 \cdot 37$ die Anzahlen $(7 \cdot 7 - 1 =)$ 48 und $(4 \cdot 2 \cdot 2 \cdot 2 \cdot 2 - 1 =)$ 63.

5. Dies sind genau die (gekürzten) Brüche $\frac{a}{b}$ mit $b = 2^e \cdot 5^f$, d. h. mit abbrechender Dezimaldarstellung. Deren letzte Ziffer ($\neq 0$) kann ersetzt werden durch die nächstkleinere Ziffer mit angehängter Periode $\overline{9}$. Beispiel: $14{,}3085 = 14{,}3084\overline{9}$.

Abschnitt 2.2

1. a) Es sei $A < B$. Nach (L1) gibt es dann ein X, so daß $A + X = B$. Es folgt $(A + X) + C = B + C$. Nun gilt nach (Ass) und (Komm) $(A + X) + C = A + (X + C) = A + (C + X) = (A + C) + X$. Also hat man $(A + C) + X = B + C$; daraus folgt nach (L2) $A + C < B + C$.
b) Es sei $A + C < B + C$. Wäre nicht $A < B$, dann hätte man nach (Trich) entweder $A = B$, also $A + C = B + C$, oder $B < A$, also $B + C < A + C$. Beides kann wegen $A + C < B + C$ nach (Trich) nicht sein.
c) ähnlich wie b).

2. a) Beweis: Aus $A < B$ folgt nach (1) $A + C < B + C$;
aus $C < D$ folgt mit (Komm) $B + C < B + D$.
Nach (Trans) folgt weiter $A + C < B + D$.
b) Widerlegung: Es gilt $1 + 3 < 4 + 2$, aber nicht $1 < 4$ und $3 < 2$.
c) I. Es sei $m < n$. Dann gilt $m + k = n$, mit passender Zahl $k \in \mathbb{N}$. Nach (5) folgt daraus $mA + kA = nA$ und nach (L2) weiter $mA < nA$.
II. Es sei $mA < nA$. Wäre nun $m = n$ oder $m > n$, dann müßte $mA = nA$ bzw. (nach I.) $mA > nA$ gelten. Beides kann nach der Voraussetzung nicht sein (Trich). Somit gilt $m < n$.
d) und e) ähnlich wie c).

3. a)
$$n(A + B) = \underbrace{(A+B) + \ldots + (A+B)}_{\text{n Klammern}}$$
$$= \underbrace{A + \ldots + A}_{\text{n Summanden}} + \underbrace{B + \ldots + B}_{\text{n Summanden}} = nA + nB.$$

b) $$(n \cdot m)A = \underbrace{A + \ldots + A}_{n \cdot m \text{ Summanden}}$$

$$= \underbrace{\underbrace{(A + \ldots + A)}_{m \text{ Summanden}} + \ldots + \underbrace{(A + \ldots + A}_{m \text{ Summanden}}}_{n \text{ Klammern}} = n(mA)$$

4. Nach Vervielfachung mit nl — bzw. bei d) mit n — entsteht jeweils auf beiden Seiten das gleiche Ergebnis:
a) $(ml)A$; b) $(ml + kn)A$; c) $(mk)A$; d) $m(A + B)$.

Man bestätigt dies mittels Def. 1, Def. 2, den Regeln (5), (6), (7) sowie dem Kommutativgesetz für die Multiplikation natürlicher Zahlen. Da nun die vervielfachten Ausdrücke einander gleich sind, gilt dies nach der Regel „wenn $nA = nB$, dann $A = B$“ auch für die ursprünglichen Ausdrücke (die in den Behauptungen auf beiden Seiten des Gleichheitszeichens stehen).

5. $1\,\frac{\text{Inch}}{\text{Mile}} = 1{,}579 \cdot 10^{-5} = 1 : 63346$; $1 : 50000 = 1{,}267\,\frac{\text{Inch}}{\text{Mile}}$;

$1\,\frac{\text{Gallon}}{100 \text{ Miles}} = 2{,}825\,\frac{\text{Liter}}{100 \text{ km}}$; $9\,\frac{\text{Liter}}{100 \text{ km}} = 3{,}186\,\frac{\text{Gallon}}{\text{Miles}}$;

$1\,\frac{\text{lb}}{\text{Inch}^2} = 70{,}3\,\frac{\text{g}}{\text{cm}^2} = 0{,}0703$ at; $1{,}6$ at $= 22{,}760\,\frac{\text{lb}}{\text{Inch}^2}$

$1\,\frac{£}{\text{Gallon}} = 66{,}0\,\frac{\text{Pf}}{l}$; $110\,\frac{\text{Pf}}{l} = 1{,}667\,\frac{£}{\text{Gallon}}$

6. a) Das zweite und das vierte Gleichheitszeichen sind nicht gerechtfertigt.
b) 1 DM : 100 Pf = 1; 1 DM : 100 DM = 0,01; 100 Pf : 1 Pf = 100.
Nur die letzte Division ist richtig.

Abschnitt 2.3

1. Es seien $r, s \in \mathbb{Q}^+$, $r < s$, als Dezimalbrüche dargestellt und zwar ggf. r mit Nullenende $\overline{0}$ und s mit Neunerende $\overline{9}$. Wir betrachten die erste Stelle, wo die Ziffer bei r verschieden von der bei s (also kleiner) ist. Dahinter brechen wir s ab. So entsteht ein abbrechender Dezimalbruch, der zwischen r und s liegt.

2.

	gibt es	eine kleinste Zahl	zu jeder Zahl eine kleinere	zu jeder Zahl eine *nächst*kleinere	eine größte Zahl	zu jeder Zahl eine größere	zu jeder Zahl eine *nächst*größere
In der Zahlenmenge	$\mathbb{N}$	1	f	f	f	n + 1	n + 1
	Sta	f	$\frac{1}{n+1}$	$\frac{1}{n+1}$	1	f	f
	$\mathbb{Q}^+$	f	$\frac{m}{n+1}$	f	f	$\frac{m+1}{n}$	f

3. a) Die Menge $\left\{\frac{1}{2}, \frac{2}{1}, \frac{2}{3}, \frac{3}{2}, \frac{3}{4}, \frac{4}{3}, \frac{4}{5}, \frac{5}{4}, \ldots\right\}$ aller Bruchzahlen, deren Zähler und Nenner sich um 1 unterscheiden.

b) Die Menge aller Bruchzahlen der Form $\frac{n+1}{n} \cdot \frac{m}{m+1} = \frac{nm+m}{nm+n}$, wobei $n, m \in \mathbb{N}$.

Lösungen zu Kapitel 3

Abschnitt 3.1

1. Wäre die mittlere Skala ebenso wie die beiden anderen beschriftet, dann würden die Verbindungslinien jeweils den Mittelwert $(a+b)/2$ treffen. Da dort aber die verdoppelten Zahlen stehen, wird die Summe $a + b$ getroffen.
a) Eine Spiegelung an der mittleren Skala als Achse verändert die Schnittpunkte auf dieser Achse nicht.
b) Man wähle a auf der oberen, b auf der mittleren (!) Skala. Die Verbindungsgerade schneidet die untere Skala im Punkt x.

2. a) In allen drei Fällen (siehe Tabelle) gilt $a \cdot b = b \cdot a$, nach dem Kommutativgesetz für nichtnegative Zahlen: $p \cdot q = q \cdot p$.

Fall	a	b	a · b	b · a
1	p	$-q$	$-(p\cdot q)$	$-(q\cdot p)$
2	$-p$	q	$-(p\cdot q)$	$-(q\cdot p)$
3	$-p$	$-q$	$p\cdot q$	$q\cdot p$

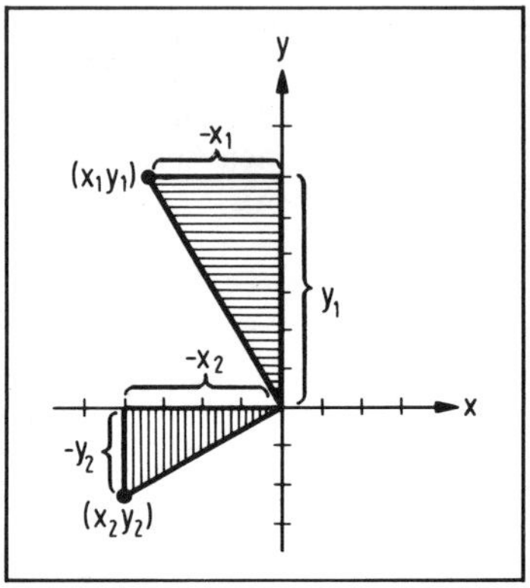

b) Entsprechend, mit sieben Fällen.

3. a) In jeder Zeile (und ebenso in jede Spalte) der Tabelle stehen alle ganzen Zahlen in ihrer natürlichen Ordnung. Die Zeilen (und ebenso die Spalten) sind gegeneinander verschoben, so daß jede Gerade in Diagonalrichtung von links unten nach rechts oben lauter gleiche Zahlen enthält.
b) Die Regel bewirkt insbesondere, daß in jeder Zeile (und ebenso in jeder Spalte) der Tafel die Vielfachen einer ganzen Zahl in ihrer natürlichen Ordnung stehen.

4. Die Längen der Dreiecksseiten sind im oben skizzierten Fall $-x_1$ (denn x_1 ist negativ), y_1, $-x_2$, $-y_2$. Die beiden Dreiecke stimmen in den drei Winkeln überein und sind daher ähnlich. Somit besteht die Verhältnisgleichheit $(-x_1) : y_1 = (-y_2) : (-x_2)$. Es folgt $-y_1y_2 = x_1x_2$, also $x_1x_2 + y_1y_2 = 0$. Liegt (x_2, y_2) im zweiten Quadranten und (x_1, y_1) im dritten, so erhält man ebenso $-x_1x_2 = y_1y_2$, also wieder $x_1x_2 + y_1y_2 = 0$.
Für einen vollständigen Beweis wären noch drei Fälle zu betrachten, in denen die Punkte jeweils in zwei anderen benachbaren Quadranten liegen, sowie vier Fälle, in denen die Punkte jeweils auf zwei benachbarten Halbachsen liegen. Außerdem wäre zu bestätigen, daß $x_1x_2 + y_1y_2 \neq 0$ gilt, wenn der Winkel am Nullpunkt *kein* rechter ist.

Abschnitt 3.2

1. a) Nach Voraussetzung gilt $a = \frac{m}{10^k}$, $b = \frac{n}{10^l}$ mit $m, n \in \mathbb{Z}$; $k, l \in \mathbb{N}_0$. Daraus erhält man entsprechende Darstellungen für $a + b$ und $a \cdot b$.
b) Alle außer (Inv ·). Z. B. hat die Gleichung $3 \cdot x = 1$ in $\mathbb{D}$ keine Lösung.

2. a)
$$\begin{aligned}(a+b) + ((-a) + (-b)) &= (a+b) + ((-b + (-a)) && \text{(Komm +)}\\ &= ((a+b) + (-b)) + (-a) && \text{(Ass +)}\\ &= (a + (b + (-b))) + (-a) && \text{(Ass +)}\\ &= (a+0) + (-a) && \text{(Def. 1)}\\ &= a + (-a) && \text{(Neut +)}\\ &= 0 && \text{(Def. 1)}\end{aligned}$$

Also ist $(-a)+(-b)$ die Lösung $-(a+b)$ der Gleichung $(a+b)+x=0$.
b) Ähnlich wie (aber einfacher als) c).

$$
\begin{aligned}
\text{c) } a-(b-c) &= a+\big(-(b-c)\big) && \big(\text{Satz 4 (1)}\big)\\
&= a+(c-b) && \big(\text{Satz 4 (2)}\big)\\
&= a+\big(c+(-b)\big) && \big(\text{Satz 4 (1)}\big)\\
&= a+\big((-b)+c\big) && (\text{Komm} +)\\
&= \big(a+(-b)\big)+c && (\text{Ass} +)\\
&= (a-b)+c && \big(\text{Satz 4 (1)}\big)
\end{aligned}
$$

3.
$$
\begin{aligned}
\text{a) } (a-b)\cdot c &= \big(a+(-b)\big)\cdot c && \big(\text{Satz 4 (1)}\big)\\
&= a\cdot c+(-b)\cdot c && (\text{Distr})\\
&= a\cdot c+\big(-(b\cdot c)\big) && \big(\text{Satz 8 (1)}\big)\\
&= a\cdot c-b\cdot c && \big(\text{Satz 4 (1)}\big)
\end{aligned}
$$

b) x^2 bedeutet $x\cdot x$; $2x$ bedeutet $x+x$.

$$
\begin{aligned}
(a+b)^2 &= (a+b)(a+b)\\
&= aa+ab+ba+bb && (\text{Satz 6})\\
&= aa+ab+ab+bb && (\text{Komm}\cdot)\\
&= a^2+2ab+b^2
\end{aligned}
$$

c, d) Ähnlich durch Spezialisierung von Satz 6.

4. a) Widerlegung: Es gilt $1\cdot 0=2\cdot 0$, aber nicht $1=2$.
b) Widerlegung: Es gilt $(1)^2=(-1)^2$, aber nicht $1=-1$.
c) Widerlegung: Es gilt $1^2=1^2$, aber nicht $1=-1$.
d) Beweis: Wenn $a\cdot a=0$, dann $a=0$ oder $a=0$ (Satz 10), also $a=0$.

5. a) Zu zeigen ist, daß a die Gleichung $a^{-1}\cdot x=1$ löst. Tatsächlich gilt nach (Komm $\cdot$) und Def. 3: $a^{-1}\cdot a=a\cdot a^{-1}=1$.
b) Zu zeigen ist, daß $a^{-1}b^{-1}$ die Gleichung $(ab)\cdot x=1$ löst. Tatsächlich gilt nach (Ass $\cdot$), (Komm $\cdot$) und Def. 3: $aba^{-1}b^{-1}=aa^{-1}bb^{-1}=1\cdot 1=1$.
c, d) Ähnlich, durch analoge Übertragung von Satz 4 auf Division statt Subtraktion.

6. a) $\frac{a}{b}=ab^{-1}=add^{-1}b^{-1}=ad(bd)^{-1}=\frac{ad}{bd}$.
b) I. Es sei $\frac{a}{b}=\frac{c}{d}$, d. h. $ab^{-1}=cd^{-1}$. Dann folgt $ab^{-1}bd=cd^{-1}bd=cd^{-1}db$, also $ad=cb=bc$.
II. Es sei $ad=bc$. Dann folgt $add^{-1}b^{-1}=bcd^{-1}b^{-1}=cbd^{-1}b^{-1}=cd^{-1}bb^{-1}$, also $ab^{-1}=cd^{-1}$.
c) $\frac{a}{b}+\frac{c}{d}=\frac{ad}{bd}+\frac{bc}{bd}=ad(bd)^{-1}+bc(bd)^{-1}=(ad+bc)bd^{-1}=\frac{ad+bc}{bd}$.
d) $\frac{a}{b}\cdot\frac{c}{d}=ab^{-1}cd^{-1}=acb^{-1}d^{-1}=ac(bd)^{-1}=\frac{ac}{bd}$.

Abschnitt 3.3

1. a) Ja: Für alle $a, b, c \in \tilde{\mathbb{N}}$ gilt $(a+b)+c=a+(b+c)$ (Ass +). Dies ist klar, wenn $a, b, c \in \mathbb{N}$. Wenn aber wenigstens eine der „Zahlen" gleich ∞ ist, ergibt sich auf beiden Seiten der Gleichung ∞.
b) Nein: Es gilt $1<\infty$, aber nicht $1+\infty<\infty+\infty$.
c) Ja; Beweis: Es sei $a+c<b+c$. Dann müssen a und c natürliche Zahlen sein (sonst wäre $a+c=\infty$ nicht kleiner als $b+c$). Ist nun auch $b\in\mathbb{N}$, dann folgt nach Satz 2 $a<b$. Ist $b=\infty$, dann folgt ebenfalls $a<b$.
d) Nein: Es gilt $1+\infty=2+\infty$, aber $1\neq 2$.

2. Nur die letzte Frage in d) ist mit „ja" zu beantworten; Beweis: Wäre $a \geq b$ und $c \geq d$, dann folgte nach Satz 3 (mit „$\geq$" statt „$<$"): $a + c \geq b + d$; Widerspruch. Alle anderen Fragen lassen sich durch einfache Zahlenbeispiele mit „nein" entscheiden.

3. Es sei $a, b \in \mathbb{Q}^+$. Die Gleichung $a + x = b$ hat die Lösung $x = b - a \in \mathbb{Q}$.
I. Ist $a < b$, dann folgt $a - a < b - a$, also $0 < x$, d. h. $x \in \mathbb{Q}^+$.
II. Ist $x \in \mathbb{Q}^+$, d. h. $0 < x$, dann folgt $a + 0 < a + x$, also $a < b$.

4. Es sei $a < b$ und $c < 0$, also (Satz 6) $-c > 0$. Dann folgt nach (Mon $\cdot$)
$a \cdot (-c) < b \cdot (-c)$,
also $-ac < -bc$, also (Satz 6) $bc < ac$, d. h. $ac > bc$.

5. I. Wenn $a = 0$ und $b = 0$, dann $a^2 + b^2 = 0$.
Beweis: $0^2 + 0^2 = 0 \cdot 0 + 0 \cdot 0 = 0 + 0 = 0$.
II. Wenn $a^2 + b^2 = 0$, dann $a = 0$ und $b = 0$.
Beweis: Es sei $a^2 + b^2 = 0$ und (Annahme) $a \neq 0$ oder $b \neq 0$. Dann folgt (nach Satz 8) $a^2 \geq 0$ und $b^2 \geq 0$, wobei $a^2 > 0$ oder $b^2 > 0$. Nach Satz 3 folgt weiter $a^2 + b^2 > 0$, im Widerspruch zu $a^2 + b^2 = 0$.

6. Es sei $a \cdot b = 0$ und (Annahme) $a \neq 0$ sowie $b \neq 0$. Die Annahme besagt $a > 0$ oder $a < 0$ sowie $b > 0$ oder $b < 0$. In jedem der hier zu unterscheidenden vier Fälle folgt nach (Mon $\cdot$) bzw. Satz 7 entweder $a \cdot b > 0$ oder $a \cdot b < 0$, im Widerspruch zu $a \cdot b = 0$.

7. Die zu untersuchende Doppel-Ungleichung ist gleichbedeutend mit der folgenden, die man durch Multiplikation mit der positiven Zahl $1 + x$ erhält: $1 - x^2 \leq 1 \leq 1 + x^3$.
a) Im Fall $x \geq 0$ ist $x^2 \geq 0$ und $x^3 \geq 0$. Beide Ungleichungen gelten.
b) Im Fall $-1 < x < 0$ ist $x^2 > 0$ und $x^3 < 0$. Die linke Ungleichung gilt, die rechte nicht.
c) Für $x \geq -0{,}5$ ist zu beweisen, daß $1 \leq (1 - x + 2x^2)(1 + x) = 1 + x^2 + 2x^3$, d. h. $0 \leq x^2 + 2x^3$. Im Fall $x = 0$ ist dies klar. Im Fall $x \neq 0$, d. h. $x^2 > 0$, ist die Ungleichung gleichbedeutend mit $0 \leq 1 + 2x$, und dies gilt genau für $x \geq -0{,}5$.

8. a) Ja; ja; ja; nein (setze $a = -1$).
b) Ja; nein (setze $a = 1$, $b = -1$); ja; ja.
Beweise:
$|a-b| = |a + (-b)| \leq |a| + |-b| = |a| + |b|$;
$|a-b| + |b| \geq |(a-b) + b| = |a|$, also $|a-b| \geq |a| - |b|$;
$|a-b| = |b-a| \geq |b| - |a|$.
c) Ja; ja.

9.
Fall 1	$a \geq 0, b \geq 0$:	$ab \geq 0$,	$\|a\| = a$,	$\|b\| = b$,	$\|a\|\,\|b\| = ab = \|ab\|$;
Fall 2	$a \leq 0, b \leq 0$:	$ab \geq 0$,	$\|a\| = -a$,	$\|b\| = -b$,	$\|a\|\,\|b\| = ab = \|ab\|$;
Fall 3	$a \geq 0, b \leq 0$:	$ab \leq 0$,	$\|a\| = a$,	$\|b\| = -b$,	$\|a\|\,\|b\| = -ab = \|ab\|$;
Fall 4	$a \leq 0, b \geq 0$:	wie Fall 3.			

Abschnitt 3.4

1. a) $3{,}85499 \leq a + b \leq 3{,}85501$;
$3{,}73194 \leq a - b \leq 3{,}73196$.
b) $a + b = 3{,}85\ldots$; $\quad a - b = 3{,}7319\ldots$.
c) $a + b \approx 3{,}855\underline{0}$ $\quad a - b \approx 3{,}731\underline{9}$ oder[142]) $3{,}732\underline{0}$
$\approx 3{,}85\underline{5}$ $\quad \approx 3{,}73\underline{2}$
$\approx 3{,}8\underline{5}$ oder[142]) $3{,}8\underline{6}$ $\quad \approx 3{,}7\underline{3}$
$\approx 3{,}\underline{9}$ $\quad \approx 3{,}\underline{7}$

2. a) $0{,}23337 \leq a \cdot b \leq 0{,}23342$
$61{,}65236 \leq a : b \leq 61{,}66255$

[142]) Genauere gerundete Angaben sind auf Grund der vorliegenden Information nicht möglich.

b) $a \cdot b = 0{,}233\ldots$; $\quad a : b = 61{,}6\ldots$.

c) $a \cdot b \approx 0{,}233\underline{4}$

$\approx 0{,}23\underline{3}$

$\approx 0{,}2\underline{3}$ $\quad a : b \approx 61{,}6\underline{5}$ oder[142]) $61{,}6\underline{6}$

$\approx 0{,}\underline{2}$ $\quad \approx 61{,}\underline{7}$

3. Für die Anzahlen m und n der wesentlichen Ziffern gelte $m \le n$.
Die Schranken für die relativen Fehler sind dann bei den Faktoren von der Größenordnung 10^{-m} bzw. 10^{-n} und folglich beim Produkt von der Größenordnung $10^{-m} + 10^{-n}$ (Satz 3), also auch von der Größenordnung 10^{-m} (da höchstens doppelt so groß). Dies begründet die *Faustregel:* Bei der Multiplikation gerundeter Zahlen sind im Ergebnis so viele Ziffern beizubehalten, wie in der Ausgangszahl mit kleinster Anzahl von wesentlichen Ziffern vorhanden sind.

4. Nein! Ein Tisch von der Länge l und der Breite b sei um den kleinen Fehler d zu lang und um d zu schmal ausgefallen. Der relative Fehler des Flächeninhalts beträgt dann ungefähr $\frac{d}{l} + \frac{-d}{b} = \frac{(b-l)d}{lb}$. Er verschwindet nur dann, wenn $l = b$.
Bemerkung: Dies entnimmt man auch direkt der Rechnung
$(l + d)(b - d) = lb + (b - l)d + d^2 \approx lb + (b - l)d$.
b) Ja! Die relativen Fehler p % und $-$p % der Faktoren bewirken für das Produkt einen relativen Fehler $\approx$ p % $-$ p % $= 0$.

5. a) Ebenso wie in Abschnitt 2.1, Aufgabe 1 beweist man:
$3\,\% = \frac{\alpha}{a} < \frac{\alpha+\beta}{a+b} < \frac{\beta}{b} = 6\,\%$.
b) Im Fall $a > b$ (bzw. $a < b$) liegt $\frac{\alpha+\beta}{a+b}$ links (bzw. rechts) von der Mitte zwischen $\frac{\alpha}{a}$ und $\frac{\beta}{b}$.

Beispiele: $\frac{3}{100} = 3\,\%$, $\frac{3}{50} = 6\,\%$, $\frac{3+3}{150} = 4\,\%$;

$\frac{3}{100} = 3\,\%$, $\frac{12}{200} = 6\,\%$, $\frac{3+12}{300} = 5\,\%$.

6. Absolute Fehlerschranken:
a) 0,2; b) 10; c) 0,008.
Prozentuale Fehlerschranken:
a) $\frac{0{,}05}{12{,}5} = 0{,}4\,\%$; b) 0,8 %; c) 0,4 %.

7. a) $623{,}7\ \text{cm}^2 \pm 2{,}6\ \text{cm}^2$;
b) $1{,}4143 \pm 0{,}0058$;
c) 0,17 %; 0,24 %;
d) 0,41 %; 0,41 %.

8. $\frac{1}{1+x} \approx 1 - x$. Begründung: Nach Abschnitt 3.3, Aufgabe 7 gilt $1 - x \le \frac{1}{1+x} \le 1 - x + 2x^2$ für $x \ge -0{,}5$. Für kleine $|x|$ ist $2x^2$ klein gegen $|x|$ und kann vernachlässigt werden.

9. a) Die Untersuchung läßt die folgende Regel vermuten:
b) Wenn a sich um p % ändert, dann ändert sich a^n ($n = 2, 3, -1, -2$) um ungefähr $n \cdot p$ %.
Dies kann mit Satz 3 begründet werden. Es gilt natürlich auch für $n = 0$ und $n = 1$ und angenähert auch für andere Exponenten n.

Lösungen zu Kapitel 4

Abschnitt 4.1

1. Angenommen, es gibt $\frac{m}{n}$ ($m \in \mathbb{Z}$, $n \in \mathbb{N}$) mit $\left(\frac{m}{n}\right)^2 = pq$ (bzw. p^3), d. h. $m^2 = pqn^2$ (bzw. $m^2 = p^3n^2$). In der PFZ von m^2 tritt die Primzahl p geradzahlig oft auf, in der PFZ von pqn^2 (bzw. p^3n^2) dagegen ungeradzahlig oft: Widerspruch!

b) Angenommen, es gibt $\frac{m}{n}$ mit $\left(\frac{m}{n}\right)^3 = p$ (bzw. p^2), d. h. $m^3 = pn^3$ (bzw. $m^3 = p^2n^3$). Die Anzahl der Primfaktoren p in m^3 ist dann durch 3 teilbar, die Anzahl der Primfaktoren p in pn^3 (bzw. p^2n^3) ist von der Form $3k+1$ (bzw. $3k+2$): Widerspruch!

2. Gefragt ist nach $m \in \mathbb{Z}$; $n, k \in \mathbb{N}$, so daß die Bedingung $10^{\frac{m}{n}} = k$, d. h. $10^m = k^n$, d. h. $2^m 5^m = k^n$ erfüllt ist. Wegen der Eindeutigkeit der PFZ kann k nur die Primfaktoren 2 und 5 haben: $k = 2^e 5^f$, und es muß $en = m$, $fn = m$, also $\frac{m}{n} = e = f \in \mathbb{N}_0$ sein.
Ergebnis:
a) Alle Zehnerpotenzen 10^l mit $l \in \mathbb{N}_0$
b) Alle natürlichen Zahlen einschließlich 0.

3. a) 5, 12, 13; 8, 15, 17.
b) Annahme: Es gibt ein solches Tripel. Dann gilt $a^2 + k^2a^2 = c^2$, $(1+k^2)a^2 = c^2$, $\left(\frac{c}{a}\right)^2 = 1 + k^2$. Nun ist $1 + k^2$ keine Quadratzahl und daher nach 4.1.2 nicht das Quadrat einer rationalen Zahl: Widerspruch.

4. a) Man findet zunächst:

$$\sqrt{2} = 1 \cdot 1 + (\sqrt{2}-1)$$
$$1 = 2 \cdot (\sqrt{2}-1) + (3-2\sqrt{2})$$

Nun ist $3-2\sqrt{2} = (\sqrt{2}-1)^2$. Folglich lautet die nächste Zeile

$$\sqrt{2}-1 = 2 \cdot (\sqrt{2}-1)^2 + (\sqrt{2}-1)^3.$$

Jede weitere Zeile entsteht dann durch Multiplikation der gegebenen mit $\sqrt{2}-1$. Das bricht nie ab. Damit ist die Inkommensurabilität von $\sqrt{2}$ und 1 gezeigt, also ein neuer Beweis für die Irrationalität von $\sqrt{2}$ gefunden.

Abschnitt 4.2

1. Es werden der Reihe nach die Dezimalnamen der natürlichen Zahlen aneinandergesetzt.
a) 0; 5; 0; 5; 3.
b) Angenommen, der Dezimalbruch hat eine Periode. Diese habe die Länge *l*. Dann kommt in dem Dezimalbruch auch das folgende Stück vor:

$$\ldots 9\,1\,\underbrace{0\,0\,\ldots\,0}_{2l \text{ Nullen}}\,1\,0 \ldots .$$

In den $2l$ Nullen muß die Periode enthalten sein. Also muß diese aus lauter Nullen bestehen: Widerspruch.

2. Jedenfalls gilt $r < s$ und $t < u < v < s$. Für r gilt entweder $r < t$ oder $t < r < u$ oder $u < r < v$ oder $v < r < s$. Das gibt vier mögliche Anordnungen der fünf Zahlen.

3. a) Annahme: $\frac{a}{3} = \frac{m}{n}$ ($m, n \in \mathbb{N}$). Es folgt $a = \frac{3m}{n} \in \mathbb{Q}$: Widerspruch.

b) Annahme $\sqrt{a} = \frac{m}{n}$. Es folgt $a = \frac{m^2}{n^2} \in \mathbb{Q}$: Widerspruch.

c) Nein: Im Fall $a = \sqrt{2}$ ist $a^2 = 2$ rational.

d) Nein: Im Fall $a = \sqrt{\sqrt{2}}$ (irrational nach b)) ist $a^2 = \sqrt{2}$ irrational.

4. a) Nein. Setze $a = \sqrt{2}$, $b = 1 - \sqrt{2}$ bzw. $a = \sqrt{2}$, $b = \sqrt{8}$.

b) Ja, Beweis: Es sei a irrational und $b = \frac{m}{n}$ $(m \neq 0)$.

Annahme: $a \cdot b$ rational, d. h. $a \cdot b = \frac{k}{l}$. Dann folgt $a = \frac{k}{l} \cdot \frac{n}{m} \in \mathbb{Q}$: Widerspruch.

Abschnitt 4.3

1. a) Da beide Seiten nicht negativ sind, ist die Ungleichung gleichbedeutend mit der quadrierten: $a + 2\sqrt{ab} + b \geq a + b$. Dies ist richtig, also ist es auch die Behauptung.
b) Das Gleichheitszeichen gilt genau dann, wenn $\sqrt{ab} = 0$, d. h. $ab = 0$, d. h. $a = 0$ oder $b = 0$.

2. a) Nach 4.3.2 ist $\frac{l}{b} = \sqrt{2}$, und dies ist irrational.

b) Mit $a = \sqrt[4]{2} = \sqrt{\sqrt{2}}$ erhält man:

Flächeninhalt	Länge (mm)	Breite (mm)
$1\ m^2$	$1000\ a \approx 1189$	$\frac{1000}{a} \approx 841$
$0{,}5\ m^2$	$\frac{1000}{a}$	$500\ a \approx 595$
$0{,}25\ m^2$	$500\ a$	$\frac{500}{a} \approx 420$
$0{,}125\ m^2$	$\frac{500}{a}$	$250\ a \approx 297$
$0{,}0625\ m^2$	$250\ a$	$\frac{250}{a} \approx 210$

3. a) $\sqrt[3]{1{,}045 \cdot 1{,}0625 \cdot 1{,}08} = \sqrt[3]{1{,}199138} \approx 1{,}0624$; die mittlere Verzinsung beträgt 6,24 %.
b) In 3 Jahren wächst das Kapital um 19,9 %, also pro Jahr um „durchschnittlich" $\frac{1}{3} \cdot 19{,}9\,\% \approx 6{,}63\,\%$. Dies ist irreführend: Bei jährlich 6,63 % müßte das Kapital in 3 Jahren um 21,2 % wachsen ($1{,}0663^3 = 1{,}212378$).

4. a) $\sqrt[4]{abcd} = \sqrt{\sqrt{ab \cdot cd}} = \sqrt{\sqrt{ab}\sqrt{cd}} \leq \frac{\sqrt{ab} + \sqrt{cd}}{2} \leq \frac{\frac{a+b}{2} + \frac{c+d}{2}}{2} = \frac{a+b+c+d}{4}$.

b) $\sqrt[4]{abc\,\frac{a+b+c}{3}} \leq \frac{a+b+c+\frac{a+b+c}{3}}{4} = \frac{a+b+c}{3}$, also

$abc\,\frac{a+b+c}{3} \leq \left(\frac{a+b+c}{3}\right)^4$, also $abc \leq \left(\frac{a+b+c}{3}\right)^3$, also $\sqrt[3]{abc} \leq \frac{a+b+c}{3}$.

5. a) Volumen V des Quaders $= abc \leq \left(\frac{a+b+c}{3}\right)^3 =$ Volumen des Würfels mit der Kantenlänge $\frac{a+b+c}{3} = \frac{4(a+b+c)}{12}$.

b) $V^2 = (abc)^2 = ab \cdot ac \cdot bc \leq \left(\frac{ab+ac+bc}{3}\right)^3 = \sqrt{\frac{2(ab+ac+bc)}{6}}^{\,6}$,

also $V \leq k^3$, wobei k die Kantenlänge $\sqrt{\frac{2(ab+ac+bc)}{6}}$ des Würfels mit der Oberfläche $2(ab + ac + bc)$ ist.

6. a) $\frac{1}{\sqrt{1+x}} \approx \frac{1}{1+\frac{x}{2}}$ (Näherungsformel in 4.3.3);

$\approx 1-\frac{x}{2}$ (Aufgabe 8 zu Abschnitt 3.4).

b) $\sqrt{a^2+b} = \sqrt{a^2\left(1+\frac{b}{a^2}\right)} = a\sqrt{1+\frac{b}{a^2}} \approx a\left(1+\frac{b}{2a^2}\right) = a+\frac{b}{2a}$, also

$\sqrt{a^2+b} \approx a+\frac{b}{2a}$.

7. a) Da l sich um 1 ‰ vergrößert, wird $\sqrt{l}$, also auch $T = 2\pi\sqrt{\frac{l}{g}}$, um $\frac{1}{2}$ ‰ größer.
Folglich verkleinert sich $\frac{24\,h}{T}$, die Anzahl der Schwingungen, um $\frac{1}{2}$ ‰.
Der Uhr „fehlt" also jeweils $\frac{1}{2}$ ‰ der Zeit, hier: $\frac{1}{2}$ ‰ von 24 h ≈ 43 sec.

b) Da g sich um $\frac{0{,}015}{9{,}811}$, d. h. um rund 1,5 ‰ vergrößert, verkleinert sich $\sqrt{\frac{l}{g}}$, also auch $T = 2\pi\sqrt{\frac{l}{g}}$, um 0,75 ‰. Daher „gewinnt" die Uhr jeweils 0,75 ‰ der Zeit, das sind rund 65 Sekunden.

8. a) $s = \sqrt{(R+h)^2 - R^2} = \sqrt{2Rh + h^2}$.
b) $s \approx \sqrt{2Rh}$, da h^2 klein gegen 2 Rh.
Für die Maßzahlen in km gilt hiernach $s \approx 112{,}9 \cdot \sqrt{h}$.

h (km)	s (km)
0,5	79,8
1	112,9
2	159,7

c) Für den genauen Wert von s gilt

$\sqrt{2Rh+h^2} = \sqrt{2Rh\left(1+\frac{h}{2R}\right)} \approx \sqrt{2Rh}\left(1+\frac{h}{4R}\right)$.

Die relative Abweichung gegenüber dem Näherungswert $\sqrt{2Rh}$ beträgt also $\frac{h}{4R}$. Für $h = 2\,km$ ist diese gleich $\frac{1}{12740}$, also rund 0,08 ‰; die Abweichung beträgt rund 13 m.

9. a)

n	x_n	$\frac{3}{x_n}$
0	2	$\frac{3}{2}$
1	$\frac{7}{4}$	$\frac{12}{7}$
2	$\frac{97}{56}$	$\frac{168}{97}$

b) $\varrho_0 < \frac{0{,}3}{\sqrt{3}}$; $\varrho_1 < \frac{\varrho_0^2}{2} = 0{,}015$; $\varrho_2 < \frac{\varrho_1^2}{2} = 0{,}0001125$.

c) $x_2 - \sqrt{3} < \sqrt{3} \cdot \varrho_2 < 0{,}0002$.

d) $x_2 = \frac{97}{56} = 1{,}732\,143$; $\sqrt{3} = 1{,}732\,051$;
$x_2 - \sqrt{3} = 0{,}000\,092$ (Taschenrechner-Genauigkeit).

Der tatsächliche Fehler ist also noch viel kleiner als durch die Fehlerbetrachtung garantiert.

Lösungen zu Kapitel 5

Abschnitt 5.1

1. a) Nein: „einstellig“ ist keine Eigenschaft der Zahl, sondern ihrer Beschreibung. Z. B. ist die Zahl sieben im Zehnersystem einstellig, im Fünfersystem zweistellig, im Zweiersystem dreistellig: $7 = (12)_5 = (111)_2$. Das gleiche gilt für die anderen genannten Ausdrücke. Zur Präzisierung müßte der Zusatz „im Zehnersystem“ eingefügt werden.
b) „mit lauter gleichen Ziffern“; „mit Quersumme fünf“.

2. a) $\{3{,}5; 8{,}5\}$; denn $|x-6| = 2{,}5$ bedeutet $x - 6 = 2{,}5$ oder $x - 6 = -2{,}5$.

b) 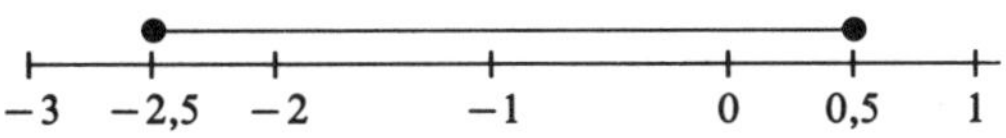

;

denn $|x+1| \leq 1{,}5$ bedeutet $-1{,}5 \leq x+1$ und $x+1 \leq 1{,}5$.
c) $\{1, -1, 2, -2\}$; denn genau für diese vier Zahlen ist wenigstens einer der beiden Faktoren (x^2-1), (x^2-4) gleich Null.

d) 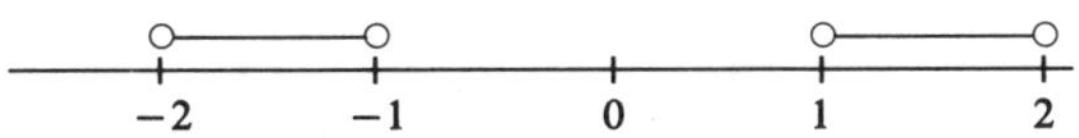

;

denn $(x^2-1)(x^2-4) < 0$ gilt genau dann, wenn ($x^2 > 1$ und $x^2 < 4$) oder ($x^2 < 1$ und $x^2 > 4$), d. h. ($|x| > 1$ und $|x| < 2$) oder ($|x| < 1$ und $|x| > 2$). Die zweite Klammer ist für kein x erfüllt. — Eine Skizze des Funktionsgraphen (vgl. 8.4.1) für $f(x) = (x^2-1)(x^2-4)$ gibt mehr Durchblick.

3. a)

Gleichung	Anzahl der Lösungen
$x^2 + 1 = 0$	0
$x + 1 = 0$	1
$x^2 - 1 = 0$	2
$(x^2-1)(x-2) = 0$, d. h. $x^3 - 2x^2 - x + 2 = 0$	3
$(x^2-1)(x^2-2) = 0$, d. h. $x^4 - 3x^2 + 2 = 0$	4

b) Die Gleichung $(x+\sqrt{2})(x-\sqrt{2})(2x-1)(x+1) = 0$ ist nach Ausmultiplizieren von der verlangten Form.

Lösungsmenge bzgl. $\mathbb{R}$: $\left\{-\sqrt{2}, \sqrt{2}, \frac{1}{2}, -1\right\}$; bzgl. $\mathbb{Q}$: $\left\{\frac{1}{2}, -1\right\}$; bzgl. $\mathbb{Z}$: $\{-1\}$; bzgl. $\mathbb{N}$: $\emptyset$.

4. Äquivalenzumformung:
$x^4 - 2ax^2 + 4 = 0 \Leftrightarrow x^4 - 2ax^2 + a^2 = a^2 - 4 \Leftrightarrow (x^2-a)^2 = a^2 - 4$.
Fallunterscheidung:
Fall 1 : $|a| < 2$: Lösungsmenge $L = \emptyset$ (denn $a^2 - 4 < 0$).
Fall 2 : $|a| \geq 2$: $x^2 - a = \sqrt{a^2-4}$ oder $x^2 - a = -\sqrt{a^2-4}$
d. h. $x^2 = a + \sqrt{a^2-4}$ oder $x^2 = a - \sqrt{a^2-4}$
Fall 2a: $a \leq -2$: $L = \emptyset$, weil $a + \sqrt{a^2-4} < 0$ (wegen $\sqrt{a^2-4} < |a|$) und $a - \sqrt{a^2-4} < 0$.
Somit ist $L = \emptyset$ *für alle* $a < 2$. Dagegen gilt im
Fall 2b: $a \geq 2$: $L = \left\{\sqrt{a+\sqrt{a^2-4}}, -\sqrt{a+\sqrt{a^2-4}}, \sqrt{a-\sqrt{a^2-4}}, -\sqrt{a-\sqrt{a^2-4}}\right\}$.
Im Sonderfall $a = 2$ bedeutet dies $L = \{\sqrt{2}, -\sqrt{2}\}$.

5. a) Die Halbebene unterhalb der Geraden $y = -\frac{4}{3}x + 4$.

b) Die Vereinigung des zweiten und des viertes Quadranten (links oben bzw. rechts unten), ohne die Achsen.

c) Der Streifen zwischen der y-Achse und der Geraden $x = 1$ (ausschließlich), oberhalb der x-Achse.

d) Der erste Quadrant ohne die Winkelhalbierende $y = x$.

6. A: $|y-x| \leq 1$; B: $y \geq |x| + 3$; C: $(x + 2{,}5)(x - 1{,}5) = 0$; D: $|y| = x^2 \leq 4$.

7. $\{(x, y) \in \mathbb{R}^2 \mid xy \neq 0\}$; $\{(x, y) \in \mathbb{R}^2 \mid xy = 0\}$; $\emptyset$.
Für alle $x, y \in \mathbb{R}$ gilt $\sqrt{x^2 + y^2} \leq |x| + |y|$. Hierbei gilt das Gleichheitszeichen genau dann, wenn $xy = 0$.

Abschnitt 5.2

1. a) Allgemeingültig; „zweite binomische Formel“;
b) $\{(a, b) \in \mathbb{R}^2 \mid a \neq 0 \text{ und } b \neq 0\}$;
c) $\{(a, b) \in \mathbb{R}^2 \mid a \neq 0 \text{ oder } b \neq 0\}$;
d) allgemeingültig; Potenzgesetz;
e) $\{(a, b) \in \mathbb{R}^2 \mid ab \neq 0 \text{ oder } a + b < 0\}$;
f) $\{(a, b) \in \mathbb{R}^2 \mid ab \geq 0\}$.

2.

	$b > 0$	$b = 0$	$b < 0$
$a > 0$	erf.	erf.	allg.
$a = 0$	unerf.	unerf.	allg.
$a < 0$	unerf.	unerf.	erf.

Die Aussageform ist
— im Fall $a \geq 0$ und $b < 0$ allgemeingültig;
— im Fall $a \leq 0$ und $b \geq 0$ unerfüllbar;
— andernfalls nicht allgemeingültig, aber erfüllbar.

3. a) Nach 5.2.1 ist die Aussage: $\boldsymbol{A}(x)$ ist allgemeingültig
gleichbedeutend mit : $\{x \in \mathbb{R} \mid \boldsymbol{A}(x)\} = \mathbb{R}$.
Nach 5.1.2 ist die Aussage: $\boldsymbol{A}(x) \Leftrightarrow 0 = 0$
gleichbedeutend mit : $\{x \in \mathbb{R} \mid \boldsymbol{A}(x)\} = \{x \in \mathbb{R} \mid 0 = 0\}$.
Nun gilt $\{x \in \mathbb{R} \mid 0 = 0\} = \mathbb{R}$. Dies liefert die Behauptung.
b) Entsprechend, mit Bezugnahme auf 5.2.2 und 5.1.2.

4. a) G besitzt eine kleinste Zahl.
b) Alle Zahlen in G haben ihren Kehrwert in G.
c) Mit je zwei Zahlen von G gehört auch ihr geometrisches Mittel zu G.
d) G ist bezüglich des Potenzierens nicht abgeschlossen.

gilt in	$\mathbb{N}$	$\mathbb{Q}^+$	$\mathbb{R}^+$
a)	wahr	falsch	falsch
b)	falsch	wahr	wahr
c)	falsch	falsch	wahr
d)	falsch	wahr	falsch

5. B: Menge aller reellen Zahlen, die der Kehrwert einer natürlichen Zahl sind; B = Menge der Stammbrüche.
C: Menge aller reellen Zahlen, die das Dreifache einer rationalen Zahl sind; $C = \mathbb{Q}$.
D: Menge aller reellen Zahlen, die das Quadrat einer reellen Zahl sind; $D = \mathbb{R}_0^+$.
E: Menge aller reellen Zahlen, die größer als jede natürliche Zahl sind; $E = \emptyset$.
F: Menge aller reellen Zahlen, die von allen rationalen Zahlen verschieden sind, d. h. die irrational sind; $F = \mathbb{R} \setminus \mathbb{Q}$.

6. a) Es gibt in der Ebene $\mathbb{R}^2$ einen Kreis mit Mittelpunkt (0, 0), der M enthält.
Beispiele für
— beschränkte Mengen: Strecken, Vielecke, Kreise;
— nicht-beschränkte Mengen: Geraden, Halbebenen.
b) I. Es gelte $\exists s \in \mathbb{R}^+ : \forall (x, y) \in M : (|x| \leq s \text{ und } |y| \leq s)$. Dies bedeutet, daß M im Quadrat (achsenparallel, mit Mittelpunkt (0, 0)) der Kantenlänge 2s enthalten ist. Dann

ist M auch im Kreis mit dem Radius $s \cdot \sqrt{2} =: r$ enthalten: Aus $|x| \leq s$ und $|y| \leq s$ folgt $x^2 + y^2 \leq 2s^2$, d. h. $\sqrt{x^2 + y^2} \leq s \cdot \sqrt{2} = r$.

II. M sei beschränkt. Dann ist M auch in dem Quadrat enthalten, das den Kreis um (0, 0) mit Radius r umfaßt (also die Kantenlänge 2r hat): Aus $\sqrt{x^2 + y^2} \leq r$ folgt $|x| \leq r$ und $|y| \leq r$. Also gilt für M die angegebene Bedingung, mit $s = r$.

7. a) $\forall x \in G : \exists y \in G : x > y$; G enthält kein kleinstes Element.

b) $\exists x \in G : \forall y \in G : x \cdot y \neq 1$; es gibt eine Zahl in G, deren Kehrwert nicht in G enthalten ist.

c) $\exists x \in G : \exists y \in G : \sqrt{x \cdot y} \notin G$; es gibt zwei Zahlen in G, deren geometrisches Mittel nicht zu G gehört.

d) $\forall x \in G : \forall y \in G : x^y \in G$; alle aus zwei Zahlen von G gebildeten Potenzen gehören zu G.

gilt in	$\mathbb{N}$	$\mathbb{Q}^+$	$\mathbb{R}^+$
a)	falsch	wahr	wahr
b)	wahr	falsch	falsch
c)	wahr	wahr	falsch
d)	wahr	falsch	wahr

Lösungen zu Kapitel 6

Abschnitt 6.1

1.

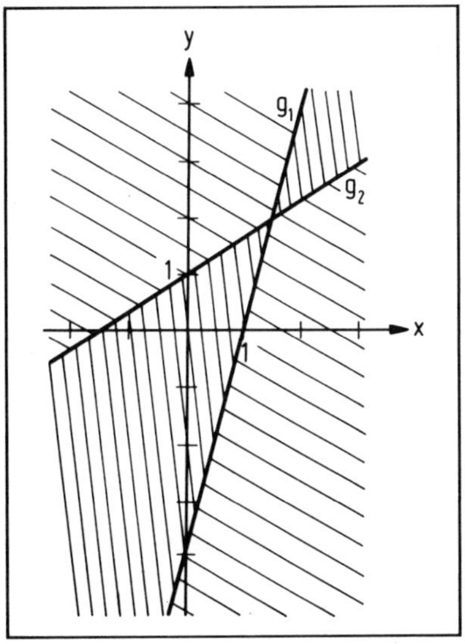

$A_1 = g_1 \cup g_2$;
$A_2 = \mathbb{R}^2 \setminus A_1$;
A_3 = „ \\\\\\ “ (ohne g_1 und g_2);
A_4 = „ ⟍⟍⟍ “ (ohne g_1 und g_2);
$B_1 = g_1 \cap g_2 = \left\{\left(\frac{3}{2}, 2\right)\right\}$;
$B_2 = \mathbb{R}^2 \setminus \left\{\left(\frac{3}{2}, 2\right)\right\}$;
$B_3 = \emptyset$;
$B_4 = B_2$.

2. $g_1 : x + y - 2 = 0$; $g_2 : 2x - y + 4 = 0$; $g_3 : y + 2 = 0$.
Aussageformen:
a) $(x + y - 2)(2x - y + 4)(y + 2) = 0$;
b) $y \leq 2 - x \ \wedge \ y \leq 4 + 2x \ \wedge \ y \geq -2$;
c) $y > 2 - x \ \vee \ y > 4 + 2x \ \vee \ y < -2$.

3. a) $(|x| \leq 1 \wedge |y| \leq 3) \ \vee \ (|x| \leq 5 \wedge |y| \leq 1)$;
b) $(|x| > 1 \vee |y| > 3) \ \wedge \ (|x| > 5 \vee |y| > 1)$;
c) $(|x| = 5 \wedge |y| \leq 1) \ \vee \ (1 \leq |x| \leq 5 \wedge |y| = 1)$
$\vee \ (|x| = 1 \wedge 1 \leq |y| \leq 3) \ \vee \ (|x| \leq 1 \wedge |y| = 3)$.

4.

p	q	und nicht $p \wedge \neg q$	nicht beides $\neg(p \wedge q)$	entweder — oder $(p \vee q) \wedge \neg(p \wedge q)$	keins von beiden $\neg p \wedge \neg q$
w	w	f	f	f	f
w	f	w	w	w	f
f	w	f	w	w	f
f	f	f	w	f	w

Abschnitt 6.2

1. Beh.: Für alle $A, B, C \in \boldsymbol{P}G$ gilt $(A \cup B) \cap C = (A \cap C) \cup (B \cap C)$.
   Zu zeigen: I: Wenn $x \in (A \cup B) \cap C$, dann $x \in (A \cap C) \cup (B \cap C)$;
   II. Wenn $x \in (A \cap C) \cup (B \cap C)$, dann $x \in (A \cup B) \cap C$.

   Beweis von I: Es sei $x \in (A \cup B) \cap C$, d. h. $x \in A \cup B \ \wedge \ x \in C$.
   Fall 1: $x \in A$. Wegen $x \in C$ folgt: $x \in A \cap C$. Erst recht gilt: $x \in (A \cap C) \cup (B \cap C)$.
   Fall 2: $x \in B$. Wegen $x \in C$ folgt: $x \in B \cap C$. Erst recht gilt: $x \in (A \cap C) \cup (B \cap C)$.

   Beweis von II: Es sei $x \in (A \cap C) \cup (B \cap C)$.
   Fall 1: $x \in A \cap C$, d. h. $x \in A \wedge x \in C$.
   Da $x \in A$, ist erst recht $x \in A \cup B$. Es gilt also $x \in A \cup B \wedge x \in C$,
   d. h. $x \in (A \cup B) \cap C$.
   Fall 2: $x \in B \cap C$, d. h. $x \in B \ \wedge \ x \in C$.
   Da $x \in B$, ist erst recht $x \in A \cup B$. Es gilt also $x \in A \cup B \wedge x \in C$,
   d. h. $x \in (A \cup B) \cap C$.

2. a) „Für alle $a, b, c \in \mathbb{R}$ gilt: $(a \cdot b) + c = (a + c) \cdot (b + c)$".
   Das „Gesetz" gilt z. B. nicht für $a = b = c = 1$, denn $1 \cdot 1 + 1 = 2$, aber $(1 + 1) \cdot (1 + 1) = 4$.
   b) Das „Gesetz" ist äquivalent zu $ab + c = ab + ac + bc + c^2$, d. h. zu $c = c(a + b + c)$. Es gilt also genau dann, wenn $c = 0$ oder $a + b + c = 1$.

3.

Nr. des Falls	x ist Element von ... A	B	C	$A \cup B$	$(A \cup B) \cap C$	$A \cap C$	$B \cap C$	$(A \cap C) \cup (B \cap C)$
111	w	w	w	w	w	w	w	w
110	w	w	f	w	f	f	f	f
101	w	f	w	w	w	w	f	w
100	w	f	f	w	f	f	f	f
011	f	w	w	w	w	f	w	w
010	f	w	f	w	f	f	f	f
001	f	f	w	f	f	f	f	f
000	f	f	f	f	f	f	f	f

4. a)

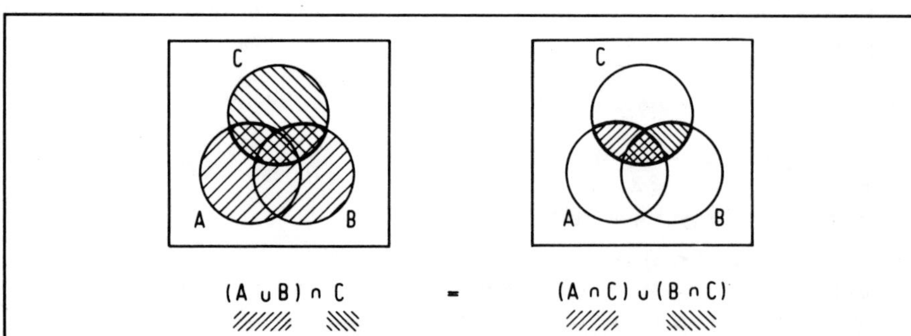

b) 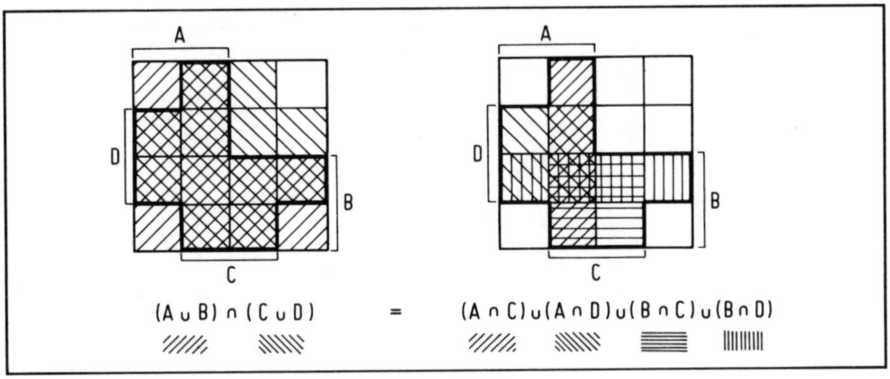

5. $(A \cap B) \cup (C \cap D) = (A \cup C) \cap (A \cup D) \cap (B \cup C) \cap (B \cup D)$;
Beweis durch Folgern aus bekannten Gesetzen:

$(A \cap B) \cup (C \cap D)$	$= \big(A \cup (C \cap D)\big) \cap \big(B \cup (C \cap D)\big)$	(Distr $\cap\cup$)
	$= \big((C \cap D) \cup A\big) \cap \big((C \cap D) \cup B\big)$	(Komm $\cup$)
	$= (C \cup A) \cap (D \cup A) \cap (C \cup B) \cap (D \cup B)$	(Distr $\cap\cup$)
	$= (A \cup C) \cap (A \cup D) \cap (B \cup C) \cap (B \cup D)$	(Komm $\cup$).

6. a) 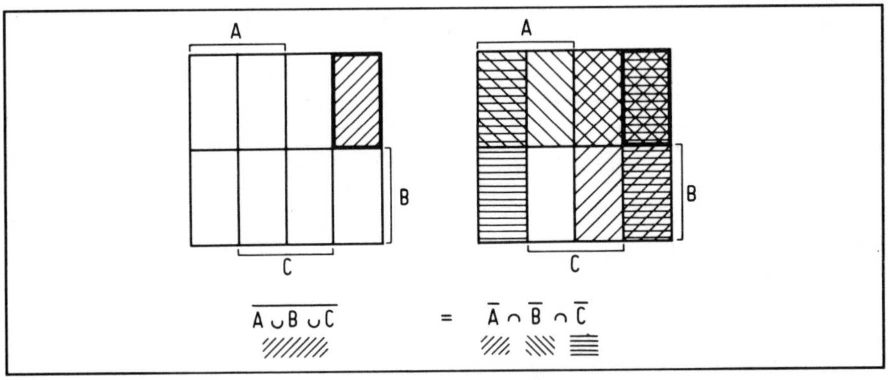

b) Ähnlich wie a)

c) 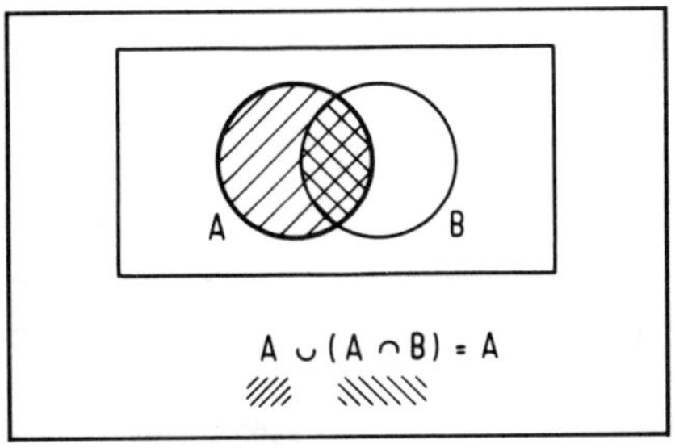

d) 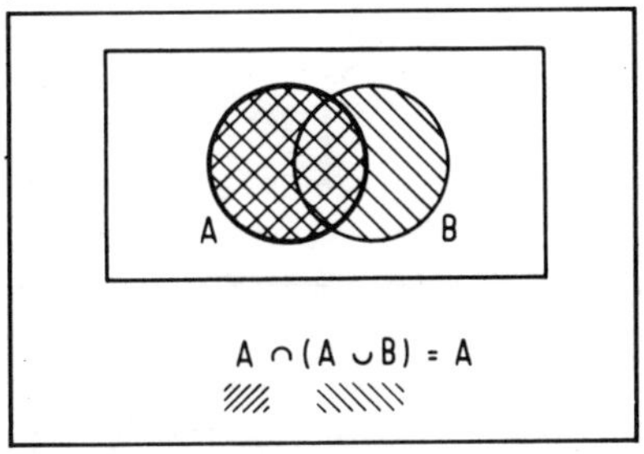

7. a) Wahr; Beweis: Aus $\overline{A} = \overline{B}$ folgt $\overline{\overline{A}} = \overline{\overline{B}}$, d. h. $A = B$.
b) Gegenbeispiel: $A = \{1, 2, 3\}$, $B = \{2, 3\}$, $C = \{1\}$.
c) Gegenbeispiel: $A = \{1, 2\}$, $B = \{2, 3\}$, $C = \{2\}$.
d) Gegenbeispiel: $A = \{1, 2\}$, $B = \{1, 2, 3\}$, $C = \{2, 3\}$.

8. a) $A \triangle \emptyset = (A \setminus \emptyset) \cup (\emptyset \setminus A) = A \cup \emptyset = A$.
b) $A \triangle A = (A \setminus A) \cup (A \setminus A) = \emptyset \cup \emptyset = \emptyset$; also ist $X = A$ Lösung.
Ist $B \neq A$, dann gilt $B \setminus A \neq \emptyset$ oder $A \setminus B \neq \emptyset$, also jedenfalls $A \triangle B \neq \emptyset$; d. h. $X = B$ ist nicht Lösung.

c) 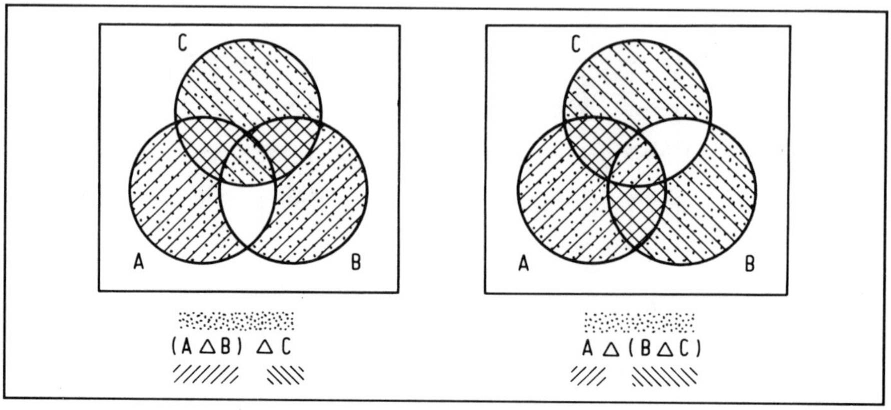

d) Nein: nach c) gilt $A \cap B \cap C \subseteq A \triangle B \triangle C$, und für $x \in A \cap B \cap C$ sind *alle drei* Bedingungen erfüllt.

9.

	Wenn $A, B \in \boldsymbol{G}$, dann stets auch		
	$A \cup B \in \boldsymbol{G}$	$A \cap B \in \boldsymbol{G}$	$\overline{A} \in \boldsymbol{G}$
$\boldsymbol{G}_1$	w	w	f
$\boldsymbol{G}_2$	w	w	f
$\boldsymbol{G}_3$	f	f	w
$\boldsymbol{G}_4$	w	w	w

Somit erfüllt nur G_4 die drei Bedingungen.

10. a, b) Man vertausche in den Beweisen für $A \cup A = A$ und $A \cup G = G$ (in 6.2.5) jeweils $\cup$ mit $\cap$ und $\emptyset$ mit G.
c) Nach (Neut $\cap$) gilt $\overline{G} \cap G = \overline{G}$; nach (Kompl $\cap$) gilt $G \cap \overline{G} = \emptyset$, also (nach Komm $\cap$) $\overline{G} \cap G = \emptyset$. Es folgt $\overline{G} = \emptyset$.
d) Wie c), mit Vertauschung von $\cap$ mit $\cup$ und G mit $\emptyset$.

Abschnitt 6.3

1. a) 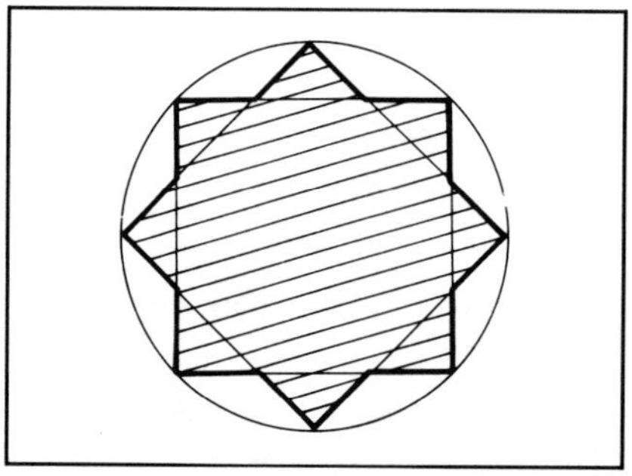

b) 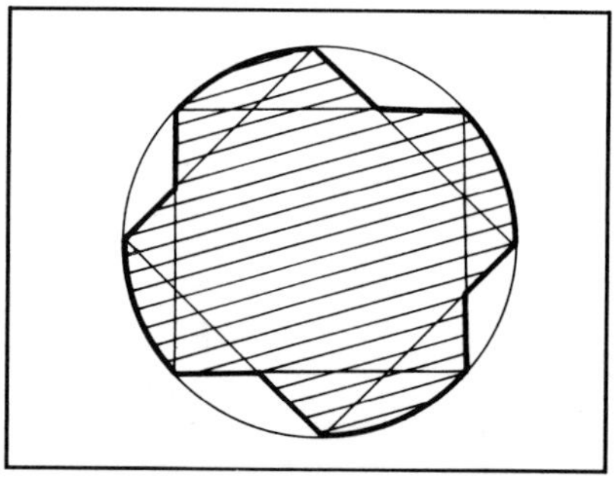

c) 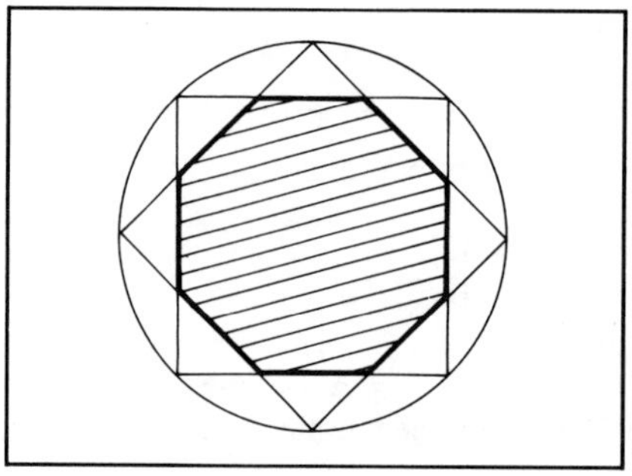

d) 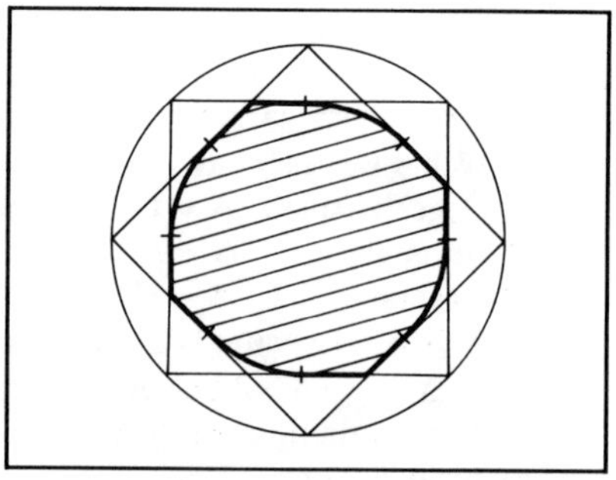

2. 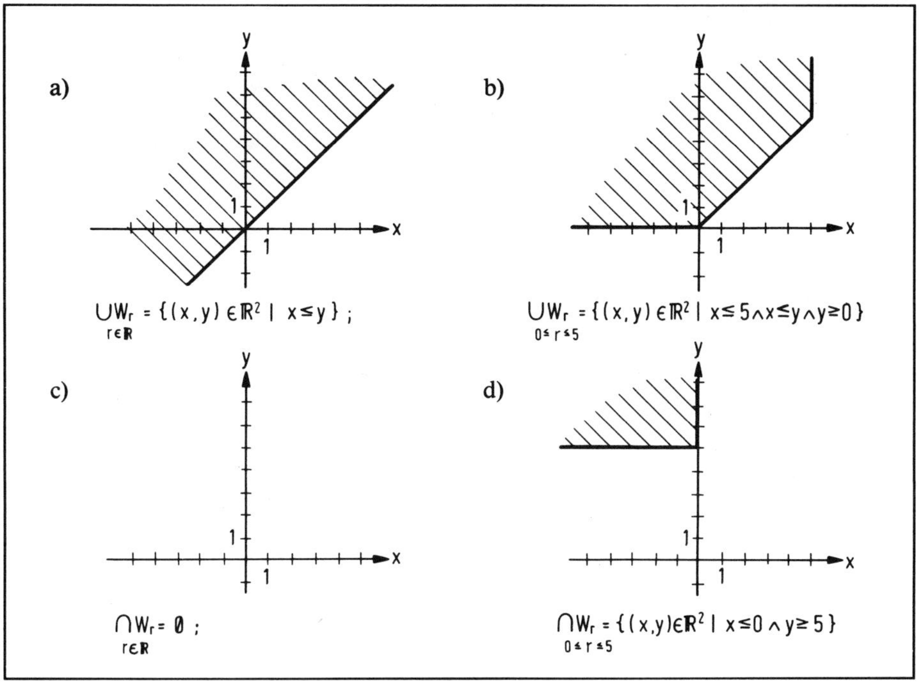

3. $\overline{H_b} = \{x \in \mathbb{R} \mid x > b\}$

a) $\bigcup_{i\in\mathbb{N}} \overline{H_i} = \overline{H_1}$; $\overline{\bigcap_{i\in\mathbb{N}} H_i} = \overline{H_1}$;

b) $\bigcup_{i\in\mathbb{Z}} \overline{H_i} = \mathbb{R}$; $\overline{\bigcap_{i\in\mathbb{Z}} H_i} = \overline{\emptyset} = \mathbb{R}$;

c) $\bigcap_{i\in\mathbb{N}} \overline{H_i} = \emptyset$; $\overline{\bigcup_{i\in\mathbb{N}} H_i} = \overline{\mathbb{R}} = \emptyset$;

d) $\bigcap_{i\in\mathbb{Z}} \overline{H_i} = \emptyset$; $\overline{\bigcup_{i\in\mathbb{Z}} H_i} = \overline{\mathbb{R}} = \emptyset$.

4. a) $x \in \overline{\bigcup_{i\in I} A_i}$ ist der Reihe nach gleichbedeutend mit

$x \notin \bigcup_{i\in I} A_i$; $\neg \exists i \in I : x \in A_i$; $\forall i \in I : x \notin A_i$; $\forall i \in I : x \in \overline{A_i}$; $x \in \bigcap_{i\in I} \overline{A_i}$.

Damit ist bewiesen, daß $\overline{\bigcup_{i\in I} A_i} = \bigcap_{i\in I} \overline{A_i}$

Ebenso beweist man $\overline{\bigcap_{i\in I} A_i} = \bigcup_{i\in I} \overline{A_i}$ (vertausche $\cup$ mit $\cap$ und $\exists$ mit $\forall$).

b) Bei *zwei*elementiger Indexmenge besagen die bewiesenen Aussagen:
$\overline{A_1 \cup A_2} = \overline{A_1} \cap \overline{A_2}$; $\overline{A_1 \cap A_2} = \overline{A_1} \cup \overline{A_2}$

5. a) Nein. (i) ist verletzt, weil z. B. $\forall a \in \mathbb{R} : (0,1) \notin g_{a,0}$.
(ii) ist verletzt, weil z. B. $g_{1,0} \cap g_{2,0} = \{(0,0)\} \neq \emptyset$.
b) Ja.
c) Nein. (i) ist verletzt, weil $\forall r > 0 : (0,0) \notin K_r$.

d) Nein. (i) ist verletzt, weil $\forall a \in \mathbb{R} : (0, 1) \notin P_a$;
(ii) ist verletzt, weil z. B. $P_1 \cap P_2 = \{(0,0)\} \neq \emptyset$.

6. Jede Teilmenge A von M mit $\emptyset \neq A \neq M$ liefert eine solche Klasseneinteilung: $\{A, M \setminus A\}$. Dieselbe Klasseneinteilung wird dann auch von $M \setminus A$ geliefert, denn $\{M \setminus A, M \setminus (M \setminus A)\} = \{M \setminus A, A\}$. So erhält man jede Klasseneinteilung zweimal. Die gesuchte Anzahl ist also $(2^n - 2) / 2 = 2^{n-1} - 1$.

Lösungen zu Kapitel 7

Abschnitt 7.1

1. $\{x \in \mathbb{R} \mid x \leq -\sqrt{10}\}$

2. a) Nicht allgemeingültig; Menge der Gegenbeispiele:
$M_a = \{(x,y) \in \mathbb{R}^2 \mid x < y \wedge x^2 \geq y^2\}$
$= \{(x,y) \in \mathbb{R}^2 \mid x < y \leq -x\}$ (!).

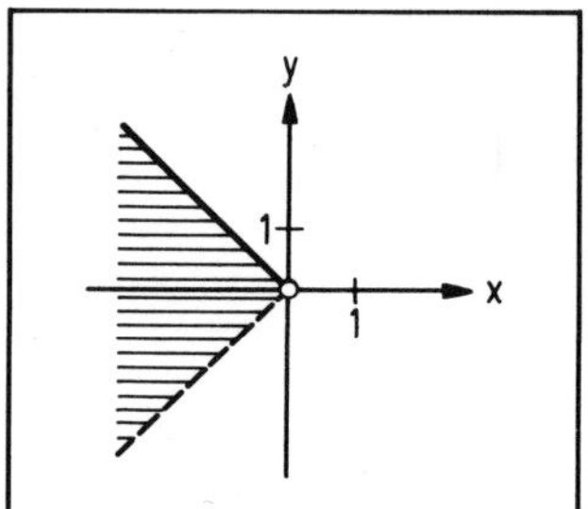

b) Nicht allgemeingültig; Menge der Gegenbeispiele:
$M_b = \{(x,y) \in \mathbb{R}^2 \mid x^2 < y^2 \wedge x \geq y\}$
$= \{(x,y) \in \mathbb{R}^2 \mid y < x \wedge y < -x\}$.

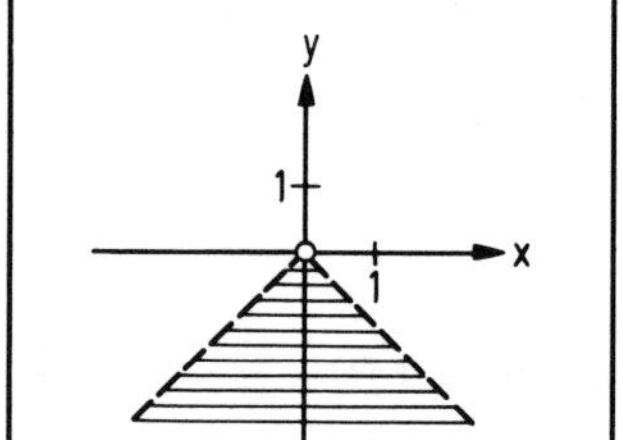

c) Nicht allgemeingültig; Menge der Gegenbeispiele:
$M_c = M_a \cup M_b = \{(x,y) \in \mathbb{R}^2 \mid y \leq x \text{ und } y \neq -|x|\}$.
d) Allgemeingültig; Beweis: Sei $x < y$. Dann ist $x - y < 0$, also $x - y \neq 0$. Es folgt $(x-y)^2 > 0$.
e) Nicht allgemeingültig; Menge der Gegenbeispiele:
$M_e = \{(x,y) \in \mathbb{R}^2 \mid 0 < (x-y)^2 \text{ und } x \geq y\}$
$= \{(x,y) \in \mathbb{R}^2 \mid x > y\}$.

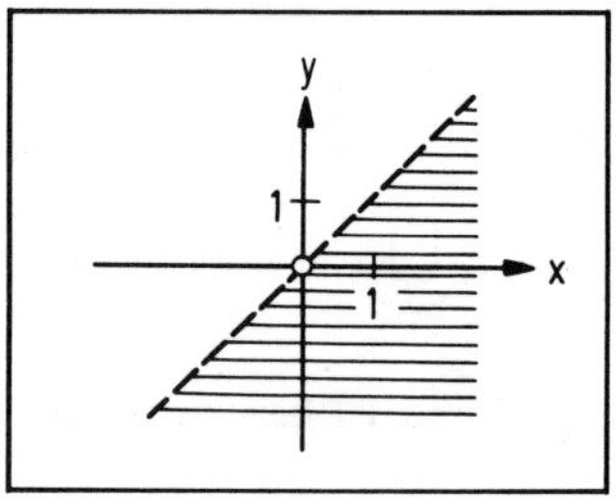

f) Nicht allgemeingültig; Menge der Gegenbeispiele: $M_f = M_e$.

3. Zur Begründung reicht jeweils ein Gegenbeispiel (***B*** erfüllt, ***A*** nicht erfüllt):
a) $M_1 = \{1\}$, $M_2 = \{2, 3\}$;
b) $l = 1{,}5$ cm, $b = 2$ cm;
c) $x = y = \sqrt{2}$;
d) $a = 6$, $b = 5$, $c = 4$, $d = 10$;
e) M sei ein Kreis mit Radius 1;
f) $p = -3$, $q = 2$.

4.

	$\neg B$		$\neg A$	
a)	$\operatorname{card} M_1 \geq \operatorname{card} M_2$	$\Rightarrow$ $\Leftarrow$	$\neg (M_1 \underset{\text{echt}}{\subset} M_2)$	wahr falsch
b)	$l \cdot b \notin \mathbb{N}$	$\Rightarrow$ $\Leftarrow$	$l \notin \mathbb{N} \vee b \notin \mathbb{N}$	wahr falsch
c)	$x \cdot y \notin \mathbb{Q}$	$\Rightarrow$ $\Leftarrow$	$x \notin \mathbb{Q} \vee y \notin \mathbb{Q}$	wahr falsch
d)	$a + c \geq b + d$	$\Rightarrow$ $\Leftarrow$	$a \geq b \vee c \geq d$	wahr falsch
e)	M ist nicht beschränkt	$\Rightarrow$ $\Leftarrow$	M ist unendlich	wahr falsch
f)	$x^2 + px + q = 0$ ist nicht lösbar	$\Rightarrow$ $\Leftarrow$	$q > 0$	wahr falsch

Die Aussagen $\neg \boldsymbol{B} \Rightarrow \neg \boldsymbol{A}$ sind ebenso wahr wir $\boldsymbol{A} \Rightarrow \boldsymbol{B}$ im Text. Die Aussagen $\neg \boldsymbol{A} \Rightarrow \neg \boldsymbol{B}$ (hier in der Form $\neg \boldsymbol{B} \Leftarrow \neg \boldsymbol{A}$ notiert) werden durch dieselben Gegenbeispiele wie in Aufgabe 3 widerlegt.

Abschnitt 7.2

1. (1) Falsch; klar.
(2) Gilt erst recht für $\underset{\text{echt}}{\subset}$; vgl. Veranschaulichung im Text.
(3) Wahr; denn der Vordersatz ist immer falsch.
(4) Falsch; Gegenbeispiel: $A = \emptyset$, $B = C \neq \emptyset$.
(5) Falsch; Gegenbeispiel: $A = C = \emptyset$, $B \neq \emptyset$.
(6) Wahr. Beweis: $A \underset{\text{echt}}{\subset} B$ bedeutet $A \subseteq B \wedge B \setminus A \neq \emptyset$. Nun gilt $B \setminus A = B \cap \overline{A}$ $= \overline{A} \cap \overline{\overline{B}} = \overline{A} \setminus \overline{B}$. Es folgt $\overline{B} \subseteq \overline{A} \wedge \overline{A} \setminus \overline{B} \neq \emptyset$, d. h. $\overline{B} \underset{\text{echt}}{\subset} \overline{A}$.

2. a) Falsch; Gegenbeispiel: $A = \{1; 2\}$, $B = \{2; 3\}$, $C = \{1; 2; 3\}$.
b) Falsch; Gegenbeispiel: $A = \{1; 2\}$, $B = \{2; 3\}$, $C = \{2\}$.
c) Wahr; Beweis: Es sei $A \subseteq B$, d. h. $\forall x \in A : x \in B$. Weiter sei $x \in A \setminus C$, d. h. $x \in A$ und $x \notin C$. Dann folgt $x \in B$ und $x \notin C$, d. h. $x \in B \setminus C$. Somit gilt $A \setminus C \subseteq B \setminus C$.
d) Falsch; Gegenbeispiel: $A = \{1, 2\}$, $B = \{1\}$, $C = \{2\}$.

Abschnitt 7.4

1. Die Implikation $\boldsymbol{A}(n) \Rightarrow \boldsymbol{A}(n+1)$ ist falsch für $n = 1$.

2. a) Falsch; falsch; wahr; falsch;
b) falsch; wahr; wahr; wahr.

Hinweis zu den folgenden Induktionsbeweisen: Es wird jeweils nur (i) und (ii) ausgeführt. Daß hieraus die Behauptung folgt, wird nicht jedesmal ausgesprochen.

3. a) (i) $1 = \frac{1 \cdot (1+1)}{2}$ ist wahr.
(ii) Es sei n eine natürliche Zahl, für die $\boldsymbol{A}(n) : 1 + \ldots + n = \frac{n(n+1)}{2}$ gilt. Dann folgt $1 + \ldots + n + (n+1) = \frac{n(n+1)}{2} + n + 1 = \frac{n(n+1) + 2(n+1)}{2} = \frac{(n+1)\,(n+2)}{2}$. Also gilt auch $\boldsymbol{A}(n+1)$.

b) Vollständige Induktion ist nicht erforderlich; denn offensichtlich gilt

$$\frac{1}{\sqrt{1}} + \frac{1}{\sqrt{2}} + \ldots + \frac{1}{\sqrt{n}} \geq \frac{1}{\sqrt{n}} + \frac{1}{\sqrt{n}} + \ldots + \frac{1}{\sqrt{n}} = \frac{n}{\sqrt{n}} = \sqrt{n}.$$

c) (i) $(1+x)^1 \geq 1 + 1 \cdot x$ ist wahr.
(ii) Für ein $n \in \mathbb{N}$ gelte $(1+x)^n \geq 1 + nx$ (für alle $x \geq -1$). Dann folgt $(1+x)^{n+1} = (1+x)^n(1+x) \geq (1+nx)(1+x)$ (bestätige dies für $x > -1$ und für $x = -1$!), also weiter $(1+x)^{n+1} \geq 1 + nx + x + nx^2$, also erst recht $(1+x)^{n+1} \geq 1 + (n+1)x$.
d) (i) $1 > 4 \Rightarrow 2^1 > 1^2$ ist wahr (!).
(ii) Für ein $n \in \mathbb{N}$ gelte $n > 4 \Rightarrow 2^n > n^2$, d. h. $n \leq 4 \lor 2^n > n^2$.
Wir unterscheiden nun drei Fälle.
Fall 1: $n \leq 3$; dann folgt $n + 1 \leq 4$.
Fall 2: $n = 4$; dann folgt $2^{n+1} > (n+1)^2$ (denn $32 > 25$).
Fall 3: $n > 4$; dann folgt zunächst $n^2 > 4n > 2n + 1$ und hiermit nach Induktionsvoraussetzung $2^{n+1} = 2^n + 2^n > n^2 + n^2 > n^2 + 2n + 1 = (n+1)^2$, also $2^{n+1} > (n+1)^2$.
Somit gilt in jedem Fall $n + 1 \leq 4 \lor 2^{n+1} > (n+1)^2$, d. h. $n + 1 > 4 \Rightarrow 2^{n+1} > (n+1)^2$.

4. a) (i) $k! + 1! = k! + 1 \leq k! \cdot 2 \leq k!(k+1) = (k+1)!$; also gilt $k! + 1! \leq (k+1)!$ (für jedes $k \in \mathbb{N}$).
(ii) Für ein $n \in \mathbb{N}$ gelte $\boldsymbol{A}(n) : k! + n! \leq (k+n)!$ (für jedes $k \in \mathbb{N}$).
Dann folgt wegen

$$\begin{aligned} k! + (n+1)! &= k! + n!(n+1) &&= k! + n! + n! \cdot n \\ (k+n+1)! &= (k+n)! \cdot (k+n+1) &&= (k+n)! + (k+n)! \cdot (k+n) \end{aligned}$$

und wegen $n! \cdot n \leq (k+n)!\,(k+n)$ folgt, daß auch $\boldsymbol{A}(n+1)$ gilt.
b) Induktionsbeweis ähnlich wie bei a).
Andere Argumentation: Gegeben seien $k + n$ Gegenstände $a_1, \ldots, a_k, b_1, \ldots, b_n$. Dann ist $k! \cdot n!$ die Anzahl der Anordnungen dieser Gegenstände, bei denen vorn die a_i und dahinter die b_j stehen (Produktregel). Dagegen ist $(k+n)!$ die — jedenfalls größere — Anzahl *aller* Anordnungen dieser Gegenstände.

5. a) (i) Die Menge $\{1\}$ hat die Teilmengen $\emptyset$ und $\{1\}$; das sind 2^1 Teilmengen.
(ii) Die Behauptung gelte für ein $n \in \mathbb{N}$. Dann besteht die erste Klasse der Teilmengen von $\{1, 2, \ldots, n+1\}$ aus den 2^n Teilmengen von $\{1, \ldots, n\}$ und die zweite Klasse aus den ebenfalls 2^n Teilmengen der Form $M \cup \{n+1\}$, wobei M eine der erstgenannten Teilmengen ist. Wegen $2^n + 2^n = 2^{n+1}$ gilt also die Behauptung auch für $n + 1$.
b) Der kürzere Beweis in 1.2.3 gründete sich auf die nicht formal bewiesene Produktregel. Nun kann man auch diese mit vollständiger Induktion beweisen, wobei man die Anzahl s der Entscheidungsschritte als „Induktionsvariable" zu nehmen hat: Für $s = 1$ ist die Regel klar. Und wenn sie für ein s gilt, d. h. wenn man hierfür die Anzahl $n_1 \cdot \ldots \cdot n_s$ hat, dann gilt sie auch für $s + 1$; denn bei Hinzunahme eines weiteren Entscheidungsschritts mit n_{s+1} möglichen Entscheidungen multipliziert sich die bisherige Anzahl mit n_{s+1}.

6. a) Die Kreuze in der Tabelle entsprechen den Darstellungen der Zahlen von 1 bis 15 im Zweiersystem, von hinten gelesen.
b) Hier besagt $\boldsymbol{A}(n)$: Alle „Gewichte" $g \in \{1, \ldots, 2^n - 1\}$ sind in der Form $g = \sum_{i=0}^{n-1} z_i 2^i$ mit $z_i = 0$ oder 1 darstellbar.
(i) $\boldsymbol{A}(1)$ ist klar.
(ii) $\boldsymbol{A}(n)$ gelte für ein n. Nun sei $g \in \{1, \ldots, 2^{n+1} - 1\}$; zu zeigen ist: $g = \sum_{i=0}^{n} z_i 2^i$ mit $z_i = 0$ oder 1. Dies gilt im
Fall 1: $g < 2^n$ nach $\boldsymbol{A}(n)$ (man hat hier $z_n = 0$);
Fall 2: $g = 2^n$ trivialerweise (mit $z_0 = \ldots = z_{n-1} = 0$, $z_n = 1$);
Fall 3: $g = g' + 2^n$, wobei $g' \in \{1, \ldots, 2^n - 1\}$, nach Fall 1 für g' (und mit $z_n = 1$).
Damit ist gezeigt, daß $\boldsymbol{A}(n+1)$ gilt.

c) Nach b) kann man jedes der $2^n - 1$ Gewichte g durch eine nichtleere Teilmenge des Gewichtssatzes $\{2^0, 2^1, \ldots, 2^{n-1}\}$ mittels Aufsummieren realisieren. Nun gibt es genau $2^n - 1$ solche Teilmengen; also kommt jede genau einmal vor. Insbesondere gehört zum größten Gewicht $2^n - 1$ der volle Gewichtssatz, d. h. es gilt $2^n - 1 = 2^0 + \ldots + 2^{n-1}$.
Hinweis: Das Ergebnis entspricht der Tatsache, daß jede natürliche Zahl eine eindeutig bestimmte Darstellung im Zweiersystem hat; siehe 1.3.2.

7. a)

n	1	2	3	4	5
Anzahl a_n der Teile	2	4	7	11	16

b) Vermutung: $a_n = 1 + (1 + \ldots + n)$ $\left(= 1 + \frac{n(n+1)}{2} = \frac{n^2+n+2}{2}\text{, vgl. Aufg. 3a}\right)$.
c) (i) $a_1 = 1 + 1$ ist wahr.
(ii) Die Vermutung gelte für ein n. Sind nun n + 1 Geraden (wie beschrieben) gegeben, dann entferne man zunächst eine Gerade und erhält so eine Figur mit n Geraden, also $1 + (1 + \ldots + n)$ Ebenenteilen. Fügt man die entfernte Gerade wieder hinzu, so wird sie nach Voraussetzung von jeder der anderen n Geraden in einem Punkt geschnitten, der noch nicht Schnittpunkt ist, und wird so in n + 1 Stücke zerlegt. Diese zerlegen je einen Ebenenteil in zwei. So erhöht sich die Anzahl der Ebenenteile um n + 1, und man erhält $a_{n+1} = a_n + n + 1 = 1 + (1 + \ldots + n+1)$.

8. (i) Für n = 1 stimmt die Behauptung.
Für das Folgende wird eine gemäß der Aufgabenstellung unterteilte Fläche als „2^n-Brett", nach Entfernung eines Einheitsquadrates als „defektes 2^n-Brett" bezeichnet.
(ii) Die Behauptung gelte für ein n, und es sei ein defektes 2^{n+1}-Brett gegeben. Durch die beiden zu den Quadratseiten parallelen Symmetrieachsen des 2^{n+1}-Brettes wird dieses in drei vollständige 2^n-Bretter und ein defektes 2^n-Brett zerlegt. Man lege nun eine Platte so mit ihrer Innenecke auf den Schnittpunkt der Symmetrieachsen, daß sie ganz außerhalb des defekten 2^n-Bretts liegt. Denkt man sich nun die von der Platte bedeckten Felder entfernt, so hat man vier defekte 2^n-Bretter, die sich nach Induktionsannahme in der verlangten Weise überdecken lassen. Damit erhält man aber insgesamt eine Überdeckung des vorgelegten defekten 2^{n+1}-Brettes, d. h. die Behauptung gilt für n + 1.[143])

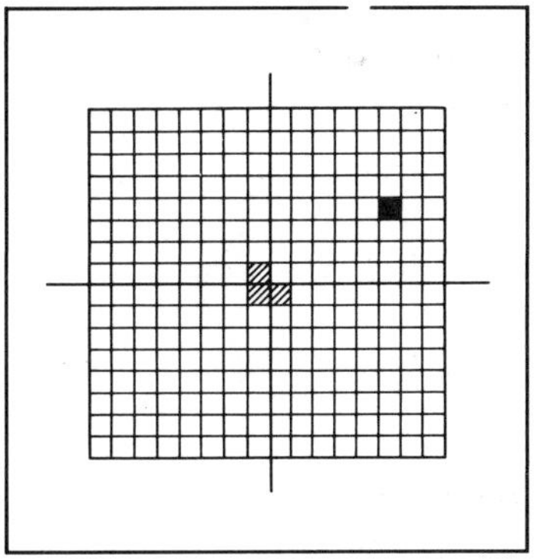

9. $\boldsymbol{A}(0)$ gilt bei den Behauptungen in Aufgabe 3a, 3c, 3d, 4a, 5, 7, 8. In allen diesen Fällen bleibt der Nachweis von $\boldsymbol{A}(n) \Rightarrow \boldsymbol{A}(n+1)$ auch für n = 0 gültig. In den anderen Fällen ist $\boldsymbol{A}(0)$ falsch bzw. nicht erklärt.

Lösungen zu Kapitel 8

Abschnitt 8.1

1. a)

...	x^2	x^2
a		a^4

b)

...	$\sqrt{x}$
a	$\sqrt{a}$

[143]) Nach „Praxis der Mathematik" (PM) **23** (1981), 191.

2. Anzahl der nichtnegativen Taschenrechner-Zahlen mit

$10^7 \leq x < 10^8$,	d. h. $10000000 \leq x \leq 99999999$:	$9 \cdot 10^7$
$10^6 \leq x < 10^7$,	d. h. $1000000{,}0 \leq x \leq 9999999{,}9$:	$9 \cdot 10^7$
$\vdots$	$\vdots$	$\vdots$
$10^1 \leq x < 10^2$,	d. h. $10{,}000000 \leq x \leq 99{,}999999$:	$9 \cdot 10^7$
$0 \leq x < 10^1$,	d. h. $0{,}0000000 \leq x \leq 9{,}9999999$:	$10 \cdot 10^7$
		$73 \cdot 10^7$

Zusammen mit den negativen Taschenrechner-Zahlen sind es also $146 \cdot 10^7 - 1$ Zahlen, d. h. 1.459.999.999 Zahlen.

3. a) Ja, alle TR-Zahlen kommen auch als Werte vor.
b) Nein: Die kleinste positive TR-Zahl ist $0{,}0000001 = 10^{-7}$ mit dem Kehrwert 10^7. Alle größeren TR-Zahlen (und viele weitere) fehlen in der Wertemenge.
c) Nein: Die Zahl 1 hat das Quadrat 1; die nächstkleinere TR-Zahl 0,9999999 hat das Quadrat 0,9999998. Daher gehört z. B. die Zahl 0,9999999 nicht zur Wertemenge.
d) Nein: Die kleinste positive TR-Zahl hat die Wurzel 0,0003162. Alle kleineren positiven TR-Zahlen fehlen daher in der Wertemenge.

4. a) Gegenzahlbilden: Ja.
b) Kehrwertbilden: Nein, z. b. haben alle Zahlen größer als $2 \cdot 10^7$ denselben TR-Kehrwert 0.
c) Quadrieren: Nein, z. B. haben die Zahlen 0,0000001 und 0,0000002 dasselbe TR-Quadrat 0.
d) Wurzelziehen: Nein, z. B. haben die Zahlen 4 und 4,0000001 dieselbe TR-Wurzel 2.

5. a) $f(x) = \sqrt{x+4}$; $D = \{x \in \mathbb{R} \mid x \geq -4\}$; $W = \mathbb{R}_0^+$;
b) $f(x) = \frac{1}{1+x^2}$; $D = \mathbb{R}$; $W =]0, 1]$;
c) $f(x) = \frac{1}{\sqrt{x^2-1}}$; $D = \{x \in \mathbb{R} \mid |x| > 1\}$; $W = \mathbb{R}^+$;
d) $f(x) = \frac{1}{2} \lg (x^2) = \lg|x|$; $D = \mathbb{R} \setminus \{0\}$; $W = \mathbb{R}$.

Abschnitt 8.2

1. a) Nein; siehe 2.1.1.
b) Ja; $f_2\left(\frac{k}{l}, \frac{m}{n}\right)$ ist der arithmetische Mittelwert von $\frac{k}{l}$ und $\frac{m}{n}$.
c) Ja; $f_3\left(\frac{k}{l}, \frac{m}{n}\right)$ ist der Quotient $\frac{k}{l} : \frac{m}{n}$.
d) Nein; der Wert $\frac{kl}{mn}$ ist nicht unabhängig von der Darstellung der eingegebenen Bruchzahlen. Zum Beispiel gilt $\frac{1}{2} = \frac{2}{4}$, aber $\frac{1 \cdot 2}{m \cdot n} \neq \frac{2 \cdot 4}{m \cdot n}$.

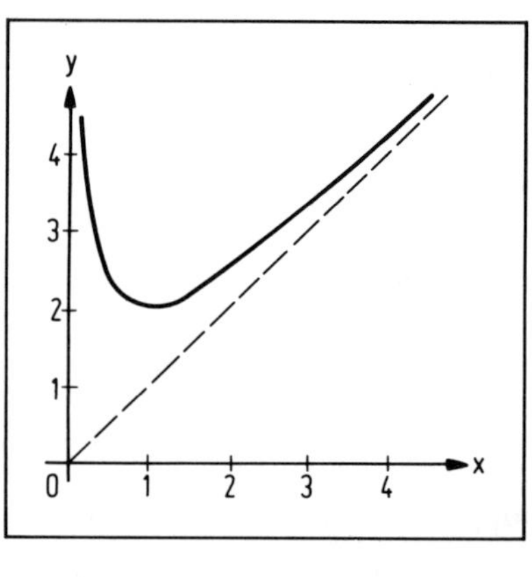

2. a) $W = \{y \in \mathbb{R} \mid y \geq 2\}$; *Beweis:*
I. Für alle $x > 0$ gilt $x + \frac{1}{x} \geq 2$; denn dies ist äquivalent mit $x^2 + 1 \geq 2x$, also mit $x^2 - 2x + 1 \geq 0$, also mit $(x-1)^2 \geq 0$, und dies ist wahr.

II. Für jedes $y \geq 2$ hat die Gleichung $x + \frac{1}{x} = y$ mindestens eine Lösung $x \in \mathbb{R}^+$; denn die Gleichung ist äquivalent mit $x^2 - yx + 1 = 0$ und (wegen $y \geq 2$, d. h. $\frac{y^2}{4} - 1 \geq 0$) mit $x = \frac{y}{2} + \sqrt{\frac{y^2}{4} - 1} \;\vee\; x = \frac{y}{2} - \sqrt{\frac{y^2}{4} - 1}$.

b) $W = \{y \in \mathbb{R} \mid 0 < y \leq 1\}$; *Beweis:*

I. Für alle $x > 0$ gilt $0 < \frac{2x}{1 + x^2} \leq 1$. Die linke Ungleichung ist klar, die rechte ergibt sich wie in a).

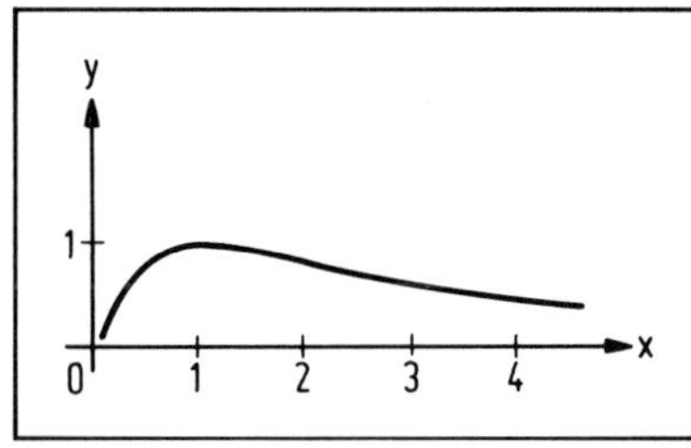

II. Für jedes y mit $0 < y \leq 1$ hat die Gleichung $\frac{2x}{1 + x^2} = y$ mindestens eine Lösung $x \in \mathbb{R}^+$; denn sie ist äquivalent mit $x^2 - \frac{2x}{y} + 1 = 0$, also mit $x = \frac{1}{y} \pm \sqrt{\frac{1}{y^2} - 1}$.

3. a) Runden auf ganze Zahl (gemäß üblicher Rundungskonvention);

b) Abschneiden der Nachkommastellen ab der zweiten;

c) $f_4(x) = \left[10x + \frac{1}{2}\right] / 10$.

d)

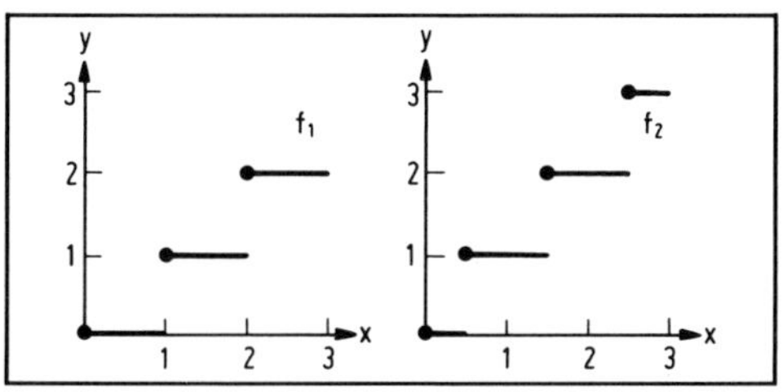

x	$f_1(x)$	$f_2(x)$	$f_3(x)$	$f_4(x)$
2,24	2	2	2,2	2,2
2,27	2	2	2,2	2,3
2,72	2	3	2,7	2,7
2,75	2	3	2,7	2,8

Für f_3 und f_4 ersetze man die Beschriftungen 1; 2; 3 durch 0,1; 0,2; 0,3.

4. a) 10^2;
b) injektiv: $10 \cdot 9$; surjektiv: keine;
c) 2^{10};
d) injektiv: keine; surjektiv: $2^{10} - 2$.

5. a) $f(x) = 2^x$; $g(x) = \frac{1}{4}x + 3$
b) $f(x) = x^3 - x$; $g(x) = (x-1)^2 + 3$
c) $f(x) = x$; $g(x) = 4 - \frac{1}{2}x$
d) $f(x) = 1$; $g(x) = 4$

(a)–d) jeweils mit Definitionsbereich $\mathbb{R}$ bzw. $[0,2]$)

6. $A_0 = \{0, 3, 6, 9\}$ leistet das Verlangte, und ebenso jede Teilmenge, die aus jeder der Mengen $\{0,1,2\}$, $\{3,4,5\}$, $\{6,7,8\}$, $\{9\}$ genau eine Zahl enthält. Das sind $3 \cdot 3 \cdot 3 \cdot 1 = 27$ Teilmengen.

7. $[-3, 2]$; $[0, 4]$.

Abschnitt 8.3

1. Die Antworten zu Aufgabe 3 (Abschnitt 8.1) *folgen* aus denen zu Aufgabe 4 und umgekehrt. Denn die zu untersuchenden Funktionen sind alle vom Typ $f: T \to T$, wobei T eine

Menge von Taschenrechnerzahlen, also endlich ist.[144]) Jede solche Funktion, die surjektiv bzw. nicht surjektiv ist (Aufgabe 3), ist nach Satz 2 auch injektiv bzw. nicht injektiv (Aufgabe 4).

2. a) Klar.
b) Die Anzahlen sind 9, 8, 6, 0, 1. Bestimmung zweckmäßig in umgekehrter Reihenfolge und durch Überlegen statt Zählen, z. B. für „genau 1 Fixpunkt" wie folgt: Man hat 4 Möglichkeiten, den Fixpunkt zu wählen, und dann jeweils genau 2 Möglichkeiten, die restlichen 3 Elemente ohne Fixpunkt zu permutieren.

3. $2^n - 2$; b) $3^n - 3(2^n - 2) - 3 \cdot 1 = 3^n - 3 \cdot 2^n + 3$.
Die *Klasseneinteilungen* einer Menge M mit zwei bzw. drei Klassen werden (wie beim Beweis des Satzes in 8.2.5) durch die surjektiven Abbildungen $M \to \{1, 2\}$ bzw. $M \to \{1, 2, 3\}$ geliefert, und zwar liefern immer 2! bzw. 3! solche Abbildungen dieselbe Klasseneinteilung, da Permutationen der Wertemenge nichts ändern. Man erhält:

c) $\dfrac{2^n - 2}{2!} = 2^{n-1} - 1$; d) $\dfrac{3^n - 3 \cdot 2^n + 3}{3!} = \dfrac{3^{n-1} - 2^n + 1}{2}$.

4.

	$\mathbb{N} \to \mathbb{N}$		$\mathbb{N} \to \mathbb{Z}$
a)	$a_n = n + 1$	;	$a_n = n$.
b)	$a_n = 1 + \left[\frac{n}{2}\right]$	;	$a_n = (-1)^n \left[\frac{n}{3}\right]$.
c)	$a_n = n$	;	$a_n = (-1)^n \left[\frac{n}{2}\right]$.
d)	$a_n = 1$	;	$a_n = 1$.

([x] bezeichnet die größte ganze Zahl $\leq$ x.)

5. a) $a_n = \dfrac{n-1}{n}$; d) $a_n = \left[\dfrac{n}{2}\right]$;

b) $a_n = \dfrac{(-1)^n}{n}$; e) $a_n = \dfrac{1}{1 + \left[\frac{n}{2}\right]}$;

c) Eine solche Folge existiert nicht! f) $a_n = \dfrac{n}{k} - \left[\dfrac{n}{k}\right]$.

6. a) $s_n = na + \dfrac{n(n-1)}{2} d$
Beweis durch vollständige Induktion:
(i) Für n = 1 gilt die Formel.
(ii) *Wenn* sie für ein n gilt, *dann* folgt:

$s_{n+1} = na + \dfrac{n(n-1)}{2} d + a + nd = \ldots = (n+1)a + \dfrac{(n+1)n}{2} d$; also gilt sie auch für n + 1.

b) $s_n = a\dfrac{1-q^n}{1-q}$, falls $q \neq 1$; sonst $s_n = na$.
Beweis (für $q \neq 1$) durch vollständige Induktion:
(i) Für n = 1 gilt die Formel.
(ii) Wenn sie für ein n gilt, folgt:

$s_{n+1} = a\dfrac{1-q^n}{1-q} + aq^n = a\dfrac{1 - q^n + q^n - q \cdot q^n}{1-q} = a\dfrac{1-q^{n+1}}{1-q}$; also gilt sie auch für n + 1.

[144]) Im Fall der TR-Funktion „Quadrieren", die nicht für alle TR-Zahlen ≥ 0 definiert ist (!), wähle man für T die Menge der TR-Zahlen aus [0, 1].

7. a) $s_1 = \frac{1}{2}$; $s_2 = \frac{2}{3}$; $s_3 = \frac{1}{2} + \frac{1}{6} + \frac{1}{12} = \frac{3}{4}$.

Vermutung: $\forall n \in \mathbb{N}$: $s_n = \frac{n}{n+1}$.

b) (i) Es gilt $s_1 = \frac{1}{1+1}$, klar.

(ii) Für ein n gelte die Formel $s_n = \frac{n}{n+1}$. Dann folgt

$$s_{n+1} = \frac{n}{n+1} + \frac{1}{(n+1)(n+2)} = \frac{n(n+2)+1}{(n+1)(n+2)} = \frac{(n+1)^2}{(n+1)(n+2)} = \frac{n+1}{n+2};$$

also gilt die Formel auch für n + 1.

8. a) (i) $x_0 = a > \sqrt{a}$; denn $a > 1$.

(ii) Sei $x_n > \sqrt{a}$. Dann ist $\frac{a}{x_n} < \frac{a}{\sqrt{a}} = \sqrt{a} < x_n$. Nun gilt auch nach der Ungleichung zwischen dem arithmetischen und dem geometrischen Mittel (4.3.2):

$x_{n+1} = \frac{1}{2}\left(x_n + \frac{a}{x_n}\right) \geq \sqrt{x_n \cdot \frac{a}{x_n}} = \sqrt{a}$, und wegen $x_n \neq \frac{a}{x_n}$ sogar $x_{n+1} > \sqrt{a}$.

b) Nach a) gilt für alle n: $x_n > \frac{a}{x_n}$.

Es folgt: $x_n = \frac{1}{2}(x_n + x_n) > \frac{1}{2}\left(x_n + \frac{a}{x_n}\right) = x_{n+1}$, also $x_n > x_{n+1}$.

9. a)

n	1	2	3	4	5
a_n	1	3	6	10	15

$a_n = 1 + 2 + \ldots + n = \frac{n(n+1)}{2}$;

b)

n	1	2	3	4	5
a_n	1	$\frac{3}{2}$	$\frac{9}{4}$	$\frac{25}{8}$	$\frac{65}{16}$

$a_n = n - 1 + \frac{1}{2^{n-1}}$

$\left(\text{Zum Beweis: } \frac{a_n + n + 1}{2} = \frac{n - 1 + \frac{1}{2^{n-1}} + n + 1}{2} = n + \frac{1}{2^n}\right)$;

c)

n	1	2	3	4	5
a_n	1	$\frac{1}{2}$	$\frac{1}{6}$	$\frac{1}{24}$	$\frac{1}{120}$

$a_n = \frac{1}{n!}$;

d)

n	1	2	3	4	5
a_n	1	1	1	1	1

$a_n = 1$.

Abschnitt 8.4

1. A = $\{x \in R \mid x \leq 2\}$;
B = $\{x \in R \mid x \geq 1\}$;
C = $\{x \in R \mid x \leq 0 \vee x = 1\}$ (und weitere!);
D = $\{x \in R \mid x \geq 2\}$ (und weitere, etwa $\{x \in \mathbb{R} \mid x = 1 \vee x > 2\}$).

2. a) Für $n \leq x < n + 1$ $(n \in \mathbb{Z})$ gilt jeweils $[x] = n$, $[x + 1] = n + 1$, also $f(x) = 2^n + (2^{n+1} - 2^n) \cdot (x - n)$. Das ist die Darstellung einer affin-linearen Funktion. Sie hat die Eigenschaften $f(n) = 2^n$, $f(n+1) = 2^{n+1}$.

b) $g(x) = 2^{[x]}$.

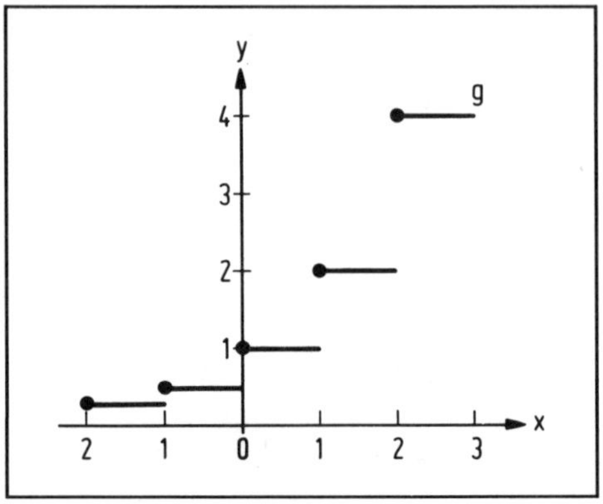

3. Die Aussageform in der großen Klammer ist äquivalent mit

$$x_1 \geq x_2 \vee f(x_1) \leq f(x_2) \vee x_1 \geq x_2 \vee f(x_1) \geq f(x_2),$$

also allgemeingültig für jede Funktion f. Die beschriebene „Eigenschaft" kommt *jeder* Funktion zu.

4. a) Jeder Zahl wird eine größere Zahl (als sie selbst) zugeordnet. Der Graph verläuft oberhalb der „Winkelhalbierenden" $y = x$. Beim Pfeildiagramm (wie in 8.4.1) geht jeder Pfeil bergauf.

b) Nein! Gegenbeispiel: $f(x) = |x| + 1$.

c) Nein! Gegenbeispiel: $f(x) = x - 1$.

d) Ja! Beweis: Es sei f progressiv und $f(0) = a$ (>0). Wäre f monoton abnehmend, dann wäre $f(a) \leq f(0) = a$, im Widerspruch zur Progressivität von f.

5. a) Wenn für alle $k < m$ gilt $f(k) \leq f(m)$, dann gilt insbesondere $f(k) \leq f(k+1)$. Umgekehrt folgt aus $f(k) \leq f(k+1)$ durch wiederholte Anwendung schließlich $f(k) \leq f(m)$.

b) (i) $n = 1$: $a_k \leq a_{k+1}$ ist wahr nach Voraussetzung.
(ii) Für ein n gelte $a_k \leq a_{k+n}$. Dann folgt nach Voraussetzung $a_{k+n} \leq a_{(k+n)+1}$, also (mit der Transitivität der Relation $\leq$) $a_k \leq a_{k+(n+1)}$.

6. a) $W = \mathbb{R}_0^+$; denn $|x-y| \geq 0$, und jede Zahl $w \geq 0$ ist Funktionswert, z. B. gilt $f(w, 0) = w$.

b)

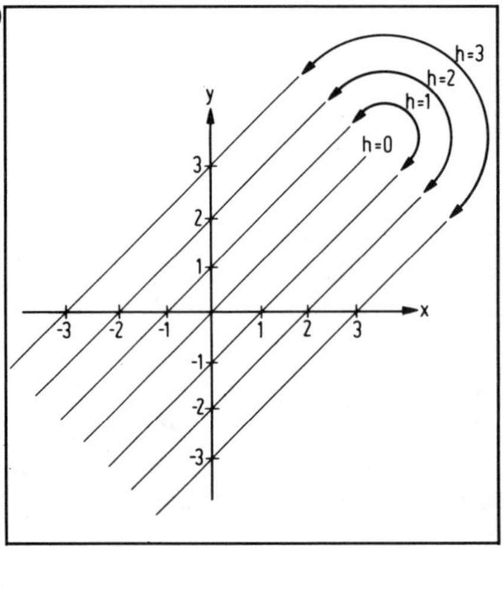

c)

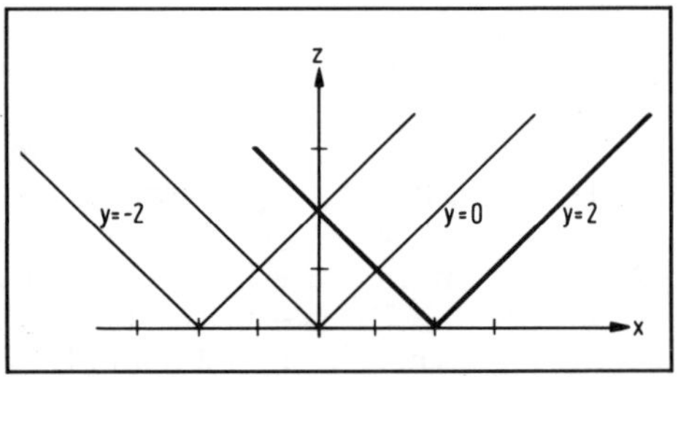

d) Der Graph (aus Karton realisierbar) ist eine geknickte Ebene, welche mit ihrem Knick die xy-Ebene längs der Winkelhalbierenden berührt. Für die Steilheit (Steigungswinkel α) der beiden Hälften gilt $\tan\alpha = \frac{2}{\sqrt{2}} = \sqrt{2} \approx 1{,}414$, also $\alpha \approx 54{,}74°$. (Vergleiche die Höhen in den beiden Punkten $(0,0)$ und $(1,-1)$, die den Abstand $\sqrt{2}$ haben.)

7. a) $W = \mathbb{R}_0^+$; denn $\sqrt{x^2+y^2} \geq 0$ und $f(w,0) = w$ (für $w \geq 0$).

b)

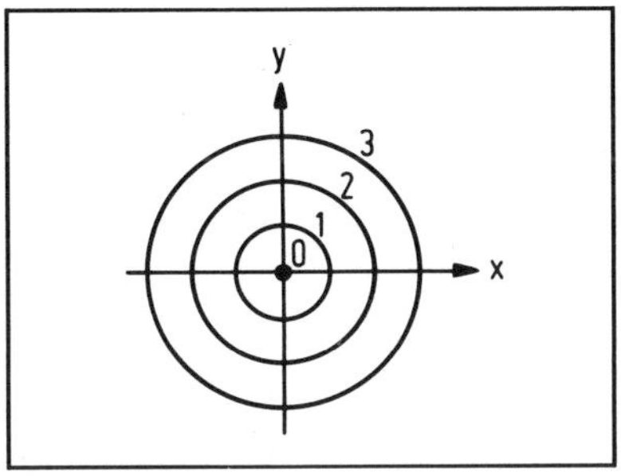

c)

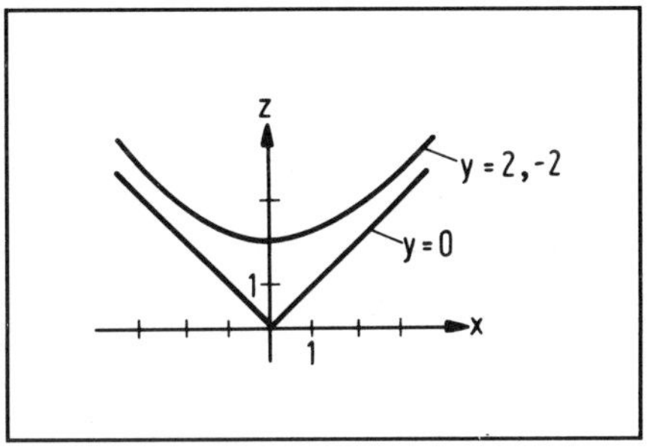

d) Der Graph ist ein nach oben offener Kegel mit Spitze im Nullpunkt $(0,0,0)$. Realisierung (für $x^2+y^2 \leq 1$) aus Karton: Kreissektor mit $\alpha = \frac{360°}{\sqrt{2}} \approx 255°$ und Radius $\sqrt{2}$, längs der Kanten k zusammenkleben.

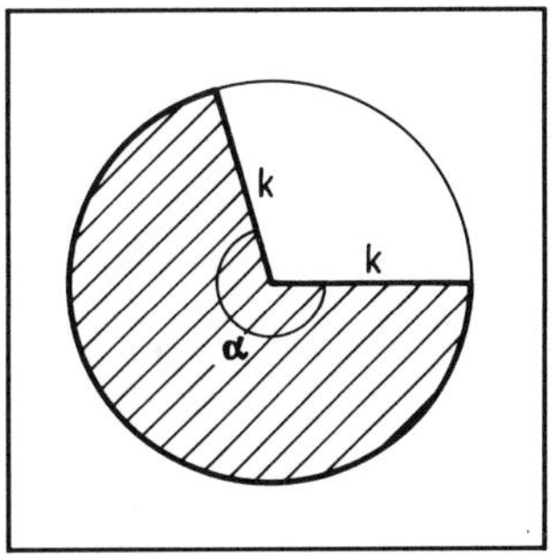

8. a) Die Höhenlinien sind Geraden mit der Steigung $-\frac{\lg 2}{\lg 3}$; denn für jedes $h > 0$ ist $2^x 3^y = h$ äquivalent zu $y = -x\frac{\lg 2}{\lg 3} + \frac{\lg h}{\lg 3}$.

b) Aus $f(m,n) = f(m',n')$, d. h. $2^m 3^n = 2^{m'} 3^{n'}$, folgt wegen der Eindeutigkeit der Primfaktorzerlegung $m = m'$ und $n = n'$, d. h. $(m,n) = (m',n')$.

Vorbereitung für c) und d): Es sei $m, n \in \mathbb{Z}$ und $2^m = 3^n$.
Fall 1: $m \geq 0 \wedge n \geq 0$: Es folgt $m = 0 \wedge n = 0$ (Eindeutigkeit der PFZ).
Fall 2: $m \leq 0 \wedge n \leq 0$: Es folgt $2^{-m} = \frac{1}{2^m} = \frac{1}{3^n} = 3^{-n}$, also (wegen $-m \geq 0$, $-n \geq 0$) $-m = 0 \wedge -n = 0$, also $m = n = 0$.
Fall 3: $m \geq 0 \wedge n \leq 0$: Es folgt $2^m \geq 1 \wedge 3^n \leq 1$, also $2^m = 1 = 3^n$, also $m = n = 0$.
Fall 4: $m \leq 0 \wedge n \geq 0$: wie Fall 3.

c) Es sei $f(m,n) = f(m',n')$, d. h. $2^m 3^n = 2^{m'} 3^{n'}$ $(m, n, m', n' \in \mathbb{Z})$. Dann folgt $2^{m-m'} = 3^{n'-n}$ $(m-m', n'-n \in \mathbb{Z})$, also nach der Vorbereitung $m - m' = 0$, $n' - n = 0$, also $(m,n) = (m',n')$.

d) Ähnlich wie (aber komplizierter als) c).

9. a) Richtung des steilsten Anstiegs: $(5, 10)$; maximale Steigung: $\sqrt{0{,}05^2 + 0{,}10^2} \approx 0{,}112 = 11{,}2\,\%$.

b) Es gilt $a, b > 0$, $\frac{b}{a} = \tan 60° = \sqrt{3}$ und $\sqrt{a^2+b^2} = 0{,}2$. Daraus folgert man $a = 0{,}1$ und $b = 0{,}1 \cdot \sqrt{3} \approx 0{,}173$.

10. a)

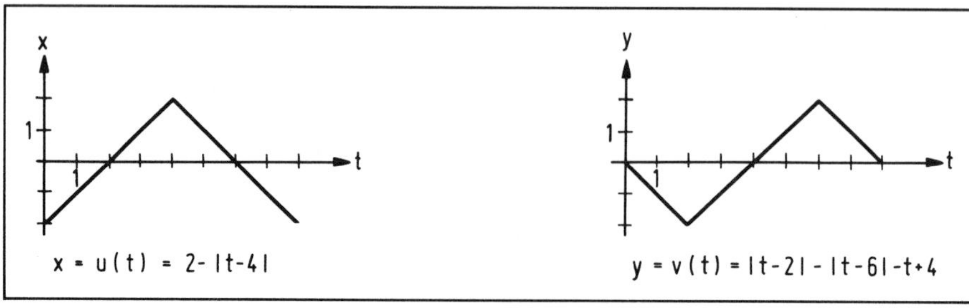

b) Wird der txy-Raum wie in 8.4.3 dargestellt, dann ist der Graph ein gleichmäßig ansteigender Streckenzug mit Anfangspunkt (0, −2, 0) (Höhe 0), Eckpunkten (2, 0, −2), (4, 2, 0), (6, 0, 2) (Höhen 2, 4, 6) und Endpunkt (8, −2, 0) (Höhe 8).

11. a)

t	$x = \cos t$	$y = \sin(2t)$
0°	1	0
15°	0,97	0,50
30°	0,87	0,87
45°	0,71	1
60°	0,50	0,87
75°	0,26	0,50
90°	0	0
105°	−0,26	−0,50
120°	−0,50	−0,87
135°	−0,71	−1
150°	−0,87	−0,87
165°	−0,97	−0,50
180°	−1	0

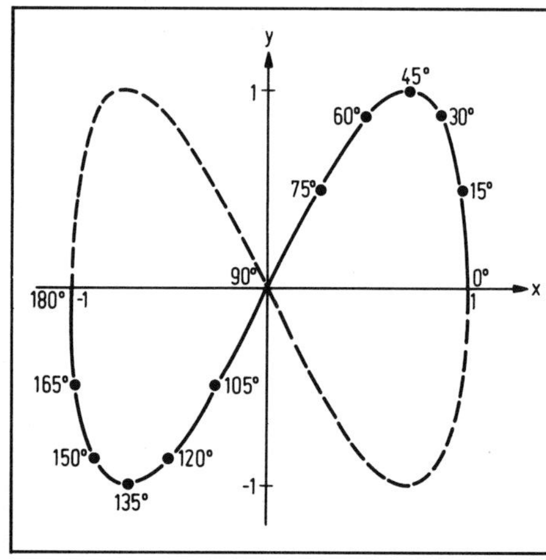

b) Wegen $\cos(180° + t) = -\cos(t)$, $\sin(360° + 2t) = \sin(2t)$ entsteht W_2 durch Spiegelung von W_1 an der y-Achse.

12. $x = \left(1 + \frac{t}{360°}\right)\cos t, \quad y = \left(1 + \frac{t}{360°}\right)\sin t, \quad$ für $t \geq 0^0$.

13. f_1: $(x, y) \mapsto \left(x, \frac{y}{2}\right)$; f_2: $(x, y) \mapsto (x+y, y)$; f_3: $(x, y) \mapsto (x, 2y)$; f_4: $(x, y) \mapsto (x+2y, 2y)$

14. a) $(x, y) \mapsto \left(x, \frac{x}{2}\right)$. Jeder Punkt der Ebene wird in y-Richtung auf die Gerade $y = \frac{x}{2}$ projiziert.

b) $2c = a \neq b = 2d$; denn genau in diesem Fall werden die Punkte (1, 0) und (0, 1) auf zwei verschiedene Punkte $\left(a, \frac{a}{2}\right)$, $\left(b, \frac{b}{2}\right)$ der Geraden $y = \frac{x}{2}$ abgebildet.

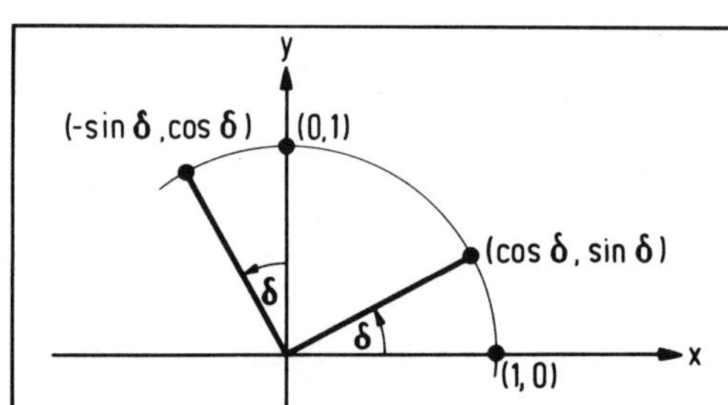

15. a) Der Bildpunkt (a, c) von (1, 0) ist $(\cos\delta, \sin\delta)$; der Bildpunkt (b, d) von (0, 1) ist $(-\sin\delta, \cos\delta)$. Es folgt: $a = \cos\delta$, $b = -\sin\delta$, $c = \sin\delta$, $d = \cos\delta$.

b) Für $\delta = 90°$ ergibt sich richtig $a = d = 0$, $b = -1$, $c = 1$. In jedem Fall gilt $ad - bc = (\cos\delta)^2 + (\sin\delta)^2 = 1$; das Bild des Einheitsquadrats hat den Flächeninhalt 1.

16. a) Mit den Flächeninhaltsformeln für Dreiecke und Trapeze erhält man in naheliegender Weise:

$$\frac{1}{2}bd + \frac{d+c+d}{2}a - \frac{c+c+d}{2}b - \frac{1}{2}ac = ad - bc.$$

b) Bei der angegebenen Vertauschung der Bezeichnungen ergibt sich als Flächeninhalt $bc - ad$, also $-(ad - bc)$.

d) Wenn (b, d) links von (a, c) liegt, erhält man als Flächeninhalt $ad - bc$, sonst $bc - ad$, also in jedem Fall $|ad - bc|$.

17. a) Ja: $(x_1, y_1) \neq (x_2, y_2)$ besagt $x_1 \neq x_2 \vee y_1 \neq y_2$; daraus folgt $2^{x_1} \neq 2^{x_2} \vee 2^{y_1} \neq 2^{y_2}$, d. h. $(2^{x_1}, 2^{y_1}) \neq (2^{x_2}, 2^{y_2})$.

b) $\mathbb{R}^+ \times \mathbb{R}^+$ (der erste Quadrant); denn $x \mapsto 2^x$ hat die Wertemente $\mathbb{R}^+$.

c) Die Halbgeraden h_1 und h_2 (siehe Skizze, ohne die Anfangspunkte auf den Koordinatenachsen); die schraffierte Menge $\{(x, y) \in \mathbb{R}^2 \mid x > 1 \wedge y > 1\}$.

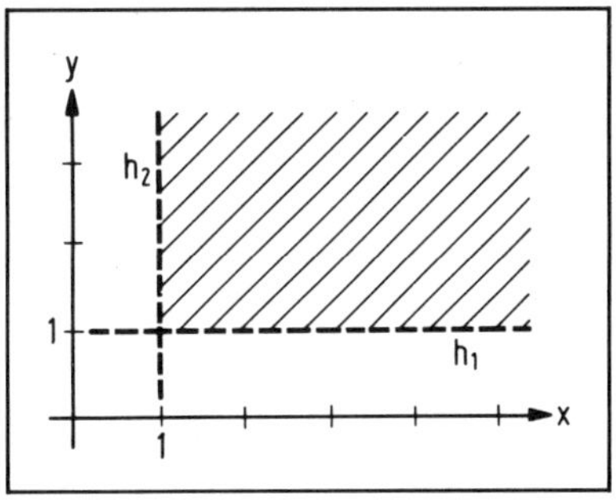

d) Die Punkte der Geraden $y = ax + b$ haben die Bildpunkte $(2^x, 2^{ax+b}) = (2^x, 2^b \cdot (2^x)^a)$ für alle $x \in \mathbb{R}$; dies sind die Punkte $(u, 2^b \cdot u^a)$ für alle $u \in \mathbb{R}^+$, d. h. es sind die Punkte der Kurve $y = 2^b \cdot x^a$ $(x > 0)$.

Also ist das Bild der Geraden $y = ax + b$ der Graph der Potenzfunktion $x \mapsto 2^b x^a$ für $x > 0$. (Die Fälle $a = 0$ und $b = 0$ sind darin enthalten.)

Abschnitt 8.5

1. Wir schreiben abkürzend A_{ij} für $A_i \cap A_j$, A_{ijk} für $A_i \cap A_j \cap A_k$ usw.
Dann gilt z. B. $A_{12} \cap A_{13} = A_{123}$.
Nach der Formel für $n = 2$ gilt: $\operatorname{card}((A_1 \cup A_2 \cup A_3) \cup A_4) =$

$$\operatorname{card}(A_1 \cup A_2 \cup A_3) + \operatorname{card} A_4 - \operatorname{card}\underbrace{((A_1 \cup A_2 \cup A_3) \cap A_4)}_{A_{14} \cup A_{24} \cup A_{34}}$$

Nach der Formel für $n = 3$ ist dies gleich

$$\begin{array}{llllll} \operatorname{card} A_1 & + \operatorname{card} A_2 & + \operatorname{card} A_3 & + \operatorname{card} A_4 & & \\ - \operatorname{card} A_{12} & - \operatorname{card} A_{13} & - \operatorname{card} A_{23} & - \operatorname{card} A_{14} & - \operatorname{card} A_{24} & - \operatorname{card} A_{34} \\ + \operatorname{card} A_{123} & & & + \operatorname{card} A_{124} & + \operatorname{card} A_{134} & + \operatorname{card} A_{234} \\ & & & - \operatorname{card} A_{1234} & & \end{array}$$

Damit ist die Formel für $n = 4$ bewiesen (und abgekürzt hingeschrieben).

2. a) A_i sei die Menge der Permutationen von $\{1, 2, \ldots, n\}$, die den Fixpunkt i haben $(i = 1, 2, \ldots, n)$. Dann ist $A_i \cap A_j$ die Menge der Permutationen mit den Fixpunkten i, j $(i \neq j)$, usw., und es gilt $\operatorname{card} A_i = (n-1)!$, $\operatorname{card}(A_i \cap A_j) = (n-2)!$, usw.
Die Menge der Permutationen mit mindestens einem Fixpunkt ist nun $A_1 \cup \ldots \cup A_n$, und für ihre Anzahl folgt nach der Formel in 8.5.1:
$\operatorname{card}(A_1 \cup \ldots \cup A_n) = \binom{n}{1} \cdot (n-1)! - \binom{n}{2} \cdot (n-2)! + \binom{n}{3} \cdot (n-3)! \ldots \mp \binom{n}{n} \cdot (n-n)!$.
b) Die Anzahl aller Permutationen ohne Fixpunkt ist dann

$$n! - \operatorname{card}(A_1 \cup \ldots \cup A_n) = \sum_{i=0}^{n} \binom{n}{i} \cdot (-1)^i \cdot (n-i)!.$$

3. Es sei $B = \{1, 2, \ldots, k\}$ und A_i die Menge der Abbildungen von $\{1, 2, \ldots, n\}$ in $B \setminus \{i\}$ $(i = 1, 2, \ldots, k)$. Dann ist $A_i \cap A_j$ die Menge der Abbildungen in $B \setminus \{i, j\}$, usw., und es gilt $\operatorname{card} A_i = (k-1)^n$, $\operatorname{card}(A_i \cap A_j) = (k-2)^n$, usw.

Die Menge der nicht-surjektiven Abbildungen ist nun $A_1 \cup \ldots \cup A_k$, und für die Anzahl der surjektiven Abbildungen erhält man

$$k^n - \binom{n}{1}(k-1)^n + \binom{n}{2}(k-2)^n - \binom{n}{3}(k-3)^n \ldots \pm \binom{n}{k}(k-k)^n = \sum_{i=0}^{k} \binom{n}{i}(-1)^i (k-i)^n.$$

4. a) Das Parallelogramm P wird durch Dreiecke D, D_1 zu einem Rechteck ergänzt; D_2 ist kongruent zu D_1 (siehe Skizze). Dann gilt: $\text{inh}(P) + \text{inh}(D) + \text{inh}(D_1) = \text{inh}(P \cup D \cup D_1) = (a+b) \cdot h = a \cdot h + b \cdot h$ und $\text{inh}(D) + \text{inh}(D_1) = \text{inh}(D) + \text{inh}(D_2) = \text{inh}(D_1 \cup D_2) = b \cdot h$.
Daraus folgt: $\text{inh}(P) = a \cdot h$

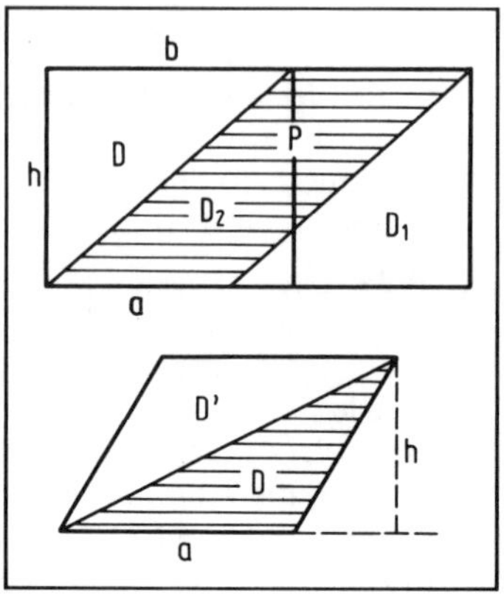

b) Das Dreieck D wird durch ein kongruentes Dreieck D' zu einem Parallelogramm ergänzt. Dann gilt, insbesondere nach a): $\text{inh}(D) + \text{inh}(D') = \text{inh}(D \cup D') = a \cdot h$ und $\text{inh}(D) = \text{inh}(D')$.

Daraus folgt: $\text{inh}(D) = \frac{1}{2} a \cdot h$.

c) Wie b), mit Ergänzung des Trapezes T durch ein kongruentes Trapez T' zu einem Parallelogramm.

5. Wegen der Monotonie von W gilt $1 = W(A) \leq W(A \cup B) \leq W(G) = 1$, also $W(A \cup B) = 1$. Die Behauptung folgt nun aus $W(A \cup B) = W(A) + W(B) - W(A \cap B)$.

6. a) Es sei $A \neq B$ $(A, B \subseteq \{\alpha_1, \ldots, \alpha_n\})$, und das erste α_i, das nicht zu beiden Mengen gehört, gehöre zu A (andernfalls vertausche man A und B). Daraus folgt:

$$W(A) \geq \frac{1}{2^1} + \ldots + \frac{1}{2^{i-1}} + \frac{1}{2^i} > \frac{1}{2^1} + \ldots + \frac{1}{2^{i-1}} + \frac{1}{2^{i+1}} + \ldots + \frac{1}{2^n} \geq W(B)$$

$\left(\text{denn } \frac{1}{2^i} > \frac{1}{2^{i+1}} + \ldots + \frac{1}{2^n} = \frac{1}{2^i} - \frac{1}{2^n}\right)$, also $W(A) \neq W(B)$.

b) Setze $p_i = 1 + \frac{1}{2^i}$. Dann folgt $\text{card}\,A \leq W(A) < \text{card}\,A + 1$ $\left(\text{denn } \frac{1}{2^1} + \ldots + \frac{1}{2^n} = 1 - \frac{1}{2^n} < 1\right)$, also im Fall $\text{card}\,A < \text{card}\,B$, d. h. $\text{card}\,A + 1 \leq \text{card}\,B$:

$W(A) < \text{card}\,A + 1 \leq \text{card}\,B \leq W(B)$, also $W(A) < W(B)$.

Lösungen zu Kapitel 9

Abschnitt 9.1

1. Es gilt (siehe Skizze):

$$f(x) = \begin{cases} \frac{x}{1-x} = f_l(x), & \text{falls } x \leq 0; \\ \frac{x}{1+x} = f_r(x), & \text{falls } x \geq 0. \end{cases}$$

Durch Auflösen von $y = \frac{x}{1-x}$ bzw. $y = \frac{x}{1+x}$ nach y (und Umbenennen) erhält man

$$f^I(x) = \begin{cases} f_l^I(x) = \frac{x}{1+x}, & \text{falls } -1 < x \leq 0; \\ f_r^I(x) = \frac{x}{1-x}, & \text{falls } 0 \leq x < 1. \end{cases}$$

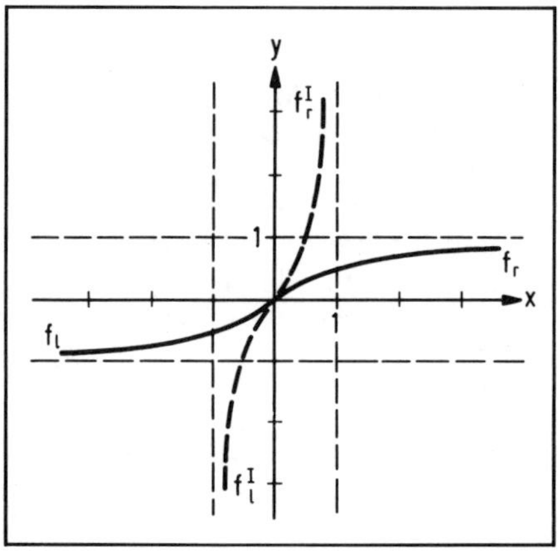

also $f^I(x) = \dfrac{x}{1-|x|}$ für $-1 < x < 1$.

2. a) $\boxed{\cdot 4}\boxed{-4} = f$; d. h. $x\boxed{\cdot 4}\boxed{-4} = xf$ (für alle $x \in \mathbb{R}$);

b) $\boxed{+4}\boxed{:4} = f^I$; d. h. $xf\boxed{+4}\boxed{:4} = x$;

c) $\boxed{\cdot 16}\boxed{-20} = ff$; d. h. $x\boxed{\cdot 16}\boxed{-20} = xff$.

3. a) $\Big(\big((((10+3)\cdot 3-3):3+5\big)\cdot 5-5\big):5-7\Big)\cdot 4 = 36$

Eigentlich gehört hinter jede Operation eine Klammer, die ganz vorn zu „öffnen" ist. Wegen der Konvention „Punktrechnung vor Strichrechnung" benötigt man nur die eingetragenen fünf Klammern.

b) $10 + 3\cdot 3 - 3:3 + 5\cdot 5 - 5:5 - 7\cdot 4$
$= 10 + 9 - 1 + 25 - 1 - 28 = 14.$

4. a)

dann →; zuerst ↓

$\circ$	$x \mapsto x^2$	$x \mapsto \sqrt{x}$	$x \mapsto \frac{1}{x}$
$x \mapsto x^2$	$x \mapsto x^4$	id	$x \mapsto \frac{1}{x^2}$
$x \mapsto \sqrt{x}$	id	$x \mapsto \sqrt[4]{x}$	$x \mapsto \frac{1}{\sqrt{x}}$
$x \mapsto \frac{1}{x}$	$x \mapsto \frac{1}{x^2}$	$x \mapsto \frac{1}{\sqrt{x}}$	id

b) Je zwei der Funktionen sind vertauschbar. Ferner sind $x \mapsto x^2$ und $x \mapsto \sqrt{x}$ Umkehrungen voneinander, und $x \mapsto \frac{1}{x}$ ist Umkehrung von sich selbst.

c) Die *Verkettung* zweier Ketten (gebildet aus den gegebenen Funktionen) ist wieder eine solche Kette. Die *Inverse* einer solchen Kette entsteht durch Umkehren der Reihenfolge und Invertieren der einzelnen Glieder. Dies ergibt wieder eine Kette der beschriebenen Art.

d) Durch Verketten von $x \mapsto x^2$ mit sich selbst erhält man alle Funktionen $x \mapsto x^{2^n}$ mit $n \in \mathbb{N}$. Durch Verketten von $x \mapsto \sqrt{x}$, d. h. $x \mapsto x^{\frac{1}{2}}$, d. h. $x \mapsto x^{2^{-1}}$ erhält man alle Funktionen $x \mapsto x^{2^{-m}}$ mit $m \in \mathbb{N}$. Durch Verketten beliebiger der drei Funktionen erhält man genau die Funktionen $x \mapsto x^c$, wobei $c = \pm 2^k$, $k \in \mathbb{Z}$.

5. a) Die Funktionen $f, g : [0,1] \to [0,1]$ seien streng monoton wachsend (also bijektiv). Dann gilt dasselbe

— für $f \circ g$: $x_1 < x_2 \Rightarrow g(x_1) < g(x_2) \Rightarrow f(g(x_1)) < f(g(x_2))$;

— für f^I : Es sei $x_1 < x_2$; wäre $f^I(x_1) \geq f^I(x_2)$, dann folgte nach Voraussetzung $f(f^I(x_1)) \geq f(f^I(x_2))$, d. h. $x_1 \geq x_2$.

b) Nein: Für die streng monoton fallende Funktion f mit $f(x) = 1 - x$ ist $f \circ f$ (= id) nicht streng monoton fallend.

c) Ja; Beweis ähnlich wie in a), mit Fallunterscheidung.

d) Nein; z. B. gilt $f \circ g \neq g \circ f$ für $f(x) = x^2$, $g(x) = 2^x - 1$.

Abschnitt 9.2

1. Durch Einsetzen erhält man:
$a = a_2a_1 + b_2c_1$; $b = a_2b_1 + b_2d_1$; $c = c_2a_1 + d_2c_1$; $d = c_2b_1 = d_2d_1$.

2. a) 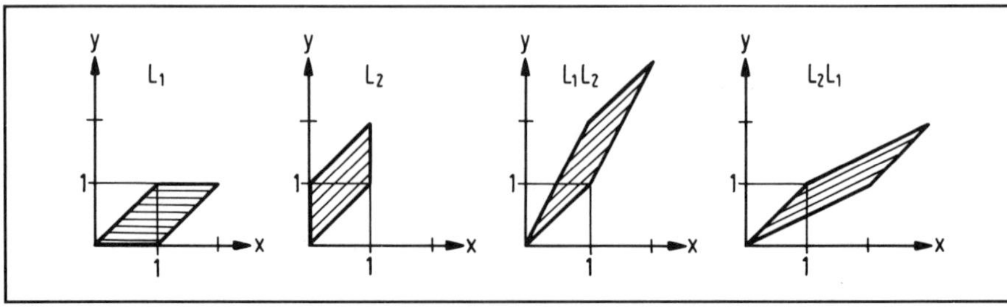

b) L_1L_2: $(x, y) \mapsto (x+y,\ x+2y)$; L_2L_1: $(x, y) \mapsto (2x+y,\ x+y)$
c) L_1^I: $(x, y) \mapsto (x-y,\ y)$; L_2^I: $(x, y) \mapsto (x,\ y-x)$.

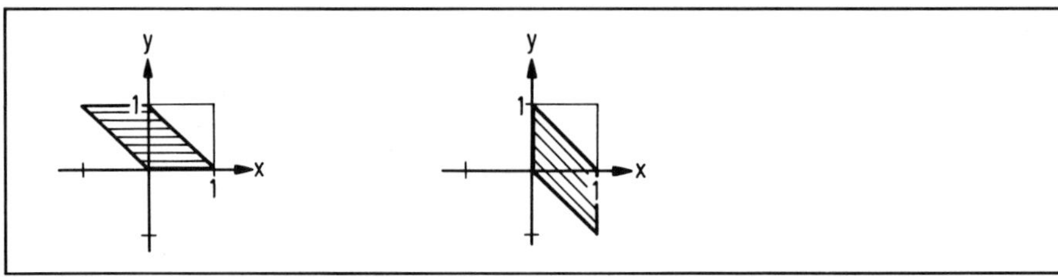

3. a) Für zentrische Streckungen Z: $(x, y) \mapsto (kx, ky)$
und Verschiebungen V: $(x, y) \mapsto (x+u, y+v)$ erhält man wie in 9.2.1:
(2) $Z_1Z_2 = Z$, mit $Z : (x, y) \mapsto (k_1k_2x,\ k_1k_2y)$;
(3) $VZ = ZV^*$, mit V^*: $(x, y) \mapsto (x+ku,\ y+kv)$;
Daraus folgt wie dort, daß jede Kette der angegebenen Art auf die Form ZV: $(x, y) \mapsto (kx+u, ky+v)$ gebracht werden kann, wobei k das Produkt der einzelnen Streckfaktoren ist und u, v durch die einzelnen Streckfaktoren und Verschiebungen ausgedrückt werden können.
b) A^I existiert genau dann, wenn $k \neq 0$, und ist dann die Abbildung
$$(x, y) \mapsto \left(\frac{x}{k} - \frac{u}{k}, \frac{y}{k} - \frac{v}{k}\right).$$
c) Klar nach a) und b). Aus (3) erkennt man, daß die Gruppe nicht kommutativ ist.

4. S_1: $(x, y) \mapsto (-x, y)$; S_2: $(x, y) \mapsto (-x+2a, y)$;

$$(x, y) \xmapsto{S_1} (\overset{x'}{\overbrace{-x}}, \overset{y'}{\overbrace{y}}) \xmapsto{S_2} (-x' + 2a, y')$$
$$(x, y) \xmapsto[S_1S_2]{\qquad\qquad} (x + 2a, y),$$

S_1S_2 ist eine Verschiebung.

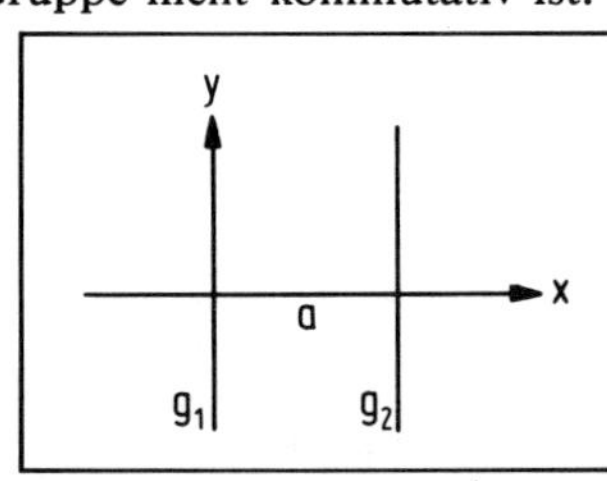

5. Es sei $V \neq id$ (sonst ist die Behauptung klar). g sei die Gerade durch das Zentrum Z von D, senkrecht zur Richtung von V. Nach Satz 3, Bemerkung (b) ist dann $D = S_1S$ und $V = SS_2$, mit passender Geraden g_1 durch Z bzw. $g_2 \parallel g$ (S, S_1, S_2 seien die Spiegelungen an g, g_1, g_2). Es folgt $DV = S_1SSS_2 = S_1S_2$, und g_1, g_2 schließen denselben Winkel wie g_1, g ein.
Entsprechend für VD.

6. a) Die Verschiebung V_2 kann nach Satz 3, Bemerkung (b) auch in der Form S_2S dargestellt werden, mit passender Geraden $g \parallel g_2$, also auch $g \parallel g_1$. Es folgt $V_1V_2 = S_1S_2S_2S = S_1S$ (Verschiebung).
b) Begründungen:
Zweite Gleichheit: Einschub von $S_5S_5 = id$ und $S_6S_6 = id$ ändert nichts.

Dritte Gleichheit: $g_5 \perp g_2$, $g_3 \perp g_6$, also $S_5S_2 = S_3S_6 = S_6S_3$, also $S_5S_2S_3S_6 = S_6S_3S_3S_6 = S_6S_6 = \text{id}$.
Die weiteren Gleichheiten sind dann klar.

7. *Fall 1:*
$g_1 \perp g_2$
oder
$g_2 \perp g_3$

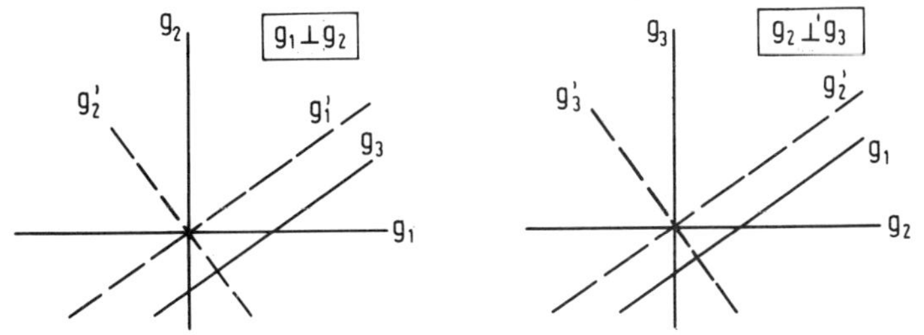

$S_1S_2S_3 = S_1'S_2'S_3, = S_1'S_3S_2'$ wie verlangt

$S_1S_2S_3 = S_1S_2'S_3'$, wie verlangt.

Fall 2: Sonst: Nach Voraussetzung gilt $g_1 \nparallel g_2$ (nicht parallel) oder $g_2 \nparallel g_3$. Ist $g_1 \nparallel g_2$, dann ersetze man g_1 und g_2 durch g_1'und g_2' mit demselben Schnittpunkt und demselben eingeschlossenen Winkel und $g_2' \perp g_3$. Dann ist $S_1S_2S_3 = S_1'S_2'S_3$, und hierfür liegt Fall 1 (rechts) vor. Entsprechend für $g_2 \nparallel g_3$.

Abschnitt 9.3

1. a) Wenn f monoton wachsend und g monoton fallend ist, muß f + g nicht monoton sein; Beispiel: $f(x) = x^3$, $g(x) = -x$.
Wohl aber gilt: Wenn f und g monoton wachsend sind, dann ist es auch ihre Summe.
Beweis: $x_1 < x_2 \Rightarrow (f(x_1) \leq f(x_2) \wedge g(x_1) \leq g(x_2))$
$\Rightarrow f(x_1) + g(x_1) \leq f(x_2) + g(x_2)$.
Entsprechend für „monoton fallend".
b) Auch dies ist falsch. Beispiel: $f(x) = x$. Es gilt aber unter der zusätzlichen Voraussetzung $f(x) \geq 0$ (für alle $x \in \mathbb{R}$). Beweis ähnlich wie bei a).

2. Die Graphen der abgeänderten Funktionen entstehen jeweils aus den zuerst gezeichneten durch passende y-Verschiebung, y-Streckung oder Kombination von beiden.

3. a, b)

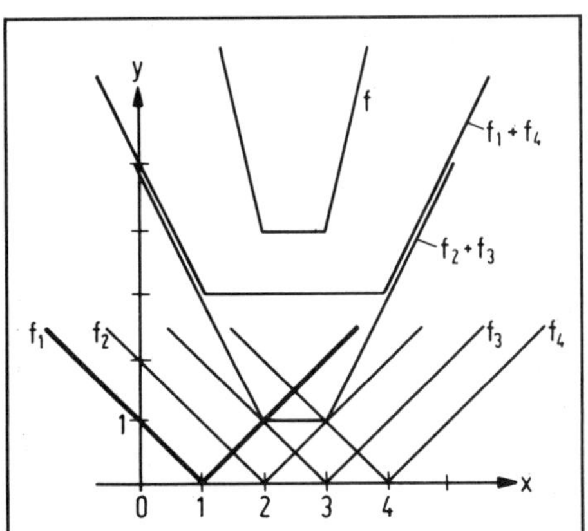

Zu d)

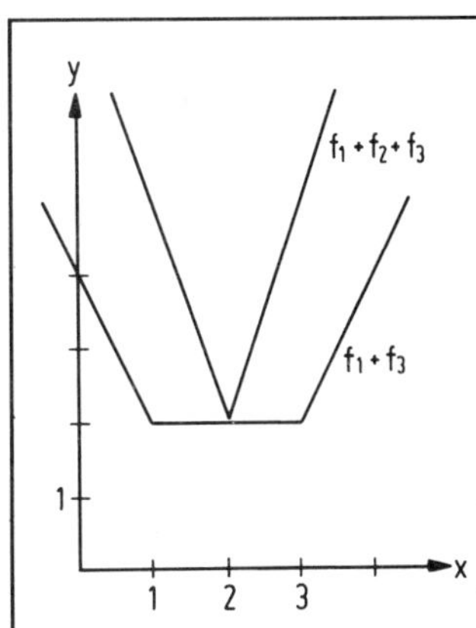

c) Der kleinste Wert von f beträgt 4 und wird für $x \in [2, 3]$ angenommen.
d) $f_1 + f_2 + f_3$ hat den kleinsten Wert 2; dieser wird für $x = 2$ angenommen.

4. a) Im Falle $m = 2n$ gilt

$$\begin{aligned}
f_1(x) + f_{2n}(x) &= a_{2n} - a_1, &&\text{falls } x \in [a_1, a_{2n}], &&\text{sonst} > a_1 + a_{2n}\\
f_2(x) + f_{2n-1}(x) &= a_{2n-1} - a_2, &&\text{falls } x \in [a_2, a_{2n-1}], &&\text{sonst} > a_2 + a_{2n-1}\\
&\ \vdots && \quad\vdots\\
f_n(x) + f_{n+1}(x) &= a_{n+1} - a_n, &&\text{falls } x \in [a_n, a_{n+1}], &&\text{sonst} > a_n + a_{n+1}
\end{aligned}$$

Hiernach hat $f = \sum_{i=1}^{m} f_i$ den kleinsten Wert $\sum_{i=1}^{n} (a_{n+i} - a_i)$, und dieser wird nur für $x \in [a_n, a_{n+1}]$ angenommen.
Im Fall $m = 2n + 1$ hat f den kleinsten Wert $\sum_{i=1}^{n} (a_{n+1+i} - a_i)$, und dieser wird nur für $x = a_{n+1}$ angenommen.
b) Hat P_i auf der Geraden (als Zahlengeraden aufgefaßt) die Koordinate a_i $(i = 1, \ldots, m)$ und P die Koordinate x, dann gilt $\text{Abst}(P, P_i) = |x - a_i| = f_i(x)$. Nun liefert a) die Lösung des Problems.

5. (i) Für $n = 1$ hat man $(1 + a_1) = 1$
$+ a_1$
(ii) Es sei n eine Zahl, für die die Formel gilt. Dann erhält man durch Multiplizieren der rechten Formelseite mit $1 + a_{n+1}$:

		Anzahl der Summanden:
1		$\binom{n}{0} = \binom{n+1}{0}$
$+ a_1 + \ldots + a_n$	$+ a_{n+1}$	$\binom{n}{1} + \binom{n}{0}$
$+ a_1a_2 + \ldots + a_{n-1}a_n$	$+ a_1a_{n+1} + \ldots + a_na_{n+1}$	$\binom{n}{2} + \binom{n}{1}$
$\vdots$	$+ a_1a_2a_{n+1} + \ldots + a_{n-1}a_na_{n+1}$	
$+ a_1 \ldots a_{n-1} + \ldots + a_2 \ldots a_n$	$\vdots$	
$+ a_1a_2 \ldots a_n$	$+ a_1 \ldots a_{n-1}a_{n+1} + \ldots + a_2 \ldots a_na_{n+1}$	$\binom{n}{n} + \binom{n}{n-1}$
	$+ a_1a_2 \ldots a_na_{n+1}$	$\binom{n}{n} = \binom{n+1}{n+1}$

Für die Gesamtzahl der Summanden gilt jeweils $\binom{n}{s} + \binom{n}{s+1} = \binom{n+1}{s+1}$ (vgl. 1.2.1). So erkennt man die Gültigkeit der Formel.

6. a) Klar.
b) Auf die Funktion f mit $f(x) = 2^x$ sind nacheinander die Operationen: y-Streckung mit -4, y-Verschiebung um 4, x-Streckung mit $-\frac{3}{2}$ anzuwenden. So kommt man zur Funktion f^* mit $f^*(x) = 4 - 4 \cdot 2^{-\frac{2x}{3}}$ und erhält für die gefragten Werte:
$f^*(1) = 4 - 4 \cdot 2^{-\frac{2}{3}} \approx 1{,}480$; $f^*(2) = 4 - 4 \cdot 2^{-\frac{4}{3}} \approx 2{,}413$; $f^*(3) = 4 - 4 \cdot 2^{-2} = 3$.

7. a) $g = \boxed{\cdot\, a}\boxed{+ b}\ f\ \boxed{\cdot\, c}\boxed{+ d}$ ist als Verkettung bijektiver Funktionen bijektiv.

b) $g^I = \boxed{-d}\boxed{:c}\ f^I\ \boxed{-b}\boxed{:a} = \boxed{:c}\boxed{-\frac{d}{c}}\ f^I\ \boxed{:a}\boxed{-\frac{b}{a}}$,

also $g^I(x) = \frac{1}{a} f^I\left(\frac{x-d}{c}\right) - \frac{b}{a}$.

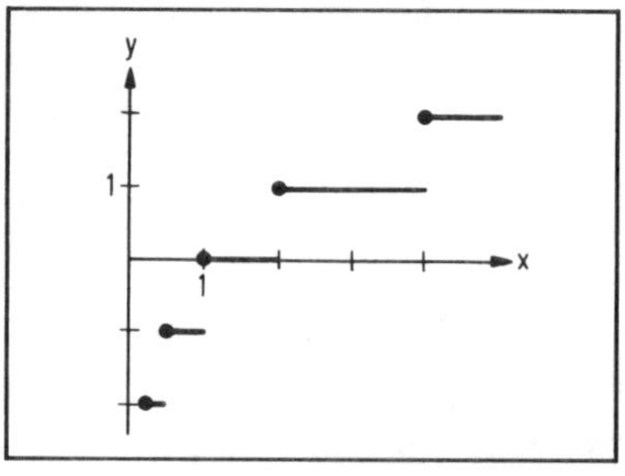

8. a) *Typ 4:* $f(x) = \sin(\pi\, \text{ld}\, x)$; $D = \mathbb{R}^+$ $(p=4)$ (siehe Beispiel 3 in 9.1.1). Die Symmetrieeigenschaft kann als „Streck-Periodizität" beschrieben werden.
Typ 5: $f(x) = [\text{ld}\, x]$; $D = \mathbb{R}^+$ $(p=2,\ v=1)$.
Typ 6: $f(x) = \sin(\pi\, \text{ld}\, x)$; $D = \mathbb{R}^+$ (wie oben, aber jetzt mit $p=2,\ q=-1$).

b) Die Logarithmusfunktionen sind vom Typ 5: $\log\frac{x}{p} + \log p = \log x$ ($p > 0$ beliebig; $v = \log p$).
Die Potenzfunktionen $x \mapsto x^k$ sind vom Typ 6: $\left(\frac{x}{p}\right)^k \cdot p^k = x^k$ ($p > 0$ beliebig; $q = p^k$).

9. a) Streckfaktoren sind 4 und alle Potenzen 4^k ($k \in \mathbb{Z}$). Es gilt $4 \cdot f(x/4) = f(x)$.
b) Ja, sie ist vom Typ 6 mit $p = 2$, $q = -2$.

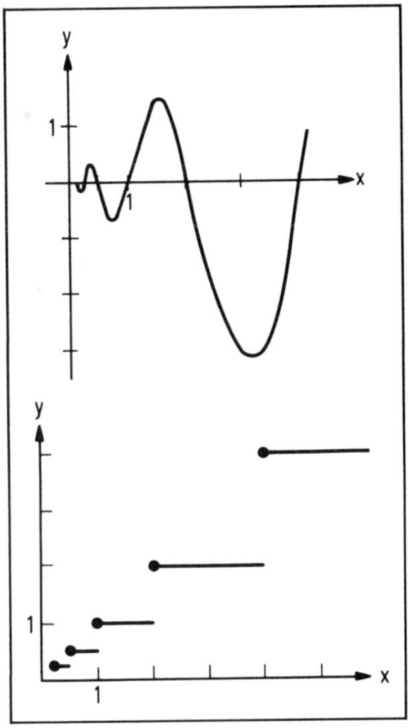

c) Alle linearen Funktionen $x \mapsto ax$; ferner zum Beispiel die Funktion $x \mapsto 2^{[\mathrm{ld}\,x]}$, $x \in \mathbb{R}^+$ (Streckfaktor: 2).

10. a) Ebenso wie in Abschnitt 8.4, Aufgabe 2, jetzt mit q statt 2 und t statt x, sowie $f(n) = q^n$ für $n \in \mathbb{N}_0$.
b) Im Fall $u = n \in \mathbb{N}_0$ gilt wegen $[t+n] = [t] + n$:
$f(t+n) = q^{[t]+n} + (q^{[t+1]+n} - q^{[t]+n})(t+n-[t]-n) = f(t) \cdot q^n = f(t) \cdot f(n)$
c) Nach a) gilt $f(0) = 1$; $f\left(\frac{1}{2}\right) = \frac{1+q}{2}$; $f(1) = q$.
Hiernach ist $f\left(\frac{1}{2} + \frac{1}{2}\right) = f(1) = q$, aber $f\left(\frac{1}{2}\right) \cdot f\left(\frac{1}{2}\right) = \left(\frac{1+q}{2}\right)^2$,

und es gilt $q \neq \left(\frac{1+q}{2}\right)^2$ (wegen $\sqrt{q} = \sqrt{1q} < \frac{1+q}{2}$ für $q \neq 1$).

11. a) Es sei $f(x_0) = 0$. Dann folgt nach (D):
$f(x) = f\big((x_0 + (x - x_0)\big) = f(x_0) \cdot f(x - x_0) = 0 \cdot f(x - x_0) = 0$.
b) $f(x) = f\left(\frac{x}{2} + \frac{x}{2}\right) = f\left(\frac{x}{2}\right) \cdot f\left(\frac{x}{2}\right) \geq 0$.
Die Lösungen von (D) sind jetzt also dieselben wie in Satz 6 und dazu die Nullfunktion.

12. a) Die monotone Funktion $f: \mathbb{R} \to \mathbb{R}$ erfülle (A). Dann gilt für die monotone Funktion $g = f - f(0)$:
$g(x+u) = f(x+u) - f(0) = f(x) + f(u) - f(0) - f(0) = g(x) + g(u)$, d. h. g erfüllt (C). Es folgt, daß g linear ist: $g(x) = ax$, also f affin: $f(x) = g(x) + f(0) = ax + b$.
Da umgekehrt jede affine Funktion (A) erfüllt, sind die monotonen Lösungen von (A) genau die affinen Funktionen.
b) Analog wie in a) zeigt man mittels der Funktionen $g = f / f(0)$, daß die monotonen Funktionen $\mathbb{R} \to \mathbb{R}^+$, die (B) erfüllen, genau die Wachstumsfunktionen $x \mapsto ab^x$ ($a, b > 0$) sind.

Lösungen zu Kapitel 10

Abschnitt 10.1

1. a) Teilerfremd;
b) kleiner;
c) kleiner oder gleich.
d) Es gibt keine Relation R mit $R^I = \overline{R}$. Denn für jede Zahl x und jede Relation R gilt genau eine der Aussagen xRx, $x\overline{R}x$, also nur eine der Aussagen xR^Ix, $x\overline{R}x$.

2. a) $\ll$ in $\mathbb{N}$: $x \ll y$ bedeutet $x + 1 < y$;
b) $\ll$ in $\mathbb{Q}$: $x \ll y$ bedeutet $x < y$;
c) $><$ in $\mathbb{N}$: $x >< y$ bedeutet $x > 1 \wedge y > 1$;
d) $><$ in $\mathbb{Q}$ ist die Allrelation.

3. a) Schwiegermutter: ME; Schwiegersohn: ET; Großvater: $VV \cup VM$, Enkeltochter: $TT \cup TS$, Bruder: $SV \cap SM$, Stiefvater: $EM \cap \overline{V}$.
b) MM: Großmutter mütterlicherseits; $MM \cup MV$: Großmutter; $SS \cup ST$: Enkelsohn; VE: Schwiegervater; ES: Schwiegertochter; $(V \cup M)^I$: Kind, d. h. Sohn oder Tochter; $TE \cap \overline{T}$: Stieftochter; $TV \cap TM$: Schwester (nicht nur Halbschwester); $TV \cup TM$: Schwester (auch Halbschwester).
c) $EMEV \cap Id = \emptyset$ besagt: Niemand ist Stiefvater seiner eigenen Stiefmutter (also sein eigener Stiefgroßvater). Das ist *falsch,* wenn ein Mann eine Tochter der Frau seines Sohnes heiratet. Für diesen Sohn a gilt dann $aEMEVa$ und $aIda$.

4. $7^6 = 117649$. (Um eine rechtseindeutige Relation zu erhalten, hat man in jede Zeile der Relationstabelle höchstens ein Kreuz zu setzen; man hat also für jede Zeile — unabhängig von den anderen Zeilen — sieben Möglichkeiten.)

5. $f_1 \subseteq f_2$ bedeutet, daß f_1 Einschränkung von f_2 gemäß 8.2.5 ist.

6. a) Nein; denn R ist nicht rechtseindeutig: z. B. gilt $1R1$ und $1R-1$.
b) R ist die inverse Relation zur Quadratfunktion, die als Relation Q durch $xQy \Leftrightarrow y = x^2$ beschrieben werden kann. R ist Ober-Relation (Obermenge) der Quadratwurzelfunktion, die als Relation W durch $xWy \Leftrightarrow x = y^2 \wedge y \geq 0$ beschrieben werden kann.

Abschnitt 10.2

1. a) 2^{n^2-n}; b) 2^{n^2-n}; c) $2^{(n^2+n)/2}$; d) $2^n \cdot 3^{(n^2-n)/2}$; e) $2^{(n^2-n)/2}$; f) $3^{(n^2-n)/2}$; g) 2^n.

2.

	1	2	3
1	×	×	×
2	×	×	×
3	×	×	×

$x + y \leq 6$

	1	2	3
1	×	×	
2	×	×	
3			×

$x^2 + y^2 \leq 8 \vee x^2 + y^2 \geq 18$
d.h. $|x^2 + y^2 - 13| \geq 5$

	1	2	3
1	×	×	×
2	×	×	
3	×		×

$x + y \neq 5$
auch: $xy \neq 6$

	1	2	3
1	×		
2		×	×
3		×	×

$2xy \leq 2 \vee 2xy \geq 8$
d.h. $|2xy - 5| \geq 3$

	1	2	3
1	×		×
2		×	×
3	×	×	×

$x + y \neq 3$
auch: $xy \neq 2$

	1	2	3
1	×		×
2		×	
3	×		×

$|x - y| \neq 1$

	1	2	3
1	×	×	
2	×	×	×
3		×	×

$|x - y| \leq 1$
auch: $xy \neq 3$

	1	2	3
1	×		
2		×	
3			×

$x = y$

3. $aRb \Rightarrow (b\not R a \;\vee\; b = a)$ besagt: Wenn aRb, dann nicht auch bRa, es sei denn, daß $b = a$. Diese Eigenschaft ist gleichbedeutend mit $(bRa \wedge b \neq a) \Rightarrow a\not R b$ (Kontraposition) und schließlich mit $(aRb \wedge a \neq b) \Rightarrow b\not R a$.

4. a) R sei transitiv und irreflexiv. Wir zeigen, daß (für alle a, b) $a\not R b \vee b\not R a$; dann ist R erst recht antisymmetrisch. Angenommen, es gibt a, b mit $aRb \wedge bRa$. Dann folgt wegen der Transitivität aRa, im Widerspruch zur vorausgesetzten Irreflexivität.
Andere Argumentation: Zu R gehören immer auch die Überbrückungspfeile, aber kein Ringpfeil. Daher kann R keine zweiseitigen Pfeile haben, weil deren Überbrückungspfeil ein Ringpfeil wäre.
b) Nein. Für die angegebene Relation R in $\mathbb{N}$ gilt $nRm \Leftrightarrow n = 1 = m$. Sie ist offenbar transitiv und symmetrisch, aber nicht reflexiv (denn $2\not R 2$).

5. a) T_3 : 

; T_4 : 

; die anderen findet man unter b).
b) Erstes Diagramm : 8, 27, 125; allgemein: p^3 (p prim);
zweites Diagramm : 6, 10, 15; allgemein: $p_1 p_2$ $(p_1 \neq p_2)$;
drittes Diagramm : 12, 18, 20; allgemein: $p_1^2 p_2$ $(p_1 \neq p_2)$;
viertes Diagramm : 30, 42, 70; allgemein: $p_1 p_2 p_3$ $(p_1 \neq p_2 \neq p_3 \neq p_1)$.
c) Siehe b). Die einzigen Zahlen zwischen 1 und 30 mit *anderen* Diagrammen sind $16 = 2^4$ und $24 = 2^3 \cdot 3$.

6. a) Solche Teilerdiagramme haben die Zahlen
$2 \cdot 3 \cdot 5 \cdot 7 = 210$, $2 \cdot 3 \cdot 5 \cdot 11 = 330$ und allgemein jede Zahl der Form $n = p_1 p_2 p_3 p_4$, mit vier verschiedenen Primzahlen p_i.
b) Alle Zahlen der Form $n = p_1 p_2 \ldots p_k$, mit k verschiedenen Primzahlen p_i.

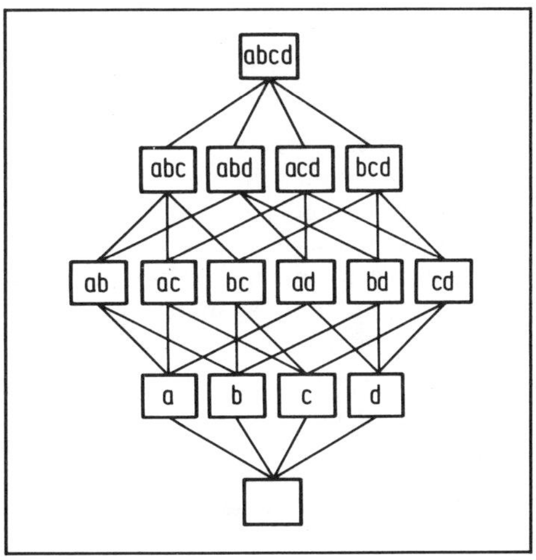

7. a) Es sei $R = R_1 \cap R_2$, d. h. $aRb \Leftrightarrow aR_1b \wedge aR_2b$. Dann gilt nach der Voraussetzung über R_1, R_2:

Wenn $aRb \wedge bRc$, d. h. $aR_1b \wedge aR_2b \wedge bR_1c \wedge bR_2c$,
dann $aR_1c \wedge aR_2c$, d. h. aRc;

wenn $aRb \wedge bRa$, d. h. $aR_1b \wedge aR_2b \wedge bR_1a \wedge bR_2a$,
dann $a = b \wedge a = b$, d. h. $a = b$.

Somit ist R transitiv und antisymmetrisch, d. h. eine Ordnungsrelation.

b) Durch $aR_1b \Leftrightarrow \exists k \in \mathbb{N}_0 : a \cdot 2^k = b$; $aR_2b \Leftrightarrow \exists k \in \mathbb{N}_0 : a \cdot 3^k = b$ sind reflexive Ordnungsrelationen R_1, R_2 in $\mathbb{N}$ definiert (Unter-Relationen der Teilerrelation $|$).
Für die Relation $R = R_1 \cup R_2$ gilt dann: $1R2 \wedge 2R6$ (denn $1R_12$, $2R_26$), aber *nicht* $1R6$ (denn weder $1R_16$ noch $1R_26$ ist wahr). Also ist hier $R_1 \cup R_2$ nicht transitiv und somit *keine Ordnungsrelation.*

c) Reflexivität von R_1 besagt $Id \subseteq R_1$. Damit folgt die Behauptung aus der unmittelbar einsichtigen Aussage $B \subseteq A \Rightarrow (A \setminus B) \cup B = A$ (für beliebige Mengen A, B).

d) Irreflexivität von R_2 besagt $R_2 \cap Id = \emptyset$. Damit folgt die Behauptung aus: $A \cap B = \emptyset \Rightarrow (A \cup B) \setminus B = A$.

Hinweis: In c) und d) wird nicht die Voraussetzung benötigt, daß R_1 bzw. R_2 Ordnungsrelation ist.

8. Es gilt $T_0^* = \mathbb{Z}$ (!) und für jedes $n \in \mathbb{N}$: $T_n^* = T_{-n}^* = \{x \in \mathbb{Z} \mid x \in T_n \vee -x \in T_n\}$

9. Wenn für alle $x \in A : f_1(x) \le f_2(x)$ und $\begin{cases} f_2(x) \le f_3(x) \\ f_2(x) \le f_1(x) \end{cases}$, dann auch $\begin{cases} f_1(x) \le f_3(x) \\ f_1(x) = f_2(x) \end{cases}$.
Es folgt $f_1 \le f_3$ bzw. $f_1 = f_2$. Somit ist R transitiv und antisymmetrisch, d. h. eine Ordnungsrelation.

b) Ist $A = \mathbb{R}$ und z. B. $f_1(x) = x$, $f_2(x) = x^2$, dann gilt weder $f_1 \le f_2$ noch $f_2 \le f_1$, d. h. die Relation $\le$ ist nicht linear. Dagegen ist $\le$ linear in dem (uninteressanten) Sonderfall, daß A einelementig ist.

c) Nein. Für *keine* zwei verschiedenen linearen Funktionen $f_1, f_2 : \mathbb{R} \to \mathbb{R}$ gilt $f_1 \le f_2$! Dagegen gilt für lineare Funktionen $f_1, f_2 : \mathbb{R}^+ \to \mathbb{R}$ stets $f_1 \le f_2 \vee f_2 \le f_1$ (denn im Fall $a_1 \le a_2$ bzw. $a_2 \le a_1$ hat man $a_1x \le a_2x$ bzw. $a_2x \le a_1x$ für alle $x \in \mathbb{R}^+$); d. h. für diese Funktionen ist die Ordnungsrelation $\le$ linear.

10. a) Nach 9a, b) ist klar, daß R eine nicht-lineare Ordnungsrelation ist. Denn Zahlenpaare (x, y) können als Funktionen $A \to \mathbb{R}$ mit $A = \{1, 2\}$ aufgefaßt werden. Allerdings ist jetzt die Ordnungsrelation R irreflexiv.

b) Es gelte $(x_1, y_1) R' (x_2, y_2) \quad \wedge \quad (x_2, y_2) R' (x_3, y_3)$,

$$\begin{array}{llll} \text{d. h.} & & x_1 < x_2 \wedge & x_2 < x_3 \\ \text{oder} & & x_1 < x_2 \wedge & x_2 = x_3 \wedge y_2 < y_3 \\ \text{oder} & x_1 = x_2 \wedge & y_1 < y_2 \wedge & x_2 < x_3 \\ \text{oder} & x_1 = x_2 \wedge & y_1 < y_2 \wedge & x_2 = x_3 \wedge y_2 < y_3. \end{array}$$

Dann folgt in jedem Fall $x_1 < x_3 \vee (x_1 = x_3 \wedge y_1 < y_3)$. Somit ist R' transitiv. Ganz ähnlich erkennt man die Antisymmetrie. Weiter gilt für (x_1, y_1), (x_2, y_2) stets entweder $x_1 < x_2$ oder $x_1 = x_2$ oder $x_2 < x_1$ und im Fall $x_1 = x_2$ stets entweder $y_1 < y_2$ oder $y_1 = y_2$ oder $y_2 < y_1$; Also gilt in jedem Fall $(x_1, y_1) R' (x_2, y_2) \vee (x_1, y_1) = (x_2, y_2) \vee (x_2, y_2) R' (x_1, y_1)$. Somit ist R' eine irreflexive lineare Ordnungsrelation.

c) Für Punkte P_1, P_2 in der xy-Ebene besagt $P_1 R P_2$, daß P_1 links unterhalb von P_2 liegt. $P_1 R' P_2$ besagt, daß P_1 weiter links als P_2 oder aber genau darunter liegt.

Abschnitt 10.3

1. Das Verlangte leistet:
a) „teilerfremd oder gleich" in $\mathbb{N}$; b) $\le$ in $\mathbb{N}$; c) die Relation R in $\mathbb{N}$ mit $mRn \Leftrightarrow mn = 1$.

2. a) Ja; R_1 wird erzeugt durch die Funktion $x \mapsto [x]$.
b) Nein; R_2 ist nicht transitiv: z. B. gilt $0 R_2 0{,}001$ und $0{,}001 R_2 0{,}002$, aber nicht $0 R_2 0{,}002$.
c) Ja; $x R_3 y$ bedeutet: x und y haben dasselbe „Vorzeichen“ in folgendem Sinn: positiv, Null, negativ.
d) Ja; man erhält R_4 durch die Abbildung $x \mapsto (\sin x, \cos x)$.

3. $F_1 R F_2$ bedeutet, daß die Punktmenge F_1 aus F_2 allein durch Streckung senkrecht zur x-Achse und dann senkrecht zur y-Achse hergestellt werden kann. Sind F_1 und F_2 Funktionsgraphen, so besagt dies: Beide eignen sich zur Darstellung derselben Funktion, wenn man Änderungen der Maßstäbe (nicht des Nullpunkts) auf den Achsen zuläßt.

4. a) Klar.
b) Für die Teilmengen $A = \mathbb{R}^2$ und $B = \mathbb{R}^2 \setminus \{(0,0)\}$ von $\mathbb{R}^2$ gilt $A \sim B$. Aber es gibt keine Permutation φ von $\mathbb{R}^2$ mit $A^\varphi = B$.

5. Zu zeigen ist
Erstens: Sind L_1, L_2 lineare Abbildungen mit $|a_1 d_1 - b_1 c_1| = 1$, $|a_2 d_2 - b_2 c_2| = 1$, dann gilt auch für die Verkettung $L_1 L_2 = L : |ad - bc| = 1$.
Beweis: Nach Aufgabe 1 zu Abschnitt 9.2 ist $a = a_2 a_1 + b_2 c_1$, $b = a_2 b_1 + b_2 d_1$, $c = c_2 a_1 + d_2 c_1$, $d = c_2 b_1 + d_2 d_1$. Hierfür bestätigt man durch Nachrechnen, daß $ad - bc = (a_1 d_1 - b_1 c_1)(a_2 d_2 - b_2 c_2)$. Es folgt $|ad - bc| = 1 \cdot 1 = 1$.
Zweitens: Ist L eine solche Abbildung, dann auch L^I.
Beweis: L^I hat nach 9.2.1 die Koeffizienten $a' = \frac{d}{ad-bc}$, $b' = \frac{-b}{ad-bc}$, $c' = \frac{-c}{ad-bc}$, $d' = \frac{a}{ad-bc}$. Es folgt $a'd' - b'c' = \frac{1}{ad-bc}$, also $|a'd' - b'c'| = \frac{1}{|1|} = 1$.

6. R_1: Die Klassen sind die halboffenen Intervalle $[n, n+1[$, für alle $n \in \mathbb{Z}$.
R_3: Die Klassen sind die drei Mengen $\mathbb{R}^+$, $\{0\}$, $\mathbb{R}^-$ $(= \{x \in \mathbb{R} \mid x < 0\})$.
R_4: Die Klassen sind die Mengen $\{a, a \pm 2\pi, a \pm 4\pi, a \pm 6\pi, \ldots\}$, genauer: $\{x \in \mathbb{R} \mid \exists\, n \in \mathbb{Z} : x = a + 2n\pi\}$, für alle $a \in [0, 2\pi[$.

7. Ebenso viele wie Klasseneinteilungen der Menge $\{1, 2, 3, 4\}$, also 15. (Anzahl der Klasseneinteilungen mit einer Klasse: 1, mit zwei Klassen: 4 + 3 = 7, mit drei Klassen: 6, mit vier Klassen: 1.)

8. Nachweis der *Gruppeneigenschaften:*

	Verkettung zweier Abbildungen	Inverse einer Abbildung
a)	$(x,y) \mapsto ((k_1 k_2)x, (k_1 k_2)y)$	$(x,y) \mapsto \left(\frac{1}{k}x, \frac{1}{k}y\right)$
b)	$(x,y) \mapsto \left(x + (u_1 + u_2), y + \frac{u_1 + u_2}{2}\right)$	$(x,y) \mapsto \left(x + (-u), y + \frac{-u}{2}\right)$
c)	$(x,y) \mapsto (x, y + (d_1 + d_2)x)$	$(x,y) \mapsto (x, y + (-d)x)$

Die erhaltenen Abbildungen sind jeweils wieder von der gleichen Art wie die gegebenen.
Äquivalenzklassen:
a) $\{(0,0)\}$ und alle vom Nullpunkt ausgehenden Halbgeraden.
b) Alle Geraden $\{(x,y) \mid y = \frac{x}{2} + k\}$ für $k \in \mathbb{R}$.
c) Die Einpunktmengen $\{(0,k)\}$ für $k \in \mathbb{R}$ und die Geraden $\{(x,y) \mid x = k\}$ für $k \in \mathbb{R} \setminus \{0\}$.

9. Die Personen seien mit 1 bis 8 numeriert,
a) $3^8 = 6561$; Anzahl der 8-stelligen Wörter über $\{A, B, C\}$.
b) $\frac{8!}{3!3!2!} = 560$; Anzahl der Umstellungen des Worts AAABBBCC.

c) $\frac{3 \cdot 4 \cdot 5 \cdot 6 \cdot 7 \cdot 8 \cdot 9 \cdot 10}{8!} = 45$; Anzahl der Umstellklassen von 8-stelligen Wörtern über $\{A, B, C\}$.

d) 1094; Anzahl der Klasseneinteilungen von $\{1, 2, \ldots, 8\}$ mit einer, zwei oder drei Klassen (eine Klasse: 1; zwei Klassen: $\frac{2^8-2}{2!} = 127$; drei Klassen: $\frac{3^8 - 3 \cdot 2^8 + 3}{3!} = 966$; siehe Abschnitt 8.3, Aufgabe 3).

10. a) Es gelte $a_1 \sim a$ und $b_1 \sim b$, also insbesondere $a R a_1$ und $b_1 R b$. Hiermit folgt wegen der Transitivität von R: Wenn $a_1 R b_1$, dann $a R a_1 R b_1 R b$, also $a R b$. Weiter gilt insbesondere $a_1 R a$ und $b R b_1$; hiermit folgt: Wenn $a R b$, dann $a_1 R a R b R b_1$, also $a_1 R b_1$.
b) $\tilde{a} \tilde{R} \tilde{b} \wedge \tilde{b} \tilde{R} \tilde{a}$ bedeutet $a R b \wedge b R a$ (Definition von $\tilde{R}$), also $a \sim b$ (Definition von $\sim$). Dies besagt aber die Gleichheit der Äquivalenzklassen: $\tilde{a} = \tilde{b}$.

11. a) $\varrho \cap \varrho^I$ ist die Relation $\sim$ gemäß $x \sim y \Leftrightarrow f(x) = f(y)$; $x \sim y$ besagt: x erhält die gleiche Note wie y.
b) Die Menge M der Schüler zerfällt hiernach in Klassen von jeweils „gleich guten" Schülern. Die Schüler mit der Note i bilden die Klasse K_i. (Es gibt höchstens 15 Klassen.)
c) $\tilde{\varrho}$ ist eine lineare Ordnungsrelation in der Menge der Klassen. $K_i \tilde{\varrho} K_j$ bedeutet $i \leq j$.
d) ϱ ist nur dann eine Ordnungsrelation, wenn W injektiv ist. Dies ist nur möglich, wenn $\operatorname{card} M \leq 15$.

Lösungen zu Kapitel 11

Abschnitt 11.1

1. Es genügt, die Implikation „$\Rightarrow$" zu beweisen.
Sei $\frac{a}{b} = \frac{c}{d} = r$ und $\frac{a}{c} = s$. Dann folgt $a = rb$, $c = rd$ und $a = sc = s(rd) = r(sd)$, also weiter $b = sd$, also $\frac{b}{d} = s = \frac{a}{c}$.

2. a) Es sei $ma = na$ und (Annahme:) $m \neq n$, etwa $m < n$. Dann gilt $m + k = n$ mit $k \in \mathbb{N}$. Nach (5) in 2.2.3 folgt nun $ma + ka = (m+k)a = na$; nach (L2) folgt weiter $ma < na$: Widerspruch.
b) Es sei $na = nb$ und (Annahme:) $a \neq b$, etwa $a < b$. Dann gilt nach (L1) $a + c = b$, mit passender Größe c. Nach (7) folgt nun $na + nc = n(a+c) = nb$; nach (L2) folgt weiter $na < nb$: Widerspruch.
Die umgekehrten Implikationen sind „logischerweise klar" im Sinn von 3.3.3.

3. (Trans) und (Mon +) wurden schon in 2.2.3 aus den vier Größenbereichseigenschaften gefolgert.
Beweis von (Mon $\cdot$): Es sei $a < b$, also $a + d = b$ mit passendem d (Lösb, insb. L1). Nach (Distr) folgt $ac + dc = (a+d)c = bc$, also $ac < bc$ (Lösb, insb. L2).

4. Ja; denn jede Gerade durch (0, 0) und irgendeinen Gitterpunkt (m, n) hat eine rationale Steigung $\frac{n}{m}$. Jede Gerade mit irrationaler Steigung, z. B. die durch (0, 0) und $(1, \sqrt{2})$, geht also zwischen allen Gitterpunkten hindurch.

5. Def. 4c; Def. 4b; (Distr) in $\mathbb{N}$; Folgerung aus Def. 4c mittels (Distr) und Kürzen; Kürzen; Def. 4b.

6. a) Die Voraussetzung besagt: $mn' = m'n \;\wedge\; kl' = k'l \;\wedge\; ml < kn$.

Daraus folgt nach (Mon ·) in $\mathbb{N}$:

$$(m'n)(kl')(ml) < (mn')(k'l)(kn)$$

und weiter nach (Ass ·) und der Umkehrung von (Mon ·): $m'l' < k'n'$, d. h. $\frac{m'}{n'} < \frac{k'}{l'}$.

(Die Umkehrung des Monotoniegesetzes erhält man aus diesem mittels Kontraposition.)
b) (Trich) ist unmittelbare Folgerung des entsprechenden Gesetzes für natürliche Zahlen.
Für (Lösb) ist zu beweisen:

I. $\frac{m}{n} < \frac{k}{l} \Rightarrow \exists x, y \in \mathbb{N} : \frac{m}{n} + \frac{x}{y} = \frac{k}{l}$. Man bestätigt durch Einsetzen und mit Def. 4c, daß $x = kn - lm$ und $y = ln$ das Verlangte leisten.

II. $\frac{m}{n} < \frac{m}{n} + \frac{x}{y}$ (für alle, $m, n, x, y \in \mathbb{N}$). Dies erweist sich als gleichbedeutend mit $mny < mny + n^2x$ und ist ebenfalls klar.

Abschnitt 11.2

1. a) Zu jeder unendlichen Menge M erhält man eine „kleinere", indem man ein Element entfernt. Mit Satz 2 folgt sofort, daß die neue Menge wieder unendlich ist, gleichgültig, ob das entfernte Element in der zu $\mathbb{N}$ gleichmächtigen Teilmenge liegt oder nicht.
b) $M_n = \{n, n+1, n+2, \dots\}$; eindrucksvoller: $M_n = \{2^n, 2^{n+1}, 2^{n+2}, \dots\}$ ($n = 1, 2, 3, \dots$).

2. a) Der erste Teil ist klar nach Satz 2. Nun sei $T \subseteq M$ und M endlich. Wäre T unendlich, dann wäre nach dem ersten Teil auch M unendlich.
b) Die beschränkte Menge B habe die Schranke $s \in \mathbb{N}$ (d. h. es gilt $x \leq s$ für alle $x \in B$). Dann folgt $B \subseteq A_s$, wobei A_s (Anfangsstück von $\mathbb{N}$) nach Def. 2 endlich ist. Nach a) ist also auch B endlich.

3. I. Es gelte $A \sim B$, und es sei φ eine Permutation von G mit $A^\varphi = B$. Dann bildet φ auch die Restmenge von A auf die Restmenge von B ab: $(G \setminus A)^\varphi = G \setminus B$. Die Einschränkung $\varphi | A$ erweist sich als bijektive Abbildung $A \to B$ und die Einschränkung $\varphi | (G \setminus A)$ als bijektive Abbildung $G \setminus A \to G \setminus B$. Es folgt $A \operatorname{glm} B$ und $G \setminus A \operatorname{glm} G \setminus B$.
II. Es gelte $A \operatorname{glm} B$ sowie $G \setminus A \operatorname{glm} G \setminus B$, und es seien $\varphi_1 : A \to B$, $\varphi_2 : G \setminus A \to G \setminus B$ bijektive Abbildungen. Definiert man nun eine Abbildung $\varphi : G \to G$ durch $\varphi(x) = \begin{cases} \varphi_1(x), & \text{falls } x \in A \\ \varphi_2(x), & \text{falls } x \in G \setminus A \end{cases}$, dann erweist sich φ als injektiv und surjektiv, also Permutation von G, und hierfür gilt natürlich $A^\varphi = B$. Es folgt $A \sim B$.

4. Nach *3.* gilt in jedem Fall $A \sim B \Rightarrow A \operatorname{glm} B$. Es sei nun $A \operatorname{glm} B$. Bei *endlicher* Menge G kann man jetzt folgern: $\operatorname{card} A = \operatorname{card} B$, also $\operatorname{card}(G \setminus A) = \operatorname{card} G - \operatorname{card} A = \operatorname{card} G - \operatorname{card} B = \operatorname{card}(G \setminus B)$, also $G \setminus A \operatorname{glm} G \setminus B$ (siehe 1.1.5). Somit gilt $A \sim B$. Bei *unendlicher* Menge G kann man A als echte Teilmenge von G mit $A \operatorname{glm} G$ wählen und $B = G$ setzen. Dann gilt wieder $A \operatorname{glm} B$, aber nicht $G \setminus A \operatorname{glm} G \setminus B = \emptyset$. Somit gilt nicht $A \sim B$.

5. a) Dem Dezimalbruch $0{,}\alpha_1\alpha_2 \dots \alpha_n$ ordne man die n-stellige natürliche Zahl $\alpha_n\alpha_{n-1} \dots \alpha_1$ (mit Ziffern α_i) zu. Dies liefert eine injektive Abbildung von M auf eine nicht beschränkte Teilmenge von $\mathbb{N}$.
b) Jeder endlichen Teilmenge $T \neq \emptyset$ von $\mathbb{N}$ ordne man den Dezimalbruch $0{,}\delta_1\delta_2\delta_3 \dots$ zu, wobei $\delta_i = 1$, falls $i \in T$; sonst $\delta_i = 0$. Nullen am Schluß werden weggelassen. Der Menge $\emptyset$ ordne man die Zahl 0 zu. Nun verfährt man wie in a) und erhält eine nicht beschränkte Teilmenge von $\mathbb{N}_0$.

6. Der Gitterpunkt (p, q) gehört zu dem Quadrat (achsenparallel, Mittelpunkt (0, 0)) mit der Seitenlänge 2m, wobei m die größte der Zahlen $|p|$ und $|q|$ ist. Dieses Quadrat enthält $(2m+1)^2$ Punkte; der Eckpunkt unten rechts ist der Nummer $(2m+1)^2$ zugeordnet. Alle anderen Punkte kommen früher dran, also der Punkt (p, q) spätestens bei $n = (2m+1)^2$.

7. a) Man numeriere die (von links oben nach rechts unten verlaufenden) „Zählstrecken" und erkennt: Auf der Strecke Nr. i ($i = 0, 1, 2, \ldots$) liegen die $i + 1$ Punkte mit der Koordinatensumme $x + y = i$. Ist nun ein Punkt (x, y) mit $x + y = s$ gegeben, dann gehen ihm zunächst alle Punkte mit Streckennummern $<s$ voran; das sind $1 + 2 + \ldots + s = \frac{s(s+1)}{2}$ Punkte. Und (x, y) selbst liegt auf der Strecke Nr. s an der $(x+1)$ten Stelle. So erhält man für (x, y) die Nummer $f(x, y)$ wie behauptet.
b) Gegeben sei $n \in \mathbb{N}$, gesucht (x, y). Setzt man $s = x + y$, so ist s die größte natürliche Zahl mit $\frac{s^2+s}{2} \leq n-1$. Nun hat die quadratische Gleichung $t^2 + t = 2(n-1)$ die einzige nichtnegative Lösung $-\frac{1}{2} + \sqrt{\frac{1}{4} + 2(n-1)}$. Es folgt $s = \left[\sqrt{\frac{1}{4} + 2(n-1)} - \frac{1}{2}\right]$.
Hiermit berechnet man: $x = n - 1 - \frac{s(s+1)}{2}$ und $y = s - x$.

8. Es sei $f : \mathbb{N} \to \mathbb{Q}^+$ bijektiv (Cantorsches Diagonalverfahren). Hiermit definiert man eine bijektive Abbildung $g : \mathbb{Z} \to \mathbb{Q}$ wie folgt:

$$g(x) = \begin{cases} f(x) & \text{, falls } \quad x \in \mathbb{N} \\ 0 & \text{, falls } \quad x = 0 \\ -f(-x), & \text{falls } \quad -x \in \mathbb{N}. \end{cases}$$

Somit gilt $\mathbb{Q}$ glm $\mathbb{Z}$, also auch $\mathbb{Q}$ glm $\mathbb{N}$.
b) Mit der Abbildung g aus a) definiert man eine Abbildung $h: \mathbb{Z} \times \mathbb{Z} \to \mathbb{Q} \times \mathbb{Q}$ wie folgt:

$$h(x, y) = (g(x), g(y)), \text{ für alle } x, y \in \mathbb{Z}.$$

h ist injektiv, denn aus $(x_1, y_1) \neq (x_2, y_2)$, d. h. $x_1 \neq x_2 \vee y_1 \neq y_2$ folgt (wegen der Injektivität von g) $g(x_1) \neq g(x_2) \vee g(y_1) \neq g(y_2)$, d. h. $h(x_1, y_1) \neq h(x_2, y_2)$. Die Surjektivität ist klar. Somit gilt $\mathbb{Q}^2$ glm $\mathbb{Z}^2$, also auch $\mathbb{Q}^2$ glm $\mathbb{N}$.

9. Ohne Schwierigkeiten konstruiert man eine bijektive Abbildung $f : \mathbb{N} \to \mathbb{N} \times \mathbb{Q}^+$. Weiter sei g die Abbildung: $\mathbb{N} \times \mathbb{Q}^+ \to M$ mit $g(n, q) = \sqrt[n]{q}$; g ist nicht injektiv ($\sqrt[2]{1{,}5} = \sqrt[4]{2{,}25}$!), aber natürlich surjektiv. Dann ist $g \circ f$ eine surjektive, nicht injektive Abbildung $\mathbb{N} \to M$. Also ist M die Wertemenge einer Folge und damit abzählbar.

10. a) $f :]a, b[\to]c, d[$ mit $f(x) = c + \frac{d-c}{b-a}(x-a)$.
b) $f : \mathbb{R}_0^+ \to \mathbb{R}^+$ mit $f(x) = \begin{cases} x + 1, & \text{falls } x \in \mathbb{N}_0. \\ x & \text{sonst} \end{cases}$

11. a) Durch $f(t) = (r \cos t, r \sin t)$ ist eine bijektive Abbildung f des Intervalls $[0, 2\pi[$ auf die Kreislinie gegeben.
b) Für den Punkt $O = (0, 0)$ setze man $f(O) = O$. Für jeden Punkt $P \neq O$ der Kreisscheibe bestimme man die Projektionen Q und R auf Kreisrand und Quadratrand (siehe Skizze). Dann setze man $f(P) = P'$, wobei P' auf der Strecke OR liegt und k mal so weit von O entfernt ist wie P, mit $k = \text{Abst}(O, R) / \text{Abst}(O, Q)$.
Dies liefert eine bijektive Abbildung f der Kreisfläche auf die Quadratfläche.

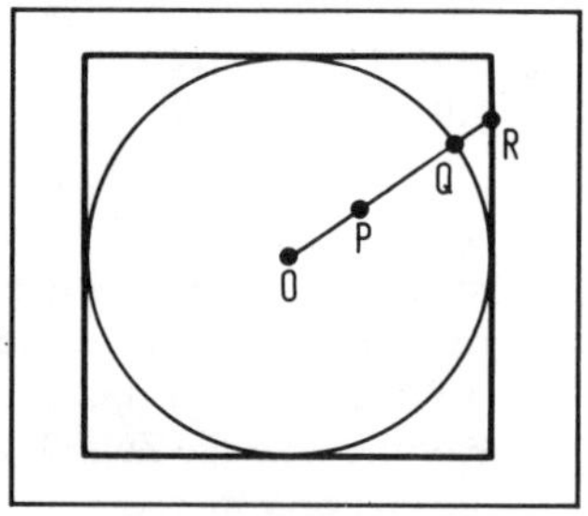

12. a) Es sei A glm $A' \subseteq B$ und B glm $B' \subseteq A$. Dann gilt nach dem Hinweis: $A'' \subseteq B' \subseteq A$ und A'' glm A. Nach dem Satz von Bernstein ist nun A'' glm B', und damit folgt A glm B.
b) Es sei $A \subseteq B \subseteq C$ und A glm C. Dann gilt B glm $B \subseteq C$ und C glm $A \subseteq B$. Nach Voraussetzung folgt jetzt B glm C, also auch B glm A.

13. a) Ersetzt man zwei disjunkte Mengen durch zwei dazu gleichmächtige, ebenfalls disjunkte Mengen, so ist auch die Vereinigung der neuen Mengen gleichmächtig zur Vereinigung der gegebenen.

b) Es seien $f: A \to A'$ und $g: B \to B'$ bijektive Abbildungen. Wir definieren eine Abbildung $h: A \cup B \to A' \cup B'$ durch

$$h(x) = \begin{cases} f(x), & \text{falls } x \in A; \\ g(x), & \text{falls } x \in B. \end{cases}$$

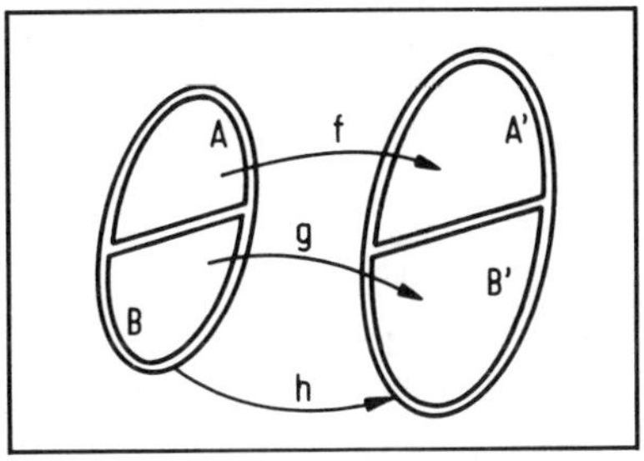

Dann ist h injektiv; denn aus $x_1 \neq x_2$ folgt nach der Definition, gleichgültig ob x_1 und x_2 zur selben Menge gehören oder nicht, daß $h(x_1) \neq h(x_2)$. Und h ist surjektiv; denn jedes $y \in A' \cup B'$ gehört zu genau einer der Mengen A', B', hat also ein wohlbestimmtes Urbild in A bzw. B, also in $A \cup B$.

Damit ist bewiesen, daß $A \cup B$ glm $A' \cup B'$.

14. a, b)

Zum Beweis von	wähle A =	B =	Dann gilt $A \cap B = \emptyset$ und $A \cup B =$
$\boldsymbol{a} + n = \boldsymbol{a}$	$\mathbb{N} \setminus A_n$	A_n	$\mathbb{N}$
$\boldsymbol{a} + \boldsymbol{a} = \boldsymbol{a}$	$\mathbb{Z} \setminus \mathbb{N}$	$\mathbb{N}$	$\mathbb{Z}$
$\boldsymbol{c} + n = \boldsymbol{c}$	$\mathbb{R}^+ \setminus A_n$	A_n	$\mathbb{R}^+$
$\boldsymbol{c} + \boldsymbol{a} = \boldsymbol{c}$	$\mathbb{R}^+ \setminus \mathbb{N}$	$\mathbb{N}$	$\mathbb{R}^+$
$\boldsymbol{c} + \boldsymbol{c} = \boldsymbol{c}$	$\mathbb{R} \setminus \mathbb{R}^+$	$\mathbb{R}^+$	$\mathbb{R}$

Aus dem Text geht hervor, daß die angegebenen Mengen die betreffenden Kardinalzahlen haben.

c, d) Ähnlich wie a, b), mit den repräsentierenden Mengen A_n, $\mathbb{Z}$, $\mathbb{R}$ für die Kardinalzahlen n, $\boldsymbol{a}$, $\boldsymbol{c}$.

15. a) I. Es sei $\operatorname{card} A \leq \operatorname{card} B$. Dann gilt mit passender Menge A' jedenfalls A glm $A' \subseteq B$ (wobei auch $A' = B$ sein kann). Es gibt also eine bijektive Abbildung $f: A \to A'$, und diese ist zugleich eine injektive Abbildung $A \to B$.

II. Es sei $f: A \to B$ injektiv. Für die Wertemenge W von f gilt dann A glm $W \subseteq B$. Es folgt $\operatorname{card} A \leq \operatorname{card} B$.

b) I. Es sei $\operatorname{card} A \geq \operatorname{card} B$, also jedenfalls $A \supseteq B'$ glm B. Dann gibt es eine bijektive Abbildung $f: B' \to B$, und diese kann zu einer surjektiven Abbildung $A \to B$ fortgesetzt werden.

II. Es sei $f: A \to B$ surjektiv. Dann gibt es nach 8.2.5 eine injektive und ebenfalls surjektive Einschränkung $f|A_0 : A_0 \to B$. Es folgt $A \supseteq A_0$ glm B.

16. a) Die Abbildung $f: \boldsymbol{P}\mathbb{N} \to D$ mit $f(M) = 0{,}\delta_1\delta_2\delta_3\ldots$, wobei $\delta_i = 1$, falls $i \in M$, sonst $\delta_i = 0$, ist bijektiv und zeigt somit, daß $\operatorname{card}(\boldsymbol{P}\mathbb{N}) = \operatorname{card} D$.

b) Die Dualbrüche aus D *ohne Einerende* entsprechen (ebenso wie die Dezimalbrüche ohne Neunerende) eineindeutig den reellen Zahlen aus [0, 1[. Somit ist die Menge D_1 dieser Dualbrüche gleichmächtig zu [0, 1[. Die Menge $D_2 = D \setminus D_1$ ist (ebenso wie die der Dezimalbrüche mit Neunerende, siehe Aufgabe 5 zu Abschnitt 2.1) abzählbar unendlich. Es folgt $\operatorname{card} D = \operatorname{card} D_1 + \operatorname{card} D_2 = \boldsymbol{c} + \boldsymbol{a} = \boldsymbol{c}$.

Stichwortverzeichnis